ABHANDLUNGEN DER DEUTSCHEN AKADEMIE
DER WISSENSCHAFTEN ZU BERLIN

Klasse für Chemie, Geologie und Biologie

Jahrgang 1966 Nr. 6a

III. INTERNATIONALE VORTRAGSTAGUNG ÜBER GRENZFLÄCHENAKTIVE STOFFE

Originalbeiträge der Tagung in Berlin vom 29.—31. März 1966

in 2 Teilen

Bearbeitet von einem Kollektiv
aus dem Institut für Fettchemie der Deutschen Akademie der Wissenschaften zu Berlin

Mit 343 Abbildungen und 62 Tabellen

AKADEMIE-VERLAG · BERLIN
1967

Vorgelegt in der Klassensitzung am 22. September 1966

Zum Druck genehmigt am gleichen Tage, ausgegeben am 16. Januar 1967

Tagungsmanuskript

Teil a

Erschienen im Akademie-Verlag GmbH, 108 Berlin, Leipziger Straße 3—4

Lizenznummer: 202 · 100/478/67
Gesamtherstellung: VEB Druckerei „Thomas Müntzer", 582 Bad Langensalza
Bestellnummer: 2001/66/II/6a · ES 18 C 3/18 C 5

Unter der Leitung und dem Vorsitz von

Herrn Prof. Dr. Heinrich Bertsch

veranstalteten das Institut für Fettchemie der Deutschen Akademie der Wissenschaften und der Fachverband „Grenzflächenaktive Stoffe“ der Chemischen Gesellschaft in der Deutschen Demokratischen Republik die

III. Internationale Vortragstagung über grenzflächenaktive Stoffe.

Herr Professor Dr. Bertsch vollendet am 11. Januar 1967 das 70. Lebensjahr.
Die Mitarbeiter des Instituts für Fettchemie widmen ihm anläßlich dieses Tages den vorliegenden Sammelband und wünschen ihm weiterhin Gesundheit und Schaffenskraft.

Inhaltsübersicht

Teil a

A Chemie der grenzflächenaktiven Stoffe

B Analyse grenzflächenaktiver Stoffe und Prüfung des Gebrauchswertes

C Anwendung grenzflächenaktiver Stoffe

Anhang: Autorenverzeichnis von Teil *a* und *b*

Teil b

D Physikalische Chemie der grenzflächenaktiven Stoffe

Anhang: Autorenverzeichnis von Teil *a* und *b*

Inhaltsverzeichnis

BERTSCH, H.
Geleitwort III

A Chemie der grenzflächenaktiven Stoffe

REINHECKEL, H.
Tendenzen in der Herstellung grenzflächenaktiver Stoffe 3

GERHARDT, W.
Über neue Synthesen oberflächenaktiver Saccharosederivate 24

LIPPMANN, S.
Neue Kationtenside aus Hexahydroazepin 33

GREINER, A.
Zur Bildung von Epoxiden bei der Flüssigphasenoxydation von Olefinen 41

BERTSCH, H., KÖNIG, E. und REINHECKEL, H.
Über Reaktionen bei der Hydrierung ungesättigter Fettsäuren zu ungesättigten Fettalkoholen 49

HAIDEGGER, E.
Katalytische Sorbiterzeugung durch Hochdruckhydrierung von Glucose 57

REINHECKEL, H. und HAAGE, K.
Über die Gewinnung von Ketosäuren aus Dicarbonsäureanhydriden mit Hilfe von Alkylaluminium-Verbindungen 58

REINHECKEL, H. und JAHNKE, D.
Über die Reaktion von Sulfonsäurechloriden mit Alkylaluminium-Verbindungen . 67

PASYNKIEWICZ, S. and STAROWIEYSKI, K.
Some Complexes of Organoaluminium Compounds. Their Structure and Reactivity 76

PÜSCHEL, F.
Untersuchungen an höhermolekularen sekundären Alkylsulfaten 83

TISCHER, H. und HAHN, P.
Rüböl als Ausgangsprodukt zur Herstellung grenzflächenaktiver Verbindungen . . 95

LOKTEW, S. M. und WULACH, E. L.
Die Sulfoesterifikation der höheren aliphatischen Alkohole mit Sulfaminsäure . . . 107

BERTSCH, H., CZICHOCKI, G. und REINHECKEL, H.
Anionaktive Tenside aus substituierten Ricinolsäureamiden 117

HAHN, P.
Herstellung von Alkylarylsulfonaten auf der Basis von Erdölkohlenwasserstoffen . 128

FÜZI, L., SÁRI, P., SZEKRÉNYES, P. und ZSOLDOS
Sulfierungsreaktionen I 139

B Analyse grenzflächenaktiver Stoffe und Prüfung des Gebrauchswertes

PFROMMER, J. F.
Zur Analyse grenzflächenaktiver Stoffe 155

BORECKÝ, J.
Die Benutzung der Papierchromatographie bei der Analyse der oberflächenaktiven Verbindungen . . . 159

GRIMMER, R.
Über die Trennung und Charakterisierung eines Gemisches gesättigter und ungesättigter Fettalkohole mit Hilfe der Quecksilber(II)-acetataddukte . . . 170

FALK, F.
Gaschromatographische Analyse freier Fettsäuren . . . 176

HEROLD, H.
Ein Beitrag zur Bestimmung von Phosphaten in Waschmitteln . . . 188

JEHRING, H.
Moderne elektrochemische Analysenmethoden für grenzflächenaktive Stoffe . . . 197

DIETRICH, P.
Zur Analyse der Tenside mit der Wechselstrompolarographie . . . 208

RANNÝ, M.
Chromatographische Methoden zur Bestimmung von Glyceriden und Saccharoseestern in Zuckerglyceriden . . . 216

KIKOLSKI, P., STEFANIAK, Z. und WEGRZYNOWICZ, M.
Über die Bestimmung der Carboxymethylcellulose in Waschpulvern . . . 225

URBANOWICZ, S.
Quantitative Bestimmung von Polyäthylenoxidaddukten in wäßrigen Lösungen und im dispergierten Zustand . . . 233

KAJL, M. und WILIŃSKA, E.
Über die Beurteilung des Emulgiervermögens von Emulgatoren für Ö/W Emulsionen 241

ZEMAN, I. und ZEMANOVÁ, D.
Das analytische Verfolgen von Tensiden bei der Separation von festen und flüssigen Fettsäuren . . . 247

C Anwendung grenzflächenaktiver Stoffe

TSCHAKERT, H. E.
Schaum, ein anwendungstechnisches Problem . . . 261

ECKERT, G.
Möglichkeiten zur nachträglichen Verbesserung stäubender Waschmittel . . . 307

UEBERSCHÄR, K.
Erfahrungen bei der Herstellung staubarmer Waschmittel durch Aufsprühverfahren im Sprühturm . . . 318

SCHAURICH, K. und WASOW, G.
Kontinuierliche Herstellung strukturverbesserter Waschpulver durch neuartige Sprühverfahren im Turm . . . 326

ROCKSTROH, T. und ZAPF, K.
Detergentien-Effekte in der Ultrastruktur der Protozoenzelle . . . 336

WAHN, K. und ZAPF, K.
Untersuchungen über Wechselwirkungen zwischen Netzmittelkonzentration, Keimdichte und Enzymaktivität bei Mykobakterien . . . 346

HOPFINGER, A., MOSKALA, J. und GODAWA, M.
Erfahrungen über die kontinuierliche Sulfonierung des Dodecylbenzols . . . 356

MOSER, G.
Einsatz von Spalthomogenisatoren bei der Durchführung von kontinuierlichen chemischen Prozessen . . . 362

TREUHOFF, I.
Hautverträglichkeit einiger waschaktiver Substanzen . . . 367

OEHLER, E.
Bestimmung des Entfettungsvermögens von Tensiden 375

DOBOZY, O.
Kapillaraktivität von Böden und ihre Behebung 386

SIMCHEN, H.
Einsatz grenzflächenaktiver Stoffe zur Steigerung der Bodenfruchtbarkeit 394

SCHUBERT, H.
Zu einigen theoretischen Fragen der Alkalisalzflotation 396

WOTTGEN, E. und GRUNER, H.
Beziehungen zwischen Sammlerwirkung und Korngröße der Mineralteilchen — Untersuchungen mit Zinnstein und Bleiglanz 409

DIETL, P. und BEYER, G.
Der Einfluß von grenzflächenaktiven Stoffen auf die Filtration von feinkörnigen Löserückständen der Kaliindustrie 423

KLOUBEK, J.
Einfluß der Kettenlänge aliphatischer Amine auf die Hydrophobierung des Quarzes 435

SPURNÝ, J. und JAKOUBEK, B.
Die Konzentrierung verdünnter Hämoglobinlösungen durch Flotation 447

DOBIÁS, B.
Beitrag zur Adsorption organischer Ionen aus Lösungen an der geladenen Oberfläche einer festen Phase 457

NEWOLIN, F. W., KRAL-OSSYKINA, G. A., BUSCHUJEWA, E. I., FAINGOLD, S. I. und TOMSON, R. M.
Die Synthese und die Untersuchung der oberflächenaktiven Eigenschaften und der Waschkraft der Lösungen von Phenyldodecansulfonaten-(1.2.3.4.5.6) 458

BOGDANOW, O. S. und MICHAILOWA, N. S.
Die Untersuchung der Wechselwirkung von Laurylamin mit Quarz und wasserfreien Eisenoxiden bei der Flotation 473

GETMANSKI, I. K. und BAWIKA, L. I.
Eine neue Methode und ein neues Gerät für die Bestimmung des Netzvermögens von Tensiden 481

DOBOZY, O.
Einiges über neuartige kationaktive Bitumen-Emulsionen 491

LAUERMANN, G.
Trennung von Tierkörperfettsäure in Stearin/Olein nach dem Dispergierverfahren 502

Autorenverzeichnis 515

D Physikalische Chemie der grenzflächenaktiven Stoffe

REHBINDER, P. A.
Grenzflächen- und Volumeneigenschaften von Tensidlösungen 521

SCHELUDKO, A.
Über die Elastizität von Adsorptionsschichten 531

LYKLEMA, J.
Cation Adsorption and the Lyotropic Sequence in Colloidal Stability 542

SONNTAG, H.
Über die Eigenschaften von Flüssigkeitsfilmen zwischen Emulsionströpfchen . . . 551

MANEV, E. and BOULEVA, M.
New Data on the Influence of the Effect of Electromagnetic Retardation on Disjoining Pressure in Thin Liquid Films 557

GROOT, R. C.
Application of an Equation for the Adsorption of Ionic Surfactants to Emulsion Characterization 566

KORETZKI, A. F. und TAUBMAN, A. B.
Über die Beständigkeit und Dispersität von Emulsionen, die durch feste Emulgatoren stabilisiert werden . . . 576

NETZEL, J. und SONNTAG, H.
Studien über die Stabilität von O/W-Emulsionen . . . 589

KLARE, H. jun. und SONNTAG, H.
Chemische und elektrische Deemulgierung von W/O-Emulsionen . . . 597

NIKITINA, S. A.
Strukturbildung in Adsorptionsschichten von Emulsionen und ihre Stabilität . . . 609

WATANABE, A.
The Coagulation of Lyophobic Colloids by Surface Active Agents . . . 619

NESTEROWA, M. P. und KORETZKI, A. F.
Anwendung von grenzflächenaktiven Stoffen bei der Tankreinigung von Ölrückständen . . . 635

POMIANOWSKI, A.
Doppelschichtkapazität von Quecksilber in Dodecyltrimethylammoniumbromid-Lösungen . . . 642

JEHRING, H.
Elektrochemische Untersuchungen zur Adsorption grenzflächenaktiver Stoffe an der Phasengrenze Quecksilber/Elektrolyt . . . 652

WALIGÓRA, B., CZARNECKI, J. and BARTYNOWSKA, K.
Colloidal and Surface Properties of Isothiouronic Detergents . . . 659

GARA, M. und LÖRINC, A.
Studium der physikalisch-chemischen Eigenschaften von Filmen und monomolekularen Schichten mit Hilfe eines neuartigen Oberflächen-Viskosimeters auf Grund der harmonisch gedämpften Oszillation . . . 667

SCHTSCHUKIN, J. D.
Über die Festigkeitsminderung feindisperser poröser Körper bei der Adsorption grenzflächenaktiver Stoffe . . . 676

EXEROWA, D. und SCHELUDKO, A.
Das Potential der diffusen elektrischen Doppelschicht und die Adsorption grenzflächenaktiver Stoffe . . . 682

JOLY, M.
Interaction et deformabilité des molécules dans les couches monomoléculaires (Étude par viscosimétrie superficielle) . . . 683

KAMIEŃSKI, B., KRAUSS, E., MŁODNICKA, T. and PALUCH, M.
Surface Tension and Electric Surface Potential of Aqueous Solutions of Organic Compounds . . . 705

LINDE, H.
Versuche zur Deutung des Einflusses der erzwungenen Konvektion auf die Grenzflächendynamik beim Stoffübergang . . . 710

LOESCHCKE, K., SCHWARZ, E. und LINDE, H.
Ein oszillatorisches Regime der Marangoni-Instabilität („Sternling — Scriven — Oszillation") . . . 720

SEHRT, B. und LINDE, H.
Über den Einfluß von Grenzflächenvorgängen auf die Hydrodynamik und den Stoffübergang an fallenden Tropfen . . . 734

GRÖGER, K.
Eine Analyse der Marangoni-Instabilität für die Simultan-Stoffübertragung mehrerer Komponenten . . . 748

SAWISTOWSKI, H. and JAMES, B. R.
Effect of Interfacial Disturbances on Mass Transfer Rates in Liquid-Liquid Systems 757

PLATIKANOW, D., PANAJOTOW, I. und SCHELUDKO, A.
Über die Elastizität der Adsorptionsschichten bei Lösungen von grenzflächenaktiven Stoffen . . . 773

THIESSEN, D. und SCHELUDKO, A.
Dämpfung von Kapillarwellen durch grenzflächenaktive Stoffe . . . 783

LUNKENHEIMER, K. und KRETZSCHMAR, G.
Untersuchungen an schwingenden Blasen in Tensidlösungen . . . 791

WOLFRAM, E.
Spreitung von wäßrigen Tensidlösungen an Oberflächen niedriger Energie . . . 802

SMOLDERS, C. A.
Benetzung von Polymeren . . . 809

NEUMANN, A. W.
Die Temperaturabhängigkeit der grenzflächenenergetischen Grundgrößen III. Benetzungswärmen aus Randwinkeldaten . . . 811

ZWIERZYKOWSKI, W.
Über den Zusammenhang von thermodynamischen Potentialen der Adsorption und Micellbildung der Natrium-Alkylsulfate . . . 818

ERDÉLYI, L., GARA, M. und LÖRINC, A.
Bestimmung der Änderung der Oberflächen-Viskosität in Lösungen nichtionogener grenzflächenaktiver Verbindungen als Funktion der Zeit . . . 829

VOLLHARDT, D. und KRETZSCHMAR, G.
Untersuchungen zur Desorptionskinetik grenzflächenaktiver Stoffe . . . 841

BIKERMAN, J. J.
Mechanical Effects of Surface Tension . . . 849

STEUDEL, TH. und NEUMANN, A. W.
Zur Frage der Grenzflächenaktivität an Grenzflächen von Quecksilber mit organischen Flüssigkeiten . . . 861

EL-SHIMI, A. F. and IZMAILOVA, V. N.
A Study of Gelatin Adsorption Films and their Influence on the Coalescence of Elementary Hydrocarbon Drops . . . 868

HERRMANN, K. W. and WILSON, E. R.
Micellar Properties of Some Zwitterionic Surfactants . . . 881

LANGE, H.
Einfluß von Tensiden und von Natriumtriphosphat auf die Sedimentation von Graphit und Kaolin in Wasser . . . 895

SCHULLER, H.
Kolloidchemische Untersuchungen an Kunststoffdispersionen . . . 905

TAUBMAN, A. B., TOLSTAJA, S. N. und JACHNIN, E. D.
Adsorptive Modifizierung von Füllstoffen durch grenzflächenaktive Stoffe und Strukturbildung in den mit Füllstoffen versehenen Polymeren . . . 908

MARKINA, Z. N.
Untersuchung der kolloid-chemischen Eigenschaften wäßriger Tensidlösungen . . 916

EXEROWA, D. und SCHUMKOV, G.
Die schwarzen Schaumfilmflecken und die Schaumklärung der Lösungen von grenzflächenaktiven Stoffen . . . 926

EXEROWA, D. und BULEWA, M.
Schwarze Flecken und die Unterdrückung der Schaumbildung mit Antischäumer 938

MIRNIK, M., DESPOTOVIĆ, R. und HERAK, M. J.
Einfluß grenzflächenaktiver Stoffe auf die Niederschlagbildung . . . 944

Autorenverzeichnis . . . 949

Prof. Dr. Heinrich Bertsch
Direktor des Instituts für Fettchemie der Deutschen Akademie der Wissenschaften zu Berlin und Vorsitzender des Fachverbandes „Grenzflächenaktive Stoffe“ der Chemischen Gesellschaft in der Deutschen Demokratischen Republik

Verehrte Fachkollegen!

Als wir uns im Juni 1961 hier in Berlin zum ersten Mal zu einer von meinem Institut für Fettchemie an der Deutschen Akademie der Wissenschaften zu Berlin im Zusammenhang mit der Chemischen Gesellschaft in der Deutschen Demokratischen Republik ausgerichteten Arbeitstagung zusammenfanden, hatte wohl kaum einer der Anwesenden damit gerechnet, welches Interesse schon nach 5 Jahren dieser Tagung zukommen sollte. Zu dieser ersten, noch als Arbeitstagung geplanten Veranstaltung konnten wir 150 Teilnehmer, davon 34 Vortragende, begrüßen. Ihr folgte dann im Oktober 1963 in Karl-Marx-Stadt die zweite, als Vortragstagung mit dem Titel „Chemie und Physik der grenzflächenaktiven Stoffe und ihre Anwendung in der Technik“ bezeichnete Zusammenkunft, an der schon 190 Interessenten, davon 40 Vortragende, teilnahmen.

1966 haben wir zusammen mit dem Fachverband „Grenzflächenaktive Stoffe“ der Chemischen Gesellschaft in der Deutschen Demokratischen Republik zu unserer „III. Internationalen Vortragstagung über grenzflächenaktive Stoffe“ eingeladen, die damit auch ihre endgültige Bezeichnung erhalten hat.

Ich freue mich ganz besonders, daß diesmal 450 Teilnehmer, darunter 95 Vortragende, aus dem überwiegenden Teil der Länder Europas sowie aus Japan und den USA unserer Einladung gefolgt sind. Die Räumlichkeiten der Kongreßhalle am Alexanderplatz haben der Tagung einen würdigen Rahmen gegeben, und ich hoffe, daß Sie, verehrte Fachkollegen, die Sie an dieser Tagung teilnehmen konnten, die Tage im März in Berlin in guter Erinnerung behalten werden.

Ich habe Ihnen zu Beginn unserer Tagung gesagt, daß der volle Wortlaut der gehaltenen 95 Plenar- und Diskussionsvorträge in einem Sammelband herausgegeben werden soll. Durch ihn sollten sich unter anderem auch die Kollegen, welche nicht an der Tagung teilnehmen konnten, einen Überblick über den derzeitigen Stand in der Chemie der grenzflächenaktiven Stoffe verschaffen können. Es ist mir eine ganz besondere Freude und Genugtuung, daß der Sammelband nunmehr in seiner endgültigen Form schon nach 9 Monaten vorliegt, nicht zuletzt durch die tatkräftige Unterstützung des Akademie-Verlages. Der Umfang und die Anzahl der Vorträge zwangen uns, den Band in 2 Teilen herauszugeben, in denen im ersten Teil die Chemie, Anwendung und Analyse grenzflächenaktiver Stoffe und im zweiten Teil die physikalische Chemie der grenzflächenaktiven Stoffe behandelt werden.

Ich möchte es nicht versäumen, allen Teilnehmern, die zum Gelingen der Tagung beigetragen haben, insbesondere aber den Kollegen, die die Tagung durch Vorträge bereichert haben, für ihre Mitwirkung zu danken. Ebenso möchte ich den Mitarbeitern meines Instituts und der Chemischen Gesellschaft in der Deutschen Demokratischen Republik, auf denen die Last der Organisation der Tagung lag, meinen und aller Teilnehmer Dank aussprechen. Sie alle haben dazu beigetragen, daß dieser dritten Veranstaltung ein großer Erfolg beschieden war, was meine Mitarbeiter und mich dazu ermutigt, Sie in absehbarer Zeit zu einer IV. Vortragstagung über grenzflächenaktive Stoffe einzuladen.

Ich hoffe, daß der Inhalt dieses Tagungsbandes Ihren Erwartungen entspricht und dem Interesse gerecht wird, daß während der Tagung allseitig bekundet wurde.

A Chemie der grenzflächenaktiven Stoffe

H. R e i n h e c k e l
Institut für Fettchemie der Deutschen Akademie der Wissenschaften zu Berlin, Berlin-Adlershof

Tendenzen in der Herstellung grenzflächenaktiver Stoffe

Die erhebliche Steigerung der Produktion grenzflächenaktiver Stoffe dauerte auch in den vergangenen Jahren an.
Die Wachstumsrate der Tensidproduktion übertrifft die der gesamten Chemieproduktion deutlich. Zwischen 1958 und 1963 stieg die Produktion an Tensiden von 100 auf 177, während der durchschnittliche Index für die Chemie 155 ausmachte. 1963 wurden ca. 2 Mill. Tonnen grenzflächenaktiver Stoffe mit einem Wert von 750 bis 800 Millionen Dollar erzeugt. Die erhebliche Steigerungsquote ist umso bemerkenswerter, als in diesem Zeitraum schwerwiegende Umstellungen im Produktionsprozess notwendig waren.

Vor allem zwei Probleme gaben den Entwicklungstendenzen auf dem Fachgebiet wichtige Impulse: erstens die Umstellung der Rohstoffbasis auf neue petrolchemische Produkte bzw. in einigen Ländern auf Erdölbasis überhaupt, sowie zweitens die Notwendigkeit der biologischen Abbaubarkeit. Obwohl ich nicht besonders auf diese beiden Probleme eingehen möchte, werden sie doch immer hinter den von mir aufzuzeigenden Tendenzen sichtbar sein.

Ich kann in meinem Vortrag bei weitem nicht auf alle Tendenzen eingehen, die sich in letzter Zeit abgezeichnet haben, sondern muss mich auf die wichtigsten Substanzklassen beschränken. Die 4 von mir ausgewählten Tensidklassen habe ich Ihnen im ersten Bild aufgezeichnet.

1. **Alkylarylsulfonate**
   Linear-alkylaryl-sulfonate (LAS)
2. **Nichtionogene Tenside**
   Zuckerderivate, Pluronics, Aminoxide
3. **Alkylsulfate**
   Alfole, Sekundärsulfate, ungesättigte Sulfate
4. **Alkylsulfonate**
   Sulfochlorierung, Sulfoxydation
5. **Allgemeine Tendenzen**

Abb. 1

Bei den Alkylarylsulfonaten ging die Entwicklungstendenz fast ausschliesslich in Richtung auf die Linearalkylarylsulfonate (LAS). Auf dem Gebiet der nichtionogenen Tenside werde ich über Zuckerderivate, Pluronics und Aminoxide sprechen. Bei Alkylsulfaten wäre auf Alfole, Sekundärsulfate und ungesättigte Sulfate einzugehen, bei Alkylsulfonaten ergeben sich neue Aspekte zur Sulfochlorierung und vor allem Sulfoxydation. Am Ende möchte ich versuchen, noch einige allgemeine Tendenzen herauszuheben, die sich nicht auf einzelne Klassen beziehen und für das ganze Gebiet sichtbar sind.

Zu jedem der erwähnten Gebiete kann ich selbstverständlich nur einige Beispiele bringen und muss eine Reihe anderer, sicher ebenso wichtiger Beispiele beiseite lassen. Ich werde dabei sowohl auf die Entwicklung im Labor hinweisen, die sich erst später in der Technik niederschlagen wird, als auch auf Tendenzen eingehen, die sich in der Technik bereits durchgesetzt haben.
Als Mitarbeiter des Instituts für Fettchemie sei es mir gestattet, etwas pro domo zu sprechen, also an den entsprechenden Stellen Arbeiten aus unserem Institut zu zitieren. Ausserdem möchte ich innerhalb der einzelnen Tensidklassen auf einige zugehörige Vorträge hinweisen, die heute und morgen in der Sektion A gehalten werden.

Linearalkylarylsulfonate sind in verschiedenen Laboratorien hergestellt und untersucht worden. In einer ausführlichen Arbeit stellten ASINGER und Mitarbeiter einige Reihen von Individuen mit dem Alkylrest C_{14} dar.

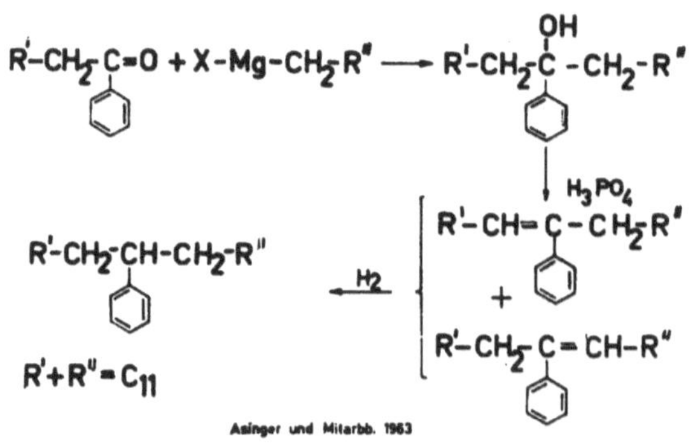

Abb.2

Das Bild zeigt die Darstellung der (2-7)-Phenyl-n-tetradecane. Ein Alkylphenylketon wird mit dem zugehörigen Alkylmagnesiumhalogenid zum tertiären Alkohol umgesetzt, der durch Wasserabspaltung mittels Phosphorsäure in das Gemisch der beiden stellungsisomeren Olefine übergeht. Hydrierung führt zum Phenylalkan. Selbstverständlich wird das 1-Phenyltetradecan nicht auf diesem Wege gewonnen, sondern durch Reduktion des Tridecylphenylketons nach HUANG-MINLON. Die isomeren (2-7)-Benzyl-n-tridecane erhielten die Autoren auf folgendem Wege:

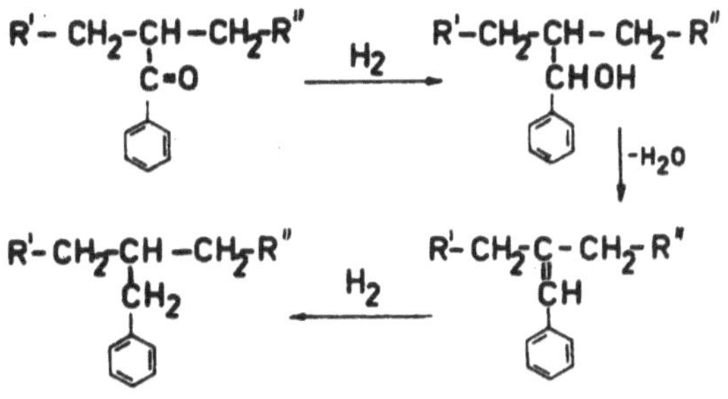

Abb.3

Dialkylacetophenone gehen durch Reduktion, Wasserabspaltung und Hydrierung in die Benzyltridecane über. Die aus diesen Kohlenwasserstoffen erhaltenen Sulfonate wurden auf ihre Eigenschaften hin untersucht. Im Bild 4

$R'-CH_2-CH-CH_2-R''$ (p-$C_6H_4SO_3Na$)	Schmp. des S-Benzylthiuroniumsalzes [°C]	KMK [10^{-3} Mol/l]
1	119,5 – 120	0,67
2	103 – 103,5	0,72
3	92 – 92,5	0,77
4	106,5 – 107,5	0,83
5	111 – 111,5	0,93
6	125 – 126	1,30
7	157 – 158	1,73

Asinger u. Mitarbb. 1963 / 1964

Abb.4

sehen Sie einige dieser Eigenschaften. Die kritische Micellbildungskonzentration steigt in dem Maße, wie der Benzolsulfonsäureester in die Mitte der Kette rückt. Ganz ähnlich verhält es sich bei den Sulfonaten der Benzyltridecane. Dialkylbenzole sind ebenfalls von ASINGER und Mitarbeitern und einer Reihe anderer Autoren hergestellt worden.
Als Beispiel habe ich eine Arbeit von NEWOLIN und FAJNGOLD ausgewählt, die Sie in Abbildung 5 sehen.

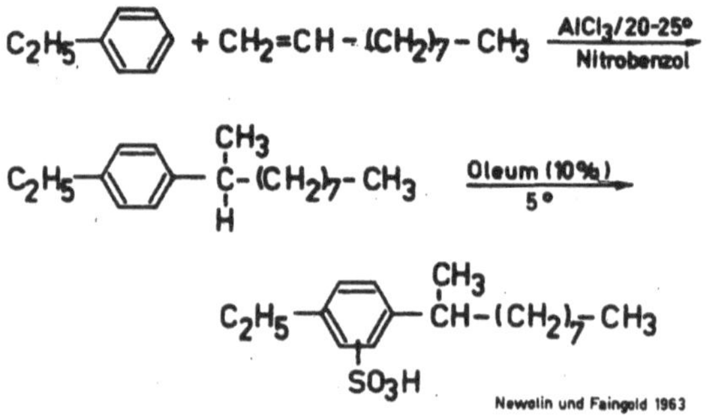

Abb.5

Äthylbenzol wird bei Zimmertemperatur in Nitrobenzol mit Decen-(1) alkyliert unter Anwendung von Aluminiumchlorid als Katalysator. Das entstehende Äthyl-decyl-(2)-benzol wird mittels Oleum bei 5° sulfoniert und ins zugehörige Sulfonat überführt. Zur Frage der bei der Alkylierung evtl. entstehenden Stellungsisomeren werden in dieser Arbeit keine Einzelheiten mitgeteilt. Speziell mit der Isomeren-Verteilung bei der Alkylierung mit α-Olefinen beschäftigt sich METZGER, bitte Bild 6.

Katalysator	(6)	(5)	(4)	(3)	(2)	(3)+(2)
$AlCl_3$ 1.5 Mol /8^h	15,0	16,4	15,7	17,0	27,7	44,7
$AlCl_3$ 0.1 Mol /50'	15,5	15,5	16,8	20,9	31,1	52,0
H_2SO_4 3 Mol /1.5^h	14,8	15,0	15,6	21,6	32,9	54,5

Metzger 1965

Abb.6

Mit Ausnahme des endständigen Isomeren entstehen bei der Alkylierung von Benzol mit Dodecen-(1) unter der Einwirkung von Aluminiumchlorid oder Schwefelsäure alle 5 möglichen Phenyldodecane. Dabei ist lediglich das Isomere in 2-Stellung und etwas noch das in 3-Stellung gegenüber der statistischen Verteilung bevorzugt. Auf Grund dieser Ergebnisse und der Ergebnisse aus der Alkylierung von Benzol mit definierten Alkylhalogeniden darf man annehmen, dass sowohl eine Isomerisierung des Olefins vor der Alkylierung als auch eine Isomerisierung einmal gebildeter Phenylalkane in mehr oder minder grossem Ausmass zusammenwirken.

Die Linearalkylarylsulfonate sind das bedeutendste Beispiel dafür, dass in erstaunlich kurzer Zeit, z.T. durch gesetzgeberische Massnahmen beschleunigt, eine erhebliche Umstellung in der Technik möglich war. Die Anforderungen an den biologischen Abbau der Tenside trafen etwa mit dem Abschluss von Entwicklungen zusammen, die in der Petrolchemie die Reindarstellung von n-Paraffinen ermöglichten. Zwei Methoden, die zunächst der Entparaffinierung von Schmierölen dienten, wurden zur Gewinnung der n-Paraffine herangezogen und ergänzen sich in ihren Möglichkeiten auf glückliche Weise.

Die Isolierung der n-Paraffine durch Molsiebe führte rasch zu einer grossen Anzahl von Anlagen. Die grösste Anlage entstand 1964 in Texas City durch die Union Carbide mit einer Kapazität von 90 000 jato und arbeitet nach dem ISO-SIV-Verfahren. Bereits 1965 wurde diese Anlage um eine Kapazität von 23 000 jato erweitert. Der überwiegende Teil der hier gewonnenen n-Paraffine wird zu Alkylbenzolen weiterverarbeitet. 1965 betrug die Gesamtkapazität in den USA 400 000 jato Alkylbenzol. Als weitere Beispiele möchte ich eine ebenfalls 1965 in Betrieb genommene Anlage von 30 000 jato in Japan, die nach dem MOLEX-Prozess arbeitende 40 000 jato-Anlage der Gelsenberg Benzin AG sowie die 30 000 jato-Anlage der BP in Dinslaken erwähnen.
Die so gewonnenen Paraffine werden teilweise chloriert und in dieser Form zur Alkylierung eingesetzt. Häufig werden aber auch die Chlorparaffine durch Abspaltung von Chlorwasserstoff in Olefine überführt, um Anlagen, die vorher der Alkylierung mit Tetrapropylen dienten, ohne grössere Veränderungen benutzen zu können. Da sich weder die Monochlorparaffine noch die durch Enthalogenierung erhältlichen Olefine destillativ vom unveränderten Paraffin abtrennen lassen, muss nach beiden Verfahren dieses Paraffin zirkuliert werden und belastet die Anlage. Dieser Nachteil bringt mittelständige Olefine in die Diskussion als Alkylierungsmittel, wie sie durch Wasserabspaltung aus sekundären

Alkoholen erhältlich sind, ein Weg, der zunächst als Umweg erscheinen mag. Auf diese sekundären Alkohole nach dem Baschkirow-Verfahren werde ich später noch zu sprechen kommen.

Während die eben besprochenen Alkylierungsmittel aus den n-Paraffinen ohne Kettenabbau gewonnen werden, lassen sich endständige Olefine durch Crackung aus höheren Paraffinen herstellen. Für deren Gewinnung hat das zweite Verfahren zur Isolierung von n-Paraffinen deutliche Vorteile, nämlich die Extraktivkristallisation mittels Harnstoff. Diese längerkettigen Paraffine werden in sehr grossem Maßstab hergestellt, beispielsweise durch die Shell in Pernis bei Rotterdam in mehreren 100 000 jato, wovon allerdings nur ein Teil für die Detergentiengewinnung verwandt wird. Das folgende Bild

Katalysatoren	Alkylierungsmittel
$AlCl_3$	n-Chlorparaffine
HF	n-Olefingemisch Chlorparaffin
	α-Olefine (Crackolefin, Alfen)

Abb.7

bringt eine Zusammenstellung der in der Technik gebräuchlichen Katalysatoren und Alkylierungsmittel. Bei den α-Olefinen sind noch die Alfene aufgeführt, mit denen in den nächsten Jahren sicher stärker zu rechnen sein wird.

Die nichtionogenen Tenside gewinnen ständig an Bedeutung. In den letzten Jahren sind Zuckerderivate intensiv in einer Reihe von Laboratorien bearbeitet worden und haben auch bereits Eingang in die Industrie gefunden. Die erste grössere Rolle spielten hierbei die Fettsäureester von Zuckern, hauptsächlich der Saccharose. Ihre Darstellung durch Umesterung von Fettsäuremethylestern erhielt durch die Anwendung neuartiger Lösungsmittel wie Dimethylformamid oder Dimethylsulfoxid grossen Aufschwung. Wenn die Rückgewinnung dieser Lösungsmittel noch etwas wirtschaftlicher möglich ist, sind die Fettsäurezuckerester preisgünstig und in hoher Reinheit erhältlich. Neben einer Reihe guter oder sogar sehr guter Eigenschaften (biologische Abbaubarkeit) zeigen sie den Nachteil einer leichten Hydrolyse. Beständiger sind hier die in unserem Institut bearbeiteten Zuckerurethane.

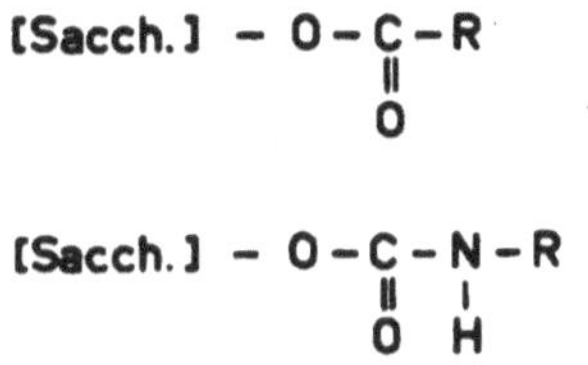

Zuckerester

Zuckerurethan
(Alkylcarbaminsäureester)

Abb.8

Bild 8 zeigt Ihnen die strukturelle Ähnlichkeit zwischen Zuckerestern und Zuckerurethanen.

In letzter Zeit sind einige Zuckerester bekannt geworden, die besonders gute Eigenschaften aufweisen, beispielsweise im Hinblick auf Waschwirkung. Es sind Ester, die in der Alkylkette schwach hydrophile Gruppen aufweisen, wie Hydroxyl-, Keto- oder Oximinogruppen. Hierzu lassen sich leicht natürliche Fettsäuren, wie Ricinolsäure oder Ölsäure, und ihre Derivate einsetzen. Einige Beispiele dieser von SIMONIS und ISMAIL bearbeiteten Stoffe zeigt Ihnen das nächste Bild (9).

Die obere Verbindung ist der Saccharoseester der Ricinolsäure, die beiden anderen sind aus Ölsäure erhältlich.

Die übliche Darstellung von Urethanen erfolgt durch Umsetzung einer hydroxylgruppenhaltigen Substanz mit Isocyanaten. Aus Zuckern oder Zuckerderivaten erhielt ULSPERGER in unserem Institut mit mehreren Alkylisocyanaten eine Reihe von Zuckerurethanen.

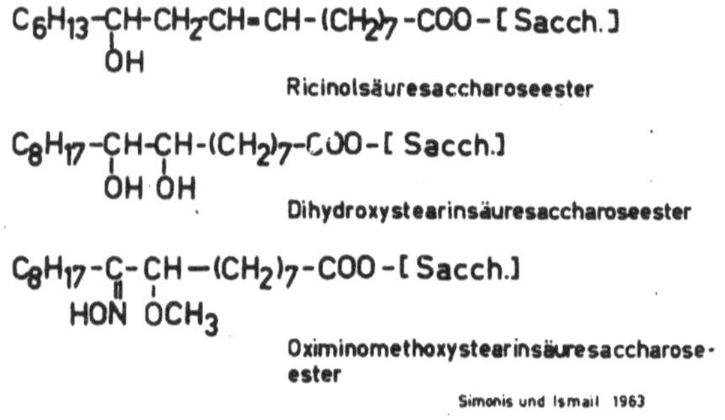

Abb.9

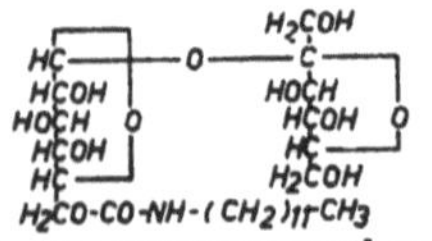

6-O- [N-n-Dodecylcarbamoyl] -saccharose

Fp.:	92°-96°C
Kritische Micellbildungs-konzentration 0°d.H., 20°C:	0.2 g/l
Oberflächenspannung 0°d.H., 20°C (KMK):	37.0 dyn/cm
Waschvermögen im Vergleich zu Na-Dodecylsulfat (1.0 g und 1.5 g/l Waschflotte):	ohne Unterschied
Schaumvermögen und Schaumstabilität	gut
Verwendung als:	1. Reinigungsmittel 2. Zusatz für Zahnputzmittel

Abb.10

Das Bild zeigt Ihnen ein Beispiel, in dem das Alkylisocyanat C_{12} an Saccharose addiert wurde. Ausserdem sind die wichtigsten Eigenschaften im Bild festgehalten.

Ein einfaches Verfahren, das Alkylisocyanate als Ausgangsmaterial vermeidet, ist ebenfalls in unserem Institut durch GERHARDT ermittelt worden. Er benutzt Alkylhalogenide und setzt sie in Gegenwart von Kaliumcyanat mit Saccharose um. Dabei muss man Alkylisocyanat als Zwischenstufe annehmen. Sie sehen dieses Verfahren im folgenden Bild.

R Hal + KNCO + Saccharose $\longrightarrow$

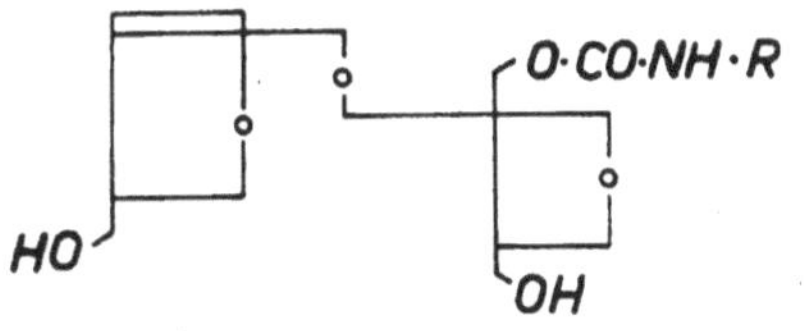

Abb.11

Anstelle von Alkylhalogeniden lassen sich auch Säurehalogenide und Sulfonsäurehalogenide (Mersole) einsetzen.

$R \cdot SO_2Cl$ + KNCO + Saccharose $\longrightarrow$

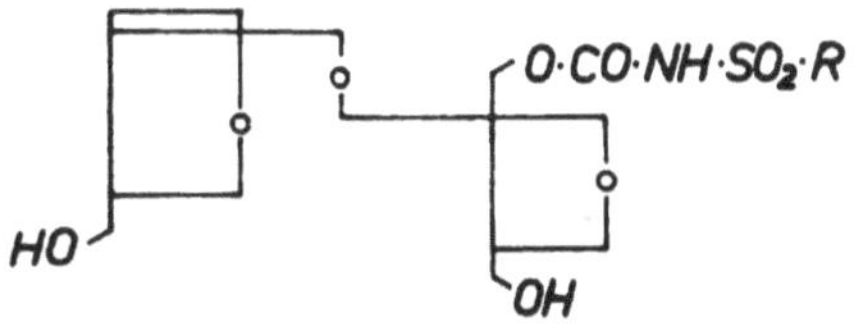

Abb.12

Einzelheiten zu dieser Umsetzung und zu den Eigenschaften der erhältlichen Verbindungen werden Sie im anschliessenden Vortrag hören.

Einen grossen Anwendungsbereich erobern sich Polyäther vom Typ der Pluronics bzw. Tetronics. Diese Stoffe sind zwar schon seit längerer Zeit bekannt, sind aber in den letzten Jahren auch nach Europa eingedrungen und besonders durch ihre einfache petrolchemische Basis interessant.

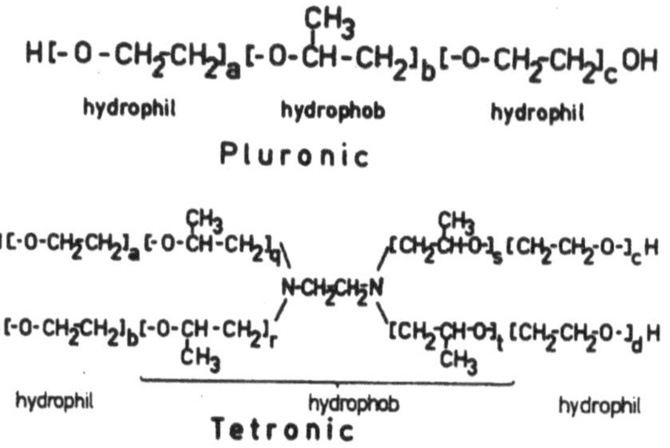

Abb.13

Hydrophober Molekülteil ist Polypropylenglykol. Auf beiden Seiten wird es durch Anlagerung von Äthylenoxid hydrophil gemacht. Im unteren Bildteil sehen Sie Tetronic, dessen Kern aus Äthylendiamin besteht. Durch Anlagerung von 4 Polypropylenglykolresten entsteht hier der hydrophobe Teil, der wiederum durch Äthylenoxid an allen 4 OH-Gruppen wasserlöslich gemacht wird.

Die vielfältigen Eigenschaften ergeben sich aus der Variationsbreite sowohl des hydrophoben als auch des hydrophilen Teils. Einen leichten Überblick vermittelt Ihnen hierzu das bekannte Pluronic-Gitter, das Sie im nächsten Bild sehen.

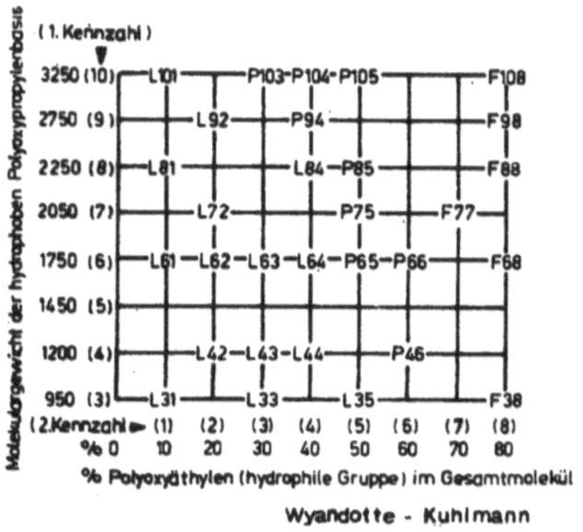

Abb.14

Von unten nach oben ist das Molgewicht des hydrophoben Polypropylenglykols aufgetragen, das zwischen 950 und 3250 schwankt. Hinter den

Molgewichten steht die erste Kennziffer der Pluronic-Typen. Von links nach rechts ist der %-Gehalt des hydrophilen Polyäthylenglykol-Teils aufgetragen, bezogen auf das Gesamtmolekül. Der Anteil der hydrophilen Komponente reicht von 10 bis 80 %. Diesem Gehalt entspricht die zweite Kennziffer. Das Molgewicht des Gesamt-Moleküls schwankt demnach zwischen rund 1100 und 16000.
Äthylenoxid wird bekanntlich auch an andere hydrophobe Komponenten addiert, um sie wasserlöslich zu machen, z.B. an Fettalkohole. Nach der Entwicklung der Alfole ist diese Verbindungsklasse wieder stärker in den Vordergrund getreten und erschliesst neue Anwendungsbereiche. Beispielsweise werden solche Fettalkohol-Äthylenoxid-Addukte neuerdings als Bodenverbesserungsmittel in der Landwirtschaft mit gutem Erfolg eingesetzt. Obwohl sie thematisch hierher gehören, möchte ich die Alfonics doch erst im Anschluss an die Alfole, also in der Gruppe der Sulfate, besprechen.

Anstelle von Äthylenoxid kann sehr vorteilhaft auch Glycid als hydrophiler Baustein eingesetzt werden. Arbeiten von ULSPERGER in unserem Institut befassten sich mit der Bildung von Polyglycerinäthern bzw. -estern durch Anlagerung von Glycid an Phenole, Amine oder Säuren.
Im nächsten Bild ist ein Beispiel für einen Polyglycerinäther, der p-tert.-Butylphenol-triglycerinäther, mit den wichtigsten Eigenschaften aufgeführt.

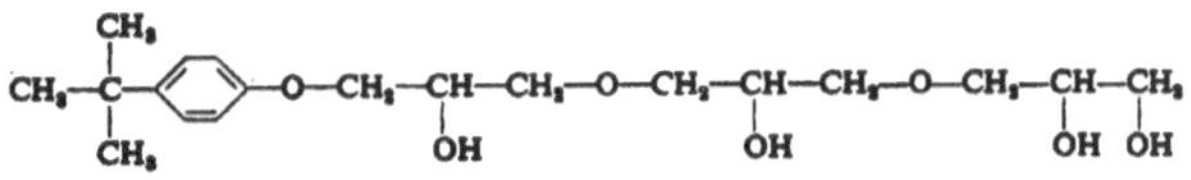

$Kp_{1,8\ Torr}$ = 295—305 °C OH-Zahl (ber.): 602,4
(gef.): 614,3

Ulsperger 1965

Abb.15

Olefinoxide lassen sich aber ebenso gut als hydrophober Molekülteil einsetzen. Für diesen Zweck kommen langkettige Epoxide in Frage.

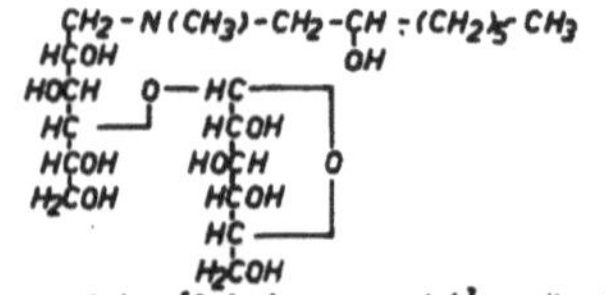

N-Methyl-N-[2-hydroxy-n-octyl]-maltamin

Fp.:	151°–153° C
Sättigungskonzentration 0°d.H.,20°C:	23 g/l
Kritische Micellbildungskonzentration 0°d.H.,20°C:	9 g/l
Oberflächenspannung 0°d.H.,20°C (KMK):	37.5 dyn/cm
Verwendung als:	——

Abb.16

Sie sehen das Additionsprodukt von Octenoxid an ein stark hydrophiles Zuckerderivat, das N-Methylmaltamin. Bisher werden langkettige Epoxide immer noch über Persäuren oder aus den Halogenhydrinen hergestellt. Untersuchungen über die Gewinnung solcher Epoxide durch Oxydation von Olefinen mit Luft oder Sauerstoff werden durch unsere Mitarbeiterin GREINER durchgeführt. Sie wird darüber heute Nachmittag vortragen. Ich darf bereits jetzt ein Gaschromatogramm einer auf diese Weise gewonnenen Epoxidfraktion zeigen. Zum Vergleich sind Gaschromatogramme käuflichen Epoxids sowie eines Testgemisches mit ungesättigtem Alkohol und ungesättigtem Keton aufgeführt.

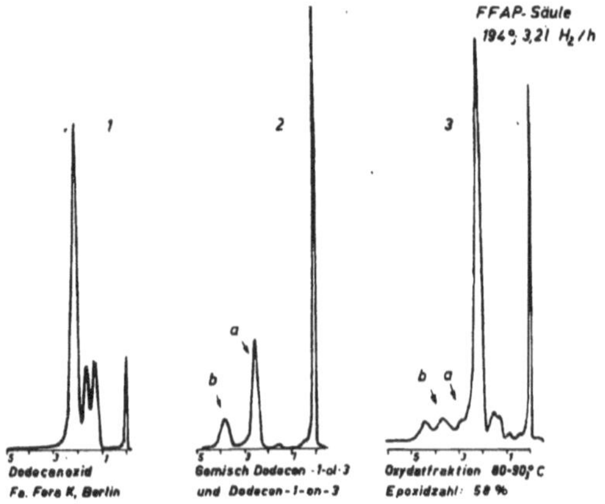

Abb.17

Die bereits seit über 60 Jahren bekannten Aminoxide haben erst in den letzten Jahren Eingang in die Praxis gefunden. Sie werden vorwiegend aus natürlichen Fettsäuren über die Nitrile, Amine und Dimethylamine gewonnen.

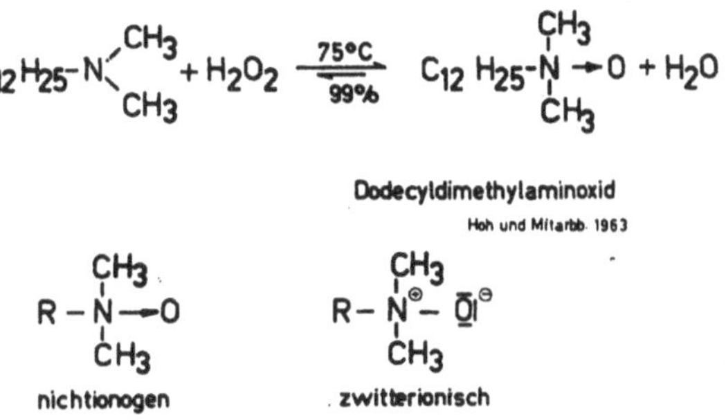

Abb.18

Bild 18 zeigt die Umsetzungsgleichung. Bei 75° wird das tertiäre Amin mit Wasserstoffperoxid quantitativ ins Aminoxid überführt. Diese Reaktion kann bei höheren Temperaturen im Sinne einer Hydrolyse auch von rechts nach links verlaufen. Auf diese Weise kann eine Desinfektions-Wirkung angenommen werden. Diese Rückreaktion zeigt aber auch, dass sich Aminoxide nicht für Versprühung zu Pulvern eignen, sondern für flüssige Zusammenstellungen eingesetzt werden. In Abwesenheit von Wasser zersetzen sich Aminoxide unter Bildung von Olefinen. Man kann die Aminoxide, wie Sie auf dem Bild weiter sehen, als nichtionogen oder auch als zwitterionisch ansehen. Für die letztere Schreibweise spricht, dass Aminoxide im sauren Medium schwach kationaktiv wirken. Der wirkliche Zustand wird aber zwischen diesen beiden Schreibweisen liegen. Verschiedene Autoren haben hierzu unterschiedliche Meinungen.

Ich möchte nun auf die Entwicklungstendenzen bei Alkylsulfaten zu sprechen kommen. In erster Linie ist hier der Alfolprozess zu nennen. Wie bereits angedeutet, möchte ich im nächsten Bild näher darauf eingehen. Aus Äthylen, Wasserstoff und Aluminium wird nach der Zieglerschen Direkt - synthese Triäthylaluminium gewonnen. In der sogenannten Wachstumsreaktion wird bei Temperaturen um oder unterhalb 100° Äthylen zu höheren Trialkylen addiert, die mit Luft und Sauerstoff zu den entsprechenden höheren Aluminiumalkoholaten oxydiert werden. Hydrolyse führt zu geradzahligen primären Alkoholen, die je nach dem angewandten Verhältnis an

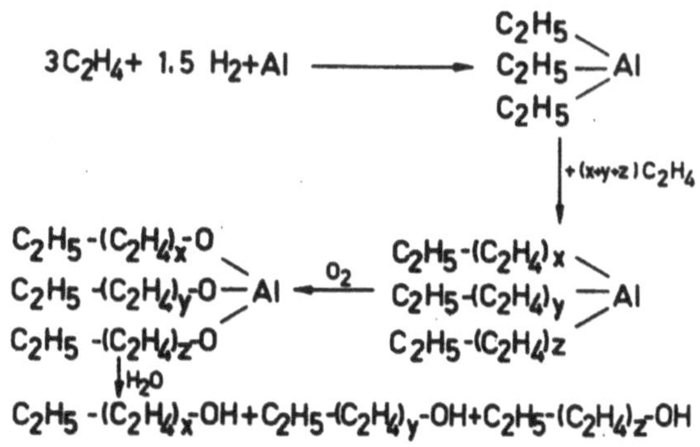

Abb.19

Äthylen in statistischer Verteilung der Kettenlänge erhalten werden. Die Schreibweise verdeutlicht den Aufbau aus ausschliesslich Äthylenbausteinen.

Alfole	C_6	C_8	C_{10}	C_{12}	C_{14}	C_{16}	C_{18}	C_{20}
610	20	35	44	1	—	—	—	—
1012	—	1	85	8	6	—	—	—
1014	—	—	30	38	31	1	—	—
1214	—	—	2	54	44	2	—	—
1218	—	—	2	40	30	19	10	1
1618 H	—	—	—	—	2	48	48	2

Conoco - Condea

Abb.20

Das Bild zeigt Ihnen die Zusammensetzung einiger handelsüblicher Alfolqualitäten. Wir sehen hier Alfole, die vorwiegend aus 2 Alkoholen bestehen, z.B. 1214 oder 1618 H, aber auch breitere Schnitte wie 610 oder 1218. Selbstverständlich können die einzelnen Kettenlängen auch als Individuen bezogen werden. Diese Entwicklung brachte für die Alkylsulfate einen erneuten grossen Aufschwung, nicht zuletzt wegen ihrer leichten biologischen Abbaubarkeit. In den USA und der Bundesrepublik Deutschland sind Anlagen mit einer Kapazität von 30 000 bis 50 000 jato in Betrieb, in anderen Ländern sind Anlagen im Bau.

Im nächsten Bild

$C_2H_5-(C_2H_4)_n-O-(C_2H_4-O-)_mH$ ~60 % Äthylenoxid

	n	m	MG	F(°C)	dyn/cm;25°C;0,1%
Alfonic 1012-6	4-5	5-6	~410	5	29,5
Alfonic 1218-6	5-8	7-8	~540	16	32,2

Conoco

Abb.21

sehen Sie als Beispiel die Alfonics, die aus den Alfolen gewonnen werden und 60 % Äthylenoxid im Endprodukt aufweisen. Ein Äthylen kommt aus dem Triäthylaluminium, n Äthylenmoleküle werden im Wachstumsprozess und m Äthylenmoleküle in Form von Äthylenoxid addiert. Die Alfonic-Typen 1012-6 und 1218-6 weisen die im Bild gezeigten Werte für n und m auf. Ausserdem sind noch Molgewicht, Schmelzpunkt und Grenzflächenspannung angegeben. Auch Sulfate sekundärer Alkohole gewinnen wieder an Bedeutung. Das von BASCHKIROW und Mitarbeitern entwickelte Verfahren zur Oxydation von Paraffinen zu sekundären Alkoholen, das unter vermindertem Sauerstoffpartialdruck und Zusatz von Borsäure arbeitet, findet auch in westlichen Ländern zunehmendes Interesse, wobei wiederum das Vorhandensein von n-Paraffinen nach den eingangs erwähnten Verfahren wichtige Impulse gibt. Über Darstellung und Eigenschaften definierter stellungsisomerer Sekundärsulfate der Kettenlänge C_{16} arbeitete PÜSCHEL an unserem Institut. Er wird morgen über seine Arbeiten berichten. Über die Sulfatierung solcher Alkohole mittels Sulfaminsäure spricht ebenfalls morgen LOKTEW, der ein Mitarbeiter aus dem Arbeitskreis von BASCHKIROW ist.

Sekundäre Alkohole werden aber auch äthoxyliert und können anschliessend sulfatiert werden. Auf diese Weise entstehen Tergitole. Sekundärsulfate lassen sich schliesslich aus Olefinen darstellen. Infolge Isomerisierung führen α-Olefine auch zu einem Gemisch der stellungsisomeren Sulfate. Bei Anwendung eines Olefinüberschusses entstehen bevorzugt die Sulfate-(2).

Auch Sulfate ungesättigter Alkohole sind in letzter Zeit vielfach untersucht worden. Seit einigen Jahren bietet die DEHYDAG ungesättigte Fettalkohole mit verschiedenen Jodzahlen als Hochdruckocenole an.

Reaktionen, die bei der Hydrierung ungesättigter Fettsäuren zu ungesättigten Fettalkoholen auftreten, sind in Rodleben untersucht worden. Hierüber wird KÖNIG heute nachmittag vortragen.
Man kann auch Rüböl als Ausgangsstoff für diese sogenannte selektive Hydrierung einsetzen. Welche Eigenschaften die hierbei erhältlichen ungesättigten Alkohole bzw. ihre Sulfate haben, werden wir morgen von TISCHER und HAHN hören.

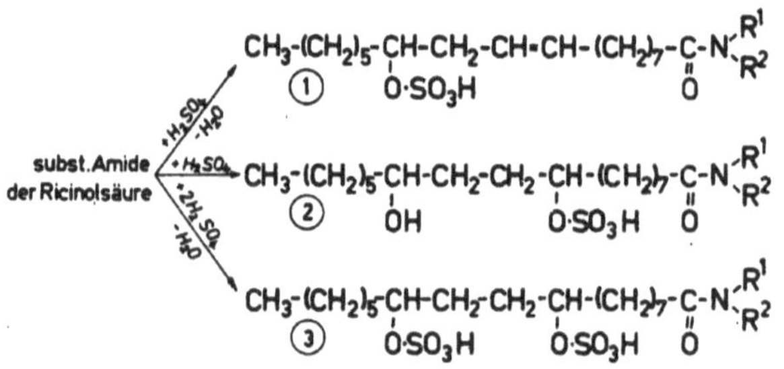

Abb.22

Schliesslich möchte ich an dieser Stelle noch ungesättigte Sulfate erwähnen, die in unserem Institut aus Ricinolsäurederivaten erhalten werden. Im Bild sind die drei möglichen Reaktionen der Ricinolsäurederivate aufgetragen, nämlich Sulfatierung an der OH-Gruppe oder der Doppelbindung oder an beiden funktionellen Gruppen. In systematischen Untersuchungen sind Ester und substituierte Amide der Ricinolsäure dargestellt und unter Erhaltung der Doppelbindung sulfatiert worden. Die Eigenschaften dieser Sulfate sind in Abhängigkeit von der Kettenlänge der Alkylreste in Ester bzw. Amid bestimmt worden. Ausführlich wird CZICHOCKI morgen nachmittag hierüber vortragen.
Als vierte Klasse möchte ich schliesslich die Alkylsulfonate besprechen. Die Mersolate waren während des letzten Krieges der bedeutendste Waschgrundstoff in Deutschland. Nach dem Kriege haben sie ständig an Bedeutung und Ansehen verloren. Auch hier leitete die mehrfach erwähnte Gewinnbarkeit von n-Paraffinen eine neue Entwicklung ein. Die aus n-Paraffinen erhältlichen modernen Alkansulfonate haben nicht nur verbesserte grenzflächenaktive Eigenschaften, sondern sind auch biologisch leichter abbaubar. Neben der lange bekannten Sulfochlorierung kommt für die Darstellung der Alkansulfonate jetzt die Sulfoxydation in Frage. Sie ist zwar ebenfalls schon lange bekannt, erhält praktisch aber erst mit n-Paraffinen technische Bedeutung.

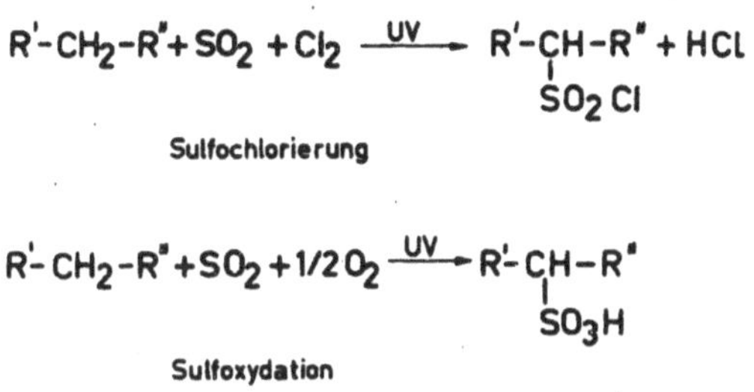

Abb.23

Bild 23 zeigt die Umsatzgleichungen beider Verfahren. Bereits aus diesen einfachen Gleichungen sieht man die prinzipielle Überlegenheit der Sulfoxydation. Es entsteht kein Nebenprodukt wie im oberen Falle Chlorwasserstoff, ausserdem ergibt die Neutralisation der Alkansulfonsäure reine Natriumalkansulfonate. Die Verseifung der Sulfochloride erfordert die doppelte Laugenmenge und ergibt Natriumchlorid als Nebenprodukt.

Initiatoren für die Sulfoxydation sind UV-Licht, Gammastrahlen oder auch sonst übliche Radikalbildner. Bei reinen Ausgangsverbindungen verläuft die Reaktion ohne Strahlung weiter, da sich die Reaktionskette ständig verzweigt.

$$R\cdot + SO_2 \longrightarrow RSO_2\cdot$$

$$RSO_2\cdot + O_2 \longrightarrow RSO_2OO\cdot$$

$$RSO_2OO\cdot + RH \longrightarrow RSO_2OOH + \mathbf{R}\cdot$$

$$RSO_2OOH \longrightarrow RSO_2O\cdot + \cdot OH$$

$$RSO_2O\cdot + RH \longrightarrow RSO_3H + \mathbf{R}\cdot$$

$$\cdot OH + RH \longrightarrow H_2O + \mathbf{R}\cdot$$

Graf 1952
Asinger und Fell 1965

Abb.24

Ein Alkylradikal reagiert mit SO_2 zum Alkylsulfonylradikal, das mit Sauerstoff ein Alkylsulfonylperoxyradikal gibt. Nach den folgenden Reaktionen erzeugt ein solches Radikal drei neue Alkylradikale und sorgt somit für die Verzweigung der Reaktionskette. In der Technik läuft trotzdem die Sulfoxydation meist nicht ohne weitere Belichtung ab, man muss geringe Mengen acylierend wirkender Substanzen zugeben. In Gegenwart von beispielsweise Acetanhydrid läuft auch bei technischem Paraffin eine eingeleitete Sulfoxydation ohne weitere Belichtung ab. Auf diese Weise wird nämlich Wasser entfernt, das nach dem vorigen Schema als Nebenprodukt entstand und Anlass zur Bildung von Schwefelsäure bietet. Alkansulfopersäure wird nach der oberen Reaktion in ein gemischtes Anhydrid überführt, das nach dem unten gezeigten Bruttoverlauf zu insgesamt 8 Molekülen Alkansulfonsäure führt. Technisch arbeitet man in zwei Reaktoren. Nach einem Umsatz von etwa 15 % wird die Sulfonsäure mit verdünnter Essigsäure extrahiert und durch Einengen konzentriert. Das Verfahren der Esso, das mit Gammastrahlen initiiert, scheint den Prozess zu vereinfachen und die Sulfoxydation bis zu grösseren Konzentrationen zu ermöglichen.

$$RSO_2OOH + (CH_3CO)_2O \longrightarrow RSO_2OOCOCH_3 + CH_3COOH$$

$$RSO_2OOCOCH_3 + 7RH + 7SO_2 + 3O_2 + H_2O \longrightarrow 8\,RSO_3H + CH_3COOH$$

Asinger und Fell 1965

Abb.25

Wie bei der Sulfochlorierung entstehen die Sulfonsäuren an sekundären Kohlenstoffatomen in praktisch gleichmässiger Verteilung. Die Substitution am endständigen Kohlenstoffatom ist dagegen wesentlich geringer. Einen Überblick zur Isomeren-Verteilung sehen Sie im nächsten Bild.

Sulfochlorierung von n-Dodecan		Sulfoxydation von n-Heptan	
-(1)	9 %	-(1)	2 %
-(2)	18 %	-(2)	42 %
-(3)	18 %	-(3)	38 %
-(4)	18 %	-(4)	18 %
-(5)	18 %		
-(6)	18 %		

relative Reaktivitäten (C-H)

prim.:sek. = 1 : 3	prim.:sek. = 1 : 30

Asinger und Fell 1965

Abb.26

Sulfochlorierung von n-Dodecan ergibt die Isomeren der Stellung 2 bis 6 in je 18 %, das endständige Sulfochlorid entsteht zu 9 %. Unter Berücksichtigung des statistischen Faktors von 3 zu 2 zwischen einer CH_3- und CH_2-Gruppe bedeutet das eine relative Reaktivität der CH-Bindung von prim : sek wie 1:3. Bei der Sulfoxydation von n-Heptan entstehen die sekundären Sulfonsäuren wiederum in etwa gleichen Anteilen (wegen der Ungeradzahligkeit der Kette erscheint bei der Stellung 4 natürlich nur der halbe Wert). Hier entsteht das endständige Isomere mit 2 %. Diese Tatsache spricht für eine relative Reaktivität der CH-Bindung von prim : sek wie 1:30. Während bei der Sulfochlorierung tert. Kohlenstoffatome nicht substituiert werden, reagieren sie bei der Sulfoxydation. Bei 17° beträgt das Verhältnis unter Einbeziehung der tert. H-Atome 1:30:130.

Zum Schluss möchte ich versuchen, einige allgemeine Tendenzen hervorzuheben, die über die 4 besprochenen Tensidklassen hinausgehen. Das ist einmal die Anpassung an eine neue Rohstoffbasis. Dieser Punkt zieht sich durch alle besprochenen Gebiete. Die Orientierung auf n-Paraffine oder im Falle der nichtionogenen Tenside auf andere leicht abbaubare Rohstoffe, wie Zucker, ist in meinen Ausführungen deutlich geworden, so dass ich hier nicht weiter darauf einzugehen brauche.
Ein zweiter zusammenfassender Gesichtspunkt ist die Anpassung an den Verwendungszweck. Es geht nicht mehr darum, die Überlegenheit der einen Substanzklasse vor einer anderen zu beweisen, sondern um den Einsatz der für eine bestimmte Verwendung am besten geeigneten Substanz. Man hat jetzt besser als in früheren Jahren Mittel in der Hand, um auch innerhalb einer Tensidklasse und selbst innerhalb eines Typs in weitem Bereich je nach Anforderungen die Eigenschaften zu variieren.

Die beste Methode hierfür, und das sei als dritter Punkt hervorgehoben, scheint mir der Aufbau aus kleinen Bausteinen zu sein. Ich möchte bei diesem Prinzip noch einige Minuten verweilen. Ich hatte Substanzen, die diesem Herstellungsprinzip entsprechen, ausführlich behandelt. Das waren zuerst die Pluronics. Hier sorgt der Aufbau aus C_2- und C_3-Bausteinen (Äthylenoxid und Propylenoxid) für die grosse Variationsbreite. Auch bei den Alfolen und ihren Äthoxylierungsprodukten, den Alfonics, hatte ich auf den Aufbau ausschliesslich aus C_2-Bausteinen (Äthylen bzw. Äthylenoxid) hingewiesen. Das Zusammenfügen dieser C_2-Bausteine erfolgt hier mit der aluminiumorganischen Aufbaureaktion. Durch die Möglichkeit zur Gewinnung von Äthylen aus verschiedensten Erdölfraktionen erscheint diese Methode besonders flexibel. Gestatten Sie mir bitte, noch etwas näher auf die aluminiumorganischen Synthesen und damit das eigene Arbeitsgebiet hinzuweisen. Uns erscheint diese Arbeitsmethode auch ausserhalb des Alfolprozesses für das Fachgebiet interessant. Um Möglichkeiten der aluminiumorganischen Arbeitsmethode aufzuzeigen, haben wir 3 Vorträge über Umsetzungen von Aluminiumalkylen in das Programm aufgenommen, auch wenn nicht in allen Fällen eine unmittelbare Beziehung zum Fachgebiet sichtbar ist. Die bereits an anderer Stelle berichtete Alkylierung von Säurechloriden zu Ketonen mit Hilfe von Alkylaluminium-Verbindungen wird im Bild 27 gezeigt.

$$CH_3\text{-}CO\text{-}CH_2\text{-}CH_2\text{-}CH_2\text{-}CH_2\text{-}CH_2\text{-}CH_2\text{-}CH_2\text{-}CH_3 \quad (2)$$

$$CH_3\text{-}CH_2\text{-}CO\text{-}CH_2\text{-}CH_2\text{-}CH_2\text{-}CH_2\text{-}CH_2\text{-}CH_2\text{-}CH_3 \quad (3)$$

$$CH_3\text{-}CH_2\text{-}CH_2\text{-}CO\text{-}CH_2\text{-}CH_2\text{-}CH_2\text{-}CH_2\text{-}CH_2\text{-}CH_3 \quad (4)$$

$$CH_3\text{-}CH_2\text{-}CH_2\text{-}CH_2\text{-}CO\text{-}CH_2\text{-}CH_2\text{-}CH_2\text{-}CH_2\text{-}CH_3 \quad (5)$$

Bild 27

Die unterschiedliche Zeichnung lässt den Säurerest sowie den Alkylrest aus der Aluminiumverbindung leicht erkennen. Die technische Zugänglichkeit der Alkylaluminium-Verbindungen gestattet somit die Darstellung reiner Ketone und erst recht von Ketongemischen in grösserem Maßstab.

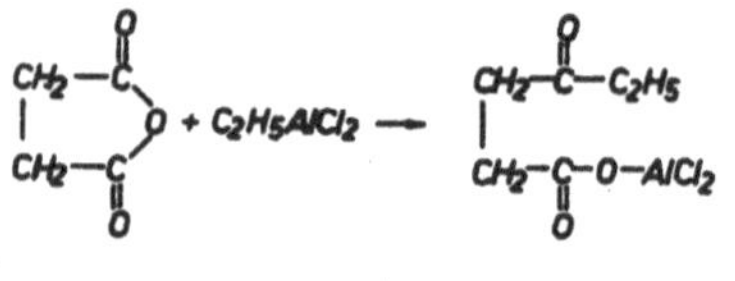

60 % γ-Ketosäure

Abb. 28

Das nächste Bild zeigt die Gewinnung von Ketosäuren aus cyclischen Dicarbonsäureanhydriden mittels Alkylaluminium-Verbindungen. Darüber wird HAAGE morgen vormittag ausführlich vortragen. Im Anschluss daran werden Sie morgen von JAHNKE hören, wie Sulfochloride in dieser Umsetzung reagieren.

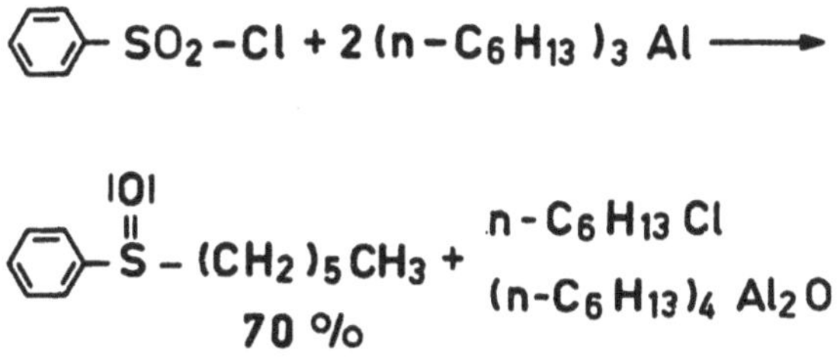

Abb.29

Das letzte Bild zeigt Ihnen die Synthese eines gemischten Sulfoxids, des Phenyl-n-hexylsulfoxids, aus Benzolsulfochlorid mit Hilfe einer Hexylaluminium-Verbindung.

Es ist anzunehmen, dass auch in den kommenden Jahren die Herstellung grenzflächenaktiver Stoffe einer raschen Weiterentwicklung unterliegt. Ich bin sicher, dass einige der aufgezeigten Tendenzen, soweit sie noch im Labormaßstab bearbeitet werden, in nächster Zeit in die Technik eintreten werden.

W. G e r h a r d t
Institut für Fettchemie der Deutschen Akademie der Wissenschaften zu Berlin, Berlin-Adlershof

Über neue Synthesen oberflächenaktiver Saccharosederivate

Saccharose gewinnt als hydrophile Komponente in nichtionogenen Tensiden zunehmend an Bedeutung. Dies hat zum einen seinen Grund in der leichten Zugänglichkeit des Ausgangsmaterials und zum anderen in der je nach Art der Verknüpfung zu erwartenden geringen Giftigkeit und leichten biologischen Abbaubarkeit der erhaltenen Substanzen.

Die bekanntesten derartigen Produkte sind die Fettsäureester der Saccharose, welche erstmalig 1956 von OSIPOW und Mitarbeitern [1] aus Fettsäuremethylester und Saccharose in Dimethylformamid durch Umesterung synthetisiert wurden.

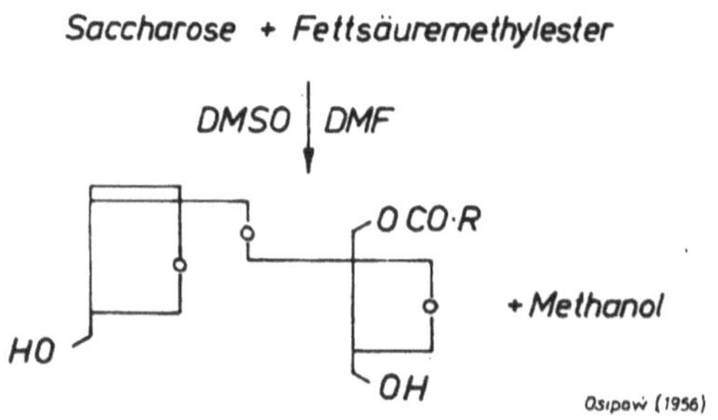

Abb.1

Die grosse Anzahl von Veröffentlichungen auf diesem Gebiet dokumentiert das allseitig starke Interesse an dieser Substanzklasse.

Auf Anregung von Herrn Prof.Dr.H.Bertsch beschäftigten wir uns im Institut für Fettchemie der Deutschen Akademie der Wissenschaften zu Berlin, Berlin-Adlershof, seit ca. 10 Jahren sowohl mit der Synthese als auch mit den anwendungstechnischen Eigenschaften von Saccharosederivaten [2]. Hier soll über Ergebnisse der letzten 2 Jahre berichtet werden, wobei die Synthese im Vordergrund stehen soll.

Für unsere Arbeiten waren zwei Gesichtspunkte wesentlich:

1) es sollten hydrolysebeständige Saccharosederivate dargestellt werden und

2. galt es, möglichst leicht zugängliche Ausgangsmaterialien zu verwenden.

Die ersten in unserem Institut entwickelten Saccharosederivate waren die Saccharosealkylurethane [3]. Abbildung 2 gibt einen Überblick über Synthese und Aufarbeitung.

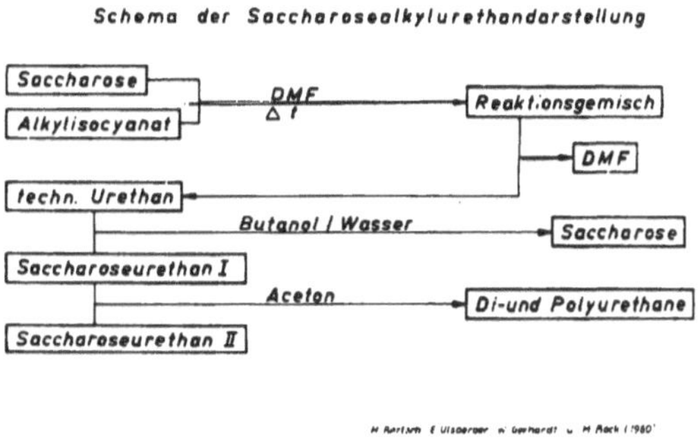

Abb.2

Die so erhaltenen Saccharose-N-n-alkylurethane genügen zwar der Forderung nach Hydrolysebeständigkeit, aber es zeigte sich bald, dass die zweite Forderung nur ungenügend erfüllt ist, da die Beschaffung der als Ausgangssubstanzen benötigten aliphatischen Isocyanate mit entsprechender Kettenlänge erhebliche Schwierigkeiten bereitet. Wir fanden nun eine neue Synthese, die auf den direkten Einsatz von Isocyanaten verzichtet. Durch Umsetzung von Saccharose mit Kaliumcyanat und Alkylhalogenid in Dimethylformamid gelang es uns, die Synthese der Saccharose-N-n-alkylurethane wesentlich zu vereinfachen. Die Ausbeuten bei diesem "Eintopfverfahren" betragen 70-80 % bei Einsatz von Alkylbromiden.

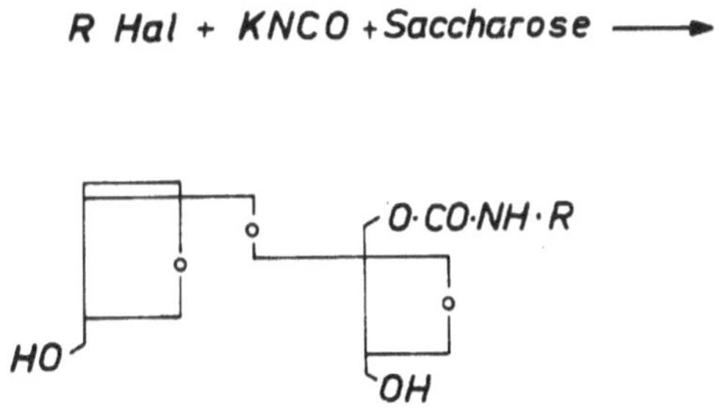

Abb.3

Diese Reaktion verläuft in zwei Stufen.

Urethandarstellung

a) $R \cdot Br + KNCO \xrightarrow{DMF} R \cdot NCO + KBr$

b) $R \cdot NCO + \text{Saccharose} \xrightarrow{DMF} \text{Saccharosealkylurethan}$

Abb.4

Bei entsprechender Reaktionsführung haben wir die als Zwischenprodukte auftretenden Alkylisocyanate (Gleichung a) isolieren können. Im Gegensatz zur Umsetzung mit Alkylisocyanaten direkt, wird ein homogenes Reaktionsgemisch nicht erhalten, da sich Kaliumcyanat und Alkalihalogenid nur teilweise in Dimethylformamid lösen. Die Löslichkeit des Kaliumcyanats reicht jedoch aus um die Reaktion bei ca. 90° genügend schnell ablaufen zu lassen. Die Aufarbeitung der Reaktionsprodukte geht aus der nachstehenden Abbildung hervor:

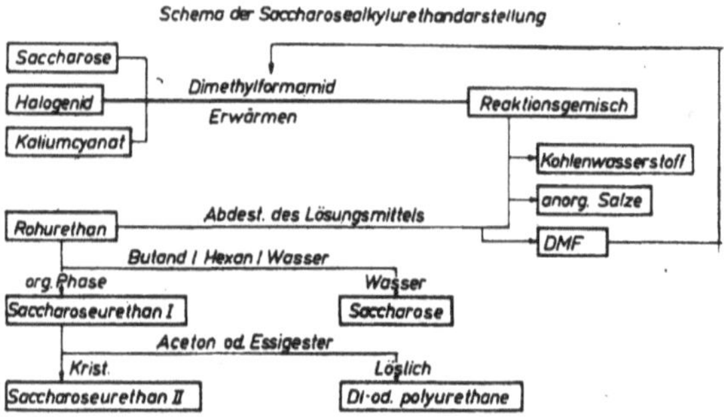

Abb.5

Die Vorteile dieses Verfahrens bestehen darin, dass man auf das meist lästige Arbeiten mit Phosgen verzichten und bedingt durch die leichtere Zugänglichkeit der entsprechenden Halogenide die Alkylkette weitgehend variieren kann. Es ist ebenfalls möglich, technische Alkylbromidgemische

mit Erfolg einzusetzen. Auch mit ungesättigten sowie sekundären Halogeniden verläuft die Reaktion analog. Ausserdem lässt sich die Saccharose gegen andere Zucker oder Zuckeralkohole austauschen.
Die Bildung von Saccharose-N-n-alkylurethane konnte durch analoge Synthese einfacher Alkyl-N-alkylurethane sichergestellt werden: es wurden ein Alkyl-N-alkylurethan, das aus einem einfachen Alkohol durch Umsetzung mit Isocyanat dargestellt wurde, mit einem Urethan, das durch Umsetzung aus Kaliumcyanat, Alkylhalogenid und Alkohol erhalten wurde, verglichen. Der direkte Vergleich der Saccharose-N-n-alkylurethane ist nur bedingt, z.B. spektroskopisch möglich, da es sich bei diesen Substanzen um Isomerengemische ohne scharfen Schmelzpunkt handelt.

Bei Einsatz von Alkylchloriden statt der Alkylbromide ergab sich, dass eine um ca. 50° höhere Reaktionstemperatur benötigt wird, wenn ein genügend schneller Umsatz gewährleistet sein soll. Diese Temperaturerhöhung führt jedoch zu irreversiblen Verfärbungen der Reaktionsprodukte. Wir haben daher nach einer Methode gesucht, die es ermöglicht, Alkylchloride mit Saccharose und Kaliumcyanat auch bei Temperatur um 100° umzusetzen [4].

Der von uns gefundene Lösungsweg besteht im Zusatz von Alkalibromid zu den üblichen Reaktionspartnern. Die nachstehende Abbildung gibt einen Überblick über die einzelnen Zwischenstufen der Reaktion. Jede einzelne Stufe wurde isoliert überprüft.

$$\underline{RCl} + \underline{MeBr} \underset{90^\circ}{\overset{DMF}{\rightleftharpoons}} RBr + MeCl$$

$$RBr + \underline{MeNCO} \xrightarrow[90^\circ]{DMF} RNCO + MeBr$$

$$RNCO + \underline{R'OH} \xrightarrow[90^\circ]{DMF} R \cdot NH \cdot CO \cdot O \cdot R'$$

Abb.6

Bei dieser Variation der Umsetzung bildet sich im Verlauf der Reaktion immer wieder Alkalibromid, das zur Gleichgewichtsverschiebung von Alkylchlorid nach -bromid durch Umhalogenisierung beiträgt [5]. Diese Reaktionsweise ermöglicht es, auch chlorierte Erdölschnitte zu verwenden, wobei jedoch einschränkend festgestellt werden muss, dass diese neben der gewünschten Monohalogenverbindung entweder einen grossen Überschuss an unumgesetzten Kohlenwasserstoffen oder einen hohen Prozentsatz an Di- und Polyhalogeniden enthalten.

Da die Saccharose-N-alkylurethane mit einer Kettenlänge von C_{16} und C_{18} in Wasser verhältnismässig schwer löslich sind, haben wir versucht, diesen Nachteil durch Oxäthylierung zu beheben. Hierfür sind zwei Synthesewege denkbar:

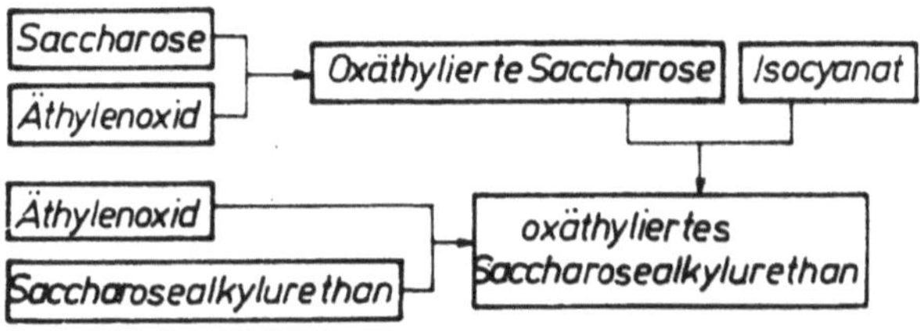

Abb.7

a) Oxäthylierung von Saccharose und anschliessende Reaktion dieser "Oxäthylsaccharose" mit Alkylisocyanat, sowie
b) Umsatz von Saccharosealkylurethan mit Äthylenoxid direkt.

Wir haben beide Möglichkeiten untersucht. Bemerkenswert erscheint uns, dass man bei der Umsetzung von "Oxäthylsaccharose" mit Alkylisocyanat auf das Arbeiten in Dimethylformamid verzichten und statt dessen Aceton oder Dioxan verwenden kann. Die auf unterschiedlichen Wegen erhaltenen, ansonsten aber analogen Oxäthylierungsprodukte der Saccharoseurethane, stimmen in ihren Eigenschaften weitgehend überein, zeigen jedoch auch charakteristische Unterschiede. So ist z.B. das Netzvermögen der nach a) dargestellten Produkte gut, während die nach b) dargestellten schlecht netzen. Anhand der IR-Spektren ist anzunehmen, das zwei unterschiedliche Strukturen vorliegen:

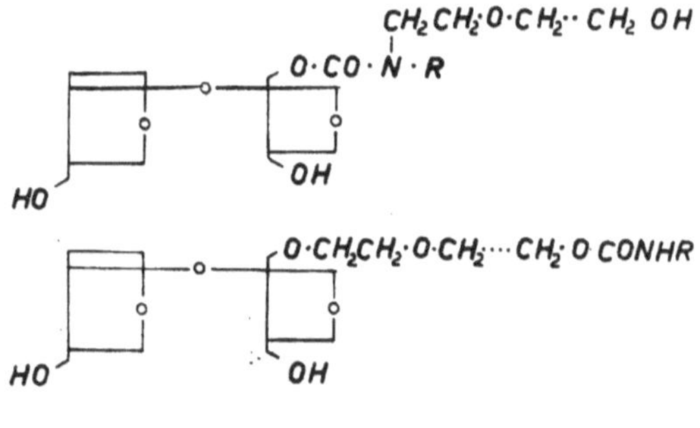

Abb.8

Im ersten Fall befindet sich die Alkylkette (R) nahe am Saccharoserest und ist durch die Polyoxäthylenkette abgeschirmt. Im zweiten Fall ist sie durch eine Polyoxäthylenkette vom Saccharoserest getrennt.

Leichtere Wasserlöslichkeit erreicht man ausser durch Oxäthylierung auch durch Einbau einer Carboxylgruppe in das Saccharose-N-alkylurethanmolekül. Bei Auswahl entsprechender Einsatzmaterialien lassen sich solche Substanzen durch unsere Urethansynthese darstellen: Aus Halogenfettsäureestern, Kaliumcyanat und Saccharose erhält man die gewünschten carboxylgruppenhaltigen Urethane. Wir konnten z.B. ausgehend von den α-Bromfettsäureestern durch Umsetzung mit Kaliumcyanat und Saccharose und nachfolgende Verseifung die Reihe der Saccharose-N-[α-carboxyalkyl]-urethane synthetisieren.

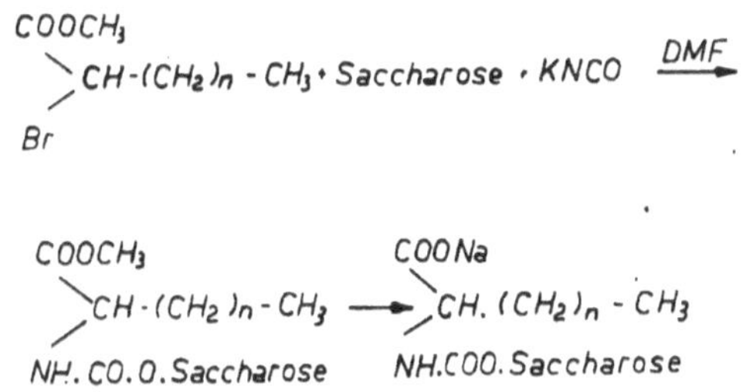

Abb.9

Die erhaltenen Produkte haben anionischen Charakter.

Diese aufgezeigten Synthesen grenzflächenaktiver Saccharosederivate befriedigten noch nicht, da es sich zeigte, dass die als Ausgangsprodukte benötigten Halogenverbindungen technisch nicht immer qualitätsgerecht verfügbar sind. Auf der Suche nach leichter zugänglichen Rohstoffen sind wir auf die Alkylsulfonsäurechloride gestossen. Unter relativ einfachen Bedingungen gelang es, die verschiedenen technischen Alkylsulfonsäurechloride (Mersole), die durch Sulfochlorierung aus Paraffinen leicht zugänglich sind, mit Kaliumcyanat und Saccharose zu einer neuen Klasse von Saccharosederivaten den Saccharose-N-(alkylsulfonyl)-urethanen umzusetzen [6].

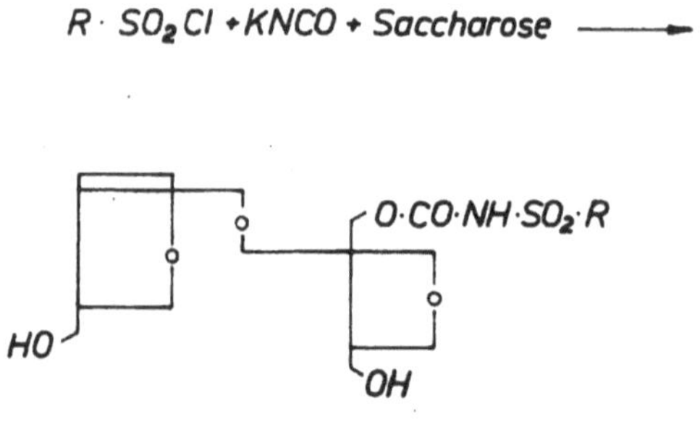

Abb.10

In vielen Eigenschaften stimmen die aus den verschiedenen Mersolen erhaltenen Urethane überein, zeigen aber auch bemerkenswerte Unterschiede, welche u.a. auf die Anteile an Disubstitutionsprodukten im Ausgangsmaterial zurückgeführt werden können.
Abschliessend sei auf einige Eigenschaften der beschriebenen Saccharosederivate eingegangen.
Fast alle Urethane zeichnen sich durch gute Oberflächenspannungserniedrigung aus:

Maximale Oberflächenspannungserniedrigung
(Wasser 20° C)

	Konzentration / Liter		
	2g	0,2 g	0,02 g
Na-Dodecylsulfat	38,3 *	55	72,1
Saccharose-N-n-octylurethan-(1)	30,8	50,6	72,0
Saccharose-N-n-octylurethan-(2)	30,1	34,4	61,0
Saccharose-N-n-dodecylurethan	40,2 *	42,0	67,3
Oxäthyliertes Saccharose-N-n-dodecylurethan (30 ÄO)	27,3	27,3	36,1
Saccharosemersolurethan	32,2	33,0	41,8
Glucose-1-dodecylurethan	31 *	31,1 *	31,8

* übersättigte Lösung

Abb.11

Kombiniert mit einem alkalischen Skelett zeigen sie Waschwirkungen, die der von handelsüblichen Produkten praktisch gleichkommt:

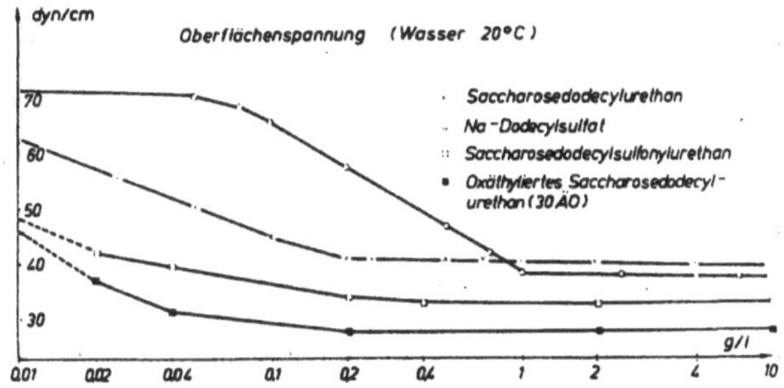

Abb.12

WAS	Waschkraft
Saccharose-N-tetradecylurethan	52-54 %
Saccharose-N-alkylsulfonylurethan	54-56 %
Oxäthyliertes Saccharose-N-dodecyl-urethan mit 20 ÄO	55-57 %
Handelsprodukte wie Milwok, Rip, Dash, Sunil	53-60 %

Abb.13
Waschvermögen bei 80°; 14° dH

Da sie oberhalb 60° nur wenig schäumen, können sie bevorzugt in Waschmaschinen eingesetzt werden. Aus Mersol dargestellte Produkte zeigen gutes Netz- und Dispergiervermögen.

Mit diesem kurzgefassten Überblick über einen Teil unserer Arbeiten auf dem Zuckergebiet sollte gezeigt werden, dass das von uns neu entwickelte Syntheseprinzip: Umsetzung einer reaktionsfähigen Halogenverbindung mit Alkalicyanat in Gegenwart eines Zuckers in einem aprotischen Lösungsmittel, bei entsprechender Wahl der Ausgangsprodukte die Darstellung verschiedenartiger vielseitig anwendbarer oberflächenaktiver Saccharosederivate erlaubt.

Herrn Prof.Dr.H.Bertsch und Herrn Dr.Reinheckel danke ich für ihr Interesse an diesen Arbeiten und Fräulein Bartz, Fräulein Jahn und Frau Czichocki für experimentelle Mitarbeit.

Literatur

[1] L.I. Osipow, F.D.Snell, D.Marra und W.C.York, Soap chem.Specialtics 32, 47 [1956]; Ind.Engng.Chem.48, 14 [1956]

[2] E.Ulsperger, Seifen-Öle-Fette-Wachse 26, 777 [1957]

[3] H.Bertsch, E.Ulsperger, W.Gerhardt und M.Bock, J.prakt.Chem.[4] 11, 108 [1960]

[4] W.Gerhardt, Tenside 2, 101 [1965]

[5] W.Gerhardt, Zeitschrift f.Chemie 5, 75 [1965]

[6] W.Gerhardt, DWP (DDR) 41 730; 22.8.1964; 5.10.1965

S. L i p p m a n n
VEB Fettchemie, Karl-Marx-Stadt

Neue Kationtenside aus Hexahydroazepin

Die Grundlage zu diesem Thema "Neue Kationtenside aus Hexahydroazepin" bilden die Ergebnisse einer Diplomarbeit, die unter Leitung von Herrn Prof. Dr. M. Mühlstädt am Institut für Organische Chemie der Karl-Marx-Universität Leipzig von mir durchgeführt wurde.

Quaternäre Ammoniumverbindungen sind bekanntlich Substanzen, bei denen die vier H-Atome des Ammoniums durch vier organische Reste ersetzt sind. Diese Reste können dabei rein aliphatischer, aromatischer oder gemischter Natur sein. Auch können die Reste aromatischen oder alicyclischen N-Heterocyclen angehören. Liegt dabei in einer solchen Verbindung ein organischer Rest in Form einer längeren Alkylkette vor, so entstehen oberflächenaktive Substanzen, die auf Grund ihrer Eigenschaften erhebliche Bedeutung erlangt haben. Zwar sind diese Verbindungen keine Waschmittel, zum mindesten nicht für Textilien, da die bei der Veredlung in Frage kommenden Konzentrationen zu gering sind. Auf Grund ihrer der Faser entgegengesetzten Ladung sind sie jedoch in der Lage, leicht auf diese aufzuziehen. Sie haben deshalb als Weichmacher in der Textilveredlung und als waschechte Hydrophobierungsmittel große Bedeutung erlangt. Eine weitere Eigenschaft quaternärer Verbindungen ist ihre desinfizierende Wirkung. Quaternäre Ammoniumverbindungen werden daher oft als milde Desinfektionsmittel eingesetzt.

Ausgangssubstanz für die Versuche bildete das Hexamethylenimin oder Hexahydroazepin (HHA).

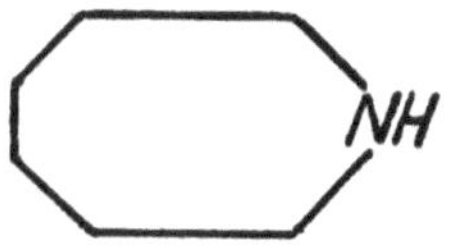

Dieses secundäre cyclische Amin fällt bei der Gewinnung von Hexamethylendiamin durch Hydrierung von Adipinsäuredinitril als Nebenprodukt an.
Aus seiner wäßrigen Lösung wurde zunächst das reine HHA gewonnen.

Anschließend galt es, die für die spätere Quaternierung erforderlichen tertiären Amine in lückenloser Kette von C_1 - C_{12} darzustellen. Über ihre Gewinnung liegen in der Literatur nur unvollständige und zum Teil widersprüchliche Angaben vor. Während sowjetische Wissenschaftler für einige niedere N-Alkyl-HHA ein druckloses Verfahren angeben, machen andere Autoren die Darstellung, speziell der höheren N-Alkyl-HHA, von der Anwendung von Druck und Temperatur abhängig.

Für unsere Arbeiten wandten wir zunächst das drucklose Verfahren an. Dabei wurden molare Mengen Alkylbromid mit doppeltmolaren Mengen HHA in benzolischer Lösung bei Zimmertemperatur zur Reaktion gebracht.

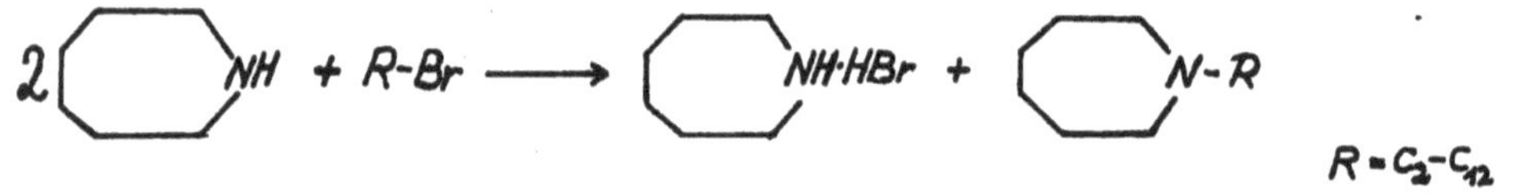

Parallel mit einer geringen Temperaturerhöhung erfolgte eine Abscheidung weißen HHA-hydrobromids. Nach Abtrennung des Niederschlages wurde der Rückstand mehrfach einer fraktionierten Destillation über festem NaOH unterworfen. Auf diese Weise konnten zunächst die N-n-Alkyl-HHA von C_2 - C_5 gewonnen werden. Es galt nun zu überprüfen, inwieweit es möglich ist, diese Methode auch auf die Gewinnung der höheren N-n-Alkyl-HHA anzuwenden. Da durch Vorversuche festgestellt werden konnte, daß auch mit höheren Alkylbromiden eine Abscheidung von HHA-hydrobromid erfolgte, mußte angenommen werden, daß auch die Darstellung der höheren N-n-Alkyl-HHA nach dem gleichen Verfahren prinzipiell möglich sein müßte.

Davon ausgehend gelang es, die N-n-Alkyl-HHA der Kettenlängen C_6 - C_{12} nach dem gleichen Verfahren zu gewinnen. Die anfallenden N-n-Alkyl-HHA sind sämtlich wasserklare Flüssigkeiten mit einem mehr oder weniger ausgeprägten Amingeruch. Die erzielten Ausbeuten lagen im Durchschnitt bei 75 %. Ein Vergleich der Siedepunkte mit Literaturangaben war nur bei den niederen N-n-Alkyl-HHA möglich und ergab weitgehende Übereinstimmung.

Parallel zur Darstellung der N-n-Alkyl-HHA nach dem Normaldruckverfahren wurde das Autoklavenverfahren erprobt. Es sollte geprüft werden, ob durch Umsetzung im Autoklaven bei höheren Temperaturen vielleicht eine Verbesserung der Ausbeute erzielt werden konnte. Nach 24stündiger Reaktionszeit bei 140 °C in Gegenwart von Äthanol wurden die Ansätze aufgearbeitet. Dabei erwies sich bereits die Aufarbeitung der Reaktionsprodukte auf Grund der guten Löslichkeit des gebildeten Hydrobromids im Alkohol als bedeutend umständlicher. Die isolierten N-n-Alkyl-HHA waren mit den nach dem Normaldruckverfahren dargestellten Verbindungen identisch, und die Ausbeute führte zu keiner Verbesserung, eher zu einer Verschlechterung gegenüber dem Normaldruckverfahren.

Eine Ausnahme in der Darstellung bildete das N-Methyl-HHA. Hier erfolgte die Gewinnung nach einer modifizierten Leukart-Wallach-Reaktion, d. h. durch eine reduktive Alkylierung von HHA mit Formaldehyd in Gegenwart von Ameisensäure als Reduktionsmittel.

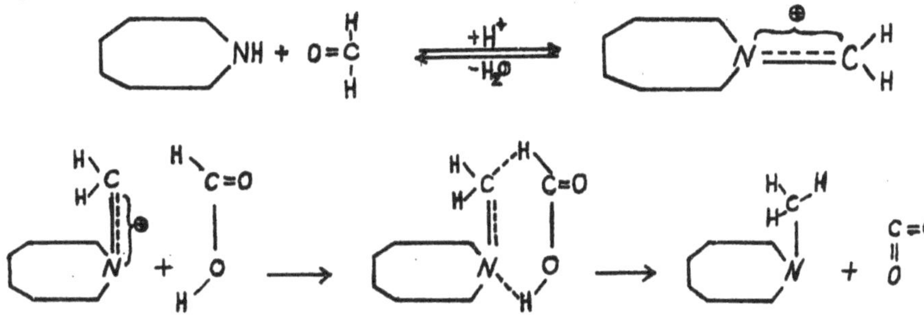

Dabei wird angenommen, daß die Carbonylverbindung zunächst in der üblichen Weise mit dem Amin reagiert. Das dabei entstehende Kation wird dann durch Ameisensäure über einen cyclischen Übergangszustand zum Amin reduziert. Die Frage nach einer allgemeinen Anwendung der Leukart-Wallach-Reaktion auf eine Gewinnung weiterer tertiärer Amine aus HHA und aromatischen, hydroaromatischen und heterocyclischen Aldehyden wurde in diesem Zusammenhang mit bearbeitet, jedoch würde es zu weit führen, die dabei gesammelten Ergebnisse in diesem Rahmen mit zu erörtern.

Zur weiteren Charakterisierung aller N-n-Alkyl-HHA wurden neben den elementaranalytischen Bestimmungen die Pikrate und Hydrochloride dargestellt.

Zur Herstellung quaternärer Ammoniumverbindungen geht man meist von einem tertiären Amin aus und quaterniert dieses durch Einwirkung von Alkyl- bzw. Arylhalogeniden. Die Geschwindigkeit der Alkylierung und die Ausbeute an quaternierter Ammoniumverbindung hängen dabei einerseits von den beiden Reaktionspartnern und andererseits von den Reaktionsbedingungen ab. Voraussetzung für eine gute Quaternierung ist eine genügend hohe Basizität des Amins, wobei höhere tertiäre Amine wesentlich träger reagieren als ihre niederen Analoga. Ihre Alkylierung erfolgt um so schneller, je polarer die Alkylhalogenid-Bindung des Alkylierungsmittels ist. Relativ schnell reagieren dabei niedere Alkylhalogenide und besonders Benzylverbindungen. Neben Reaktionszeit und -temperatur ist es nicht zuletzt das Lösungsmittel selbst, welches den Ablauf der Quaternierung wesentlich beeinflussen kann. Im allgemeinen werden Lösungsmittel mit hohem Dipolmoment empfohlen, doch scheint es ein universell anwendbares Lösungsmittel für die Quaternierung nicht zu geben.

Für die Darstellung, speziell der quaternären Ammoniumverbindungen des HHA, wählten wir die direkte Umsetzung äquivalenter Mengen N-n-Alkyl-HHA und Quaternierungsmittel in acetonischer bzw. äthanolischer Lösung innerhalb 6 - 8 Std. in der Wärme.

Zur Entfernung nicht umgesetzten Ausgangsmaterials wurde das Reaktionsprodukt anschließend mit Äther gefällt. Die Reinigung der dabei in Äther unlöslichen quaternären Verbindungen erfolgte durch wiederholte Umkristallisation aus Alkohol/Aceton.

Nach diesem Verfahren gelang es, die

N-n-Alkyl-N-benzyl-hexahydroazepiniumchloride

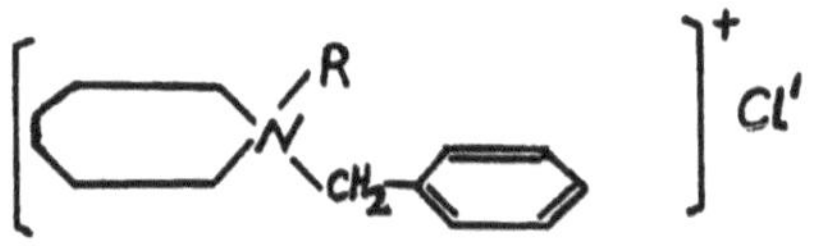

(Verb.A)

N-n-Alkyl-N-p-nitrobenzyl-hexahydroazepiniumchloride

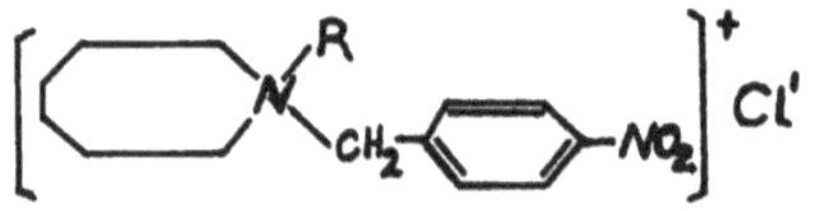

(Verb.B)

N-n-Alkyl-N-p-chlorbenzyl-hexahydroazepiniumchloride

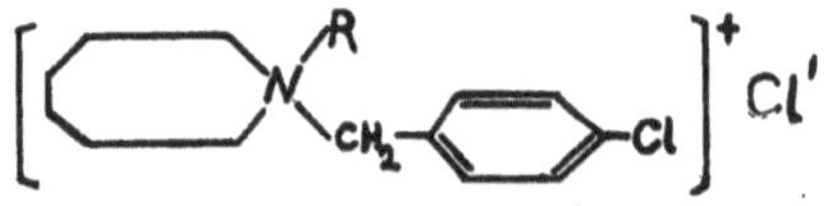

(Verb.C)

aus den N-n-Alkyl-HHA der Kettenlängen C_1 - C_{12} und Benzylchlorid, p-Nitrobenzylchlorid bzw. p-Chlorbenzylchlorid darzustellen.

Um den Einfluß der Stellung des Substituenten im Benzolkern bei der anwendungstechnischen Prüfung untersuchen zu können, wurden die

N-n-Alkyl-N-o-chlorbenzyl-hexahydroazepiniumchloride
aus N-n-Alkyl-HHA
und o-Chlorbenzylchlorid

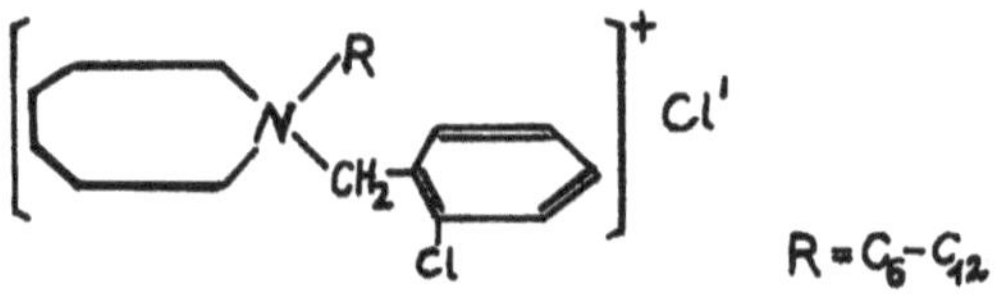

dargestellt.

Alle auf diese Weise mit ca. 70 - 80 % Ausbeute erhaltenen Verbindungen sind weiße, mehr oder weniger hygroskopische Salze, die über Schmelzpunkt und Gehalt an ionogenem Chlor näher charakterisiert werden konnten.

Die Darstellung von

N-n-Alkyl-N-phenoxyäthyl-hexahydroazepiniumchloriden
aus N-n-Alkyl-HHA
und Phenoxyäthylchlorid

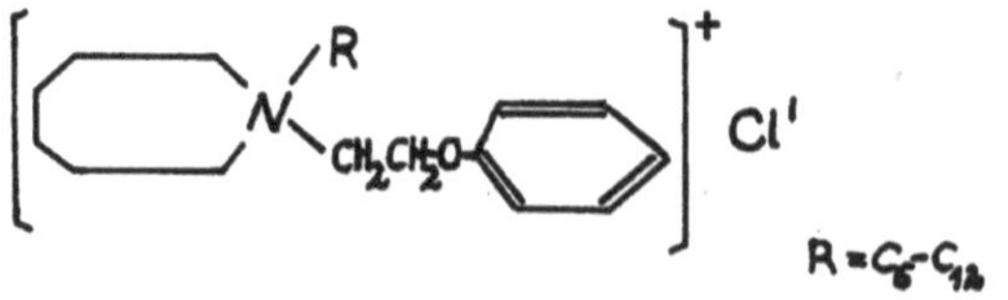

mit den bisherigen Lösungsmitteln sowie mit Äther ergab keine Umsetzung. Mit Dimethylformamid bildete sich nur N-n-Alkyl-HHA-hydrochlorid. Bei Verwendung von Wasser als Lösungsmittel und langen Reaktionszeiten war eine Quaternierung zu beobachten. Die Ausbeute lag aber nur bei ca. 15 %. Um die Ursache dieser schlechten Umsetzungsgrade näher zu untersuchen, wurden die

N-n-Alkyl-N-äthylbenzol-
hexahydroazepiniumchloride
aus N-n-Alkyl-HHA
und 1-Chloräthylbenzol

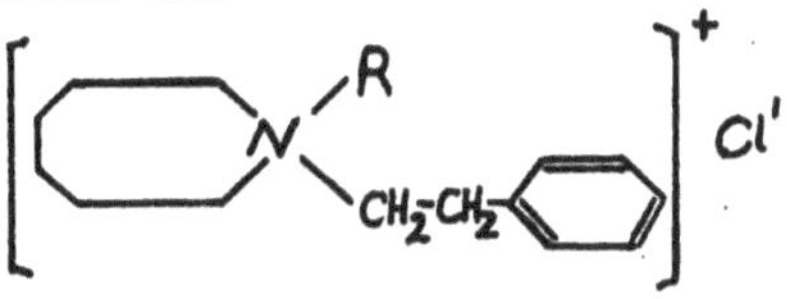

$R = C_1 - C_2$

dargestellt.

Auch hier lagen die Ausbeuten bei ca. 15 %. Diese Ergebnisse lassen vermuten, daß nicht die Ätherbrücke des Phenoxyäthyls, sondern die größere Entfernung des reagierenden Cl-Atoms vom aktivierenden Benzolkern die Ursache für die schlechten Umsetzungen ist.

Um den Einfluß des Anions auf die anwendungstechnischen Eigenschaften der Quats zu prüfen, wurden die

N-n-Alkyl-N-methyl-
hexahydroazepiniummethosulfate
$C_1 - C_{12}$
aus N-n-Alkyl-HHA
und Dimethylsulfat

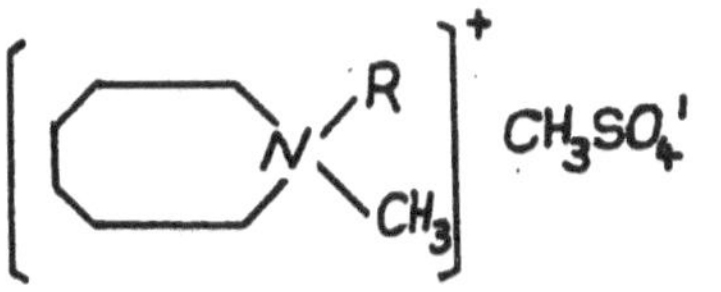

dargestellt. Dabei versagten alle bisher verwendeten Lösungsmittel. Es konnte zwar bei Anwendung von Äthanol, Aceton, Dimethylformamid sowie Wasser eine Quaternierung nachgewiesen werden, doch war eine Abtrennung der gebildeten Quats in kristalliner Form nicht möglich. Lediglich in absolutem Äther schieden sich die quaternären HHA-Verbindungen in kristalliner Form ab. Die isolierten Quats sind allerdings äußerst hygroskopische Substanzen, die bereits durch die Luftfeuchtigkeit zu klaren Lösungen zerfließen.

Schließlich wurden noch die

N-n-Alkyl-N-[(O-methyl)-
carboxymethyl]-hexahydro-
azepiniumchloride $C_1 - C_{12}$
aus N-n-Alkyl-HHA
und Chloressigsäuremethylester

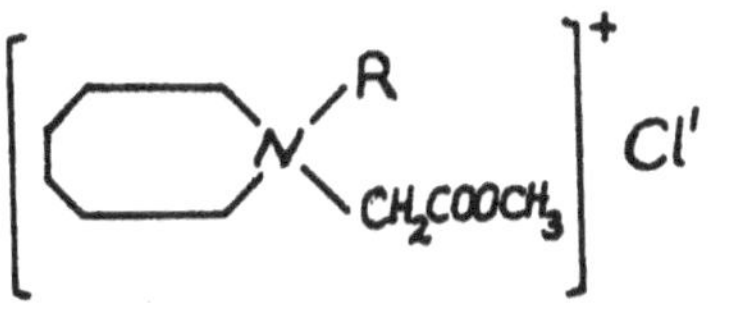

dargestellt und über Chloridgehalt und Esterzahl charakterisiert.

Nach einer Veröffentlichung der BASF sollen mit Benzylchlorid oder Dimethylsulfat quaternierte N-n-Alkyl-HHA mit einem Alkylrest von mindestens 8 C-Atomen bakterizid wirksame Verbindungen darstellen, die für eine Behandlung von vegetabilischen Fasern und Erzeugnissen (z. B. Netzen) geeignet sind.

Ausgehend von dieser Tatsache, erstreckte sich die anwendungstechnische Prüfung der quaternären Verbindungen zunächst auf die Bestimmung der bakteriziden Wirksamkeit im Suspensionsversuch. Die Wirksamkeit einer Verbindung ist bei solchen Prüfungen von zahlreichen Faktoren abhängig. Neben der Substanz selbst und ihrer Anwendungskonzentration hängt das Ergebnis wesentlich von der eingesetzten Bakterienart und deren Konzentration ab. Sie wird ferner von der Arbeitstemperatur, der Keimeinwirkungszeit und der Vergleichssubstanz beeinflußt.

Als Testkeime dienten Escherichia coli, ein Vertreter der Gruppe der gemeinen Darmkeime, und Staphylococcus SG 511, ein Vertreter der Gruppe der Eitererreger. Zum Vergleich wurde das Desinfektionsmittel Quartolan, ein N,N-Dimethyl-N-benzyl-dodecylamido-carboxymethylammoniumchlorid, getestet.

Die Ergebnisse zeigen,

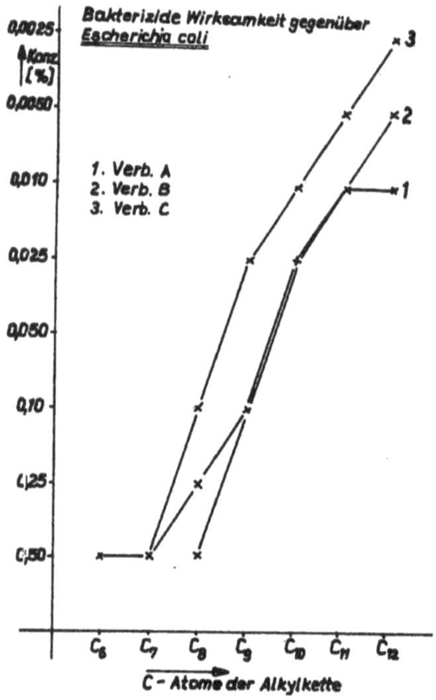

Abb. 1

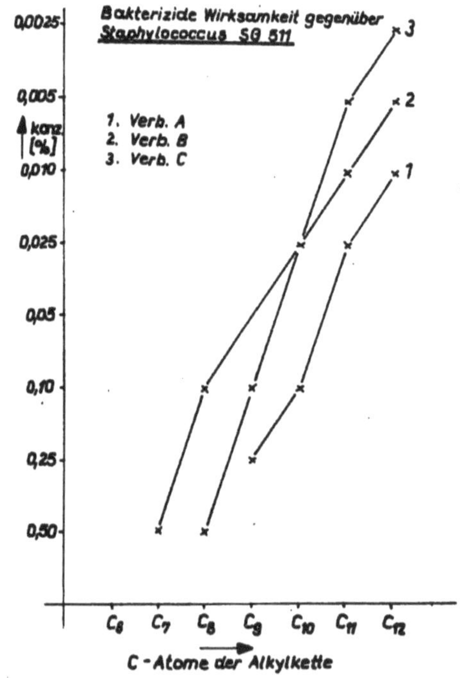

Abb. 2

daß die bakterizide Wirkung im Suspensionsversuch mit der Kettenlänge des Alkylrestes in allen Fällen ansteigt. Ferner nimmt die Wirkung vom Benzyl- über p-Nitrobenzyl- zum p-Chlorbenzylrest zu. Zwischen p-Chlorbenzyl- und o-Chlorbenzylrest waren keine Unterschiede zu beobachten. N-Dodecyl-N-p-chlorbenzyl-hexahydroazepiniumchlorid und N-Dodecyl-N-o-chlorbenzyl-hexahydroazepiniumchlorid entsprechen der Vergleichssubstanz Quartolan und sind noch als 0,0025 %ige Lösung wirksam.
Die Wirkung des O-Methyl-carboxymethylrestes entspricht annähernd der des Benzylrestes. Hinsichtlich der Anionen waren die Methosulfate wesentlich weniger bakterizid als die entsprechenden Chloride.

Eine weitere anwendungstechnische Prüfung erstreckte sich auf die Bestimmung der bakteriostatischen Wirksamkeit. Bei der bakteriostatischen Prüfung im Läppchentest wurde die Hemmhofbildung eines mit Wirkstofflösung getränkten und an der Luft getrockneten Testgewebestreifens bestimmter Abmessung auf Endo-Agar-Platten ermittelt, die mit den gleichen Testkeimen wie bei der bakteriziden Prüfung behandelt waren.

Die Ergebnisse dieser Versuche zeigen,

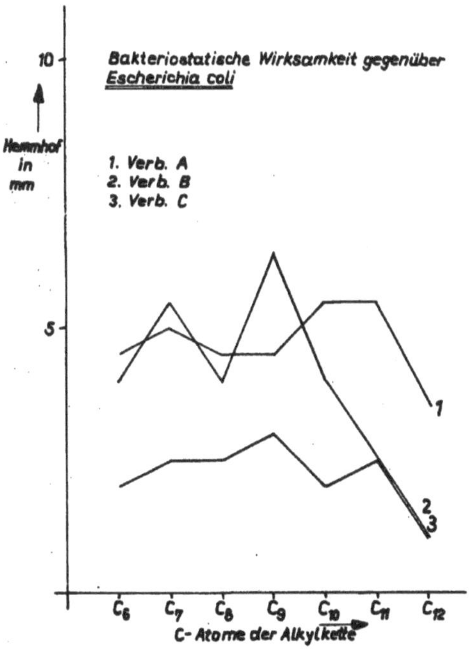

Abb. 3

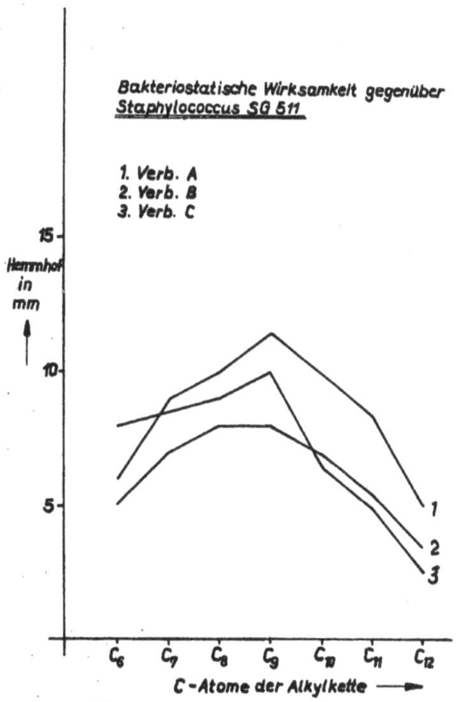

Abb. 4

daß sich bei der bakteriostatischen Prüfung durch den Läppchentest alle quaternären HHA als wirksam erwiesen. Es ist jedoch zu beobachten, daß diese Wirksamkeit mit der bakteriziden nicht parallel läuft.

Das in jeder Substanzreihe auftretende Wirkungsmaximum läßt sich im wesentlichen durch das Wechselspiel zweier Faktoren erklären. Mit Vergrößerung der Alkylkette steigt im allgemeinen die bakteriologische Wirksamkeit an. Als Beweis dafür kann die sich ständig verbessernde bakterizide Wirksamkeit im Suspensionsversuch angesehen werden. Demgegenüber steht die Abnahme der Löslichkeit in Wasser für die langkettigen quaternären Verbindungen, die sich auf die Diffusion des Wirkstoffes im Agar auswirkt.

Ein Teil der untersuchten Verbindungen wirkt besser bakteriostatisch als die Vergleichssubstanz Quartolan. Dies trifft besonders für die N-n-Alkyl-N-benzyl-hexahydroazepiniumchloride der Kohlenstoffkettenlängen C_6 - C_{12}, die N-n-Alkyl-N-p-chlorbenzyl-hexahydroazepiniumchloride und N-n-Alkyl-N-p-Nitrobenzyl-hexahydroazepiniumchloride C_6 - C_{11} zu.

Die bakteriologischen Bestimmungen wurden im Hygienelabor des VEB Fettchemie, Karl-Marx-Stadt, durchgeführt. Ich möchte an dieser Stelle nicht versäumen, Frau Apotheker I. Treuhoff für die reibungslose Durchführung der Untersuchungen meinen besonderen Dank auszusprechen.

A. G r e i n e r
Institut für Fettchemie der Deutschen Akademie der Wissenschaften zu Berlin

Zur Bildung von Epoxiden bei der Flüssigphasenoxydation von Olefinen

Die Epoxide stellen auf Grund ihres Oxiranringes außerordentlich reaktionsfähige Verbindungen dar, die in der Industrie vielfältige Anwendung finden. Auch als Ausgangsstoffe für grenzflächenaktive Substanzen sind längerkettige Epoxide von Interesse. Für eine technische Anwendung der Epoxide fehlt aber noch ein einfaches Verfahren zu ihrer Herstellung. Der bisher übliche Weg der Epoxidierung mit Percarbonsäuren ist unbefriedigend, es fehlt ein Verfahren, das durch direkte Oxydation von längerkettigen Olefinen zu Epoxiden führt. Mit Ausnahme des Äthylenoxids - in der Gasphase - gibt es noch keinen technischen Prozeß zur Direktoxydation, auch Propylenoxid wird heute noch großtechnisch über das Chlorhydrin hergestellt. Entsprechend der Thematik unseres Instituts haben wir einige systematische Untersuchungen über die Möglichkeiten einer gezielten Oxydation langkettiger Monoolefine mit endständiger Lage der Doppelbindung durchgeführt, wobei uns neben dem kinetischen Verlauf der Oxydation insbesondere die Bedingungen der Epoxidbildung interessierten.

Die meisten in der Literatur beschriebenen Untersuchungen zur Oxydation von Olefinen wurden an solchen mit verzweigter Kohlenstoffkette durchgeführt. Nur Hawkins (1) und in neuester Zeit Baschkirow (2) haben für ihre Untersuchungen geradkettige Olefine eingesetzt. Hawkins oxydierte bei 100° mit Sauerstoff unter Zusatz von t-Butylhydroperoxid und fand ca. 10 % Epoxide im Oxydat. Baschkirow arbeitete bei 165° mit einem Stickstoff-Luft-Gemisch und erzielte Epoxidausbeuten von ca. 20 % des umgesetzten Olefins.

Wir haben für unsere Versuche Dodecen-1 als Modellsubstanz gewählt, das auf Grund der langen geraden Kette und der endständigen Lage der Doppelbindung dem Sauerstoffangriff die meisten Schwierigkeiten bereitet. Das Dodecen-1 stellen wir uns selbst durch katalytische Dehydratisierung her, der Gehalt an endständiger Doppelbindung beträgt 94 - 98 %, wie quantitative infrarotspektrographische Bestimmungen ergeben haben. Für jeden Versuch setzen wir 1/4 Mol Dodecen-1 - das sind 42 g - ein, bzw. 50 % davon verdünnt mit Paraffinöl.

Die Oxydationsversuche führen wir in einem doppelwandigen Glasreaktor durch, der durch einen Thermostaten beheizt wird. Wir haben die Epoxidbildung unter Einsatz verschiedenster Gasgemische untersucht. Sauerstoff allein, Luft sowie Sauerstoff/Stickstoffgemische, die 2 - 12 % Sauerstoff enthielten. Als das für die Epoxidbildung günstigste Gemisch erwies sich 5 l Sauerstoff und 35 l Stickstoff (12,5 % O_2).

In früheren Arbeiten mit Günter Wagner (3) haben wir die hervorragende Wirkung des Ozons bei der Initiierung von Oxydationsreaktionen festgestellt. Eine Zugabe von Ozon im Anfangsstadium der Reaktion ist von Einfluß auf den Primärschritt der Oxydation - die Hydroperoxidbildung, die bei den Olefinen an dem der Doppelbindung benachbarten Kohlenstoffatom eintritt. Das Ozon haben wir in verschiedenen Konzentrationen der Oxydationsluft zugemischt.

Bei der Untersuchung des Verlaufs der Oxydationsreaktion sind wir auf die Bestimmung chemischer Kennzahlen angewiesen. Sowohl bei der infrarotspektrographischen als auch bei der gaschromatographischen Epoxidbestimmung stören die bei der Oxydation ebenfalls entstehenden Carbonyl- und Esterverbindungen, so daß nur ein qualitativer Nachweis auf diesem Wege möglich ist. Der chemische Nachweis der Epoxide erfolgt durch Anlagerung von HCl in Dioxan und Rücktitration der HCl. Der Olefingehalt wurde in allen Versuchen jodometrisch ermittelt, nachdem in einer Versuchsreihe die Übereinstimmung der jodometrischen Werte mit den auf infrarotspektrographischem Wege erhaltenen quantitativen Werten festgestellt worden war.

In den folgenden Abbildungen haben wir gegenübergestellt die Abnahme an Olefin und das Auftreten von Epoxid. Andere bei der Oxydation auftretende Verbindungen, wie Carbonyl, Hydroperoxide und Säuren, wurden auch bestimmt, können aber hier nicht mit behandelt werden.

In der Abb. 1 sind zwei Versuche gegenübergestellt, aus denen der Einfluß eines Zusatzes von Ozon zur Oxydationsluft im Anfangsstadium der Reaktion deutlich abzulesen ist. Bei der Reaktionstemperatur von 110° verläuft die Reaktion selbst mit reinem Sauerstoff noch relativ langsam. Auch bei 90° kann man schon eine geringe Epoxidbildung nach einigen Stunden beobachten. Gibt man bei Beginn der Reaktion geringe Mengen Ozon zur Oxydationsluft hinzu, so verläuft die Oxydation wesentlich schneller, und es kommt auch zu einer Beschleunigung der Epoxidbildung. Z. B. sind nach 4 Stunden ohne Ozon nur 1 g Dodecen oxydiert, mit Ozon bereits 14 g umgesetzt. Diesen 14 g stehen allerdings nur 4 g gebildeten Dodecanepoxids gegenüber, also zum größten Teil sind andere Oxydationsprodukte entstanden.

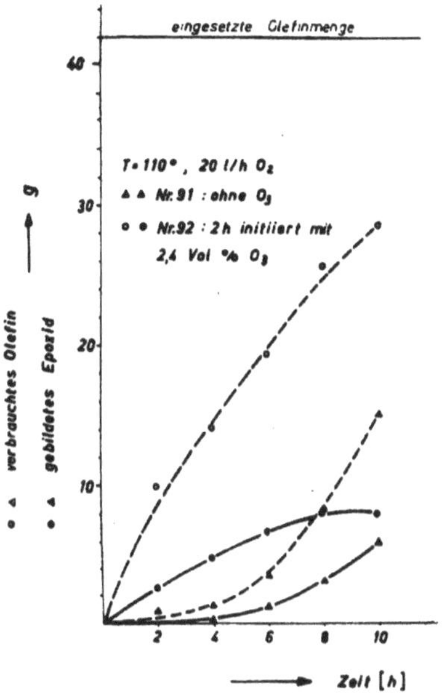

Abb. 1: Oxydation von Dodecen-1 bei 110°, ohne O_3 und mit O_3 initiiert

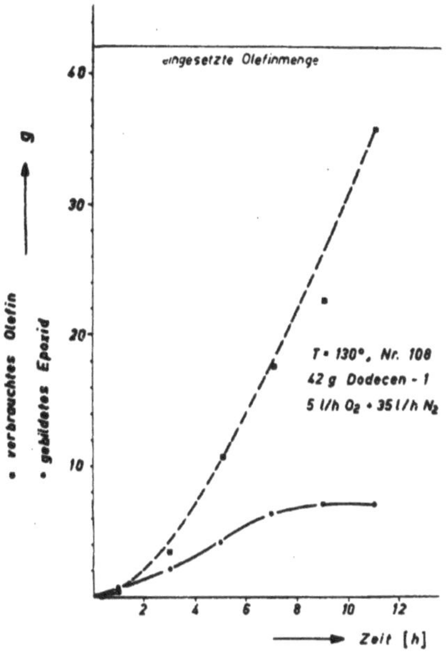

Abb. 2: Oxydation von Dodecen-1 bei 130°

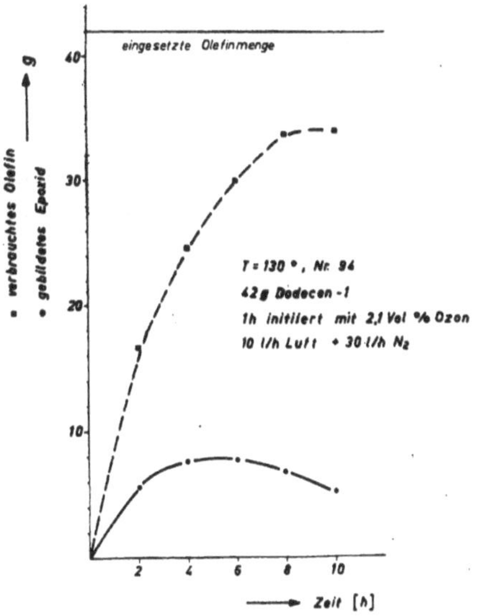

Abb. 3: Oxydation von Dodecen-1 bei 130°, mit O_3 initiiert

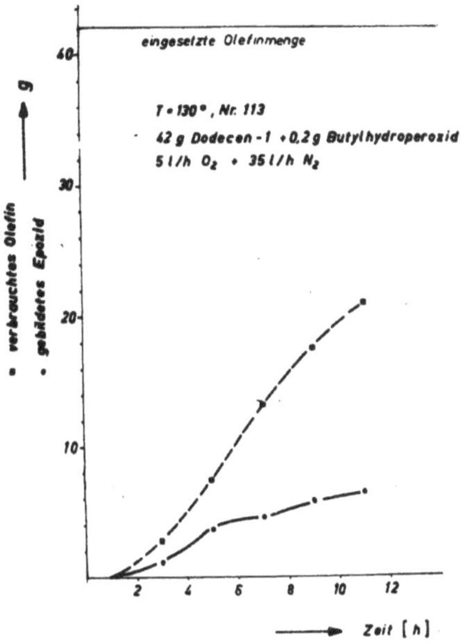

Abb. 4: Oxydation von Dodecen-1 bei 130°, unter Zusatz von t-Butylhydroperoxid

Bei einer Temperatur von 130° (Abb. 2) ist eine Beschleunigung der Reaktion deutlich zu beobachten. Diese Versuche wurden mit Sauerstoff/Stickstoffgemisch durchgeführt. Oxydiert man bei 130° mit reinem Sauerstoff, so verläuft die Reaktion schneller, aber die Epoxidbildung bleibt wesentlich unter diesen Werten.

Abb. 3 zeigt den analogen Versuch mit Ozon initiiert. Die Beschleunigung ist deutlich erkennbar. Aus der Abbildung ist zu entnehmen, daß die Epoxidbildung ein Maximum durchläuft, d. h. für die Epoxidgewinnung darf die Reaktion nur bis zu Olefinumsätzen um ca. 50 % geführt werden.

Eine Beschleunigung der Reaktion durch Zusatz von t-Butylhydroperoxid gelang uns nicht, wie Abb. 4 zeigt.

Durch Temperaturerhöhung auf 165° (Abb. 5) wird die Reaktion so beschleunigt, daß das Maximum der Epoxidbildung schon nach 2 Stunden erreicht wird, aber der Epoxidwert unter dem bei 130° bleibt.

Auf Grund unserer früheren Arbeiten über die thermische Spaltung von Ozoniden lag es nahe, diese auch in unsere Untersuchungen einzubeziehen. Diese Arbeiten führten wir mit Jura Ogibin durch. Wir versuchten zunächst, ob die bei der thermischen Spaltung von Ozoniden entstehenden peroxidischen Zwischenprodukte mit einer Kohlenstoffdoppelbindung reagieren. Gleiche Mengen von Dodecenozonid und Dodecen-1 wurden mehrere Stunden bei 90° gehalten. Es entsteht dabei kein Epoxid. Setzt man aber ca. 5 % Ozonid bei der Oxydation von Dodecen-1 mit einem Sauerstoff/Stickstoffgemisch zu, so wird dadurch die Reaktion stark beschleunigt (Abb. 6). Man kommt so schon nach 3 Stunden zu einem Gehalt von 9 g Epoxid aus 24 g umgesetzten Olefin. Vergleicht man dieses Ergebnis mit dem durch Ozoninitiierung erhaltenen (Abb. 3), so fällt dieser Vergleich zugunsten des Ozonidzusatzes aus.

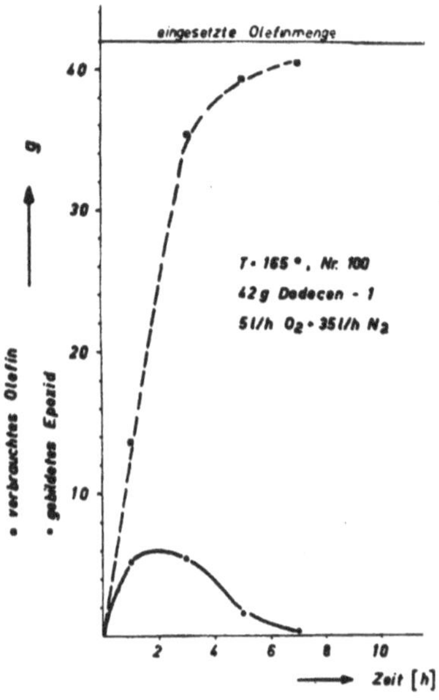

<u>Abb. 5:</u> Oxydation von Dodecen-1 bei 165°

Bezieht man die Wirkung des Ozonids nur auf die Bildung von freien Radikalen, so dürfte eigentlich die Ozoninitiierung in ihrer Wirksamkeit nicht hinter dem Ozonidzusatz zurück-

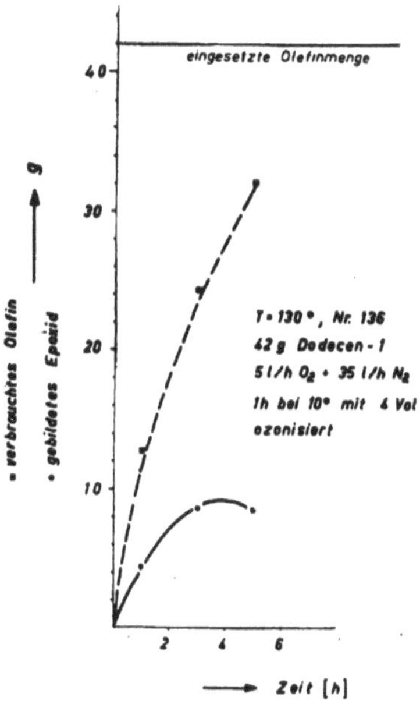

Abb. 6: Oxydation von Dodecen-1 unter Ozonidzusatz

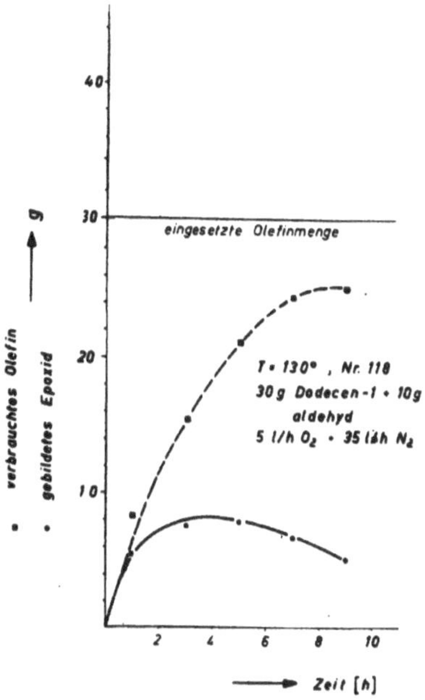

Abb. 7: Oxydation von Dodecen-1 unter Carbonylzusatz

bleiben, wie uns frühere Arbeiten zur Ozoninitiierung zeigten. Es blieb also zu prüfen, ob nicht noch andere Faktoren eine Rolle spielten.

Bei der Spaltung von Ozoniden entstehen bekanntlich Carbonyl- und Säureverbindungen. Wir haben daher dem Dodecen-1 Dodecylaldehyd zugemischt und es unter den üblichen Bedingungen oxydiert.

In der Abb. 7 ist das Ergebnis aufgetragen. Die Epoxidkurve ist der bei Ozonidzusatz ziemlich analog, aber die Olefinkurve liegt wesentlich näher zur Epoxidkurve. Das drückt sich darin aus, daß in 3 Stunden aus 15 g Dodecen-1 8 g Epoxid entstehen, also die Ausbeute pro umgesetztes Olefin höher liegt.

Dem Ziel, eine mögliche Annäherung der beiden Kurven zu erreichen, d. h. die Oxydation vorwiegend in Richtung auf Epoxide zu lenken, kamen wir schließlich auch dadurch näher, daß das Olefin in verdünnter Lösung oxydiert wird. Als Lösungsmittel haben wir Paraffinöl verwandt, das unter unseren Oxydationsbedingungen nur wenig angegriffen wird.

In der Abb. 8 ist gegenübergestellt die Oxydation von 50 %igem Dodecen-1, einmal unter Zusatz von 5 % C_{12}-Aldehyd, zum anderen bei Ozoninitiierung. Die Vorteile sind auffallend, aus 8 g umgesetzten Olefins sind

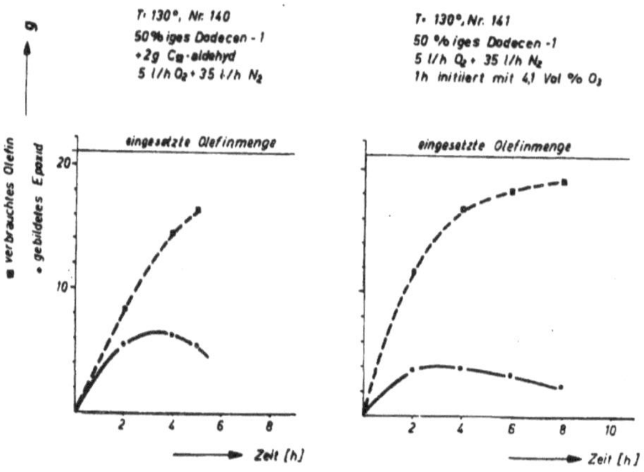

Abb. 8: Oxydation von 50 %igem Dodecen-1, linke Kurve unter Carbonylzusatz, rechte Kurve mit O_3 initiiert

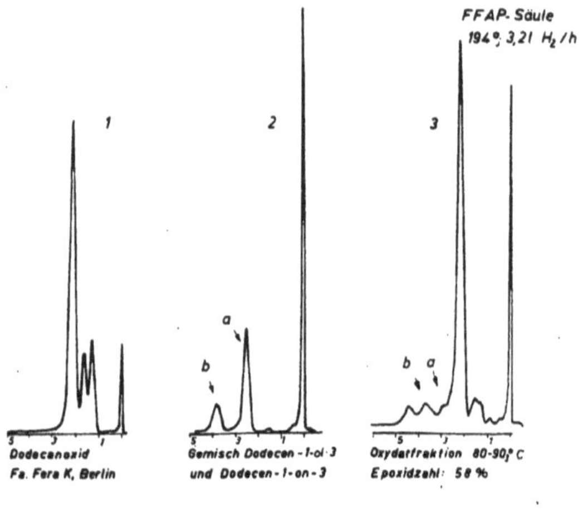

Abb. 9: Gaschromatogramm der Oxydatfraktion

a) Dodecanepoxid, Fa. Ferak

b) Testsubstanzen Dodecen-1-ol-3 und Dodecen-1-on-3

c) Oxydatfraktion

5 g Epoxid entstanden.

Die Wirkung des Carbonylzusatzes kann man sich im Sinne einer Cooxydation vorstellen. Aus dem Carbonyl entsteht durch Reaktion mit dem im Anfangsstadium der Oxydation gebildeten Hydroperoxid Persäure, die ihren Sauerstoff an die Doppelbindung des Olefins in Analogie zur Prileshajew-Reaktion abgibt. Ob dies nun unter Rückbildung zu Carbonyl oder zu Säure vor sich geht, bleibt noch zu prüfen, wie überhaupt der Mechanismus der Epoxidbildung keineswegs geklärt ist. Twigg (4) nimmt an, daß Epoxide durch Addition von Peroxyradikalen an die Doppelbindung entstehen. Brill (5) dagegen hat in neuester Zeit die Reaktion von t-Butylhydroperoxid mit verschiedenen Olefinen untersucht und kommt zu dem Schluß, daß freie Radikale bei der Epoxidbildung keine entscheidende Rolle spielen und alle Tatsachen stark für einen polaren Mechanismus sprechen. Baschkirow (2) formuliert in Analogie zur Prileshajew-Reaktion die Reaktion zwischen Olefin und dem Hydroperoxid des Olefins zu Epoxid und dem entsprechenden ungesättigten Alkohol.

Wir haben einige Versuche zur direkten Bildung von Epoxiden aus Dodecen-1 und t-Butylhydroperoxid bzw. n-Heptylhydroperoxid unter N_2-Atmosphäre bei 100° durchgeführt und konnten Epoxid nur in Spuren nachweisen, selbst nach 36 Stunden Reaktionszeit.

Wir nehmen an, daß bei der Oxydation von Olefinen zwei Konkurrenzreaktionen auftreten, einmal die Radikalkettenreaktion, die über das Hydroperoxid zu Carbonyl- und Carboxylverbindungen führt, zum anderen die Reaktion der gebildeten Produkte untereinander sowie mit dem Olefin. Da durch die Radikalkettenreaktion Carbonylverbindungen entstehen, wäre die Epoxidbildung auch auf dem Weg über die Persäure denkbar.

Zum Abschluß möchte ich noch kurz auf die Untersuchung unseres Oxydats eingehen. Wir haben anhand der Kurven gesehen, daß man durch eine gezielte Oxydation zu einem Epoxidgehalt von mehr als 50 % des umgesetzten Olefins kommen kann, wenn man mit verdünntem Olefin bei geringen Umsetzungsgraden unter Carbonylzusatz arbeitet. Das nicht umgesetzte Olefin läßt sich destillativ abtrennen und ist hinsichtlich der Lage der Doppelbindung unverändert. Die nächste Fraktion, die das Dodecanepoxid enthält, haben wir gaschromatographisch untersucht (Abb. 9).

Auch durch mehrfaches Fraktionieren gelingt es uns bisher nicht, die Begleitsubstanzen, die im Gaschromatogramm auftreten, abzutrennen. Wir haben uns als Testsubstanzen Dodecen-1-ol-3 und Dodecen-1-on-3 synthetisiert, da wir diese Verbindungen als Hauptbestandteile vermuteten.

Es sind aber noch andere ähnliche siedende Substanzen enthalten, von denen wir bisher nur wissen - auf Grund der IR-Spektren -, daß es sich auch um Carbonyl- und Hydroxylverbindungen handelt.

Das käufliche Dodecanepoxid, das auf dem Weg über Persäuren synthetisiert wurde, zeigt auch einige Begleitsubstanzen und hat infolgedessen nur einen Epoxidgehalt von 94 %. Auch an diesem Produkt führt eine fraktionierte Destillation an den uns zugänglichen Kolonnen mit maximal 4o theoretischen Böden nicht zu einem Produkt mit höherem Epoxidgehalt. Entweder sind die Begleitsubstanzen so ähnlich im Siedeverhalten oder man muß annehmen, daß eine Umlagerung bei der Destillation erfolgt.

Wenn auch an dem Problem einer befriedigenden Abtrennung des Epoxids aus dem Oxydat noch weiter gearbeitet werden muß, so glauben wir doch, mit unseren Untersuchungen gezeigt zu haben, daß man auf dem Wege einer gezielten Oxydation von Olefinen zu einer Erhöhung der Ausbeuten an den für die Synthese grenzflächenaktiver Substanzen interessanten Epoxiden gelangen kann.

Frau Christine Garkisch und Frau Renate Emrich habe ich für ihre experimentelle Mitarbeit herzlich zu danken, desgleichen Dr. F. Falk für die gaschromatographischen Bestimmungen sowie Dr. G. Kretzschmar für die IR-Untersuchungen.

Literaturzusammenstellung

1. E.G.E. Hawkins, D.C. Quin, J. appl. Chem. 6, 1 (1956)
2. W.W. Kamsolkin, A.N. Baschkirow, Je.W. Kamsolkina, Ss.A. Lodsik, Neftechimija 2, 750 (1962)
3. G. Wagner, J. prakt. Chem. 4 15, 327 (1962)
4. G.W. Twigg, Chem. Engng. Sci. 3, Suppl. 5 (1954)
5. W.F. Brill, J.Amer.Chem.Soc. 85, 141 (1963); J. Org.Chemistry 29, 141, 710 (1964)

H. B e r t s c h , E. K ö n i g und H. R e i n h e c k e l
Institut für Fettchemie, Berlin-Adlershof und
VEB Deutsches Hydrierwerk, Rodleben

Über Reaktionen bei der Hydrierung ungesättigter Fettsäuren zu ungesättigten Fettalkoholen

Seit der Einführung der Hydriertechnik in die Fettchemie durch W.NORMAN sind Hydrierreaktionen insbesondere an ungesättigten Fettsäuren zur Klärung von Reaktionsmechanismen sowie von Wirkungsweisen spezieller Katalysatoren durchgeführt worden. Der strukturelle Bau der ungesättigten Fettsäuremolekeln läßt drei in ihrer Art verschiedene Hydrierreaktionen zu:

1. Hydrierung der vorhandenen Monoen- oder Polyenbindungen mit vorzugsweise Ni-Kontakten zu gesättigten Fettsäuren oder Hydrierung von Polyenbindungen zu vorwiegend Monoenbindungen ohne Reduktion an der Carboxylgruppe.
2. Hydrierung aller vorhandenen Doppelbindungen und gleichzeitige Reduktion der Carboxylgruppe mit beispielsweise Kupfer-Katalysatoren zu den entsprechenden Alkanolen.
3. Reduktion der Carboxylgruppe unter Erhalt der Doppelbindungen mit beispielsweise Cd-haltigen Katalysatoren zu Alkenolen.

Jede Reaktionsart erfordert für ihre Durchführung einen speziellen Katalysatortyp. Bei der technischen Herstellung ungesättigter Fettalkohole durch katalytische Reduktion ungesättigter Fettsäuren bzw. deren Ester ist die unter 3. genannte Reaktion von besonderer Bedeutung. Einschränkend muß jedoch bemerkt werden, daß eine vollständige Selektivität, d.h. ausschließliche Reduktion der Carboxylgruppe bei vollständiger Erhaltung der Doppelbindung, nicht eintritt. Alle in der Praxis bisher bekannten Katalysatorsysteme lassen eine Selektivität bis zu 90 % zu. Diese, die Selektivität herabsetzenden Einflüsse sind je nach Art der Fettsäure und nach Art des Katalysators verschieden. Für unsere Untersuchungen wurde ein Cu-Cd-Katalysator benutzt, wie er durch Ausfällen der Metallcarbonate aus ihren Metallsalzlösungen mittels Soda erhältlich ist. Dem Katalysator liegt ein Metallverhältnis von Cu:Cd wie 3:1 bis 4:1 zugrunde.
Als Untersuchungsmaterial wurden die wesentlichsten Monoen-, Dien- und Triensäuren dargestellt und unter konstanten Versuchsbedingungen geprüft. Sie sind in nachfolgender Tabelle zusammengestellt.

Tab. 1: Monoensäuren

Säure chem.Bezeichnung	Trivialname	Stellung d. Doppelbind.	Konfiguration
Octadecensäure	Ölsäure	9	cis
Docosensäure	Erucasäure	13	cis
Octadecensäure	Elaidinsäure	9	trans
Docosensäure	Brassidinsäure	13	trans
Undecensäure		10	
Octadecensäure		2	trans
Octadecensäure	Ricinolsäure	12, Hydroxy-9	cis

Tab. 2: Polyensäuren

Säure chem.Bezeichnung	Trivialname	Stellg.d. Doppelb.	Konfiguration
Octadecadiensäure	Linolsäure	9,12	all-cis
Octadecadiensäure	Ricinensäure	9,11	all-trans
Octadecatriensäure	Linolensäure	9,12,15	all-cis
Octadecatriensäure	α-Elaeostearinsäure	9,11,13	cis,trans,trans
Octadecatriensäure	β-Elaeostearinsäure	9,11,13	all-trans

Die Reinheitsprüfung der Fettsäuren erfolgte durch Bestimmung der üblichen Kennzahlen sowie durch Anfertigung der IR-Spektrogramme und Ermittlung der physikalischen Konstanten. Als Reaktionsgefäß für die Hydrierung der Fettsäure wurde ein 250 ml Schüttelautoklav benutzt. Die Hydrierreaktionen wurden bei 300°C und 300 at Ausgangswasserstoffdruck unter konstanten Bedingungen durchgeführt.

Zur Isolierung der gebildeten Alkohole wird der hydrierte Reaktionsansatz in Methanol aufgenommen und die Lösung zur Entfernung evtl. vorhandener z.T. kolloidal gelöster Katalysatorteilchen mit A-Kohle behandelt. Zur Entfernung verbliebener verseifbarer Bestandteile wird die Lösung unter Zusatz von alkoholischer KOH 30 Min. am Rückflußkühler gekocht und nach Verdünnung mit Wasser durch Ausäthern das Unverseifbare abgetrennt. Durch Bestimmung der verseifbaren und unverseifbaren Anteile ergibt sich die Ausbeute der Hydrierreaktion. Zur Identifizierung werden die üblichen Kennzahlen angefertigt. Zum Nachweis eingetretener cis-trans-Umwandlungen werden die IR-Spektren aufgenommen.

Für die Bestimmung des Isomerisierungsgrades eignet sich besonders die für trans-Doppelbindungen charakteristische Bande bei 965 bis 975 cm^{-1}, die auch zur quantitativen Auswertung herangezogen wurde.

Ölsäure, Elaidinsäure, Erucasäure und Brassidinsäure werden unter den geschilderten Versuchsbedingungen nahezu vollständig zu reinem Oleyl-, Elaidyl-, Erucyl- und Brassidylalkohol hydriert. Dabei werden keine Nebenreaktionen beobachtet, d.h. daß bei der Reduktion der cis-Säuren bei vollständiger Erhaltung der Doppelbindungen keinerlei trans-Umwandlung und bei der Reduktion der trans-Säuren keine Rückbildung von cis-Bindungen auftritt.

Mit steigendem Gehalt an Doppelbindungen sinkt von den Monoen- über die Dien- zu den Triensäuren die Alkoholausbeute und der Grad der Selektivität. Linolsäure läßt sich noch mit einer Ausbeute von 85 % in ein Alkoholgemisch überführen, das eine Jodzahl von 154 besitzt. Durch zusätzliche Bestimmung der Hydrierjodzahl sollte ein Hinweis auf Vorliegen von durch Stellungsisomerisierung gebildeten Konjuen-Doppelbindungen gegeben werden. Für das Fettalkoholgemisch aus Linolsäure konnte entsprechend einer Hydrierjodzahl von 160 eine Differenz von 6 Einheiten ermittelt werden. Es ist also damit zu rechnen, daß ein geringer Teil der Isolendoppelbindungen der Linolsäure durch Stellungsisomerisierung in Konjuen-Doppelbindungen übergeht.

Die genaue Verfolgung der cis-trans-Isomerisierung ist bei Polyensäuren sehr erschwert. Hier kann nur die Gesamtsumme der gebildeten trans-Doppelbindungen angegeben werden, ohne im einzelnen festlegen zu können, welche der Doppelbindungen isomerisiert wurde. In dem genannten Hydrierungsprodukt der Linolsäure werden durch Auswertung des IR-Spektrums 30 % Alkohole mit trans-Doppelbindungen gefunden, wobei der Auswertung das Vorhandensein einer einfachen trans-Doppelbindung zugrunde gelegt worden ist.

Bei der Linolensäure sinken durch das Hinzukommen einer weiteren Doppelbindung Ausbeute und Selektivität der Reaktion noch mehr ab. Unter vergleichbaren Bedingungen zur Linolsäure und den bereits genannten Monoensäuren bleiben die Doppelbindungen nur noch zu 69,5 % erhalten. Die Ausbeute an Alkoholen beträgt unter gleichen Verhältnissen dabei nur noch ca. 50 %.

Durch Änderung der Reaktionsbedingungen ist es möglich, die Reduktion der Säure vollständig durchzuführen. Die Jodzahlen sinken dabei bereits bis auf 24 % des theoretischen Wertes ab und liegen in der Regel um 60. Man kann dies sehr leicht durch Verlängerung der Reaktionszeit um den zwei- bis dreifachen Wert erreichen. Durch Verkürzung der Reaktionszeit ist natürlich der gegenteilige Effekt zu erreichen.

So wurden für die weitere Untersuchung drei Fettalkoholgemische aus Linolensäure eingesetzt, die sich hinsichtlich Jodzahl um jeweils 50 Einheiten unterscheiden. Besonders interessant war in diesem Zusammenhang das Verhalten bei der cis-trans-Isomerisierung. Hier zeigt die nachfolgende Gegenüberstellung, daß die Alkohole mit der niedrigsten Jodzahl den höchsten Gehalt an trans-Doppelbindungen aufweisen.

1. JZ 107	ca. 28	%	trans-Gehalt	bez. auf 3	trans-Doppelbindungen
2. JZ 142	ca. 23	%	"	bez. auf 3	"
3. JZ 200	ca. 12,6	%	"	bez. auf 3	"

Die untersuchten Konjuen-Säuren zeigten im Vergleich zu dem bisher Dargestellten ein abweichendes Verhalten. So war aus bisher noch ungeklärten Gründen die 9,11-Octadecadiensäure (Ricinensäure) keinerlei Hydrierreaktionen zugänglich. Die 9,11,13-Octadecatriensäure (α + β-Elaeostearinsäure) konnte jedoch umgesetzt werden. Sowohl die α- als auch die β-Elaeostearinsäure ergeben die gleichen Ausbeuten von ca. 58 % Fettalkoholgemisch, die auch hinsichtlich ihrer Kennzahlen keine grundsätzlichen Abweichungen zeigen. Die erhaltenen Jodzahlen sind 88 und 92, die HJZ 100 und 122. Die sich zeigenden Unterschiede sind nach unserer Meinung mehr auf die Schwierigkeiten einer reproduzierbaren Versuchsdurchführung zurückzuführen als auf den unterschiedlichen Bau der beiden Säuren.

Das bisher Gesagte beschränkt sich auf die mit der Reduktion der Carboxylgruppe im Zusammenhang stehende teilweise Absättigung der Doppelbindung sowie die dazu je nach Art der Säure und je nach Selektivitätsgrad ablaufende cis-trans-Isomerisierung.

Außerdem kann bei der Reduktion der ungesättigten Fettsäuren zu den entsprechenden ungesättigten Alkoholen eine Stellungsisomerisierung eintreten. Aus Untersuchungen des Hydriervorganges bei der Hydrierung pflanzlicher Öle ist bekannt, daß Stellungsisomerisierungen an Doppelbindungen sowohl zur Carboxylgruppe hin als auch von ihr weg auftreten. Zur Klärung dieses Problems und gleichzeitig zur Beweisführung über Möglichkeiten der partiellen Hydrierung bei der Reduktion von Polyensäuren werden die erhaltenen Fettalkoholgemische ozonisiert, die erhaltenen Ozonide oxydativ gespalten und die erhaltenen Carbonsäuren gaschromatographisch untersucht. Bei Fettalkoholen, die durch Reduktion von Monoensäuren entstehen, ist mit einer Monocarbon- und einer ω-Hydroxycarbonsäure zu rechnen. Bei Fettalkoholen mit mehreren Doppelbindungen tritt jeweils noch eine Dicarbonsäure auf.

Die von uns durchgeführten Untersuchungen ergaben, daß sowohl bei Monoen- als auch bei Polyensäuren der eingangs gezeigten Art, gleich ob konjugiert oder isoliert, nur in geringem Maße eine Stellungsisomerisierung zu beobachten ist.

Im Gaschromatogramm der Ozonisierungs-Spaltprodukte des Oleyl-, Elaidyl-, Erucyl- und Brassidylalkohols werden nur geringe Anteile von Bruchstücken aufgefunden, die als Beweis für Stellungsisomerisierung dienen können. Bei Oleyl- und Elaidylalkohol finden sich neben den Hauptkomponenten Pelargon- und ω-Hydroxypelargonsäure nach der Ozonisierung und oxydativen Spaltung in einem Gesamtanteil bis zu 10 %, bezogen auf die Hauptprodukte, die Caprylsäure und Önanthsäure sowie die Caprin- und ω-Hydroxycaprinsäure. Ähnlich liegen auch die Verhältnisse bei der Eruca- und Brassidinsäure.

Daraus ist ersichtlich, daß neben der selektiven Hydrierungsreaktion bei den 9-Octadecensäuren Stellungsisomerisierung zum C-Atom 10 und 11 sowie C-Atom 8 auftritt und bei den 13-Docosensäuren in prinzipiell gleicher Weise Stellungsisomerisierung zwischen C-Atom 14 und 15 sowie C-Atom 12 vorhanden ist.

Auf die Verhältnisse bei den Polyensäuren soll in diesem Zusammenhang nicht eingegangen werden. Die Beweisführung ist hier unendlich erschwert, da ja die nachgewiesenen Bruchstücke nicht nur einen Schluß auf eine eingetretene Stellungsisomerisierung zulassen, sondern auch durch Reaktionen an Doppelbindungen im Sinne partieller Hydrierungen entstanden sein können. Tatsächlich laufen nach den bisher vorliegenden Ergebnissen beide Reaktionen ab.

An einem praktischen Beispiel soll das Problem der Stellungsisomerisierung dargestellt werden. Ölsäure und Oleylalkohol, durch Reduktion mit $LiAlH_4$ aus dieser hergestellt und Oleylalkohol durch selektive Hochdruckhydrierung aus der gleichen Ölsäure gewonnen, wurden mittels Ozon in Eisessig in die entsprechenden Ozonide überführt, die nach oxydativer Spaltung mit alkalischem H_2O_2 die entsprechenden Spaltstücke ergeben. Die dabei entstehenden Säuren wurden in ätherischer Lösung mit Diazomethan verestert und gaschromatographisch untersucht. An Hand der Gaschromatogramme ist ersichtlich, daß zunächst ursprünglich reine Ölsäure vorlag. Aus dieser entstand durch Reduktion mit $LiAlH_4$ ohne Nebenreaktionen Oleylalkohol. Im Gaschromatogramm zeigt sich als Hauptpeak Pelargonsäure. Die Stellungsisomerisierung während der selektiven Hydrierreaktion ist in dem entsprechenden Gaschromatogramm durch den eindeutigen Nachweis von Önanthsäure, Caprylsäure und Caprinsäure sowie bedingt Undecensäure neben der Hauptkomponente Pelargonsäure erkennbar.

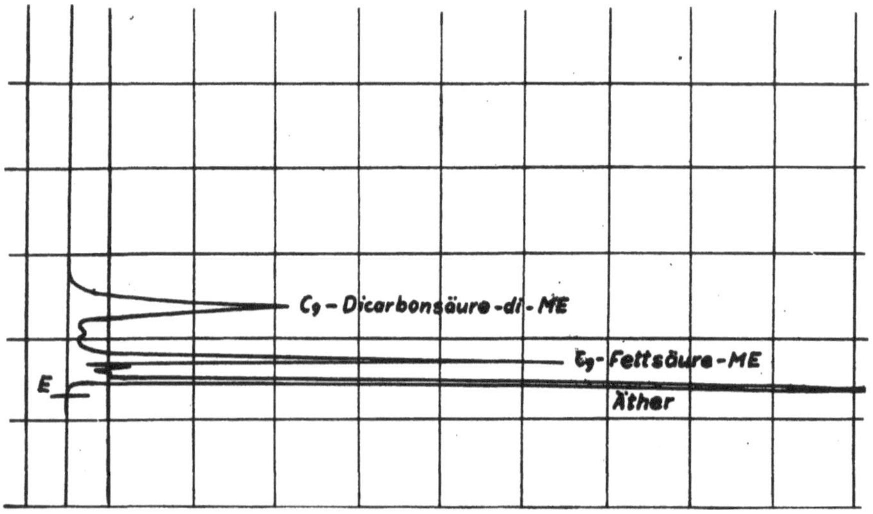

Abb. 1: Gaschromatogramm von Ölsäure nach Ozonisierung und oxydativer Spaltung

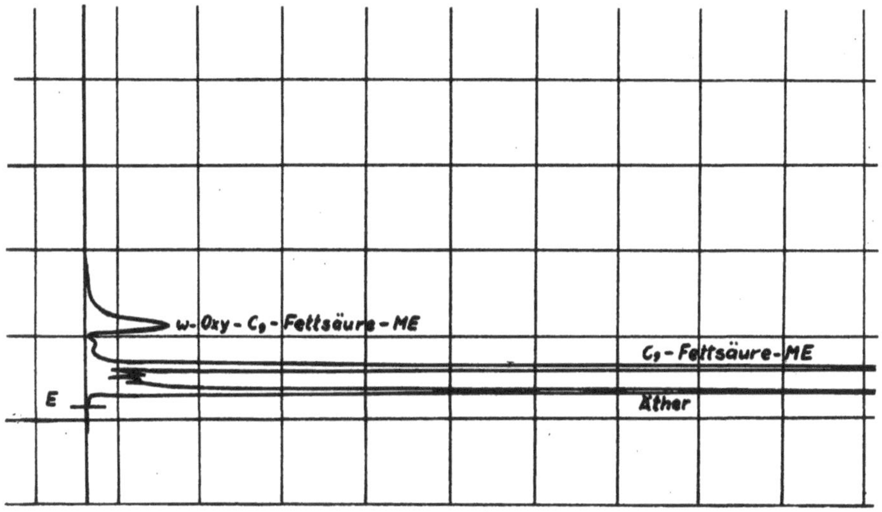

Abb. 2: Gaschromatogramm von Oleylalkohol ($LiAlH_4$)

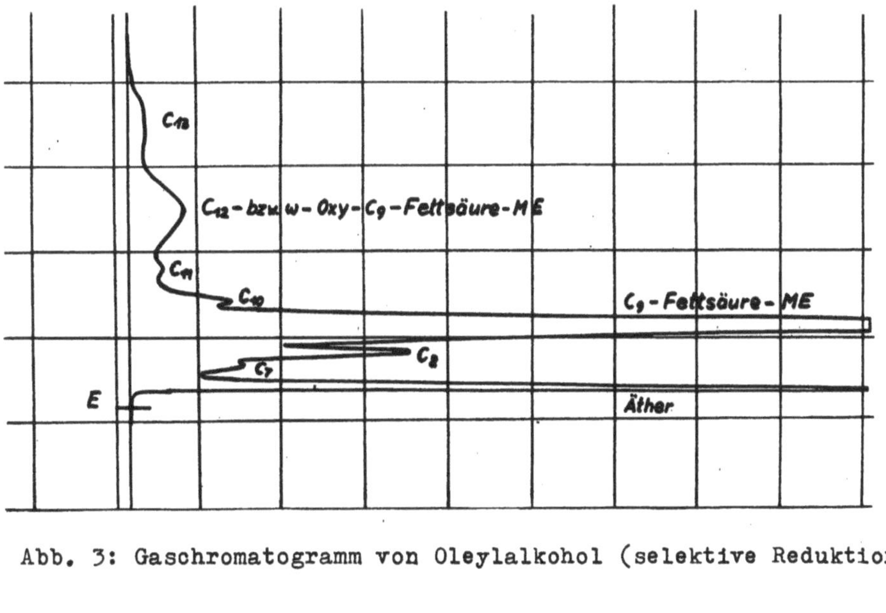

Abb. 3: Gaschromatogramm von Oleylalkohol (selektive Reduktion)

Die hier dargestellten Untersuchungen, die nur in einem geringen Umfang wiedergegeben werden konnten und Gegenstand einer demnächst erscheinenden ausführlichen Veröffentlichung der gleichen Autoren sein werden, zeigen einen engen Zusammenhang zwischen den bei der Reduktion ablaufenden Nebenreaktionen an den Doppelbindungen mit den bei der Hydrierung ungesättigter Fettsäuren in Estern oder Triglyceriden, bei denen ausschließlich die Doppelbindungen an der Reaktion beteiligt sind.

Die Untersuchungen haben wesentlich dazu beigetragen, Erkenntnisse über die herzustellenden technischen ungesättigten Fettalkoholgemische zu gewinnen sowie insbesondere durch Klärung des Verhaltens der Monoensäuren dazu beigetragen, geeignete Rohstoffe für die technische Anwendung ausfindig zu machen.

Die technischen Produkte sollten sich besonders durch hohe Anteile an einfach ungesättigten Alkoholen auszeichnen. Durch Spezifizierung der Reaktionsbedingungen und des Katalysators ist es möglich, die Reduktion so zu lenken, daß gleichzeitig mit diesen durch stufenweise Hydrierung bzw. Teilabsättigung aus Polyensäuren einfach ungesättigte Alkohole entstehen.

E. H a i d e g g e r
Institut für Hochdruckforschung , Budapest

Katalytische Sorbiterzeugung durch Hochdruckhydrierung von Glucose

Sorbit in Form des mit Fettsäure gebildeten Esters erlangt immer größere Bedeutung unter den oberflächenaktiven Stoffen. Darüber hinaus erschließen sich ihm aber auch weitere wichtige Verwendungsgebiete.
Nach einer kurzen Charakterisierung der chemischen und physikalischen Eigenschaften des Sorbits werden die Fabrikationstechnologien des Sorbits beschrieben. Die englische Firma Howards of Ilford und die amerikanische Firma Merck erzeugen Sorbit durch Hochdruckhydrierung von Dextrose im diskontinuierlichen Betrieb, während das Deutsche Hydrierwerk, Rodleben, das jugoslawische Werk Pliva, die amerikanische Firma Atlas und die ungarischen Péti Nitrógenwerke im kontinuierlichen Verfahren hydrieren.
Es folgt ein kurzer Überblick über die Experimente mit der ungarischen Technologie, unter besonderer Berücksichtigung der Vorteile, welche die Hydrierung in zwei Stufen bietet.
Die Qualität der mit den verschiedenen Technologien erzeugten Sorbitprodukte wurde an Hand des Sorbit-, Desoxysorbit-, Glycerin- und Glucosegehaltes miteinander verglichen.
Die Versuche erfolgten zunächst im Laboratoriumsmaßstab im kontinuierlichen Hochdruckverfahren mit einem 200 ml Reaktor; danach wurden die technologischen Parameter in einer Reaktorversuchsanlage von 30 l Volumen realisiert. Schließlich wurden Versuche im Röhrenreaktor zur Klarstellung der Vorteile der Hydrierung in mehreren Stufen durchgeführt.
Auf Grund der Erfahrungen in der dreijährigen Großproduktion und der Ergebnisse der Betriebsversuche wurden die Pläne zweier Betriebe mit 1000 Jato und 3000 Jato Kapazität ausgearbeitet.+)

+) Manuskript des Vortrags lag nicht vor. Das Kurzreferat wurde entnommen aus: Mitteilungsblatt der Chemischen Gesellschaft in der DDR 13, (3) 52 (1966)

H. Reinheckel und K. Haage
Institut für Fettchemie der Deutschen Akademie der Wissenschaften zu Berlin, Berlin - Adlershof

Über die Gewinnung von Ketosäuren aus Dicarbonsäureanhydriden mit Hilfe von Alkylaluminium-Verbindungen

Vor einiger Zeit konnten wir zeigen, dass man aus Succinylchlorid mit Hilfe von Alkylaluminium-Verbindungen in guten Ausbeuten γ-Ketofettsäuren darstellen kann, wenn man sehr niedrige Reaktionstemperaturen einhält (1) Das vom Succinylchlorid ausgehende Verfahren der Ketosäuregewinnung unterliegt jedoch zwei Einschränkungen: Einmal lassen sich ausschliesslich γ-Ketosäuren herstellen, und zum anderen ist die Ausgangsverbindung kein Produkt, das technisch gewonnen wird. Leichter zugängliche Derivate von Dicarbonsäuren, die in diesem Zusammenhang von Bedeutung sind, sind die Anhydride.

Magnesium-, zink- und cadmium-organische Verbindungen reagieren mit Dicarbonsäureanhydriden zu verschiedenartigen Produkten, wie Lactonen, ungesättigten Carbonsäuren sowie anderen Alkylierungs- und Reduktionsprodukten (2). Ketosäuren werden aus Anhydriden aliphatischer Dicarbonsäuren mit Alkyl-magnesium-, zink- oder -cadmium-Verbindungen nicht in nennenswerten Ausbeuten gebildet. Gründe dafür sind die stark alkylierenden und reduzierenden Eigenschaften der genannten Metallalkyle. Lediglich mit Cadmiumalkylen konnten CASON und PROUT (3,4) ca. 30% der Theorie an Ketosäuren gewinnen (Abb. 1).

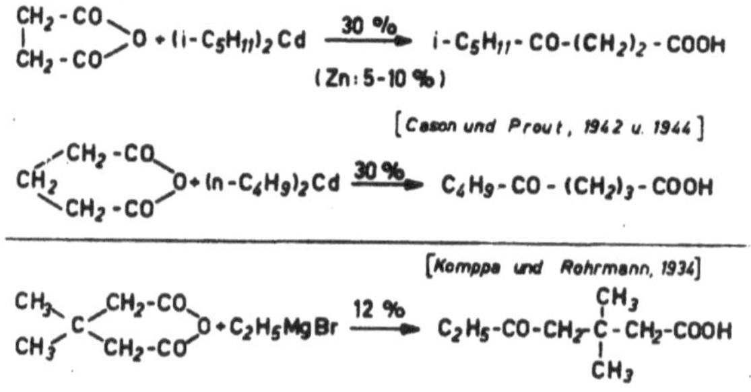

Abb. 1. Reaktion der Cadmium-und Magnesiumalkyle

Sie erhielten aus Bernsteinsäureanhydrid und Di-isoamyl-cadmium 30% ε-Methyl-γ-ketocaprylsäure, mit Di-isoamyl-zink jedoch nur 5 - 10% dieser Säure. Aus Glutarsäureanhydrid und Di-n-butyl-cadmium gewannen sie 30% δ-Ketopelargonsäure, während KOMPPA und ROHRMANN (5) aus ß,ß-Dimethylglutarsäureanhydrid und Äthyl-magnesium-bromid nur 12% ß,ß-Dimethyl-δ-ketoönanthsäure erhielten. Nur wenn einer der Reaktionspartner aromatisch ist, oder besser, wenn beide aromatisch sind, treten die Nebenreaktionen zurück und grössere Ausbeuten an entsprechenden Ketosäuren sind gewinnbar. Phthalsäureanhydrid, das von mehreren Autoren untersucht wurde (2), reagiert mit Phenyl- bzw. substituiertem Phenyl- oder α- bzw. ß-Naphthylmagnesium-bromid zu den in der linken Spalte (Abb.2) aufgeführten Ausbeuten an Ketosäuren. Von den Cadmiumverbindungen (rechte Spalte) reagieren sowohl die Aryl- als auch die Alkylverbindungen in vertretbaren Ausbeuten zu Ketosäuren, den o-Acyl-benzoesäuren.

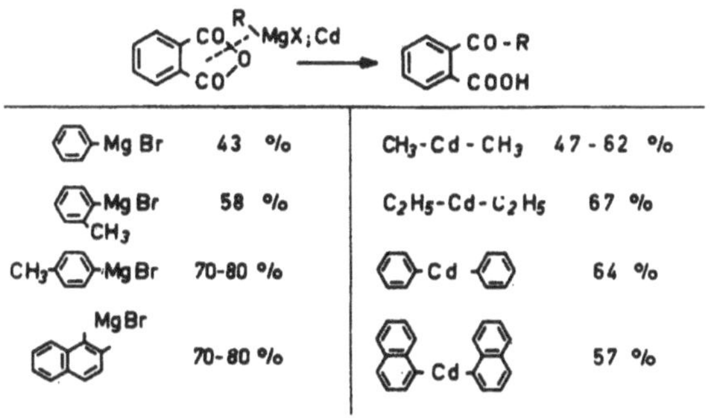

Abb.2. Reaktion von Phthalsäureanhydrid mit magnesium-bzw. cadmiumorganischen Verbindungen

Das war der Stand der Dinge, als wir uns auf Grund der allgemein schwierigen Synthesewege für aliphatische Ketosäuren entschlossen, die Verwendbarkeit der Alkylaluminium-Verbindungen zur Darstellung von Ketosäuren aus Dicarbonsäureanhydriden zu untersuchen. Nach den bisherigen Erfahrungen sollten die Alkylaluminium-Verbindungen dafür infolge ihrer geringen Reaktivität gegen die Carbonylgruppe und mittelständigen C-C-Doppelbindungen besonders geeignet sein.

Je nach verwendetem Anhydrid müssten Säuren unterschiedlicher Stellung der Carbonylgruppe zur Carboxylgruppe und je nach verwendetem Aluminiumalkyl Säuren unterschiedlicher Gesamtkettenlänge zu erhalten sein.

In einer Reihe von Umsetzungen des Bernsteinsäureanhydrids mit Äthyl-aluminium-Verbindungen stellten wir fest, dass die Reaktion mit Äthyl-aluminium-dichlorid zu einem hohen Prozentsatz zum Dichlor-aluminiumsalz der γ-Ketocapronsäure führt (Abb.3). Als Lösungsmittel verwendet man am besten Methylenchlorid, das sich auch in anderen aluminiumorganischen Reaktionen bewährt hat. Geeignete Reaktionstemperatur ist hier die Siedetemperatur von Methylenchlorid, 42°C. Hydrolyse des Reaktionsgemisches in eisgekühlter 15 - 20% iger Schwefelsäure ergibt 60% der Theorie an freier γ-Ketocapronsäure. Um diese Ausbeute zu erhalten, ist ein Molverhältnis von Bernsteinsäureanhydrid zu Äthyl-aluminium-dichlorid von 1 : 2 notwendig. Bei einem Molverhältnis von 1 : 1 wird lediglich ein stabiler Komplex gebildet. Die Hydrolyse dieses Komplexes führt zu Bernsteinsäure. Erst mit einem Überschuss an Alkylaluminium-Verbindung wird der Anhydridring entsprechend der Gleichung gesprengt. Als Nebenprodukt entsteht unter den genannten Bedingungen zu 5 bis 10 % ein der Ketocapronsäure entsprechendes Lactongemisch.

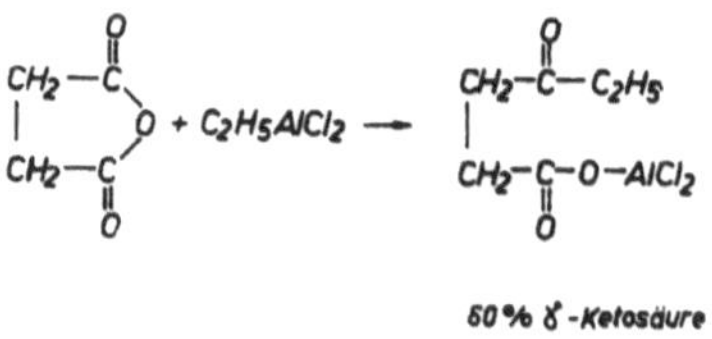

Abb.3 Spaltung des Bernsteinsäureanhydrides

Die zunächst an den Äthylverbindungen gewonnenen Erkenntnisse lassen sich ohne grössere Schwierigkeiten auch auf Alkylaluminium-Verbindungen mit längeren Alkylketten übertragen, so dass aus Bernsteinsäureanhydrid und den entsprechenden höheren Alkyl-aluminium-Verbindungen sämtliche γ-Ketofettsäuren darstellbar sind. Während sich bei den niederen Gliedern der homologen Reihe Ketosäure und Lacton destillativ trennen lassen, isoliert man die höheren Ketosäuren durch alkalisches Auswaschen aus dem Reaktionsgut.

Bernsteinsäureanhydrid + Alkylierungsmittel	Mol-verhältnis	erhaltene Säure	Ausbeute [%]
$(C_2H_5)_{1,5}AlCl_{1,5}$	1 : 2	γ-Ketocapronsäure	60
$AlCl_3$ + $(C_2H_5)_3Al$	1 : 1 : 0,4	γ-Ketocapronsäure	69
n-$C_6H_{13}AlCl_2$	1 : 1,7	γ-Ketocaprinsäure	49
$AlCl_3$ + n-$C_8H_{17}AlCl_2$	1 : 1 : 1	γ-Ketolaurinsäure	56
$AlCl_3$ + n-$C_{12}H_{25}AlCl_2$	1 : 1 : 1,3	γ-Ketopalmitinsäure	38

Abb. 4 γ-Ketosäuren aus Bernsteinsäureanhydrid

In der Abbildung 4 sind die Ketosäureausbeuten für verschiedene Kettenlängen der Aluminiumverbindung und die verwendeten Molverhältnisse aufgeführt. Die in der ersten Zeile angegebene Umsetzung von Bernsteinsäureanhydrid mit Äthyl-aluminium-sesquichlorid führt beim Molverhältnis 1:2 ebenfalls zu 60 % γ-Ketocapronsäure. In diesem Beispiel wird theoretisch von 2 x 1,5 angewendeten Äthylgruppen nur eine Gruppe für die Bildung der Ketosäure genutzt, während die anderen beiden Gruppen im Reaktionsgemisch als Äthylaluminium-Verbindung salzartig oder komplex gebunden bleiben und bei der Hydrolyse in Form von Äthan entweichen.

Das molare Verhältnis der Aluminiumverbindung darf jedoch im Reaktionsgemisch gegenüber dem Anhydrid nicht wesentlich unter 2 sinken. Mit n-Hexylaluminium-dichlorid konnten wir bei einem Molverhältnis von 1 : 1,7 49% γ-Ketocaprinsäure gewinnen. Man kann die Umsetzung in Bezug auf die Ausnutzung der Alkylgruppen rentabler gestalten, in dem man den zur Komplexbildung notwendigen Überschuss an Alkylaluminium-Verbindung durch wasserfreies Aluminiumchlorid ersetzt. Die Reaktion wird dann so durchgeführt, dass zur Lösung eines 1:1-Komplexes von Bernsteinsäureanhydrid und Aluminiumchlorid nur die theoretisch benötigte Menge Alkylaluminium-Verbindung gegeben wird. Beispiele sind die Darstellung von γ-Ketolaurinsäure aus Bernsteinsäureanhydrid, Aluminiumchlorid und n-Octyl-aluminium-dichlorid im Molverhältnis 1:1:1 und die gleichartige Gewinnung von γ-Ketopalmitinsäure aus Dodecyl-aluminium-dichlorid. So ist es auch möglich, die Ringsprengung von einem Mol Bernsteinsäureanhydrid mit nur 1/3 Mol Triäthylaluminium herbeizuführen, wie das Beispiel "Bernsteinsäureanhydrid + Aluminiumchlorid + Triäthylaluminium im Molverhältnis 1:1:0,4" mit der Bildung von 69% γ-Ketocapronsäure beweist. Triäthylaluminium allein reagiert, auch im Überschuss, nicht zu Ketosäuren.

Erwähnt werden soll auch, dass Isobutyl-aluminium-dichlorid mit Bernsteinsäureanhydrid nicht die erwartete verzweigte gesättigte γ-Ketosäure, die δ-Isopropyl-lävulinsäure, sondern eine ungesättigte verzweigte Säure, die δ-Isopropylidenlävulinsäure bildet. Diese Anomalie der Reaktion der verzweigten Alkylaluminium-Verbindungen wurde von uns schon früher bei Ketosynthesen gefunden (6).

Aus Glutarsäureanhydrid und Alkyl-aluminium-chloriden bzw. Aluminiumchlorid und Alkylaluminium-Verbindungen lassen sich nach dem gleichen Reaktionsprinzip δ-Ketofettsäuren darstellen. Man führt die Umsetzungen am zweckmässigsten bei Zimmertemperatur in Methylenchloridlösung durch.

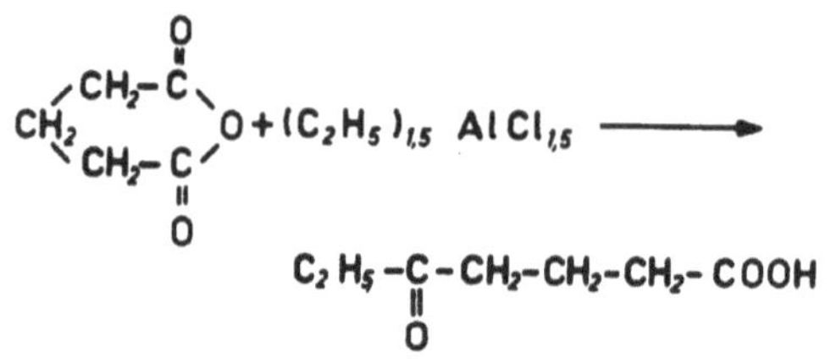

Abb. 5 δ-Ketoönanthsäure aus Glutarsäureanhydrid

Mit Äthyl-aluminium-sesquichlorid entstehen aus Glutarsäureanhydrid beim Molverhältnis 1:2 44% δ-Ketoönanthsäure. Abbildung 6 gibt eine Zusammenfassung von Umsetzungen mit Alkylaluminium-Verbindungen verschiedener Kettenlänge.

Wie in der Umsetzung von Bernsteinsäureanhydrid kann auch hier der zur Komplexbildung benötigte Anteil Alkylaluminium-Verbindung durch wasserfreies Aluminiumchlorid ersetzt werden, wie die Gewinnung von 50 % der Theorie an δ-Ketoönanthsäure aus Glutarsäureanhydrid, Aluminiumchlorid und Äthyl-aluminium-dichlorid im Molverhältnis 1:1:1 beweist (2.Zeile). Die Darstellung von δ-Ketoundecan-, δ-Ketopentadecan- und δ-Ketoheneikosansäure mit n-Hexyl-, n-Decyl- bzw. n-Hexadecyl-aluminium-dichlorid zeigt, dass die Methode auch in der δ-Ketosäurereihe auf höhere Alkylverbindungen ausdehnbar ist.

Glutarsäureanhydrid + Alkylierungsmittel	Mol-verhältnis	erhaltene Säure	Ausbeute [%]
$(C_2H_5)_{1,5}AlCl_{1,5}$	1 : 2	δ-Ketoönanthsäure	44
$AlCl_3$ + $C_2H_5AlCl_2$	1 : 1 : 1	"	50
$AlCl_3$ + $C_6H_{13}AlCl_2$	1 : 1 : 1	δ-Ketoundecansäure	63
$AlCl_3$ + $C_{10}H_{21}AlCl_2$	1 : 1 : 1,1	δ-Ketopentadecansäure	37
$AlCl_3$ + $C_{16}H_{33}AlCl_2$	1 : 1 : 1,3	δ-Ketoheneikosansäure	50

Abb.6 δ-Ketosäuren aus Glutarsäureanhydrid

o-Acyl-benzoesäuren entstehen, wie schon eingangs erwähnt, aus Phthalsäureanhydrid auch mit Cadmiumdialkyl, z.B. werden mit Diäthyl-cadmium 67 % o-Propionyl-benzoesäure gebildet (7). Trotzdem sind auch hierbei die entsprechenden Alkylaluminium-Verbindungen den Cadmiumalkylen überlegen.

Mit Äthyl-aluminium-sesquichlorid werden beim Molverhältnis 1:2 in siedendem Methylenchlorid 95 % o-Propionyl-benzoesäure erhalten.

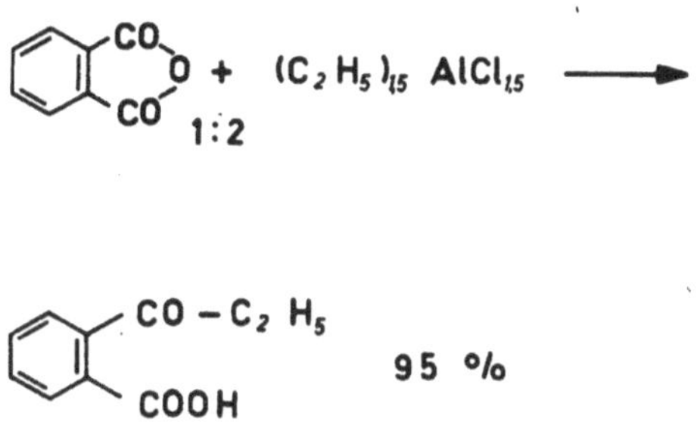

Abb.7 o-Propionyl-benzoesäure

Wie in den Reaktionen der anderen Säureanhydride kann auch hier ein Mol der Alkylaluminium-Verbindung durch Aluminium-chlorid ersetzt werden.

Entsprechend der äusserst geringen Reaktivität der Alkylaluminium-Verbindungen gegenüber mittelständigen C-C-Doppelbindungen sind sie auch für die Darstellung von α, ß-ungesättigten γ-Ketosäuren aus Maleinsäureanhydrid geeignet.

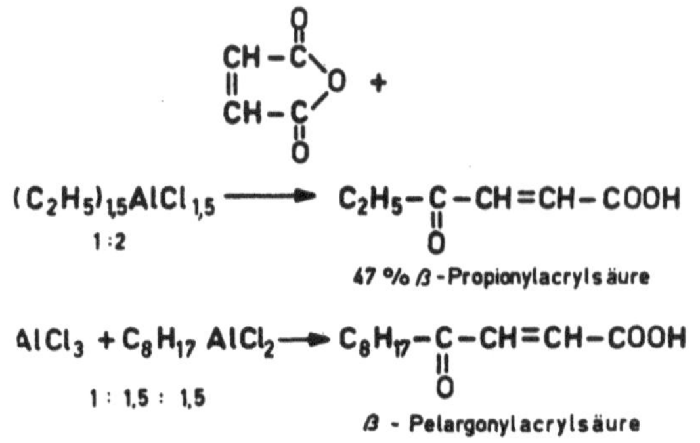

Abb. 8 ß-Acyl-acrylsäuren aus Maleinsäureanhydrid

Wir konnten mit Alkyl-aluminium-chloriden mehrere dieser Säuren gewinnen, deren Bildung mit anderen Metallalkylen bisher in keinem Falle beobachtet wurde. Aus Maleinsäureanhydrid und Äthyl-aluminium-sesquichlorid wurden beim Molverhältnis 1:2 47% ß-Propionyl-acrylsäure erhalten. Die Reaktion ist auf höhere Alkylaluminium-Verbindungen, jedoch zunächst noch mit geringeren Ausbeuten übertragbar. Mit Aluminiumchlorid und n-Octyl-aluminium-dichlorid entstanden 17% ß-Pelargonylacrylsäure und mit n-Hexyl-aluminium-dichlorid 24 % ß-Önanthoyl-acrylsäure. Am zweckmässigsten sind hier Reaktionstemperaturen zwischen - 30 und - 10°C, bei denen auch die Hydrolyse in verdünnter Schwefelsäure erfolgen muss. Infolge geringer Löslichkeit von Maleinsäureanhydrid in Methylenchlorid nahmen wir die Umsetzungen in Methylenchlorid-Suspension vor.

Dieses Verfahren zur Darstellung von α, ß-ungesättigten γ-Ketosäuren scheint uns eine gute Ergänzung zu der von Bestmann und Mitarbeitern 1962 beschriebenen Methode der Gewinnung von Methylestern dieser Säuren aus Triphenylphosphin-methoxycarbonylmethylen und α-Bromketonen (8) zu sein Während früher dieser Verbindungstypus nur sehr schwer zugänglich war, sind nun sowohl die Ester als auch die Säuren praktisch in einstufigen Verfahren erhältlich.

Zum Schluss soll noch über die Reaktionsweise der nicht mehr cyclischen, sondern kettenförmig polymeren Anhydride höherer Dicarbonsäuren berichtet werden. Wir wählten Sebacinsäureanhydrid als Beispiel dieses Typs und liessen es mit Äthyl-aluminium-sesquichlorid reagieren. Ergebnis einer Umsetzung bei 80°C, in der pulverförmiges Anhydrid zu einem 2 1/2-fachen Überschuss an Äthyl-aluminium-sesquichlorid gegeben wurde, war ein Gemisch von 37 % 10-Ketolaurinsäure, 24 % Tetradecandion-(3.12) und 20 % Sebacinsäure (Abb.9). Ursache für die Entstehung dreier Hauptprodukte ist der statistische Angriff der Alkyl-aluminium-Verbindung auf die kettenförmigen Anhydridgruppierungen, wie er in der oberen Hälfte der

Abb.9 schematisch in der kleinsten Einheit dargestellt ist:

Zweimal Lösung der Sauerstoff-Carbonylkohlenstoff-Bindung links (l) vom Brückensauerstoffatom und zweimal rechts (r). Die gestrichelte Fortsetzung der Reihe liegt ausserhalb des Betrachtungsbereiches. Jeweils zwischen gleichartigen Bruchstellen, l - l und r - r, entsteht das Aluminiumsalz der Ketosäure, zwischen einer l- und einer r-Bruchstelle das Aluminiumsalz der Dicarbonsäure und zwischen einer r- und einer l-Bruchstelle ein Diketon. Dementsprechend müssten bei statistischem Angriff mit gleicher Wahrscheinlichkeit der l- und der r-Bruchstellen theoretisch neben zwei Mol Ketosäure immer ein Mol Diketon und ein Mol Dicarbonsäure mitentstehen. Unsere Ergebnisse entsprechen dieser Forderung für ca. 80% Gesamtumsatz recht gut. In Methylenchloridlösung und bei den darin bedingten niederen Reaktionstemperaturen erhält man geringere Ausbeuten, ohne dass sich die Produktzusammensetzung wesentlich ändert.

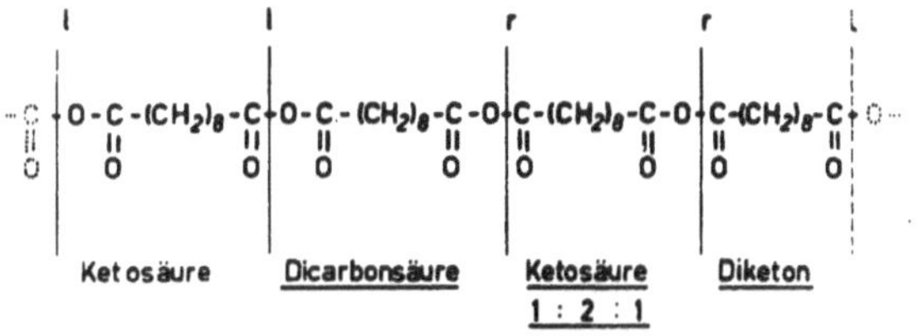

	37 %	10-Ketolaurinsäure
$(C_2H_5)_{1,5}AlCl_{1,5}$:	24 %	Tetradecandion-(3.12)
	20 %	Sebacinsäure

Abb. 9 Reaktion von Sebacinsäureanhydrid

Zusammenfassend kann gesagt werden, daß Alkyl-aluminium-dichloride und-sesquichloride gut zur Gewinnung von Ketosäuren aus Dicarbonsäureanhydriden geeignet sind. Die Sprengung der Anhydridgruppierung erfordert aus Gründen der Komplexbildung einen Überschuss an Alkyl-aluminium-Verbindung, der durch Aluminiumchlorid ersetzt werden kann. Zur Ketosäurebildung sind auch Alkylaluminium-Verbindungen mit längeren Alkylketten verwendbar, so dass Ketosäuren beliebiger Kettenlänge zugänglich sind. Mit cyclischen Dicarbonsäureanhydriden sind meist gute Ausbeuten zu erzielen, während aus kettenförmig polymeren Anhydriden stets Dicarbonsäure und Diketon in grösserem Ausmass miteinstehen. Nebenprodukte der Umsetzungen cyclischer Anhydride sind Lactone. Aus Bernsteinsäureanhydrid werden γ-Ketosäuren, aus Glutarsäureanhydrid δ-Ketosäuren, aus Phthalsäureanhydrid o-Acylbenzoesäuren und aus Maleinsäureanhydrid α,ß-ungesättigte γ-Ketosäuren gebildet. Nach diesen Ergebnissen kann man in der Zukunft Ketosäuren auf aluminiumorganischem Wege auch in grösserem Maßstab gewinnen.

Literatur

(1) Reinheckel, H., Haage, K. und Gensike R. Angew.Chem.77 (1965) 810
(2) Zusammenfassung bei:
Kharasch, M. S. und Reinmuth O., Grignard-Reactions of Non-metallic Substances, Prentice-Hall. Inc. 1954 New York
(3) Cason, J. und Prout F. S. J.Amer.chem.Soc. 66 (1944) 46
(4) Cason, J. J.Amer.chem.Soc. 68 (1946) 2078
(5) Komppa, G. und Rohrmann W., Liebigs Ann.Chem. 509 (1934) 259
(6) Reinheckel, H. und Haage, K., Vortrag 1.12.1965, Jahreshauptversammlung der Chemischen Gesellschaft in der DDR
(7) Benneville, P. L., J.Org.Chem. 6 (1941) 462
(8) Bestmann, H.J. und Schulz H., Chem.Ber. 95 (1962) 292
Bestmann, H.J., Seng, F. und Schulz, H., Chem. Ber. 96 (1963) 465

H. R e i n h e c k e l und D. J a h n k e
Institut für Fettchemie der Deutschen Akademie der Wissenschaften zu Berlin, Berlin-Adlershof

Über die Reaktion von Sulfonsäurechloriden mit Alkylaluminium-Verbindungen

Seit einigen Jahren wird in unserem Institut über Reaktionen von Aluminiumalkylen mit anderen organischen Verbindungsklassen, wie Carbonsäurechloriden, Nitrilen, Isocyanaten, Carbonsäureanhydriden usw. gearbeitet [1]. In diesem Zusammenhang interessierte uns das Verhalten von Triäthylaluminium, Äthylaluminiumsesquichlorid und höheren Alkylaluminium-Verbindungen gegenüber Sulfonsäurechloriden, um gegebenenfalls Vergleiche mit der Reaktion von Aluminiumalkylen mit Carbonsäurechloriden anzustellen, die im allgemeinen zu Ketonen führt.

Zu Beginn sei auf die durch die Literatur bekannte Grignard-Reaktion mit Sulfonsäurechloriden hingewiesen.

Grignard-Verbindung	-sulfonsäure-chlorid	Sulfon	Sulfin-säure	Sulf-oxid	Sulfid	Chlorid
C_2H_5-MgBr (Truchet)	Benzol-	−	+	−	−	+
	p-Toluol-	−	+	−	−	+
C_6H_5-MgBr (Gilman)	Benzol-	+	+	−	−	+
	p-Toluol-	+	+	−	−	+
C_2H_5-MgBr (Wedekind)	p-Toluol-	−	+	+	+	
C_2H_5-MgBr (Hepworth)	Benzol-	+	−	+	+	
$(C_6H_5)_2Cd$ (Gilman)	Benzol-	+	+	−	−	+

Grignard-Reaktion mit Sulfonsäurechloriden

Eingehende Untersuchungen in der Reihe der Reaktionen von Grignard-Verbindungen mit ausschliesslich aromatischen Sulfonsäurechloriden zeigen, dass nicht immer einheitliche Reaktionsprodukte entstehen. So erhielt TRUCHET [2] aus Äthyl-MgBr und Benzol- bzw. p-Toluolsulfonsäurechlorid nur die entsprechenden Sulfinsäuren und Äthylchlorid. GILMAN und FOTHERGILL [3] berichten bei der gleichen Reaktion mit Phenyl-MgBr von den entsprechenden Phenylsulfonen sowie Sulfinsäuren und Chlorbenzol. WEDEKIND und SCHENK [4] erhielten aus Äthyl-MgBr und p-Tpluolsulfonsäurechlorid p-Toluolsulfinsäure,Äthyl-p-tolylsulfoxid und Äthyl-p-tolylsulfid und HEPWORTH und CLAPHAM [5] ebenfalls aus Äthyl-MgBr und Benzolsulfonsäurechlorid Äthylphenylsulfon, Äthylphenylsulfoxid und Äthylphenylsulfoxid.

Diese unterschiedlichen Angaben werden noch durch die von GILMAN und NELSON [6] beschriebene Reaktion des Diphenylcadmiums mit Benzolsulfonsäurechlorid ergänzt, bei der Diphenylsulfon, Benzolsulfinsäure und Chlorbenzol entstehen. Die Ausbeuten bei diesen Reaktionen sind meist sehr niedrig und liegen nur in den ersten beiden Fällen bei etwa 35 % der Theorie.

Nach unseren bisherigen Erfahrungen bei Reaktionen mit Aluminiumalkylen erwarteten wir analog der Reaktion von Carbonsäurechloriden mit beispielsweise Äthylaluminium-Verbindungen, dass aus einem Sulfonsäurechlorid und einer Äthylaluminium-Verbindung ein Äthylsulfon entsteht.

$$R\text{-}CO\text{-}Cl + C_2H_5\text{-}AlX_2 \rightarrow R\text{-}CO\text{-}C_2H_5$$

$$R\text{-}SO_2\text{-}Cl + C_2H_5\text{-}AlX_2 \not\rightarrow R\text{-}SO_2\text{-}C_2H_5$$

Ketonsynthese

Diese Annahme konnte nicht bestätigt werden.

Ich möchte zuerst auf die Arbeiten mit Äthylaluminiumsesquichlorid eingehen, da an diesem die Reaktionsbedingungen untersucht wurden, wie der Einfluss des Lösungsmittels und der Temperatur.

eingesetztes Sulfonsäure-chlorid	erhaltene Sulfin-säure	Ausbeute (%)	
		$(C_2H_5)_3Al$	$(C_2H_5)_{1,5}AlCl_{1,5}$
Benzol-		98	96
p-Toluol-		95	95
n-Butan-		98	98
n-Octan-		93	95

Äthylaluminium-Verbb. und Sulfonsäurechloride im Molverh. 1:1

Wir konnten feststellen, dass Äthylaluminiumsesquichlorid und Benzolsulfonsäurechlorid im Molverhältnis 1:1 in Methylenchlorid als Lösungsmittel in 96%iger Ausbeute zu Benzolsulfinsäure und Äthylchlorid reagieren. Dabei wird so verfahren, dass das Aluminiumalkyl zum Sulfonsäurechlorid getropft wird. Die exotherme Reaktion kann durch Kühlung bei Raumtemperatur gehalten werden, zeigt aber auch unter Sieden des Lösungsmittels keine Endproduktveränderungen. Halten der Reaktionstemperatur auf -30°C hat ein Absinken der Ausbeute an Sulfinsäure auf 56 % d.Th. zur Folge. Wird die Umsetzung in Gegenwart von aromatischen Lösungsmitteln durchgeführt, so entstehen Sulfone. In Benzol erhält man beispielsweise in 74%iger Ausbeute Diphenylsulfon. Hier bewirkt Äthylaluminiumsesquichlorid als starke Lewis-Säure am aromatischen Lösungsmittel eine Friedel-Crafts-Reaktion, es kann also nicht in Benzol gearbeitet werden. Aus diesem Grunde ist für Umsetzungen mit Sulfonsäurechloriden die Anwendung von aliphatischen Kohlenwasserstoffen bzw. Halogenkohlenwasserstoffen, wie Methylenchlorid, erforderlich.

Analog der Reaktion von Äthylaluminiumsesquichlorid mit Benzolsulfonsäurechlorid entstehen aus Äthylaluminiumsesquichlorid und p-Toluolsulfonsäurechlorid in 95%iger Ausbeute p-Toluolsulfinsäure und Äthylchlorid, aus n-Butansulfonsäurechlorid in 98%iger Ausbeute n-Butansulfinsäure und Äthylchlorid und aus n-Octansulfonsäurechlorid in 95%iger Ausbeute n-Octansulfinsäure und Äthylchlorid. Die Umsetzungen der aromatischen und aliphatischen Sulfonsäurechloride im Molverhältnis 1:1 mit Triäthylaluminium führt zu den gleichen Ergebnissen. Auch hier entstehen also in hohen Ausbeuten die entsprechenden aromatischen und aliphatischen Sulfinsäuren und Äthylchlorid. Von beiden Äthylaluminium-Verbindungen wird bei den Umsetzungen jeweils nur eine Äthylgruppe zur Reaktion gebracht. Das Äthylchlorid konnte während der Umsetzungen und bei der Hydrolyse des Reaktionsgemisches in einer Kühlfalle bei -70° C aufgefangen werden. Seine Ausbeuten wurden nicht in allen Fällen bestimmt, liegen aber bei durchschnittlich 90 % d.Th., bezogen auf das eingesetzte Sulfonsäurechlorid.
Im Molverhältnis 1:1 reagieren also Triäthylaluminium und Äthylaluminiumsesquichlorid sowohl mit aromatischen als auch aliphatischen Sulfonsäurechloriden völlig gleichartig in hohen Ausbeuten zu den entsprechenden aromatischen und aliphatischen Sulfinsäuren und Äthylchlorid. Das war nicht unbedingt zu erwarten, da bei einigen Reaktionen mit Triäthylaluminium und Äthylaluminiumsesquichlorid ein deutlicher Unterschied in der Reaktionsweise beider Verbindungen besteht, wie z.B. bei der bereits erwähnten Umsetzung mit Carbonsäurechloriden.

Im Molverhältnis 2:1 bei den Umsetzungen der beiden Äthylaluminium-Verbindungen mit Sulfonsäurechloriden besteht nun ein charakteristischer Unterschied zwischen der Reaktionsweise der aliphatischen und aromatischen Sulfonsäurechloride.

eingesetztes Sulfonsäure-chlorid	erhaltene Verbindungen		Ausbeute (%) $(C_2H_5)_3Al$	$(C_2H_5)_{1,5}AlCl_{1,5}$
Benzol-	Äthyl-phenyl	sulfoxid	81	75
		sulfid	11	–
p-Toluol-	Äthyl-p-tolyl	sulfoxid	83	76
		sulfid	13	20
n-Butan-	n-Butansulfinsäure		89	98
n-Octan-	n-Octansulfinsäure		98	95

Äthylaluminium-Verbb. und Sulfonsäurechloride im Molverhältnis 2:1

Bei der Anwendung von 2 Molen Äthylaluminiumsesquichlorid auf ein Mol Benzolsulfonsäurechlorid entsteht keine Sulfinsäure mehr, neben dem Äthylchlorid dagegen in 75%iger Ausbeute Äthylphenylsulfoxid. Dabei ist die Reihenfolge der Reaktionspartner beliebig, jedoch nicht die Höhe der Reaktionstemperatur. Bleibt das Reaktionsgemisch nach der Umsetzung bei 0° C ohne weitere Kühlung sich selbst überlassen, oder wird es gelinde erwärmt, so tritt eine spontane, exotherme Reaktion ein. Nach der Hydrolyse des Ansatzes erhält man Äthylphenylsulfoxid. Wird die Umsetzung jedoch nur bei 0° C ausgeführt, und gleich anschliessend zersetzt, können wie bei der Anwendung des Molverhältnisses 1:1 Benzolsulfinsäure und Äthylchlorid isoliert werden.
Bei den Versuchen verfuhren wir deshalb so, dass der eine Reaktionspartner in dem Maße zu dem anderen getropft wurde, wie das Lösungsmittel Methylenchlorid im Sieden gehalten werden konnte. Die Umsetzung von Äthylaluminiumsesquichlorid mit p-Toluolsulfonsäurechlorid führt zu den gleichen Ergebnissen. In 76%iger Ausbeute entstehen Äthyl-p-tolyl-sulfoxid und Äthylchlorid und als Nebenprodukt 20 % Äthyl-p-tolylsulfid. Triäthylaluminium und aromatische Sulfonsäurechloride reagieren analog dem Äthylaluminiumsesquichlorid im Molverhältnis 2:1 zu den entsprechenden Äthylsulfoxiden, Äthylchlorid und geringen Mengen Äthylsulfiden als Nebenprodukt. Die Ausbeuten bei beiden Äthylaluminium-Verbindungen gleichen einander, jedoch wird auch hier vom Triäthylaluminium nur eine

Aluminium-Kohlenstoff-Valenz pro Mol zur Reaktion gebracht. Aus diesem Grunde bietet sich besonders die Umsetzung des Äthylaluminiumsesquichlorids mit aromatischen Sulfonsäurechloriden zu Sulfoxiden an, da eine zumindest doppelt hohe Ausnutzung der Äthylgruppen gegenüber der beim Triäthylaluminium gewährleistet ist.

Bei der Reaktion von Äthylaluminiumsesquichlorid und Triäthylaluminium mit aliphatischen Sulfonsäurechloriden hat die Anwendung eines zweiten Mols der metallorganischen Verbindung keinen Einfluss auf den Reaktionsverlauf. Bei allen Versuchen mit dem Molverhältnis 2:1 wurden keine Äthylsulfoxide oder andere Verbindungen isoliert, sondern nur die entsprechenden Alkansulfinsäuren und Äthylchlorid.

Die Formulierung des Reaktionsmechanismus für den Ablauf der Reaktion zwischen Triäthylaluminium bzw. Äthylaluminiumsesquichlorid und Sulfonsäurechloriden ist davon abhängig, ob den Sulfinsäuren die Struktur A oder B zukommt.

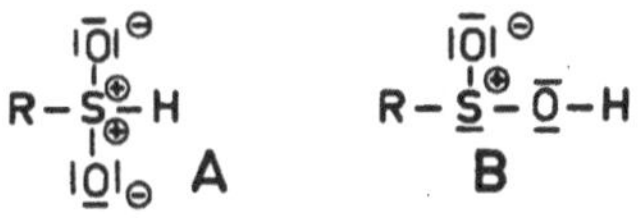

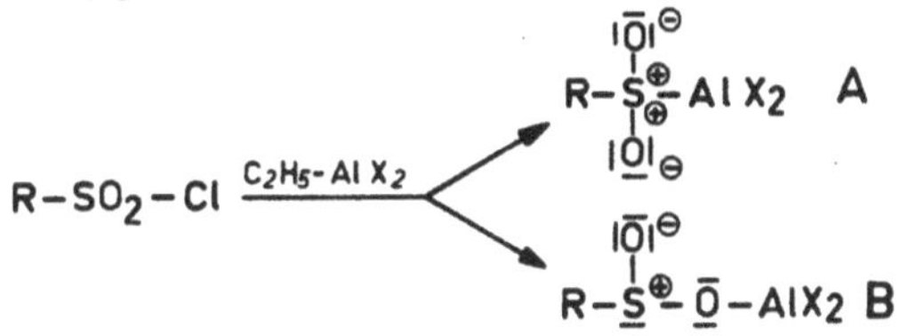

Aluminiumsulfinate

Entsprechend A oder B sind dann für eine Aluminiumsulfinatbildung, darauf komme ich anschliessend zu sprechen, ebenfalls 2 Strukturen in Betracht zu ziehen, nämlich die Struktur A mit einem direkt am Schwefel gebundenen Aluminium, und die Struktur B mit einem über dem Sauerstoff gebundenen Aluminium.

BREDERECK und Mitarbeiter [7] bewiesen mittels UV-Spektroskopie eindeutig, dass den Sulfinsäuren die zweite Struktur mit über einen Sauerstoff gebundenem Wasserstoff zugeordnet werden muss. Es sind jedoch auch Untersuchungen bekannt, welche die Struktur A unterstützen.
Mit der von BREDERECK befürworteten Struktur B für eine Sulfinsäure ist dann folgender Reaktionsablauf denkbar:

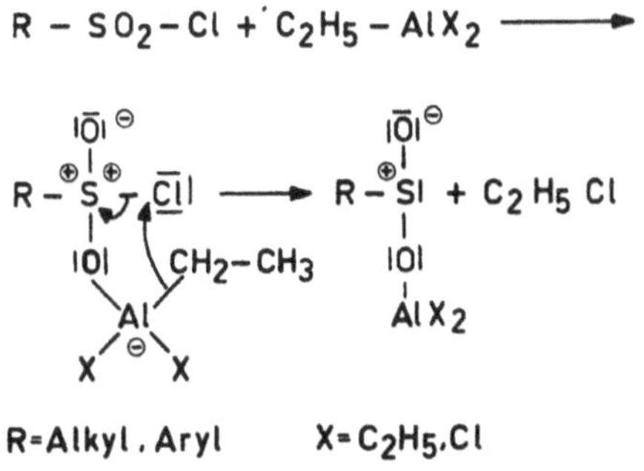

Zum Reaktionsmechanismus: 1. Stufe

Als Primärschrift findet unabhängig vom Molverhältnis ein elektrophiler Angriff des Aluminiumalkyls am Sulfonsäurechlorid statt, wobei ein fünfgliedriger, cyclischer Übergangszustand angenommen werden kann. Das Chlor fungiert in diesem Übergangszustand als Oxydationsmittel, indem es kationoid vom Schwefel getrennt wird, das Bindungselektronenpaar also am Schwefel belässt, und sich mit der negativen, also anionoiden Äthylgruppe des Aluminiumalkyls verbindet. Das Sulfonsäurechlorid wird dabei durch die aluminiumorganische Verbindung zum Aluminiumsalz der entsprechenden Sulfinsäure reduziert. Oxydationsprodukt ist in jedem Falle Äthylchlorid.
Im Molverhältnis 1:1 liegt also nach beendeter Reaktion ein Aluminiumsulfinat vor, das bei der Hydrolyse die entsprechende Sulfinsäure liefert.

Als Sekundärschritt wird das Arylaluminiumsulfinat bei der Anwendung des Molverhältnisses 2:1 durch das zweite Aluminiumalkyl am Schwefel alkyliert.

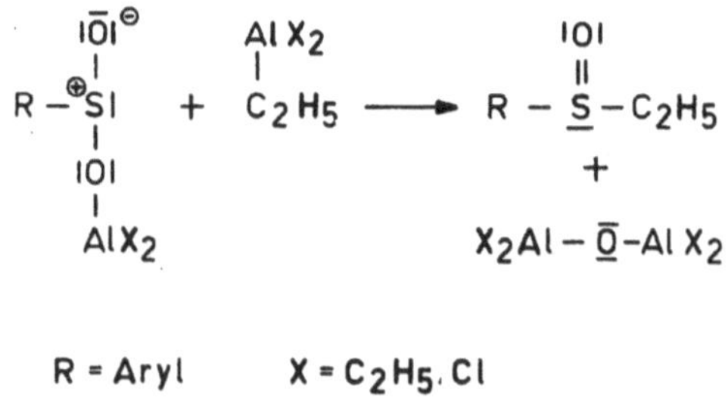

Zum Reaktionsmechanismus: 2.Stufe

Das Aluminium lagert sich dabei als Elektronenakzeptor an den semipolar gebundenen Sauerstoff der Sulfinsäuregruppe an, gefolgt von der Alkylierung des Schwefels und Abspaltung eines Aluminiumoxides zum Äthylsulfoxid. Dieser Mechanismus ist unabhängig davon, ob am Aluminium X eine Äthylgruppe oder Chlor oder beides ist. Das heisst, die Reaktion verläuft sowohl bei einem Diäthylaluminiumsulfinat als auch beim Monoäthyl-chlor- und Dichloraluminiumsulfinat nach diesem Schema, wenn R ein aromatischer Rest ist.
Für den Alkylierungsschritt ist die Elektronendichte am Schwefelatom ausschlaggebend. Der Elektronensog durch das zweite Aluminiumatom bzw. dessen Substituenten reicht nicht aus, um die für eine Alkylierung notwendige Verminderung der Elektronendichte am Schwefel herbeizuführen. Erst durch den aromatischen Rest wird der Schwefel so stark positiviert, dass eine Alkylierung eintritt. Der an sich exotherme Alkylierungsschritt muss jedoch auch hier noch durch die Zuführung von Wärmeenergie eingeleitet werden. Aliphatische Substituenten am Schwefel gestatten keine Alkylierung. Im Gegensatz zu den aromatischen Substituenten vergrössern sie die Elektronendichte am Schwefel durch ihren Elektronenschub derart, dass ein Angriff des negativen Äthylrestes an diesem nicht mehr gewährleistet ist.
Diese Überlegungen am Mechanismus der Umsetzung von Äthylaluminium-Verbindungen mit Sulfonsäurechloriden veranlassten uns, bei der Übertragung der Reaktion auf andere Aluminiumalkyle, und vor allen Dingen längerkettige Alkylaluminium-Verbindungen, zwecks Darstellung von Sulfoxiden eine Teilung in 2 unabhängige Stufen vorzunehmen.

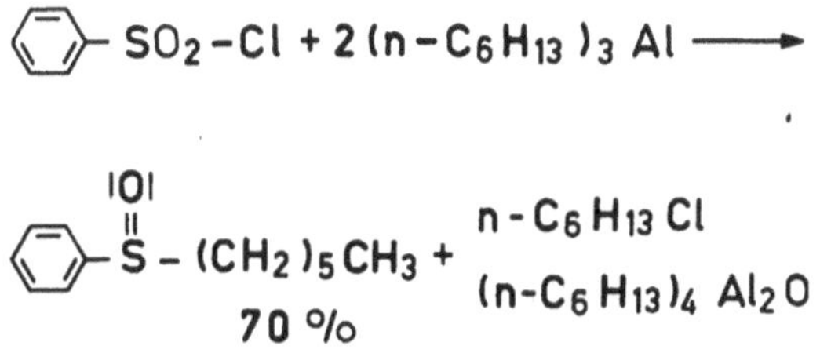

Benzolsulfonsäurechlorid und Tri-n-hexylaluminium - einstufig

Die Abbildung zeigt zuerst noch einmal im einstufigen Prozess das Beispiel einer Umsetzung von Benzolsulfonsäurechlorid mit Tri-n-hexylaluminium im Molverhältnis 1:2, es entsteht in 70%iger Ausbeute n-Hexylphenylsulfoxid. Damit fällt also der grösste Teil der eingesetzten Alkylgruppen in Form von n-Hexylchlorid und nach der Hydrolyse n-Hexan an. Das heisst, dass bei Monoalkylaluminium-dichloriden nur maximal die Hälfte der eingesetzten aktiven Al-C-Bindungen zur Alkylierung ausgenutzt wird, bei Dialkylaluminium-monochloriden nur ein Viertel und bei Trialkylaluminium-Verbindungen, wie die Abbildung zeigt, nur maximal ein Sechstel.
Trotzdem bietet die Darstellung von Arylsulfoxiden nach dem angegebenen Schema Vorteile, da sich Di- und Monoalkylaluminium-chloride leicht aus den entsprechenden Trialkylaluminium-Verbindungen herstellen lassen und sich auch die Ausbeuten bei der Anwendung der Chloride nicht wesentlich von den mit Trialkylen erhaltenen unterscheiden.
Eine bedeutende Steigerung der Rentabilität dieses Prozesses kann man nur erreichen, wenn man ihn in 2 voneinander unabhängige Stufen teilt.

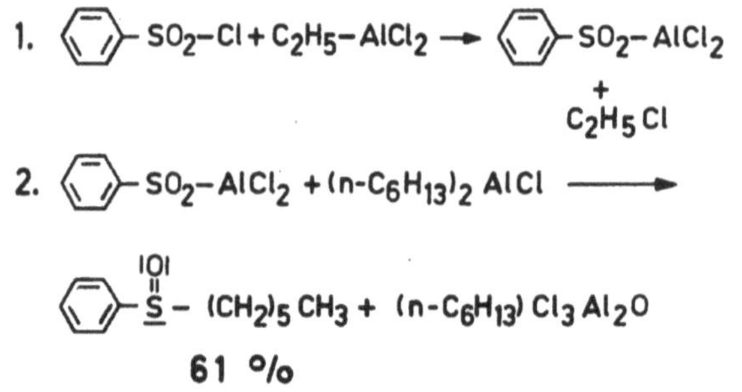

Benzolsulfonsäurechlorid und Di-n-hexylaluminiumchlorid - zweistufig

In der ersten Stufe wird dann für die Herstellung des Aluminiumsulfinates ein billiges Aluminiumalkyl verwendet, wie es Äthylaluminiumsesquichlorid ist, und erst in einer zweiten Stufe wird mit Hilfe des erforderlichen höheren Aluminiumalkyls das gewünschte Sulfoxid dargestellt.
Die Abbildung zeigt für diesen zweistufigen Prozess als Beispiel wieder die Umsetzung mit Benzolsulfonsäurechlorid.

<u>1.Stufe:</u> Aus Benzolsulfonsäurechlorid und Äthylaluminiumsesquichlorid bzw. Monoäthylaluminiumdichlorid im Molverhältnis 1:1 entsteht das Dichloraluminiumbenzolsulfinat. Das gleichfalls gebildete Äthylchlorid kehrt in den Prozess zurück, indem aus ihm neues Äthylaluminiumsesquichlorid hergestellt werden kann.

<u>2.Stufe:</u> Zum Aluminiumsulfinat-Reaktionsgemisch wird im Molverhältnis 1:1 Di-n-hexylaluminiummonochlorid gegeben und es entsteht in 61%iger Ausbeute n-Hexylphenylsulfoxid.

Der Vorteil dieses zweistufigen Sulfoxid-Prozesses besteht insbesondere darin, dass Arylsulfoxide in guten Ausbeuten aus technisch leicht zugänglichen aromatischen Sulfonsäurechloriden mit Hilfe von Aluminiumalkylen erhalten werden können. Besonders wichtig ist, dass man, unabhängig vom aromatischen Rest, vorwiegend Arylsulfoxide beliebiger Kettenlänge herstellen kann, deren Einsatz beispielsweise als Emulsionspolymerisationskatalysatoren und in der pharmazeutischen Industrie steigendes Interesse findet.

[1] z.B. H.Bertsch und H.Reinheckel, Fette, Seifen, Anstrichmittel 64, 881 [1962]; H.Reinheckel und D.Jahnke, Chem.Ber. 97, 2661 [1964]; H.Reinheckel, D.Jahnke und G.Kretzschmar, Chem.Ber. 99, 11 [1966]; H.Reinheckel und K.Haage, J.prakt.Chem. [im Druck]

[2] R.Truchet, Ann.chim.(10), 16, 309 [1931]

[3] H.Gilman und R.E.Fothergill, J.Amer.chem.Soc. 51, 3501 [1929]

[4] E.Wedekind und D.Schenk, Ber.dtsch.chem.Ges. 54 B, 1604 [1921]

[5] H.Hepworth und H.W.Clapham, J.chem.Soc. [London] 119, 1188 [1921]

[6] H.Gilman und J.F.Nelson, Recueil Trav.chim.Pays-Bas 55, 133 [1936]

[7] H.Bredereck, G.Brod und G.Höschele, Chem.Ber. 88, 438 [1955]

Stanisław Pasynkiewicz and Kazimierz Starowieyski
Department of Organic Technology I, Polytechnic, Warszawa (Poland)

Some Complexes of Organoaluminium Compounds, Their Structure and Reactivity

The strong electro-acceptor abilities of organoaluminium compounds are the result of an electron deficiency of an aluminium atom. The great tendency to associate comes from the electron deficiency of an aluminium atom in its compounds, leading to the formation of dimers, trimers or even polymers. As a result of the electro-acceptor properties these compounds react with anions or neutral electrodonating molecules, forming either ionized salts or donor-acceptor complexes. It seems that most of the reactions of organoaluminium compounds begin due to the electron deficiency of the aluminium atom. The investigation of the complex structure formed by organoaluminium compounds and donors of electrons, may provide important data concerning the mechanism of reaction in its initial step. The reactivity of organoaluminium compounds largely depends on their electro-acceptor properties (relative acidity) and hence their ability of using the given compound to various syntheses.

In our previous paper (1) complexes of organoaluminium compounds, type R_nAlCl_{3-n} (where R is C_2H_5 or CH_3, and $n \leqslant 3$), with benzonitrile, propionitrile and acetonitrile for molar ratio of reagents 1 : 1 have been obtained. The infrared spectra in the region of $C \equiv N$ stretching vibration have been investigated. The results are presented in Table 1.

As we see from the given data the infrared spectra show characteristic shifts of the $C \equiv N$ stretching vibrations towards higher frequency in case of nitrile organo-aluminium compound complexes. The shift of a $C \equiv N$ band for complexes (compared with free nitriles) is from about 40 cm^{-1} to 70 cm^{-1} and depends for a given nitrile on the kind of organoaluminium compound. The constant growth of $C \equiv N$ stretching vibration shift can be seen in the series: trialkylaluminium, dialkylaluminium chloride, alkylaluminium dichloride, for all examined complexes. The shift $\Delta \nu$ $C \equiv N$ can be regarded as the measure of relative acidity (electro-acceptor property) of organoaluminium compounds and their relative reactivity.

The infrared spectra of reaction products of benzonitrile with trimethylaluminium for the molar ratio of reagents 2 : 1, 1 : 1 and 1 : 2 at room

<u>Table 1:</u> The $C\equiv N$ stretching frequencies (cm^{-1}) of free nitriles and their complexes with organoaluminium compounds

Organoaluminium compounds	C_6H_5CN	$\Delta\nu\ C\equiv N$	C_2H_5CN	$\Delta\nu\ C\equiv N$	CH_3CN	$\Delta\nu\ C\equiv N$
	2227		2244		2255s, 2295m	
$(C_2H_5)_3Al$	2270	+ 43	2282	+ 38	2260m, 2302s	+ 47
$(C_2H_5)_2AlCl$	2282	+ 55	2302	+ 58	2269w, 2315s	+ 60
$C_2H_5AlCl_2$	2286	+ 59	2305	+ 61	2277sh, 2321s	+ 66
$(CH_3)_3Al$	2264	+ 37	2231	+ 45	2255s, 2237s	+ 42
$(CH_3)_2AlCl$	2279	+ 52	2306	+ 62	2255w, 2303s	+ 48
CH_3AlCl_2	2285	+ 58	2311	+ 67	2268vw, 2307s	+ 52
$AlCl_3$	2286		2313		2311s	
Me_2AlBr	2276					
Me_2AlJ	2270					

temperature show a strong absorption band at 2264 cm^{-1}. Stretching frequency of the triple bond does not depend on the molar ratio of reagents.

Table 2: The C≡N stretching frequencies (cm^{-1}) of the C_6H_5CN : $Al(CH_3)_3$ complex dependently on a molar ratio

Ratio of benzonitrile to $(CH_3)_3Al$	ν C≡N of complex formed at room temperature
1 : 2	2264
1 : 1	2264
2 : 1	2265

The results obtained may indicate that in all molar ratios, the complex formed was of the same structure, or that other complexes with different structures do not influence the C≡N stretching frequency. For molar ratio of reagents 1 : 1 the structure of complexes is linear and the nitrogen atom is sp hybridised (I).

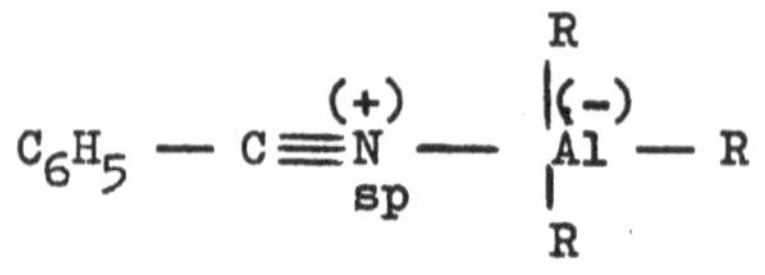

I

The unchanged band at 2264 cm^{-1} for molar ratio 1 : 2 excludes the possibility when benzonitrile molecule is bonded with two molecules of trimethylaluminium by means of a lone pair of nitrogen atom and π electrons of the triple bond (II).

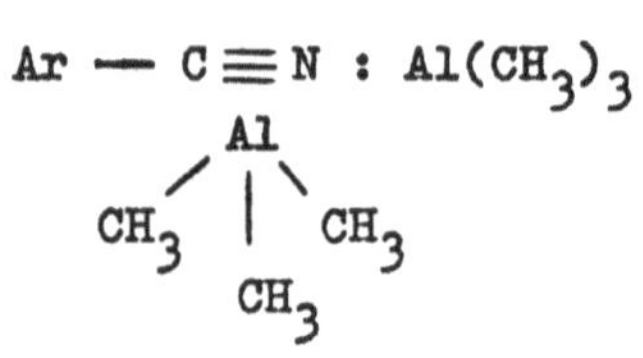

II

In such a structure the triple bond frequency has to change. However, taking into account the fact that at room temperature trimethylaluminium exists in dimer form, and that for the reagent ratio 1 : 2 for one dimer molecule exists one benzonitrile molecule, it is possible that in the reaction of complex formation such a compound with only one broken bond is formed.

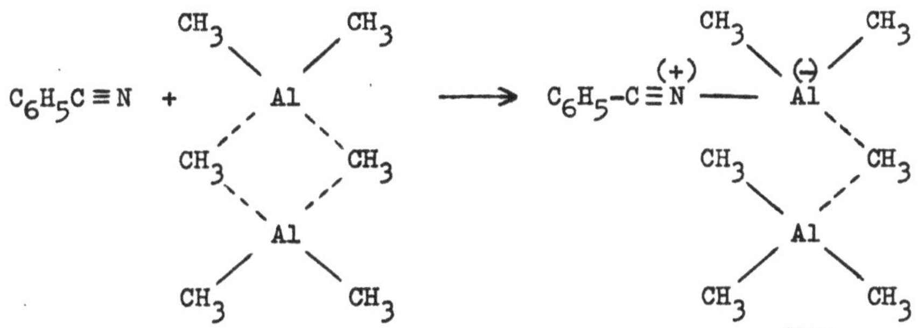

III

The second bridge bond (Al---C---Al) can remain unchanged as a result of the formation of complex III of the composition $C_6H_5CN \cdot 2Al(CH_3)_3$.

There is little probability of obtaining the complex type 2 $C_6H_5CN \cdot Al(CH_3)_3$ (IV). The presence of the $C \equiv N$ stretching vibration band of free nitrile in the reaction products (reagents used in molar ratio 2 : 1) in presence of the $C \equiv N$ band of complex, would show that the second molecule of benzonitrile is not bonded into complex.

The heat of a complex formation of organoaluminium compounds with benzonitrile for various molar ratio reagents has been investigated. The results are presented in Table 3. As seen from the given data the heat of complex formation grows in the following order:

$$R_3Al < R_2AlCl < R\ AlCl_2$$

(where R = CH_3, C_2H_5) and like the shift $\Delta \nu_{C \equiv N}$, it can be regarded as a measure of relative acidity (electro-acceptor property) of organoaluminium compounds. The heat of complex formation of organoaluminium compounds with benzonitrile does not practically depend on the molar ratio of reagents (see Table 3) and is about the same for the proportion 1 : 2, 2 : 1 and 1 : 1. The above data exclude the possibility of forming complexes II, IV and V, since their heat of formation should considerably differ from the heat of the formation of complex I

$$2\ C_6H_5CN \cdot AlR_3$$

IV

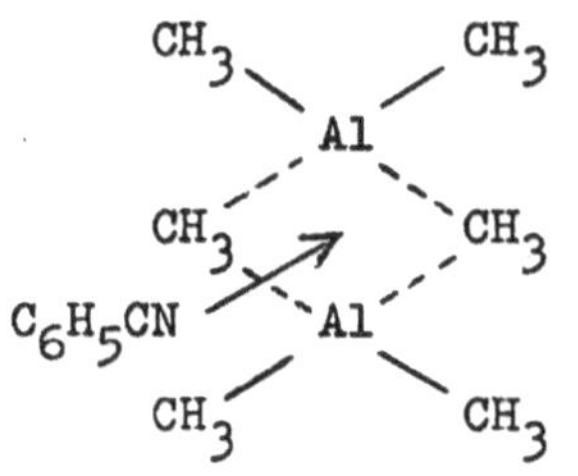

V

Table 3: Heats of a complex formation in the reaction of organoaluminium compounds with benzonitrile, temperature 25°

Organoaluminium compounds	Heats of a formation (kcal/mole) at different ratio of nitrile to organoaluminium compound		
	1 : 1	2 : 1	1 : 2
$(CH_3)_3Al$	14,4		17,7
$(CH_3)_2AlCl$	16,3	13,9	18,5
CH_3AlCl_2	20,7	21,6	22,6
$(C_2H_5)_3Al$	16,0+)		
$(C_2H_5)_2AlCl$	16,3	16,0	15,6
$C_2H_5AlCl_2$	19,1	21,8	21,6

+) reaction of addition or reduction occuring

It is, however not possible to state from the heats of the complex formation obtained, whether complex III occurred, since as a result of reaction (1) the same amount of heat as in reaction (2) may be noted. Both reactions give, however, different complexes III and I.

$$C_6H_5CN + R_6Al_2 \rightarrow C_6H_5CN\cdot Al\ R_3 + 1/2R_6Al_2 \qquad (2)$$

The reactions of organoaluminium compounds with esters have been investigated by H. Reinheckel (2). In the present paper the infrared spectra of organoaluminium compounds with ethyl benzoate and ethyl caprylate have been examined.

The stretching vibrations of C=O and C-O of free esters and their complexes with organoaluminium compounds are shown in Table 4.

Table 4: The infrared stretching frequencies of organoaluminium compounds complexes with esters (cm^{-1}). Ratio of ester to organoaluminium compound 1 : 2

Organoaluminium compounds	$C_6H_5COOC_2H_5$				$CH_3(CH_2)_6COOC_2H_5$			
	ν C = 0	$\Delta\nu$ C=0	ν C̈–0	$\Delta\nu$ C̈–0	ν C=0	$\Delta\nu$ C=0	ν C̈–0	$\Delta\nu$ C̈–0
	1720		1278		1734		1177	
$(CH_3)_3Al$	1659	− 61	1330	+ 52	1655	− 79	1338	+161
$(CH_3)_3AlCl$	1630	− 90	1337	+ 59	1631	−103		
CH_3AlCl_2	1612	−108	1340	+ 62	1608	−126	1345	+168
$AlCl_3$	1611	−109	1342	+ 64	1604	−130	1347	+170
$(CH_3)_2AlBr$	1630	− 90	1337	+ 59				
CH_3AlBr_2	1611	−109	1342	+ 64	1614	−120	1343	+166
$(CH_3)_2AlJ$	1632	− 88	1337	+ 59	1625	−109		
CH_3AlJ_2			1342	+ 64	1604	−130	1342	+165

As shown in Table $\nu_{C=O}$ band of ester shifts towards lower frequencies and $\nu_{\overset{\shortparallel}{C}-O}$ band towards higher ones after complex formation with organoaluminium compounds.

The shift $\Delta\nu$ similarly as in the case of nitriles, can be a measure of the acidity of organoaluminium compounds.

In order to explain whether the organoaluminium compound forms a complex through the oxygen of alcoxyl group, the infrared spectra of complexes of ethyl caprylate and dimethylaluminium chloride for molar ratio reagents 1 : 1 and 1 : 2 have been investigated. The results are presented in Table 5.

Table 5: Typical bands (cm^{-1}) of the complex $(CH_3)_2AlCl$ with ethyl caprylate for different ratios of components

Ratio of ester to $(CH_3)_2AlCl$	$\nu C=O$	$\nu C=O_k$ complex	$\nu \overset{\shortparallel}{C}-O_k$ complex	$\nu \overset{\shortparallel}{C}-O$
1 : 1	1734	1631	1341	1177
1 : 2	-	1631	1341	-

As seen from the data mentioned above for the reagent ratio 1 : 1 there exist besides the bands of complex 1631 cm^{-1} and 1341 cm^{-1} also other bands of free esters 1734 cm^{-1} and 1177 cm^{-1}.

For the reagent ratio 1 : 2 the free ester bands disappear whereas the complex bands remain unchanged. These results show that a molecule of the organoaluminium compound is joined to the oxygen of carbonyle group, thus causing the shift of stretching frequencies of C O towards lower frequencies.

It would also seem that as a result of induction effect, the C-O bond of alcoxyl group became strengthened and therefore $_{C-O}$ shifted towards higher frequencies.

The excess of organoaluminium compound (molar ratio 1 : 2) does not probably cause the joining of the second molecule of organoaluminium compounds to the oxagen of alcoxyl group.

Further investigations are in progress.

References

1. Starowieyski, K., Pasynkiewicz, S., Roczniki Chem. 40, 47 (1966)
2. Reinheckel, H., Oléagnieux 20, 31 (1965)

F. Püschel
Institut für Fettchemie der Deutschen Akademie der Wissenschaften zu Berlin, Berlin-Adlershof

Untersuchungen an höhermolekularen sekundären Alkylsulfaten +)

Einleitung

Höhermolekulare sekundäre Alkylsulfate sind im technischen Bereich schon vor rund 30 Jahren als wohlfeile Waschrohstoffe durch Einwirkung von konz. Schwefelsäure auf Crackolefine hergestellt worden. Sie haben sich in nennenswertem Umfang bis heute auf dem Markt behauptet, da sie nicht nur billig in bezug auf Rohstoffe und Verarbeitungskosten sind, sondern auch gute grenzflächenaktive Eigenschaften besitzen. Von den primären Alkylsulfaten unterscheiden sich die sekundären u.a. durch bessere Löslichkeit in Wasser und besonders in organischen Lösungsmitteln. Ein Nachteil ist die größere Hydrolysegeschwindigkeit der Sekundärsulfate, weshalb sie stets in schwach alkalischem Milieu angewendet werden.

Die Sulfatierung von α-Olefinen mit Schwefelsäure führt zu Gemischen stellungsisomerer sekundärer Alkylsulfate (1). Durch günstige Wahl der Reaktionsbedingungen soll man aber die Isomerisierungsreaktion zurückdrängen und Produkte bekommen können, die vorwiegend das 2-Sulfat enthalten (2).

Aufgabenstellung

Die in bezug auf die Stellung der Sulfatgruppe komplexe Zusammensetzung der Olefinsulfate ließ es wünschenswert erscheinen, die einzelnen stellungsisomeren Individuen eines Isomerengemisches in reiner Form herzustellen und isoliert zu untersuchen, um die Abhängigkeit der Eigenschaften von der Stellung der hydrophilen Gruppe zu ermitteln. Wir wählten zu diesem Zweck die isomere Reihe der Hexadecylsulfate, da diese wesentliche Bestandteile der meisten technisch erzeugten Olefinsulfate sein dürften und weil man annehmen kann, daß auch die mittelständigen Sulfate dieser Reihe noch ausgeprägte grenzflächenaktive Eigenschaften besitzen.

+) Gekürzte Fassung der in der Zeitschrift "Tenside" 3 (1966) Heft 3, S. 71-80 veröffentlichten Originalarbeit: Synthese und grenzflächenaktive Eigenschaften der stellungsisomeren Natrium- und Kalium-n-Hexadecylsulfate-(1) bis -(8) und einiger Natrium- und Kalium-1-(n-alkyl)-n-dodecylsulfate-(1).

Uns interessierte weiterhin die Frage, in welcher Weise die Eigenschaften eines primären Alkylsulfates verändert werden, wenn in 1-Stellung eine Alkylseitenkette mit wachsender Anzahl von Kohlenstoffatomen angeknüpft wird. Deshalb wurde die homologe Reihe der sekundären 1-Alkyl-dodecylsulfate mit Alkylresten bis C_4 nebst dem Grundkörper, dem primären Dodecylsulfat-(1), hergestellt und untersucht. In dieser Substanzreihe bleibt also die Hauptvalenzkette mit 12 C-Atomen unverändert.

Isomere Reihen von Alkylsulfaten sind schon früher untersucht worden. Bei den Dodecylsulfaten nehmen die Oberflächenaktivität und die Schaumwirkung mit Verschiebung des Sulfatrestes nach der Molekülmitte ab (3).

Auch in der Tetradecylreihe verschlechtert sich die Schaumwirkung mit steigender Symmetrie des Moleküls, aber die Netzwirkung ist umso größer, je weiter die hydrophile Gruppe der Kettenmitte nahekommt. Das Waschvermögen in der Reihe C_{14} ist dagegen bei den endständigen Individuen besser als bei mittelständigen (4). Daß mittelständige Alkylsulfate besser netzen, endständige besser waschen, gilt als allgemeine Regel, die auch durch vorliegende Untersuchung wieder bekräftigt wird.

Herstellung und Eigenschaften der Alkylsulfate

Sehr reine sekundäre Alkohole haben wir aus den entsprechenden Ketonen durch Reduktion mit Lithiumalanat erhalten. Die Synthese der Ketone wiederum erfolgte durch zinkorganische Reaktionen aus reinsten Ausgangschemikalien.

Zur Sulfatierung der Alkohole verwendeten wir die häufig benutzte Lösung von Chlorsulfonsäure in Äther, nachdem wir uns durch besondere Versuche überzeugt hatten, daß mit diesem Sulfatierungsmittel eine Stellungsisomerisierung ebensowenig eintritt wie mit den SO_3-Komplexen von Pyridin und Dioxan.

Die Aufarbeitung der Natrium- und Kalium-alkylsulfate hat auf die Löslichkeitseigenschaften und das Kristallisationsverhalten Rücksicht zu nehmen. Nur die Alkylsulfate mit der Sulfatgruppe nahe dem Kettenende, das sind die 1- und 2-Sulfate der Natriumsalzreihe und die 1-, 2- und 3-Sulfate der Kaliumsalzreihe, lassen sich gut aus Äthanol kristallisieren. Von den übrigen Sekundärsulfaten sind diejenigen mit der Sulfatgruppe in 3-, 4-, 5- und 8-Stellung ebenfalls feste Substanzen. Bis zur 5-Stellung können sie aus Aceton bei tiefer Temperatur zur Kristallisation gebracht werden. Die Hexadecylsulfate-(6) und -(7) hingegen sind von gelartiger, transparenter Beschaffenheit.

Die in der Literatur beschriebene Hygroskopizität der sekundären Alkylsulfate ist in den beiden isomeren Reihen der Kalium- und Natriumhexadecylsulfate erst vom 4-Isomeren ab feststellbar. Die 2- und 3-Sulfate sind nicht hygroskopisch. Alle übrigen Sekundärsulfate erweichen beim Liegen an der Luft unter Gewichtszunahme. Nach einigen Tagen verfestigen sich aber die 4-, 5- und auch die 8-Sulfate wieder unter Bildung fester Hydrate, wozu die Hexadecylsulfate-(6) und -(7) offenbar nicht befähigt sind. Natriumhexadecylsulfat-(5) konnten wir als sehr gut beständiges festes Hydrat mit 2 Molekülen Kristallwasser gewinnen.

Thermisches Verhalten der Alkylsulfate

Das thermische Verhalten der Alkylsulfate wurde mikroskopisch näher untersucht. Die gut kristallisierenden 1- und 2-Sulfate lassen im Verlauf des Erhitzens bis zum Schmelzen keinerlei Veränderung erkennen. Die übrigen, bei Raumtemperatur festen Sekundärsulfate erleiden bei langsamem Aufheizen strukturelle Umwandlungen. Dabei treten kristallin-flüssige Zustandsformen auf, welche die bekannten Merkmale smektischer Phasen erkennen lassen. Die gelartigen Hexadecylsulfate-(6) und -(7) liegen bereits bei Raumtemperatur in einem mesomorphen Zustand vor.

Die untersuchten Alkylsulfate haben ziemlich scharfe Schmelzpunkte, die in charakteristischer Weise von der Stellung der Sulfatgruppe abhängen, wie in Bild 1 für die Hexadecylsulfate dargestellt ist.

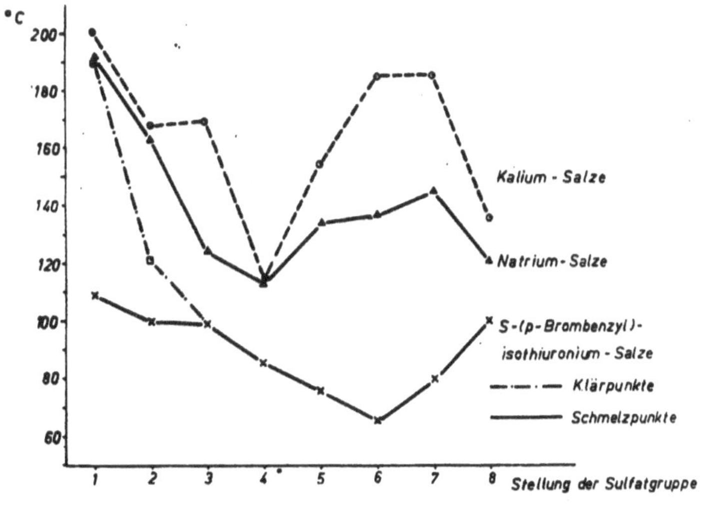

Abb. 1 Schmelzpunkte von n-Hexadecylsulfaten

Sowohl bei den Natrium- als auch bei den Kaliumsalzen besitzt die Schmelzpunkt-Kurve ein Minimum bei dem 4-Sulfat, um dann wieder zu einem Maximum bei dem 6- und 7-Sulfat anzusteigen und zum 8-Sulfat nochmals abzusinken. Die Kaliumsalze schmelzen durchweg höher als die Natriumsalze und auch die größere Kristallisationstendenz des Kalium-hexadecylsulfats-(3) gegenüber dem Natriumsalz kommt in dem Schmelzpunktsdiagramm deutlich zum Ausdruck. Wenige Grad oberhalb der Schmelzpunkte zersetzen sich die Salze unter Aufspaltung zu Olefin und Alkalibisulfat.

Thiuroniumsalze

Zur Charakterisierung der Alkylsulfate wurden ihre p-(Brombenzyl)-isothiuroniumsalze hergestellt. Die Schmelzpunkte dieser Derivate sind ebenfalls von der Stellung des Sulfatrestes in der Alkankette abhängig. (Bild 1). Das Schmelzpunktminimum findet sich hier bei der 6-Stellung. Auch bei diesen Salzen wurden kristallin-flüssige Phasen festgestellt, hier aber, im Gegensatz zu den Natriumsalzen, bei den primären Sulfaten und noch bei Hexadecylsulfat-(2), während die übrigen Sekundärsulfate sofort isotrop aufschmelzen.

Die grenzflächenaktiven Eigenschaften der Alkylsulfate

Von den stellungsisomeren Natriumhexadecylsulfaten und den Natrium-1-alkyl-dodecylsulfaten wurden die grenzflächenaktiven Eigenschaften untersucht.

Oberflächenspannung

Wie Abb. 2 zeigt, wächst die Oberflächenaktivität der Hexadecylsulfate, wenn die Sulfatgruppe vom Ende nach der Mitte des Moleküls vorrückt. Der tiefste Wert der Oberflächenspannung wird bei Hexadecylsulfat-(8) mit 29 dyn/cm erreicht. Das 2-Sulfat fällt aus der Reihe, es erniedrigt die Oberflächenspannung des Wassers etwas stärker als das 3-Sulfat. Das primäre Hexadecylsulfat kann bei 20° wegen zu geringer Löslichkeit nicht gemessen werden.

Die kritische Micellkonzentration, als Schnittpunkt des abfallenden mit dem waagerechten Zweig der σ/c-Kurven graphisch ermittelt, ist umso größer, je weiter die Sulfatgruppe vom Ende nach der Mitte der Hexadecankette vorrückt. Die damit verbundene Verkürzung der Hauptvalenzkette wirkt sich hier im gleichen Sinne aus wie Kettenverkürzung in der homologen Reihe der primären Alkylsulfate.

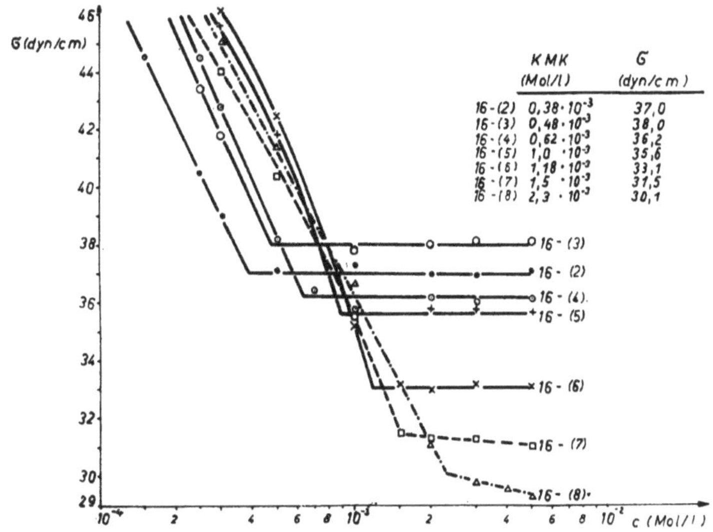

Abb. 2 Oberflächenspannung der Natrium-n-hexadecyl-sulfate-(2) bis -(8) in dest. Wasser bei 20° C

Im Konzentrationsgebiet unterhalb der kritischen Konzentration bis etwa 0,1 mol/l kehrt sich die Reihenfolge der σ-Werte um, so daß sich die Kurven überschneiden. Hier ist die Oberflächenspannung umso niedriger - die Oberflächenaktivität also umso stärker -, je weiter endständig die Sulfatgruppe angeordnet ist, wobei sich die beiden mittelständigen Hexadecylsulfate etwas abweichend verhalten. Bei noch größerer Verdünnung verwischen sich die Unterschiede weitgehend.

Die Änderung der Oberflächenspannung in der homologen Reihe der 1-Alkylderivate des Natrium-dodecylsulfats in Bild 3 läßt erkennen, daß Alkylsubstitutionen in 1-Stellung bei gleichbleibender Hauptvalenzkette mit wachsendem Substituenten die Erniedrigung der kritischen Konzentration sowie die Verstärkung der Oberflächenaktivität sowohl oberhalb als auch unterhalb der KMK zur Folge hat. Das dürfte schon allein der Wirkung des ansteigenden Molekulargewichts, aber sicher auch der zunehmenden Symmetrie des Moleküls zuzuschreiben sein.

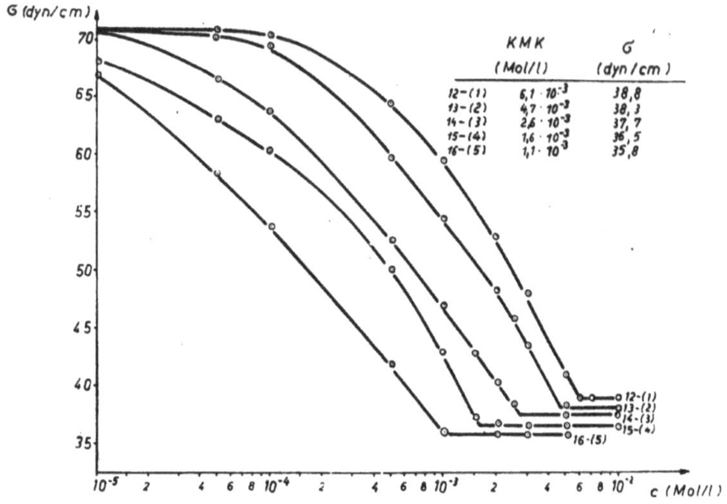

Abb. 3 Oberflächenspannung der Natrium-1-alkyl-n-dodecylsulfate in dest. Wasser bei 20° C

Netzvermögen

Bei der Bestimmung des Netzvermögens nach der Tauchmethode wirken sich die konstitutionellen Einflüsse in gleichem Sinne wie bei der Oberflächenaktivität aus. Je stärker die maximale Oberflächenspannungserniedrigung ist, umso weniger Substanz ist zum Erreichen einer Untersinkzeit von 100 Sekunden erforderlich (Tabelle).

In der Hexadecylsulfat-Reihe ist also die Netzwirkung umso besser, je weiter die Sulfatgruppe nach der Kettenmitte zu stehen kommt. Die absoluten Unterschiede sind dabei relativ gering. Auch in der homologen Reihe der Alkyldodecylsulfate verbessert zunehmende Symmetrie des Moleküls das Netzvermögen.

Tabelle Netzvermögen von Natrium-n-hexadecylsulfaten und von Natrium-1-alkyl-n-dodecylsulfaten nach DIN 53 901 bei 25° C in dest. Wasser

Alkylsulfat	Konz. (g/l)	Konz. (mMol/l)
C_{16} - (3)	0,46	1,34
- (4)	0,44	1,28
- (5)	0,35	1,02
- (6)	0,32	0,94
- (7)	0,28	0,82
- (8)	0,26	0,76
C_{12} - (1)	0,49	1,70
C_{13} - (2)	0,46	1,52
C_{14} - (3)	0,40	1,26
C_{15} - (4)	0,37	1,12
C_{16} - (5)	0,35	1,02

Schaumkraft

Die Schaumkraft der Alkylsulfate wurde nach der Methode von ROSS und MILES untersucht (Bild 4). Das Schäumvermögen der Hexadecylsulfate in dest. Wasser steht dem der Vergleichssubstanz Natriumoleat nur wenig nach. Alle Hexadecylsulfate weisen unabhängig von der Konzentration annähernd gleiches Schäumvermögen auf. Die Schaumbeständigkeit ist indessen nur bei 25° gleichmäßig gut und liegt über 90 %. Bei 60° sinkt sie vom 4-Sulfat an schlagartig zurück.

In hartem Wasser (Bild 5) sind von den mehr mittelständigen Hexadecylsulfaten 2 g/l notwendig, um einen reichlichen Schaum zu erzeugen, der dann auch gute Beständigkeit besitzt. Es hat den Anschein, daß durch Calciumionen die Schaumlamellen stabilisiert werden, denn auch der geringe Schaum mit 1 g/l ist ziemlich beständig.

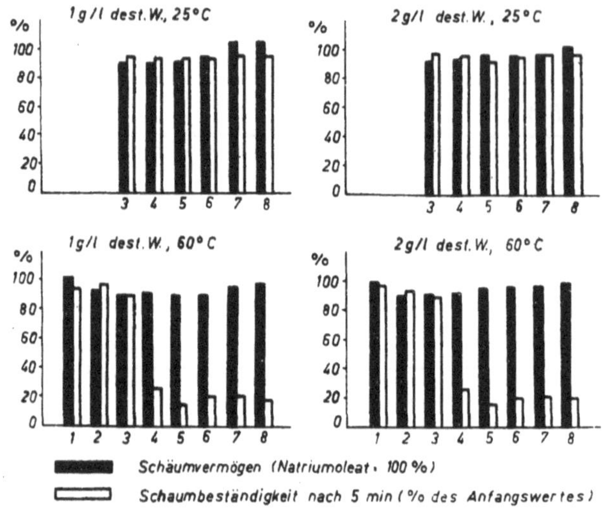

Abb. 4 Schaumkraft der Natrium-n-hexadecylsulfate-(1) bis -(8)

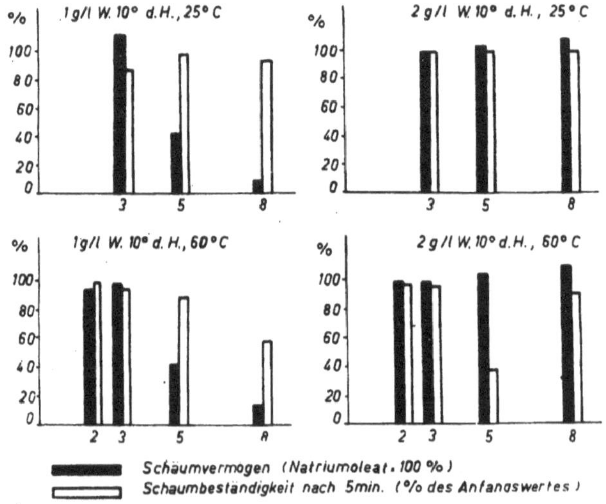

Abb. 5 Schaumkraft der Natrium-n-hexadecylsulfate-(1) bis -(8) in hartem Wasser

Die Alkyl-dodecylsulfate (Bild 6) wurden nur in dest. Wasser gemessen. Hier wirkt sich höhere Konzentration in einer geringen Verbesserung des Schäumvermögens aus. Die Schaumbeständigkeit bei 25° ist allgemein gut. Bei 60° haben aber die sekundären Sulfate durchweg nur geringe Schaumbeständigkeit.

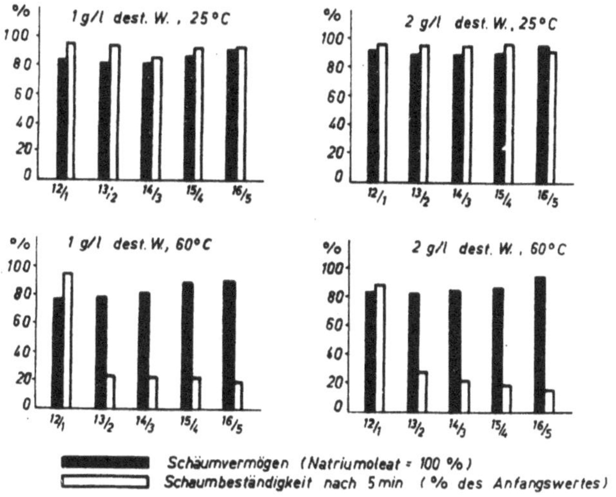

Abb. 6 Schaumkraft der Natrium-1-alkyl-dodecylsulfate

<u>Waschvermögen</u>

Als Vergleichssubstanz für die Waschversuche diente das primäre Natrium-hexadecylsulfat, das den Vorstellungen von einer waschaktiven Substanz für höhere Waschtemperaturen gut entsprechen dürfte. Die Versuche sind mit EMPA-Anschmutzung mit Anwendungsmengen von 1 und 3 g Alkylsulfat pro Liter Flotte durchgeführt worden.

In dest.Wasser (Bild 7) ist die Waschkraft mit 1 g WAS/l von allen sekundären Alkylsulfaten gering. Auch das 2-Sulfat wäscht nur etwa halb so gut wie das 1-Sulfat, dessen Waschkraft aber erst bei höheren Temperaturen richtig in Erscheinung tritt. Erhöhung der Anwendungsmenge bewirkt vor allem bei den Hexadecylsulfaten-(2) und -(3) eine erhebliche Verbesserung der Waschwirkung, während die weiter mittelständigen Hexadecylsulfate auch mit 3 g WAS/l noch schlecht waschen.

Äquimolare Gemische aller 8 isomeren Hexadecylsulfate sowie der 7 Sekundärsulfate ergeben etwa das arithmetische Mittel der Waschwirkung der Einzelindividuen.

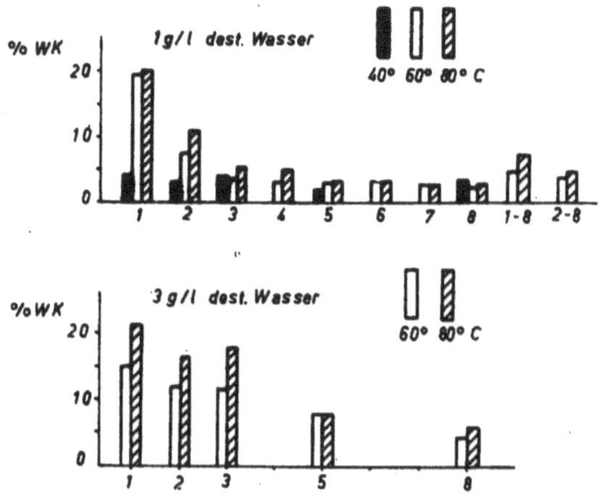

Abb. 7 Waschkraft der Natrium-n-hexadecylsulfate-(1) bis -(8)

Eine starke Steigerung erfährt das Waschvermögen der Natriumhexadecylsulfate durch Beimischung von Waschalkalien (Bild 8). Das betrifft vor allem die in dest. Wasser mangelhaft wirksamen mittelständigen Sulfate. Die Anwendungsmenge von WAS spielt bei der alkalischen Wäsche in den Grenzen dieser Untersuchung kaum eine Rolle. Die Waschalkalien allein haben eine wesentlich geringere Waschkraft als die Kombinationen, sind aber deutlich wirksamer als 1 g/l der reinen sekundären Hexadecylsulfate (vgl. Bild 7).

In hartem Wasser mit 1 g WAS/l unter Zusatz von Soda und Tripolyphosphat (Bild 9) ist die Waschkraft etwas geringer als in dest. Wasser, doch bestehen auch hierbei keine großen Unterschiede hinsichtlich der Stellung der Sulfatgruppe.

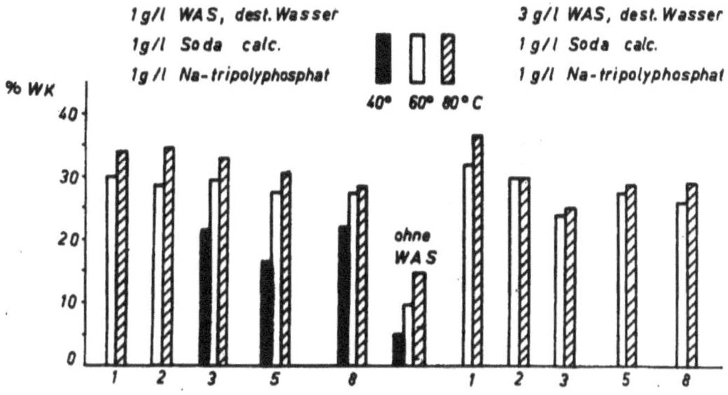

Abb. 8 Waschkraft für Natrium-n-hexadecylsulfate-(1) bis -(8) m. Waschalkalien

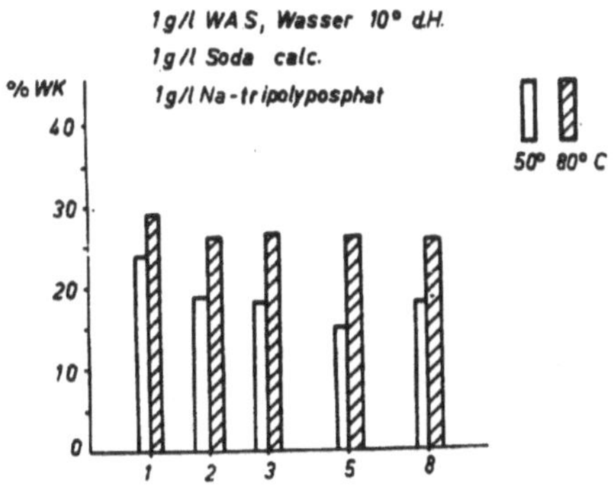

Abb. 9 Waschkraft für Natrium-n-hexadecylsulfate-(1) bis -(8) in hartem Wasser

Für sich allein ist nur das Natrium-hexadecylsulfat-(1), allenfalls noch das 2-Sulfat von ausreichender Waschwirkung. Durch Mitverwendung von Waschalkalien erlangen jedoch auch die mittelständigen Alkylsulfate ein brauchbares Waschvermögen. Es ist daher verständlich, daß die Isomerengemische sekundärer Alkylsulfate technischer Herkunft in richtig aufgebauten Waschmitteln eine gute Waschkraft besitzen. Da sie andererseits infolge ihres Gehaltes an Alkylsulfaten von mehr oder weniger symmetrischer Konstitution über vorzügliches Netzvermögen verfügen, dürften sie bei geeigneter Kettenlänge Tenside von vielseitiger Wirksamkeit sein.

Literatur

(1) Baumgarten, P., Ber.dtsch.chem.Ges. 75 (1942) 977
(2) Clippinger, E., Ind.Engng.Chem.Prod.Res.Developm. 3 (1964) 3
(3) Padgett, A.R. und E. F. Degering, Ind.Engng.Chem. 32 (1940) 207
(4) Karnauch, A. M., S. P. Deinechowskaja und I. M. Koshernikowa, Massloboino-Shirowaja Promyschlennost (Öl- und Fett-Ind.) 26 (1960) Nr. 7, 20

H. T i s c h e r und P. H a h n
VEB Deutsches Hydrierwerk Rodleben, Rodleben

Rüböl als Ausgangsprodukt zur Herstellung grenzflächenaktiver Verbindungen

Neben den Derivaten der gesättigten Fettalkohole werden als Waschrohstoffe und Textilhilfsmittel in größerem Umfang auch die der ungesättigten höheren Alkohole eingesetzt. Speziell in der Textilhilfsmittelindustrie finden Oleylalkohol sowie vorwiegend Oleylalkohol enthaltende Fettalkoholgemische auf Grund ihrer guten anwendungstechnischen Eigenschaften als Rohstoffe die häufigste Verwendung.

Die wichtigste natürliche Rohstoffquelle für Oleylalkohol sind Kopf- und Körperöl des Spermwales. Als Gewinnungsmethode steht uns neben der bekannten Wachsspaltung und der Bouveault-Blanc-Reduktion in neuerer Zeit ein Herstellungsverfahren in der katalytischen selektiven Hochdruckhydrierung zur Verfügung. Unter Voraussetzung einer 100 %igen Selektivität des Katalysators resultiert bei diesem Verfahren die Zusammensetzung des Reaktionsgemisches aus derjenigen der Fettsäure- und Alkoholkomponenten des Ausgangsmaterials. Bei unseren Versuchen zur selektiven Hydrierung von Spermöl erhielten wir entsprechend der Zusammensetzung des Rohstoffes Alkoholgemische mit maximal 43 % ungesättigten Alkoholen, was den Anforderungen an einen TW-Rohstoff nicht entsprach.

Daraus ergab sich die Notwendigkeit, nach einem neuen geeigneten, leicht zugänglichen Naturprodukt als Ausgangsbasis für diese Produktion zu suchen. Auf Grund ihrer Zusammensetzung bieten sich als entsprechende Rohstoffquellen folgende pflanzliche Öle und tierische Fette an (Tab. 1).

Soja-, Sonnenblumen- und Leinöl wurden mit angeführt, obwohl sie infolge ihres Gehaltes an mehrfach ungesättigten Verbindungen weniger geeignet sein dürften. Hinzu kommt, daß sie uns nur in beschränktem Maße zur Verfügung stehen. Dies trifft ebenfalls für Erdnuß- und Olivenöl zu. Schweineschmalz enthält einen zu großen Teil an gesättigten Säuren. Als einheimischer und in größeren Mengen vorhandener Rohstoff bietet sich danach das Rüböl an, Senföl wird bei uns nur in geringem Maße gewonnen. 93 % der in der DDR angebauten Ölfrüchte ist Raps. Der Hektarertrag von Raps beträgt 15 dt/ha - es ist der höchste ha-Ertrag der bei uns angebauten Ölfrüchte. Auch im Hinblick auf den Preis ist der Einsatz von Rüböl vertretbar: 1 t Rüböl, raffiniert, kostet 3062,-- MDN gegenüber 4039,-- MDN pro t Sonnenblumenöl oder ca. 6000,-- MDN je to Olivenöl.

Tabelle 1 Zusammensetzung einiger Fette und Öle hinsichtlich ihres Gehaltes an höheren ungesättigten Fettsäuren

Fett/Öl	% Ölsäure $C_{18}H_{34}O_2$	% Linolsäure $C_{18}H_{32}O_2$	% Linolensäure $C_{18}H_{30}O_2$	% Erucasäure $C_{22}H_{42}O_2$	% gesättigter Anteil
Schweineschmalz	51,5	11,6			36,9
Rüböl	23,9	19,8	1,8	51,0	3,5
Senföl	25,0	19,5		51,5	4,0
Olivenöl	82,5	6,0			11,5
Erdnußöl	60,0	21,0			13,0
Sojaöl	33,5	52,5	2,3		11,7
Sonnenblumenöl	34,0	58,5			7,5
Leinöl	21,0	24,0	45,0		10,0

Die angeführte Zusammensetzung entstammt der Literatur, bei den von uns untersuchten Ölen liegen die Erucasäuremengen niedriger zugunsten des Ölsäuregehaltes und des gesättigten Anteiles.

Es ist bekannt, daß die Eigenschaften und die Wirkung der Alkylsulfate von der Kettenlänge des Alkylrestes entscheidend beeinflußt werden. Da im allgemeinen für die TW-Herstellung primäre Fettalkohole der Kettenlängen C_{12}-C_{18} verwendet werden, trat das auch schon in der Literatur diskutierte Problem auf, ungesättigte Alkoholgemische mit größeren Mengen der Kettenlängen C_{22} - wie es im sog. Ocenol aus Rüböl vorliegen würde - zur Synthese von grenzflächenaktiven Produkten einzusetzen. Nach Angaben von St.Fulde (1) und S.Komori u.Mitarb. (2) sind die Alkylderivate des Oleyl- und Erucylalkohols in mehreren anwendungstechnischen Eigenschaften als gleichwertig anzusehen. Die von uns angestellten Untersuchungen konnten diese Ergebnisse nicht in jedem Fall bestätigen. Ausgehend von der Tatsache, daß Erucasäure den Hauptbestandteil des Rüböls darstellt, führten wir zum Vergleich mit Oleylalkohol zunächst einige grundlegende Prüfungen mit Derivaten des reinen Erucylalkohols durch. Unser Augenmerk richtete sich dabei vorwiegend auf die Sulfate und Äthylenoxydaddukte als die am häufigsten verwendeten oberflächenaktiven Verbindungen ungesättigter Alkohole. Zur Ermittlung des gegenseitigen Einflusses von Erucyl- und Oleylalkoholsulfat auf die anwendungstechnischen Eigenschaften wurden die Gebrauchswertdaten in Abhängigkeit vom Konzentrationsverhältnis beider Komponenten ermittelt. Die Analysen sollten zudem eine grobe Aussage über die hinsichtlich der oberflächenaktiven Eigenschaften noch vertretbaren Erucylalkoholmengen im Rübölalkoholgemisch gestatten.

Die anwendungstechnischen Prüfungen erstreckten sich je nach Eigenschaften der entsprechenden Produkte auf folgende Bestimmungen:

1. die Oberflächenspannung der wäßrigen Lösungen, gemessen mit dem Stalagmometer,
2. das Tauchnetzvermögen, bestimmt nach der Deutschen Normmethode DIN 53 901 (3),
3. das Schaumvermögen, ermittelt nach der Schlagmethode in einer von uns entwickelten mechanischen Apparatur,
4. das Waschvermögen, bestimmt nach dem Handwaschverfahren durch Waschversuche mit angeschmutztem Garn,
5. das Entfettungsvermögen, durchgeführt nach dem DDR-Standard TGL 4112,
6. das Kalkseifendispergiervermögen, bestimmt nach der von K. Lindner beschriebenen Deutschen Normmethode DIN 53 903 (3),
7. das Emulgiervermögen, geprüft nach der Absetzmethode durch Schütteln der Emulsion und Beobachtung der Demulgierung in Abhängigkeit von der Zeit.

Alle hier angeführten Untersuchungen wurden in destilliertem Wasser vorgenommen.

Die Sulfatierung der Alkohole erfolgte nach zwei bekannten Methoden:

1. mit Chlorsulfonsäure in Pyridin ("Pyridin-Sulfat")
2. mit Amidosulfonsäure als Sulfatierungsmittel ("ASS-Sulfat").

Eine oben nicht erwähnte Eigenschaft der Derivate, die besonders bei Betrachtung dieser Grundstoffe Beachtung verdient, ist die Klarlöslichkeit in Wasser. Während Oleylalkoholsulfat bei ca. 10° C noch löslich ist, geht Erucylalkoholsulfat in 1 %iger bzw. 1 g/l WAS-Lösung bei 38° bzw. 35° C klar in Lösung. Die anwendungstechnischen Eigenschaften sind in den folgenden Abbildungen graphisch dargestellt. Die Konzentration der Lösungen betrug 1 g/l WAS.

Abbildung 1 zeigt die Oberflächenspannung wäßriger Lösungen von reinem Oleyl- und Erucylalkoholsulfat sowie die Abhängigkeit der Oberflächenspannung von dem Mischungsverhältnis beider Komponenten bei verschiedenen Temperaturen. Der Unterschied in der Wirksamkeit beider Substanzen ist eindeutig zu erkennen. Der Abfall der aktiven Eigenschaften zum Erucylalkoholsulfat hin, besonders ab 50 % und noch rascher ab 75 % Erucylalkoholsulfat, kommt in den nachfolgenden Abbildungen noch deutlicher zum Ausdruck.

Wie schon von Fulde (1) gefunden, netzt das Erucylalkoholsulfat wesentlich schlechter als das Oleylalkoholderivat (Abb. 2). Die Netzwirkung ist stark temperaturabhängig. Bei höheren Temperaturen - z. B. bei 60° C- steigt das Netzvermögen des Erucylalkoholsulfats entscheidend an, wenngleich die Unterschiede beider Verbindungen erhalten bleiben.

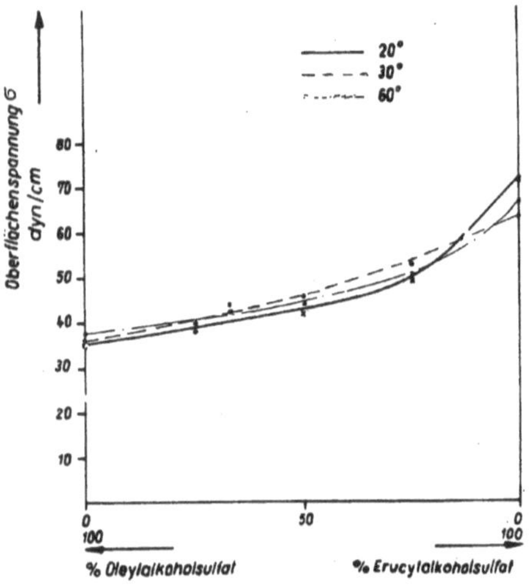

Abb. 1 Abhängigkeit der Oberflächenspannung wäßriger Lösungen von dem Mischungsverhältnis Oleylalkoholsulfat/Erucylalkoholsulfat bei 20°, 30° und 60° C

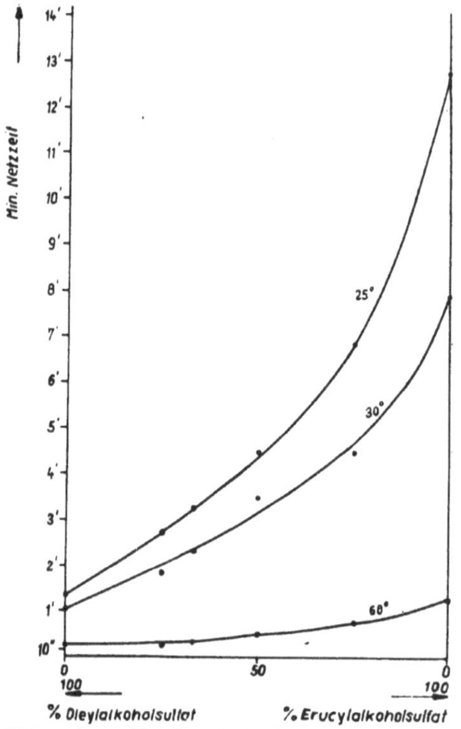

Abb. 2 Abhängigkeit der Tauchnetzzeiten von dem Mischungsverhältnis Oleylalkoholsulfat/Erucylalkoholsulfat bei 25°, 30° und 60° C

Das Diagramm in Abb. 3 zeigt das Schaumvermögen bei 30 und 60° C. Die Angabe der Schaumzahl geht auf die Definition von Götte zurück, wonach das Schaumverhalten einer Waschmittellösung durch das Produkt aus Anfangsvolumen (Schaumhöhe nach 1 Min., gerechnet vom Beginn des Schäumens) und Schaumzerfallsgeschwindigkeit angegeben wird. Aus der Abbildung ist zu ersehen, daß sich die längere Kohlenstoffkette auch auf das Schaumvermögen negativ auswirkt, wobei unter Ausnutzung dieser Eigenschaft an die Möglichkeit eines Einsatzes als Schaumdämpfer gedacht werden könnte. Gleichzeitig kann man dem Kurvenverlauf entnehmen, daß sich in Mischungen der Einfluß von Oleylalkoholsulfat sehr bemerkbar macht, so daß Gemische mit nur 25 % Oleylalkoholsulfat noch als recht gute Schäumer anzusehen sind. Die Schaumbeständigkeit - definiert als Schaumhöhe nach 10 Min. in % (bezogen auf Schaumhöhe nach einer Minute) - liegt bei allen Versuchen zwischen 80 und 90 %. Eine der wichtigsten Eigenschaften

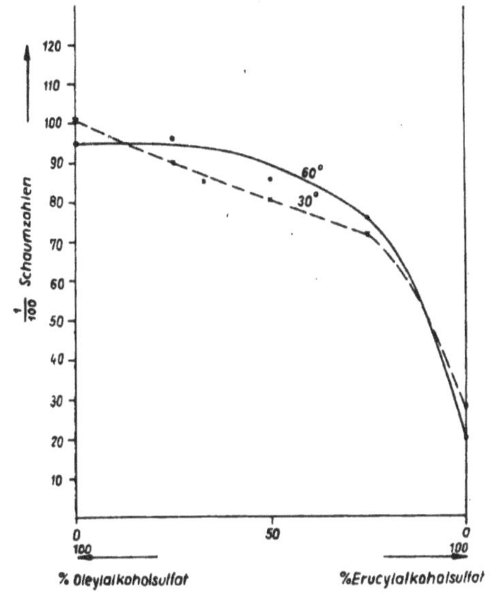

Abb. 3 Abhängigkeit der Schaumzahlen von dem Mischungsverhältnis Oleylalkoholsulfat/Erucylalkoholsulfat bei 30° und 60° C

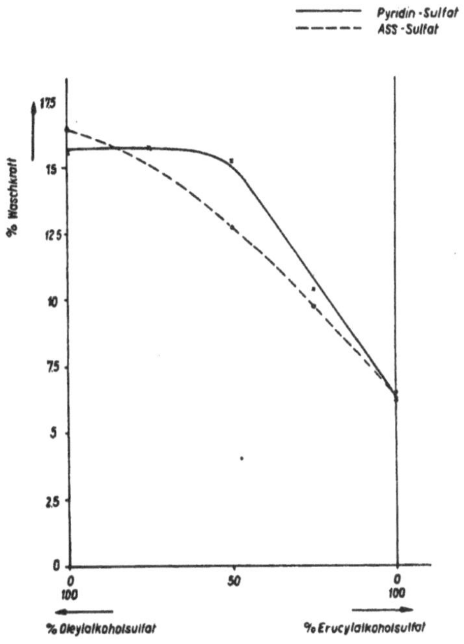

Abb. 4 Weißwaschvermögen. Abhängigkeit der Waschkraft von dem Mischungsverhältnis Oleylalkoholsulfat/Erucyl alkoholsulfat, T = 50° C Flottenverhältnis = 1:25

stellt das Waschvermögen dar (Abb. 4). Als Waschkraft wurde die Differenz aus Weißgrad vor und nach dem Waschen angegeben. Die Weißgradbestimmung erfolgte durch Remissionsgradmessung am Zeiss-Leukometer. Das Waschvermögen des reinen Erucylalkoholsulfats ist wesentlich geringer als das des Oleylalkoholsulfats, wobei sich bei Zunahme der Erucylalkoholsulfat-Konzentration über 50 % der Abfall besonders bemerkbar macht.

Aus diesen Untersuchungen geht hervor, daß hinsichtlich der geprüften Eigenschaften der praktische Einsatz von reinem Erucylalkoholsulfat als oberflächenaktive Substanz nicht in Betracht kommen dürfte, daß aber die Eigenschaften der Gemische von 50 - 60 % C_{22}- und 50 - 40 % C_{18}-Alkylsulfat den Einsatz derartiger Fettalkoholmischungen in der Textilhilfsmittelproduktion als durchaus möglich erscheinen lassen.

Eine etwa dem Verhältnis entsprechende Zusammensetzung liegt im Rüböl vor. Allerdings muß dabei noch der Gehalt an gesättigten Verbindungen berücksichtigt werden, der durch Reduktion mittels selektiver Hochdruckhydrierung - entsprechend den Ausführungen von König, Bertsch und Reinheckel über die Hydrierung ungesättigter Fettsäuren zu ungesättigten Fettalkoholen - um einige Prozent zunimmt.

Das im Technikumsmaßstab durch kontinuierliche selektive Hochdruck-Hydrierung von Rüböl hergestellte Fettalkoholgemisch hat die in Tab. 2 wiedergegebene Zusammensetzung.

Tab. 2 Kennzahlen und Zusammensetzung eines Rüböl-Fettalkoholgemisches

Kennzahlen	JZ = 76,3	OHZ = 185	
	RhZ = 68,7	VZ = 3,0	
		SZ = 0,6	
Zusammensetzung	ungesättigter Anteil	C_{18}-C_{22}	71,5 %
	gesättigter Anteil	C_{18}-C_{22}	16,9 %
	Erucylalkohol	$C_{22}H_{44}O$	35,3 %
	Eikosenol	$C_{20}H_{40}O$	6,1 %
	Oleylalkohol	$C_{18}H_{36}O$	21,6 %
	Linolalkohol	$C_{18}H_{34}O$	8,5 %

Die nach den bekannten Methoden aus diesem Fettalkoholgemisch dargestellten Na-Sulfate lösen sich bei 35° (ASS-Sulfat) bzw. 50° C (Pyridinsulfat) klar in Wasser. Die anwendungstechnischen Eigenschaften sind in den folgenden Abbildungen graphisch dargestellt und zur Beurteilung mit den entsprechenden Werten von Oleylalkohol- und Erucylalkoholsulfat verglichen. Wie zu erwarten, liegen die Kurven der Rüböl-Alkohole zwischen denen der Vergleichsmuster, und zwar in allen von uns durchgeführten Bestimmungen näher am Oleylalkoholsulfat.

Die Oberflächenspannung liegt bei den üblichen Konzentrationen von 1 - 2 g/l WAS zwischen 40 und 50 dyn/cm (Abb. 5).

Aus Abbildung 6 ist das Tauchnetzvermögen bei 25° C zu ersehen.

Das Schaumvermögen (Abb. 7) des Rüböl-Ocenol-Sulfates kommt dem Oleylalkoholsulfat ebenfalls sehr nahe. Das Rüböl-Produkt ist noch als recht guter Schäumer zu bezeichnen.

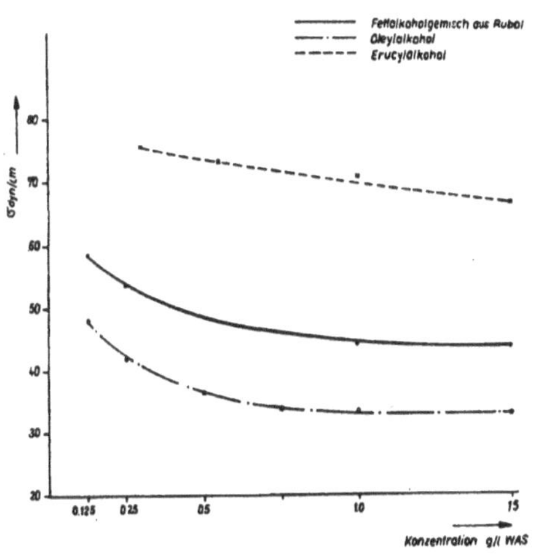

Abb. 5 Oberflächenspannung in Abhängigkeit von der Konzentration und Vergleich mit Oleyl- und Erucylalkoholsulfat bei 20° C

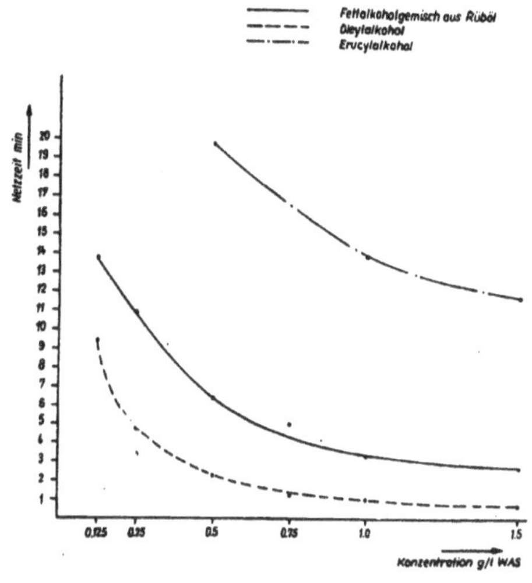

Abb. 6 Netzzeiten in Abhängigkeit von der Konzentration und Vergleich mit Oleyl- und Erucylalkoholsulfat bei 25° C

Das in Abb. 8 dargestellte Weißwaschvermögen zeigt, daß bei Erhöhung der WAS-Konzentration die Waschkraft durch Steigerung der Rüböl-WAS-Menge in der Flotte annähernd erreicht werden kann.

Eine wichtige Eigenschaft der ungesättigten Alkylsulfate besonders im Hinblick auf ihren Einsatz als Rohwollwaschmittel ist das Entfettungsvermögen. In Tab. 3 ist es in % Auswaschbarkeit = g ausgewaschenes Fett pro 100 g Rohfett durch Bestimmung des Fettgehaltes der Garnprobe vor und nach dem Waschen angegeben. Die Zahlen zeigen, daß das Rüböl-Produkt dem Oleylalkoholsulfat nur wenig nachsteht.

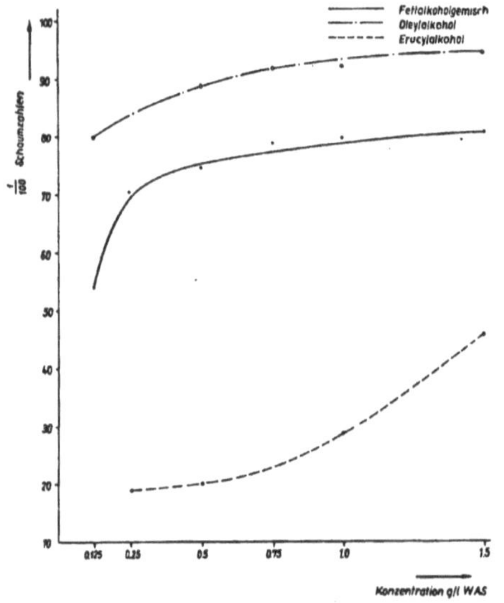

Abb. 7 Schaumzahlen in Abhängigkeit von der Konzentration und Vergleich mit Oleyl- und Erucylalkoholsulfat bei 30° C

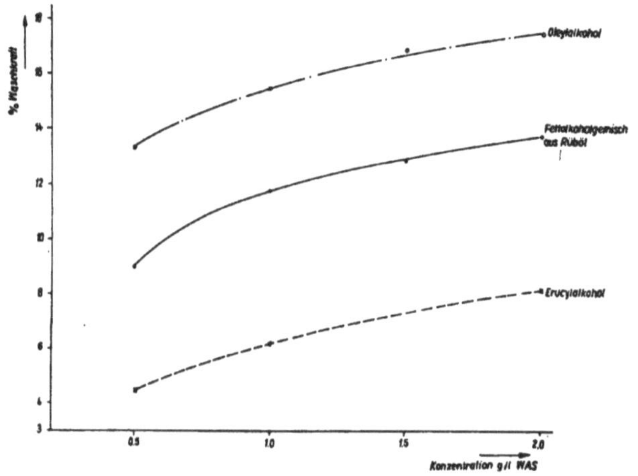

Abb. 8 Abhängigkeit der Waschkraft von der Konzentration und Vergleich mit Oleyl- und Erucylalkoholsulfat bei 50° C Flottenverhältnis = 1:25

Tab. 3 Entfettungsvermögen von Oleyl- und Erucylalkoholsulfat sowie vom Na-Sulfat des durch selektive Hydrierung von Rüböl gewonnenen Fettalkoholgemisches

Na-Sulfat	Restfettgehalt des Testgutes %	Auswaschbarkeit %
Oleylalkohol	0,54	83,7
Fettalkoholgemisch auf Basis Rüböl	0,57	82,7
Erucylalkohol	0,76	77,1

Aus den beschriebenen Analysen der Sulfate ist zu entnehmen, daß die Eigenschaften, wie erwartet, der Kettenlängenverteilung im Ausgangsprodukt entsprechen bzw. zum Teil besser sind.

Eine andere Gruppe der Wasch- und Textilhilfsmittel sowie Emulgatoren, die in den letzten Jahren als nichtionogene oberflächenaktive Verbindungen eine ständige Erweiterung erfuhr, ist die der Alkylpolyglykoläther. Auch hier werden zur Herstellung von Spezialprodukten ungesättigte höhermolekulare Alkohole verwendet. Wir setzten das aus Rüböl gewonnene Alkoholgemisch auch für diese Verbindungsgruppe ein und beobachteten die Abhängigkeit einiger Gebrauchswerteigenschaften von der Kettenlänge und dem Oxäthylierungsgrad. Als Vergleichssubstanzen dienten Äthylenoxydaddukte aus Oleyl- und Erucylalkohol sowie entsprechende bekannte Handelsprodukte (Eumulgin, Oxetal).

Die Darstellung der Äthylenoxydaddukte erfolgte im Technikumsmaßstab durch Anlagerung der gewünschten Menge Äthylenoxyd im Autoklaven unter einem Druck von 1,5 - 2,5 atü bei 140 - 150° C und KOH als Katalysator. Es kann in diesem Rahmen nur auf die wesentlichsten Eigenschaften dieser Verbindungen eingegangen werden.

Zur Beurteilung der Löslichkeit wurden folgende Bedingungen gewählt: Konzentration = 1 g/l WAS, Temperatur = 25° C. Die Löslichkeit nimmt mit steigendem Äthoxylierungsgrad zu. Die größere Kettenlänge des Rübölalkoholgemisches macht sich dadurch bemerkbar, daß erst das Addukt mit 15 Mol Äthylenoxyd klar löslich ist, während die Handelsprodukte mit 10 Mol Äthylenoxyd bereits klar in Lösung gehen. Die bekannte Tatsache, daß die Anwesenheit der größeren Kettenlänge durch Erhöhung des Oxäthylierungsgrades ausgeglichen wird, stellten wir auch bei der Bestimmung der Trübungspunkte, des Schaum-, Netz-, Kalkseifendispergier- und Emulgiervermögens fest.

Die Trübungspunkte als charakteristische Daten der Äthylenoxydaddukte wurden bei steigender Temperatur bestimmt, die der Muster mit 25 Mol Äthylenoxyd in 10 %iger NaCl-Lösung. Von niedriger oxäthylierten, in Wasser nicht löslichen Verbindungen wurden nach M. Teupel (4) die Trübungstitrationszahlen T_Z ermittelt (Tab. 4). Hinsichtlich der T_Z sind die Unterschiede der Muster sehr gering, Rübölalkoholpolyglykoläther mit 5 Mol Äthylenoxyd ist gleich dem Oxetal mit 5 Mol Äthylenoxyd und etwa gleich dem entsprechenden Eumulgin. Bei höherem Oxäthylierungsgrad tritt die erwähnte Verschiebung auf: Rübölalkoholpolyglykoläther mit 15 Mol Äthylenoxyd entspricht dem Oxetal mit 10 Mol Äthylenoxyd; Rübölalkoholpolyglykoläther mit 25 Mol Äthylenoxyd etwa dem Oxetal mit 15 Mol Äthylenoxyd.

Tab. 4 Trübungspunkte T_P und Trübungstitrationszahlen T_Z der Fettalkohol-Äthylenoxydaddukte

Substanz Polyglykoläther	Anzahl der angelagerten Mol AeO/Mol Fettalkohol					
	Titrationsz. T_Z		Trübungspunkt T_P in °C, C = 1 %ige Lsg.			
	5	10	10	15	20	25
Rübölocenol	13,5	keine Trübung	trüb	70	82,4	71+)
Oleylalkohol	9,4	"	"	-	81,5	-
Erucylalkohol	6,2	"	"	trüb	30	77,6
Eumulgin 05	16,6					
Eumulgin 010		-	61,1			
Oxetal spez. 5 AeO	13,5					
Oxetal spez. 10 AeO		-	68,1			
Oxetal 0 115				71,3+)		
Oxetal spez. 20 AeO					73,2+)	

T_Z = Trübungstitrationszahl = Molverhältnis Wasser/Isopropanol, bei dem die erste Trübung auftritt
+) Lösungsmittel = 10 %ige wäßrige NaCl-Lösung

Die Alkylpolyglykoläther zeichnen sich durch besonders gutes Dispergiervermögen aus. Das Kalkseifendispergiervermögen der Rübölalkoholaddukte erreicht nicht ganz die Werte der angeführten Handelsprodukte (Abb. 9). Beim Vergleich mit anderen oberflächenaktiven Substanzen, wie z. B. Fettalkoholsulfaten und Alkylbenzolsulfonaten, überwiegt das Dispergiervermögen der Rübölalkoholaddukte die Dispergiereigenschaften jener jedoch bei weitem.

Ein spezielles und wichtiges Einsatzgebiet der Äthylenoxydaddukte ist die Emulsionstechnik. Bei geeignetem Oxäthylierungsgrad finden die ungesättigten Fettalkoholaddukte als O/W-Emulgatoren vielseitigste Anwendung. Wir beschränkten uns bei unseren Emulsionstesten auf folgende Öle und Lösungsmittel: Paraffinöl, Turbinenöl, Spindelöl, Rüböl, Dekalin, Tetralin und Xylol. Bei einem Zusatz von 10 % Emulgator, bezogen auf die zu emulgierende Ölmenge, zeigte der Rübölalkohol mit 5 - 10 Mol Äthylenoxyd die gleiche Wirkung wie Eumulgin 05 und Oxetal 0 spez. mit 5 Mol Äthylenoxyd. Die Paraffinölemulsionen waren nach längerem Stehen noch beständig, während die Emulsionen der übrigen Öle nach kurzer Zeit ohne zu brechen aufrahmten. Zur Emulgierung von Lösungsmitteln zeigte sich Rübölalkohol mit 10 Mol Äthylenoxyd als geeignet und den Vergleichsmustern mit 5 Mol Äthylenoxyd gleichwertig und zum Teil besser. In bezug

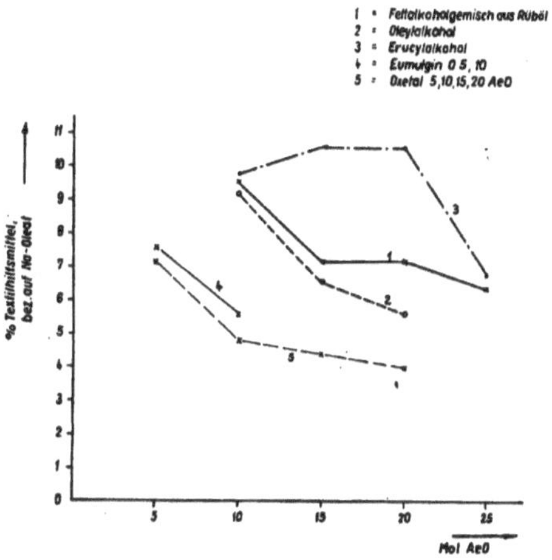

Abb. 9 Kalkseifendispergiervermögen der Äthylenoxydaddukte des durch selektive Hydrierung von Rüböl gewonnenen Fettalkoholgemisches sowie von oxäthyliertem Oleyl- und Erucylalkohol und entsprechenden Handelsprodukten (Oxetal, Eumulgin) in Abhängigkeit vom Oxäthylierungsgrad
T = 25° ± 2° C

auf die durchgeführten Tests erwies sich das Rübölfettalkoholgemisch mit 5 - 12 Mol Äthylenoxyd als geeigneter O/W-Emulgator.

Weitere im Rahmen dieser Arbeiten dargestellte interessante Derivate des Rübölalkoholgemisches sollen hier nur kurz Erwähnung finden: die immer mehr an Bedeutung gewinnenden Äthersulfate, der Di-Natriumsulfobernsteinsäureester und die oxäthylierten Sulfobernsteinsäureester.

Auf Grund unserer Untersuchungen, die sich über die Betrachtung der reinen waschaktiven Substanzen hinaus auch mit ihrer Wirksamkeit in bekannten Waschmittelkombinationen beschäftigen, sind wir der Meinung, daß sich bei Ausnutzung der entsprechenden Eigenschaften dem durch selektive Hydrierung von Rüböl erhaltenen Fettalkoholgemisch - auch im Hinblick auf die ökonomischen Vorteile - in der Wasch- und Textilhilfsmittelindustrie zahlreiche Einsatzmöglichkeiten bieten werden.

Bei der Durchführung der Waschversuche unterstützten uns die Kollegen des Wäscherei-Laboratoriums vom VEB Fettchemie Karl-Marx-Stadt, Ihnen und den Herren Moser und Rau vom VEB Fettchemie sei an dieser Stelle für ihre Unterstützung gedankt.

Literatur

1. Fulde, St., Abhdl.d.Dtsch.Akad.d.Wiss.Berlin, Kl. für Chemie, Geologie und Biologie (1963) Nr. 2, S. 37–47

2. Komori, S., T. Agawa und T. Kataoka, Yukagaku 10 (1961) 153-9 ref. FSA 64 (1962) 1072

3. Lindner, K., Tenside-Textilhilfsmittel-Waschrohstoffe, Wiss.Verlagsgesellschaft mbH., Stuttgart, 2. Auflage, 1964, Bd. II, S. 1801, 1830

4. Teupel, M.,Vortrag auf dem Kongreß "Chemie grenzflächenaktiver Stoffe" Köln 1960, Untergruppe C/III, Nr. 29, S. 177

S.M. L o k t e w und E.L. W u l a c h
A.W. Toptschiew-Institut für Petrolchemische Synthese
der Akademie der Wissenschaften der UdSSR, Moskau

Die Sulfoesterifikation der höheren aliphatischen Alkohole mit Sulfaminsäure.

Die ersten Mitteilungen über die Anwendung der Sulfaminsäure für die Sulfoesterifikation der höheren aliphatischen Alkohole sind in der Patentliteratur vor etwa dreißig Jahren erschienen (1,2). Jedoch bisher sind die Literaturangaben über die Gesetzmäßigkeiten und den Chemismus dieses Prozesses nicht zahlreich (3-6).

Die Sulfaminsäure wird für die Sulfoesterifikation der höheren aliphatischen Alkohole in industriellem Maßstab wahrscheinlich nicht angewandt. Aber die Sulfaminsäure kann als aussichtsreiches Sulfatierungsmittel betrachtet werden, da ihre Anwendung einige Vorteile hat und sie aus zugänglichen und billigen Rohstoffen (Ammoniak und Schwefeltrioxyd) erzeugt wird.

In unserem Institut haben wir eine systematische Untersuchung der Sulfoesterifikation der höheren aliphatischen Alkohole C_{12} - C_{18} mit Sulfaminsäure durchgeführt. Die allgemeinen Gesetzmäßigkeiten dieses Prozesses, einschließlich Einfluß der Reaktionsbedingungen (Temperatur, Dauer, Verhältnis der Komponenten usw.), der Art und der Menge des Katalysators wurden untersucht. Dabei wurden Angaben über den Chemismus und die Rolle der Katalysatoren in diesem Prozeß erhalten. Einige Ergebnisse der Untersuchung sind veröffentlicht worden (7-11). Die vorliegende Mitteilung ist eine kurze Zusammenfassung der durchgeführten Arbeiten.

1. Einfluß der Reaktionsbedingungen auf den Verlauf der Sulfoesterifikation.

Der Prozeß verläuft nach der folgenden allgemeinen Gleichung:

$$ROH + NH_2SO_3H \longrightarrow ROSO_3NH_4$$

Die Sulfoesterifikation der höheren aliphatischen Alkohole mit Sulfaminsäure unterscheidet sich durch etliche Besonderheiten von anderen Verfahren, in welchen verschiedene Sulfatierungsmittel (wie etwa Schwefelsäure, Schwefeltrioxid und seine Additionskomplexe) angewendet werden.

Für die Beschleunigung der Reaktion ist die Anwendung von Katalysatoren notwendig. Als Katalysatoren wurden einige Amine und Amide (Pyridin, Harnstoff, N.N-Dimethylformamid u.a.) vorgeschlagen. Die Wechselwirkung von höheren Alkoholen mit Sulfaminsäure geschieht bei höheren Temperaturen (100-140°) im Vergleich zu anderen Sulfatierungsmitteln (0-50°). Es ist zweckmäßig die Reaktion in Gegenwart von Lösungsmitteln durchzuführen.

Die allgemeinen Gesetzmäßigkeiten des Prozesses wurden am Beispiel des Cetylalkohols und der Fraktionen der synthetischen Alkohole C_{12} - C_{18} mittels der Methode der "Änderung eines einzelnen Parameters" untersucht. Als Katalysator wurde Harnstoff verwendet. Als Lösungsmittel wurde die Fraktion synthetischer Paraffinkohlenwasserstoffe C_{13} - C_{20} (Siedegrenzen 90 bis 180° bei 3-4 Torr) verwendet.

Das Verfahren wurde in einem Glasreaktionsgefäß mit Thermometer und Rührer durchgeführt. Der Esterifikationsgrad wurde nach der Ausbeute an Sulfoestern berechnet. Die Sulfoester wurden mit Hilfe von p-Toluidinchlorhydrat bestimmt. Diese einfache und schnelle Analysenmethode zeigt einen um 5-7% kleineren Esterifikationsgrad im Vergleich zur Hydrolyse von den Sulfoestern.

Die Auswertung der experimentellen Ergebnisse besagt, daß die Bildung von Sulfoestern der Hauptweg der Umwandlung der Alkohole ist. Irreversible Nebenreaktionen der primären Alkohole werden fast nicht beobachtet. Sogar bei solch verhältnismäßig hoher Temperatur wie 150° wird bei Bilanzaufstellung 98% des Cetylalkohols als Cetylsulfat und unveränderter Alkohol gefunden. Dagegen kann die Sulfaminsäure in verschiedenen Nebenreaktionen verbraucht werden. An diesen Reaktionen nimmt auch der Katalysator teil.

Die wichtigsten Nebenreaktionen sind: Umsetzung mit Harnstoff, Hydrolyse, Neutralisation mit Ammoniak, Wechselwirkung mit Ammoniumsulfamat u.a. Der Anteil der Nebenreaktionen der Sulfaminsäure ist von den Reaktionsbedingungen und der Natur des Katalysators sehr abhängig. Deshalb werden die optimalen Bedingungen des Prozesses hauptsächlich von dem Verhältnis der Geschwindigkeiten der Konkurrenzreaktionen - Umwandlung der Sulfaminsäure in Sulfoester und Nebenprodukte - bestimmt. Zweckmäßig muß die maximale Ausbeute an Sulfoestern bei minimalem Überschuß der Sulfaminsäure und ihrem minimalen Verbrauch in Nebenreaktionen erreicht werden.

In den Abbildungen 1 bis 4 werden die Versuchsergebnisse in Diagrammform dargestellt. Auf den Ordinaten der Diagramme sind die Werte der Esterifikationsgrade und der Anteil der Nebenreaktionen von Sulfaminsäure aufgetragen.

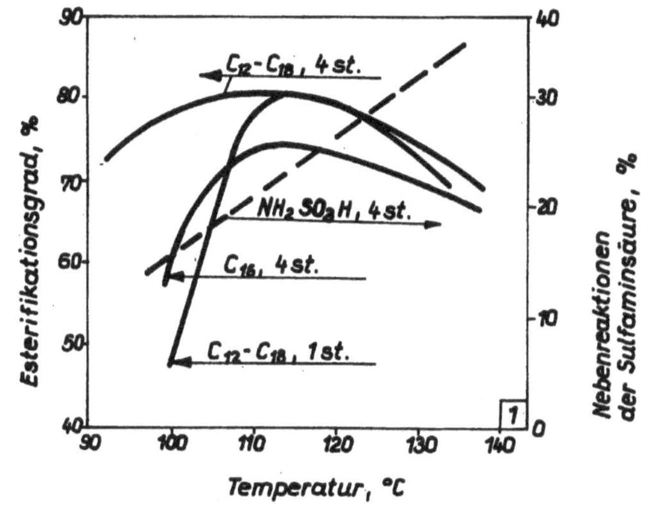

Abb. 1 Temperaturabhängigkeit des Esterifikationsgrades der Alkoholfraktion C_{12} - C_{18} und des Cetylalkohols und des Anteils der Nebenreaktionen der Sulfaminsäure.

Aus der Abbildung 1 ist ersichtlich, daß der Esterifikationsgrad mit steigender Temperatur zuerst steigt, um sich dann beim Erreichen eines Maximums zu verringern. Aus den Kurven ist auch ersichtlich, daß die Esterifikationsgeschwindigkeit der Alkoholfraktion C_{12} - C_{18} bedeutend größer ist als die des Cetylalkohols. Bei Steigerung der Temperatur von 90 bis 130° nimmt der Anteil der Nebenreaktionen der Sulfaminsäure von 5 bis 35% monoton zu.

Der extreme Charakter der Kurven wird offensichtlich durch die zunehmende Beschleunigung der Nebenreaktionen von Sulfaminsäure bei Steigerung der Temperatur bedingt. Da der Cetylalkohol langsamer reagiert, ist diese Gesetzmäßigkeit in diesem Falle deutlicher ausgedrückt. Die Verringerung des Esterifikationsgrades der Alkoholfraktion C_{12} - C_{18} bei Temperaturen über 120° kann auch durch Spaltreaktionen der Sulfoester erklärt werden.

Die Temperatur beeinflußt auch wesentlich die Reaktionszeit und die Ausbeute der Sulfoester (Abb. 2).

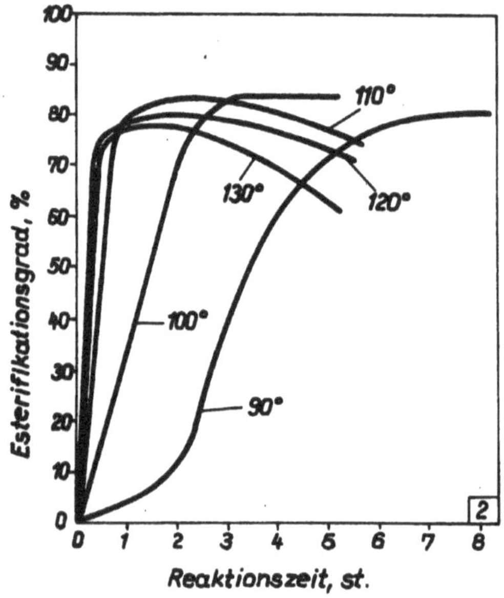

Abb. 2 Abhängigkeit des Esterifikationsgrades der Alkoholfraktion C_{12} - C_{18} von der Reaktionszeit bei verschiedenen Temperaturen.
Molverhältnis Säure zu Alkohol zu Harnstoff 107 : 100 : 17.

So ist für die Alkoholfraktion C_{12} - C_{18} bei 100° etwa 3 Stunden und bei 110 - 120° nur 1 Stunde erforderlich. Die Verringerung des Esterifikationsgrades bei Temperaturen über 110° und nach dem Erreichen des Maximums kann nur durch Spaltreaktionen der Sulfoester erklärt werden.

Im Falle des Cetylalkohols ist der Einfluß der Temperatur ähnlich (Abb. 3).

Aber wegen der zunehmenden Beschleunigung der Nebenreaktionen der Sulfaminsäure verringert sich der maximale erreichbare Esterifikationsgrad bei Temperaturen über 105°. Deshalb muß zur Erreichung eines höheren Esterifikationsgrades das Verhältnis von Säure zu Alkohol vergrößert werden. Das kompensiert den Verbrauch der Sulfaminsäure bei den Nebenreaktionen.

Bei Steigerung der Konzentration der Sulfaminsäure im Reaktionsgemisch vergrößert sich die Geschwindigkeit der Alkoholesterifikation beträchtlich.

Der Harnstoff ist ein wirksamer und zugänglicher Katalysator des Pro-

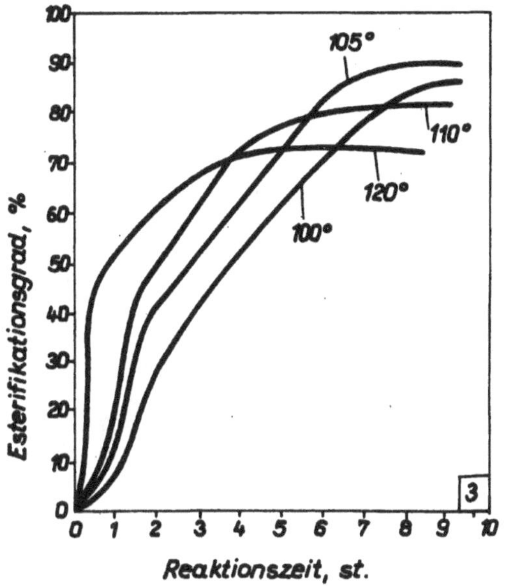

Abb. 3 Abhängigkeit des Esterifikationsgrades des Cetylalkohols von der Reaktionszeit bei verschiedenen Temperaturen.
Molverhältnis Säure zu Alkohol zu Harnstoff
107 : 100 : 17.

zesses. Aber bei Zunahme seiner Konzentration wird nicht nur die Hauptreaktion beschleunigt sondern steigt auch ständig der Anteil der Nebenreaktionen der Sulfaminsäure (Abb. 4).

Nach der Erreichung einer gewissen Konzentration des Harnstoffes führt ihre weitere Zunahme zur Verringerung der Ausbeute von Sulfoestern. Daraus folgt der Schluß, daß die Reaktion mit minimaler Konzentration des Harnstoffes durchzuführen ist. Aber es ist notwendig, die Verringerung der Katalysatormenge durch die Zunahme der Reaktionszeit zu kompensieren.

Wir haben auch Versuche durchgeführt, um den Einfluß der Lösungsmittel, der Dispersität der Sulfaminsäure, der in der Säure enthaltenen Beimengungen, der Bedingungen und Dauer der Aufbewahrung der Säure und andere Fragen zu untersuchen. Die Auslegung der Ergebnisse dieser Versuche lassen wir wegen der Beschränktheit der Vortragszeit aus.

Im Ergebnis der durchgeführten Untersuchungen wurden die Sulfoesterifikationsbedingungen in Gegenwart von Harnstoff gefunden, welche einen

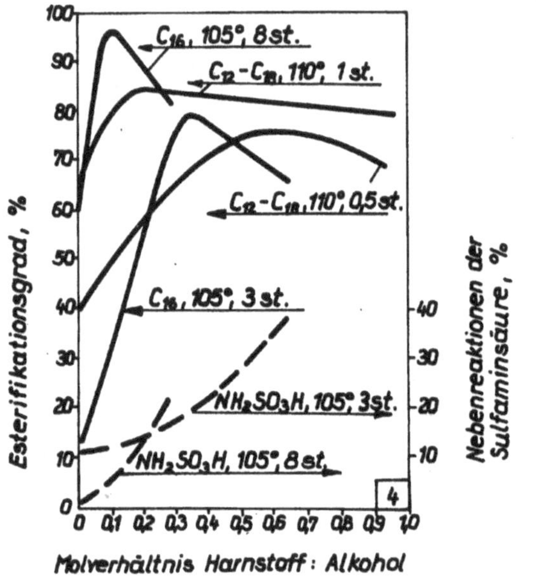

Abb. 4 Abhängigkeit des Esterifikationsgrades der Alkoholfraktion C_{12} - C_{18} und des Cetylalkohols und des Anteils der Nebenreaktionen der Sulfaminsäure vom Verhältnis Harnstoff zu Alkohol
Molverhältnis Säure zu Alkohol 107 : 100

Umsetzungsgrad bei Cetylalkohol von 96-98 % und bei der Alkoholfraktion C_{12} - C_{18} von 87 % zu bekommen erlauben (in beiden Fällen mittels der p-Toluidinmethode). Diese Bedingungen sind folgende:
für den Cetylalkohol: Molverhältnis von Säure zu Alkohol zu Harnstoff 115 - 120 : 100 : 10 - 20, Temperatur 105°, Reaktionsdauer 6 - 8 Stunden;
für die Alkoholfraktion C_{12} - C_{18}: Molverhältnis Säure zu Alkohol zu Harnstoff 110 - 130 : 100 : 10 - 20, Temperatur 110°, Reaktionsdauer 2 Stunden.

Die mit der Anwendung der statistischen Methode der Experimentplanierung (12) durchgeführte Optimierung der Sulfoesterifikation der Alkoholfraktion C_{12} - C_{18} in Gegenwart von Harnstoff und Polyäthoxyalkylphenol als Katalysatoren erlaubte die Bedingungen zu finden, bei welchen der Esterifikationsgrad 89 % (p-Toluidinmethode) und 96 % (Hydrolysemethode) erreicht wird. Diese Bedingungen sind: Temperatur 126°, Reaktionsdauer etwa 40 Minuten, Molverhältnis Säure zu Alkohol zu Harnstoff zu Polyäthoxyalkylphenol 115 : 100 : 12 : 5,5. Als Kriterium der Optimierung diente eine verallgemeinerte Kennziffer, welche entscheidende Faktoren des Prozesses (Verbrauch und Wert der Reagentien und Katalysatoren, Temperatur, Reaktionsdauer u.a.) in eine mathematische Gleichung zusammenfaßt. Diese Kennziffer charakterisiert eigentlich die wirtschaftliche Wirksamkeit des Prozesses. Sie beträgt die Differenz zwischen dem Wert des hergestellten Produktes und der Ausgabe für seine Erzeugung pro Zeiteinheit.

Die Erprobung der Verbrauchseigenschaften der Ammoniumsalze von Sulfoestern, welche aus einer Fraktion der synthetischen Alkohole $C_{12} - C_{18}$ hergestellt werden, wurde durchgeführt. Die Ergebnisse der Erprobung haben gezeigt, daß alle Eigenschaften (Oberflächenaktivität, Schaumvermögen, Waschkraft u.a.) auf einem Niveau mit den vergleichbaren Eigenschaften des Natriumlaurylsulfates auf der Basis von Alkoholen aus Kokosfett sind.

2. Über den Chemismus und die Katalysatoren der Sulfoesterifikation

Die Gesamtheit der Untersuchungsergebnisse mit Rücksicht auf die Literaturangaben betreffend analoger Untersuchungen zeugen zugunsten dem folgenden Schema des Chemismus:

$$H_3\overset{+}{N} - \overset{-}{SO_3} + :B \rightleftharpoons H_3N + B:SO_3 \quad \text{(langsam)}$$

$$ROH + B:SO_3 \longrightarrow ROSO_3H + :B \quad \text{(schnell)}$$

Hier :B ist die Lewis-Base (Nukleophilreagenz).

Im angegebenen Schema ist das die Reaktionsgeschwindigkeit limitierende Stadium das erste und zwar - die bimolekulare Attacke des Nukleophilreagenzes zum Schwefelatom des Zwitterions der Sulfaminsäure. Im Ergebnis wird der Komplex $B:SO_3$ gebildet, welcher eine hohe Reaktionsfähigkeit besitzt. Das zweite Stadium ist die schnelle Wechselwirkung des beschriebenen Komplexes mit dem Alkohol. Dabei wird der Sulfoester gebildet.

Die Ergebnisse des Sulfoesterifikationsprozesses der Alkohole mit Sulfaminsäure hängen in vielem von der Wirksamkeit des verwendeten Katalysators ab. Zwecks der Verbreiterung des Kreises von Katalysatoren wurde die katalytische Aktivität einer großen Anzahl (mehr als 50) von Lewis-Basen (Nukleophilreagentien, Elektronendonatoren) unter ihnen Amide, Amine, Äther usw. untersucht. Ausgewählte Ergebnisse dieser Versuche sind in Tabelle 1 wiedergegeben.

Hier sind auch einige möglicherweise mit der Aktivität verbundene physikochemische Eigenschaften der Katalysatoren dargestellt.

Anscheinend hat die Elektronendonatorfähigkeit eine entscheidende Bedeutung für die katalytische Aktivität der Lewis-Basen. Aber zur Zeit kann die Elektronendonatorfähigkeit nur durch Vergleichsreihen charakterisiert werden. Diese Reihen werden auf Grund experimenteller Daten zusammengestellt (zum Beispiel der Artikel von A. Parker (13)).

Die Reihenfolge der Verringerung der katalytischen Aktivität der Lewis-Basen bei der Sulfoesterifikation entspricht der Verringerung ihrer Elektronendonatorfähigkeit.

Die untersuchten Katalysatoren können in zwei Gruppen geteilt werden:
1) Stoffe, deren Nukleophiliezentrum durch die Anwesenheit einer π-Elektronendichte charakterisiert wird, die auf eine mesomere π-Elektronenverschiebung zurückzuführen ist.
2) Stoffe, deren Nukleophiliezentrum durch die Anwesenheit ungeteilter Elektronenpaare charakterisiert wird.

Die intermediäre Wechselwirkung der Stoffe der ersten Gruppe mit dem Substrat (Sulfaminsäure) geschieht durch π-Bindungen. Diese Stoffe besitzen hohe Polaritäten (große Dipolmomente und Dielektrizitätskonstanten) und niedrige Basizitäten. Innerhalb dieser Gruppe besteht eine Korrelation zwischen der katalytischen Aktivität und der Basizität. Wenn die mesomere π-Elektronenverschiebung genügend hoch ist und das Nukleophiliezentrum hinreichende π-Elektronendichte hat, dann besitzt diese Substanz eine katalytische Wirkung. Wenn die mesomere π-Elektronenverschiebung klein ist, dann haben sie keine katalytische Aktivität.

Die gute katalytische Aktivität der von uns untersuchten festen Katalysatoren - Harnstoff und Thioharnstoff - kann wahrscheinlich durch besonders günstige Bedingungen für mesomere Elektronenverschiebung erklärt werden (Anwesenheit von zwei Elektronenrückstoßzentren). Deshalb ist ihre Aktivität genügend hoch, obwohl die wirksamen Konzentrationen im Reaktionsgemisch niedrig sind.

Die intermediäre Wechselwirkung der Stoffe der zweiten Gruppe mit dem Substrat (Sulfaminsäure) geschieht durch σ-Bindungen. Im Vergleich mit der ersten Gruppe besitzen diese Stoffe eine kleinere Polarität. Ihre katalytische Aktivität wird bei genügend hohen Werten der Basizität beobachtet. Innerhalb dieser Gruppe besteht auch eine Korrelation zwischen der katalytischen Aktivität und der Basizität.

Die Basizität ist eine unentbehrliche Eigenschaft des Katalysators. Aber die Stoffe mit der Basizität, welche in pKa ausgedrückt mehr als 5,5 entsprechen, sind als Katalysatoren zu unseren Bedingungen (Temperatur $> 100^{\circ}$) schlecht verwendbar. In diesen Versuchsbedingungen bilden sie mit Sulfaminsäure Salze, die bei dieser Temperatur schmelzen. Das führt zu dem Verbrauch der Sulfaminsäure durch Nebenreaktionen. Die Stoffe mit sehr niedriger Basizität (pKa < -1) besitzen in der Regel nicht bemerkbare Aktivität.

Literatur:

1. K. Marx, K. Brodersen, M. Quaedvlieg. DRP. 558 296, 22. VIII. 1930; Chem. Abstr., 27 (1933), 731
2. K. Brodersen, DRP 564 760, 3. XII. 1932; Chem. Abstr., 27 (1933), 997
3. J. Weil, A. Stirton, R. Bistline. J.Amer.Oil Chemists'Soc., 31 (1954), 444
4. J. Hell, J. Vyskočil. Abhandl. Dtsch.Akad.Wiss., Berlin, Kl. Chem., Geol. und Biol., Nr. 2 (1963), 13
5. W.S. Warlamow, G.I. Ojatewa, I.R. Skomorowskaja. Abhandlungen des Institutes für Fettforschung (Leningrad) 24 (1963), 24 russ.
6. E. Szmidtgal. H. Pasternak. Fette, Seifen, Anstrichmittel 66 (1964), 225
7. E.L. Wulach, S.M. Loktew, Ju.B. Kagan. Petrolchemie, 4 (1964), 780 russ.
8. E.L. Wulach, S.M. Loktew, Ju.B. Kagan. Kurzreferate der III. Allunionstagung über grenzflächenaktive Stoffe, Schebekino, 1965, S. 237-240
9. E.L. Wulach, S.M. Loktew, Ju.B. Kagan. Patent der UdSSR Nr. 171956, 27. VI. 1964
10. E.L. Wulach, S.M. Loktew, Ju.B. Kagan, T.F. Tschestnowa. Patent der UdSSR Nr. 174750, 6. VIII. 1964
11. E.L. Wulach, L.S.Finkelstein, S.M. Loktew, W.M. Tesleko. Patent der UdSSR Anmeldungsnummer 947529/23-4, 17.III.1965
12. W.W. Nalimow, N.A. Tschernowa. Statistische Methoden der Planierung von extremalen Experimenten. Verlag "Wissenschaft", Moskau, 1965 russ.
13. A. Parker. Quart. Rev., 16 (1962), 163

<u>Tabelle 1:</u> Die katalytische Aktivität einiger Lewis-Basen bei der Sulfoesterifikation des Cetylalkohols mit Sulfaminsäure
Temperatur 105°, Molverhältnis Säure zu Alkohol zu Katalysator 107 : 100 : 20, Reaktionsdauer 2 Stunden, Teilchengröße der Säure 0,07–0,2 mm

Nr.	Bennenung	Katalyt. Aktivität	Esterifi-kat.grad (Gew.-%)	Umsetz.zeit d. Alkohols v.55–60% (min.)	Umsetz.grad der Säure (Gew.-%)	Anteil d.Neben-reakt.d. Säure (Gew.-%)	Basizität in Wasser (p Ka)	Dipol-moment (D)	Dielek-trizi-täts-konst.
1	Ohne Katalysator	-	37	-	39	2	-	-	-
2	Dimethylsulfoxid	+ + + +	90	15	93	3	~1,0	4,3	45
3	Pyridinoxid	+ + + +	99	28	99	0	0,79	4,28	-
4	Dimethylacetamid	+ + +	97	42	97	0	-	3,79	37,8
5	Dimethylformamid	+ + +	93	40	95	2	- 0,7	3,82	37,6
6	Tetramethylensulfon	+ +	82	50	82	0	-	4,69	44
7	Thioharnstoff	+ +	63	98	72	9	- 0,96	4,93	-
8	Harnstoff	+	55	-	64	9	0,18	4,56	3,5
9	Butylbutyrat	-	35	-	37	2	- 5,0	1,8	5,1
10	Acetonitril	-	26	-	29	3	-	3,39	37,5
11	Nitrobenzol	-	35	-	38	3	-11,38	4,0	34,8
12	Pyridin	+ + +	93	46	98	5	5,23	2,23	12,5
13	Chinolin	+ +	77	90	84	6	4,94	2,2	9,22
14	Pyridin-2-carbonsäure	+ +	90	60	90	0	1,06	-	-
15	2-Brompyridin	-	28	-	33	5	0,90	3,1	-
16	2-Fluorpyridin	-	43	-	46	3	- 0,44	~3	-
17	Dioxan	-	43	-	43	0	- 2,92	0,45	2,29
18	Methylhexyläther	-	29	-	31	2	- 3,5	1,25	~3

Die Kennzeichnung der Aktivität: + niedrige, ++ beträchtliche,
+ + + / + + + + hohe

H. B e r t s c h , G. C z i c h o c k i und H. R e i n h e c k e l
Institut für Fettchemie der Deutschen Akademie der Wissenschaften zu Berlin, Berlin-Adlershof

Anionaktive Tenside aus substituierten Ricinolsäureamiden

Ricinolsäure und ihre Derivate werden schon seit vielen Jahren zur Herstellung von grenzflächenaktiven Stoffen verwendet, insbesondere zur Erzeugung von Netz- und Emulgiermitteln. In der Patentliteratur findet man eine grosse Anzahl von Verfahren zur Sulfonierung oder Sulfatierung von Ricinusöl, Ricinolsäure oder Derivaten der Ricinolsäure beschrieben. Als Derivate werden am häufigsten Verbindungen mit blockierter Carboxylgruppe eingesetzt, z.B. Ricinolsäure-alkylester oder am Stickstoff substituierte Ricinolsäureamide.

Da im Molekül der Ricinolsäure sowohl eine Doppelbindung als auch eine Hydroxylgruppe vorhanden ist, bestehen bei der Umsetzung von substituierten Amiden der Ricinolsäure mit einem Sulfatierungsmittel im Prinzip drei Reaktionsmöglichkeiten (Abb.1).

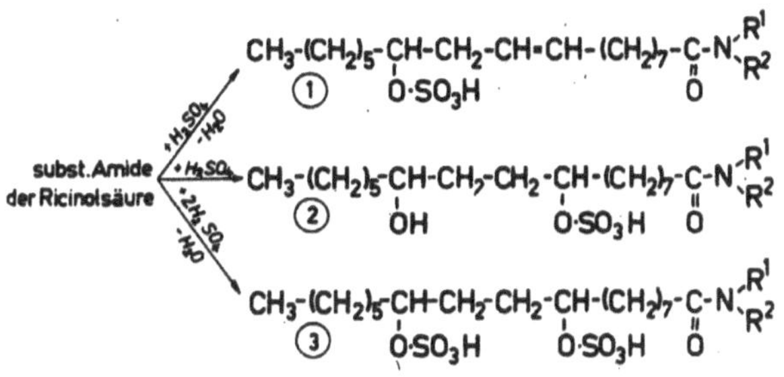

Abb.1
Reaktionsmöglichkeiten bei der Sulfatierung von N-substituierten Ricinolsäure-amiden

Erstens kann die Hydroxylgruppe unter Erhaltung der Doppelbindung reagieren (Gleichung 1), zweitens kann sich das Sulfatierungsmittel an die Doppelbindung anlagern, ohne mit der Hydroxylgruppe zu reagieren (Gleichung 2). In beiden Fällen würden Monoschwefelsäureester entstehen. Drittens schliesslich besteht die Möglichkeit, dass beide Reaktionen gleichzeitig nebeneinander ablaufen unter Bildung von Dischwefelsäureestern der substituierten Amide der Dihydroxystearinsäure (Gleichung 3).

Ich möchte nur auf die Reaktion nach Gleichung 1, also auf die Darstellung von Na-Salzen der Monoschwefelsäureester von substituierten Amiden der 12-Hydroxy-octadecen-(9)-säure-(1) eingehen. Es soll untersucht werden, in wie weit sich die Eigenschaften dieser anionaktiven Tenside ändern, wenn die Substituenten am Stickstoff ausgetauscht werden.

Mono-und disubstituierte Amide der Ricinolsäure erhielten wir durch Aminolyse von Ricinolsäuremethylester mit Na-Methylat als Katalysator oder nach der Methode der gemischten Anhydride durch Reaktion des aus Ricinolsäure und Chlorameisensäureäthylester gebildeten gemischten Anhydrids mit dem entsprechenden Amin (Tab.1)

Tabelle 1

Darstellung von N-substituierten Ricinolsäure-amiden mit Mono- und Dialkylaminen

$CH_3(CH_2)_5-CH(OH)-CH_2-CH=CH-(CH_2)_7-C(=O)-N(R^1)(R^2)$			Reakt-Zeit	Temp.	Ausbeute[%]		F	n_D^{25}
	R^1	R^2	[Std.]	[°C]	A	B	[°C]	
I	H	H	115	25	85	—	64-66	—
II	H	CH_3	10	65	50	—	38-40	—
III	H	C_2H_5	100	25	90	—	41-43	—
IV	H	$n-C_3H_7$	20	65	57	—	33-34,5	—
V	H	$n-C_4H_9$	26	65	45	—	31-32	—
VI	H	$n-C_8H_{17}$	—	—	—	92	39,5-41	—
VII	CH_3	CH_3	140	25	90	91	—	1.4773
VIII	C_2H_5	C_2H_5	10	100	40	—	—	1.4758
IX	$n-C_4H_9$	$n-C_4H_9$	—	—	—	85	—	1.4715
X	$i-C_4H_9$	$i-C_4H_9$	—	—	—	87	—	1.4713

Wir setzten als primäre Amine die unverzweigten Amine bis C_4 und das Octylamin um, als sekundäre Dimethyl-, Diäthyl-,Di-n-u.Di-iso-butylamin.

Diese substituierten Amide der Ricinolsäure wurden durch Sulfatierung an der Hydroxylgruppe unter Erhaltung der Doppelbindung und anschliessende Neutralisation zu Na-Salzen der Monoschwefelsäureester der Ricinolsäure-N-alkyl- bzw. -N.N-dialkylamide umgesetzt. Sulfatiert wurde mit einem Chloroschwefelsäure-Diäthyläther-Addukt bei -5 bis 0°. Die Reaktionszeit betrug 30 Minuten. Nach der Neutralisation mit 2n Natriumcarbonatlösung entstanden drei Schichten, von denen die mittlere das Natriumsalz des Schwefelsäureesters enthielt.

Tabelle 2
Sulfatierung von Ricinolsäure-N-alkyl- und-N.N-dialkylamiden

$CH_3(CH_2)_5-CH(OSO_3Na)-CH_2-CH=CH-(CH_2)_7-CO-N(R^1)(R^2)$			$Cl-SO_3H$	Ausbeute	JZ	
	R^1	R^2	[Mol]	[%]	ber.	gef.
I	H	H	4	75	63,5	61,4
II	H	CH_3	1	60	61,3	58
III	H	C_2H_5	3	76	59,2	57,4
IV	H	$n-C_3H_7$	2	82	57,4	55,5
V	H	$n-C_4H_9$	3	79	55,8	54,8
VI	H	$n-C_8H_{17}$	2	65	49,4	49,6
VII	CH_3	CH_3	3	85	59,2	58,7
VIII	C_2H_5	C_2H_5	3	86	55,7	53,7
IX	$n-C_4H_9$	$n-C_4H_9$	2	81	49,5	48,8
X	$iso-C_4H_9$	$iso-C_4H_9$	2	59	49,5	49,6

Die Ausbeuten liegen zwischen 60 und 85 % d.Th. und hängen nicht oder nur wenig vom Überschuß eingesetzten Sulfatierungsmittels ab. Lediglich bei Verwendung genau molarer Mengen Amid und Chloroschwefelsäure sinken die Ausbeuten etwas ab. Die Jodzahlen stimmen annähernd mit den berechneten überein und beweisen, daß die Doppelbindung bei der Sulfatierung nicht angegriffen wird. Die erhaltenen Amidsulfate, wie diese Verbindungen in der Tensid-Literatur kurz bezeichnet werden, sind z.T. feste, z.T. schmierige Substanzen. Die Na-Salze der Schwefelsäureester der Ricinolsäure-N.N-dialkylamide sind honigartige Stoffe, deren Zähigkeit mit Verlängerung der Alkylgruppen am Stickstoff abnimmt. Sie lösen sich ausser in Wasser auch in organischen Lösungsmitteln.

Uns interessierte nun die Frage: Wie ändern sich die Eigenschaften dieser Verbindungen in Hinsicht auf ihre Verwendbarkeit als Tenside, wenn man den Rest oder die Reste am Stickstoff variiert. Zu diesem Zweck wurden von wässrigen Lösungen dieser anionaktiven Tenside Oberflächenspannung, Randwinkel und Netzvermögen in Abhängigkeit von der Konzentration sowie das Waschvermögen untersucht.

Die Oberflächenspannung wurde nach der Ringabreissmethode bei 22° C bestimmt.

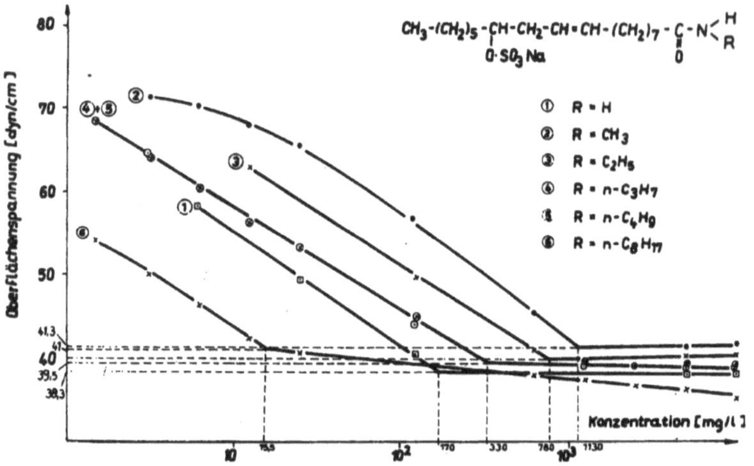

Abb.2

Oberflächenspannung wässriger Lösungen von Na-Salzen der Monoschwefelsäure von Ricinolsäure-N-alkylamiden in Abhängigkeit vom Logarithmus der Konzentration

Die Löslichkeit der Na-Salze der Monoschwefelsäureester von Ricinolsäure-monoalkylamiden in Wasser nimmt mit Verlängerung der Kohlenstoffkette am Stickstoff ab und die Erniedrigung der Oberflächenspannung zu (Abb.2).

Auch bei den Na-Salzen der Schwefelsäureester der Ricinolsäurealkylester haben wir diese Abhängigkeit festgestellt. Ganz ähnlich verhalten sich die Derivate der Ricinolsäure-N.N-dialkylamide (Abb.3).

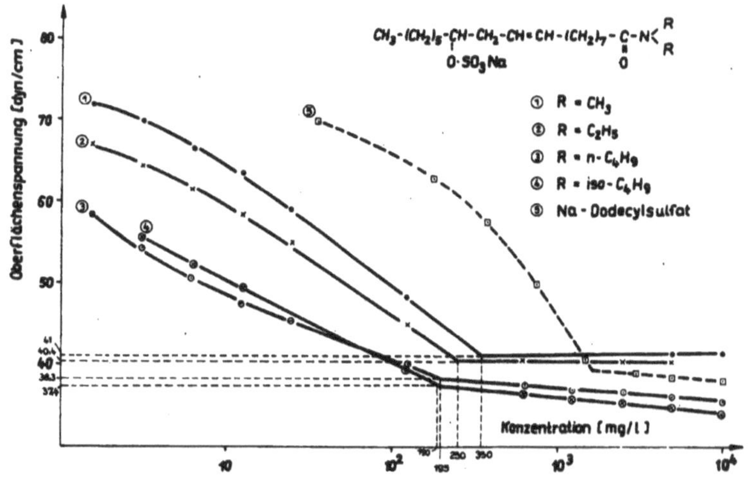

Abb.3

Oberflächenspannung wässriger Lösungen von Na-Salzen der Monoschwefelsäureester von Ricinolsäure-N.N-dialkylamiden in Abhängigkeit vom Logarithmus der Konzentration

Das Derivat des Di-iso-butylamids (Kurve 4) zeigt hier die grösste Erniedrigung der Oberflächenspannung, es unterscheidet sich aber nur wenig vom Di-n-butylderivat (Kurve 3). Bei kürzeren Resten am Stickstoff wandert der Knickpunkt der Kurve nach rechts oben, die Werte für die kritische Micellbildungskonzentration werden also grösser und die Erniedrigung der Oberflächenspannung ist geringer. Zum Vergleich ist die Kurve für Na-Dodecylsulfat eingezeichnet (Kurve 5). Na-Dodecylsulfat besitzt bei etwa gleicher Erniedrigung der Oberflächenspannung eine um etwa eine Zehnerpotenz höhere Löslichkeit.

In einer Tabelle sind die aus den Kurven ermittelten kritischen Micellbildungskonzentrationen und die dazugehörigen Oberflächenspannungen noch einmal zusammengestellt (Tab.3).

Tabelle 3

Kritische Micellbildungskonzentration von Na-Salzen der Monoschwefelsäureester von N-substituierten Ricinolsäure-amiden

CH_3-$(CH_2)_5$-CH(OSO_3Na)-CH_2-CH=CH-$(CH_2)_7$-C(=O)-N(R^1)(R^2)	R^1	R^2	KMK bei 22°C [dyn/cm]	σ bei KMK [dyn/cm]
I	H	H	170	38,3
II	H	CH_3	1130	41,3
III	H	C_2H_5	780	40
IV	H	n-C_3H_7	330	39,5
V	H	n-C_4H_9	330	39,5
VI	H	n-C_8H_{17}	15,5	41
VII	CH_3	CH_3	350	41
VIII	C_2H_5	C_2H_5	250	40,4
IX	n-C_4H_9	n-C_4H_9	195	38,3
X	iso-C_4H_9	iso-C_4H_9	190	37,4

Sowohl bei den Derivaten der Ricinolsäure-monoalkyl- als auch bei denen der -dialkylamide nimmt die Löslichkeit in Wasser mit länger werdenden Resten am Stickstoff ab und die Oberflächenspannungserniedrigung zu. Das Octylderivat (VI) erniedrigt die Oberflächenspannung weniger als das Butylderivat (V). Das Derivat des unsubstituierten Amids (I) verhält sich etwa so wie die Dibutylamid-Verbindungen (IX und X). Am meisten wird die Oberflächenspannung vom Derivat des Di-isobutylamids erniedrigt (X).

Die Erniedrigung ist grösser als z.B. die vom Na-Dodecylsulfat, die Löslichkeit ist aber weitaus schlechter als die des Na-Dodecylsulfats.

Die Abhängigkeit des Randwinkels vom Logarithmus der Konzentration ist in folgenden graphischen Darstellungen zu sehen (Abb. 4 u.5).

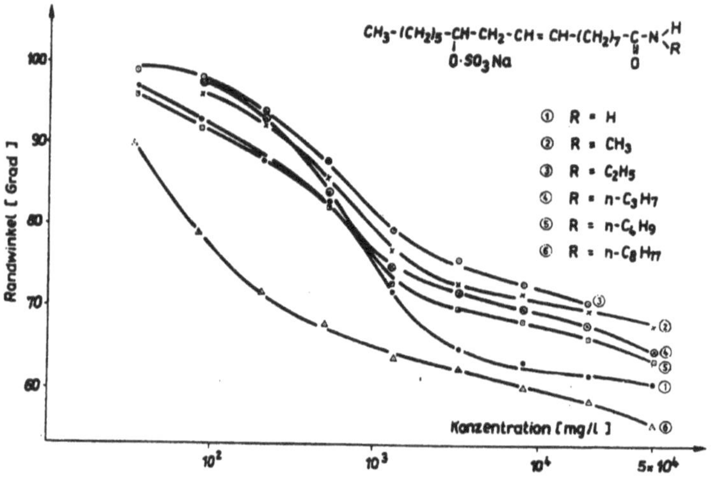

Abb.4

Randwinkel wässriger Lösungen von Na-Salzen der Monoschwefelsäureester von Ricinolsäure-N-alkylamiden in Abhängigkeit vom Logarithmus der Konzentration

Die Kurve des Na-Salzes des Monoschwefelsäureesters vom unsubstituierten Amid (1) liegt auch hier, wie schon bei den σ / lgc Kurven, unterhalb der Kurven bis einschliesslich zum Butylamidderivat (5). Die Kurve des Octylderivats liegt am tiefsten (6). Vom Methyl- zum Äthylderivat (2,3) ist eine Verschlechterung der Benetzung zu bemerken, dann weiter zum Propyl-, Butyl- und Octylderivat (4,5 und 6) eine stufenweise grösser werdende Erniedrigung des Randwinkels, ähnlich wie es bei der Oberflächenspannung beobachtet wurde.

Auch bei den Derivaten der tertiären Amide ist eine Abstufung der Erniedrigung des Randwinkels in Abhängigkeit von den Resten am Stickstoff deutlich zu erkennen (Abb.5).

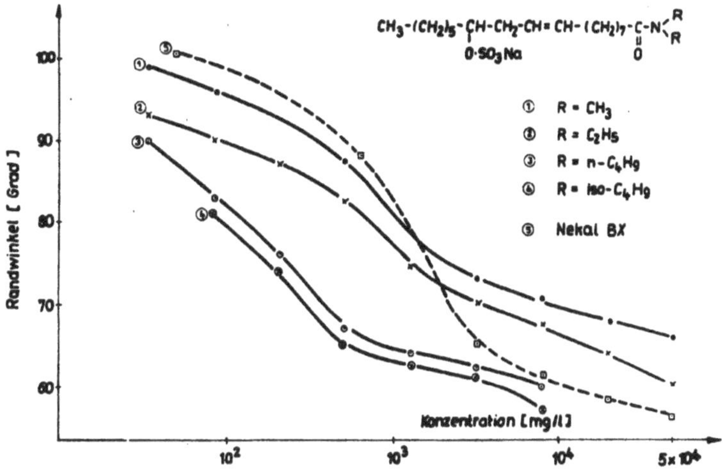

Abb.5

Randwinkel wässriger Lösungen von Na-Salzen der Monoschwefelsäureester von Ricinolsäure-N.N-dialkylamiden in Abhängigkeit vom Logarithmus der Konzentration

Am tiefsten liegt wieder die Kurve der Di-iso-butyl-Verbindung (4). Zum Vergleich ist das bekannte Netzmittel Nekal BX eingezeichnet worden (5). Man sieht, daß die Kurve bei grösseren Konzentrationen etwa in dem Bereich unserer Verbindungen liegt. Bei kleineren Konzentrationen aber steigt sie schneller an, d.h. die Erniedrigung des Randwinkels nimmt mit kleiner werdender Konzentration schneller ab als bei den grenzflächenaktiven Derivaten der Ricinolsäure-dialkyl-amide.

In der folgenden Tabelle sind die aus den Kurven ermittelten Randwinkel für 1 g/l herangezogen (Tab.4).

Tabelle 4

Randwinkel wässriger Lösungen (1 g/l) von Na-Salzen der Monoschwefelsäureester von N-substituierten Ricinolsäure-amiden

$CH_3-(CH_2)_5-CH(O{\cdot}SO_3Na)-CH_2-CH{=}CH-(CH_2)_7-C(=O)-N(R^1)(R^2)$	R^1	R^2	Randwinkel [Grad]
I	H	H	75,3
II	H	CH_3	79,5
III	H	C_2H_5	81,5
IV	H	$n-C_3H_7$	77
V	H	$n-C_4H_9$	76
VI	H	$n-C_8H_{17}$	65,3
VII	CH_3	CH_3	81
VIII	C_2H_5	C_2H_5	77
IX	$n-C_4H_9$	$n-C_4H_9$	64,5
X	$iso-C_4H_9$	$iso-C_4H_9$	63

Bei den Derivaten der sekundären Amide liegt der Wert des Äthylderivats über dem des Methylderivats (II [79,5 Grad], III [81,5 Grad]), dann fällt er bis zum Octylderivat stetig ab (IV, V und VI). Bei den disubstituierten Verbindungen sinkt der Wert von 81 (VII) auf 63 (X). Für die Monooctylverbindung (VI) wurde mit 65,3 Grad etwa der gleiche Wert gefunden wie für die n- und iso-Dibutylverbindung (IX und X), bei denen 64,5 Grad bzw. 63 Grad gemessen wurden.

Das Netzvermögen ermittelten wir durch die Untersinkmethode.

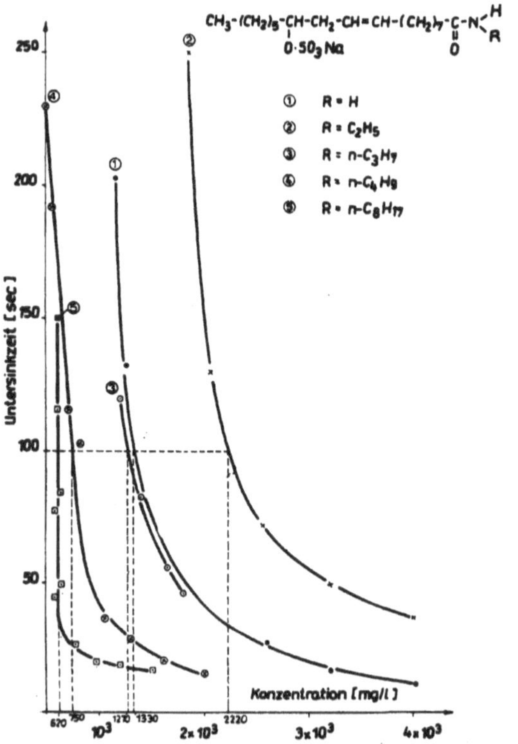

Abb.6

Netzvermögen wässriger Lösungenvon Na-Salzen der Monoschwefelsäureester von Ricinolsäure-N-alkylamiden in Abhängigkeit von der Konzentration

Vom Äthyl- zum Octylderivat (2 bis 5) steigt das Netzvermögen bei Verlängerung des Restes am Stickstoff um eine CH_2-Gruppe ständig an, d.h. die zur Erreichung des 100"-Wertes benötigte Konzentration wird kleiner. Die Kurve für das Na-Salz des Monoschwefelsäureesters des unsubstituierten Ricinolsäureamids (1) liegt zwischen dem Äthyl-(2) und dem Propylderivat (3) (Abb.6)

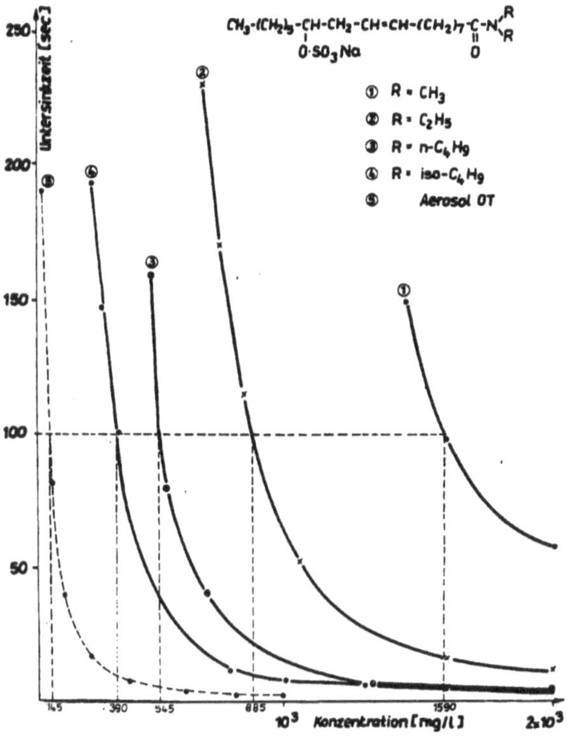

Abb.7

Netzvermögen wässriger Lösungen von Na-Salzen der Monoschwefelsäureester von Ricinolsäure-N.N-dialkylamiden in Abhängigkeit von der Konzentration

Auch bei den Tensiden der disubstituierten Amide sehen wir, daß das Netzvermögen bei Verlängerung der Substituenten am Stickstoff verbessert wird. Das Di-isobutylderivat (4) kommt dem als sehr gut bekannten Netzmittel Aerosol OT sehr nahe (5), bei dem wir 145 mg/l als 100"-Wert fanden. Für die Di-isobutylverbindung beträgt der Wert 390 mg/l (Abb.7).

Die aus den Kurven ermittelten 100"-Werte sind in der folgenden Tabelle zu sehen (Tab.5).

Bei beiden Reihen, d.h. bei den anionaktiven Verbindungen aus Mono- und Dialkylamiden der Ricinolsäure nimmt die zur Erreichung des 100"-Wertes notwendige Konzentration mit steigender Kohlenstoffzahl in der Seitenkette der Amide ab. Der Wert erreicht bei den jeweils letzten gemessenen Gliedern der Reihe, also beim n-Butyl- bzw. Di-iso-butylderivat ein Minimum, wobei der Wert der Di-iso-butylverbindung zugleich tiefer als der aller anderen Verbindungen liegt.

Tabelle 5

100"-Wert und Waschvermögen von Na-Salzen der Monoschwefelsäureester von N-substituierten Ricinolsäure-amiden

$CH_3(CH_2)_5$-CH($O\cdot SO_3Na$)-CH_2-CH=CH-$(CH_2)_7$-C(=O)-N(R^1)(R^2)	R^1	R^2	100"-Wert [mg/l]	Waschkraft [%] bei 60°C
I	H	H	1330	19,5
II	H	CH_3	—	10,7
III	H	C_2H_5	2220	11,5
IV	H	n-C_3H_7	1270	14,7
V	H	n-C_4H_9	750	16,3
VI	H	n-C_8H_{17}	620	—
VII	CH_3	CH_3	1590	18,7
VIII	C_2H_5	C_2H_5	885	—
IX	n-C_4H_9	n-C_4H_9	545	23,9
X	iso-C_4H_9	iso-C_4H_9	390	21,5

Eine abschliessende Tabelle soll noch einmal die Abhängigkeit der Eigenschaften der Na-Salze der Monoschwefelsäureester von mono- und disubstituierten Ricinolsäure-amiden im Hinblick auf ihre Anwendbarkeit als grenzflächenaktive Stoffe deutlich machen (Tab. 6).

Tabelle 6

Eigenschaften 0,1%iger Lösungen von Na-Salzen der Monoschwefelsäureester von N-substituierten Ricinolsäure-amiden

CH_3-$(CH_2)_5$-CH($O\cdot SO_3Na$)-CH_2-CH=CH-$(CH_2)_7$-C(=O)-N(R^1)(R^2)	R^1	R^2	σ [dyn/cm]	Θ [Grad]	Untersink-Zeit [sec]	Waschkraft [%] bei 60°C
I	H	H	38,3	75,3	365	19,5
II	H	CH_3	42,1	79,5	—	10,7
III	H	C_2H_5	40	81,7	—	11,5
IV	H	n-C_3H_7	39,3	77	300	14,7
V	H	n-C_4H_9	39,3	76	42	16,3
VI	H	n-C_8H_{17}	37,6	65,3	20	—
VII	CH_3	CH_3	41,2	81	270	18,7
VIII	C_2H_5	C_2H_5	40,3	77	64	—
IX	n-C_4H_9	n-C_4H_9	37,1	64,5	15	23,9
X	iso-C_4H_9	iso-C_4H_9	36	63	8	21,5

Sie enthält die Werte für die Oberflächenspannung, den Randwinkel, das Netzvermögen und die Waschkraft von 0,1 %igen wässrigen Lösungen. Bei beiden Reihen (II bis V bzw. VII bis X) nimmt der Wert für die Oberflächenspannung, den Randwinkel und die Untersinkzeit ab, d.h. die grenzflächenaktiven Eigenschaften werden günstiger, wenn man die Kohlenstoffkette oder -ketten am Stickstoff verlängert. Lediglich vom Methyl- zum Äthylderivat steigt der Randwinkel etwas an (II, III). Das Waschvermögen verbessert sich in der gleichen Richtung.

Das Waschvermögen ist mit je 1 g Substanz, Na-Hexametaphosphat und kalz. Soda pro Liter dest.Wasser mit einem EMPA-Baumwollstreifen getestet worden. Gewaschen wurde dreimal in derselben Flotte mit 100 Hub pro Minute, 20 Minuten Waschdauer bei 60° C in einer Stössel-Laborwaschmaschine.

Das Waschvermögen der unsubstituierten Verbindung (I) beträgt 19,5% und entspricht dem des Na-Dodecylsulfats (19,7 %). Dieser Wert liegt über den Werten für die monosubstituierten Derivate bis einschl. zur Butylverbindung, wird aber noch von dem der Dibutylderivate übertroffen (IX und X). Sie erreichen eine Waschkraft von 23,9 bzw. 21,5% .

P. H a h n
VEB Deutsches Hydrierwerk Rodleben, Rodleben

Herstellung von Alkylarylsulfonaten auf der Basis von Erdölkohlenwasserstoffen

Der bedeutungsvollste synthetische Waschrohstoff, das Alkylarylsulfonat, durchlief in der jüngsten Vergangenheit ein entscheidendes Entwicklungsstadium. Durch die geringe biologische Abbaubarkeit des auf petrochemischer Basis hergestellten Tetrapropylenbenzolsulfonats war eine Weltproduktion von ca. 6oo ooo jato nahezu zur Bedeutungslosigkeit verurteilt, da der Anteil an geradkettigen Alkylbenzolsulfonaten aus Paraffinkohlenwasserstoffen zum damaligen Zeitpunkt nur 5-1o % betrug. Die Hersteller von Alkylarylsulfonaten standen also vor der Alternative, entweder weitestgehend biologisch abbaufähige n-Alkylbenzole herzustellen, d.h. vom Rohstoff Tri- und Tetrapropylen abzugehen, oder den Bedarf an synthetischen Waschrohstoffen durch andere Produkte zu decken. Durch die Entwicklung neuer Verfahren konnte jedoch das Erdöl als Rohstoffgrundlage beibehalten werden, da die Crackung hochmolekularer Paraffine und die Äthylenpolymerisation nach Ziegler α-Olefine liefern und durch die Molsiebverfahren n-Paraffine in ausreichender Menge zur Verfügung gestellt werden können.

In der DDR sollen die Alkylbenzolsulfonate zunächst auf der Basis von Mepasin I, einem Kohlenwasserstoffgemisch der Fischer-Tropsch-Synthese, hergestellt werden, das einen hohen Anteil an geradkettigen Paraffinen enthält und dessen iso-Anteile nur geringe Methyl-Verzweigungen besitzen. Abb.1 zeigt die Zusammensetzung und Kettenlängenverteilung im Mepasin I. Hauptkomponenten sind die n-Paraffine Decan, Undecan und Dodecan. Der Gehalt an iso-Paraffinen, die jeweils aus mehreren Isomeren bestehen, beträgt 2o,9 % und ist im Gaschromatogramm schraffiert wiedergegeben.

Ein aus diesem Kohlenwasserstoffgemisch hergestelltes Alkylbenzolsulfonat wird in den Vorflutern zu ca. 9o % biologisch abgebaut.

Auf Grund der vorgesehenen Einstellung der Produktion von Fischer-Tropsch-Paraffinen in Schwarzheide und im Zusammenhang mit der ständigen Zunahme der Erdölverarbeitung haben wir uns ebenfalls mit der Herstellung von Alkylbenzolsulfonaten aus n-Paraffinen beschäftigt.

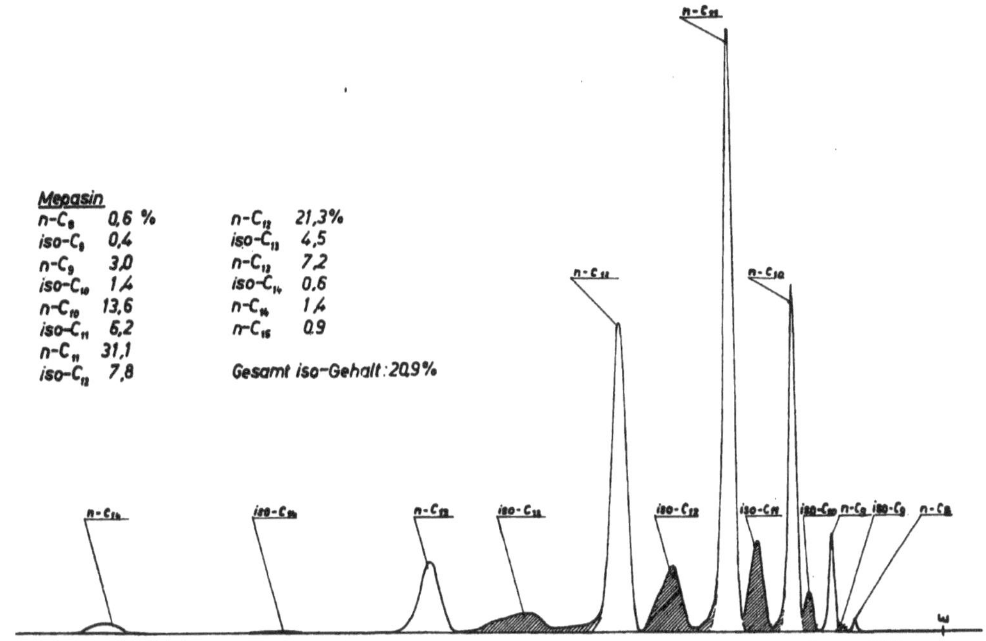

Abb.1: Kettenlängenverteilung sowie Gehalt an n- und iso-Paraffinen im Mepasin I

Das Gaschromatogramm eines nach dem Molsiebverfahren gewonnenen n-Paraffins, im folgenden als Kogasin-I-Ersatz bezeichnet, zeigt Abb.2, wobei die iso-Paraffine ebenfalls durch Schraffierung hervorgehoben sind. Das Kohlenwasserstoffgemisch enthält 95,9 % unverzweigte Verbindungen, die sich auf die Kettenlängen C_{10}-C_{13} verteilen.

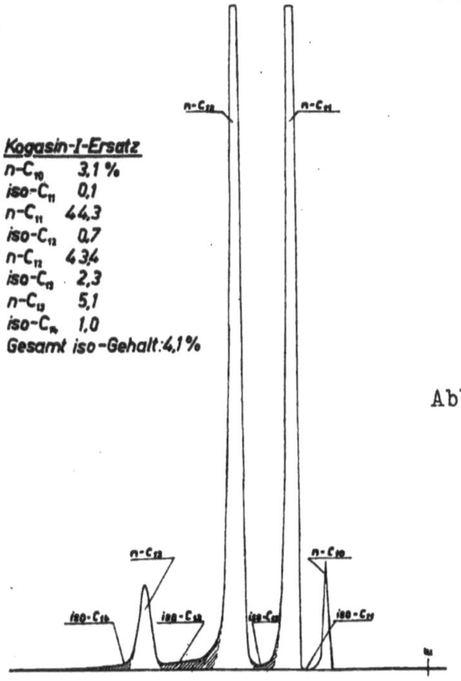

Abb.2: Kettenlängenverteilung sowie Gehalt an n- und iso-Paraffinen im Kogasin-I-Ersatz

Die Kettenlängenverteilung und den Gehalt an n- und iso-Paraffinen eines weiteren Ausgangsproduktes veranschaulicht Abb.3. Dieses n-Paraffin C_{10}-C_{13} enthält nur noch 2,5 % iso-Paraffine und besteht im wesent lichen aus 4 Komponenten, die sich zu 85 % auf Undecan und Dodecan verteilen.

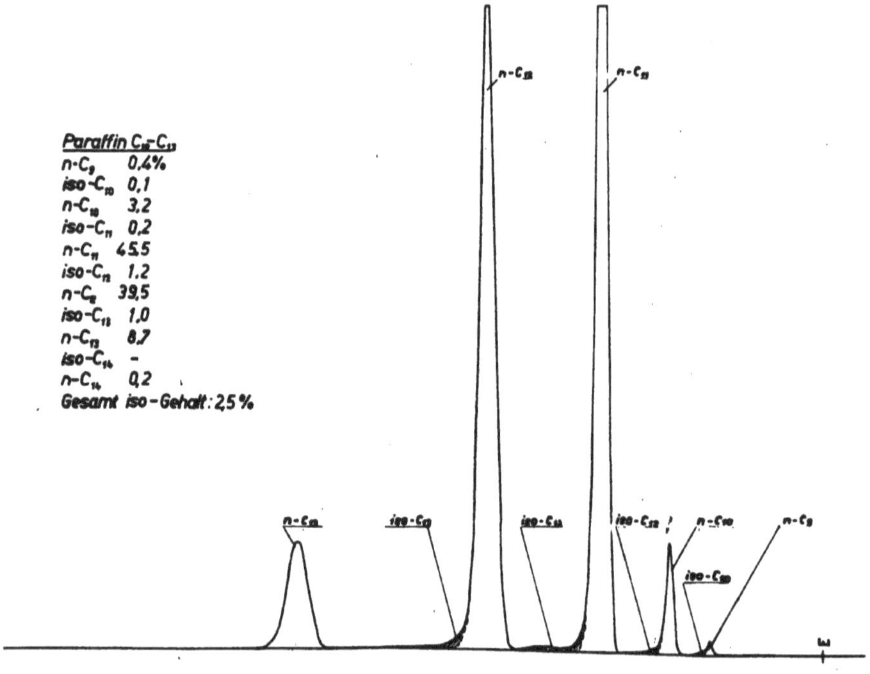

Abb.3: Gaschromatogramm des n-Paraffins C_{10}-C_{13}

Beide n-Paraffingemische besitzen eine mittlere Kettenlänge von ca. 11,5 C-Atomen und stellen hinsichtlich ihrer qualitativen und quantitativen Zusammensetzung einen gut geeigneten Rohstoff für die Herstellung von Alkylbenzolsulfonaten dar.

In der folgenden Tab.1 ist die Kettenlängenverteilung, der Gehalt an n- und iso-Paraffinen sowie die mittlere Kettenlänge im Mepasin I den durch das Molsiebverfahren gewonnenen n-Paraffingemischen noch einmal gegenübergestellt.

Die für die Untersuchungen zur Verfügung stehenden n-Paraffine besitzen also einen Reinheitsgrad von 96-98 % und umfassen einen wesentlich engeren Siedebereich als Mepasin I.

Die Herstellung des Alkylbenzolsulfonats wird in Rodleben über die Stufen Chlorierung, Alkylierung, Sulfonierung und Neutralisation erfolgen. In den weiteren Ausführungen wird über die einzelnen Reaktionsstufen berichtet und die erhaltenen Zwischen- und Endprodukte werden einander gegenübergestellt.

Tab.1: Zusammensetzung von technischen Paraffingemischen zur Herstellung von Alkylbenzolsulfonat

Mepasin I

	C_8	C_9	C_{10}	C_{11}	C_{12}	C_{13}	C_{14}	C_{15}	Summe	mittlere Kettenlänge
n-Kw	0,6	3,0	13,6	31,1	21,3	7,2	1,4	0,9	79,1	n = 11,4
iso-Kw		0,4	1,4	6,2	7,8	4,5	0,6		20,9	

Kogasin-I-Ersatz

	C_8	C_9	C_{10}	C_{11}	C_{12}	C_{13}	C_{14}	C_{15}	Summe	mittlere Kettenlänge
n-Kw			3,1	44,3	43,4	5,1			95,9	n = 11,7
iso-Kw				0,1	0,7	2,3	1,0		4,1	

n-Paraffin C_{10}-C_{13}

	C_8	C_9	C_{10}	C_{11}	C_{12}	C_{13}	C_{14}	C_{15}	Summe	mittlere Kettenlänge
n-Kw		0,4	3,2	45,5	39,5	8,7	0,2		97,5	n = 11,6
iso-Kw			0,1	0,2	1,2	1,0			2,5	

Kettenlängenverteilung, n-und iso-Gehalt (Gew-%) sowie mittlere Kettenlänge technischer Kw-Gemische zur Herstellung von ABS

Da für die Alkylbenzolgewinnung ausschließlich ein monochloriertes Paraffin benötigt wird, ist bereits die Chlorierung des Kohlenwasserstoffgemisches eine entscheidende Reaktionsstufe bei der Alkylbenzolsulfonatproduktion. Bekanntlich ist die Chlorierung von aliphatischen Kohlenwasserstoffen eine Konsekutivreaktion, bei der die Bildung höherer Substitutionsprodukte, wie Di-, Tri- und Polychloride, nicht völlig ausgeschaltet werden kann, so daß die Herstellung von Monochloralkanen, ob auf photochemischem oder thermischem Wege, stets eine Kompromißlösung ist (1,2). Einen Ausschnitt aus der Chlorverteilungskurve bei der diskontinuierlichen Chlorierung von n-Dodecan zeigt Abb.4. Der Verlauf der Kurven zeigt eindeutig, daß eine Chlorierung des Paraffins bis zum Monochlorid, welches 17,3 % Chlor enthält, nicht zweckmäßig ist. Bei diesem Umsatz von einem Mol/Mol enthält das Chlorparaffin neben 36,8 % Monochloriden bereits 32,5 % höhere Substitutionsprodukte, die bei der nachfolgenden Alkylierungsreaktion zur Nebenproduktbildung führen.

Die Festlegung des günstigsten Chlorierungsgrades wird also stets mit einer Wirtschaftlichkeitsbetrachtung unter Berücksichtigung aller wesentlichen Faktoren, wie Chlorverteilung in Abhängigkeit vom Reaktionsumsatz, Rohstoffsituation und -kosten sowie Energiekosten für die destillative Rückgewinnung des nicht chlorierten Paraffins, verbunden sein. Auf Grund der derzeitigen Situation betrachten wir einen Chlorierungsgrad von 6-8 % als günstigste Lösung bei der Herstellung von Alkylbenzol.

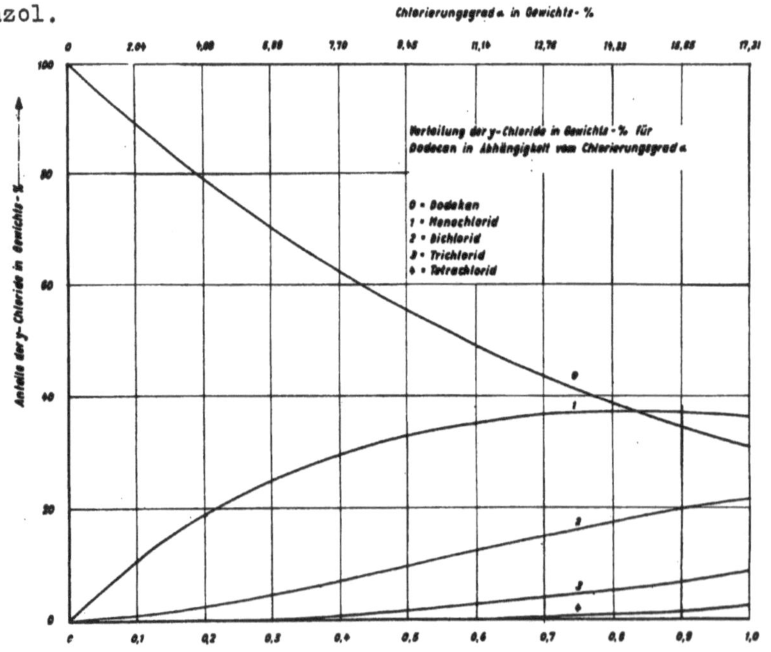

Abb.4: Verteilung der y-Chloride in Gew.-% für Dodecan in Abhängigkeit vom Chlorierungsgrad α

Die Laboratoriumsapparatur zur kontinuierlichen Chlorierung der Paraffinkohlenwasserstoffe zeigt Abb.5. Bei der Versuchsdurchführung wurden wahlweise 2, wie in der Abbildung gezeigt, oder 4 Reaktoren hintereinandergeschaltet und das in der Heizsäule auf die Reaktionstemperatur

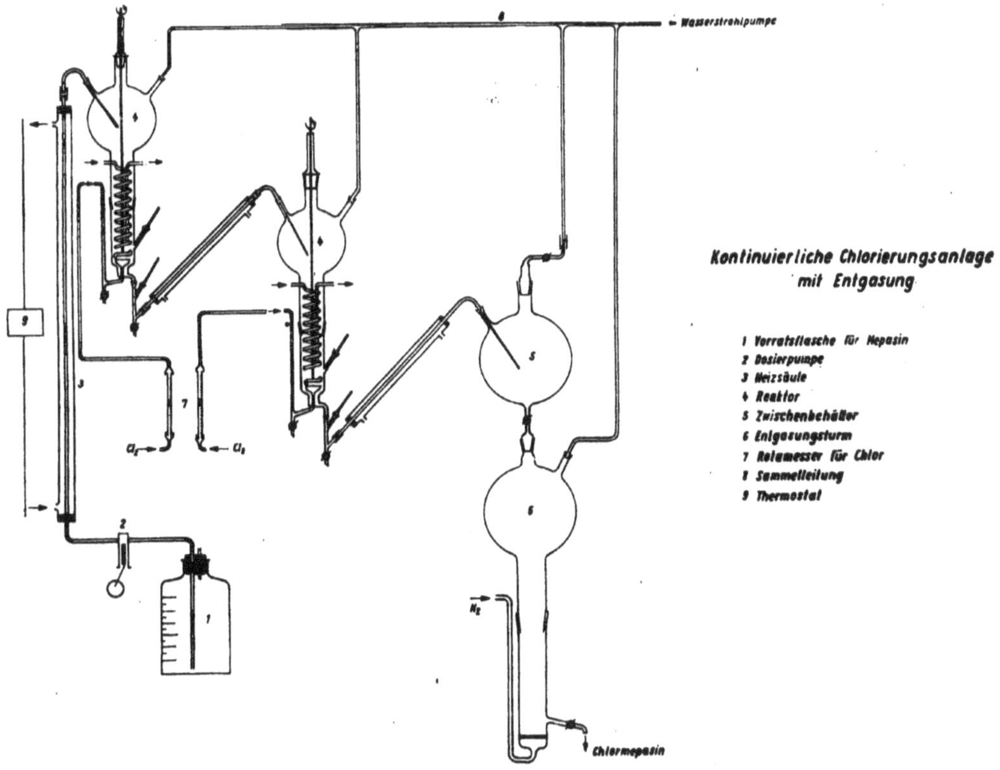

Abb.5: Laboratoriumsapparatur zur kontinuierlichen Paraffinchlorierung

von 85-9o°C vorgewärmte Paraffin in den ersten Reaktor eingespeist. Die Chlorierung erfolgt im Gegenstrom, wobei die Hauptreaktion unmittelbar über dem Chloreintritt stattfindet. Das chlorierte Paraffingemisch verläßt den Reaktor unterhalb der Fritte und fließt über eine Kühlvorrichtung in den zweiten Reaktor, wo es wiederum mit einer bestimmten Menge Chlor umgesetzt wird. Nach Verlassen des 2. bzw. 4.Reaktors wird das Chlorparaffin zur Entfernung des gelösten Chlorwasserstoffs mit Stickstoff entgast. Erfolgt unmittelbar auf die Chlorierung der weitere Umsatz zu Alkylbenzol, so wird die Chlorwasserstoffaustreibung nicht durchgeführt. Das erhaltene Chlorparaffin ist ein wasserklares, farbloses Produkt. Über die Zusammensetzung des Chlorierungsproduktes gibt die folgende Tab.2 Aufschluß, in der die Chlorverteilung für ein auf 6 % chloriertes Mepasin I aufgeführt ist. Die Tabelle zeigt außerdem die Chlorverteilung bei der diskontinuierlichen Chlorierung. Aus der

	diskont. Chlorierung	kontin. Chlorierung Anzahl der Reaktoren			
		1	2	3	4
Y_0	70,64	73,22	71,96	71,59	71,30
Y_1	24,65	19,89	22,04	22,84	23,29
Y_2	4,25	5,18	4,91	4,65	4,65
Y_3	0,45	1,37	0,91	0,76	0,76
Y_4	0,00	0,34	0,17	0,17	0,00

Y_0 = Kw
Y_1 = Monochloride, Y_2 = Dichloride usw.

Tab.2: Chlorverteilung in Gew.-% bei der diskontinuierlichen und kontinuierlichen Chlorierung eines $C_{11,4}$-Kohlenwasserstoffs (Mepasin I) auf einen Chlorierungsgrad von 6 %.

Gegenüberstellung ist klar erkennbar, daß das Reaktionsprodukt beim Übergang von der diskontinuierlichen zur kontinuierlichen Chlorierung keine einheitliche Verweilzeit mehr besitzt, sondern ein Verweilzeitspektrum entsteht, wodurch der Gehalt an Monochloriden zugunsten des unchlorierten Kohlenwasserstoffs sowie der Polychloride abnimmt. Erst durch Hintereinanderschaltung mehrerer Chlorierungsreaktoren wird das Verweilzeitspektrum wieder schmaler, und die Zusammensetzung nähert sich wieder derjenigen unter diskontinuierlichen Bedingungen (3).

Neben dieser Zusammensetzung der entstehenden Chlorparaffingemische ist auch die statistische Chlorverteilung innerhalb der Paraffinkette bedeutungsvoll für die weitere Umsetzung zu Alkylbenzol. Bekanntlich besteht das Monochlordodecan aus 6 isomeren Monochloriden, so daß das bei der Alkylierung gebildete Alkylbenzol unabhängig von dem Einfluß des ebenfalls isomerisierend wirkenden Aluminiumchlorids stets ein Gemisch sämtlicher theoretisch möglichen isomeren Alkylbenzole darstellt.

Die Alkylierung des Chlorparaffins wurde diskontinuierlich mit Aluminiumchlorid als Katalysator durchgeführt. Bei der Durchführung der Reaktion wird das Aluminiumchlorid in Benzol suspendiert vorgelegt und das Chlorparaffin anschließend bei einer Reaktionstemperatur von 60 °C zugegeben. Um die im Chlorparaffin enthaltenen Monochloride möglichst vollständig in Monoalkylbenzole zu überführen und die Bildung von Polyalkylbenzolen zu unterdrücken, wird bei der Alkylierung mit einem 4-5fachen molaren Benzolüberschuß gearbeitet. Die Polychloride dürften unter diesen Bedingungen vorwiegend in Polyphenylalkane übergehen.

Nach Beendigung der Alkylierung wird das gebildete Kontaktöl abgetrennt, das Rohalkylat mit verdünnter Natronlauge gewaschen und fraktioniert. Als erste Fraktion wird dabei das überschüssige Benzol abgetrennt und anschließend das sog. "Rückparaffin" zurückgewonnen, das als unchlorierter Kohlenwasserstoff die Alkylierungsstufe durchläuft und in der Großanlage in die Chlorierungsstufe zurückgeführt wird. Der Rückparaffinabtrennung schließt sich die Destillation des Alkylbenzols an, während das "Polyalkylbenzol"-Gemisch als Destillationssumpf abgezogen wird.

An diesem Punkt des Alkylbenzolsulfonatprozesses wird noch einmal deutlich, daß die Rückparaffin- und Polyalkylbenzolmenge bei der Wirtschaftlichkeitsbetrachtung unbedingt zu berücksichtigen ist.

In der folgenden Gegenüberstellung (Tab.3) sind einige wichtige Kennzahlen der Alkylbenzole in Abhängigkeit vom Ausgangskohlenwasserstoff zusammengefaßt. Auffallende Abweichungen sind jedoch nicht erkennbar. Die Produkte sind farblos und wasserklar.

Tab.3: Kenndaten des Alkylbenzols in Abhängigkeit vom eingesetzten Ausgangskohlenwasserstoffgemisch

Ausgangsprodukt	Sdp. (°C/Torr)	n_D^{20}	d_4^{20}	Chlor(%)	JFZ	Neutralöl(%)
Mepasin I	102-128/0,12	1,4873	0,8670	0,09	0	1,5
Kogasin-I-Ersatz	158-185/8-9	1,4854	0,8625	0,12	0,5	1,6
n-Paraffin C_{10}-C_{18}	110-140/0,1-0,2	1,4850	0,8570	0,0	0	1,4

Die Sulfonierung der Alkylbenzole wird mit 20%igem Oleum bei einer Reaktionstemperatur von 30°C durchgeführt. Zur Vervollständigung der Reaktion ist eine Nachreaktion erforderlich. Nach Beendigung der Sulfonierung wird mit Wasser verdünnt und die gebildete Abfallschwefelsäure von der Alkylbenzolsulfonsäure abgetrennt. Die Neutralisation der Alkylbenzolsulfonsäure liefert ein Natriumsalz von weißer bis schwach gelber Farbe.

In der Tab.4 ist die qualitative und quantitative Zusammensetzung sowie die Jodfarbzahl (JFZ) der ungebleichten 25%igen Natrium-Alkylbenzolsulfonat-Lösung, die ein weiteres Gütemerkmal für das Endprodukt darstellt, aufgeführt.

Tab.4: Zusammensetzung von ABS-Na (Gew.-%) in Abhängigkeit vom eingesetzten Ausgangskohlenwasserstoffgemisch

Ausgangsprod.	Neutralöl	Na_2SO_4	NaCl	Na_2CO_3	ABS-Na	Farbe	JFZ v. ABS-Na-Lsg.(25%)
Mepasin I	0,9	10,8	1,78	0,19	86,3	gelbl.	8
Kogasin-I-Ers.	1,0	10,8	-	0,28	87,9	gelbl.	5-10
n-Paraffin C_{10}-C_{18}	0,9	9,2	-	0,34	89,6	gelbl.	5

Die Werte für die einzelnen Bestandteile, wie Na_2SO_4, NaCl, Na_2CO_3 und Neutralöl, zeigen keine wesentlichen Unterschiede. Der hohe Salzgehalt wird durch das Verfahren der Sulfonierung mit Oleum erklärt; das gleiche ist über den geringen Gehalt an Neutralöl zu sagen.

Bei der labormäßigen Bearbeitung der einzelnen Reaktionsstufen konnten keine Abweichungen im Reaktionsverhalten festgestellt werden. So verliefen die Chlorierung der Molsiebparaffine, die Alkylierung der Chlorierungsprodukte und die Sulfonierung der erhaltenen Alkylbenzole ohne Unterschied zum Reaktionsablauf beim Einsatz von Mepasin I.

Die einzelnen Alkylbenzole bzw. Alkylbenzolsulfonate unterscheiden sich lediglich darin, daß das Produkt aus n-Paraffin C_{10}-C_{13} einen ausgesprochen geradkettigen Aufbau besitzt, wenn man von der Wanderung des Benzolringes innerhalb der einzelnen Paraffinketten absieht, wodurch ja ebenfalls eine gewisse "Verzweigung" auftritt. Über die genaue qualitative und quantitative Zusammensetzung des in die Sulfonierung eingesetzten Alkylbenzols, wie es unter den Bedingungen der Rodlebener Alkylbenzolsynthese entsteht, wird zu einem späteren Zeitpunkt noch ausführlich berichtet.

Zur Vervollständigung der Gegenüberstellung von Alkylbenzolsulfonaten auf der Basis von Kohlenwasserstoffgemischen der Fischer-Tropsch-Synthese und n-Paraffinen aus dem Molsiebverfahren führten wir noch einige anwendungstechnische Prüfungen, wie die Bestimmung der Oberflächenspannung, des Netz-, Schaum- und Waschvermögens sowie der Schaumbeständigkeit, durch. Bei der Durchführung dieser Untersuchungen konnten ebenfalls keine wesentlichen Unterschiede festgestellt werden. Die im folgenden mitgeteilten Ergebnisse stellen Mittelwerte aus mehreren Versuchen dar, so daß die geringen Abweichungen auf die Zusammensetzung der einzelnen Alkylbenzolsulfonate zurückgeführt werden müssen.

Das Netzvermögen wurde für 5 verschiedene Konzentrationen von o,125 - 1,ooo g Natrium-alkylbenzolsulfonat/l Wasser nach dem Tauchnetzverfahren bei 25°C bestimmt. Die Ergebnisse sind im folgenden Diagramm (Abb.6) zusammengefaßt. Die einzelnen Kurven liegen sehr eng beieinander und zeigen keine nennenswerten Unterschiede. Lediglich bei der geringsten Konzentration (o,125 g/l WAS) ist das Netzvermögen der Alkylbenzolsulfonate aus n-Paraffinen etwas günstiger.

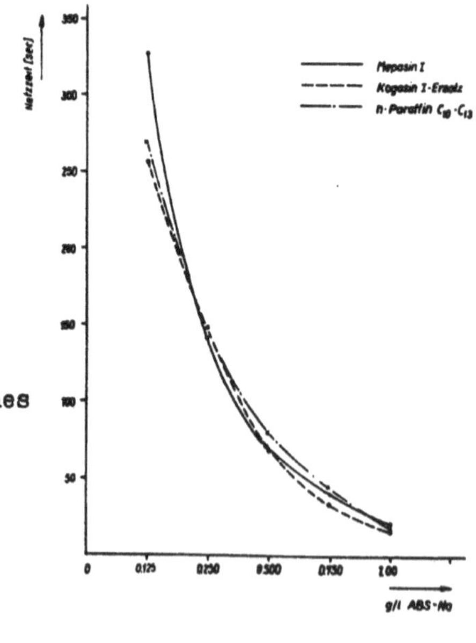

Abb.6: Abhängigkeit der Netzzeiten von der Konzentration des ABS-Na und der Zusammensetzung des eingesetzten Kohlenwasserstoffgemisches

Bei der Ermittlung des Waschvermögens wurde mit zwei verschiedenen Konzentrationen gearbeitet. Tab.5 enthält die experimentell ermittelten Werte für den Weißgrad und die Waschkraft der einzelnen Alkylbenzolsulfonate. Die Gegenüberstellung zeigt, daß die Werte für die n-Alkylbenzolsulfonate etwas günstiger sind.

Tab.5: Weißgrad und Waschkraft von ABS-Na in Abhängigkeit von der Konzentration und vom eingesetzten KW-Gemisch

		Mepasin I		Kogasin-I-Ersatz		n-Paraffin C_{10}-C_{13}	
Konz. g/l ABS-Na	Weißgrad, ungewasch.	Weißgrad gewaschen	WK	Weißgrad gewaschen	WK	Weißgrad gewaschen	WK
0,5	23,3	32,3	9	33,0	9,7	33,5	10,2
1,0	23,3	32,0	8,7	34,4	11,1	34,3	11,0

WK = Waschkraft
Flottenverhältnis = 1:25   Temperatur: 50°C

Bei der Messung der Oberflächenspannung mit dem Stalagmometer wurden Werte von 34 dyn/cm für das Alkylbenzolsulfonat aus Mepasin I gefunden. Demgegenüber liegen die Werte für die Alkylbenzolsulfonate aus den n-Paraffinen bei 38-39 dyn/cm.

Die Schaumbeständigkeit und Schaumzahl, darunter verstehen wir einmal die prozentuale Schaumhöhe nach 1o Min., bezogen auf die Schaummenge nach 1 Min., und zum anderen das Produkt aus Schaumbeständigkeit und Anfangsschaumvolumen (Schaum nach 1 Min.), wurden bei 3o°C ermittelt. Die gefundenen Werte sind in der folgenden Tab.6 wiedergegeben. Bei dieser Temperatur sind die n-Alkyl-benzolsulfonate bis zu einer Konzentration von o,5 g/l WAS dem Alkylbenzolsulfonat aus Mepasin I überlegen, während bei den höheren Konzentrationen keine eindeutige Herausstellung eines Produktes festgestellt werden kann.

Tab.6: Schaumbeständigkeit und Schaumzahl von ABS-Na in Abhängigkeit von der Konzentration und vom eingesetzten KW-Gemisch.
Temp.: 3o°C

Konz. (g/l ABS-Na)	Mepasin I		Kogasin-I-Ersatz		n-Paraffin C_{10}-C_{13}	
	Schaum-beständigkeit	Schaumzahl	Schaum-beständigkeit	Schaumzahl	Schaum-beständigkeit	Schaumzahl
0,125	79,4	5800	89,7	7900	87,6	7800
0,250	87,3	8300	89,6	8400	89,1	8200
0,500	75,0	8400	87,5	9100	88,1	9700
0,750	68,6	8100	77,6	7500	72,4	7900
1,000	79,3	9600	72,4	7900	61,2	7400

Zusammenfassend kann über unsere Arbeiten zur Herstellung von Alkylbenzolsulfonaten aus n-Paraffinen, die durch Molsiebbehandlung geeigneter Erdölfraktionen erhalten wurden, gesagt werden, daß bei der Durcharbeitung der einzelnen Reaktionsstufen keine Abweichungen auftraten. Die Gegenüberstellung der qualitativen und quantitativen Zusammensetzung der erhaltenen Alkylbenzolsulfonate mit dem Produkt aus Mepasin I zeigt kaum Unterschiede.

Bei der anwendungstechnischen Prüfung der Alkylbenzolsulfonate liegen geringe Vorteile auf der Seite der Produkte auf n-Paraffinbasis, die auf Grund ihrer ausgesprochen geradkettigen Struktur eine noch höhere biologische Abbaubarkeit besitzen.

Herrn Dr.Schuhler vom Institut für Verfahrenstechnik der organischen Chemie der Deutschen Akademie der Wissenschaften möchten wir an dieser Stelle für die Berechnung der Chlorverteilung bei der Paraffinchlorierung unseren Dank aussprechen.

Literatur

1 Schuhler, C., Z.physikal.Chemie 219 (1962), 53

2 Könnecke, H.-G., C.Schuhler, P.Hahn
J.prakt.Chemie 14 (1961), 269

3 Schuhler, C., Privatmitteilung

L. F ü z i
Vereinigte Chemische Werke, Budapest (UVR)
Dr. P. S á r i
Ministerium für Schwerindustrie, Budapest (UVR)
P. S z e k r é n y e s
Vereinigte Chemische Werke, Budapest (UVR)
Frau Dr. Z s o l d o s
Vereinigte Chemische Werke, Budapest (UVR)

Sulfierungsreaktionen I.

Wenn man die nahezu 100jährige Literatur der Sulfonierungs- und Sulfatierungsreaktionen und -Verfahren studiert, kann man feststellen, daß die derzeit gebräuchlichen Verfahren, Einrichtungen und Zusatzstoffe zahlreiche Fehler aufweisen. Ihr größter Nachteil ist, daß diese - wenn sie auch auf manchem Gebiet einen Fortschritt brachten - in mannigfaltiger Hinsicht ungelöste Probleme offen lassen. Zu Beginn unserer Forschungsarbeit hatten wir uns als Ziel gesetzt, ein Verfahren auszuarbeiten, welches die bereits erreichten Erfolge berücksichtigt und diese weiter entwickelt, ohne die vorhandenen Fehler jener zur Geltung kommen zu lassen.

Die Literatur der Sulfonierungs- und Sulfatierungsreaktionen und Verfahren sowie unsere reichen Erfahrungen im eigenen Betrieb ermöglichten uns schon zu Beginn festzulegen, wie jenes Verfahren beschaffen sein soll, welches so in technischer, wie auch in wirtschaftlicher Hinsicht als fortschrittlich betrachtet werden kann. Diese Bedingungen sind:

1. Das Verfahren soll bei Anwendung der üblichen und leicht beschaffbaren Sulfierungsreagentien (Schwefelsäure, Schwefeltrioxid, Chlorsulfonsäure usw.) sowie in Gegenwart von speziellen Zwecken dienenden Zusätzen (Kohlenwasserstoffe, chlorierte Kohlenwasserstoffe usw.) technisch und wirtschaftlich gute Resultate ergeben.

2. Nach Möglichkeit soll das Entfernen des Reaktionszusatzes sich erübrigen, oder soll sogar durch sein Vorhandensein im Fertigprodukt dessen günstige Eigenschaften während der gebrauchsmäßigen Anwendung verbessern.

3. Das Verfahren soll bei diskontinuierlich wie auch bei kontinuierlich arbeitenden Apparaturen anwendbar sein.

4. Das verwendete Hilfsmaterial soll entweder im Solfonierungs- bzw. Sulfatierungsagens oder aber im zu sulfierenden Rohstoff löslich sein und darf mit diesen nicht in chemische Reaktion treten bzw. nur in einem Ausmaß wie dies das Endprodukt erfordert.

5. Das bei der Reaktion sich bildende Wasser soll entweder physikalisch oder chemisch gebunden werden oder die Reaktionsmasse darf gegenüber Wasser nicht empfindlich sein.

6. Der Bedarf an Wärmeenergie des Sulfierungsvorganges soll günstig beeinflußbar oder möglichst "selbsteinstellend" sein, d. h. es sollte weder Kühl- noch Heizenergie benötigt werden.

7. Das Verfahren soll Nebenreaktionen beim Sulfonierungs- bzw. Sulfatierungsprozeß nicht zur Geltung kommen lassen; die Doppelbindungen der Olefine sollen nicht reagieren, es soll Olefine sulfonieren, Carbonylgruppen nicht angreifen, ferner sollen Sulfochloridbildung sowie Polymerisations- und Oxydationsvorgänge vermieden werden.

8. Es soll die Möglichkeit geboten werden, Sulfierungsprozesse (z. B. von Alkoholen und Hydroxysäureabkömmlingen, von Hydroxyäthern und Estern, von stickstoffhaltigen Verbindungen und Alkaryl-Kohlenwasserstoffen) gleichzeitig in einem Fabrikationsvorgang durchführen zu können, zum Gegensatz zu derzeitigen Verfahren, bei welchen im Fall zusammengesetzter Fertigprodukte die einzelnen Komponenten gesondert hergestellt werden und erst in einer nachfolgenden Produktionsstufe zum Fertigprodukt kombiniert werden.

9. Es soll möglich sein, Polymere (Cellulose, Stärke, Polyvinylalkohol, Polyvinylpyrrolidon usw.) mit den sulfonierten und sulfatierten Monomeren in einer Arbeitsstufe in das Fertigprodukt einzuführen.

10. Es soll ermöglicht werden, Produkten, welche nach Punkt 8. oder 9. im Einstufenverfahren hergestellte Intermediäre enthalten, die fehlenden Aufbaukomponenten (Builders) bei der Neutralisationsstufe zuzuführen, unabhängig davon, ob die Neutralisation als Naß- oder Trockenverfahren ausgeführt wird.

11. Wenn es in Hinsicht des Fertigproduktes indifferent ist, sollen diskontinuierlich, wie auch kontinuierlich arbeitende Apparaturen anwendbar sein; bei diskontinuierlicher Arbeitsweise soll die Möglichkeit bestehen, die Chargengröße, bei Kontiverfahren hingegen die Durchlaufgeschwindigkeit zu erhöhen.

12. Bei der Anwendung soll es keine Korrosion hervorrufen oder sogar die korrodierende Wirkung der Sulfierungsagentien vermindern.

13. Die Anwendung soll im Laufe des Prozesses keine Feuergefahr verursachen.

14. Die Anwendung soll die gesundheitsschädlichen Eigenschaften der Sulfierungsmittel nicht erhöhen oder diese sogar vermindern.

Ein Verfahren, welches derart viele - nicht selten sich widersprechende - Bedingungen befriedigen könnte, ist weder in der Literatur, noch aus der Praxis bekannt. Wir haben manche Möglichkeiten der Reihe nach durchgenommen und zahlreiche Materialien untersucht. Schließlich kamen wir zur Erkenntnis, daß das M a v a c i d K F und seine Derivate, Produkte der "Vereinigten Chemischen Werke" (UVR), in entsprechender Art und unter festgelegten Bedingungen angewendet die angeführten Forderungen befriedigt.

Als ersten Schritt unserer Forschung haben wir die Temperaturverhältnisse des Sulfonierungs- bzw. Sulfatierungsprozesses geprüft, da die Temperatur die Qualität (z. B. Farbe) des Fertigproduktes weitgehend beeinflußt, wie auch bei diskontinuierlichen Verfahren die Chargengröße. Wir haben gefunden, daß in gegebener Apparatur, bei unveränderter Dosiergeschwindigkeit und unter Anwendung des gleichen Rohstoffes, in Gegenwart von Mavacid KF sogar eine Reaktionszeit von bloß 1 - 3 Stunden gesichert werden kann, ohne daß eine schädliche Erwärmung auftritt (z.B. bei Laurylalkohol 35 - 40° C), wogegen bei Kontrollproben, ohne unseren Zusatzstoff, die Temperatur bei einer Reaktionszeit von 3 Stunden auf 40° C, bei 2 Stunden über 50° C gestiegen ist, wobei bereits ein geschädigtes Produkt entstand; nach Verkürzen der Dosierzeit auf 1 Stunde stieg die Temperatur auf über 70° C, und das Produkt wurde zersetzt, unabhängig davon, ob mit Schwefelsäure oder Chlorsulfonsäure gearbeitet wurde.

Die Untersuchungen haben gezeigt, daß bei der Sulfierung der in Betracht kommenden Rohstoffe (Alkohole, Alkylaryl-Kohlenwasserstoffe, Alkylphenole, Olefinfette, Olefinkohlenwasserstoffe, Polyglykole, Polyglycerine, Polysaccharide, Mono- und Diglyceride, organische Säuren, Säureamide, Säurechloride, Nitrile, Amine, Imine, Nitroderivate, Fettsäurealkylolamide, Fettsäurepolyalkylenpolyamide) unter Anwendung von Mavacid KF und seinen Abkömmlingen die Temperaturgestaltung "selbsteinstellend" ist (1).

Weitere Versuche haben sich auf die Qualität des sulfonierten bzw. sulfatierten Produktes bezogen. Es ist bekannt, daß die Farbe und der Geruch der rohen Sulfate und Sulfonate sowie die Lagerungsstabilität der Sulfonsäuren und Schwefelsäurehalbester ihre weiteren Anwendungsmöglichkeiten in großem Maße beeinflußt. Die Verringerung der SO_2-Bildung bei der Sulfatierung von Laurylalkohol zeigt Abb. 1. (x = SO_2 in g, 0 = Farbzahl)

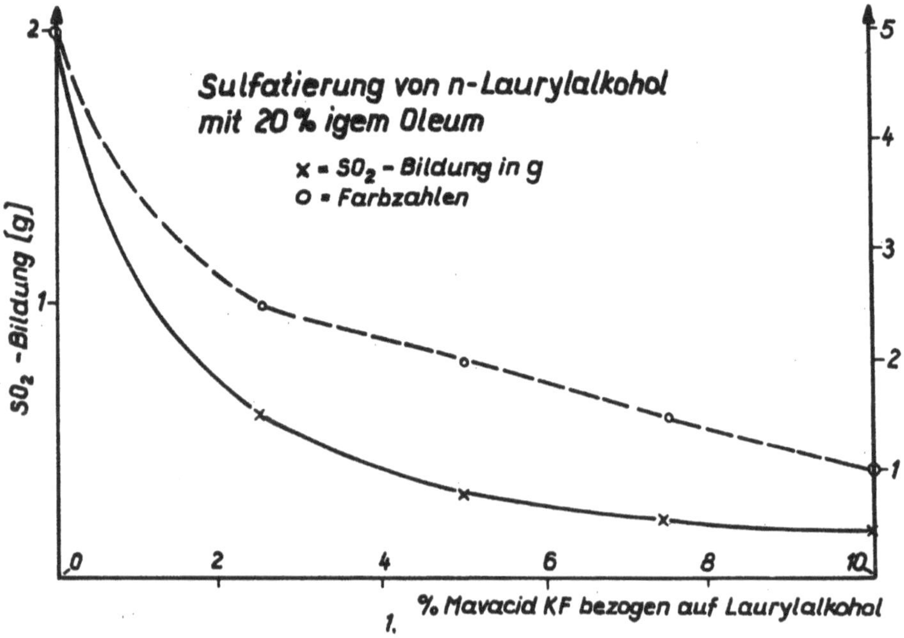

1.

Die Verwendung von 10 % Mavacid KF, bezogen auf das Gewicht des Laurylalkohols, verringert die SO_2-Bildung auf ein Zehntel gegenüber dem Wert ohne Mavacid KF. Dies bedeutet ein fast vollständiges Zurückdrängen der Nebenreaktionen, worauf auch die auf Abb. 1 ersichtlichen Farbzahlen hinweisen (Die Farbzahlbestimmung wurde nach der ung. Norm 3609-61 durchgeführt.). Die Gestaltung der Farbzahlen bei der Sulfonierung von Tetrapropylenbenzol mit 20 %igem Oleum, unter Anwendung von Mavacid KF bzw. Mavacid KB zeigen die Abbildungen 2 und 3.

Die Farbzahl des Produktes sinkt in Anwesenheit von 10 % Mavacid KF bzw. Mavacid KB von 12 auf 1. Die Farbzahlverminderung geht auch hier mit der Verminderung der SO_2-Bildung und mit Zurückdrängen der Nebenreaktionen parallel. Die Stabilität während der Lagerung der Sulfonsäuren und der Schwefelsäurehalbester, welche zu verschiedenen Zwecken weiter verarbeitet werden, ist von großem Belang. Ein in Gegenwart von Mavacid KF mit 11 %igem Oleum hergestellter saurer Laurylalkoholhalbester wurde nach 1 Tag zu 0 %, nach 10 Tagen zu 0 %, nach 20 Tagen zu 0 % und nach Verlauf von 2 Monaten auch erst zu 2,5 % geschädigt. Wogegen im Fall, wenn

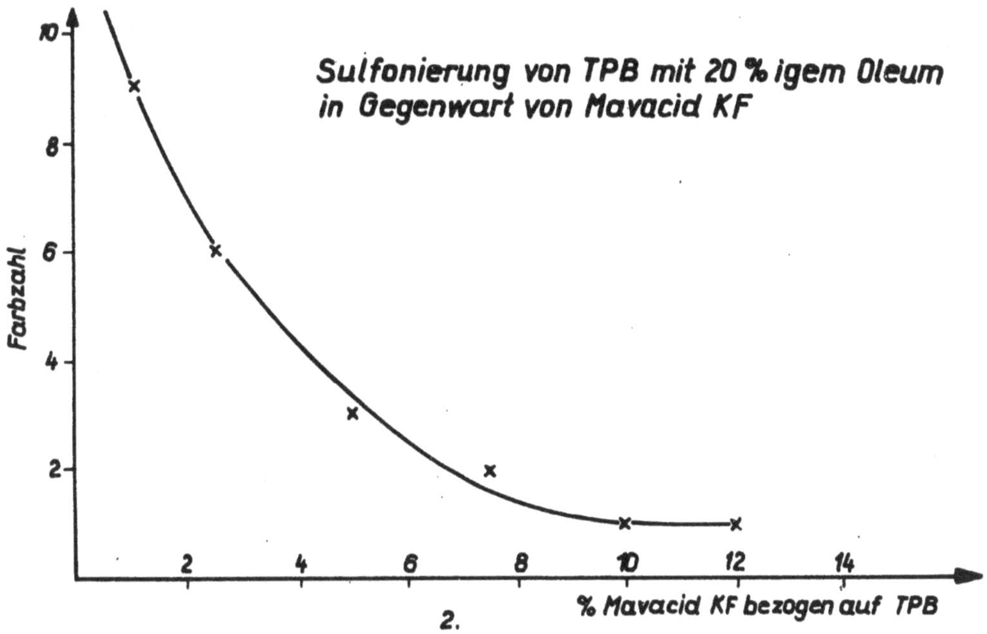

2.

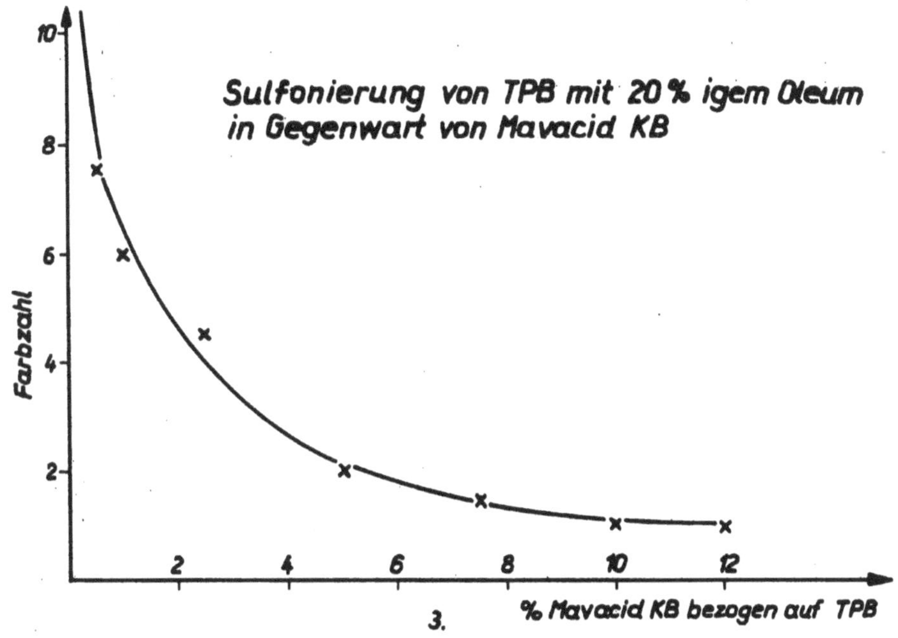

3.

die Sulfatierung ohne Zusatzstoff durchgeführt wurde, sich der saure Laurylalkoholhalbester am 1. Tag zu 3 %, bis zum 10. Tag zu 14 % und bis zum 20. Tag zu 28 % zersetzt. Wird Laurylalkohol mit Chlorsulfonsäure sulfatiert, ergeben sich die gleichen Resultate. Die geprüften Muster wurden bei 5 - 15° C gelagert.

Als nächsten Schritt haben wir die Korrosionseigenschaften geprüft, da die bisher bekannten Sulfierungsmethoden mit starker Korrodierung verbunden sind, wodurch ihr Apparaturenverbrauch, die Instandsetzungskosten und der Investitionsbedarf beträchtlich ist. Die Versuche wurden nach den Vorschriften von Werksstandard EH-157/61, unter Anwendung von gleichgroßen Siederohr-Ausschnitten durchgeführt. Während des Sulfierens waren die Prüfkörper in das umgerührte Reaktionsgemisch eingehängt. Die Prüfdauer jeder Probe betrug in gleicher Apparatur 6 Stunden.

Die Versuchsergebnisse sind:

Gewichtsverlust der mit Oleum sulfatierten Probe	4,72 %
mit Chlorsulfonsäure	6,65 %
Gewichtsverlust nach Wiederholung der Versuche in	
Gegenwart von Mavacid KF mit Oleum	0,0 %
mit Chlorsulfonsäure	0,87 %

Bei den weiteren Versuchen wurde die Möglichkeit der Zurückdrängung der Sulfierungs-Nebenreaktionen geprüft. Das Ausmaß der Nebenreaktionen kann durch die nützliche Umsetzung des Ausgangsmaterials oder in vereinfachter Weise durch Bestimmung des Sulfonierungs- bzw. Sulfatierungsgrades (S^o) eindeutig ausgedrückt werden, da die Nebenreaktionen entweder die Ausgangsstoffe oder die Endprodukte schädigen. Die Auswertung selbst wurde derart durchgeführt, daß wir den Gesamtfettgehalt, danach mit p-Toluidin titriert den Aktivstoffgehalt bestimmen und entsprechend der ung. Norm 19 835-57 S^o nach folgender Formel berechnen:

$$S^o = 100 - \frac{A \cdot 100}{\text{Gesamtfett}}$$

A = Gesamtfett-Fettstoff, berechnet aus dem Aktivstoffgehalt.
Wir haben ferner den Gehalt an organisch gebundenem Schwefeltrioxid nach der ung. Norm 361-54 bestimmt und auch diesen S^o nach folgender Formel berechnet:

$$S^o = \frac{\text{Molgewicht} \cdot 100 \cdot \text{organisches } SO_3}{80{,}006 \cdot \text{Gesamtfett}}$$

Wir haben festgestellt, daß bei der Sulfatierung mit Oleum oder Chlorsulfonsäure der Vergleich des normalen Verfahrens mit jenem, welches wir ausgearbeitet haben, eine 10 - 15 %ige Erhöhung des S^o-Wertes ergibt, zu Gunsten des Letzteren.

Im Fall von Laurylalkohol zeigt Abb. 4 den Zusammenhang zwischen S^o-Wert und der nötigen Einlaufzeit des Sulfatierungsmittels. Auf Abb. 5 ist derselbe Zusammenhang bei Anwendung von 10 % Mavacid KF veranschaulicht.

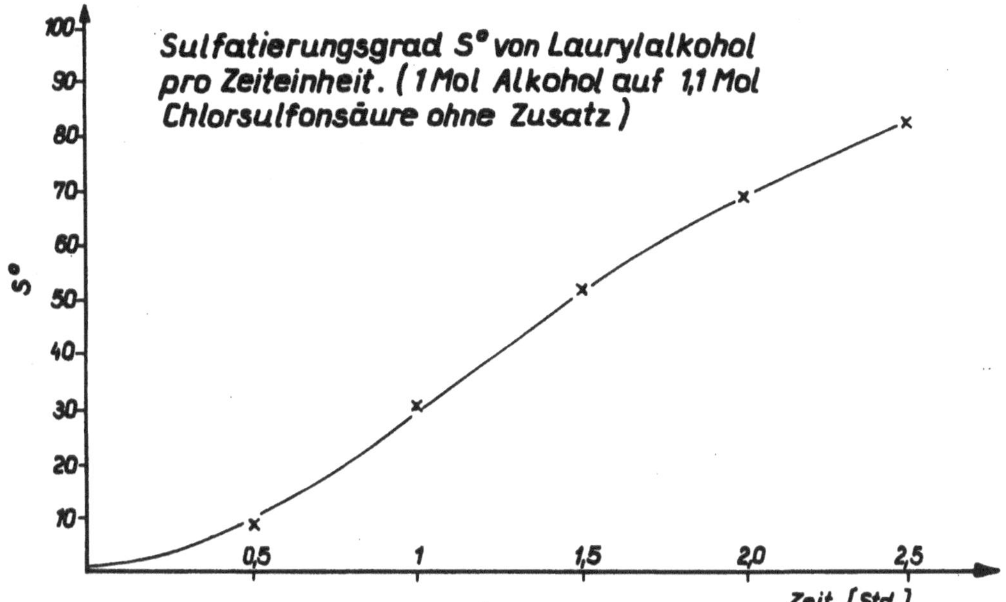

4.

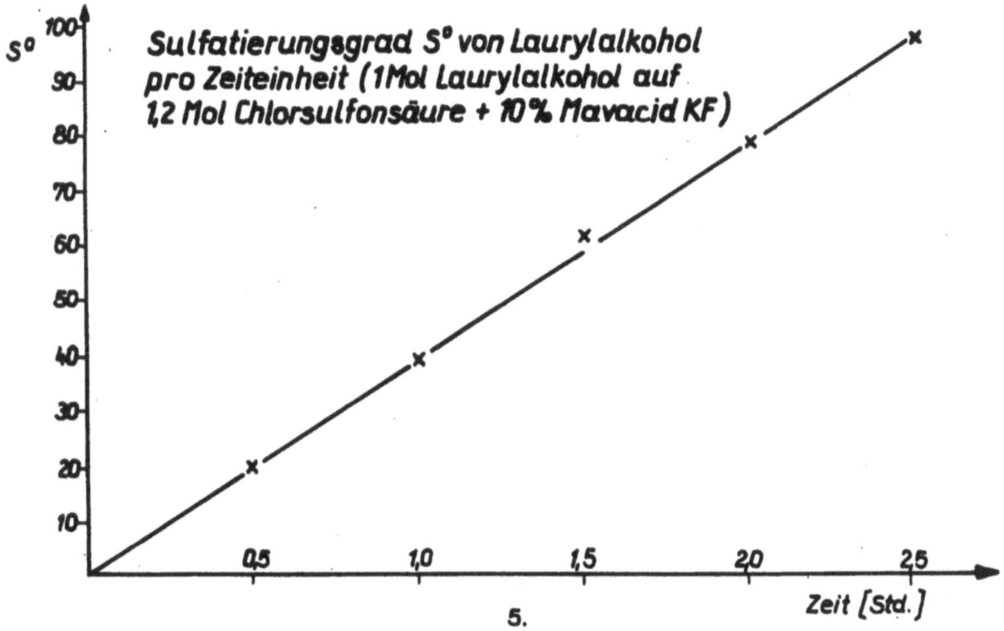

5.

Der Verlauf beider Kurven beweist die beträchtliche Erhöhung des S°-Wertes und die zurückdrängende Wirkung schädlicher Nebenreaktionen, hervorgerufen durch unseren Zusatzstoff. Der S° bei Laurylalkoholsulfat-Na-Salz Fertigprodukt ist in Gegenwart von 10 % Mavacid KF (bezogen auf das Gewicht des Laurylalkohols) 98,0, dagegen ohne Zusatzstoff 83,0.

Die Nebenreaktionen zurückdrängende und den S°-Wert fördernde Wirkung des Mavacid KF wird noch wirkungsvoller durch die Betrachtung der Abbildungen 6 und 7 veranschaulicht. Der Sulfatierungsvorgang von Lauryl-

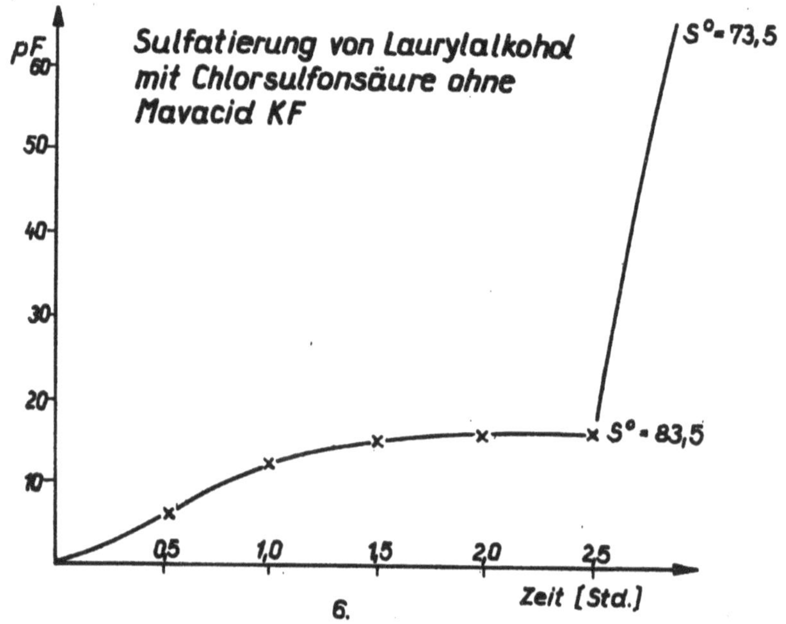

6.

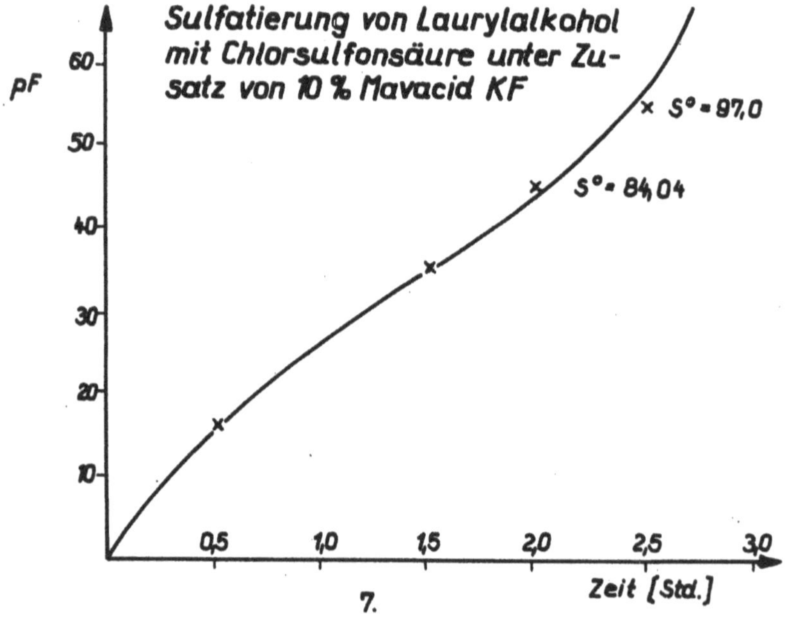

7.

alkohol mit Chlorsulfonsäure kann durch dielektrometrische Messungen (Abb. 6) verfolgt werden. Die Dosierung der zur Sulfatierung notwendigen Menge von Chlorsulfonsäure erfolgte während 2,5 Stunden. Nach der Dosierung des Überschusses an Chlorsulfonsäure wächst die Richtungstangente der pF-Zeit (Stunden) Kurve in beträchtlichem Maße, wobei der Sulfatierungsgrad S^o stark sinkt (von 83,5 auf 73,5). Abb. 7 zeigt diesen Zusammenhang in Gegenwart von 10 % Mavacid KF. Die dargestellten Angaben zeigen, daß nach der Einführung des Sulfatierungsmittels (2,5 Stunden) S^o = 97,0 ist und nach Hinzugabe eines Überschusses an Sulfatierungsmittel S^o nicht zurücksinkt, sondern im Gegenteil eine leichte Steigerung (97,3) zu beobachten ist (2).

Zur Bestimmung der Optimalmenge des Mavacid KF-Zusatzes gibt im Fall von Laurylsulfat Abb. 8 Anhaltspunkte, wobei die S^o-Werte für Laurylsulfat-Na-Salz und die Farbzahlen in Abhängigkeit von der prozentual angewende-

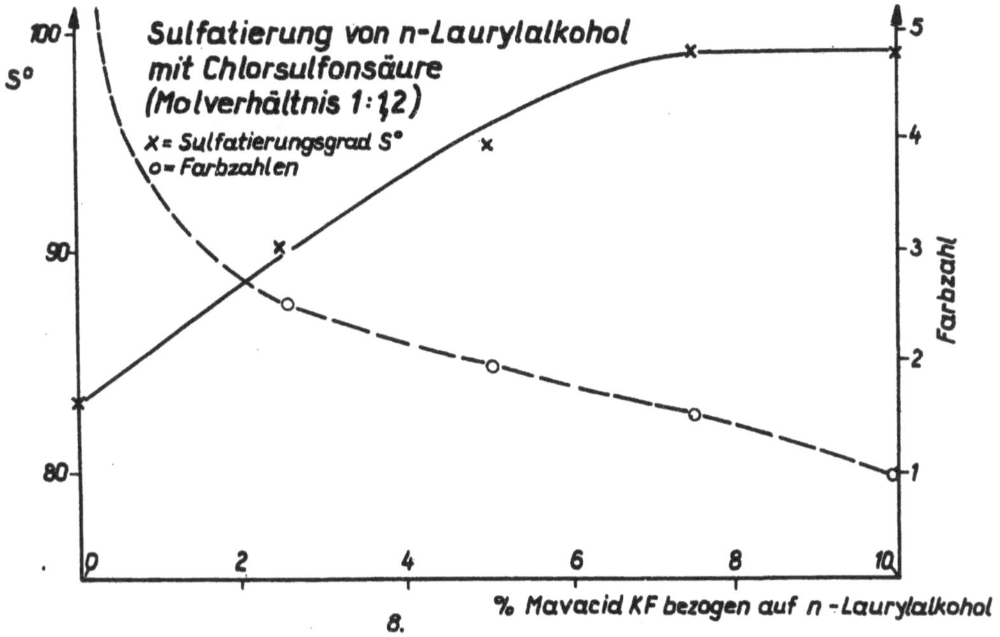

8.

ten Mavacid KF-Menge dargestellt sind. Die Diagramme ergeben eindeutig das Mengenoptimum von Mavacid KF, dies ist im vorliegenden Fall und bei der benutzten Apparatur 5 - 10 %, bezogen auf das Gewicht der Fettalkoholcharge. Bei 5 % ist S^o bereits 95,0 und bei 10 % = 98,0; auch die Farbzahlen sind in diesem Bereich bereits entsprechend niedrig und liegen zwischen 2 - 1.

Auf Grund obiger Ergebnisse haben wir unter unveränderten Bedingungen in einer diskontinuierlich arbeitenden Apparatur die Chargengröße stufenweise erhöht und den S°-Wert - wie bereits beschrieben - jedesmal bestimmt. Die Differenzen betrugen zu Gunsten unseres Verfahrens bei Chargen von 300 kg 16 %, bei 400 kg 18 %, bei 600 kg 25 % und bei 800 kg bereits 34 %. Größere Apparaturen standen uns nicht zur Verfügung, weshalb die Chargen nicht weiter erhöht werden konnten; doch kann man aus den bereits erhaltenen Resultaten darauf schließen, daß auch bei noch größeren Mengen mit zufriedenstellenden Resultaten zu rechnen ist. Bei einem emaillierten Drehscheiben-Kontisulfierreaktor (3) konnte die Einlaufgeschwindigkeit erhöht werden. Nach dem üblichen Verfahren mit Chlorsulfonsäure) war das Maximum des einführbaren Fettalkoholgemisches 200 kg per Stunde, wobei im Fall von Palmkern-Fettalkohol und Talg-Fettalkohol 75 - 80 S°-Wert erreicht wurde. Demgegenüber erhöhte ein Zusatz von 5 % Mavacid (auf den Alkohol berechnet) die Dosiermöglichkeit auf 450 - 500 kg per Stunde bei einem S°-Wert von 88 - 91. Diesbezügliche Versuche werden fortgesetzt.

Weitere Zielsetzung der Forschung war, zu ermitteln, ob unser Verfahren auch zur Sulfierung von mehreren Komponenten in einem Arbeitsgang geeignet ist. Die bisher gebräuchlichen Methoden haben sich in dieser Hinsicht nicht bewährt, wegen des sich bildenden Wassers oder Sulfochloridbildung und auftretenden Nebenreaktionen. Unser Verfahren hat das Problem des Sulfierens von unterschiedlichen Komponenten (z. B. Fettalkohole und Dodecylbenzol) in einem Arbeitsgang gelöst. Die Verminderung der Sulfochloridbildung sowie der Farbzahl der Sulfonsäure bei der Sulfonierung von Tetrapropylenbenzol (in einem Gemisch), hervorgerufen durch Mavacid KF-Zusatz, veranschaulicht Abb. 9. Das Diagramm zeigt eindeutig die Sulfochloridbildung, wie auch die oxydationshemmende Wirkung - was Grundbedingung der einstufigen Sulfierung von Alkylbenzol-Alkohol-Gemischen ist - indem das Produkt ohne Zusatzstoff 11,5 % Tetrapropylenbenzolsulfochlorid in Gegenwart von 10 % Mavacid KF jedoch nur 1,5 % davon enthielt; auch die Farbzahl ist von 12 auf 1 gesunken. Die Bildung von Sulfochlorid haben wir auch beim Sulfonieren von Toluol mit Chlorsulfonsäure geprüft. Die Ergebnisse dieser Versuchsreihe zeigt Abb. 10. Bei 0 %Mavacid KF war die Toluolsulfochloridbildung 22,0 %, hingegen bei 20 % Mavacid KF-Gehalt nur 2,2 %, womit die hemmende Wirkung auf die Sulfochloridbildung bewiesen ist. Es ist nun klar, daß Alkohole und alkylaromatische Kohlenwasserstoffe in Gegenwart von Mavacid KF mit Chlorsulfonsäure in einem Arbeitsgang sulfatiert bzw. sulfoniert werden können unter Bildung von aromatischen Sulfosäuren.

Die Sulfochloridbildung bei der Sulfonierung bzw. Sulfatierung eines Gemisches von Alkylbenzol und Alkohol, in Gegenwart von Mavacid KF ist noch geringer. Die entstandene Menge von Sulfochlorid bei der Sulfie-

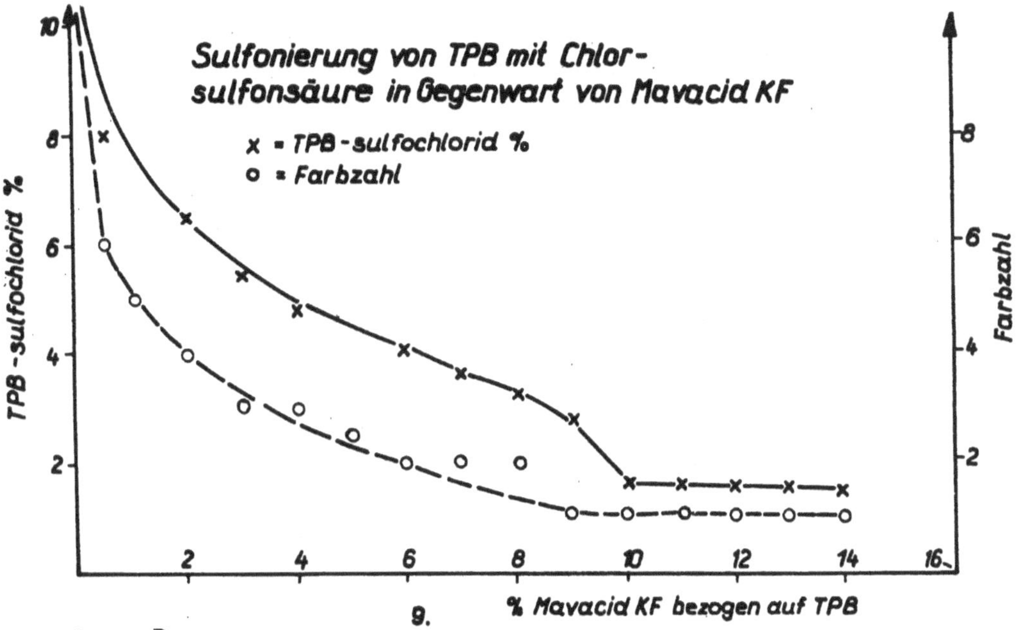

9.

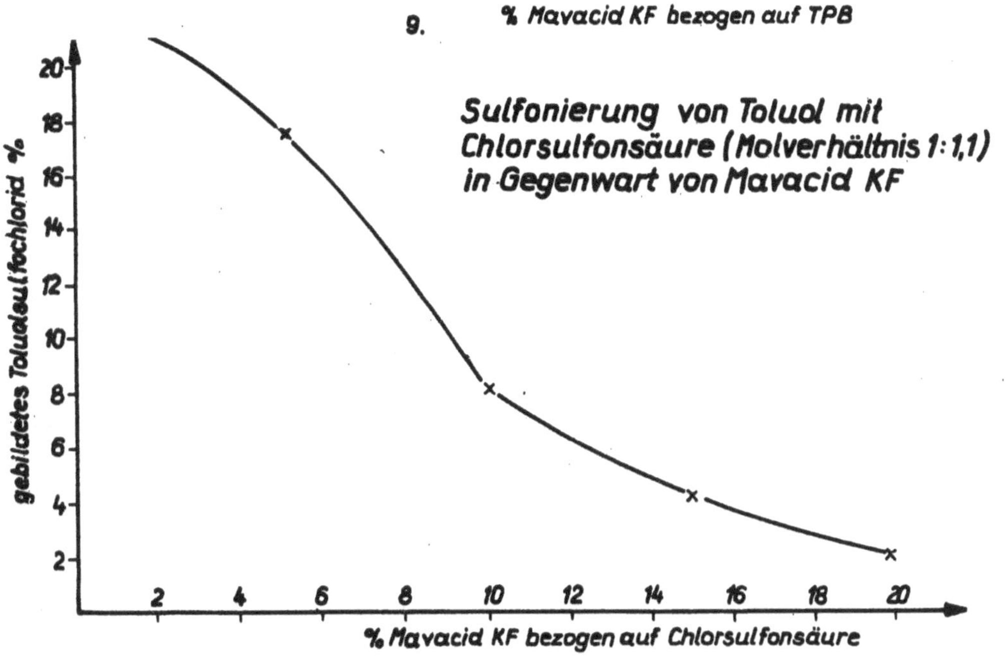

10.

rung von Laurylalkohol-Tetrapropylenbenzol-Gemischen in verschiedenen Gewichtsverhältnissen zeigt Abb. 11. Die Sulfochloridbildung ist bei 20 % Alkoholgehalt nur 0,5 % und bei 80 % überhaupt 0,0 %. Diese Abbildung zeigt auch die Gestaltung der Farbzahl, dies ist in jedem Fall 1, woraus eindeutig hervorgeht, daß bei der Reaktion keinerlei schädliche

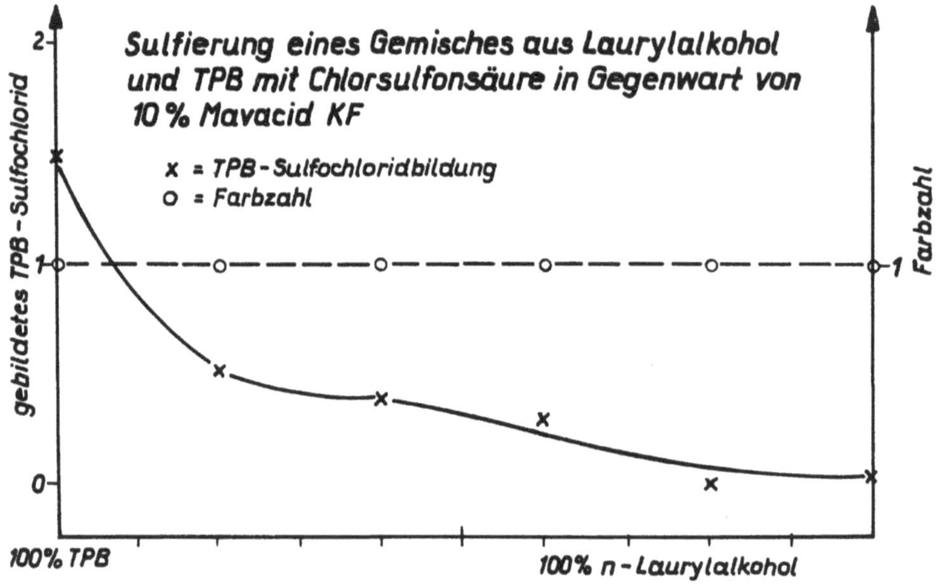

11.

Oxydation auftritt. Der S°-Wert der Fertigprodukte liegt immer zwischen 98 - 98. Die Menge des in der Chlorsulfonsäure gelösten Mavacid KF war bei jeder Probe 10 %.

Da frühere Verfahren bei Verwendung von Schwefelsäure oder Oleum einen großen Säureüberschuß benötigten, war unser Bestreben, eine Methode auszuarbeiten, welche die Anwendung eines Überschusses erübrigt, oder diesen in einer anderen Weise nutzbringend verwertet. Zunächst haben wir Tetrapropylenbenzol mit 5 - 10 % Mavacid KF enthaltendem 23,0 %igem Oleum sulfoniert und nachher mit der unverbrauchten Abfallsäure die berechnete Alkoholmenge sulfatiert, indem wir den Alkohol, unter Umrühren, zum Reaktionsgemisch fließen ließen, dann aber auch in umgekehrter Reihenfolge. Bei dieser Prozedur, mit Tetrapropylenbenzol und Palmkern-Fettalkohol ausgeführt, lag der S°-Wert des erhaltenen Produktes in jedem Fall zwischen 95 - 98. Selbstverständlich kann ein beliebig gewähltes Alkohol-Alkylbenzol-Verhältnis angewendet werden, entsprechend der gewünschten Zusammensetzung des Fertigproduktes. Die Herstellung von Alkohol und Alkylaryl-Sulfoverbindungen in einem einzigen technologischen Schritt ist auf diese Weise viel wirtschaftlicher und einfacher als in getrennten Fabrikationsstufen. Manchen Fertigprodukten, welche benetzend, emulgierend, schaumfördernd oder dispergierend wirkende waschaktive Substanzen enthalten, müssen auch spezielle Schutzkolloide zugesetzt werden. Daher ergab sich als nächste Aufgabe die Sulfierung derart durchzuführen, daß das Schutzkolloid mit dem Aktivstoff oder deren Gemischen gleichzeitig, in einer Arbeitsstufe gebildet werden soll. Im Laufe unserer Versuche haben wir festgestellt, daß die als Schutzkolloid dienenden polymeren Moleküle (Stärke, Cellulose, Polyvinylalkohol usw.) beim Sulfierungsprozeß in das System eingearbeitet werden können, als zuletzt dosierte Komponente, sofern die Sulfierung in Gegenwart von Mavacid KF in der bereits beschriebenen Art und Menge durchgeführt wurde. Die Einwirkung auf den Polymer, z. B. halbweißen Fichten-Cellulose Pulp (Wassergehalt unter 5 %) haben wir bei jeder einzelnen Probe so lange fortgesetzt bis ein herausgenommener Tropfen in einer Eprouvette, halbvoll mit destilliertem Wasser gefüllt, klar löslich wurde. Nach der Neutralisation der Reaktionsmasse konnte in einem Arbeitsgang ein Produkt schon mit Builder erhalten werden.

Die Einwaagen waren: 17 g Kokos-Fettalkohol, 33 g Dodecylbenzol, 50 g Talg-Fettalkohol. Das Gemisch wurde mit 60 g Chlorsulfonsäure, in welchem 10 g Mavacid KF gelöst sind, bei 50 $\pm$ 2° C sulfiert. Nach Dosierung der Mischsäure haben wir 10 g 20 %iges Oleum und 7 g halbweiße Fichten-Cellulose Pulp hinzugefügt und so lange gerührt, bis ein entnommener Tropfen in einer Eprouvette, halbvoll mit destilliertem Wasser gefüllt, klar löslich wurde.

Eine weitere Aufgabe war, festzustellen, ob das verwendete Mavacid KF, bei einfachen oder Mischrohstoffen verwendet, im Laufe der zweckdienlichen Anwendung des Fertigproduktes nutzlos abfällt. Diese Frage wurde durch Prüfung der in größten Mengen verwendeten Gruppe der oberflächenaktiven Stoffe, der Waschmittelgruppe beantwortet. Proben einheitlicher oberflächenaktiver Stoffe und auch mit Buildern gebaute Produkte haben wir mit solchen Produkten verglichen, welche nach dem alten Verfahren hergestellt wurden. Auch solche Muster haben wir untersucht, in welche das Schutzkolloid in der geschilderten Art eingearbeitet war. Diese Untersuchungen wurden durch erschöpfendes Auswaschen mit EMPA künstlich beschmutzter Textilstücke durchgeführt. Wir haben festgestellt, daß jene Proben, welche nach unserem Verfahren hergestellt wurden, in beiden Fällen sowohl qualitativ, wie auch im Selbstkostenpreis den anderen überlegen waren.

In einem anderen Versuch haben wir mit 10 % Mavacid KF enthaltendem, 65 %igem Oleum ein Gemisch von 20 % Palmkern- und 80 % Talg-Alkohol in flüssiger Phase bei 45 $\pm$ 2° C sulfatiert. Die Neutralisation wurde mit 10 %iger NaOH-Lösung durchgeführt; der S^o-Wert des Fertigproduktes war 94,2. Das gleiche Alkoholgemisch mit 65 %igem Oleum, jedoch ohne Mavacid KF sulfatiert ergab S^o = 75 und war von dunkelbrauner Farbe.

Bei unseren weiteren Versuchen hatten wir in 65 %iges Oleum, worin 20 % Mavacid KF gelöst waren, Schwefeltrioxid eingeführt so lange, bis der Gehalt an Schwefeltrioxid auf 92 - 95 % gestiegen ist. Mit 70 g des so erhaltenen Sulfierungsmittels haben wir im Becherglas bei 45 $\pm$ 2° C 200 g Talg-Alkohol sulfatiert und das Produkt mit 10 %iger NaOH-Lösung neutralisiert. Das erhaltene Produkt erreichte ein S^o = 98,2.

Für das Verhalten der Olefin-Fette gibt das Sulfonieren einer Mischung aus Sonnenblumenöl und Misch-Fischtran (Jodzahl 172) im Verhältnis 1:1 mittels 98 %iger Schwefelsäure Aufschluß. Das Resultat war S^o = 23. Unter gleichen Bedingungen, jedoch in der Schwefelsäure - auf Fettbasis berechnet - 2,5 % Mavacid KF aufgelöst, stieg S^o auf 31.

Vorliegende Abhandlung ist nur eine Vorausbekanntmachung und unsere Arbeit ist noch nicht abgeschlossen.

Die Zusammensetzung und die übrigen Konstanten des Mavacid KF und KB können erst nach Abschluß des Patentierungsverfahrens publiziert werden.

Literatur

(1) Füzi - Sary - Szekrényes - Zsoldosné: Ungarische Patentanmeldung 7/1963

(2) Dr. B. Nagy: Dissertation 1965

(3) Dr. Weiss: DAS 1078116

B Analyse grenzflächenaktiver Stoffe und Prüfung des Gebrauchswertes

J. F. Pfrommer
Farbwerke Hoechst AG, vormals Meister Lucius & Brüning
Frankfurt (Main)-Hoechst

Zur Analyse grenzflächenaktiver Stoffe

Hier kann keine erschöpfende Bibliographie oder systematische Übersicht über die vorhandenen Analysenmethoden gegeben werden, denn das würde bedeuten, einen neuen Wurzschmitt (1) schreiben zu können oder mehr als exakt an Rosen-Goldsmith (2) oder Hummel (3, 4) anschließen zu müssen. Es soll anhand neuerer Veröffentlichungen gezeigt werden, wo neue analytische Methoden die qualitative und quantitative Analyse von Tensidgemischen fördern können und daß nach wie vor das bekannte Rüstzeug in der Alltagsarbeit gepflegt werden muß.

Man wird zwischen Arbeiten unterscheiden müssen, die apparativ und zeitlich möglichst wenig aufwendige Kennzahlen ergeben, und solchen, die mit allen Hilfsmitteln den Sinn und Bereich dieser Kennzahlen abgrenzen oder ergänzen. Man wird da, wo es darum geht, die Synthese eines neuen grenzflächenaktiven Stoffes analytisch zu kontrollieren oder einen solchen neuen Stoff in Gemischen aufzufinden und zu charakterisieren, einen weit größeren Aufwand nötig finden, als bei der qualitativen und quantitativen Untersuchung normaler Tensidgemische. Die Einigung auf exakte Gehalts- und Wertbestimmungen wird nicht immer ganz einfach sein.

Zwei neuere, einheitlich ausgearbeitete Analysenvorschriften, die Monographie von Longman und Hilton (5) und die Gemeinschaftsarbeit der DGF (6) müssen noch erwähnt werden, ferner die Literaturzusammenstellungen von Manneck (7). Die Arbeiten zur Tensid-Spurenanalyse in Wasser sind in den Analytical Reviews 1965 (8) zusammengestellt. Die Polarographie hat offenbar auch in ihrer Ausführung als Tensammetrie in der Spurenanalyse noch immer keine brauchbare Anwendung finden können. Welche neueren analytischen Methoden haben nun Anwendung auf Tenside gefunden?

Darüber, daß die registrierende Ultraviolettspektroskopie zur Aromatenbestimmung unbedingt benutzt werden muß, besteht wohl kein Zweifel mehr. Ebenso sind Infrarotspektren nicht mehr zu entbehren. Neben den Balkenschemata (4) und den Dokumentationsvorschlägen von Bey (9) darf aber nicht vergessen werden, daß jedem guten Laboranten, der auf dem Gebiet der Tensidanalyse arbeitet, bereits die Absorption der wichtigsten funktionellen Gruppen und die Gestalt der IR-Spektren der wichtigsten

Tenside so gut vertraut sein müssen, daß er nach den bekannten Vorprüfungen die Vergleichsspektren in (3) finden kann.

Zusammen mit einem Versuch, den Alkylbenzolsulfonatgehalt quantitativ infrarotspektroskopisch zu bestimmen, hat die Röntgenfluoreszenzanalyse zur Bestimmung des Gesamtschwefels Anwendung gefunden (10). Zur schnellen Reihenbestimmung von Schwefel und Phosphor, auch von anderen schwereren Elementen wird die Röntgenfluoreszenz trotz der sehr teuren Apparaturen sicher immer mehr angewendet werden.

Auf eine angeblich einfache Endpunktserkennung bei der Titration zwischen kationaktiven und anionaktiven Substanzen sei hingewiesen (11), die Methylenblau-Methode kann auch in alkalischer Lösung angewendet werden (11a).

Bei den anderen analytischen Methoden wird nun nach der Reihenfolge der Methodenreferate in den Analytical Reviews 1964 (12) geordnet:

Der Gaschromatographie sind die schwerflüchtigen Tenside nicht unmittelbar zugänglich, unter Vorschaltung einfacher Reaktionen wird sie jedoch für die Tensidanalyse immer wichtiger.

Zur Frage der Zuverlässigkeit der quantitativen Fettsäuremethylester-Bestimmung (13) sei hier nur kurz Stellung genommen: Die zunächst einfach erscheinende Methode muss sehr kritisch und sorgfältig gehandhabt werden. Zur Veränderung von Fettsäuremethylester unter oxydativen und thermischen Einflüssen hat Ney berichtet (14). Ackman (15) glaubt die Störungen durch Zugabe von Ameisensäure zum Heliumgasstrom, die vom Flammenionisationsdetektor nicht angezeigt wird, beseitigen zu können. Über die Anwendung der Gaschromatographie auch an anderen Tensid-Grundstoffen oder Analysenfraktionen berichtet V. Vasilescu (16). Fettalkoholspuren in Fettalkoholsulfaten werden von Livingston und Wellmann (17) durch Isotherm-Gaschromatographie der Heptanextrakte bestimmt.

Die Desulfonierung von Alkylbenzolsulfonaten ist von Setzkorn und Cavel (18) verbessert worden. Mit Hilfe der Pyrolyse-Gaschromatogramme von Liddicoet und Smithson (19) muß aber diskutiert werden, ob die direkte thermische Zersetzung im Heliumgasstrom eines temperaturprogrammierten Gaschromatographen nicht auch schon einfacher genügende Strukturhinweise gibt. Die Möglichkeit der Anwendung gaschromatographischer Prinzipien zur Alkoxylbestimmung sei an der Arbeit von Ehrenberger (20) und von Mathias und Mellar (26) besprochen.

Zur Anwendung der Ionenaustauscherarbeit wird auf die Veröffentlichung von Bey (21), zur Anwendung der Dünnschichtchromatographie auf die von Bey (22) und die von Löser (23) hingewiesen. Meiner Ansicht nach wird aber eine zu sorglose Anwendung der Dünnschichtchromatographie bei den Tensiden zu sehr vielen Fehlanalysen führen. Bei der Arbeit von Wood und Snyder (24), die auf mit ammoniakalischer Silbernitratlösung präparierten Kieselgelschichten dünnschichtchromatographisch Methylstearat, -oleat und -linoleat trennen, ist auf die Unfallgefahr durch die ammoniakalische Silbernitratlösung zu achten.

Über elektrochemische Analysenmethoden und Polarographie werden auf dieser Tagung Jehring und Dietrich berichten, über die Erweiterung früherer Arbeiten zur papierchromatographischen Identifizierung anionaktiver Substanzen (25) auf andere Tenside berichtet J. Borecký.

Kernmagnetische Resonanz-Spektren werden sicher weiter wachsende Anwendung finden. Nach der Arbeit von Walz und Kirschnek (4/28) haben Mathias und Mellar (26) mit Hilfe der KMR den Äthoxyl-/Propoxyl-Gehalt entsprechender Mischpolymerer bestimmt.

Literatur:

1. B. Wurzschmitt, Z. analyt.Chem. 130 (1950) 105-185
2. M. J. Rosen und H. A. Goldsmith, "Systematic Analysis of Surface-Active Agents"; New York, London 1960 (Chemical Analysis Vol. XII)
3. D. Hummel, "Analyse der Tenside, infrarotspektroskopische und chemische Methoden"; München 1962
4. D. Hummel, Tenside 1 (1964) 50-59, 73-80 und 116-125
5. G. F. Longman und J. Hilton, Monograph No. 1, The Soc. for Analyt. Chem. 1961
6. A. Seher, Fette,Seifen,Anstrichmittel 65 (1963) 566-578
7. H. Manneck, Seifen-Öle-Fette-Wachse 90 (1964) 515-518 und 91 (1965) 559-562, 588
8. Analytic. Chem. 37 (1965) Heft 5, 248 R
9. K.-H. Bey, Tenside 2 (1965) 105-111
10. S. D. Kullbom u. a., Analytic. Chem. 37 (1965) 1031-1035
11. J. C. H. Hwa, Analytic. Chem. 37 (1965) 619
11a. M. E. Turney und D. W. Cannell, J. Amer. Oil Chemists' Soc. 42 (1965) 544
12. Analytic. Chem. 36 (1964); (Zahl der Tensid-Zitate in Klammern)
Chromatographie 14 R (4)
Gaschromatographie 36 R (2)
Ionenaustauscherchromatographie 51 R (-)
Elektroanalyse 70 R (-)

Ionenaustausch 142 R (2)
Polarographie 200 R, 220 R
Kernmagnetische Resonanz 266 R (-)

13. A. Seher, DGF-Vortragstagung Münster 1965
14. K. H. Ney, Fette, Seifen,Anstrichmittel 67 (1965) 19o
15. R. G. Ackman u. a., Nature (London) 200 (1963) 777 und J. Chromatogr. 11 (1963) 185
16. V. Vasilescu, J. f. prakt. Chem. 15 (1962) 192-205
17. J. R. Livingston und W. E. Wellmann, J. Amer. Oil Chemists' Soc. 42 (1966) 417
18. E. A. Setzkorn und A. B. Cavel, J. Amer. Oil Chemists' Soc. 40 (1963) 57
19. T. H. Liddicoet und L. H. Smithson, J. Amer. Oil Chemists' Soc. 42 (1965) 1098
20. F.Ehrenberger, Z. analyt. Chem. 210 (1965) 424
21. K.-H. Bey, Fette, Seifen, Anstrichmittel 67 (1965) 25
22. K.-H. Bey, Fette, Seifen, Anstrichmittel 67 (1965) 217
23. G. Löser, Seifen, Öle, Fette, Wachse 91 (1965) 728-730
24. R. Wood und F. Snyder, J. Amer. Oil Chemists' Soc. 43 (1966) 53
25. J. Borecký, Coll. Czech. Chem. Somm. 28 (1963) 229
26. A. Mathias und N. Mellar, Analytic. Chem. 38 (1966) 472-477

Jiří B o r e c k ý
Forschungsinstitut für organische Synthesen, Pardubice-Rybitví (ČSSR)

Die Benutzung der Papierchromatographie bei der Analyse der oberflächenaktiven Verbindungen

Die Papierchromatographie gehört zu einfachen Methoden, die uns ausführliche Ergebnisse bieten und findet so breite Verwendungsmöglichkeiten bei der Analyse und Identifizierung der oberflächenaktiven Stoffe und von ihnen abgeleiteten Handelsprodukten. Wegen Mangel an Zeit kann ich hier dieses Problem in der ganzen Breite nicht besprechen, wie es nötig wäre; ich führe da nur eine kleine Übersicht der Methoden an, die wir in unserem Labor anwenden.

Die Papierchromatographie ermöglicht uns in manchen Fällen eine schnelle, aber dabei auch beträchtlich ausführliche Orientierungsanalyse, die selbstverständlich in manchen Fällen vorteilhaft mit anderen analytischen Methoden kombiniert wird. Für die Papierchromatographie ist charakteristisch, daß sie besonders im Falle der komplizierten Mischungen durch besondere Anschaulichkeit hervorragt. Für den Nachweis der Tenside können wir diese in verschiedenen Lösungsmittelsystemen und unter Anwendung verschiedener Sichtbarmachungsmethoden chromatographieren, oder wir können sie in einfachere Bestandteile spalten und diese wieder chromatographisch identifizieren. Da dieser Vorgang meistenteils keine besondere Isolierung und Reinigung der gesuchten Komponenten verlangt und da man dazu nur eine kleine Menge des Stoffes braucht, kann man einfache Arbeitsgänge und Einrichtungen benutzen. In den meisten Fällen reicht uns als Reaktionsgefäß ein entweder geöffnetes oder eingeschmolzenes Mikroprobierglas aus, in dem wir die ganze Reaktion einschließlich der Isolierung der Spaltprodukte bis zum endlichen Auftragen des Stoffes auf das Chromatogramm durchführen können. Wenn die Reaktion eine höhere Temperatur verlangt, kann man einen einfachen Aluminium- oder Graphitblock mit eingebohrten Öffnungen zum Erwärmen der Probiergläser benutzen, in dem die gewählte Temperatur durch elektrische Heizung leicht zu erzielen ist.

Für die allgemeine Orientierung über den Charakter des unbekannten Stoffes oder Stoffgemisches bedienen wir uns vorteilhaft des Lösungsmittelsystems n-Propanol - Ammoniak (2:1), in dem eine ganze Reihe der in Betracht kommenden Stoffe, und besonders der Ergänzungsstoffe, geeignete R_F-Werte hat. Für den Nachweis der Tenside ist es vorteilhaft, daß sie sich angehäuft und von einer ganzen Reihe anderer Begleitstoffe befreit, in Nähe der Front befinden; die Anwendung geeigneter Sichtbarmachungsmethoden informiert uns dann über die Anwesenheit aller dieser Stoffe. Auf Grund der Ergebnisse dieser Orientierungschromatographie können wir im weiteren geeignete Systeme für genaue Identifizierung einzelner Stofftypen wählen. Einige Beispiele der R_F-Werte der in Betracht kommenden Stoffe sind in der Tab. 1 angeführt.

Tabelle 1 R_F-Werte einiger Stoffe in n-Propanol - Ammoniak (2:1)

PO_4^{---}	0,00	$B_4O_7^{--}$	0,07
K^+	0,12	SO_4^{--}	0,15
1,3,5,7-Naphthalintetra-sulfonsäure	0,15	1,3,5-Naphthalintri-sulfonsäure	0,28
Na^+	0,22	Glucose	0,44
Sulfanilsäure	0,47	Cl^-	0,45
Benzoldisulfonsäure	0,46	1,5-Naphthalindisulfon-säure	0,48
Br^-	0,50		
Metanilsäure	0,51	Harnstoff	0,53
Hexamethylentetramin	0,58	N-Monomethylsulfanil-säure	0,59
Äthylendiamin	0,59		
Thioharnstoff	0,60	Allylsulfonsäure	0,61
Glycerin	0,65	N,N-Dimethylsulfanil-säure	0,65
n-Butylpyridinium$^+$	0,67		
Monoäthanolamin	0,68	N,N-Dimethylmetanilsäure	0,70
N-Monobenzylsulfanil-säure	0,73	Benzolsulfonsäure	0,73
		Diäthanolamin	0,75
Äthylenglykol	0,75	2-Hydroxyanthrachinon	0,76
p-Toluolsulfonsäure	0,76	Butindiol	0,78
Triäthanolamin	0,79	Xylolsulfonsäure	0,79
2-Naphthalinsulfonsäure	0,80	N,N-Diäthylmetanilsäure	0,80
Polyäthylenglykol (M.W. 200)	0,81	n-Octylpyridinium$^+$	0,84
		Thiodiglykol	0,84
Laurinsäure	0,85	N,N-Dibenzylsulfanil-säure	0,85
Cetyltrimethylammonium$^+$	0,87		
n-Dodecylpyridinium$^+$	0,87	Ölsäure	0,88
Nonylphenol+Äthylenoxid	0,90	n-Hexadecylpyridinium$^+$	0,90
Monododecylsulfat	0,90	Bis-2-äthylhexylsulfo-succinat	0,92
Dodecyldimethylbenzyl-ammonium$^+$	0,92	Dodecylbenzolsulfonsäure	0,93
Fettalkohol+Äthylenoxid	0,95	Stearyldimethylamin	0,99

Eine umfassende Gruppe der Tenside sind die anionaktiven Stoffe, von denen Fettsäuren wieder einen wichtigen Teil bilden. Für ihre übliche

Identifizierung scheinen Petroleum, Paraffinöl oder Undecan als stationäre Phase und wäßrige Essigsäure als mobile Phase die geeignetsten zu sein (1,2). Die Sichtbarmachung ist größtenteils auf der Bildung der unlöslichen Kupfersalze gegründet, in denen Kupfer mittels Ferrocyanid oder Rubeanwasserstoffsäure sichtbar gemacht wird. Für die Identifizierung der niederen oder mittleren Glieder der homologen Reihe ist es vorteilhaft, sie in Derivate, z. B. 2,4-Dinitrobenzylester, überzuführen. Diese können auf den mit Formamid oder Dimethylformamid imprägnierten Papieren mittels niederer aliphatischer oder aromatischer Kohlenwasserstoffe getrennt werden (3,4,5). Um sich allgemein über die Anwesenheit der die Sulfogruppe enthaltenden anionaktiven Stoffe zu orientieren, benutzen wir wieder Propanol-Ammoniak. Die Stoffe mit niederem Molekulargewicht oder mehreren Sulfogruppen, die eigentlich keine ausgesprochen anionaktiven Eigenschaften haben, die aber oft als solche benutzt werden oder die eigentlichen anionaktiven Tenside begleiten, sind über die ganze Fläche des Papiers getrennt. Die einfacheren sind z. B. die Benzol-, Toluol-, Xylol- und Naphthalinsulfonsäuren (6), die Phenol-, Naphthol- und Alkylaminobenzolsulfonsäuren (7) und manche andere. Aus den mehr komplizierten Stoffen ist dieses System für die Kondensate der Naphthalinsulfonsäuren, die unter dem Namen Tamol bekannt sind, besonders geeignet (22). Das zeigt uns die Abb. 1, in dem 1 Tamol NNO, 2 ein Gemisch von Naphthalin-2-mono-, 1,5-di-, 1,3,5-tri- und 1,3,5,7-tetrasulfonsäure, 3 Nekal BXW/technisches Diisobutylnaphthalinsulfonat/, 4 Marlopon TS /Dodecylbenzolsulfonat/ und 5 ein Gemisch von Benzolmono- und -disulfonsäure darstellt.

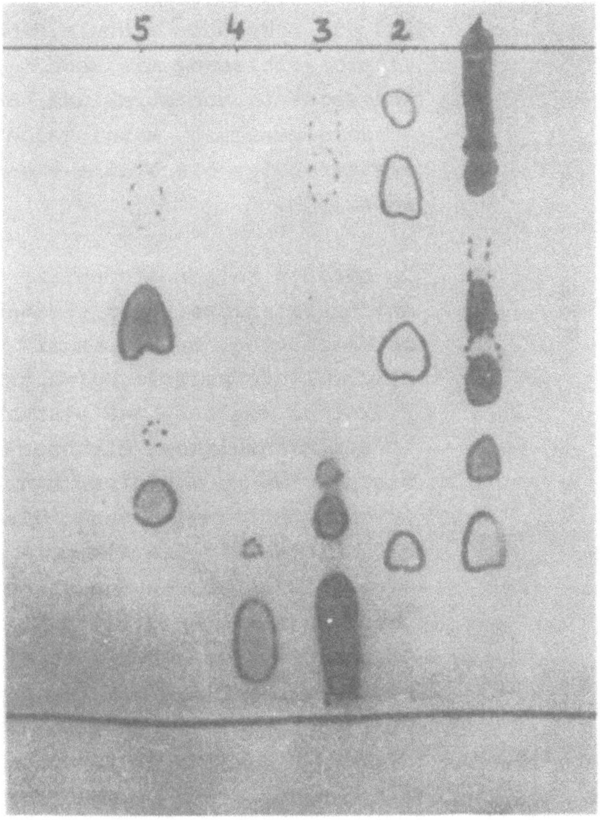

Abb. 1

In manchen Fällen ist es vorteilhaft, die R_F-Werte ein wenig herabzusetzen, wozu wir Butyl- oder Amylalkohol statt Propanol benutzen. Für die Chromatographie der eigenen anionaktiven Tenside können wir auf den mit Laurylalkohol vorbehandelten Papieren arbeiten. Als mobile Phase bewährte sich eine Mischung von Methanol und Ammoniak, unter eventueller Ameisensäurezugabe (22). Eine ganze Reihe der anionaktiven Tenside hat dabei reproduzierbare R_F-Werte und, weil es sich meistenteils um technische Gemische der ganzen Reihe von Isomeren, Homologen usw. handelt, bilden sie oft charakteristische Fleckengruppen, was auf der Abb. 2, wo Methanol-Ammoniak-Ameisensäure (50:50:1) benutzt war, dargestellt ist. 1 ist Nekal BXW, 2 Manoxol OT [Dioktylester der Sulfobernsteinsäure], 3 Mersolat, 4 Empicol TLP [Laurylsulfat] und 5 Marlopon TS. Für die Sichtbarmachung der anionaktiven Stoffe ist das Besprühen mittels Pinakryptolgelblösung mit nachfolgender UV-Lichtbestrahlung besonders geeignet, wobei gelbe, orangefarbige bis braune Flecke entstehen.

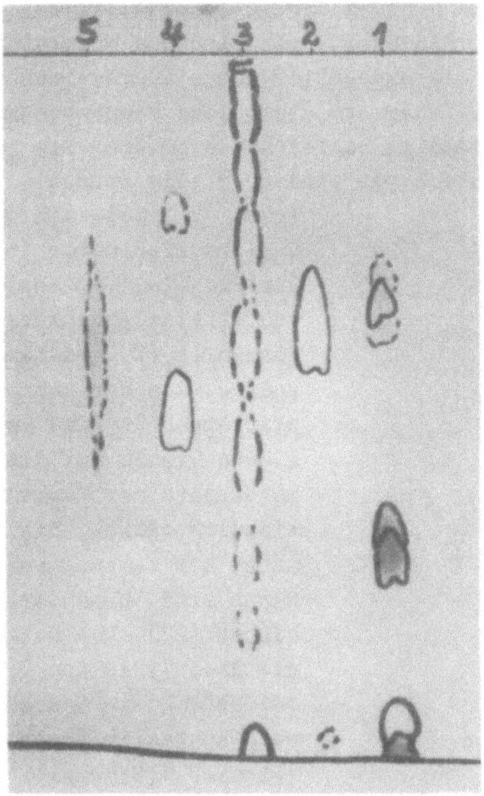

Abb. 2

In manchen Fällen können wir die anionaktiven Stoffe in einfachere überführen. So können wir Alkylsulfate mittels Salzsäurehydrolyse spalten, was einfach im eingeschmolzenen Mikroprobierglas während einiger Minuten durchgeführt werden kann. Danach extrahieren wir die Alkohole mit einigen Tropfen von Benzol und überführen sie in die 3,5-Dinitrobenzoesäureester. Diese können wir auf den mit Paraffinöl vorbehandelten Papieren unter Anwendung einer Methanol-Dimethylformamid-Wasser-Mischung gut chromatographieren (8,9), was auf der Abb. 3 unter Anwendung eines Dimethylformamid-Methanol-Wasser (16:1,5:1,5) Gemisches gezeigt ist. 1 ist synthetischer PC II Alkohol, 2 Tetradecylalkohol, 3 synthetischer Fettalkohol C_{10}-C_{20}, 4 ein Gemisch von Decyl-, Dodecyl-, Tetradecyl-, Hexadecyl- und Octadecylalkohol und 5 synthetischer PC I Alkohol.

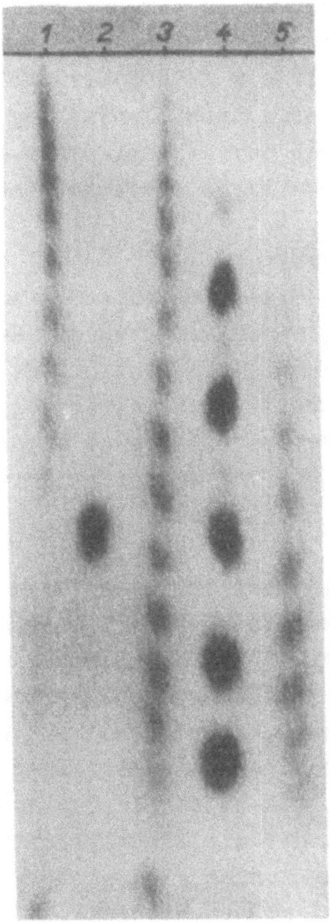

Abb. 3

Die bei der Hydrolyse gleichzeitig freigewordene Schwefelsäure kann in Propanol-Ammoniak chromatographisch nachgewiesen werden. Die Sichtbarmachung wird entweder durch Säure-Basen-Indikatoren oder durch Natriumrhodizonat nach vorherigem Besprühen mittels Bariumchloridlösung durchgeführt. Im letzten Falle entstehen hellgelbe Flecke auf hellrotem Hintergrund. Die Sulfobernsteinsäureester und Sulfoessigsäureester können wir analog mittels Laugelösung hydrolysieren und die freiwerdenden Alkohole wieder als 3,5-Dinitrobenzoesäureester chromatographieren. Die freie Sulfobernsteinsäure und Sulfoessigsäure können auch in Propanol-Ammoniak chromatographiert werden. Um die besten Resultate zu gewinnen, ist es vorteilhaft, Natrium mittels Ionenaustauschers besonders bei Anwesenheit von Sulfationen zu entfernen und die Chromatogramme auf Durchlauf zu entwickeln. Die Sichtbarmachung wird wieder mit Säure-Basen-Indikatoren durchgeführt, oder wir können dazu ein Gemisch von Eisen-(3)-Chlorid und Ammoniumsulfocyanid benutzen; dabei entstehen weiße bis gelbe Flecke auf gelbrotem Hintergrund.

Hydrolytisch kann man selbstverständlich eine ganze Reihe weiterer anionaktiver Stoffe spalten. Z. B. für die Aufspaltung der Amide kann die Hydrolyse mittels Salzsäure bei 180° C im eingeschmolzenen Probierglas durchgeführt werden. So wurde durch Spaltung des Handelsproduktes Humectol CX ein Amin gewonnen, das mittels Chromatographie in Dimethylformamid/Hexan als eine Mischung von Monomethyl- und Monoäthylanilin identifiziert wurde.

Anionaktive Tenside mit der aromatisch gebundenen Sulfogruppe können wir mit Ätzkali schmelzen, um Phenole zu gewinnen. Auch diese Reaktion kann in einigen Minuten in einem Probierglas einfach durchgeführt und die

Reaktionsprodukte auf den mit Formamid oder Dimethylformamid vorbehandelten Papieren mittels Hexan oder dessen Mischung mit Benzol chromatographiert werden. Die höher alkylierten Phenole können auf den mit Paraffinöl imprägnierten Papieren mit wäßrigem Methanol chromatographiert werden (10). Die Sichtbarmachung wird entweder durch ein frisch bereitetes Gemisch von Eisen-(3)-Chlorid und Kaliumferricyanid unter Entstehung intensiv blauer Flecke durchgeführt, oder man kann sich der verschiedenen stabilisierten Diazoverbindungen bedienen. In diesem Falle entstehen intensiv und charakteristisch gefärbte Flecke.

Zum Nachweis der Ligninsulfonate können wir diese in Propanol-Ammoniak als gezogene Flecke chromatographieren oder durch Erwärmen mit Natronlauge und Nitrobenzol auf 180° C im eingeschmolzenen Probierglas in Vanillin überführen und dies in Formamid/Hexan-Benzol (2:8) chromatographieren (11). Vanillin wird mit 2,4-Dinitrophenylhydrazinlösung in der Form eines braunen Fleckes oder mit Eisen-(3)-Chlorid- und Kaliumferricyanid-Gemisch in der Form eines blauen Fleckes sichtbar gemacht.

Praktisch werden die anionaktiven Tenside in Form der Salze benutzt. Verschiedene, zu diesem Zweck benutzte Ionen können wir auch einfach chromatographisch identifizieren. In Propanol-Ammoniak können Natrium und Kalium mit Säure-Basen-Indikatoren leicht sichtbar gemacht werden. Auch Aminoalkohole werden dabei entdeckt. Da ihre R_F-Werte schon ein wenig hoch sind, ist es vorteilhaft, für ihre genauere Identifizierung ein geeigneteres Lösungsmittelsystem zu benutzen, was z. B. ein Gemisch von Äthylacetat mit Methanol und Ammoniak (12) oder mit Dimethylformamid in Ammoniakdämpfen (13) sein kann. Die Sichtbarmachung wird mittels Alizarinlösung unter Bildung violetter Flecke auf gelbem Hintergrund durchgeführt. Zwecks Identifizierung der Ammonium- oder Aminsalze können wir den untersuchten Stoff in einem Mikroprobierglas mit Lauge erwärmen und die flüchtigen Produkte in eine benzolische 3,5-Dinitrobenzoylchloridlösung leiten. Der entstandene Niederschlag wird mit Äthanol gelöst und in Formamid/Chloroform-Äthylacetat chromatographiert (9).

Eine weitere umfangreiche Gruppe der Tenside stellen die nichtionogenen Verbindungen dar, besonders Addukte des Äthylenoxids an verschiedene hydrophobe Stoffe. Praktisch handelt es sich um bunte Gemische untereinander ähnlicher Stoffe, bei deren Chromatographie Streifen auf den unvorbehandelten Papieren entstehen; in Propanol-Ammoniak befinden sie sich in der Front. Einen ein wenig niedrigeren R_F-Wert besitzen freie Polyäthylenglykole, die wir besonders unter Anwendung von Butanol-Ammoniak von den Addukten leicht unterscheiden können; verschiedene Polyglykole haben dabei so weit verschiedene R_F-Werte, daß wir leicht abschätzen können, wie groß die Moleküle sind. Für die Chromatographie der eigentlichen

Addukte des Äthylenoxids ist ein mit Kieselgel vorbehandeltes Papier geeignet (14), was auf der Abb. 4 gezeigt ist. Als mobile Phase wird da ein wassergesättigtes Gemisch des Methyläthylketons mit Äther verwendet.

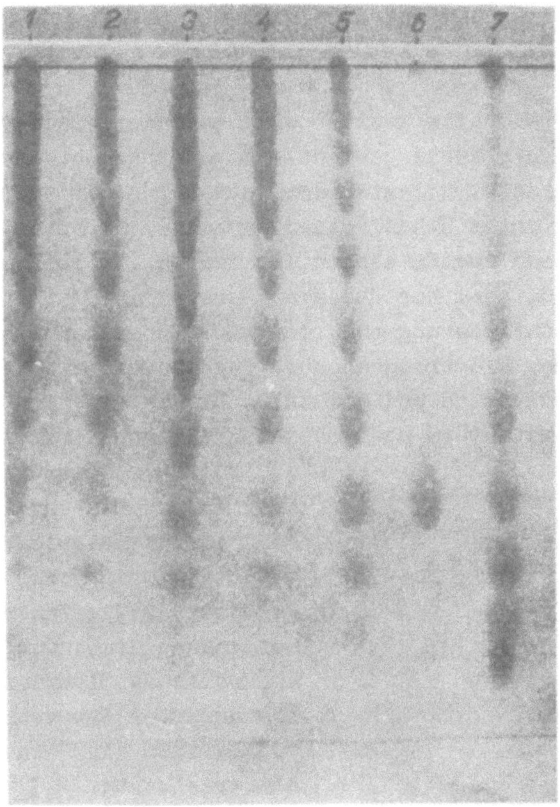

Abb. 4

1 ist Marlophene 814 /Nonylphenol mit 14 Äthylenoxiden/, 2 ist Dumacene NPX 10, wieder ein ähnliches Addukt, 3 ist Marlophene 89 /hat 9 Äthylenoxideinheiten/, 4,5,6 und 7 sind nacheinander folgende Addukte des Octylphenols mit 12, 9, 7 und 6 Äthylenoxidgruppen; von diesen ist das mit den 7 Gruppen kein technisches, sondern reines Produkt. Die beste Sichtbarmachung erzielt man unter Anwendung des Dragendroffschen Reagens.

Polyäthylenglykole und besonders ihre Addukte mit niederen Alkoholen können auch nach Überführung in 3,5-Dinitrobenzoesäureester in Formamid oder Dimethylformamid/Hexan oder Benzol chromatographiert werden. Ähnlich können auch Addukte mit höheren Alkoholen oder Alkylphenolen auf dem mit Paraffinöl oder Sojaöl vorbehandelten Papier mit einem Gemisch von Dimethylformamid, Methanol und Wasser chromatographiert werden (9,16,17).

Zwecks Nachweis der Anwesenheit von Äthylenoxid- oder Propylenoxidketten können wir die Pyrolyse mit Phosphorsäure oder Kaliumhydrogensulfat verwenden. Dabei entstehen die entsprechenden Aldehyde, und zwar Acetaldehyd und Propionaldehyd, aus den eventuell anwesenden Glycerinderivaten kann auch Acrolein gebildet werden. Die Reaktion wird im Mikroprobierglas durchgeführt und die flüchtigen Produkte in eine 2,4-Dinitrophenylhydrazinlösung in Salzsäure geleitet. Der entstandene Niederschlag wird in Benzol gelöst und in Formamid/Hexan oder Dimethylformamid/Hexan-Äther

(7:3) chromatographiert (18). Die Addukte der Fettsäuren können durch alkalische Hydrolyse gespalten werden und die Produkte wieder chromatographisch identifiziert werden. Die Addukte der Alkylphenole kann man durch Erwärmen mit Jodwasserstoffsäure im eingeschmolzenen Mikroprobierglas spalten und die freigemachten Alkylphenole dann chromatographieren (19).

Die Spaltung in einfachere Bestandteile gewinnt eine besondere Bedeutung in solchen Fällen, in denen bisher keine geeignete chromatographische Methode bekannt ist. Es sind dies z. B. Amide der Fettsäuren mit Aminoalkoholen oder Polyaminen, die unter Handelsnamen Sapamine, Alfonale, Empilane usw. bekannt sind. Diese Stoffe können wir zwar z. B. in Propanol-Ammoniak chromatographieren, aber nur für die Feststellung ihrer Anwesenheit. Zwecks näherer Identifizierung erwärmen wir sie auf eine höhere Temperatur mit der Salzsäure. Die freigemachten Fettsäuren werden auf normalem Wege identifiziert, Polyamine und Aminoalkohole werden dann als solche oder als Chlorderivate mit einem Gemisch der niedrigen Alkohole und Salzsäure oder mit Äthylacetat-Dimethylformamid in Anwesenheit von Ammoniakdämpfen chromatographiert (13). Zur Sichtbarmachung dient uns eine äthanolische Ninhydrinlösung unter Anwesenheit von Pyridin oder eine Alizarinlösung.

Auch bei der Identifizierung anderer kationaktiver Tenside können wir für eine allgemeine Orientierung Propanol-Ammoniak benutzen. Stoffe mit einem kürzeren hydrophoben Teil haben dabei wieder geeignete R_F-Werte, während die eigentlichen kationaktiven Tenside sich bei der Front befinden, was auf der Abb. 5 vorgeführt ist. 1 ist Pentamethoniumbromid, 2

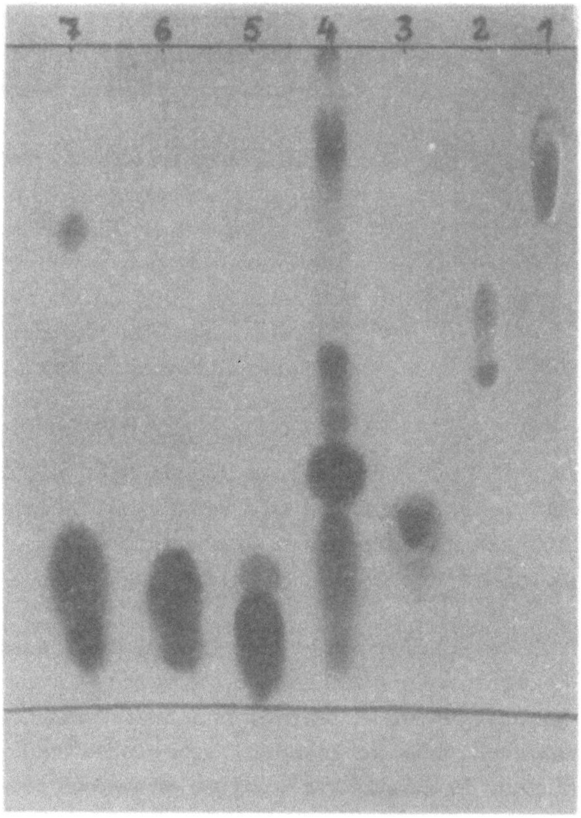

Abb. 5

Oxyäthylpyridiniumchlorid, 3 Phenyldimethylbenzylammoniumchlorid, 4 Katapin A [technisches p-Alkylbenzylpyridiniumchlorid], 5 Zephirol [Dimethylbenzylalkylammoniumchlorid], 6 Dodecylpyridiniumchlorid und 7 Katexol [Laurylamidoäthylpyridiniumchlorid].

Für die Trennung der eigentlichen kationaktiven Tenside ist es vorteilhaft, ein mit Laurylakohol vorbehandeltes Papier zu benutzen; als mobile Phase dient ein Gemisch des Äthanols mit Salzsäure (20) oder ähnliche Gemische, wie für die anionaktiven Tenside (22). Die Abb. 6 zeigt uns die Trennung auf dem mit Laurylalkohol vorbehandelten Papier unter Anwendung des Methanol-Ammoniak-Ameisensäure-(50:50:1)-Gemisches. 1, 2 und 3 sind Dodecyl-, Tetradecyl- und Hexadecylpyridiniumchlorid, 4 ist Katexol, 5 Hyamin 1622, 6 Zephirol und 7 Phenylbenzyldimethylammoniumchlorid.

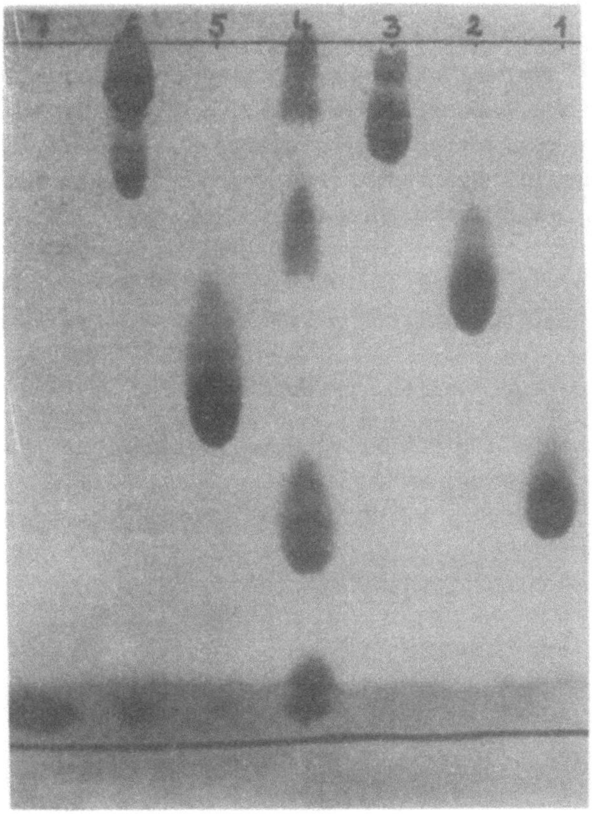

Abb. 6

Für die Sichtbarmachung dieser Stoffe haben wir mehrere Möglichkeiten. Sie reagieren mit Dragendorfschem Reagens unter Bildung hellorangegefärbter bis roter Flecke; weiter ist eine Kaliumjodoplatinatlösung geeignet, mit dem blauviolette Flecke entstehen. Auch das Reagens nach van der Hoeve (21), das himmelblaue Flecke bildet, kann benutzt werden. Nicht zuletzt kann eine Lösung des Bromphenolblaus mit Formaldehydzugabe benutzt werden. Sie dient uns nicht nur als ein Säure-Basen-Sichtbarmachungsmittel für ammoniakalische Systeme, sondern bietet auch mit den kationaktiven Tensiden himmelblaue Färbungen. Mit Pinacryptolgelb entsteht nur eine schwache bläuliche Färbung. Führen wir aber nach dem Besprühen mit Pinacryptolgelb noch ein weiteres Besprühen mit einer verdünnten Lösung eines anionaktiven Tensids, z. B. Nekal durch, entstehen blau fluoreszierende Flecke auf gelbem Hintergrund.

Die kationaktiven Tenside werden überwiegend in der Salzform, und zwar Chloride, Bromide oder Sulphate benutzt. Die Chloride und Bromide bilden in Propanol-Ammoniak Flecke mit geeigneten R_F-Werten, die mit Säure-Basen-Indikatoren sichtbar gemacht werden können; man kann auch eine ammoniakalische Silbernitratlösung und nachfolgende UV-Lichtbestrahlung benutzen. Im Falle des Chlorids entsteht ein intensiver grauvioletter Fleck, im Falle des Bromids wird der Fleck braunstichig.

In Propanol-Ammoniak können wir noch eine große Menge anderer Stoffe, die in Handelsprodukten benutzt werden, chromatographieren. Wir können so schnell eine Übersicht über die Anwesenheit mancher Verbindungen gewinnen. Danach können wir diese eindeutig identifizieren mit den für sie speziellen Lösungsmittelsystemen und Sichtbarmachungen, eventuell unter Anwendung anderer Methoden der analytischen Chemie.

Literatur

(1) Kaufmann, H.P., Makus, Z.: Fette, Seifen, Anstrichmittel 62 (1960) 153
(2) Hais, I.M., Macek, K.: Handbuch der Papierchromatographie, Fischer-Verlag, Jena, 1963
(3) Jureček, M., Churáček, J., Červinka, V.: Mikrochim. Acta 1960, 102
(4) Churáček, J.: Mikrochim. Acta 1961, 65
(5) Churáček, J.: Fette, Seifen, Anstrichmittel 64 (1962) 679
(6) Borecký, J.: J. Chromatog. 2 (1959) 612
(7) Borecký, J.: J. Chromatog. 9 (1962) 472
(8) Borecký, J., Gasparič, J., Večeřa, M.: Collection Czech. Chem. Commun. 24 (1959) 1822
(9) Gasparič, J., Borecký, J.: J. Chromatog. 5 (1961) 466
(10) Borecký, J.: Mikrochim. Acta 1962, 1137
(11) Borecký, J.: Chem. Průmysl 13 (1963) 248
(12) Gasparič, J., Borecký, J., Obruba, K., Hanzlik, J.: Collection Czech. Chem. Commun. 26 (1961) 2950
(13) Borecký, J.: Mikrochim. Acta, im Druck
(14) Borecký, J.: Collection Czech. Chem. Commun. 30 (1965) 2549
(15) Borecký, J., Gasparič, J.: Mikrochim. Acta 1961, 96
(16) Gauthier, H., Mangeney, G.: J. Chromatog. 14 (1964) 209
(17) Gauthier, H., Mangeney, G.: Vortrag des IV. Intern. Kongresses für grenzflächenaktive Stoffe, Brüssel, 1964

(18) Gasparič, J., Večeřa, M.: Collection Czech. Chem. Commun. 22 (1957) 1426

(19) Borecký, J.: Mikrochim. Acta 1962, 824

(20) Gasparič, J., Hanzlík, J.: Collection Czech. Chem. Commun. 26 (1961) 2954

(21) Rosen, M.J., Goldsmith, H.A.: Systematic analysis of surface-active agents, Interscience, 1960

(22) Borecký, J.: Collection Czech. Chem. Commun. 28 (1963) 229

R. G r i m m e r
VEB Fettchemie Karl-Marx-Stadt

Über die Trennung und Charakterisierung eines Gemisches gesättigter und ungesättigter Fettalkohole mit Hilfe der Quecksilber(II)-acetat-addukte

Durch selektive katalytische Hochdruckhydrierung ist es möglich geworden, ungesättigte Fettalkohole in größeren Mengen herzustellen. Für die Produktion ungesättigter Alkylsulfate sind diese sogenannten HD-Ocenole neben dem Spermocenol die künftige Rohstoffbasis. Die daraus hergestellten ungesättigten Alkylsulfate besitzen ausgezeichnete Wascheigenschaften. Entscheidend für den Gebrauchswert dieser aus HD-Ocenol erzeugten Produkte ist das Verhältnis der ungesättigten Alkoholanteile zu den gesättigten sowie deren Kettenlängenverteilung. Ein zu hoher Anteil gesättigter Alkohole der Kettenlängen C_{18} und darüber ergibt in kaltem Wasser trüblösliche Produkte. Sie besitzen verminderte Waschkraft, besonders bei tiefen Temperaturen. Zu geringer Gehalt an Oleylalkohol mindert das Waschvermögen, hauptsächlich bei geringen Anwendungskonzentrationen.

Wir suchten deshalb einen Weg zur Beurteilung von HD-Ocenolen, der eine möglichst vollständige präparative Trennung und analytische Auswertung gestattet. Nach Durchsicht der Literatur schien uns dabei die chromatographische Trennung mit Hilfe der Quecksilber(II)-acetataddukte aussichtsreich.

Die Trennung gesättigter von ungesättigten Alkoholen an Adsorptionssäulen ohne Adduktbildung bereitet wegen des schwach unterschiedlichen Adsorptionsverhaltens Schwierigkeiten. Ausgeprägt jedoch ist der Unterschied des Adsorptionsverhaltens zwischen gesättigten Fettsäureestern und den Quecksilber(II)-acetataddukten ungesättigter Fettsäureester an verschiedenen Adsorptionsmitteln, wie Kieselgel oder Aluminiumoxyd. Unterschiedlich sind auch die Verteilungskoeffizienten der gesättigten Fettsäureester und der Quecksilber(II)-acetataddukte ungesättigter Fettsäureester in bestimmten Lösungsmitteln.

Die Reaktion zwischen Quecksilber(II)-salzen und olefinischen Verbindungen beschrieben als erste K. A. HOFMANN und J. SAND [1]. Sie lagerten an Alkene Quecksilber(II)-salze in wäßriger Lösung an.

Der bei der Reaktion bevorzugte Weg ist dabei folgender:

$$CH_2{=}CH_2 + Hg(CH_3COO)_2 + H_2O \longrightarrow CH_3COOH + CH_3COOHg{-}CH_2{-}CH_2{-}OH$$

Die Verbindung besitzt die bemerkenswerte Eigenschaft, mit Salzsäure unter Rückbildung des eingesetzten Olefins zu zerfallen. Wegen dieses leichten Zerfalls bezweifelte man die Strukturformel. Es wurde angenommen, daß diese Verbindung als Komplex vorliege. Diese Auffassung ließ sich jedoch widerlegen [2,3].

Die Adduktbildung gelingt allgemein mit Lösungsmitteln, die im Molekül ein aktives Wasserstoffatom enthalten, wie z. B. Wasser, Alkohole oder Fettsäuren. Diese Verbindungen gehen als dritter Reaktionspartner in die Umsetzung ein. Wird diese in methanolischer Lösung vorgenommen, so erhält man die Methoxy-acetoxymercuri-Verbindung:

$$CH_2{=}CH_2 + Hg(CH_3COO)_2 + CH_3OH \longrightarrow$$

$$CH_3COOH + CH_3COOHg{-}CH_2 — CH_2{-}OCH_3$$

Bei Einsatz des Ölsäuremethylesters verläuft die Reaktion praktisch vollständig zum Addukt [4].

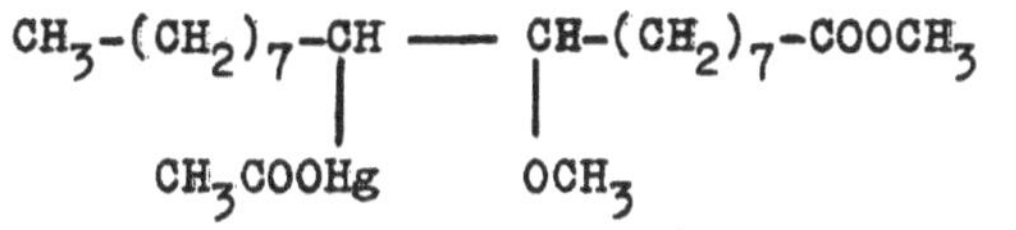

Auch hier hat das Addukt die interessante Eigenschaft, sich mit Salzsäure so zu spalten, daß die Ölsäure wieder unverändert erhalten werden kann. In letzter Zeit sind eine Reihe von präparativen und analytischen Arbeiten veröffentlicht worden, die sich mit der Trennung gesättigter, ein- und mehrfach ungesättigter Fettsäuren beschäftigen [5]. In bevorzugtem Maße wird dabei nach der Adduktbildung die Adsorptionschromatographie angewendet. Dieser Weg schien uns aus Analogiegründen auch für Trennungen gesättigter und ungesättigter Alkohole gangbar. In der Literatur waren bisher nur Andeutungen zu finden.

Zur Übertragung dieser Arbeitsmethoden auf Fettalkohole wurde von uns zunächst überprüft, ob Oleylacetat, Oleylalkohol, HD-Ocenolacetat und HD-Ocenol quantitativ Quecksilber(II)-acetat anlagern.

In einem 100 ml-Schliffkölbchen wurden die ungesättigten Verbindungen und Quecksilber(II)-acetat eingewogen, Methanol zugegeben und unter wechselnden Bedingungen zur Reaktion gebracht. Für die Adduktbildung bei Raumtemperatur wurde das Kölbchen verschlossen im Dunkeln stehengelassen. Das nicht gebundene Quecksilber(II)-acetat ließ sich nach Reaktionsablauf komplexometrisch titrieren. Die besten Ergebnisse konnten unter folgenden Bedingungen erhalten werden:

Raumtemperatur
Reaktionszeit ca. 18 Stunden (über Nacht)
Quecksilber(II)-acetat; ca. 300 % Überschuß
Methanol p.a.; ca. 2 ml für 0,1 g Quecksilber(II)-acetat

Die Adduktbildung verläuft unter diesen Bedingungen bei den genannten Substanzen praktisch quantitativ.

Zur Beurteilung der Trennmöglichkeit war danach zunächst das chromatographische Verhalten des gesättigten Alkoholacetats an Kieselgelsäulen zu bestimmen. Die Überführung in die Acetate ist erforderlich, da die starke Polarität der Hydroxylgruppe den Unterschied im Adsorptionsverhalten zwischen gesättigtem Alkohol und Addukt überdecken würde. Die verwendete Adsorptionssäule hatte eine Länge von 18 cm und einen inneren Durchmesser von 1,1 cm. Sie war mit einer oberen Erweiterung versehen, die als Vorratsgefäß für das Elutionsmittel diente. Als Adsorptionsmittel wurde "Kieselgel 0,2 - 0,5 mm für die Chromatographie" eingesetzt. Die Aktivierungstemperatur lag bei 350°.

Die Versuche zeigten, daß Stearylacetat am schnellsten mit Benzol/Äther 9:1 lief. Nach ca. 4 Säulenvolumen wurde das gesättigte Acetat restlos eluiert. Leider brach dabei später auch das Addukt mit durch. Die für gesättigte Fettsäuremethylester empfohlenen Elutionsmittel Benzol, Hexan usw. wirkten verhältnismäßig schwach desorbierend auf gesättigte Fettalkoholacetate. Am besten bewährte sich trotz der verhältnismäßig langen Laufzeit Benzol/Cyclohexan 1:1. Laurylacetat wurde vergleichsweise über die Säule gegeben. Es verhielt sich wie Stearylacetat. Die fettchemischen Kennzahlen der gesättigten Acetate zeigten sich nach der Chromatographie unverändert. Es war nun zu klären, ob sich Stearylacetat und Addukt adsorptionschromatographisch trennen lassen.

Dazu wurden Testgemische von Stearylacetat und Oleylacetat gemeinsam eingewogen und die Adduktbildung vorgenommen. Das zur Adduktbildung erforderliche Methanol wurde danach durch Vakuumdestillation entfernt. Wegen der thermischen Empfindlichkeit des Adduktes muß bei Temperaturen unterhalb 30° gearbeitet werden. Nun wurde gesättigtes Acetat und Addukt gemeinsam in Benzol/Cyclohexan 1:1 aufgenommen und über die

Säule gegeben. Dabei lief nur das Stearylacetat durch die Säule. Die Gegenwart des Adduktes stört das Adsorptionsverhalten des Stearylacetats nicht. Stearylacetat und Addukt lassen sich also auf diese Weise vollständig trennen. Das auf der Säule zurückgehaltene Addukt konnte mit Methanol/Essigsäure 95:5 restlos desorbiert werden. Es wurde vom Lösungsmittel befreit und vorsichtig bei 40° im Vakuum getrocknet. Die Auswaage des Adduktes nach der säulenchromatographischen Trennung war dabei zugleich eine gewichtsanalytische Bestätigung der quantitativen Adduktbildung. Die Belastungsgrenze lag nach bisherigen Beobachtungen für 6 g Säulenfüllung bei einer Einwaage von ca. 0,5 g Oleylacetat. Mit Einwaagen von 0,3 g Oleylacetat bei 6 g Säulenfüllung ließen sich gut reproduzierbare Werte ermitteln:

Kieselgel, 6 g	Stearylacetat	E.	0,2021	VZ 177
akt. bei 350°	Oleylacetat	E.	0,2120	
	Hg(II)-Add. ber.		0,4100	
Benzol/Cyclohexan 1:1	1. Frakt. 50 ml		0,1666	
	2. " " "		0,0323	
	3. " " "		0,0012	
	4. " " "		-	
		A.	0,2001	99,9 %
				VZ 176
Methanol/Essigsäure 95 : 5	5. Frakt. 50 ml		0,4095	
	6. " " "		0,0041	
	7. " " "		0,0021	
	8. " " "		-	
		A.	0,4157	101,3 %

Für die Regeneration der ungesättigten Komponente aus dem Addukt wird in der Literatur vorwiegend Salzsäure vorgeschlagen. Genaue Angaben der Auswaage des regenerierten ungesättigten Anteils fehlen in vielen Literaturhinweisen. Das Regenerat wird dort, ohne zu wiegen, isoliert und analytisch weiter untersucht.

Die Regeneration des ungesättigten Fettalkohols aus dem Addukt wurde von uns unter verschiedenen Zeit-, Temperatur- und Konzentrationsbedingungen überprüft. Am günstigsten verlief diese mit konzentrierter Salzsäure in methanolischer Lösung bei Raumtemperatur und 3stündiger Einwirkung. Danach wurde das Methanol weitgehend entfernt und das Oleylacetat mit Petroläther extrahiert. Zur Gewinnung der freien Fettalkohole wurden die getrennten und isolierten Acetate mit methanolischer Kalilauge 1 Std. am Rückfluß erhitzt. Nach Abkühlen und Ansäuern mit Salzsäure wurde die Hauptmenge des Methanols entfernt und die Fettalkohole wie üblich mit Petroläther extrahiert. Die beiden Alkoholfraktionen wurden zur Bestimmung der fettchemischen Kennzahlen sowie des Gaschromatogramms eingesetzt. Die Isolierung gelang bis zu 95 %. Die Kennzahlen und Gaschromatogramme der nach dem Analysengang erhaltenen Alkohole stimmten mit denen der Testalkohole in den erwarteten Grenzen überein.

Die an den Testsubstanzen gewonnenen Erfahrungen konnten auch auf HD-Ocenolacetat übertragen werden. HD-Ocenol ließ sich in gleicher Weise trennen. Die Kettenlängenverteilung der gesättigten und ungesättigten Fraktionen wurden gaschromatographisch bestimmt.

Wir versuchten nun, die adsorptionschromatographischen Ergebnisse durch verteilungschromatographische zu bestätigen. Die Trennung nach der eben berichteten Arbeitsweise setzte eine Acetylierung der Fettalkohole voraus. Wünscht man die Trennung der Fettalkohole ohne vorhergehende Acetylierung auszuführen, so kann das durch Verteilungschromatographie erreicht werden [6]. Die Verteilungssäule war dabei gleicher Art wie die Adsorptionssäule. Sie war jedoch 28 cm lang bei 1,7 cm inneren Durchmesser. Die Säulenfüllung bestand als stationäre Phase aus 20 g "Kieselgel B" des VEB Farbenfabrik Wolfen. Es hatte die Körnung 0,1 bis 0,4 mm und wurde 2 Stunden bei 150° aktiviert. Unmittelbar danach wurde das Gel mit frisch destilliertem Nitromethan, welches mit Benzin gesättigt war, beladen. Das Kieselgel muß dabei noch schüttfähig bleiben. Die Säule wurde dann mit nitromethangesättigtem Benzin ins Gleichgewicht gebracht. Die Adduktbildung erfolgte nun unter Einsatz der Fettalkohole wie bei der Adsorptionschromatographie. Gesättigter Fettalkohol und Addukt wurden nach Entfernung des Lösungsmittels auf die Säule gegeben und mit nitromethangesättigtem Benzin entwickelt. Die ersten Fraktionen enthielten nur den gesättigten Fettalkohol. Sie ließen sich gut abgrenzen. Anschließend wurde das Addukt wiederum mit Methanol/Essigsäure 95:5 aus der Verteilungssäule gelöst.

Nach der Behandlung mit methanolischer Salzsäure konnte das Addukt gespalten und der ungesättigte Fettalkohol zurückgewonnen werden. Die durch Verteilungschromatographie erhaltenen Werte stimmten mit den adsorptionschromatographischen befriedigend überein.

Die gewichtsanalytischen Bestimmungen der Fraktionen erfordern bei kleinen Einwaagen äußerst sorgfältige Arbeitsweise. Die Lösungsmittel müssen restlos entfernt werden unter Berücksichtigung der Flüchtigkeit der Substanzen. Dies entscheidet über präparative und analytische Auswertbarkeit der hier berichteten Methoden.

Bei der Zusammenfassung unserer Ergebnisse kann festgestellt werden, daß sich gesättigte und ungesättigte Fettalkoholacetate nach Adduktbildung mit Hg(II)-acetat adsorptionschromatographisch quantitativ trennen und präparativ gewinnen lassen.

Gesättigte und ungesättigte Fettalkohole lassen sich nach Adduktbildung auch verteilungschromatographisch trennen und präparativ isolieren.

Die nach beiden Verfahren gewonnenen Fraktionen können, nunmehr jede für sich, analytisch nach bekannten Methoden charakterisiert werden.

Dieser Vortrag ist ein Auszug aus der am Institut für Chemische Technologie der Karl-Marx-Universität Leipzig unter Leitung von Herrn Prof. Dr. Dr. h. c. E. L e i b n i t z angefertigten Diplomarbeit des Autors.

Literatur:

[1] Hofmann, K. A., Sand, J.; Ber. dtsch. chem. Ges. 33 (1900), 1340

[2] Spengler, G. u. Mitarb.; Brennstoff-Chem. 37 (1956), 47

[3] Cotton, F., Leto, J.; J. Amer. chem. Soc. 80 (1958), 4823

[4] Jantzen, E., Andreas, H.; Angew. Chem. 70 (1958), 656

[5] Jantzen, E., Andreas, H.; Chem. Ber. 94 (1961), 628

[6] Kaufmann, H. P., Karabatur, A.; Fette, Seifen, Anstrichmittel 58 (1956), 989

F. F a l k
Institut für Fettchemie der Deutschen Akademie der Wissenschaften zu Berlin, Berlin-Adlershof

Gaschromatographische Analyse freier Fettsäuren

Vor nahezu 14 Jahren erschien die erste Publikation auf dem Gebiet der Gasflüssigkeitsverteilungschromatographie. A.T. JAMES und A.J.P.MARTIN beschrieben in dieser grundlegenden Arbeit eine Mikromethode zur Bestimmung der Fettsäuren natürlicher Öle. Der Kettenlängenbereich erstreckte sich von Methan- bis Octansäure, maximal bis Dodecansäure. Als stationäre Phase verwandten die Autoren eine Mischung aus Silikonöl und Stearinsäure. In der Folgezeit wurden zur Trennung freier Fettsäuren weitere Verfahren beschrieben. Man variierte die Grundphasen (Polyester, Polyäthylenglykole, Apiezone usw.), und versetzte diese mit definierten Mengen langkettiger Fett- oder Dicarbonsäuren. Die saure Komponente war für die Analyse freier Fettsäuren von ausschlaggebender Bedeutung. Hierbei galt primär die etwas veränderte Regel - Gleiches löst und trennt Gleiches am besten!
Die Fettsäuren liegen bekanntlich als Assoziate vor. An schwach polaren Säulen werden deren energiereiche Wasserstoffbrückenbindungen nur teilweise gelöst. Die Folge hiervon ist eine ungleichmässig grosse Wanderungsgeschwindigkeit der Fettsäuremoleküle, und man erhält bei differentieller Anzeige im Elutionskurvenzug stark verbreiterte und unsymmetrische Durchbruchsberge. Die Chromatogramme sind dann sowohl nach Qualität als auch nach Quantität praktisch nicht auswertbar.

Wie wirken nun die stark aciden Zusätze in der Verteilerphase? Zwischen letzterer und Substrat bestehen verschiedene starke Wechselwirkungen. Von ausschlaggebender Wichtigkeit beim Trennproblem acider Stoffe an aciden Phasen ist, dass durch unmittelbare Dipolwirkung sich zwischen den Carboxylen des Verteilers und des Verteiltem laufend lokale Assoziate bilden und wieder lösen. Da die Konzentration der Flüssigphase gegenüber der des Substrates enorm gross ist, wird die Eigenassoziation der Säuren relativ klein sein. Die Säuremoleküle wandern deshalb bis auf einen geringen Bruchteil an der Säule als Individuen gleich schnell. Man erhält so im gaschromatographischen Kurvenzug Durchbruchsberge mit ganz unbedeutendem Tailing.

Zur Trennung langkettiger freier Fettsäuren müssen zwangsläufig höhere Temperaturen angewandt werden, um die Chromatogramme in vertretbaren Zeiträumen und auswertbaren Kurvenzügen zu erhalten. Dies war aber mit den bisher verwendeten Modifizierungsagentien infolge ihrer relativ hohen Dampfdrucke nicht möglich.

Ein wesentlicher Fortschritt wurde von L.D.METCALF dadurch erreicht, dass er die organischen Säuren durch Orthophosphorsäure ersetzte. Als erste Phase wurde eine Kombination aus Diäthylenglykol-Adipat-Polyester mit 2 % Phosphorsäure eingesetzt. Später wurden andere Verteiler nach der gleichen Art hergestellt und getestet. Mit derartigen Liquid-Phasen liessen sich bei geeigneten Bedingungen Fettsäuren bis zu einer Kettenlänge von etwa 20 bis 22 C-Atomen hinlänglich gut auftrennen. Die Trennleistungen dieser Phasen waren ganz ähnlich wie die der Grundverteiler gegenüber Fettsäuremethylestern. Liquid-Phasen, die beispielsweise besonders geeignet sind, kettengleiche Fettsäureester nach dem Grad ihrer Gesättigtheit zu trennen, zeigen nach der Mischung mit Phosphorsäure ähnlich gute Trennergebnisse bei den analogen Säuren. Wichtig ist, dass sich die thermische Stabilität der Grundphase nicht wesentlich ändert. Man kann praktisch alle handelsüblichen Trägermaterialien ohne besondere Vorbehandlung einsetzen, da die störende Aktivität der Trägermaterialien durch die Präparation mit Phosphorsäure weitgehend unterdrückt bzw. völlig beseitigt wird.

Der Vollständigkeit halber sei an dieser Stelle erwähnt, dass in neuester Zeit wieder verschiedene Phasen zur Trennung freier Fettsäuren angeboten werden, die durch organische Säuren modifiziert wurden. Es handelt sich im wesentlichen um Reaktionsprodukte zwischen hochmolekularen Carbowachsen und Terephthalsäure. Diese Phasen zeigen trotz organischer Säurekomponenten eine ganz enorme thermische Stabilität (etwa 300° C).

Für Institutsprobleme haben wir verschiedene Polyester auf ihre Verwendbarkeit zur Analyse von Fettsäuren getestet. Besondere Aufmerksamkeit galt der Trennung Stearinsäure/Ölsäure. Man kann diese als kritisches Paar bezeichnen. Die Analyse von Gemischen beider Komponenten bereitet in der Gaschromatographie doch erhebliche Schwierigkeiten, ganz gleich, ob man nun die Ester oder die freien Säuren zu trennen beabsichtigt.
Wir testeten zunächst 4 Polyestersäulen:

1. Äthylenglykol-succinat-polyester + Ortho-phosphorsäure
2. Äthylenglykol-adipat-polyester + " "
3. Äthylenglykol-γ-ketopimelat-polyester + Ortho-phosphorsäure
4. Reoplex 400 + " "

Auf die Ergebnisse mit Reoplex 400 soll später eingegangen werden. In Summa eigneten sich die drei anderen Kombinationen zur direkten Trennung von Fettsäuren. Die Analyse des kritischen Paares gelang am besten mit γ-Ketopimelat-polyester und etwas weniger gut mit Succinat-polyester. Die wahren Retentionszeiten waren aber recht erheblich, da die Phasen max. bis 205° thermisch beansprucht werden konnten, auch bei Verwendung von Leitfähigkeitsmeßzellen.

Zur Herstellung obiger Phasen gingen wir nach JAMES von äquimolekularen Mengen Dicarbonsäure und Glykol aus. Die Polyester wurden als feste, farblose bis schwach gelb gefärbte Produkte mit einem Schmelzbereich von etwa 60-80° C erhalten. Bis zu Temperaturen von 150° waren sie recht viskos. Die Hydroxylzahl- und Säurezahlbestimmungen ergaben mittlere Molgewichte von max. 1000. So war es auch nicht verwunderlich, dass diese bei 200° C schon recht beträchtliche Dampfdrücke besassen. Von 205° C ab war eine dauernde starke Null-Linien-Abweichung bei ihrer Verwendung als GC-Flüssigphasen zu beobachten. Trotz Variierung der Katalysatoren und übrigen Kondensationsbedingungen erhielten wir nach dieser Methode keine Polyester mit höheren Molgewichten und besseren gaschromatographischen Eigenschaften.

Wir beschritten deshalb einen neuen Weg zur Herstellung von Polyestern. Wir esterten ein Gemisch von γ-Ketopimelinsäuredimethxlester und Bernsteinsäuredimethylester mit der vierfachen Menge Äthylenglykol unter Zusatz von Bernsteinsäure um (Abb.1).

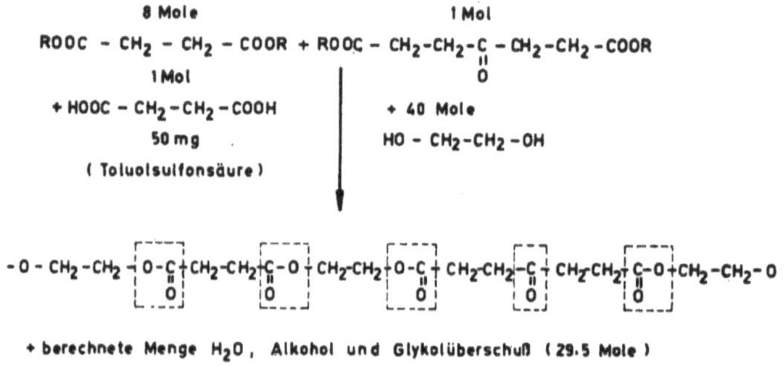

+ berechnete Menge H_2O, Alkohol und Glykolüberschuß (29.5 Mole)
- OH Zahl - Bestimmung ≈ mittl. Molgewicht 7500
- COOH Zahl - Bestimmung ≈ 0

Abb.1

Neben der Umesterung verlief gleichzeitig eine Polyveresterung. Das bei der Reaktion frei gewordene Wasser und Methanol destillierten in etwa

berechneten Mengen ab. Das Reaktionsgut wurde dann noch mehrere Stunden unter Durchleiten von Reinststickstoff auf 200° C erhitzt und letztlich der Äthylenglykol-Überschuss bei Wasserstrahlvakuum abgezogen. Es wurden etwa 5 % Glykol weniger als berechnet zurückgewonnen. Die Ausbeute an Polyester lag jedoch etwas höher. Letzteres ist darauf zurückzuführen, dass Glykol selbst als Kondensat (Diäthylenglykol) in den Polyester mit eingebaut wurde. Letzterer wurde als gelbliche viskose Flüssigkeit erhalten. Ein Teil davon war nach 1 Jahr Stehzeit im Kühlschrank noch flüssig.
Die Trennphase wurde dann nach der üblichen Weise bereitet. Der Polyester wurde zusammen mit Phosphorsäure in Aceton gelöst und Sterchamol von der Korngrösse 0,2 bis 0,25 mm damit präpariert. Das auf diese Weise erhaltene rieselfähige Gut wurde 24 Stunden unter Durchleiten von Reinststickstoff bei 240° C vorgealtert. Der Verlust an Flüssigkeit betrug weniger als 2 %.

Für alle Analysen wurden Eigenbaugeräte und als Trennsäulen Kupferrohre mit einem Durchmesser von 6 mm und 2 m Länge verwendet. Von besonderer Wichtigkeit bei der Trennung freier Fettsäuren war ein hochwirksames Dosiersystem, welches gestattete, die Säuren augenblicklich völlig zu verdampfen, ohne dass zuviel Wärme nach den Trennsäulen abgeführt wurde, und es damit zu einer thermischen Überbeanspruchung des Verteilers und dessen Zerstörung kam. Hier lagen nach unseren Erfahrungen bei der Analyse langkettiger, freier Carbonsäuren die grössten Fehlerquellen. Wir haben uns in letzter Zeit sehr eingehend mit diesem Problem beschäftigt und werden an einer anderen Stelle ausführlich über diese Ergebnisse berichten.

Die vorgealterten Phasen wurden unter Durchleiten von Wasserstoff nochmals stufenweise während einer Dauer von 16 Stunden bis auf 260° C erhitzt. Die Null-Linie zeigte dann bei 250° C, höchster Empfindlichkeit des Registriergerätes und max. Belastung der Leitfähigkeitsmesszelle (12 Volt, 140 mA) praktisch keine oder nur eine ganz unwesentliche Drift.

In Tab.1 sind die wahren Retentionszeiten von Stearinsäure in Abhängigkeit von der Arbeitszeit der Säule unter konstanter Temperatur und konstanten Trägergasmengen enthalten. Sie ändern sich nur ganz unwesentlich. Dies Ergebnis zeigt die beachtliche thermische Stabilität unserer Polyesterphase.

Tabelle 1
Absolute Retentionszeiten von C_{18}-Fettsäure nach thermischer Belastung der γ-Ketopimelat-Säulen

Arbeitszeit d. Säule	R_t absolut C_{18}	
20 Std.	14'	36"
60 "	14'	22"
80 "	14'	20"
110 "	14'	21"
150 "	14'	15"
180 "	14'	10"
250 "	14'	08"
300 "	14'	08"
400 "	14'	02"
500 "	14'	00"
25% γ-Ketopim. (3% H_3PO_4); 2m ⌀ 6mm t = 238 °C ; H_2 = 6.2 l / h ; Vordruck 0.82 atü Träger : Sterchamol 0.2-0.25mm; säuregewaschen		

Trennung der freien Fettsäuren

Es wurden reichlich 500 Chromatogramme zur qualitativen und quantitativen Testung des Verteilers aufgenommen. Reichlich 300 hiervon wurden zur Festlegung der relativen Retentionszeiten bei verschiedenen Temperaturen ausgewertet. In Tab.2 sind diese bezogen auf Laurinsäure bei 228° C unter verschiedenen Säulenvordrucken und damit verbundenen Trägergasströmen enthalten. Es ist zu sehen, dass R_{trel} vom Gasstrom praktisch unabhängig ist. Diese Grösse ist nur temperaturabhängig.

Gestatten Sie mir bitte noch ein paar Ausführungen zur quantitativen Auswertung. Vor der quantitativen Analyse muss die Säule mehrfach mit dem gleichen Gemisch beschickt werden. Es ist erforderlich, die Chromatogramme von Substanzgemischen mit unbekannten Mengenverhältnissen gegen Testchromatogramme unter den gleichen GC-Bedingungen auszuwerten. Es soll an dieser Stelle nicht verschwiegen werden, dass die quantitative Analyse von Testgemischen der Fettsäureester zu genaueren Ergebnissen führt. Die Fehler halten sich aber in vertretbaren Grenzen, wenn die Testgemische eingewogener Fettsäuren direkt analysiert und sie mit den Ergebnissen nach ihrer Veresterung verglichen werden.

Tabelle 2

Relative Retentionszeiten der Fettsäuren auf γ-Ketopim.-Säule bez. auf C_{12}-Fettsäure bei 228° C

Säure	1) R_t 228°C 0.92 atü; 6,92 l/h H_2		2) R_t 228°C 0.82 atü; 5,56 l/h H_2		3) R_t 228°C 0.7 atü; 4,86 l/h H_2	
	abs.	rel.	abs.	rel.	abs.	rel.
C_8	125	0.42	140	0,42	120	0,42
C_{10}	190	0,64	210	0,64	185	0,63
C_{12}	300	1,00	330	1,00	290	1,00
C_{14}	470	1,56	530	1,55	460	1,54
C_{16}	750	2,51	840	2,50	730	2,51
C_{18}	1190	4,02	1320	4,04	1160	4,02
$C_{18}^{=}$	1370	4,62	1530	4,60	1340	4,60
$C_{18}^{==}$	1640	5,48	1830	5,50	1610	5,49
$C_{18}^{===}$	2090	7,03	2320	7,05	2070	7,03
25 % γ - Ketopim. (3 % H_3PO_4); 2 m (1.2) ø 6 mm, Träger: Sterchamol 0.2 - 0.25 mm						

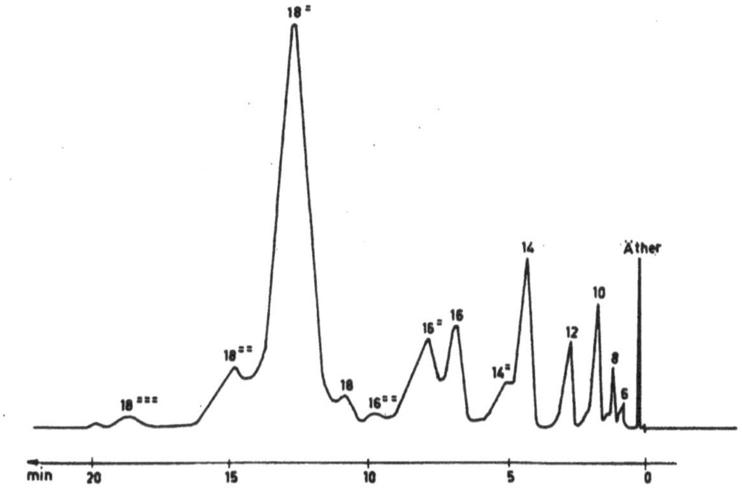

Abb. 2
Ölsäure techn. γ-Ketopim. 228° C

Abb. 2 zeigt das Chromatogramm einer technischen Ölsäure. Ab Fettsäure C_{16} wurde die Empfindlichkeit der Registriereinrichtung auf 1/5 erniedrigt. Zur qualitativen Auswertung wurden der Substanz (Abb. 3) C_{12}, C_{16}, $C_{18}{}^{==}$ und $C_{18}{}^{===}$ zugesetzt. Die relativ kleinen Peaks aus Abb. 2 wurden wesentlich verstärkt. Zur genauen Auswertung des Chromatogramms wurden die Logarithmen der Retentionszeiten in Abhängigkeit von den Kettenlängen aufgetragen. Abb. 4 zeigt, dass in der Säure praktisch alle geradzahligen Fettsäuren von C_6 bis C_{18} mit verschiedenen Sättigungsgraden enthalten waren.

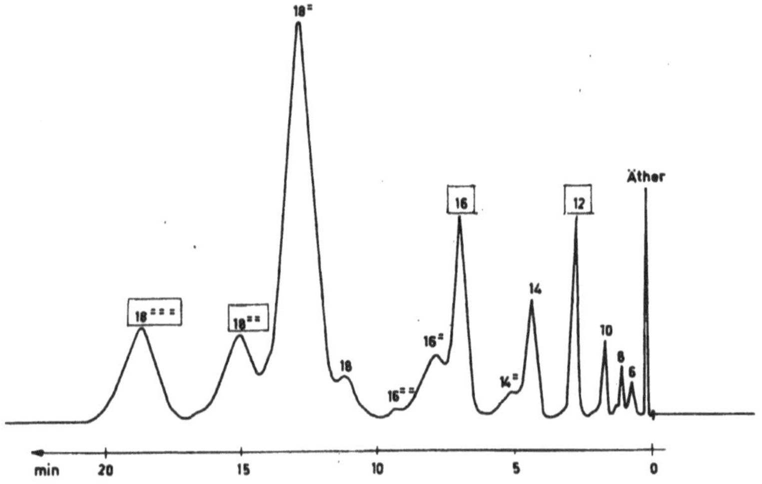

Abb. 3
Ölsäure techn. + C_{12}, C_{16}, $C_{18}{}^{==}$, $C_{18}{}^{===}$, γ-Ketopim. 228°C

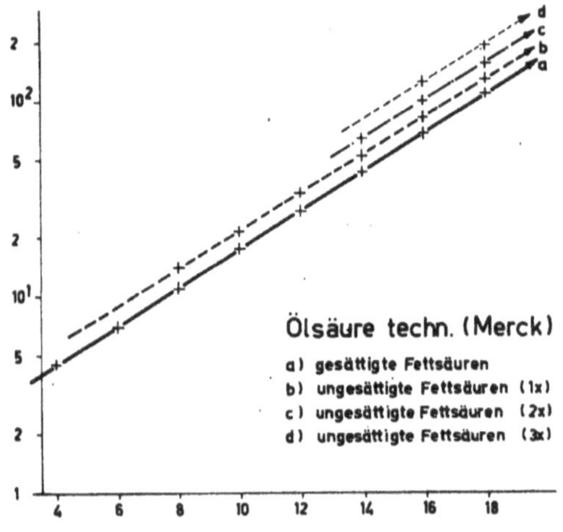

Abb. 4
Ölsäure techn. log R_t/Kettenlänge γ-Ketopim. 228° C

Abb.5 wurde erhalten mit den aus einem frischen Leinöl isolierten Fettsäuren. Abb.6 zeigt deren veränderte Zusammensetzung in einem Altöl, das reichlich 1 Jahr in unserem Laboratorium stand. Aus letzterem Chromatogramm ist die starke Abnahme der ungesättigten und Anreicherung der gesättigten Fettsäuren zu erkennen.

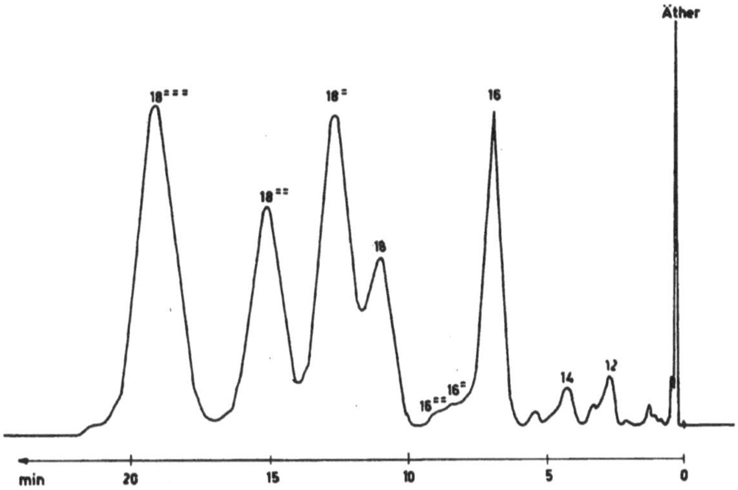

Abb.5
Leinölfettsäuren - Frischöl, γ-Ketopim.228° C

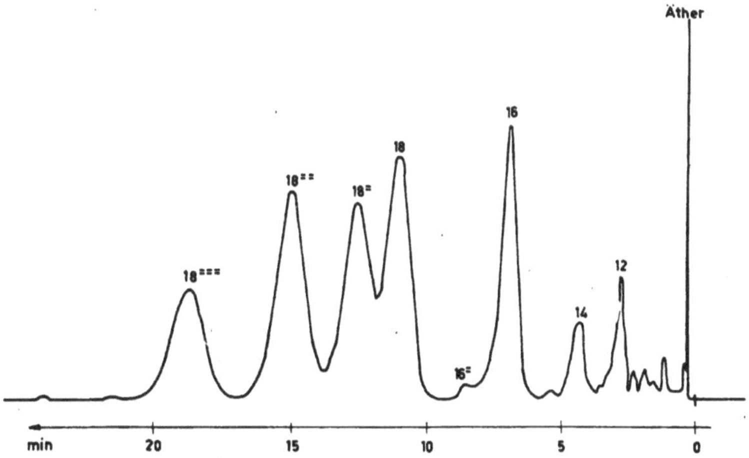

Abb.6
Leinölfettsäuren - Altöl, γ-Ketopim. 228° C

Abb.7 zeigt die halblogarithmische Auswertung der Gaschromatogramme. Die mit Kreisen versehenen Kurvenpunkte wurden mit reinen Testsubstanzen erhalten.

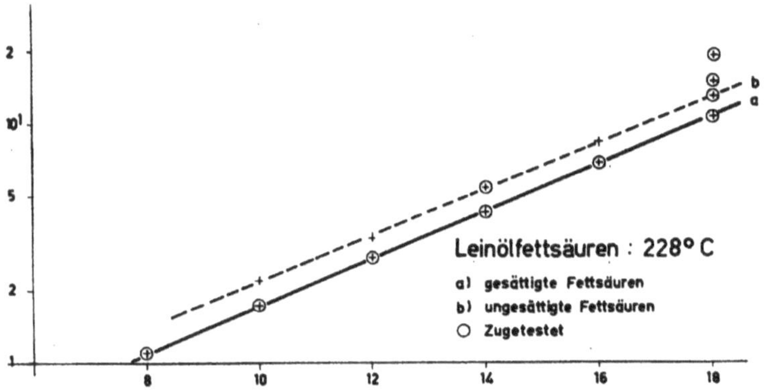

Abb.7
Leinölfettsäuren log R_t / Kettenlänge, γ-Ketopim. 228° C

Zur Isolierung der Fettsäuren aus den von uns analysierten Ölen wurde folgender Weg beschritten:

Etwa 20 bis 30 g des Öles wurden unter starkem Schütteln mit 10 g KOH, gelöst in 150 ml 80%igem Methanol, kalt verseift. Der Methylalkohol wurde im Vakuum unter Stickstoffatmosphäre soweit abgezogen, bis die Lösung stärker zu schäumen begann. Das Reaktionsgut wurde dann in heissem Wasser gelöst und mit Eisessig bis zur stark-sauren Reaktion versetzt. Nach Erkalten wurden die freien Fettsäuren in peroxidfreiem Äther aufgenommen, die ätherische Lösung mit natriumsulfathaltigem Wasser gewaschen und anschliessend mit wasserfreiem Natriumsulfat getrocknet. Nach Abdestillieren des Äthers über eine kurze Kolonne wurden die Fettsäuren mit einer vorgewärmten Injektionsspritze direkt dosiert. Vergleichende Untersuchungen mit einer zweiten Methode ergaben praktisch keine Unterschiede bei der quantitativen Auswertung. Wir haben hierbei vor dem Abziehen des Äthers die Fettsäuren wieder in Alkalisalze übergeführt und nach weitgehender Verdrängung des Äthers das Reaktionsgut mit Phosphorsäure angesäuert. Die stark konzentrierte ätherische Lösung wurde dann direkt dosiert.

Wie man aus den gezeigten Beispielen ersieht, eignet sich der von uns hergestellte und mit Orthophosphorsäure modifizierte Mischpolyester recht gut zur Analyse freier Fettsäuren. Die Retentionszeiten der einfach ungesättigten Fettsäuren und die der nächst höheren gesättigten haben praktisch bei einer Temperatur von 228° C die gleichen R_t-Werte. Bei Chromatogrammen der analogen Ester an den gleichen Säulen sind diese Retentionszeitunterschiede geringer. Der um 1 C-Atom kürzere ungesättigte Methylester wird vor dem nächst höheren gesättigten eluiert. Noch stärker ist diese Retentionszeitverschiebung nach längeren Elutionswerten bei den einfach ungesättigten Säuren an der Phase "Reoplex 400 + Ortho-phosphorsäure". Dieser Verteiler ist ganz hervorragend geeignet zur Trennung von mittellangen kettengleichen gesättigten und ungesättigten Fettsäuren.

Abb.8 zeigt die Trennung der Alkancarbonsäuren C_6 bis C_{10} und Abb.9 die der Alken-(2.3)-carbonsäuren-(1) C_6 bis C_{10}. Besonders deutlich sind diese recht starken Verschiebungen aus Abb.10 ersichtlich. C_8 erscheint vor $C_7^{=}$, C_9 vor $C_8^{=}$ usw.

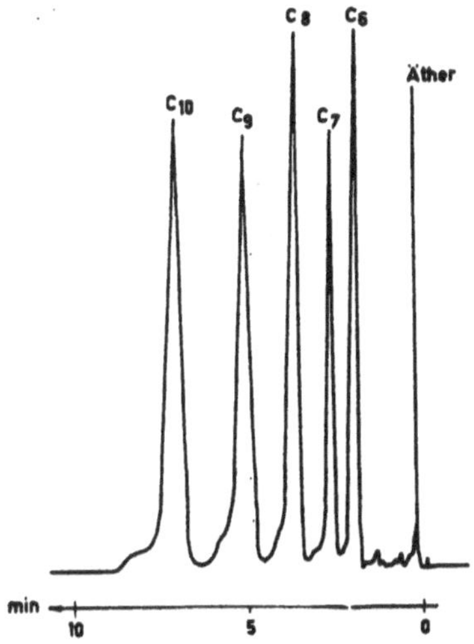

Abb.8
Fettsäuren $C_6 \rightarrow C_{10}$; Reoplex 400; 190° C

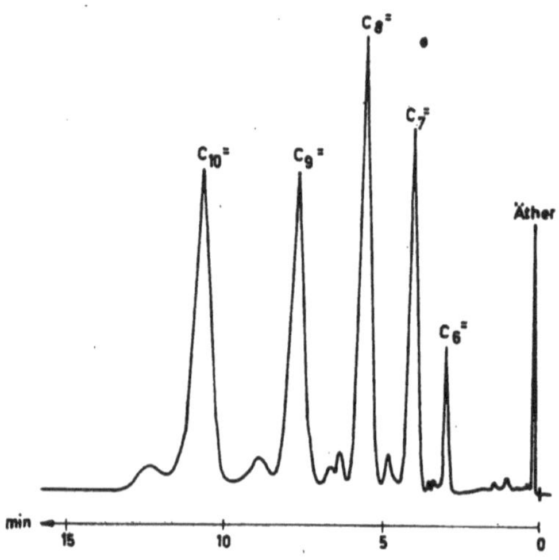

Abb.9
Fettsäuren $C_6^= \rightarrow C_{10}^=$ (2.3)
Reoplex 400; 190° C

Abb.11 zeigt diesen Effekt in der Elutionskurve. Sie wurde aufgenommen mit Gemischen der freien Alkancarbonsäuren C_6 bis C_{10} und den Alken-(2.3)-carbonsäuren C_7 bis C_{10}. Die Arbeitstemperatur betrug 190° C bei einer Säulenlänge von 2 m und Wasserstoff als mobiler Phase.

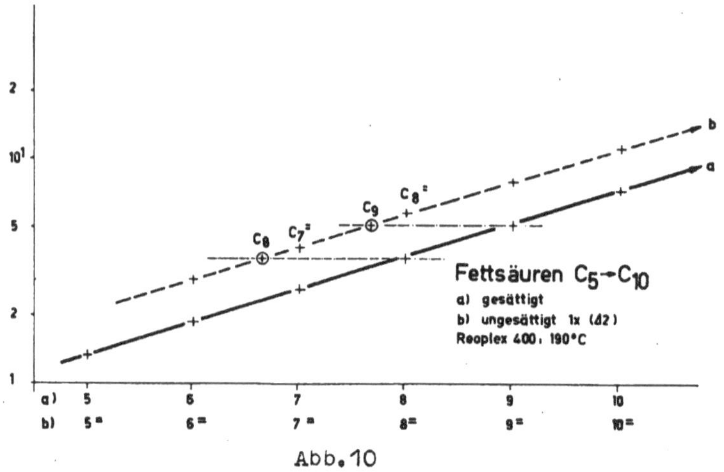

Abb.10
Fettsäuren $C_5 \rightarrow C_{10}^=$, $C_6^= \rightarrow C_{10}^=$ (2,3) log R_t/Kettenlänge,
Reoplex 400, 190° C

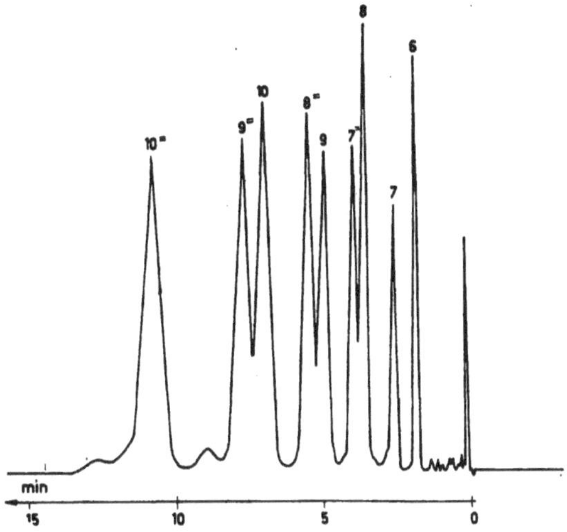

Abb.11
Fettsäuren $C_6 \rightarrow C_{10}$; $C_7^= \rightarrow C_{10}^=$ (2,3)
Reoplex 400; 190° C

Bei Trennung der entsprechenden Methylester auf den gleichen Säulen erscheint immer der kettengleiche ungesättigte Ester kurz nach dem gesättigten aber immer weit vor dem nächst höheren gesättigten. Durch die Doppelbindung in den freien Säuren verstärken sich die zwischen Phase und Substrat bestehenden Dipolkräfte ganz wesentlich. Die lokalen Assoziate der ungesättigten Säuren sind durch das π -Elektronensystem weit beständiger als die mit gesättigten Fettsäuren. Dieser Effekt war bei allen von uns untersuchten Verteilerflüssigkeiten zu beobachten. Besonders stark aber war er bei der Kombination "Reoplex 400 und Orthophosphorsäure".

Meinen Mitarbeiterinnen Frau Blume und Frau Mainas danke ich für die Synthese vieler Testsubstanzen.

H. Herold
Wissenschaftlich - Technisches Zentrum der VVB Leichtchemie,
Karl-Marx-Stadt

Ein Beitrag zur Bestimmung von Phosphaten in Waschmitteln

Für die Wirksamkeit eines modernen Waschmittels ist bekanntlich nicht nur der analytisch leicht bestimmbare Gesamtphosphatgehalt von Bedeutung, sondern vor allem seine Verteilung auf die einzelnen Phosphatkomponenten unterschiedlichen Kondensationsgrades. Es besteht daher das Bedürfnis nach einer Bestimmungsmethode, die es gestattet, in dieser Hinsicht Rohstoffe, Zwischen- und Fertigprodukte der Waschmittelherstellung qualitativ und quantitativ zu untersuchen.

Für diesen Zweck erweist sich die Methode der Ionenaustauschchromatographie als sehr leistungsfähig. Auf der Grundlage von Veröffentlichungen in der Fachliteratur [1] und unter Verwendung einer Apparatur der Fa. Bender & Hobein, München, zur Bestimmung von Aminosäuren wurde im physikalisch-chemischen Labor des VEB Fettchemie, Karl-Marx-Stadt, eine automatisierte Methode erarbeitet, die für die Bestimmung von Ortho-, Pyro-, Tripoly-, Trimeta- und Tetrametaphosphat geeignet ist.

Die Bestimmungsmethode

Zunächst soll das Prinzip der Bestimmung kurz erläutert werden. Es wird ein stark basischer Anionenaustauscher - Dowex 1X8, Korngröße 2oo bis 4oo mesh - in der Chloridform verwendet. Die Untersuchungssubstanz wird gelöst und auf die Trennsäule gebracht, wobei die in der Lösung enthaltenen Phosphationen gegen Chloridionen ausgetauscht werden. Die Elution der Phosphationen erfolgt mit schwach sauer eingestellter Kaliumchloridlösung. Wichtig ist dabei die Anwendung des Prinzips der Gradientenelution. [2] Nur dadurch ist es möglich, die Trennung in einem Arbeitsgang und mit einem Elutionsmittel durchzuführen und damit die Voraussetzungen für eine automatisierte Bestimmungsmethode zu schaffen. Die einzelnen Komponenten werden dann in der Reihenfolge ihrer Elution kontinuierlich zu Orthophosphat hydrolysiert und als gelber Vanadomolybdatkomplex ebenfalls kontinuierlich zur kolorimetrischen Auswertung gebracht. Es werden Kurven erhalten, bei denen die Fläche unter der Kurve dem Phosphorgehalt der einzelnen Fraktionen linear proportional ist.

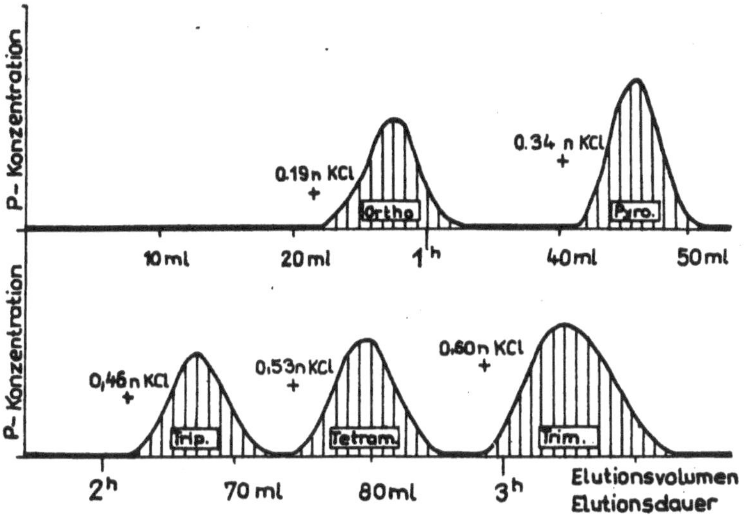

Abb. 1. Vergleichskurve

Abb. 1 zeigt eine Vergleichskurve mit den 5 Komponenten Ortho-, Pyro-, Tripoly-, Tetrameta- und Trimetaphosphat. Auf der Abszisse wurden die Elutionsdauer und die Menge des Elutionsmittels bis zum Austritt der Fraktion aus der Trennsäule aufgetragen, auf der Ordinate die Phosphorkonzentration in einer frei gewählten Einheit. Weiterhin ist zu einigen Zeitpunkten die jeweilige Kaliumchloridkonzentration am Säulenkopf eingezeichnet, um den Konzentrationsanstieg zu zeigen. Die Auswahl der anzuwendenden Versuchsbedingungen mußte vor allem berücksichtigen, daß an den kritischen Stellen der Kurve zwischen Tripoly- und Tetrametaphosphat sowie zwischen Tetrameta- und Trimetaphosphat eine einwandfreie, auswertbare Trennung erreicht wird.

Die angewandte Arbeitstechnik berücksichtigt nicht das Tetrapolyphosphat. Tetrapolyphosphat würde sich dem Tetrametaphosphat überlagern. Zur Trennung dieser beiden Komponenten müßte die Bestimmung mit einem schwach alkalischen Elutionsmittel wiederholt werden. [3]

Höher kondensierte Phosphate als die genannten sind unter diesen Bedingungen nicht eluierbar. Sie können unter Anwendung 1o%iger Salzsäure bei 6o - 8o°C von der Säule entfernt werden. [3] Dabei findet nach unseren Erfahrungen keine Elution statt, sondern die höher kondensierten Phosphate werden auf dem Austauscher hydrolysiert und dann ausgewaschen. Dieser Vorgang zieht sich über mehrere Stunden hin. Es werden somit keine auswertbaren Fraktionen erhalten. Über die Möglichkeit einer summarischen Bestimmung des Anteils der höheren Phosphate soll noch an einem Beispiel gesprochen werden.

Apparatur und Arbeitsweise sollen anhand von Abb. 2 erläutert werden.

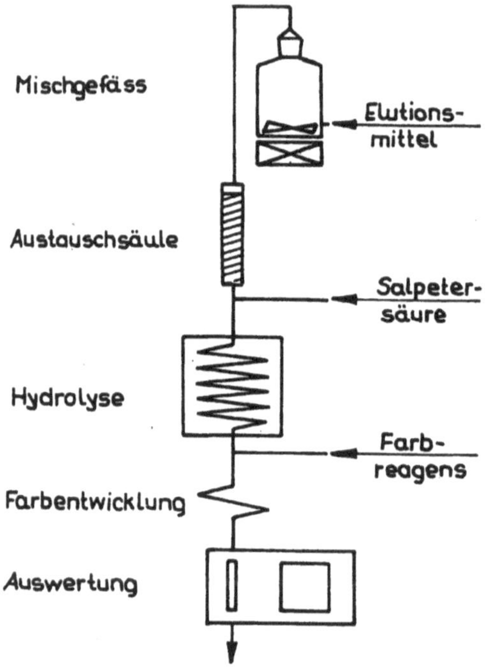

Abb. 2. Schema der Apparatur

In der Trennsäule mit einer Füllhöhe von 1o cm und einer lichten Weite von etwa 1 cm befindet sich der mit Salzsäure regenerierte und mit Wasser neutral gewaschene Austauscher Dowex 1X8. Die Untersuchungssubstanz wird in wenigen Millilitern Wasser gelöst und auf die Säule gebracht. Dabei soll die Einwaage im Idealfall so gewählt werden, daß eine Fraktion ungefähr o,1 bis 1 mg Phosphor enthält.

In dem Mischgefäß mit einem Volumen von 13o ml befindet sich zu Beginn der Bestimmung destilliertes Wasser. Mittels einer Dosierpumpe wird mit einer Geschwindigkeit von 3o ml/h eine 1,2 n Kaliumchloridlösung in das Mischgefäß gedrückt, die durch Zugabe von 6,5 g Eisessig und 8,o g Natriumacetat pro Liter auf einen pH-Wert von 4,4 gebracht wurde. In dem Mischgefäß findet eine intensive Durchmischung mit dem vorhandenen Inhalt statt, so daß eine Kaliumchloridlösung ständig steigender Konzentration die Trennsäule erreicht. Auf diese Weise wird der Konzentrationsgradient realisiert.

Das Elutionsmittel passiert nun die Trennsäule. Nach dem Verlassen der Austauschsäule wird dem Eluat mit einer Geschwindigkeit von 15 ml/h halbkonzentrierte Salpetersäure zugesetzt.

Die Mischung durchläuft dann etwa 3o min einen Kapillarschlauch, der in einem siedenden Wasserbad aufgewickelt ist. In dieser Zeit findet die Hydrolyse der kondensierten Phosphate zu Orthophosphat statt. Anschließend wird mittels einer weiteren Dosierpumpe mit der Geschwindigkeit von 3o ml/h das Mischreagens für die Phosphorbestimmung nach Barton [4] zugespeist. Diese Lösung enthält 4o g Ammoniummolybdat, 1,4 g Ammoniumvanadat und 2oo ml konzentrierte Salpetersäure im Liter.

Das Gemisch durchläuft dann noch 3 min eine kurze Schleife zur Entwicklung des gelben Phosphorvanadomolybdatkomplexes und gelangt dann in das Durchlaufkolorimeter "Integraph", wo die Extinktion der Lösung als Maß für den Phosphorgehalt im blauen Licht gemessen und registriert wird. Gleichzeitig integriert das Gerät die Extinktionskurve. Um von den geringen Schwankungen der Nullinie unabhängig zu sein, haben wir allerdings die Flächen der Peaks zusätzlich mit dem Planimeter ermittelt. Für die Auswertung erweist sich als besonders günstig, daß alle Fraktionen in der gleichen Form - nämlich als Orthophosphat - erfaßt werden.

Anwendungsbeispiele

Die Leistungsfähigkeit der Methode soll zunächst an einer Rohstoffanalyse demonstriert werden.

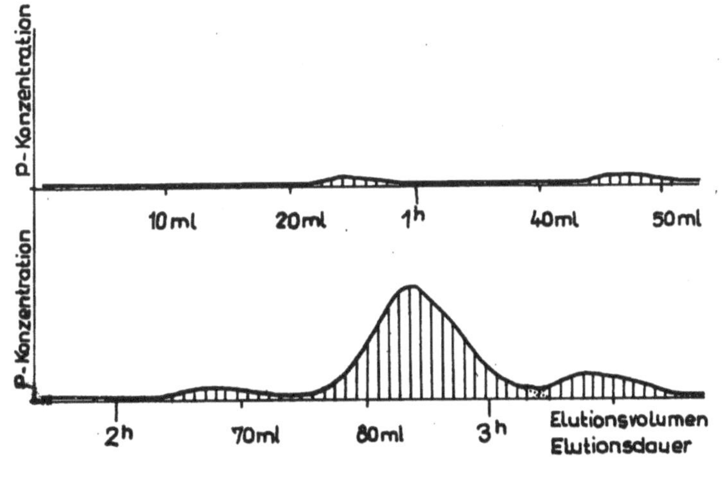

Abb. 3. Phosphatanalyse von Hexametaphosphat-technisch

Abb. 3 zeigt die Kurve einer Untersuchung von sogenanntem Kalium-Natrium-Hexametaphosphat in technischer Qualität, wie es bei der Waschmittelherstellung eingesetzt wird. Es ist zu erkennen, daß nur geringe Mengen von Ortho-, Pyro- und Tripolyphosphat enthalten sind. Die große Fraktion ist Tetrameta-, die folgende Trimetaphosphat.

Die quantitative Auswertung wurde folgendermaßen vorgenommen: Durch Untersuchung von Testsubstanzen wurde ermittelt, welcher Phosphormenge 1 cm^2 Kurvenfläche entspricht. Damit können nun Absolutwerte des Phosphorgehaltes der einzelnen Fraktionen bestimmt werden. Der Anteil der höher kondensierten Phosphate, die nicht eluierbar sind und sich damit der direkten Bestimmung entziehen, kann dann aus der Differenz zum anderweitig bestimmten Gesamtphosphorgehalt errechnet werden. Andererseits kann man auch die höheren Phosphate - wie schon geschildert - in der Hitze mit Salzsäure von der Säule waschen und einer separaten Phosphorbestimmung unterwerfen.

Da erst in letzter Zeit geeignete Testsubstanzen zur Verfügung standen, kann nur eine ungefähre Auswertung der Kurve angegeben werden. Die einzelnen Fraktionen enthalten folgende Anteile des Gesamtphosphorgehaltes:

Ortho-, Pyro-, Tripolyphosphat	etwa je 2 %
Tetrametaphosphat	etwas über 5o %
Trimetaphosphat	etwas über 1o %

Für höher kondensierte Phosphate, die man von der Bezeichnung her als Hauptbestandteil erwartet, verbleibt nur ein Rest von etwa 3o % des Gesamtphosphorgehaltes.

Es muß in diesem Zusammenhang darauf hingewiesen werden, daß diese sowie die folgenden Analysenwerte lediglich als Beispiel für die untersuchten Anwendungsgebiete herangezogen werden. Es handelt sich dabei um Werte eines bestimmten Musters, woraus im Rahmen dieser Darlegungen keinerlei Schlußfolgerungen auf die allgemeine Qualität der angesprochenen Produkte gezogen werden können.

Ein weiteres Anwendungsgebiet ist die Untersuchung von Fertigprodukten der Waschmittelherstellung. Die Höhe der Einwaage richtet sich dabei nach dem Gesamtphosphatgehalt des zu untersuchenden Waschmittels sowie nach dem in etwa zu erwartenden Anteil der einzelnen Fraktionen. Als Richtwert hat sich jedoch eine Einwaage von 2o - 3o mg als günstig erwiesen. Diese Einwaage kann ohne weitere Vorbehandlung gelöst und auf die Säule gebracht werden, ohne daß die waschaktive Substanz den Gang der Analyse stört. Auch andere Begleitstoffe wie Metasilikate, die ja ebenfalls mit Vanadomolybdat einen Farbkomplex bilden, oder Karbonate, die mit der zur Hydrolyse verwendeten Salpetersäure Gasblasen in den Kapillarschläuchen entwickeln, stören nicht, da sie nicht gleichzeitig mit den Phosphaten eluiert werden. Eine Einschränkung muß allerdings gemacht werden: Die anionaktiven Tenside sind unter diesen Umständen nicht eluierbar und werden auch bei der Regenerierung des Austauschers nicht entfernt. Obwohl der Austauscher recht sparsam in der Anwendung ist - eine Säulenfüllung von weniger als 1o cm^3 kann für 1o - 3o Analysen verwendet werden - haben wir doch zur Schonung des kostbaren Austauschers die waschaktive Substanz vor der Bestimmung meist mit Alkohol herausgelöst.

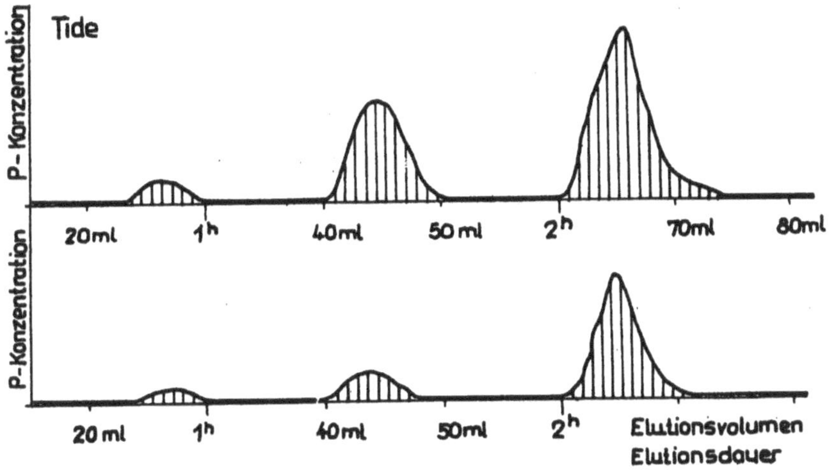

Abb. 4. Phosphatspektren von Waschmitteln

Auf Abb. 4 sind die Kurven von zwei Waschmitteln dargestellt. Beide enthalten nur Pyro- und Tripolyphosphat sowie geringe Mengen Orthophosphat. Bei solchen Mustern, wo nur eluierbare Phosphate vorliegen, haben wir eine einfachere Auswertung angewandt, die unabhängig von Testsubstanzen ist. Zunächst werden die Flächen der einzelnen Fraktionen planimetriert. Die Summe dieser Flächen entspricht dem Gesamtphosphorgehalt, die Fläche einer Fraktion dem Anteil dieser Komponente am Gesamtphosphorgehalt.

Für die beiden vorliegenden Beispiele wurden folgende Werte ermittelt:
Das erste Muster enthält

Orthophosphat	5 %
Pyrophosphat	35 %
Tripolyphosphat	6o %,

was dem als optimal angesehenen Verhältnis zwischen Pyro- und Tripolyphosphat von etwa 1 : 2 entspricht.

Die zweite Analyse zeigt folgende Anteile:

Orthophosphat	5 %
Pyrophosphat	2o %
Tripolyphosphat	75 %

Aus diesen Werten könnte eventuell gefolgert werden, daß zur Herstellung dieses Waschmittels ausschließlich Tripolyphosphat verwendet wurde. Die relativ geringen Anteile der anderen Phosphate könnten von Verunreinigungen des technischen Ausgangsproduktes herrühren, bzw. durch Hydrolyse von Tripolyphosphat während der Waschmittelherstellung entstanden sein.

Das dritte Gebiet, das sich für die Anwendung dieses Trennverfahrens anbot, ist die Kontrolle des Verhaltens der Phosphate im Produktionsprozeß. Ausgangspunkt der Untersuchungen war die Gegenüberstellung von zwei Analysen, die auf Abb. 5 zu sehen ist.

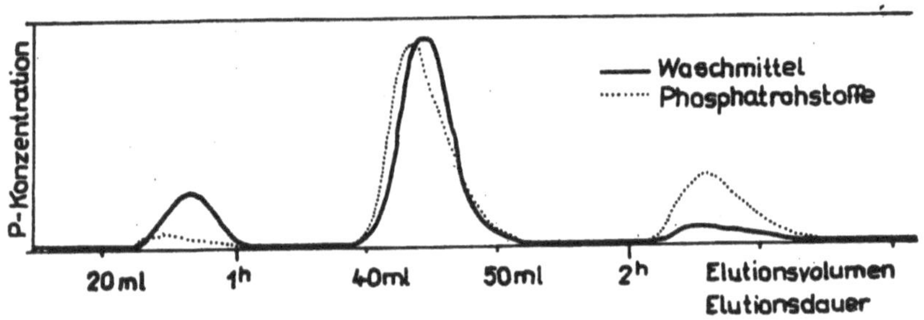

Abb. 5. Phosphatumwandlung bei der Waschmittelherstellung

Die unterbrochene Kurve zeigt die Verteilung von Ortho-, Pyro- und Tripolyphosphat im eingesetzten Rohstoffgemisch, die ausgezogene Kurve zeigt die Verteilung im damit hergestellten Waschmittel. Die Einwaagen wurden zur besseren Anschaulichkeit so gewählt, daß bei beiden Analysen ein gleicher Gesamtphosphorgehalt vorlag.

Aus der Darstellung geht hervor, daß der Gehalt an Pyrophosphat fast unverändert geblieben ist. Während aber der Gehalt an waschunwirksamen Orthophosphat im Verlauf des Produktionsprozesses von 4 % auf 16 % angestiegen ist, sank gleichzeitig der Anteil des wertvollen Tripolyphosphates von 27 % auf 7 %.

Weiterführende Untersuchungen, die in den einzelnen Etappen der Waschmittelherstellung unter Variation der Bedingungen durchgeführt wurden, zeigten interessante Ergebnisse. Eine ausführliche Darstellung würde über den Rahmen dieses Vortrages, dessen Schwerpunkt bei der Darlegung der analytischen Anwendungsmöglichkeiten liegt, hinausgehen. Daher sei nur folgendes gesagt: Wie aus der Kenntnis des Verhaltens der kondensierten Phosphate zu erwarten ist, findet eine Hydrolyse zu Orthophosphat während des Lagerns des Slurrys bei höherer Temperatur und während der Zerstäubung statt. Diese Schädigung der kondensierten Phosphate hält sich in engen, durchaus erträglichen Grenzen, wenn der Slurry nach dem Zusatz der Phosphate bei dem sich spontan einstellenden pH-Wert - im Falle der vorliegenden Phosphatkombination bei etwa 9,4 - belassen wird.

Weit ungünstiger liegen die Verhältnisse, wenn zur Erzielung eines neutralen Waschmittels der Slurry durch Zugabe von Säure auf einen niedrigeren pH-Wert gebracht wird. Es soll hier nicht die Frage angesprochen werden, ob zur Schonung der animalischen Fasern die Waschflotte möglichst absolut neutral sein muß. Es soll aber darauf hingewiesen werden, daß bei der sogenannten Nachneutralisation des Slurrys mit einer verstärkten Hydrolyse der kondensierten Phosphate zu rechnen ist.

Vergleich zur Papierchromatographie

Da die Papierchromatographie bekanntlich ebenfalls zur Trennung der Phosphate herangezogen wird, sei abschließend ein Vergleich beider Methoden gestattet.

Zur Durchführung des geschilderten Verfahrens wird eine relativ umfangreiche Apparatur benötigt. Verzichtet man auf die Automatisierung der Phosphorbestimmung, so vereinfacht sich die Apparatur zwar wesentlich, wofür aber ein bedeutend höherer Arbeitsaufwand getrieben werden muß. Das ist der Nachteil der Ionenaustauschchromatographie.

Dem stehen folgende Vorteile gegenüber:

1. Im Gegensatz zum Mikrogrammbereich der Papierchromatographie kann bei etwa gleicher Konzentration weit günstiger im Milligrammbereich gearbeitet werden. Auch fallen die komplizierten Operationen zwischen der Trennung auf dem Papier und der quantitativen Auswertung weg. Daraus resultiert eine höhere Genauigkeit. Obwohl bei dem geschilderten Verfahren gewisse ungünstige Voraussetzungen vorliegen - zum Beispiel die lange Laufzeit der Fraktionen in den Kapillarschläuchen der Apparatur und die damit verbundene Vor- und Rückdiffusion - waren die Werte, falls nur eluierbare Phosphate vorlagen, innerhalb eines relativen Fehlers von etwa 5 % reproduzierbar.
2. Die Dauer einer Analyse ist geringer und kann durch höhere Elutionsgeschwindigkeiten weiter verkürzt werden. Die von uns verwendete Apparatur war auf die speziellen Erfordernisse der Trennung von Aminosäuren zugeschnitten, so daß die Elutionsgeschwindigkeit nicht variiert werden konnte. Es kann aber eingeschätzt werden, daß durch Verwendung schnellerer Dosierpumpen die Dauer einer Analyse der fünf genannten Phosphate auf 2 - 3 h herabgesetzt werden kann.
3. Während der Trennung kann keine Umwandlung der Phosphate stattfinden. Sie werden mit dem Auftragen fest an den Austauscher gebunden. Nach der Elution kann eine eventuelle Hydrolyse keine Verfälschung der Ergebnisse mehr bewirken.
4. Die Ionenaustauschchromatographie ist unter veränderten Bedingungen auch auf sehr geringe Konzentrationen, wie sie zum Beispiel bei der Wasseranalyse vorliegen, anwendbar. [5]

Außerdem soll zum Schluß noch einmal daran erinnert werden, daß erst die Anwendung der Säulenchromatographie unter Nutzung der besonderen Vorteile der Gradientenelution ein solches automatisches Verfahren ermöglicht, das nahezu ohne Kontrolle arbeitet.

Literatur

[1] Dorfner, K.
Ionenaustausch - Chromatographie
Akademie-Verlag Berlin, 1963

[2] Grande, J. A.; Beukenkamp, J.
Anal. Chem., 28 (1956), 1497

[3] Peters, T. V.; Rieman, W.
Anal. Chim. Acta, 14 (1956), 131

[4] Barton, C. J.
Anal. Chem., 2o (1948), 1o68

[5] Wernet, J.; Ebert, J.; Adrian, R.
Z. analyt. Chem., 212 (1965), 155

H. Jehring
Deutsche Akademie der Wissenschaften zu Berlin
Arbeitsbereich Physikalische Methoden der Analytischen Chemie
am Institut für Physikalische Chemie

Moderne elektrochemische Analysenmethoden für grenzflächenaktive Stoffe

1. Einführung

Bei den modernen elektrochemischen Methoden zur Bestimmung grenzflächenaktiver Stoffe wird das Adsorptionsverhalten dieser Substanzen an der Elektrodenoberfläche, d. h. die Grenzflächenaktivität selbst analytisch ausgenutzt. Die an der Elektrodenoberfläche angereicherten, d. h. adsorbierten Stoffe ändern die elektrischen Eigenschaften der Elektrode und beeinflussen die an der Elektrodenoberfläche ablaufenden elektrochemischen Prozesse anderer Stoffe. Einige Methoden, denen diese beiden Tatsachen zugrunde liegen, sollen hier näher besprochen werden. Läßt sich der zu untersuchende grenzflächenaktive Stoff allerdings reduzieren oder oxidieren, was selten der Fall ist, dann kann man ihn wie alle übrigen polarographisch aktiven Stoffe bestimmen. Hierauf wird an dieser Stelle nicht eingegangen.

Die hier zu besprechenden Verfahren lassen sich auf die Prinzipien der klassischen und modernen Polarographie zurückführen (Aufnahme einfacher oder abgeleiteter Strom-Spannungs-Kurven an der tropfenden Quecksilberelektrode). Die Tenside sind dabei aber selbst nicht polarographisch aktiv. Die Möglichkeit zur quantitativen Bestimmung liegt in ihrem meßbaren Einfluß auf die folgenden polarographischen Ströme:

1. Der Kapazitätsstrom (Ladestrom) stellt den Grundstrom der leeren Lösung dar und entsteht durch das Aufladen der Doppelschicht während des Tropfenwachstums (Abb. 1 a und Abb. 4).

2. Der Diffusionsstrom (Grenzstrom) entsteht bei der Reduktion oder Oxidation von Depolarisatoren an der Elektrode. Seine Größe wird festgelegt von den pro Zeiteinheit zur Elektrode diffundierenden polarographisch aktiven Teilchen (Abb. 1 b und Abb. 3).

3. Der Konvektionsstrom (polarographisches Maximum) beruht ebenfalls auf der elektrochemischen Oxidation oder Reduktion. Die Stromstärke liegt jedoch über der des Diffusionsstromes und wird be-

stimmt von den pro Zeiteinheit durch Flüssigkeitsströmung an die Elektrode transportierten Teilchen (Abb. 1 c und Abb. 2).

Bei allen drei Verfahren ist der Zusatz eines elektrochemisch indifferenten Leitsalzes (z. B. 0,01 bis 1 m) zur Erhöhung der Leitfähigkeit notwendig. Der Einsatz der unter 2. und 3. genannten Methoden erfordert außerdem noch einen elektrochemisch aktiven Stoff (z. B. Cu-Ionen oder auch gelöster Luftsauerstoff).

Über das gesamte Gebiet liegt umfangreiches wissenschaftliches Material vor [1, 2, 3, 4]. Zur meßtechnischen Erfassung, Auswertung und Deutung dieser Erscheinungen wurden entsprechende Meßmethoden ausgearbeitet und erprobt sowie größtenteils auch handelsübliche Geräte auf der Grundlage dieser Methoden entwickelt bzw. bereits eingeführte Geräte für die Einsatzmöglichkeit auf diesen Gebieten geprüft. Der Schwerpunkt der Arbeiten lag dabei zunächst mehr auf der Seite der Grundlagenforschung, besonders bezüglich der Struktur, der Eigenschaften sowie des Einflusses adsorbierter Schichten. Technische Bedeutung besitzen die Untersuchungen weiterhin u. a. für viele elektrochemische Prozesse (z. B. Galvanotechnik, Metallbeizen) sowie direkt für den Korrosionsschutz (Hemmstoffe).

Die analytischen Einsatzmöglichkeiten wurden erst in den letzten Jahren mehr in den Vordergrund gerückt. Ein abschließendes Urteil kann damit zum jetzigen Zeitpunkt noch nicht gegeben werden. Dies entspricht einem Entwicklungsweg, der auch für die inzwischen eingeführten physikochemischen Analysenverfahren charakteristisch ist. Solange der Analytiker für den Einsatz moderner physikochemischer Methoden eigene Aufbauten verwenden muß, deren Erstellung Spezialkenntnisse voraussetzt, wird er dem Einsatz dieser Methoden wegen des zunächst großen Aufwandes und der Unsicherheiten abwartend gegenüberstehen. Erweist sich nach entsprechenden Arbeiten auf methodischer, theoretischer und anwendungstechnischer Grundlage eine Methode als geeignet und überführungsreif für die Geräteentwicklung und den Gerätebau, dann wird nach einer angemessenen Zeitspanne dem Analytiker ein relativ einfach und ohne besondere Spezialkenntnisse zu bedienendes Analysengerät zur Verfügung stehen. Dabei sind mit der elektrischen Auswertung Vorteile hinsichtlich Registrierung, Automation und Regelung zu erwarten. Nach dem gegenwärtigen Stand läßt sich auf dem Gebiet der elektrochemischen Tensid-Analyse eine positive Entwicklung voraussehen. Es sollen im folgenden Prinzip und Aussagekraft einiger dieser Methoden kurz beschrieben und demonstriert werden.

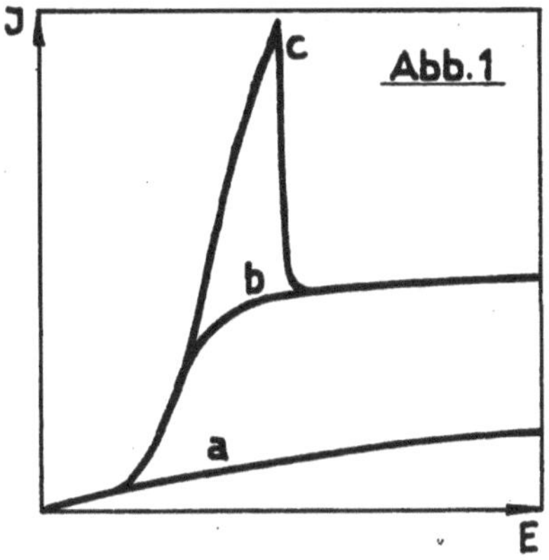

Abb. 1

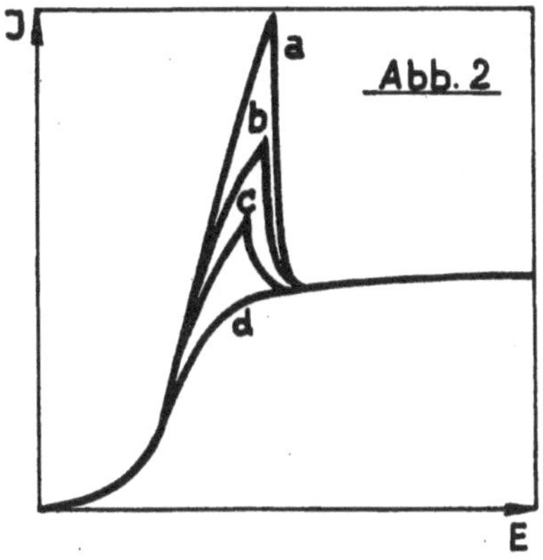

Abb. 2

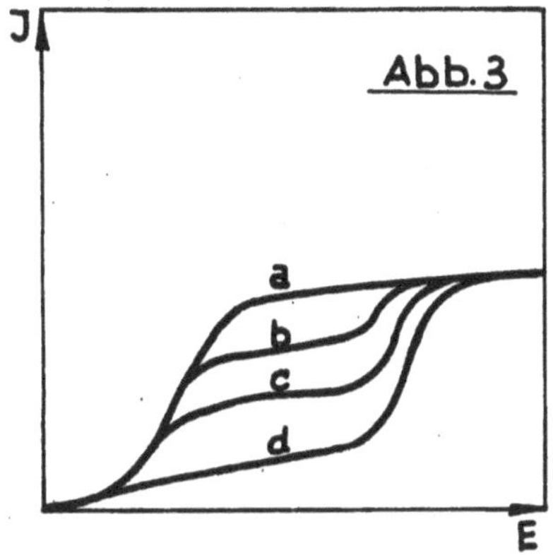

Abb. 3

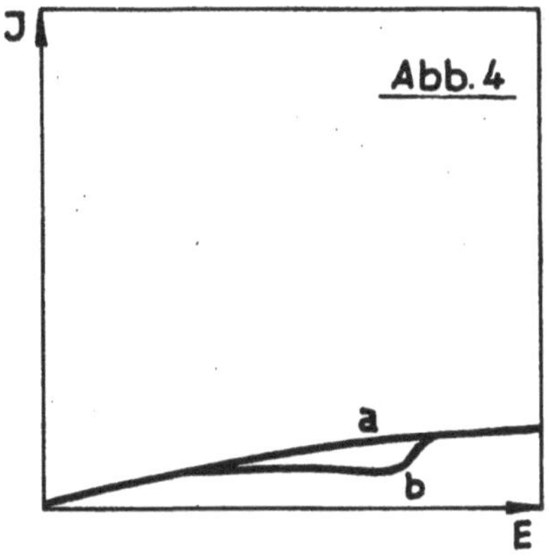

Abb. 4

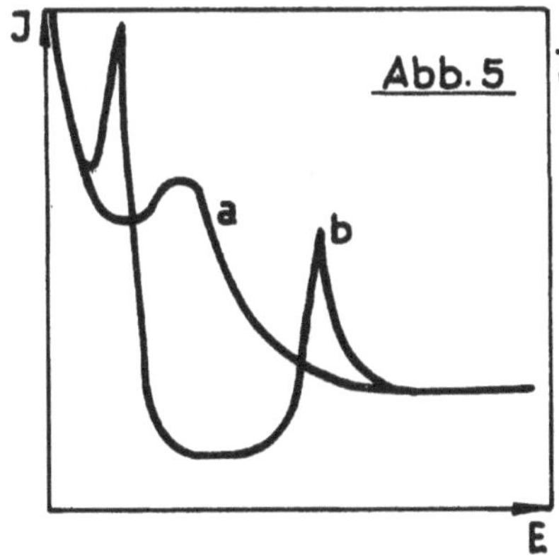

Abb. 5

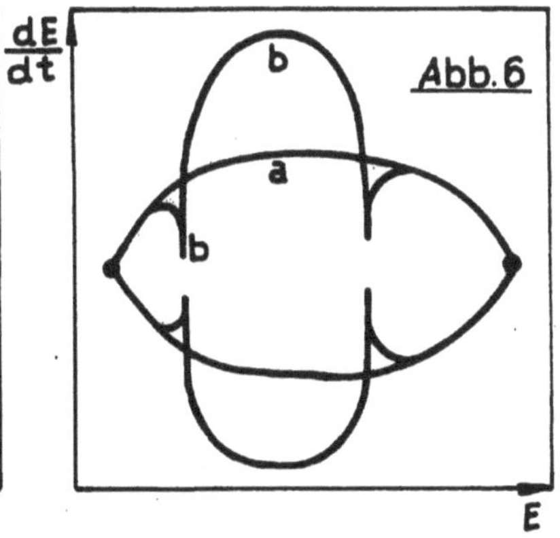

Abb. 6

Abb. 1 Polarogramm ohne Tensid

a) Kapazitätsstrom (Ladungsstrom)
b) Diffusionsstrom (Grenzstrom)
c) Konvektionsstrom (Maximum)

Abb. 2 Maximadämpfung

a) ohne Tensid
b) - d) zunehmende Tensidkonzentration

Abb. 3 Inhibition des Diffusionsstromes

a) ohne Tensid
b) - d) zunehmende Tensidkonzentration

Abb. 4 Kapazitätsstromerniedrigung

a) ohne Tensid
b) mit Tensid

Abb. 5 Differentialkapazität

a) ohne Tensid
b) mit Tensid

Abb. 6 Oszillopolarogramm

a) ohne Tensid
b) mit Tensid

---

2. Dämpfung polarographischer Maxima

Zur Erläuterung sei einiges über die Polarographie allgemein vorausgeschickt. Abb. 1 b zeigt zunächst ein einfaches Gleichstrompolarogramm eines polarographisch aktiven Stoffes (kein Tensid). Die Höhe der Stufe wird zur Bestimmung der Konzentration analytisch ausgewertet. Unter ungünstigen Bedingungen erhält man nun nicht diese gut ausgebildeten Stufen, sondern durch störende Flüssigkeitsströmungen an der Elektrode verzerrte Polarogramme. Diese Störungen äußern sich in überhöhten Stromstärken (Maxima), die eine Auswertung der Polarogramme erschweren oder unmöglich machen (Abb. 1 c). Diese störenden Maxima kann man erfahrungsgemäß durch Zusatz grenzflächenaktiver Stoffe unterdrücken (dämpfen), wobei die Dämpfungswirkung von der Tensid-Konzentration abhängt (Abb. 2). Darauf beruht nun die Möglichkeit für eine sehr empfindliche quantitative Tensidbestimmung (noch nachweisbare Grenzkonzentration 0,01 bis 1 mg/l). Die extrem hohe analytische Empfindlichkeit wird aber leider begleitet von einer großen Anfälligkeit gegenüber den Meßbedingungen und äußeren Einflüssen.

Der zu bestimmende grenzflächenaktive Stoff erzeugt also allein noch kein Polarogramm. Erst nach dem Zusatz eines reduzierbaren oder oxidierbaren Stoffes wird sein zunächst latentes Verhalten sichtbar und analytisch auswertbar. Dieses Verfahren, die sogenannte "polarographische Adsorptionsanalyse" ist bereits länger bekannt. Sie findet u. a. Anwendung bei der Reinheitsprüfung des Wassers, in der Lebensmittelindustrie, in der Naturstoffchemie sowie auf den Gebieten der Polymere, Öle, Photo-Gelatine und Biochemie [1, 4, 5, 10]. Zur Aufnahme der Kurven eignen sich gewöhnliche polarographische Zellen und einfache Gleichstrompolarographen. Die Auswertung erfolgt aus Eichkurven.

3. Erniedrigung des Diffusionsstromes

Bei höheren Tensidkonzentrationen werden nicht nur die Flüssigkeitsströmungen und damit die Maxima unterdrückt, sondern auch bereits der Grenzstrom (Abb. 1 b) des zugesetzten reduzierbaren (oder auch oxidierbaren) Stoffes im Potentialbereich der Tensidadsorption beeinflußt. Man spricht im Falle der Erniedrigung von einer Inhibition (Hemmung) durch die an der Oberfläche der Elektrode adsorbierten Tensidmoleküle. Auch dieser Inhibitionseffekt ist in einem bestimmten Konzentrationsbereich eine Funktion der gelösten Tensidmenge (Abb. 3).

In den meisten Fällen kann man sich diese Stromerniedrigung als eine teilweise oder völlige Blockierung der Elektrodenoberfläche für den Stromdurchgang vorstellen. Auch im Wechselstrompolarogramm (wo anstelle der Gleichstromstufen Wellen am Halbstufenpotential auftreten) sind die Inhibitionseffekte als Erniedrigung der Wellen zu beobachten und analytisch auswertbar.

Für die Auswertung steht nur der Tensid-Konzentrationsbereich zur Verfügung, der unterhalb der Adsorptionssättigung (Abb. 3 d) liegt. Anderenfalls ist eine Verdünnung der Tensidlösung vor der Aufnahme nötig. Die auswertbaren Konzentrationen liegen je nach Grenzflächenaktivität des zu untersuchenden Stoffes bei 1 - 10 mg/l. Die Empfindlichkeit ist nicht so groß wie die der Maximadämpfung. Zur Aufnahme ist wieder ein Leitsalz und zusätzlich ein Depolarisator erforderlich. Geeignet sind für die Messung auch hier gewöhnliche polarographische Zellen und einfache Gleich- oder Wechselstrompolarographen. Die Inhibitionseffekte wurden bisher kaum analytisch ausgenutzt [1, 2].

4. Änderung der Elektrodenkapazität

4.1. Gleichstrommethoden

Sowohl bei der Maximadämpfung als auch bei der Inhibition ist neben dem Leitsalz auch die Zugabe eines polarographisch aktiven Stoffes (Depolarisator) Voraussetzung für die Bestimmung der polarographisch inaktiven Tenside. Bei den Kapazitätsmethoden ist dagegen der Depolarisatorzusatz nicht nötig. Es genügt der Leitsalzzusatz (0,01 bis 1 m

Salzlösung). Bereits aus der klassischen Gleichstrompolarographie ist bekannt, daß auch in der leeren Leitsalzlösung ein geringer Kapazitätsstrom fließt (Abb. 1 a). Die Elektrodenoberfläche verhält sich wie ein Kondensator relativ hoher Kapazität (etwa 1 μF), der nach dem Tropfenabriß (z. B. alle 1 bis 3 Sekunden) mit dem Wachstum der Tropfenoberfläche aufgeladen wird auf das außen anliegende Potential.

Durch an der Oberfläche adsorbierte Tensidmoleküle wird die Kapazität in Abhängigkeit von der Oberflächenkonzentration und damit nach den Gesetzen der Adsorption auch als Funktion der in Lösung befindlichen Tensidmenge herabgesetzt. Die Kapazitätserniedrigung ist auf den Potentialbereich begrenzt, wo die Tenside adsorbiert sind. Diese Kapazitätsänderung kann man bei genügend hoher Empfindlichkeit bereits am gewöhnlichen Gleichstrompolarogramm beobachten (Abb. 4). Ausgeprägter ist der Effekt nach der elektrischen Derivation, die mit nahezu allen käuflichen Polarographen möglich ist [1, 2]. Man erhält dabei Kurven ähnlich Abb. 5. Aber auch hier ist die Genauigkeit nicht sehr groß, dafür aber der Einfluß verschiedener Meßbedingungen. Zu einer guten analytischen und wissenschaftlichen Auswertung gelangt man erst durch Einführung von Wechselstrommethoden. Auf diese soll näher eingegangen werden.

4.2. Oszillographische Polarographie mit Wechselstrom

Zur Anwendung dieser Methode stehen käufliche Geräte aus der CSSR unter der Bezeichnung "Polaroskop" zur Verfügung. Das Oszillopolarogramm entsteht auf dem Bildschirm einer Braunschen Röhre. Die gesamte Polarographierspannung wird bei konstantem Wechselstrom mit Geschwindigkeit der Netzfrequenz in beiden Richtungen durchlaufen, also wesentlich schneller als bei den üblichen polarographischen Verfahren, bei denen meist im Mittel eine Zeit von 5 min für eine Richtung aufgewendet wird. Für die Aufzeichnung eignen sich daher auch nicht mehr die trägen Schreiber oder Galvanometer, sondern es muß auf den praktisch trägheitslosen Elektronenstrahl zurückgegriffen werden.

Auf dem Bildschirm entstehen Ellipsen (Ordinate: Ableitung des Potentials gegen die Zeit dE/dt; Abszisse: Potential E).
Sowohl Depolarisatoren als auch polarographisch inaktive grenzflächenaktive Stoffe erzeugen Einschnitte, deren Lage von der Substanzart und deren Tiefe von der Konzentration abhängt. Nach der Beziehung $dE/dt = i/C$ führt die Erniedrigung der Kapazität C (im Adsorptionsgebiet) zur dE/dt-Vergrößerung und die Erhöhung der Kapazität C (Depolarisatorwelle, Desorptionswelle) zu einer dE/dt-Erniedrigung (Einschnitt),

was in Abb. 6 am Beispiel eines grenzflächenaktiven Stoffes veranschaulicht ist. Analytisch ausgewertet wird mit Hilfe von Eichkurven die Einschnittiefe als Funktion der Konzentration. Es liegt bereits umfangreiches und systematisches Untersuchungsmaterial besonders aus der tschechischen Schule vor [6, 7]. Die Nachweisgrenze liegt bei einigen mg/l. Die Untersuchungen können wieder in einer handelsüblichen polarographischen Zelle vorgenommen werden. Die Tiefe der Einschnitte kann man direkt am Bildschirm ausmessen. Falls nötig, läßt sich das Bild mit Hilfe eines Photovorsatzes photographisch festhalten.

4.3. Polarographie mit überlagerter Wechselspannung (Wechselstrompolarographie) bzw. Tensammetrie

Im Gegensatz zur eben besprochenen oszillographischen Polarographie arbeitet man bei der Tensammetrie (Teilgebiet der Wechselstrompolarographie für die Untersuchung der Adsorptionseffekte) wieder mit langsamer Schreiberregistrierung wie in der klassischen Polarographie. Auch hierfür bietet der Handel bereits Geräte an [8, 9].

Abb. 7 zeigt eine typische tensammetrische Aufnahme eines grenzflächenaktiven Stoffes. Es sind mehrere Kurven, die mit verschiedenen Konzentrationen desselben Stoffes erhalten wurden, übereinander aufgetragen. Die Abszisse entspricht der angelegten Gleichspannung E, die Ordinate gibt den Wechselstrom $\mathfrak{J}$ wieder, der in der Tensammetrie annähernd proportional der zu messenden Elektrodenkapazität C ist $\mathfrak{J} = \mathfrak{U} \cdot 2\pi f \cdot C$.

Zur Kapazitätsmessung wird der Gleichspannung E eine konstante Wechselspannung U mit der Frequenz f (etwa 2 - 20 mV, 40 - 200 Hz) überlagert. Wie bereits bei der Erläuterung der Kapazitätseffekte erwähnt, ist die Elektrodenkapazität potentialabhängig, sie wird ferner durch adsorbierte Moleküle erniedrigt. Die Adsorption kann aber nur an elektrisch ungeladenen oder schwach geladenen Elektroden stattfinden. Bei positiver oder negativer Aufladung (einige 100 bis 1000 mV bezogen auf den elektrokapillaren Nullpunkt) erfolgt eine elektrostatische Desorption, d. h. Verdrängung der Tensidmoleküle durch den Elektrolyten. Dies äußert sich in Form tensammetrischer Wellen im Polarogramm, die den Wellen der Derivativ-Polarographie und den Einschnitten der oszillographischen Polarographie entsprechen. Innerhalb der positiven und negativen Desorptionswellen liegt das Adsorptionsgebiet mit der Kapazitätserniedrigung (Abb. 5). Zur analytischen Auswertung eignen sich:

1. Die relative Kapazitätserniedrigung $\Delta C/C_0$ im Adsorptionsgebiet (C_0 = Kapazität der leeren Lösung). Sie steht im annähernd linearen

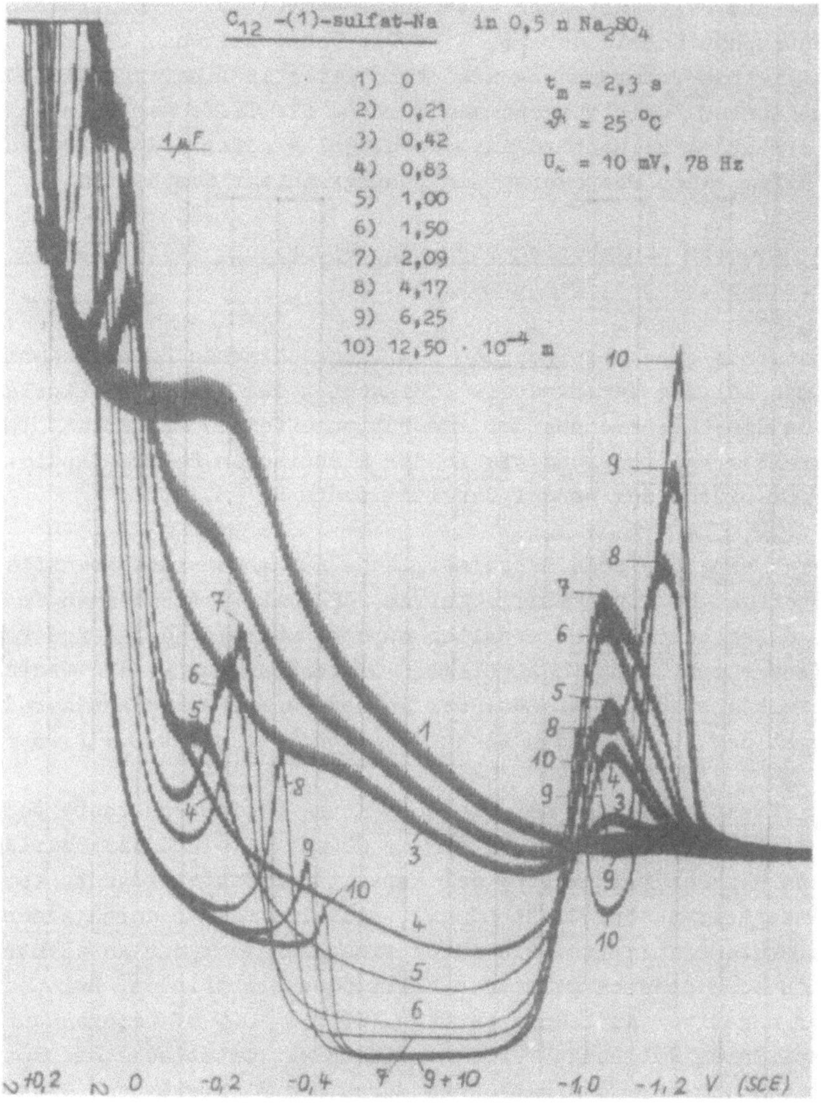

Abb. 7 Wechselstrompolarogramm von Dodecylsulfat (Ordinate: Wechselstrom bzw. Kapazität; Abszisse: Elektrodenpotential gegen die ges. Kalomelelektrode)

Zusammenhang mit der Oberflächenkonzentration Γ bzw. dem Bedeckungsgrad Θ. Die analytische Auswertung erfolgt über Eichkurven, indem man $\Delta C/C_0$ gegen die Konzentrationen c aufträgt. Der anfangs praktisch lineare Kurvenanstieg wird bei relativ hohen Tensidkonzentrationen (schwache Tenside) vom Adsorptionsgleichgewicht, bei niedrigen Tensidkonzentrationen (10^{-5} m) von der Diffusionsgeschwindigkeit zur Elektrode (starke Tenside) bestimmt. Für die analytische Auswertung ist dies zunächst ohne Bedeutung. In beiden Fällen (Gleichgewicht und Nichtgleichgewicht) wird bei höheren Konzentrationen der Sättigungswert der Adsorption erreicht, wo $\Delta C/C_0$ konstant bleibt.

2. Die Desorptionswellenhöhe eignet sich ebenfalls (besonders bei höheren Konzentrationen) gut zur analytischen Auswertung.

3. Die Lage der Wellen (Desorptionspotential) ist nur wenig oder nicht c-abhängig. In einigen Fällen (z. B. Polyäthylenoxide) kann die Abhängigkeit der Desorptionspotentiale vom mittleren Molgewicht analytisch verwertet werden.

Für die Durchführung der Analyse sind wieder nur Leitsalzzusatz (0,01 bis 1 m), eine gewöhnliche polarographische Zelle und ein Wechselstrompolarograph erforderlich. Die Nachweisgrenze liegt zur Zeit bei einigen mg/l. Die Methode ist wie alle bisher besprochenen elektrochemischen Verfahren nicht sehr spezifisch. Nicht in allen Fällen ist eine qualitative Aussage über die Natur der Tenside möglich. Mehrere Tenside beeinflussen sich gegenseitig. In Tensidmischungen erfolgt eine gegenseitige Verdrängung aus der Adsorptionsschicht oder Mischadsorption [9]. Besondere Vorteile verspricht das Verfahren, wenn es sich um die Bestimmung einer bekannten Einzelkomponente oder um die Erfassung der Summe aller grenzflächenaktiven Stoffe (z. B. Verunreinigung im Wasser) handelt sowie bei der Prozeßkontrolle und Automation. Hier genügt es, auf eine konstante Gleichspannung einzustellen und den Wechselstrom zu registrieren. Die Stromstärkeerniedrigung ist ein Maß für die Menge der grenzflächenaktiven Stoffe (Abb. 8).

Auf die vielseitigen Einsatzgebiete der Kapazitätsmeßmethoden zur Untersuchung der Adsorptionserscheinungen soll hier nur hingewiesen, jedoch nicht näher eingegangen werden (Adsorptionskonstanten, Adsorptionskinetik, Struktur und Eigenschaften der Adsorptionsschichten) [3].

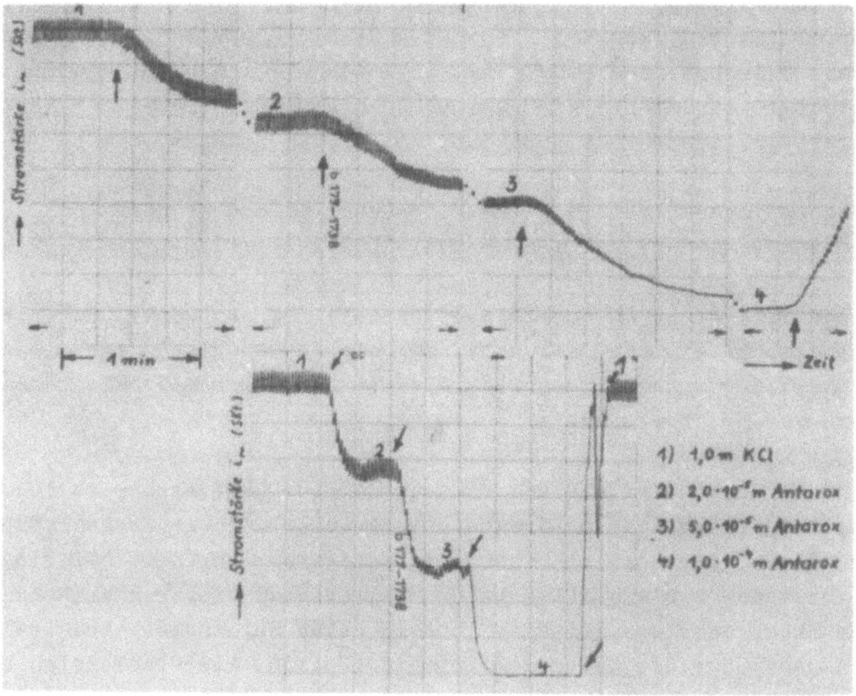

Abb. 8 Wechselstrom als Funktion der Zeit bei konstantem Elektrodenpotential.
(In der Durchflußzelle erreichten zu den mit Pfeil markierten Zeitpunkten die angegebenen Lösungen die Tropfelektrode.)

5. Zusammenfassung

Die empfindlichste elektrochemische Tensidbestimmungsmethode beruht auf der Dämpfung der Maxima polarographischer Ströme (Grenzempfindlichkeit 0,01 bis 1 mg/l). Sie ist sehr empfindlich gegen äußere Einflüsse. Weniger empfindlich sind die Inhibitionseffekte polarographischer Ströme bzw. Wellen (Grenzempfindlichkeit 1 - 10 mg/l). Beide eben genannten Methoden (Maximadämpfung und Inhibition) erfordern neben dem stets erforderlichen Leitsalz noch einen polarographisch aktiven Stoff (Depolarisator), dessen Elektrodenprozeß von den grenzflächenaktiven Stoffen beeinflußt wird. Ohne Depolarisatoren kann man arbeiten, wenn man die Kapazitätseffekte (Änderung der Elektrodenkapazität durch adsorbierte Stoffe) analytisch ausnutzt. Die Gleichstromverfahren sind hier allerdings zu unempfindlich und ungenau. Geeigneter sind Wechselstromverfahren, wie die oszillographische Polarographie mit Wechselstrom und die Polarographie mit überlagerter Wechselspannung bzw. Tensammetrie. Die Grenzempfindlichkeit beider Verfahren liegt bei etwa 1 - 10 mg/l.

6. Literatur (Übersichtsarbeiten)

1 Heyrovský, J. u. Kůta, J., "Grundlagen der Polarographie", Akademie-Verlag Berlin 1965

2 Nürnberg, H.W. u. Stackelberg, M.v., J.Electroanal.Chem. 4 (1962)1

3 Frumkin, A.N. u. Damaskin, B.B., "Modern Aspects of Electrochemistry" (ed. J.O'M. Bockris u. B.E. Conway), Butherworths Scientific Publications, Vol. 3, London 1964

4 Krjukowa, T.A., Sinjakowa, S.J. u. Arefjewa, T.W., "Polarographische Analyse", VEB Deutscher Verlag für Grundstoffindustrie, Leipzig 1964

5 Stackelberg, M.v., "Polarographische Arbeitsmethoden", Walter De Gruyter & Co., Berlin 1950

6 Heyrovský, J. u. Kalvoda, R., "Oszillographische Polarographie mit Wechselstrom", Akademie-Verlag Berlin 1960

7 Kalvoda, R., Collect.czechoslov.chem.Commun. 25 (1960) 3071

8 Breyer, B. u. Bauer, H.H., "Alternating Current Polarography and Tensammetry", Interscience 1963

9 Jehring, H., Habilitationsschrift Technische Universität Dresden (1965)

10 Březina, M. u. Zuman, P., "Die Polarographie in der Medizin, Biochemie und Pharmazie", Akademische Verlagsgesellschaft Geest & Portig K.-G., Leipzig 1956

P. D i e t r i c h

Institut für Fettchemie der Deutschen Akademie der Wissenschaften zu Berlin, Berlin-Adlershof

Zur Analyse der Tenside mit der Wechselstrompolarographie

Die quantitative Analyse von Tensiden ist für die Hersteller und vor allem für die Verbraucher von Tensiden von vielfacher Bedeutung. In der Textilindustrie wird die z.B. zur Kontrolle von Arbeitsprozessen, wie zur Bestimmung von Textilhilfsmitteln in Präparations- und Avivagebädern eingesetzt. Aber auch viele Produkte, mit denen wir täglich in Berührung kommen, enthalten Tenside, die analytisch nachzuweisen und zu bestimmen sind. Oft handelt es sich dabei um kleine Mengen, die hohe Anforderungen an die Analytik stellen und somit immer wieder zu neuen analytischen Arbeiten auf dem Gebiet der Tenside anregen. Schliesslich finden sich alle Tenside nach der Erfüllung ihrer Aufgaben mehr oder weniger konzentriert im Abwasser wieder. Ihre schlechte biologische Abbaubarkeit hat in den vergangenen Jahren in den Industriestaaten mit hohem Tensidverbrauch zu dem sogenannten Detergentienproblem geführt. Das Detergentienproblem und der damit verbundene Ruf nach sauberem Wasser hat die Analytik der Tenside besonders befruchtet.

Gemäss ihrem Anteil an der Herstellung und dem Verbrauch an Detergentien halten die Aniontenside die bevorzugte Stellung vor den Kationtensiden und den nichtionogenen Tensiden. Daher galt auch den Aniontensiden in der Analytik bisher das grösste Interesse. Die quantitative Bestimmung der Aniontenside im Konzentrationsbereich ab etwa 50 mg Tensid pro Liter aufwärts bereitet im allgemeinen keine Schwierigkeiten. Anders sehen die Möglichkeiten im Bereich von 50 bis 0,1 mg Tensid im Liter aus. Hier ist oft ein Kompromiss zwischen absoluter Genauigkeit und geringst möglichem tragbaren Aufwand nötig. Für die Kationtenside und für die nichtionogenen Tenside gelten ähnliche Betrachtungen. Daraus entwickelten sich zahlreiche chemische, physikalische und physiko-chemische Bestimmungsmethoden. Davon haben die titrimetrischen Methoden und hierbei besonders die Zweiphasentitration allgemein praktische Bedeutung. Sie sind besonders gegenüber den physikalischen und physiko-chemischen Methoden in ihrem Aufwand billiger und gestatten bei ausreichender Genauigkeit schnelle Reihenanalysen. Andererseits erfordern die Tensidanalysen im kleinen Konzentrationsbereich oft eine vorangehende Reinigungs- und Trennungsoperation, um den Tensidkörper anzureichern und von Nebenstoffen zu befreien, die

die genaue quantitative Analyse stören würden. Als Beispiel sei die Bestimmung von Aniontensiden im Abwasser erwähnt. Das Abwasser enthält wechselnde Mengen an Salzen und Eiweisshydrolyseprodukten. Diese Stoffe verursachen bei der bekannten Methylenblaumethode nach LONGWELL und MANIECE positive Salz- und negative Eiweissfehler. Es muss daher vor der eigentlichen Bestimmung des gebildeten Methylenblau-Aniontensid-Komplexes eine doppelte Extraktion durchgeführt werden. Trotz des Aufwandes ist dies Verfahren als Standardmethode zur Tensidanalyse in Wasser und Abwasser in vielen Ländern eingeführt worden. Von den physikalischen und physiko-chemischen Methoden gibt es nur wenige, die praktische Anwendung gefunden haben. Das von HETTCHE verwendete du Noüy-Tensiometer misst lediglich die veränderte Grenzflächenspannung wässriger Lösungen und dient vielfach in der Technik zur groben aber ausreichenden Bestimmung von Tensiden. Die spektroskopischen Analysenmethoden beruhen auf charakteristischen Absorptionen funktioneller Gruppen an Tensiden. Diese Analysen sind zum Teil aufwendiger und teurer als die chemischen Analysen. Sie gestatten aber einen näheren Einblick in die Struktur der Tenside. Eine weitere Möglichkeit zur quantitativen Bestimmung der Tenside bietet die Polarographoe, sowohl die klassische Gleichstrompolarographie als die hier bereits erwähnte Wechselspannungspolarographie. Die Gleichstrompolarographie nutzt die Tatsache, dass die Maxima auf den Stromspannungskurven durch oberflächenaktive Stoffe, deren Teilchen an der Elektrodenoberfläche (Hg-Tropfen) adsorbiert werden, gedämpft werden. Ausgeprägte Maxima bilden Sauerstoff und einige Metallkationen. Von STACKELBERG [1] benutzte diese Erscheinung erstmals zur analytischen Bestimmung von Mersolatlösungen und anderen Netzmitteln. Das analytisch verwertbare Konzentrationsgebiet lag zwischen 4 und 16 mg%. Als Grundlösung wurde eine Cl^--Ionenhaltige Cu-Salz-Lösung mit 0,1 n H_2SO_4 als Leitelektrolyt verwendet. Diese Methode konnte sich nicht durchsetzen, da einmal der Konzentrationsbereich zu schmal ist und gegenüber den heutigen chemischen Methoden zu aufwendig erscheint.
Trotzdem wurde die von STACKELBERG angegebene Analysenmethode für andere Bestimmungen grenzflächenaktiver Verbindungen weiterentwickelt.

M. DOLEZIL und J. BULANDR [2] haben die Unterdrückung des Sauerstoffmaximums zur Bestimmung von Laurylsulfat im Konzentrationsbereich von 10^{-4} bis 10^{-5} Mol/l ausgenutzt. Darüber hinaus werden zur Bestimmung vieler anderer grenzflächenaktiver Verbindungen, wie Arzneimittel, Gerbstoffe, Eiweisshydrolysate, Nahrungsmittel und technische Hilfsstoffe die Methode der Sauerstoffmaximumdämpfung angewendet.

G.S. BUCHANAN und J.C. GRIFFITH [3] benutzten Methylenblau in einer Pufferlösung bei pH 4,5 zur Bestimmung von Na-Dodecylsulfat.

Bekanntlich bildet Methylenblau mit dem Aniontensid ein Komplexsalz, das somit die durch Methylenblau erzeugte Reduktionsstufe herabsetzt. Der analytische Bereich liegt bei dieser Methode zwischen $1{,}5 \cdot 10^{-4}$ und $11 \cdot 10^{-3}$ Mol/l.

Für die quantitative Bestimmung von Tensiden hat die klassische Gleichstrompolarographie einige Nachteile. Das mit Sauerstoff erzeugte Maximum ist sehr von der Leitsalzkonzentration abhängig. In verdünnten Salzlösungen, wie 0,01-0,001 molar, wird es am besten entwickelt, während höhere Konzentrationen an Grundelektrolyten das Sauerstoffmaximum dämpfen. Die erhaltenen analytischen Werte sind oft nur in engen Grenzen vergleichbar und reproduzierbar. Andererseits ist die Methode der Maximumdämpfung sehr empfindlich bzw. überempfindlich. Aussichtsreicher für die quantitative Tensidbestimmung erschien die Wechselstrompolarographie nach BREYER. Mit dieser Methode werden nicht nur Redoxprozesse sondern auch Adsorptionsvorgänge, wie wir bereits hörten, aufgezeichnet. In den Arbeitskreisen von BREYER in Australien und GUPTA in Indien sind die Adsorptionserscheinungen von ionogenen Tensiden eingehend untersucht worden. Jedoch ist bisher eine allgemeine Anwendung und eine weitere Verbreitung dieser analytischen Methode nicht erfolgt. Zweifellos mag der Mangel an geeigneten Wechselstrompolarographen, die auch Adsorptionsvorgänge bzw. tensammetrische Kurven registrieren, ein Grund für den Nichteinsatz der wechselstrompolarographischen Methode sein. Andererseits gibt es genügend bewährte chemische Analysenmethoden zur Bestimmung der Tenside, so dass diese junge physiko-chemische Methode benachteiligt ist.

Wir haben daher die analytische Anwendbarkeit der tensammetrischen Methode geprüft. Die Untersuchungen wurden mit dem Bau des Gleich- und Wechselstrompolarographen GWP 563 ermöglicht. Bekanntlich liegt der tensammetrischen Methode ein Adsorptionsprozess an der Quecksilbertropfelektrode zugrunde. Genauer gesagt, ist es die Doppelschicht, die sich an der Grenzfläche Quecksilber-Elektrolytlösung ausbildet und in der eine Ad- und Desorption von Ionen und Tensidmolekülen erfolgt.
Während in der klassischen Polarographie die Maximumdämpfung analytisch ausgewertet wird, benutzt die Tensammetrie die Reduzierung des Kapazitätsstroms in Gegenwart von Tensiden zur quantitativen Bestimmung. Die obere bestimmbare Konzentrationsgrenze der tensammetrischen Methode wird durch den Sättigungsgrad der Bedeckung mit Tensidmolekülen auf der Quecksilberoberfläche gegeben. Die Adsorptionsisotherme zeigt in Abhängigkeit von der Tensidkonzentration bis zur Sättigungsgrenze einen nahezu linearen Verlauf.
Es wurden verschiedene ionogene und nichtionogene Tenside polarographiert. Den folgenden Abbildungen sind auch die entsprechenden

$\Delta \bar{C}/\bar{C}_o$ = f(c)-Kurven beigefügt. Aus ihnen geht hervor, dass zwischen 20 und 30 mg/l die obere analytisch verwertbare Konzentrationsgrösse liegt.

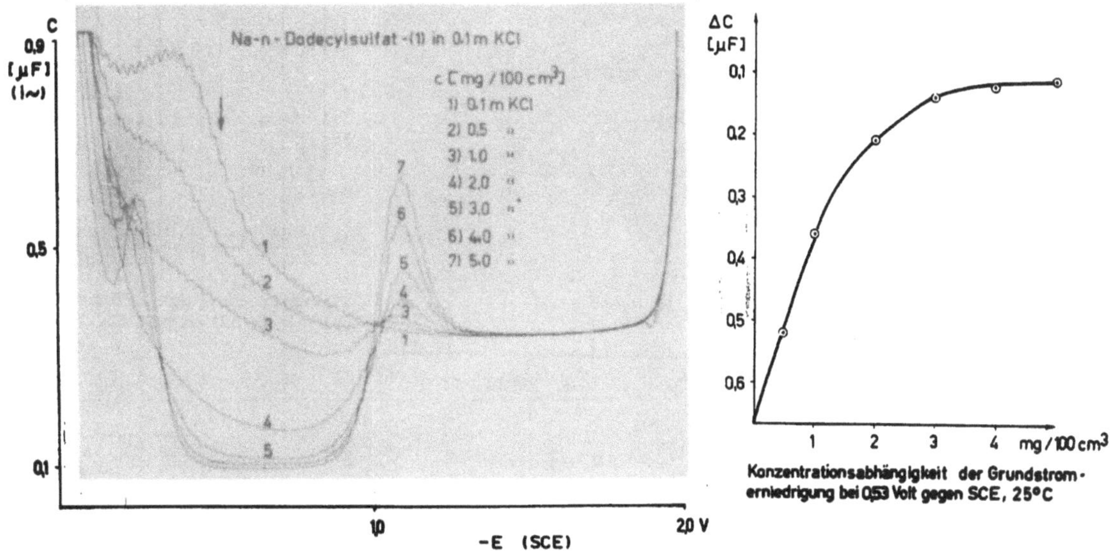

Abb.1

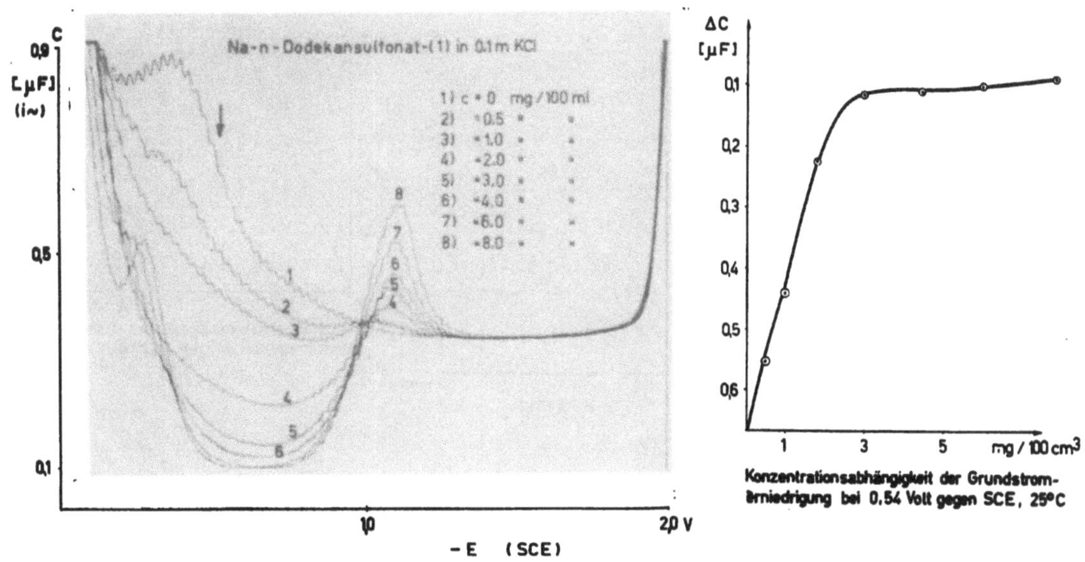

Abb.2

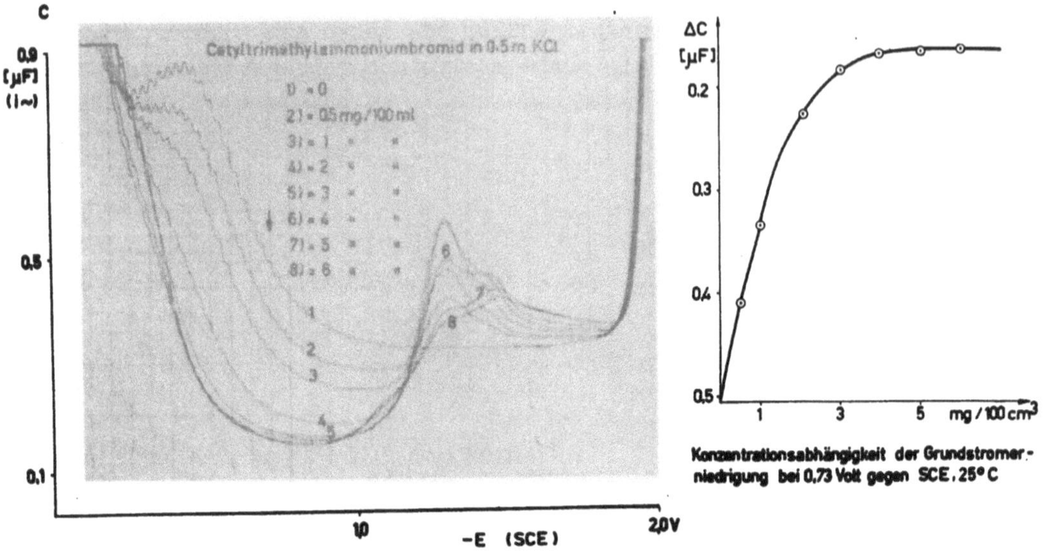

Abb.3

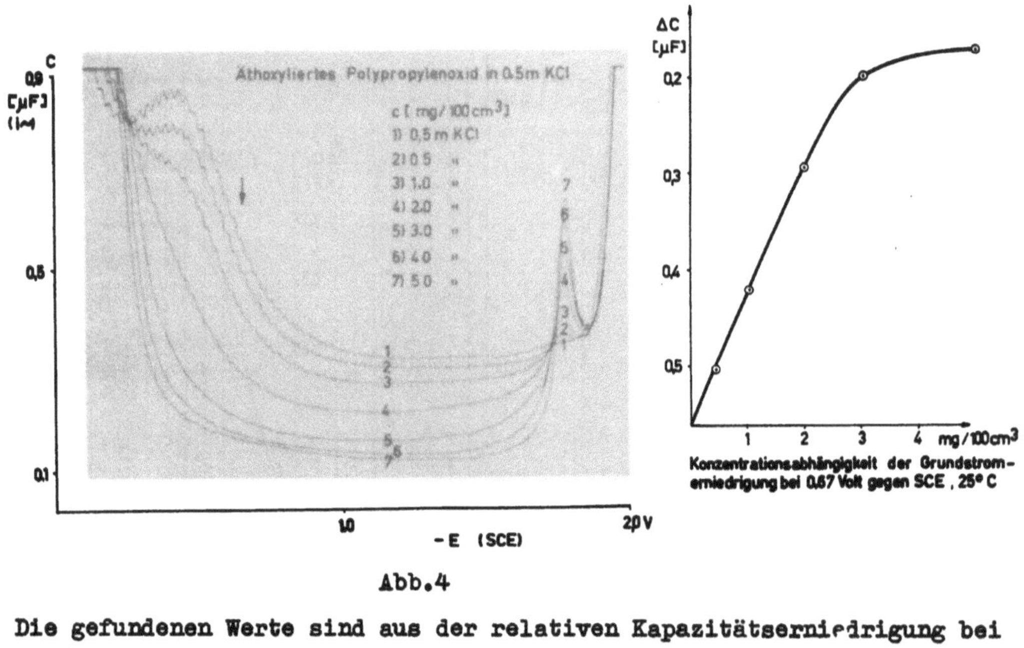

Abb.4

Die gefundenen Werte sind aus der relativen Kapazitätserniedrigung bei einen Spannungsbereich in der Nähe des elektrokapillaren Nullpunktes gemessen worden. Daneben kann auch die Höhe der Desorptionswellen in Abhängigkeit der Konzentration analytisch ausgewertet werden. Im wesentlichen hängt es von der Art des Tensids ab, welche Stelle der tensammetrischen Kurve analytisch ausgewertet wird. Die Bestimmung aus den Desorptionswellen ergibt oft bessere Eichgeraden. Tensidgemische

wurden auch von H. JEHRING untersucht. Es liegt auf der Hand, dass verschiedene Tensidmoleküle sich in der Adsorption gegenseitig sehr beeinflussen. Es ist durchaus möglich, in einzelnen Fällen qualitative Aussagen aus den tensammetrischen Kurven über die Art des Tensids, nicht aber über seine Struktur zu machen. Die quantitative Analyse von Gemischen ist nach den bisherigen Erfahrungen sehr schwierig, wenn nicht unmöglich.
Auch die chemische Analyse von Tensidgemischen erfordert eine vorangehende Trennoperation.

Tabelle 1
Titration von Na-n-Tetradecansulfat-(1) in 0,1 m NaCl mit 0,0005 m CTAB

Versuch (Min.)	Verbrauch (ml)	10^{-6} Mol/100 ml	10^{-6} Mol/100 ml Wechselstrompolarogramm
4	0,070	1,75	1,85
9	0,150	3,75	4,11
17	0,200	5,00	5,27
27	0,290	7,25	7,06
4	0,120	3,00	3,00
16	0,159	3,95	3,80
36	0,160	4,00	4,45
49	0,181	4,65	4,25
82,5	0,341	7,85	6,80

Um den Vergleich mit chemischen Bestimmungsmethoden zu haben, wurden am Beispiel einer physiko-chemischen Messreihe die veränderliche Tensidkonzentration von Na-n-Tetradecansulfat tensammetrisch und nach der Zweiphasentitrationsmethode von AOKI [4] bestimmt. Die Titrationsmethode nach AOKI benutzt als Indikator ein Farbsalz aus Neutralrot und Bromkresolgrün. Die verwendete organische Phase Chloroform zeigt in Gegenwart von Aniontensiden eine rote Farbe, die beim Überschuss von Kationtensiden in Grün übergeht. Wir konnten diese Methode mit Erfolg für die quantitative Bestimmung von ionogenen Tensiden auch in Gegenwart von Salzen und Eiweiss bis zu 0,1 mg pro Liter herab einsetzen. Aus der Gegenüberstellung der Werte, die nach beiden Bestimmungsmethoden erhalten wurden, geht eine gute Übereinstimmung hervor. Man findet diese Übereinstimmung auch bei dem kürzlich erschienenen Beitrag über die Bestimmung von Alkylsulfonaten im Emulsions-PVC [5].

An einen direkten Einsatz der Wechselstrompolarographie zur Tensidbestimmung in Abwässern ist vorläufig nicht zu denken. Die neben den Tensiden vorhandenen Eiweisshydrolysate im Abwasser stören die tensammetrische Kurve des Tensids. Es wurden eine konstante Menge n-Dodecylsulfat (2 mg%) in Gegenwart von steigenden Mengen Pepton tensammetrisch verfolgt.

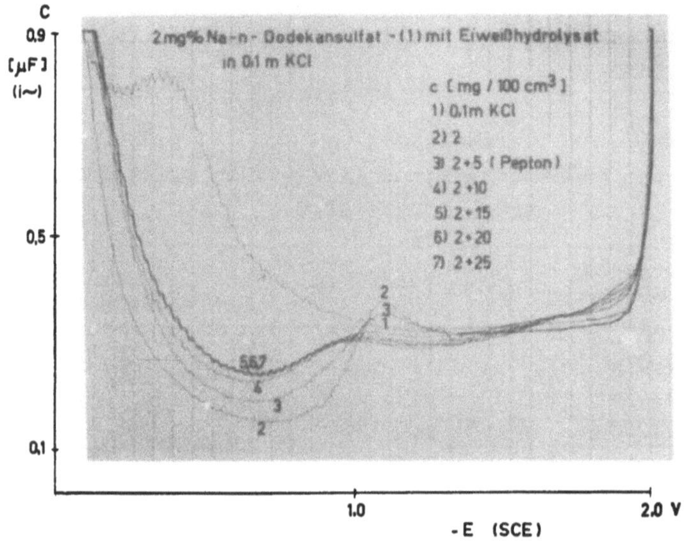

Abb.5

Aus der Aufnahme ist zu ersehen, dass Mengen an zugesetztem Pepton, die z.T. unterhalb der im Abwasser vorhandenen Konzentration liegen, das gesamte Polarogramm empfindlich stören. Somit wird eine reproduzierbare Tensidbestimmung im Abwasser unmöglich gemacht.

Es besteht aber die Möglichkeit, wie kürzlich T. KAMBARA und K.HASEBE [6] berichteten, den aus Alkylbenzolsulfonat und Methylenblau erzeugten Komplex direkt in einem ternären Gemisch von Chloroform, Pufferlösung (pH 9,7) und Methylcellosolve tensammetrisch zu verfolgen. Dabei wird die Konzentration aus der Höhe der tensammetrischen Welle bei -0,13 Volt ermittelt. Es werden 0,07 bis 0,28 mg Alkylbenzolsulfonat in 10 ml Chloroform erfasst. Die Dauer einer Bestimmung beträgt 25 Minuten.

Abschliessend kann folgendes gesagt werden. Die Wechselstrompolarographie ist eine empfindliche physikochemische Analysenmethode zur quantitativen und qualitativen Bestimmung aller drei Tensidklassen. Sie kann durchaus den bekannten chemischen Bestimmungsmethoden an die Seite gestellt werden. Sie ist ihnen an Schnelligkeit und im geringen Chemikalienverbrauch überlegen. In der Genauigkeit und Reproduzierbarkeit ist sie etwa gleich und aber auch vom verwendeten Wechselstrompolarographen abhängig. Von der apparativen Seite her gesehen, ist sie noch zu teuer; jedoch eröffnet sich der Tensammetrie für die Zukunft das Gebiet der kontinuierlichen und automatischen Analyse von Tensiden bei der Kontrolle und Steuerung von Betriebsprozessen.

[1] M.v.Stackelberg und H.Schütz, Kolloid-Z. 105, 20 [1943]
[2] Freiberger Forsch.-H., Reihe A 316, 141 [1964]
[3] J.elektroanalyt.Chem. 5, 204 [1963]
[4] M. Aoki u. J.Yoji, J.pharmac.Soc. [Japan] 80, 1745 [1960]
[5] E.Schröder, M.Helmstedt und H.Jehring, Plaste u.Kautschuk 12, 11, 666 [1965]
[6] Japan Analyst 14, 491 [1965]

Dr. Mojmír R a n n ý
Forschungsinstitut der Fettindustrie, Rakovník
Aus der tschechischen Vorlage ins Deutsche übersetzt von J. Záruba

Chromatographische Methoden zur Bestimmung von Glyceriden und Saccharoseestern in Zuckerglyceriden

Fettsäure-Zuckerglyceride, welche durch Einwirkung von Triglyceriden auf Saccharose unter Verwendung von Dimethylformamid als Reaktionsmedium hergestellt werden, sind biologisch abbaubare nichttoxische Tenside, mit deren Verwendung in der Lebensmittelindustrie sowie auch zur Erzeugung von nichtschäumenden Waschmitteln - in Form von oxyäthylierten Addukten -, herbiziden Mitteln und anderen Produkten gerechnet wird.

Nach dem Vorschlag der italienischen Firma LEDOGA werden Zuckerglyceride durch Säulenchromatographie in einer mit Silicagel gefüllten Kolonne analysiert. Diese Methode eignet sich zwar für die Kontrolle der für den Konsum bestimmten Endprodukte, jedoch zeigt sie sich ungenügend als Mittel zur Verfolgung des Syntheseverlaufs, da sie die Bestimmung einzelner Saccharoseesterarten nicht ermöglicht und in Anwesenheit von Lösungsmitteln sowie eines Überschusses an Saccharose versagt.

Zur Bestimmung von Glyceriden und Zuckerestern gibt es eine Anzahl von verhältnismäßig zuverlässigen papierchromatographischen und dünnschichtchromatographischen Methoden.

Bei der Trennung der Glyceride bewährt sich zum Beispiel die chromatographische Methode nach DIECKERT und REISER (1), bei welcher Papier aus kieselsäureimprägnierten Glasfasern verwendet wird, ferner die dünnschichtchromatographische Methode (Silicagel) nach KAUFMANN und MAKUS (2), die chromatographische Methode mit Silicagelpapier nach MICHALEC (3), welche auch von ZAJÍC (4) zur qualitativen Bestimmung von Glyceriden und Zuckerestern mittels Chromatographie im Fliehkraftfeld angewendet wurde. Die Chromatographie in der Silicagelschicht wurde von MIMA und Mitarbeitern (5) auch zur Bestimmung von niederen Saccharoseestern benützt.

Zur quantitativen Bestimmung der Saccharosemono- bis -oktaester wird auf der Chemisch-Technologischen Hochschule zu Prag das Verfahren von ZAJÍK und BAREŠ (6) herangezogen. Das Verfahren ist hinreichend empfindlich und genau, besitzt jedoch den Nachteil, daß die Elution nur langsam vor sich geht und daß vorher höhere und niedrigere Ester durch Säulenchromatographie voneinander getrennt werden müssen.

Durch das von uns ausgearbeitete analytische Verfahren kann der Gehalt an Glyceriden und einzelnen Saccharoseestern direkt im Reaktionsgemisch ohne vorangehende Trocknung ermittelt werden. Zum quantitativen Nachweis wird Papierchromatographie mit Silicagelpapier vorgenommen, zur Verfolgung des Syntheseverlaufs wurde Chromatographie in dünner Kieselsäureschicht durchgeführt. Die Vorbereitung des chromatographischen Papiers erfolgt nach MICHALEC durch Imprägnierung des Whatman 3 - Papiers mit Wasserglas und Ammoniumchlorid. Ausgewaschene und getrocknete Papiere werden 1 Stunde lang bei 80° C aktiviert. Die Papiere besitzen einen SiO_2-Gehalt von etwa 7 Gew.-%.

Die zu analysierenden Zuckerglyceride oder entsprechende Reaktionsgemische werden in Chloroform oder in einer 1:1-Mischung von Chloroform und Methanol aufgelöst und mit einer Dosierpipette bis auf eine Linienlänge 1,5 cm aufgetragen. Geeignet sind Papierabmessungen von 13 x 20 cm, auf ein Papier können 4 Muster aufgebracht werden.

Als Eluiermittel bewährte sich am besten das System Benzol-Isopropanol, wobei in manchen Fällen Benzol durch weniger toxisches Cyclohexan ersetzt werden kann.

Wird reines Benzol verwendet, so erzielt man gute Auftrennung von Di- und Triglyceriden, während Monoester und -glyceride am Start zurückbleiben. Durch Zugabe von Isopropanol erfolgt Trennung von Mono- und Triglyceriden, und nachher rücken auch Diglyceride in die Frontlinie vor.

Nach Erhöhung des Isopropanolgehaltes über 5 % beginnen auch Saccharoseester fortschreitend getrennt zu werden (Abb. 1). Dabei verläuft die Trennung der Diester in zwei Isomerengemische mit verhältnismäßig großer Rf-Wert-Differenz. Vollständige Auftrennung einzelner Zuckerglyceride beginnt bei 10 % Isopropanol und bei noch höheren Konzentrationen. Aus dem graphisch dargestellten Verlauf der Rf-Werte einzelner Glyceride und Ester geht hervor, daß die vollständige Trennung der gesamten Bestandteile drei Lösungsmittelsysteme benötigt, und zwar reines Benzol für Di und Triglyceride, Benzol mit 4 % Isopropanol für Monoglyceride und Benzol mit ca. 14 % Isopropanol für Saccharose-Fettsäure-Ester.

Führt man die Elution mit einer Mischung von 86 % Benzol und 14 % Iso-

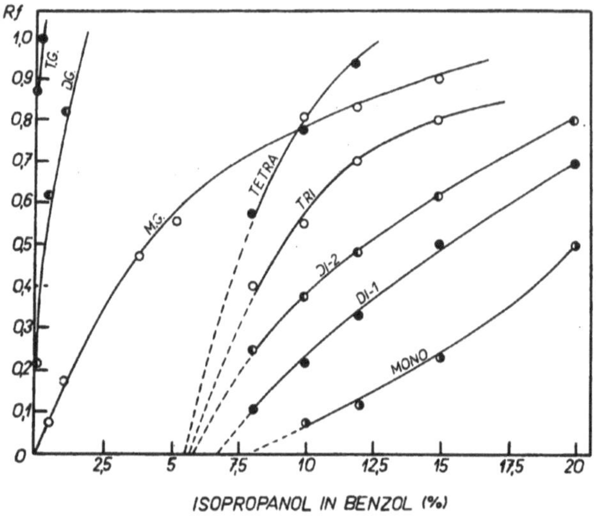

propanol durch, wird auch der Monoglyceridfleck sichtbar, jedoch kann dieser unter gewissen Umständen mit dem Tetraesterfleck koinzidieren. Es ist daher vorteilhaft, eine selbständige Bestimmung der Monoglyceride mit 4 %iger Isopropanollösung durchzuführen, denn in diesem Fall beträgt der Rf-Wert der Monoglyceride ungefähr 0,5.

Benzol läßt sich durch Cyclohexan nur bei der Bestimmung der Saccharoseester ersetzen. Verwendet man reines Cyclohexan, so bleiben alle drei Glyceridarten auf der Startlinie. Cyclohexan und Isopropanol enthaltende Gemische werden durch den Isopropanolgehalt sehr stark beeinflußt, so daß etwaige Ungenauigkeit der Einwaage beider Bestandteile beträchtliche Änderung der Rf-Werte hervorruft (Abb. 2).

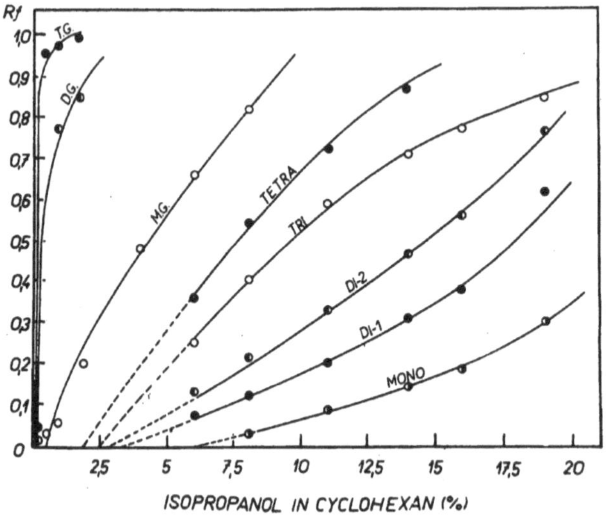

Die den Mono- und Diglyceriden zugehörigen Rf-Werte werden durch bestimmte Reaktionskomponenten beeinflußt; so wird zum Beispiel der Rf-Wert beider Glyceride durch Saccharoseester herabgesetzt, wobei sich aber beiderseitig kein ungünstiger Einfluß auf die Trennung bemerkbar macht.

Dimethylsulfoxid ist praktisch unwirksam, Dimethylformamid (DMF) übt jedoch einen ungünstigen Einfluß auf die Monoglyceridbestimmung aus; die Flecke sind schlecht ausgebildet und über ihrer Front befindet sich ein ungleichmäßiges schmetterlingsartiges Gebilde. Der ungünstige Einfluß des DMF kann beseitigt werden, indem man das Papier samt aufgebrachtem Versuchsmaterial mit Hilfe eines Heißluftventilators 10 Minuten dauernder Trocknung unterwirft; die Lufttemperatur in der Nähe des Papiers darf dabei nicht 90° C überschreiten. Es versteht sich von selbst, daß die Reaktionsgemische, bevor sie der Trocknung ausgesetzt werden, durch Neutralisation mit einem geeigneten Salz vom Katalysator befreit werden müssen, damit keine Umesterung und dadurch Veränderung der ursprünglichen Zusammensetzung des Versuchsmaterials stattfindet.

Zur Fleckentwicklung hat sich am besten eine verhältnismäßig konzentrierte Lösung von Rhodamin B (0,01 % in einer 0,025 m sek.-Kaliumphosphatlösung) bewährt. Die Intensität der Fleckausbildung ist annähernd proportional dem Fettsäuregehalt im Molekül des zu analysierenden Bestandteils und der Kettenlänge der Fettsäure. Rhodamin B ist zur Anfärbung der Laurin- sowie Caprinsäurederivate nicht mehr geeignet.

Zur quantitativen Auswertung der auf Silicagelpapier entwickelten Flecke eignen sich im wesentlichen nur zwei Methoden: Planimetrierung der Flecke und photometrische Messung. Bereits aus dem visuellen Vergleich der Fleckgröße und der Menge der aufgebrachten Stoffe ergibt sich, daß die Abhängigkeit der genannten Größen keineswegs linear verläuft. Die Intensität der Färbung bei den kleinen wie auch großen Flecken ist deutlich verschieden, weshalb zu erwarten ist, daß mit dem photometrischen Verfahren ein höherer Grad an Linearität erreicht werden kann.

Gebräuchliche photodensitometrische Methoden, welche mit der Planimetrierung der densitometrischen Kurven kombiniert werden, sind für die Bestimmung der mit Rhodamin B angefärbten Glyceride und Saccharoseester nicht zu empfehlen, denn zwischen der Durchlässigkeit des Untergrundes und der Flecke besteht kein wesentlicher Unterschied. Einwandfreies Auswaschen des auf dem Papier anhaftenden Rhodamins wäre zeitraubend und außerdem würde Schwächung der Farbintensität infolge einer längeren Auswaschzeit zu erwarten.

Es wurde von uns festgestellt, daß das Messen der Flecke mit dem ZEISS-REFLEX-LEUKOMETER mit Grünfilter gut durchführbar ist. Während der ersten Reihe von Versuchen wurde die Farbstärke samt Untergrund gemessen. Die Steilheit der Eichkurve und damit auch die Genauigkeit der Ablesung war verhältnismäßig gering und in einigen Fällen (bei kleinen Rf-Differenzen und großen Flecken) konnte die Messung nicht ausgeführt werden, weil sich in der Meßöffnung auch ein Teil des benachbarten Fleckes befand. Aus diesen Gründen wurden die Flecke aus dem Chromatogramm herausgeschnitten und auf einer weißen Unterlage von konstantem Weißgehalt 79,8 - 80,2 % (Grünfilter) gemessen. Dadurch nahm der steile Verlauf der Eichkurve erheblich zu und die Messung, selbst bei Flecken mit geringer Aufteilung der Rf-Werte, bereitete keine Schwierigkeiten mehr.

Mit dem ZEISS-LEUKOMETER gelingt es, Flecke von Diamtern bis 3 cm, entsprechend einige hundert μg, zu messen. Die Beziehung zwischen der gemessenen Flächengröße (von konstanter Farbstärke) und der Größe ΔR (d. h. der Differenz zwischen der Reflexion der weißen Unterlage mit und ohne dem zu analysierenden Stoff) zeigt sich für das gegebene Gebiet fast linear.

Beim Ausschneiden der Flecke ist es nicht notwendig, den Untergrund langwierig auszuwaschen, sondern es genügt vollkommen, das Chromatogramm mit Wasser abzuspülen, die Flecke zu markieren (im Bedarfsfalle unter einer UV-Lampe), 10 - 15 Minuten lang zu trocknen und binnen 2 Stunden die Messung durchzuführen, da die Flecke der Monoglyceride und Monoester hell gefärbt sind und die Färbung nach einiger Zeit verschwindet. Die Färbung der höheren Ester ist dunkler und relativ beständig. Die optimale Zeitdauer bei der Chromatogrammentwicklung in der Lösung von Rhodamin B beträgt ungefähr 45 Minuten.

Wird die Chromatographie mit der Vergleichssubstanz in zwei verschiedenen Konzentrationen durchgeführt, so kann die Konzentration des zu analysierenden Musters ermittelt werden durch Berechnung aus der Geradengleichung nach der Formel

$$C = \frac{\Delta R - \Delta R_1}{k} + C_1$$

worin

$$k = \frac{\Delta R_2 - \Delta R_1}{\Delta C_2 - \Delta C_1}$$

und C = die zu berechnende Konzentration (μg); C_1 und C_2 bedeuten niedrigere, gegebenenfalls höhere Konzentrationen des Standards (gleichfalls in μg), ΔR = die durch Messung ermittelte Fleckreflexion des analysierten Stoffes, ΔR_1 und ΔR_2 Reflexionen des verwendeten Standards von niedrigerer, ggf. höherer Konzentration.

Die Konzentration des Vergleichsmusters muß so gewählt werden, daß die analysierte Substanz innerhalb des Konzentrationsbereiches der Vergleichsmuster liegt. Die höchste Menge der aufgebrachten Substanz soll nicht mehr als 60 - 70 μg (pro Fleck) bei Glyceriden, 100 μg bei Monoestern, 50 μg bei Diestern und 30 μg bei Triestern der Saccharose ausmachen.

Die Reproduzierbarkeit der Bestimmung ist aus der nachstehenden Tabelle zu ersehen.

Analyse eines Zuckerglycerid-Modellmusters

Dieses enthielt 20 % Zuckerglycerid und 80 % DMF. Es wurden 2 unabhängige Bestimmungen vorgenommen und drei Eichlösungen von verschiedener Konzentration aufgebracht.

Bestandteil	Gehalt in %				Differenz Δ	Fehler %
	berechnet	gefunden 1	gefunden 2	Mittelwert		
Monoglycerid	3,64	3,84	3,80	3,82	+ 0,18	4,9
Diglycerid	3,64	3,76	3,58	3,67	+ 0,03	0,8
Triglycerid	3,64	4,03	3,68	3,85	+ 0,21	5,8
Saccharose-						
-Monoester	5,92	5,76	6,52	6,14	+ 0,22	3,7
-Diester	2,87	2,58	2,46	2,52	- 0,35	12,2
-Triester	0,29	0,33	0,28	0,30	+ 0,01	3,4

Der der einzelnen Bestimmung entsprechende Fehler beträgt ca. ± 10 %, der Fehler des Mittelwertes zweier Bestimmungen ca. ± 5 %; dies bedeutet die Mittelgenauigkeit der quantitativen papierchromatographischen Methode. Die geringe Genauigkeit bei der Bestimmung der Saccharosediester wird durch die Auftrennung zu zwei Isomeren verursacht.

In der nächsten Tabelle wurden Analysenergebnisse zusammengefaßt, die mit einigen Zuckerester- und Zuckerglyceridsorten (italienischen Ursprungs) unter Anwendung unserer Methode erreicht worden sind.

Die durch das quantitative papierchromatographische Verfahren ermittelte Zusammensetzung der Zuckerester und Zuckerglyceride

Gewichts-%	Analysierte Substanz		
	Monostearat	Distearat	Zuckerglycerid aus Talg
MG	-	-	20,3
DG	-	-	18,4
TG	-	-	4,6
ME	73,2	21,2	29,4
DE	20,4	65,0	27,2
TE	2,2	11,3	4,3
Σ	95,8	97,5	104,2

Wie bereits erwähnt, ist für die qualitative bzw. halbquantitative Verfolgung des Verlaufs der Zuckerglyceridsynthese die Dünnschichtchromatographie besser geeignet.

Die Dünnschichten werden in üblicher Weise vorbereitet, am besten mit Silicagel Merk G bzw. mit einem Gemisch von Silicagel (besondere Zubereitung), enthaltend 15 % Calciumsulfat. Schichtstärke beträgt ca. 0,3 mm, Aktivierung findet bei 150° C statt. Als Lösungsmittelzusammenstellung bewährte sich am besten eine Mischung aus Chloroform (80 Vol.-%), Methanol (10 Vol.-%), Essigsäure (8 Vol.-%) und Wasser (2 Vol.-%). Diese wurde von KINOSHITA (7) zur quantitativen Bestimmung der Saccharoseester verwendet.

Auf die Startlinie werden ca. 500 µg Zuckerglycerid aufgebracht, wobei gute Trennung in einzelne Zuckerester und Glyceride erreicht wird.

Rf-Werte der Glyceride und Saccharoseester bei der Dünnschichtchromatographie der Zuckerglyceride

Bestandteil	Rf-Wert
Monoester 1	0,07
Monoester 2	0,13
Diester 1	0,24
Diester 2	0,33
Diester 3	0,43
Triester	0,55

Bestandteil	Rf-Wert
Monoglycerid 1	0,68
Monoglycerid 2	0,78
Diglycerid 1	0,86
Diglycerid 2	0,91
Triglycerid	0,97

Aus der Tabelle ergibt sich, daß an Dünnschichten - im Vergleich zur Papierchromatographie - gute Trennung auch bei den Isomeren bzw. deren Gemischen mit Mono- und Diestern sowie Mono- und Diglyceriden erzielt wird.

Für die Identifizierung der Zuckerester und Glyceride wurden die Platten mit einer 2 %igen schwefelsauren Lösung von Formalin besprüht. Im Unterschied zu den gebräuchlichen Verfahren bewährte sich ein 15 Minuten dauerndes Erhitzen der eluierten Schicht auf etwa 150° C vor dem Besprühen. Zuckerester treten als dunkle Flecke hervor, während sich die Glyceridflecke merklich violett färben (Abb. 3).

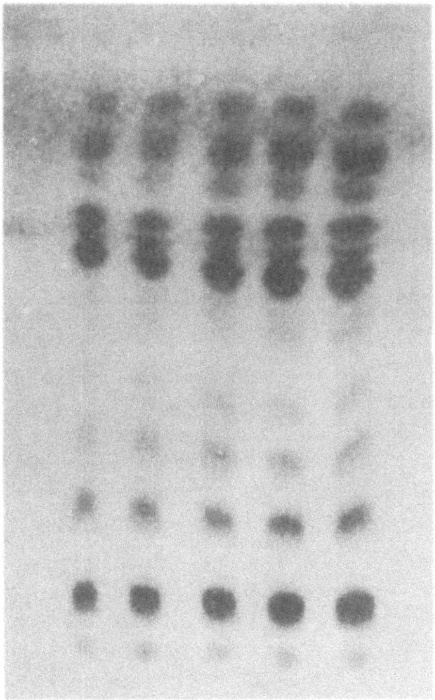

Der Farbunterschied zwischen beiden Gruppen von Flecken schließt etwaige Verwechslung bei den höheren Saccharoseestern und Monoglyceriden aus. So erscheint zum Beispiel bei der Analyse von Zuckerglyceriden, welche höhere Ester enthalten, ein dunkler Fleck zwischen hellgelben Flecken, die den isomeren Monoglyceriden zugehören.

Die quantitative Auswertung der Dünnschichten wird durch die hohe Anzahl von Bestandteilen und Isomeren erschwert.

Densitometrische Auswertung der Flecke bietet lediglich halbquantitative Resultate; die quantitative Ermittlung nach der Extraktion einzelner Flecke ist zwar möglich, jedoch sehr zeitraubend.

Schrifttum

1. DIECKERT, J. W., Reiser, A., J.Amer.Oil Chem.Soc. 33, 123 (1956)
2. KAUFMANN, MAKUS, Fette, Seifen 62, 1014 (1960)
3. MICHALIČ, C., KOLMAN, Z., ŠULC, M., MEŠŤÁN, J., J. of Chromatog. 9, 237 (1962)
4. ZAJIC, J., BARES, M., FORMAN, L., Celostatni seminár o problematice lipidu, Plzen, kveten 1965 (Allstaatliches Seminar über die Problematik der Lipide, Pilsen, Mai 1965)
5. MIMA, H., KITAMORI, N., J. Amer. Oil Chem. Soc. 41, 198 (1964)
6. ZAJIC, J., BAREŠ, M., J.Amer.Oil Chem. Soc., im Druck
7. KINOSHITA, Kogyo Kagaku Zasshi, 66, 450 (1963); C.A. 60, 3208 (1964)

P. K i k o l s k i , Z. S t e f a n i a k und M. W e g r z y n o w i c z
Institut für Allgemeine Chemie, Warschau, Polen

Über die Bestimmung der Carboxymethylcellulose in Waschpulvern

Einleitung

Die Carboxymethylcellulose gehört zu den schwierig nachweisbaren und analysierbaren Substanzen in Waschpulvern. Die quantitative Bestimmung von Carboxymethylcellulose ist wegen der Vielheit von Komponenten moderner Waschmittel sehr erschwert. Es ist nicht möglich, eine einfache, exakte und allgemein anwendbare Methode zu finden.

In vorliegender Arbeit wurden die Bestimmungsmethoden von Carboxymethylcellulose verglichen, zwecks Überprüfung ihrer praktischen Brauchbarkeit für Waschpulver, sowohl für synthetische Pulver mit typischer Zusammensetzung als auch für Seifenpulver.

Untersuchungsergebnisse

Als Arbeitsprinzip wurde die Bestimmung von Carboxymethylcellulose in im Labor vorbereiteten Mischpulvern angenommen. Carboxymethylcellulose wurde nicht in Form von 100 %iger Substanz, sondern als technisches Produkt zugesetzt, in dem man früher den Gehalt an aktiver Substanz bestimmt hatte.

Diese Bestimmung wurde nach drei, auf grundsätzlich verschiedenen Prinzipien basierenden Methoden ausgeführt, nämlich:

1. nach der Uranylmethode von Francis (1). In dieser Methode wurde die Carboxymethylcellulose als Salz mit Uranylnitrat ausgefällt und dieses danach vermittels der Gewichtsanalyse bestimmt;
2. nach der Säurenwaschmethode (2). In dieser Methode wurde die Carboxymethylcellulose als Säure mit dem mit HCl angesäuerten Methanol gefällt. Nach Abspülung von anorganischen Salzen und Natriumglykolat wurde sie bis zum konstanten Gewicht getrocknet und mit Lauge titriert;
3. nach der Alkoholwaschmethode (3). In diesem Verfahren wurde Carboxymethylcellulose mit 80 %igem Methanol gefällt; nach Abspülung der anorganischen Salze und Natriumglykolat wurde sie gravimetrisch

bestimmt.

Auf Grund obiger Bestimmungen wurde dann der Gehalt an aktiver Substanz in der Carboxymethylcellulose berechnet, wobei sie zu den Pulverkompositionen in Mengen von ca. 1,5 - 3 % zugesetzt wurde. Die Bestimmung von Carboxymethylcellulose in Pulverkompositionen wurde nach vier Methoden vorgenommen. Die Prüfung dieser Methoden schien am zweckmäßigsten für den Vergleich ihrer praktischen Brauchbarkeit zu sein.

Es wurden folgende Methoden benutzt:

1. hydrolytische Methode (4),
2. spektrophotometrische Methode (5),
3. Alkoholwaschmethode (6),
4. Oxydationsmethode (7).

Hydrolytische Methode

Die in Polen gegenwärtig angewandte hydrolytische Methode (4) basiert auf der Hydrolyse der Carboxymethylcellulose und auf nachfolgender Bestimmung der gebildeten Glucose nach der Methode von Bertrand.

Es ist jedoch wohl bekannt, daß die Hydrolyse der Cellulose nicht mit 100 %iger Ausbeute verläuft. Der Hydrolyseprozeß kann, von den Verhältnissen abhängig, nicht nur bis zum sich aus der Glucose bildenden 5-Hydroxymethyl-α-furfurol führen, sondern die Umwandlungen gehen auch tiefer, wobei sich Lävulin- und Ameisensäure oder sogar Essig- und Kohlensäure bilden können. Diese Verbindungen gehen keine Reaktion mit der Fehlingschen Lösung ein, was in der Konsequenz zu erniedrigten Ergebnissen führen kann.

Für die Bestätigung dieser Voraussetzungen wurden Bestimmungen von Carboxymethylcellulose nach dieser Methode vorgenommen. Es wurde dabei festgestellt, daß die Analysengenauigkeit sehr niedrig war; der relative Fehler oszillierte zwischen - 34,9 % und - 42,1 %.

Die hydrolytische Methode hat sich somit als unannehmbar erwiesen, da den Voraussetzungen gemäß deutlich erniedrigte Ergebnisse erhalten werden konnten.

Spektrophotometrische Methode

Die von Black (5) vorgeschlagene spektralphotometrische Methode stützt sich auf die Messung der Farbtiefe des grünen Carboxymethylcellulosekomplexes mit Anthron im Licht der Wellenlänge 625 mμ.

Obwohl die vom Verfasser suggerierte Genauigkeit dieser Methode in Höhe von 2 % sehr gut war, besaß diese Methode jedoch einige klare Mängel, deren Vorhandensein bereits vom Verfasser signalisiert wurde.

Es handelt sich hier nämlich hauptsächlich um die Abhängigkeit der Farbtiefe des Anthronkomplexes von dem Substitutionsgrad von Carboxymethylcellulose, sowie um die Unbeständigkeit der Anthronlösung. Falls die Carboxymethylcellulose in einem unbekannten Produkt bestimmt werden soll, ist der Substitutionsgrad nach einer anderen Methode zu erfassen, um die Kalibrierungskurve zeichnen zu können. Es ist eine durchaus nicht einfache Sache, besonders in den Silikate enthaltenden Pulvern. Ein anderer Mangel steckt, wie bereits oben erwähnt, in der Unbeständigkeit des Anthronreagenzes, welches nicht länger als 24 Stunden aufbewahrt werden darf.

Zu obigen Mängeln kommt noch eine zusätzliche Schwierigkeit hinzu, die während unserer Experimente beobachtet wurde. Es wurde nämlich festgestellt, daß in Pulvern, denen die Carboxymethylcellulose zugesetzt wurde, ohne diese durch den von Black angegebenen "Slurry"-Zustand durchgeführt zu haben, die Auflösedauer - 2 bis 3 Stunden - absolut unzureichend war. Für das volle Auflösen des Musters brauchte man in diesem Falle wenigstens 24 Stunden. Überdies, um deutlicher den Löslichkeitsgrad beobachten zu können, soll man vorher die aktive Waschsubstanz extrahieren. Dies ist von besonderer Bedeutung im Falle der Seifenpulver-Analyse, bei denen die Fettsäuren, die durch die für das Auflösen von Carboxymethylcellulose benutzte Säure gebildet wurden, restlos die Beobachtung des Auflöseprozesses unmöglich machen.

Die hohe Genauigkeit der Bestimmungen, die in Black'schen Experimenten angegeben wurde (2 %), ist äußerst schwierig zu gewinnen; in unseren Experimenten betrug der relative Fehler manchmal bis zu 10 %. In der Folgerung kann man feststellen, daß die spektrophotometrische Methode in der Praxis sehr unvorteilhaft ist und wegen ihrer Mängel für industrielle Analysen nicht anzuwenden ist.

Alkoholwaschmethode

Diese Methode beruht auf der Ausfällung von Carboxymethylcellulose im Alkoholmilieu und auf ihrer Abscheidung von restlichen anorganischen sowie organischen Bestandteilen des Pulvers; dies wurde von Reutenauer (6) vorgeschlagen. Die vom Verfasser angegebene Vorschrift für diese Analyse sah anfängliche Abscheidung von organischen Substanzen sowie einer gewissen Menge von anorganischen Salzen von der Carboxymethylcellulose vermittels eines Zusatzes von 50 %igem Isopropylalkohol vor. Man führt obiges durch, indem man die Probe im Wasser auflöst und die Carboxymethylcellulose durch entsprechenden Zusatz von Alkohol ausfällt. Den außer Carboxymethylcellulose auch eine gewisse Menge anorganischer Salze enthaltenden Niederschlag filtriert man auf dem Jenaer Glasfiltertrichter, und nach Auflösen im Wasser führt man die zweite Fällung von Carboxymethylcellulose vermittels entsprechender Menge von Äthylalkohol durch, so daß die Konzentration der Alkohollösung etwa 80 % betragen könnte. Den auf solche Weise gewonnenen Niederschlag filtriert man wiederholt auf dem Jenaer Glasfiltertiegel, und nach Abspülung mit 80 %igem Äthanol, um möglicherweise die beste Reinigung von anorganischen Salzen erzielen zu können, trocknet man ihn bis zum konstanten Gewicht. Um jedoch eventuelle Fehler infolge der Restmengen von anorganischen Salzen zu vermeiden, verascht man den Niederschlag und bestimmt man den Gehalt an Carboxymethylcellulose aus der Gewichtsdifferenz vor und nach der Veraschung. Man soll jedoch beachten, daß sich beim Veraschen aus Carboxymethylcellulose eine gewisse Menge von Natriumcarbonat bildet, was durch Einführen einer Korrektur zu berücksichtigen ist.

Obige Methode wurde von Reutenauer für Pulver durchgeführt, die außer der Carboxymethylcellulose auch Na-Alkylarylsulfonate sowie Na-Sulfate, Carbonat, Bicårbonat und Orthophosphat enthielten.

In unseren Arbeiten wurde diese Methode für Pulver durchgeführt, die auch Na-Metasilicat und -Triphosphat enthielten. Während unseres Arbeitsganges haben wir festgestellt, daß die in dieser Analyse vorkommenden Niederschläge in einer für die Filtration äußerst ungeeigneten Form gebildet werden; sie verursachen sehr rasch Verstopfung des Filters. Es ist wirklich eine ernstliche Ungelegenheit, die den Arbeitsgang im hohen Grade verlängert. Die Ersetzung der Filtration durch das Schleudern des Niederschlages ergab auch keine befriedigenden Resultate, da der Niederschlag sogar bei der Geschwindigkeit in Höhe von 4500 Umdrehungen pro Minute nicht ausgefallen war.

Die für eine der analytischen Serien gewonnenen Ergebnisse stellt die Tabelle 1 dar.

Die Genauigkeit dieser Methode ist nicht hoch, da der relative Fehler, wie z. B. in der oben genannten Serie, von - 9,0 bis - 12 % ausmachte, was auf das Auftreten eines systematischen Fehlers hinweist. Diese Tatsache sowie noch zusätzlich die eben genannten Schwierigkeiten während der Filtration des Niederschlages von Carboxymethylcellulose, bedingen, daß die Alkoholwaschmethode nicht für das geeignete Verfahren angesehen werden kann.

Tabelle 1 Gehalt der Carboxymethylcellulose, bestimmt nach der Alkoholwaschmethode

Carboxymethylcellulose %		absoluter Fehler	relativer Fehler
eingeführt	bestimmt	%	%
1	2	3	4
2,10	1,84	- 0,26	- 12,3
2,10	1,91	- 0,19	- 9,0
2,10	1,84	- 0,26	- 12,3

Oxydationsmethode

Die im ICI-Konzern endgültig ausgearbeitete Oxydationsmethode wurde von Pollok (7) angegeben.

Allgemein betrachtet, basiert sie auf der Abscheidung der im Waschmittel enthaltenen Carboxymethylcellulose von restlichen organischen und anorganischen Substanzen durch ein selektives Auflösen der letztgenannten Verbindungen im mit HCl angesäuerten Methanol, nachfolgender Oxydation der freien Carboxymethylcellulose durch Kaliumdichromat, dessen Überschuß man dann jodometrisch vermittels des Natriumthiosulfats abtitriert. Die Oxydation durch Kaliumdichromat beseitigt vollkommen den Einfluß seitens der Silicate, die während des Titrierens mit NaOH stören; sie begrenzt auch im beträchtlichen Grade den Einfluß des Substitutionsgrades auf die gewonnenen Ergebnisse. Es hat sich nämlich gezeigt, daß z. B. die Veränderung des Substitutionsgrades von 1,0 auf 0,5 eine Veränderung des Umrechnungsfaktors von 0,008 auf 0,0075 verursacht, was bereits den relativen Fehler in Höhe von ca. 6 % ergibt. Diese Faktoren werden selbstverständlich stöchiometrisch für die Oxydationsreaktion der freien Carboxymethylcellulose zu CO_2 und Wasser berechnet.

Wie aus den in ICI von Murray durchgeführten Arbeiten hervorgeht, ist für die Gewinnung regelmäßiger Ergebnisse notwendig, die Abscheidung der gefällten freien Carboxymethylcellulose durch Abzentrifugieren bei der Geschwindigkeit von 3500 Umdrehungen pro Minute, mit Zusatz eines Filtrationsmittels, meistens Kieselgur, vorzunehmen.

Nach dieser Methode wurde die Analyse der vorbereiteten Muster durchgeführt; die für eine Versuchsserie erzielten Resultate wurden in der Tabelle 2 erfaßt.

Tabelle 2 Gehalt der Carboxymethylcellulose, bestimmt nach der Oxydationsmethode

Carboxymethylcellulose %		absoluter Fehler	relativer Fehler
eingeführt	bestimmt	%	%
1	2	3	4
2,10	2,19	+ 0,09	+ 4,29
2,10	2,17	+ 0,07	+ 3,33
2,10	2,16	+ 0,06	+ 2,86
2,10	2,07	- 0,03	- 1,43
2,10	2,05	- 0,05	- 2,38

Die Genauigkeit obiger Methode ist richtig genug, z. B. in der angegebenen Serie bei der Differenz der Ergebnisse, die in absoluten Prozenten zwischen + 0,09 % bis zu - 0,05 % oszillierte, betrug der relative Fehler von + 4,29 bis zu - 2,38 %.

Bei den von uns durchgeführten Analysen überschritt der relative Fehler keinesfalls 5 %, man kann also annehmen, daß die Oxydationsmethode die Gewinnung der Ergebnisse mit einer wenigstens 95 %igen Genauigkeit gewährleistet.

Wie aus den in letzter Zeit publizierten Daten hervorgeht, wurde die Oxydationsmethode auch in den Vereinigten Staaten von Amerika seitens der ASTM (8) (American Society for Testing Materials) als offizielle Analysenmethode für die Bestimmung der Carboxymethylcellulose in Waschmitteln vorgeschlagen.

Dies ist auch durch die Tatsache bestätigt, daß diese Methode gegenwärtig die beste zugängliche Methode für die Ausführung dieser Bestimmung darstellt. Aus amerikanischen Angaben gehen interessante Beobachtungen, besonders in Hinsicht auf den Einfluß der Oxydationsverhältnisse der Carboxymethylcellulose auf die Bestimmungsergebnisse, hervor.

Eine wichtige Sache ist hier auch die Gewährleistung der geeigneten Konzentration der Schwefelsäure. Die Oxydation in der 26 %igen H_2SO_4 ergibt lediglich 70 bis 75 % der Reaktionsausbeute. Erst nach Erhöhung der Konzentration dieser Säure auf 48 bis 53 % wird das Volloxydieren der Carboxymethylcellulose nach Verlauf von 30 Minuten bei Temperatur 80 bis 90° C gewährleistet.

Schlußfolgerungen

Aus den von uns durchgeführten Vergleichsergebnissen geht deutlich hervor, daß die Oxydationsmethode, ihrer Einfachheit und Genauigkeit wegen, zur Bestimmung der Carboxymethylcellulose in Waschpulvern am meisten geeignet ist. Trotz ihrer zweifellosen Vorteile, ist die Oxydationsmethode nicht gänzlich von einigen Mängeln frei. Es handelt sich hier nämlich um ihre gewisse Unselektivität. Wenn sich nämlich in untersuchten Proben, im angesäuerten Methanol unlösliche organische Substanzen, wie z. B. Alginate, Cellulose oder Stärke befänden, unterlägen sie dann auch einer Reduktion durch Kaliumdichromat, indem sie dadurch etwaige Erhöhung der Bestimmungsresultate verursachen dürften. Bei der Ausführung dieser Analyse soll dafür Sorge getragen werden. Zur Entschuldigung der Oxydationsmethode soll jedoch angeführt werden, daß, wenn sich dieselben im angesäuerten Methanol unlöslichen Bestandteile in der technischen Carboxymethylcellulose befunden hätten, so würde man bei der Bestimmung der aktiven Substanz in der Carboxymethylcellulose im gewissen Maße ebenso erhöhte Resultate erhalten.

Und noch etwas. - Als technisches Produkt ist die Carboxymethylcellulose, von der Natur selbst, eine Mischung löslicher oder aber im Wasser nur quellender Bestandteile. Dies wurde unter anderem von Smola und Skoda (9) bestätigt; sie haben in den von ihnen untersuchten Proben den Gehalt an Quellsubstanzen von 0,7 bis zu 56 % festgestellt.

Diese Substanzen gehören zu den Bestandteilen der Cellulose mit niedrigem Substitutionsgrad, erweisen keine Schutzeigenschaften, die so wesentlich für die Aktivität der Carboxymethylcellulose sind. Sie werden jedoch auch als aktive Substanz, entweder nach irgendeiner Methode in der Carboxymethylcellulose selbst oder - nach der Oxydationsmethode in Kompositionen von Pulvern bestimmt, obwohl sie vom Grundsatz aus gesehen, eine Ballastsubstanz darstellen, welche die Eigenschaften der Carboxymethylcellulose erniedrigen.

Eine ideale Lösung wäre daher erst ein Analysenzyklus, der lediglich und ausschließlich die eigentliche aktive Substanz mit Schutzeigenschaften bestimmen ließe. Solche Analyse müßte also alle diese Bestandteile, das heißt - Alginate, Stärke und sogar im Wasser unlösliche Quellsubstanzen beseitigen.

Sollten wir solches Verfahren anwenden, so würden wir jedoch beinahe in jeder Pulvermischung den Gehalt an Carboxymethylcellulose niedriger beurteilen, als er bei Anwendung irgendeiner Methode für aktive Substanz in Handelsprodukten der Carboxymethylcellulose tatsächlich beträgt.

Es wäre natürlich viel besser, für die Carboxymethylcellulose selbst, auch die Bestimmungsmethode nur für die aktive Substanz anzuwenden, welche Schutzeigenschaften aufweist.

Für die Komplexanalyse der Carboxymethylcellulose im Handelsprodukt sowie im Waschpulver, ist auch zusätzliche Bestimmung der Schutzeigenschaften erwünscht. Erst so durchgeführter Analysenzyklus könnte die vollkommene Unterscheidung, sowohl in Hinsicht auf den prozentigen Gehalt der eigentlichen aktiven Substanz der Carboxymethylcellulose im Waschpulver als auch unter dem Gesichtspunkt der Anwendung ihres geeignetsten Typs, mit erforderlichen Gebrauchseigenschaften, gewährleisten.

Literatur

1. Francis, C. V., Anal. Chem., 25, 941 (1953)
2. Eyler, R.W., Klug, E.D., Diephnis, F., Anal. Chem., 19, 24 (1947)
3. Celso cellulosa solubile, Bearbeitung von der Firma Montecatini, Societa Generale per l'Industria Mineraria e Chimica, Milano
4. Polnische Norm, PN-62/C-77059, Fettprodukte, Waschpulver
5. Black, H. C., Anal. Chem., 23, 1792 (1951)
6. Reutenauer, G., Bull.mens. ITERG, 4, 557 (1951); Chem. Abstr. 45, 2240 f (1951)
7. Pollok, F.J., 1st World Congress on Surface Active Agents, Bd. II, S. 699, Paris (1954)
8. ASTM - Standards, Part 22, S. 429, Philadelphia, February (1965)
9. Smola, A., Skoda, W., Fette, Seifen, Anstrichm., 62, 1123 (1960)

Dr. Scholastika U r b a n o w i c z
Institut für Kunst-und Synthesefaser, Lódź

Quantitative Bestimmung von Polyäthylenoxidaddukten in wäßrigen Lösungen und im dispergierten Zustand

1. Einführung

Die Anwendung nichtionogener oberflächenaktiver Stoffe bei Untersuchungen über die Verarbeitung und Ausrüstung chemischer Fasern führte zu der Notwendigkeit einer quantitativen Bestimmung des Gehaltes von Äthylenoxidaddukten in verschiedenen Produkten, wäßrigen Lösungen und im dispergierten Zustand. Im Zusammenhang damit haben wir uns der Ausarbeitung einer möglichst genauen und gleichzeitig einfachen analytischen Methode gewidmet.

In der Literatur ist eine Reihe von Methoden zur Bestimmung des Polyäthylenoxids und seiner Abkömmlinge angeführt. Im allgemeinen können diese Methoden in drei Gruppen unterteilt werden:
gravimetrische, spektrophotometrische und maßanalytische.
Für unsere Zwecke wurden hauptsächlich die maßanalytischen Methoden ins Auge gefaßt. Sie sind im allgemeinen einfach in der Ausführung, fordern keine Spezialapparatur und eignen sich für die Bestimmung großer Konzentrationen.

Besondere Aufmerksamkeit verdient die volumetrische Methode, die von UNO und MIYAIMA (1) empfohlen wurde. Diese Methode basiert auf der Titration der Addukte in wäßriger Lösung mit Natriumtetraphenylborat in Gegenwart von Kongorot. Die zweite von SCHÖNFELDT (2) ausgearbeitete Methode ist auf die Ausbildung von Komplexverbindungen der Äthylenoxidaddukte mit Kaliumferrocyanid gegründet mit anschließender Bestimmung des Reagenzüberschusses durch Titration mit Zinksulfat in Gegenwart von Diphenylamin und Kaliumferrocyanid als Indikatoren.

Da das erste Reagenz - Natriumtetraphenylborat - selten angewandt wird und teuer ist, wurde die erste Methode verworfen.

Die Anwendung der Methode von SCHÖNFELDT erwies sich als wenig geeignet, da sie über eine geringe Genauigkeit (ungefähr 8 - 10 % Fehlergrenze) verfügt, besonders im Falle der Bestimmung von Verbindungen, die mehr als 1 Mol Äthylenoxid enthalten. Außerdem gibt es bei der Titration des Überschusses von Kaliumferrocyanid mit Zinksulfat in Gegenwart von Diphenylamin und Kaliumferrocyanid Schwierigkeiten bei der Bestimmung des Endpunktes der Titration. Als Ursache ist hier die große Niederschlagsmenge zu sehen, die das Auftreten der Blaufärbung des Indikators maskiert und verzögert.

Bei der Ausarbeitung einer Methode, die für unsere Ziele geeignet erschien, wurde aus der Methode von SCHÖNFELDT die Reaktion des Auftretens von Komplexverbindungen der Äthylenoxidaddukte mit Kaliumferrocyanid übernommen.

Bei der Untersuchung der Bestimmungsbedingungen wurde besondere Aufmerksamkeit auf die Erhöhung der Genauigkeit der Methode und die hiermit verbundene Fähigkeit zur Endpunktbestimmung gelegt.

In einer Reihe von orientierenden Tests wurde zur Bestimmung des Kaliumferrocyanidüberschusses, nach der Abscheidung der Komplexverbindungen, eine Redoxreaktion bei der Titration mit einer Cersalzlösung in Gegenwart von Ferroin als Indikator verwandt. Die Oxydationsreaktion des Kaliumferrocyanids verläuft momentan und der Farbumschlag des Indikators von orange nach grün tritt nach einem überschüssigen Tropfen der Cersulfatlösung auf.

Infolge des Fehlens eines Niederschlages und des ausgeprägten Farbumschlages bietet die Bestimmung des Endpunktes der Titration keinerlei Schwierigkeiten. Die Verwendung von Cersulfat zur Titration hat auch den Vorteil, daß keine Reagenzien verwendet zu werden brauchen, die instabil sind und laufend neu hergestellt werden müssen. Die Anwendung von Ammoniumsulfat wurde ebenfalls überflüssig.

Die Lösungen von Cersulfat und von Ferroin, die in dunklen Gefäßen aufbewahrt werden, sind ein Jahr lang stabil. Die Kaliumferrocyanidlösung braucht bei Ausführung einer Blindprobe nicht überprüft zu werden. Das festgelegte Verfahren zur Herstellung der Cersalzlösung erwies sich als sehr einfach und genau.

2. Untersuchte Produkte

Es wurden folgende nichtionogene oberflächenaktive Stoffe in Form von Handelsprodukten verwendet.

2.1 Additionsverbindungen des Äthylenoxids mit Nonylphenol:
Arkopal N-60, N-150, N-230 (Firma Hoechst)

2.2 Fettsäurepolyglykolester: Genagen C-200 (Hoechst), Soromin SG (BASF), Stenol 100 (Rokita)

2.3 Oxoalkoholpolyglykoläther: Berol EMU-04, EMU-07 (Berol), Genapol X-080, 0120, 0200 (Hoechst), Olbrotol 18 (Rokita)

2.4 Polyäthylenoxid: Polykol 42 (Rokita).

Die aufgeführten Produkte stellen die Hauptarten der äthoxylierten oberflächenaktiven Stoffe dar und umfassen Verbindungen mit einigen bis zu 15 Molen Äthylenoxid.

3. Lösungen und Reagenzien

3.1 Natriumchlorid p.a.

3.2 Salzsäure mit einem spez. Gewicht von 1,18 (p.a.) und eine wäßr. Lösung 1 : 1

3.3 Cersulfat, wäßr. Lösung ungefähr 0,1 n

Man wägt 40,5 g $Ce(SO_4)_2 \cdot 4H_2O$ p.a. ab und löst diese Menge in einem Meßkolben, der 28 ml konz. H_2SO_4 und 500 ml Wasser enthält, und füllt die Lösung auf 1 l auf. Am folgenden Tage wird die Lösung durch einen Papierfilter filtriert. Die Normalität der Lösung des Cersulfats wird jodometrisch auf folgende Weise bestimmt: In einen Erlenmeyerkolben von 300 ml, der 100 ml dest. Wasser enthält, werden 2 g KJ und 20 ml 1 n H_2SO_4 eingefüllt. Nach dem Vermischen des Kolbeninhalts werden aus der Bürette 10 ml der hergestellten Cersulfatlösung zugefügt. Der Kolben wird mit einem Plaststopfen verschlossen und an einen dunklen Ort gestellt. Nach 15 min. wird der Stopfen mit Wasser abgespült und das ausgeschiedene Jod mit einer 0,1 n Lösung von Natriumthiosulfat in Gegenwart von Stärke titriert.

3.4 Kaliumferrocyanid ungefähr 0,25 m

53,0 g Kaliumferrocyanid ($K_4Fe\ CN_6 \cdot 3H_2O$) werden in 300 bis 400 ml Wasser gelöst, 0,2 g Na_2CO_3 zugesetzt und mit Wasser auf 500 ml aufgefüllt. Die Lösung wird in einer dunklen Flasche aufbewahrt.

3.5 Waschlösung für den Niederschlag

Es werden 840 ml dest. Wasser, 240 g NaCl und 80 ml konz. HCl gemischt.

3.6 Ferroin als Indikator

4. Ausführung der Analyse

In ein Becherglas von 150 ml werden 50 ml dest. Wasser eingefüllt und 15 g Natriumchlorid sowie 20 ml HCl 1 : 1 zugefügt. Der Becherglasinhalt wird zur Auflösung des Salzes vermischt, wonach mit einer Pipette 50 ml einer Lösung, die 0,2 bis 0,3 g der zu untersuchenden Additionsverbindung des Äthylenoxids enthalten, hinzugefügt werden. Danach werden mit der Pipette 5 ml der Kaliumferrocyanidlösung zugefügt, umgerührt und nach 2 bis 3 min. Warten der aufgetretene Niederschlag über ein weiches Papierfilter abfiltriert. Das Filtrat wird in einem 300 ml Erlenmeyerkolben gesammelt. Das Becherglas und der Niederschlag werden dreifach mit der Waschlösung ausgespült, dabei sollen nicht mehr als 25 ml Lösung verbraucht werden. Danach werden dem Filtrat 2 Tropfen der Indikatorlösung (Ferroin) zugefügt und mit der Cersulfatlösung aus einer Bürette für 10 ml Inhalt mit einer Skaleneinteilung in 0,02 ml titriert. Man titriert bis zum Farbumschlag der Lösung von orange nach grün.

Parallel wird die Blindprobe in folgender Weise durchgeführt: In einen 300 ml Erlenmeyerkolben werden 100 ml Wasser eingefüllt, 15 g NaCl und 20 ml HCl 1 : 1 zugefügt und nach Auflösung des Salzes 5 ml der Kaliumferrocyanidlösung und etwa 25 ml der Waschlösung hinzugefügt. Der Kolbeninhalt wird mit der Cersalzlösung genauso titriert wie oben angegeben.

Die Menge des Kaliumferrocyanids (X), die mit der Polyäthylenoxidadditionsverbindung gebunden ist, wird nach der Formel

$$X = \frac{(A - B) \cdot n \cdot 368,36}{1000}$$

ausgerechnet, in der A - die Menge der $Ce(SO_4)_2$-Lösung, die zur Titration der Blindprobe verbraucht wurde, (in ml), B - das gleiche für die untersuchte Probe, n - die Normalität der $Ce(SO_4)_2$-Lösung bedeutet. 368,36 ist das Molekulargewicht von $K_4Fe(CN)_6$.

Der Gehalt der Äthylenoxidadditionsverbindung (Y) wird nach einem Diagramm bestimmt, das die Abhängigkeit des Kaliumferrocyanid-Verbrauchs von der Menge des untersuchten Produkts darstellt, oder nach der Formel Y = f.X ausgerechnet, in der F - das Verhältnis der Äthylenoxidadditionsverbindung zum Kaliumferrocyanid, das experimentell bestimmt wurde, und X - die Menge des Kaliumferrocyanids (in g), die nach der o. g. Formel berechnet wurde, ist.

5. Die Aufstellung von Eichkurven

Die Eichkurven oder die Abhängigkeit des Kaliumferrocyanid-Verbrauchs von der Menge der Äthylenoxidadditionsverbindungen wurden einzeln für jedes Handelsprodukt bestimmt. Hierfür wurde eine Probe von 1 g mit einer Genauigkeit bis zu 0,0002 g abgewogen, in 20 bis 30 ml dest. Wasser gelöst und danach die Lösung quantitativ in einen Meßkolben von 100 ml Inhalt überführt. Der Kolbeninhalt wurde mit Wasser fast bis zur Marke aufgefüllt und danach mit Alkohol (zur Schaumunterdrückung) genau auf 100 ml eingestellt. Zur Titration wurden 20, 25 und 30 ml der Lösung in Gläser von 150 ml Inhalt abgefüllt. Danach wurde der Inhalt der Bechergläser mit Wasser auf 50 ml verdünnt, NaCl, HCl und Kaliumferrocyanid zugesetzt und die Analyse wie unter 4. durchgeführt. Parallel wurde eine Blindprobe angesetzt.

Der Verbrauch an Kaliumferrocyanid wurde nach der o. g. Formel (Abschnitt 4) ausgerechnet.

Die erhaltenen Resultate des Kaliumferrocyanidverbrauchs (in g) wurden auf der Abszisse aufgetragen, während auf der Ordinate die Menge der Äthylenoxidadditionsverbindung, die zur Titration eingesetzt wurde, aufgetragen war.

Die Eichkurve für jedes Produkt wurde auf der Grundlage von neun Bestimmungen (3 Einwaagen) aufgestellt.

Der Neigungswinkel der Eichkurve hängt von der Anzahl Äthylenoxidmole in der Verbindung ab und verringert sich mit wachsender Kettenlänge. Die Eichkurven geben eine lineare Abhängigkeit im Gebiet geringer Konzentrationen wieder und weisen danach eine unbedeutende Krümmung auf. Zur Aufklärung dieser Erscheinung wurde eine Reihe von Bestimmungen des Kaliumferrocyanidverbrauchs im Verhältnis zur Konzentration der Äthylenoxidadditionsverbindung für den Konzentrationsbereich von 0,03 bis 0,35 g durchgeführt. Es wurde die Menge der zu untersuchenden Verbindungen variiert und zur Fällung der Komplexverbindung immer ein konstantes Volumen der Kaliumferrocyanidlösung angewandt. Im zweiten Fall wurde zu einer streng bestimmten Menge der zu untersuchenden Probe immer ein doppelter Überschuß des Fällungsreagenzes zugesetzt. Die Ergebnisse haben gezeigt, daß im Falle der Verwendung immer ein und desselben Reagenzüberschusses die Eichkurve in Form einer Geraden für einen weiteren Konzentrationsbereich erhalten werden kann. Allerdings ist es praktisch vorteilhafter, besonders im Falle der Bestimmung der Konzentrationen von Lösungen mit unbekanntem Gehalt an nichtionogenen

Stoffen, immer ein und dieselbe Menge des Fällungsreagenzes anzuwenden. Dabei sollte gleichzeitig der Konzentrationsbereich der zu untersuchenden Lösungen eingeengt werden, indem man vorher orientierende Bestimmungen durchführt.

6. Ermittlung der Genauigkeit der Methode

Zur Bestimmung der Genauigkeit der Methode wurden 5 Handelsprodukte ausgewählt, die in der Kette verschiedene Molanteile an Äthylenoxid enthalten,und zwar: Polykol 42, Genagen C-200, Olbrotol O-18, Soromin SG und Arkopal N-060.

Es wurden Einwaagen von 2 bis 3 g eines jeden Produktes genommen, die Proben in Wasser gelöst und auf 500 ml aufgefüllt. Für jede Lösung wurden 8 Bestimmungen durchgeführt, indem jedesmal 50 ml der Lösung eingesetzt wurden. Die Bestimmungen wurden nach dem Verfahren in Abschnitt 4 durchgeführt. Der Gehalt an zu testender Substanz (A) wurde in Prozenten nach der Formel

$$A = \frac{Y.100}{50} = 2\,Y$$

errechnet, in der Y - die Menge des zu testenden Stoffes, der für die Bestimmung eingesetzt wurde, und nach der Formel $X = f \cdot Y$ ausgerechnet oder nach dem Diagramm bestimmt wurde.

Tab. 1 Werte für die Bestimmung der Standardabweichung

Nr.	Gehalt des Stoffes in der Lösung (%)				
	Polykol 42	Genagen Z-200	Olbrotol O-18	Soramin SG	Arkopal N-060
1	0,51	0,51	0,48	0,55	0,42
2	0,50	0,50	0,47	0,54	0,45
3	0,51	0,52	0,50	0,54	0,44
4	0,50	0,52	0,51	0,56	0,46
5	0,51	0,54	0,49	0,58	0,43
6	0,51	0,53	0,49	0,56	0,41
7	0,49	0,53	0,51	0,59	0,45
8	0,48	0,53	0,47	0,55	0,47
Mittel	0,50	0,52	0,49	0,56	0,44
Standardabweichung S	0,01	0,01	0,01	0,02	0,02

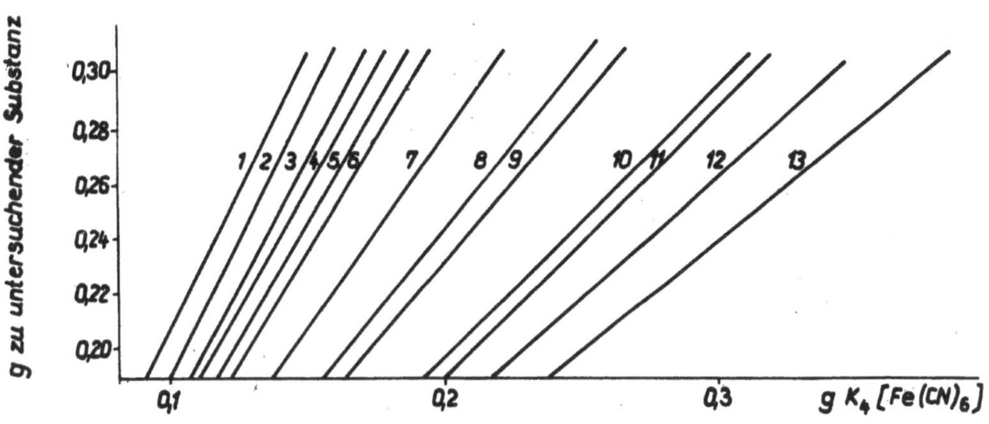

Eichkurven für die einzelnen Produkte

1 - Berol EMU-04; f = 2,07
2 - Arkopal 060; f = 1,93
3 - Genapol X-060; f = 1,80
4 - Stenol 100; f = 1,71
5 - Soromin SG; f = 1,65
6 - Genapol O-120; f = 1,58
7 - Arkopal N-180; f = 1,39
8 - Berol EMU-07; f = 1,22
9 - Olbrotol O-18; f = 1,16
10 - Genapol O-200; f = 0,99
11 - Genagen M-200; f = 0,96
12 - Arkopal N-230; f = 0,88
13 - Polykol 42; f = 0,80

Aus den Ergebnissen der Bestimmungen wurde die Standardabweichung S für die einzelnen Produkte unter Zuhilfenahme der Formel (1)

$$S = \sqrt{\frac{(x-\bar{x})^2}{n-1}}$$

ausgerechnet. In dieser Formel bedeuten:

x - die Ergebnisse der einzelnen Bestimmungen
$\bar{x}$ - das arithmetische Mittel der Bestimmungen
n - die Anzahl der Bestimmungen

Die Ergebnisse der Bestimmungen sowie die berechneten Werte der Standardabweichungen sind in Tabelle 1 angeführt.

7. Schlußfolgerungen

1. Die oben dargelegte Methode zur Bestimmung von äthoxylierten oberflächenaktiven Stoffen kann zur Kontrolle der Konzentrationsänderung von wäßrigen Lösungen und Dispersionen sowie zur Charakterisierung von Handelsprodukten eingesetzt werden.

2. Die Analysendurchführung ist einfach und gibt genaue Resultate, wobei eine entsprechende Erfahrung und sorgfältigste Arbeit vorausgesetzt wird.

3. Die Komplexverbindungen der nichtionogenen oberflächenaktiven Stoffe mit dem Kaliumferrocyanid werden umso leichter und vollständiger niedergeschlagen, je mehr Mole Äthylenoxid in der Kette vorhanden sind. Aus diesem Grunde sind die Standardabweichungen, die für Produkte mit verschiedener Kettenlänge berechnet wurden, unterschiedlich und schwanken von 0,01 bis 0,02.

8. Literatur

(1) T. Uno, K. Miyaima, Chem. Pharm. Bull., 11, 75 (1963)
(2) N. Schönfeldt, Nature 172, 820 (1953)
(3) Z. Łada, A. Rokosz, Nowa technika Nr. 10, 61 (1957)

Marian K a j l und Ewa W i l i ń s k a
Instytut Chemii Ogólnej, Warszawa

Über die Beurteilung des Emulgiervermögens von Emulgatoren für Ö/W Emulsionen

Der Gebrauchswert der Emulgatoren wird gewöhnlich an der hergestellten Emulsion geprüft. Die Ergebnisse hängen von der Natur des emulgierten Öls, sowie von dem Verfahren bei der Emulsionsherstellung stark ab. Obwohl es theoretisch möglich ist, die Emulgierfähigkeit eines Öls in Anwesenheit von Emulgatoren mit der Grenzflächenspannung zu charakterisieren, ohne eine Emulsion herstellen zu müssen, hängt diese Messung jedoch mit den Eigenschaften des Öls zusammen. Dazu sind die Grenzflächenspannungen bei üblich angewandten Emulgator-Konzentrationen sehr klein. Oft betragen sie wahrscheinlich weniger als 10^{-2} dyn/cm und sind mit gewöhnlichen Laborgeräten wie z.B. Tensiometer, Stalagmometer usw. nicht meßbar. Die Messung der Grenzflächenspannung kann auch höchstens eine Aussage für die thermodynamische, nicht aber für die kinetische Beständigkeit der Emulsion darstellen. Die bestimmbaren Eigenschaften der Emulsion liefern also immer noch den sichersten und bequemsten Weg zur Beurteilung des Emulgiervermögens von Emulgatoren.

An einer Emulsion können die Teilchengröße, ihre Verteilung, sowie die Beständigkeit der Emulsion im Sinne ihrer Neigung zum Aufrahmen, Zersetzen usw. bestimmt werden. Mit der mikroskopischen Bestimmung der Teilchengröße, ihrer Verteilung und zeitlichen Änderung kann man richtig das Emulgiervermögen der Emulgatoren charakterisieren. Zum Ausführen dieser Messungen müssen jedoch die Emulsionen bis zu sehr niedrigen Konzentrationen verdünnt und mit Verdickungsmittel gegen Brown'sche Bewegung geliert werden.

Die Ausmaße der Teilchendiameter sind mit einem einfachen optischen Mikroskop meistens wegen der geringen Tiefenschärfe nicht zu ermitteln, so daß mikroskopisch-photographische Methoden oder sogar Elektronenmikroskope angewandt werden müssen. Diese Messungen sind also ziemlich kompliziert und werden gewöhnlich nur für wissenschaftliche Zwecke vorgenommen.

Die zeitlich bestimmbare, d.h. die kinetische Beständigkeit einer Emulsion, wird durch die Geschwindigkeit des Koagulationsvorganges, also durch die Aggregierung der Öltröpfchen, und durch die Geschwindigkeit des Koaleszenzvorganges, d.h. der irreversiblen Vereinigung der Öltröpfchen, bestimmt. Auf diese Teilprozesse, die für die Emulsionsbeständigkeit große Bedeutung haben, hat der Charakter und die Konzentration des Emulgators einen gewissen Einfluß. Der Emulgator bildet an den Oberflächen der Emulsionsteilchen dünne, elastische Filme, die den Stößen der Teilchen standhalten und auf diese Weise die Bildung größerer Partikel verhindern. Die Koagulation und hauptsächlich die Koaleszenzvorgänge führen zur Zunahme der Volumen von Einzelteilchen. Dadurch wird die Aufrahm- bzw. Sedimentationsgeschwindigkeit beeinflußt.

Die Aufrahmgeschwindigkeit ist mit der Gleichung von Stokes angegeben:

$$u = \frac{2gr^2 \Delta d}{9\eta} \qquad (1)$$

Hierin bedeutet: u - die Geschwindigkeit der einzelnen Emulsionsteilchen in der Richtung der Gravitationskräfte.

Aus dieser Gleichung geht hervor, daß die Aufrahmgeschwindigkeit von der Dichte des Öls, von den Teilchenradien und von der Viskosität der Flüssigkeit (Wasser) abhängt. Die Eigenschaften des Emulgators kommen also in dieser Gleichung mit den Teilchenradien zum Ausdruck.

Sind die Radien aller Emulsionsteilchen als gleich zu behandeln und die Koagulations- sowie die Koaleszenzgeschwindigkeit klein genug, daß sie unberücksichtigt bleiben können, so ist das infolge des Aufrahmens ausgeschiedene Ölvolumen der Zeit proportional und kann mit folgender Gleichung angegeben werden:

$$V_a = V_a^o \frac{u}{a} t \qquad (2)$$

Hierin bedeuten:

- V_a - das aus einer a cm hohen Schicht der Emulsion ausgeschiedene Ölvolumen (cm^3)
- V_a^o - das Ölvolumen, das in dieser Schicht bei t = 0 vorhanden ist (cm^3)
- a - die Höhe der betrachteten Emulsionsschicht (cm) die einen Bruchteil der ganzen Emulsionsschicht bildet.

Diese Gleichung gilt für einen Zeitraum $t \lesssim \frac{a}{u}$

Die Teilchenradien sind leider in der Praxis meistens nicht als gleich groß zu betrachten. Auch die Koagulations- und Koaleszenzgeschwindigkeiten sind nicht immer so klein, daß sie unbeachtet bleiben können. Diese Erscheinungen führen dann zu sehr komplizierten mathematischen

Ausdrücken für das zeitlich ausgeschiedene Ölvolumen.

Trotzdem ist die Messung des ausgeschiedenen Ölvolumens von großem Interesse, weil sie die Eigenschaften des Emulgators gut zum Ausdruck bringt.

Dazu konnte die von Schiffner[1)] ausgearbeitete Methode nicht ausgenutzt werden. Diese Methode erlaubt, den Ölgehalt an einer gewissen Stelle der Emulsion zu messen. Mehr interessant ist aber das ganze Ölvolumen zu messen, das sich aus einer gewissen Emulsionsschicht (Emulsionsvolumen) infolge des Aufrahmens ausscheidet.

Wir haben uns also zuerst bemüht, eine Methode auszuarbeiten, die diese Messung mit praktisch guter Genauigkeit durchzuführen erlaubt.

Abb. 1. Meß-Pipette

Es gelang uns, diese Messung in einer Meßpipette (Abb. 1) durchzuführen. Die Emulsion wurde entweder unmittelbar in dieser Pipette hergestellt oder aus einer früher vorbereiteten Probe entnommen. Nach einer gewissen Zeit wurde die untere Schicht mit einem Volumen, das dem Volumen des eingetragenen Wassers entspricht, abgelassen und beseitigt. Die obere Schicht wird in ein kalibriertes Reagenzglas eingebracht, mit Natriumnitratlösung versetzt und geschleudert. Das Ölvolumen wurde unmittelbar an der Marke des Reagenzglases abgelesen und das in der unteren Schicht der Emulsion verbliebene Ölvolumen V_b nach folgender Gleichung berechnet:

$$V_b = V_a^o - V_a = V_o - V_g \qquad (3)$$

Hierin bedeutet:

V_o - das ganze sich in der Emulsion befindende Ölvolumen
V_g - das gemessene Ölvolumen

Die Emulsionsbeständigkeit in gewisser Zeit, in % berechnet, kommt jetzt mit folgender Gleichung zum Ausdruck:

$$E_t = \frac{V_b}{V_a^o} \cdot 100 \quad (\%) \qquad (4)$$

oder

$$E_t = \frac{V_o - V_g}{b\, V_o} \cdot 100 \quad (\%) \qquad (5)$$

worin: b - einen betrachteten Bruchteil des ganzen Emulsionsvolumens bedeutet.

Zur Beurteilung des Emulgiervermögens müßten wir noch eine Standardmethode zur Emulsionsherstellung ausarbeiten. Um die mechanischen Bedingungen möglichst auszuschließen, haben wir die Emulsion unmittelbar in der oben erwähnten Meßpipette auf folgende Weise hergestellt. In eine 25 ml Meßpipette wurden zuerst 5 ml Öl mit einer bestimmten Konzentration eines Emulgators und dann 20 ml Wasser eingezogen. Der Hahn wurde geschlossen und an das schmale Ende ein kleiner Gummipfropfen gesteckt. Dann wurde der Inhalt durch mildes Umschwenken vermischt. Nach jedem Umschwenken soll die Pipette so lange senkrecht gehalten werden, bis die ganze Mischung nach unten herabfließt. Um die Abhängigkeit der meßbaren Eigenschaften der Emulsion von der Zahl der Umschwenkungen zu vermeiden, müssen mindestens 20 solche Umschwenkungen durchgeführt werden.

Verfährt man, wie es oben angegeben wurde, mit einem Öl/Wasser-Gemisch ohne Emulgator, so entsteht eine "Emulsion" die nach kurzer Zeit (1-5 min.) vollkommen getrennt ist. In Anwesenheit eines Emulgators wird sich die Emulsion nach derselben Zeit umsoweniger trennen, je wirksamer der Emulgator ist. Die Emulgierbarkeit eines Öl/Emulgator-Gemisches, oder wie wir es bezeichnet haben, die Emulgierkraft des Emulgators, kann also aus dem nach dieser Zeit gemessenen ausgeschiedenen Ölvolumen abgeleitet werden. Diese kann genauso, wie die Emulsionsbeständigkeit mit der Formel (4) oder (5) in % berechnet werden.

Auf diese Weise haben wir eine Reihe von nichtionogenen Emulgatoren in verschiedenen Konzentrationen überprüft. Das Emulgiervermögen wurde mit Mineralöl spindelölartig geprüft.

Auf den Diagrammen Abb. 2,3,4 wurde beispielsweise die "Emulgierkraft" und die Emulsionsbeständigkeit nach 24 Stunden in Abhängigkeit von der Konzentration des Emulgators dargestellt. Abb. 5 stellt den zeitlichen Zerfall zweier mit verschiedenen Emulgatorkonzentrationen hergestellten Emulsionen dar.

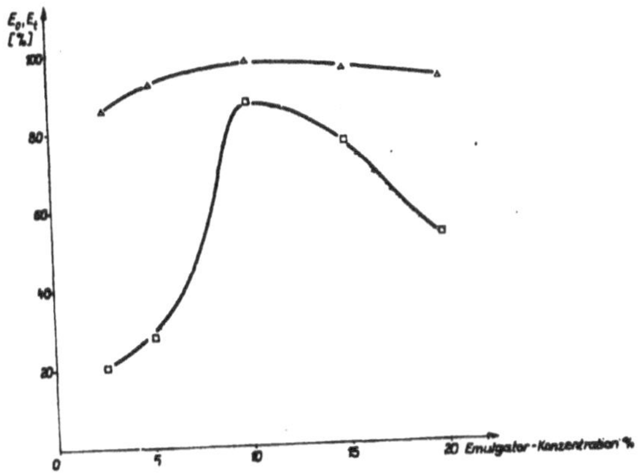

Abb. 2. Talgalkohol mit 5 Äthylenoxidgruppen

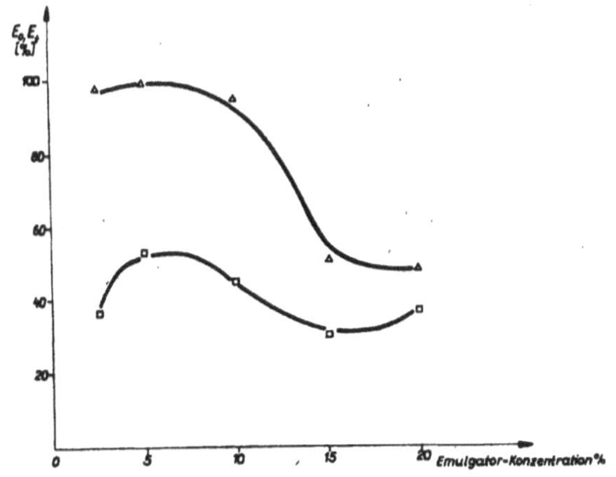

Abb. 3. Emulgiervermögen von NP 5

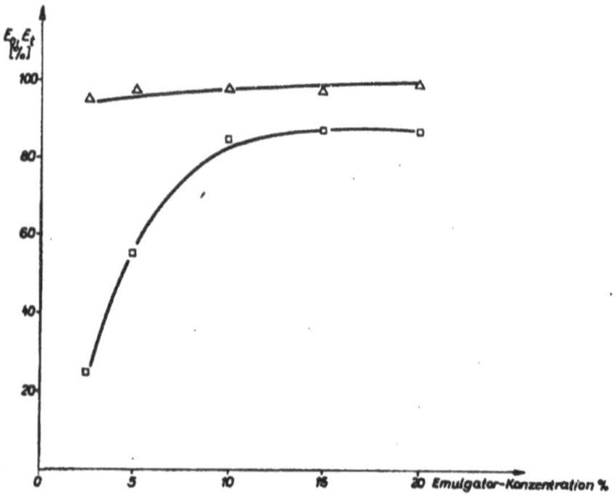

Abb. 4. Emulgiervermögen von Polyäthylenglykol-600-dioleat

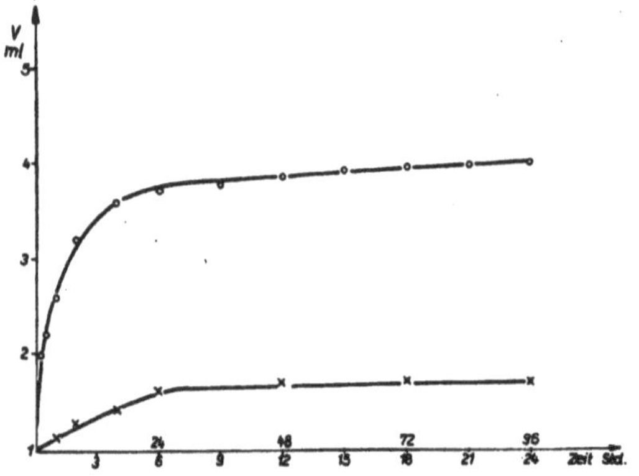

Abb. 5. Zeitverlauf des Ölausscheidens
o = Talgalkohol mit 5 Äthylenoxidgruppen 5%
x = Talgalkohol mit 5 Äthylenoxidgruppen 10%

Nach dieser Methode kann auch die Beständigkeit von Emulsionen, die mit mechanischen Rührwerken, Homogenisatoren usw. hergestellt wurden, geprüft werden. Die Proben werden dann aus der gesamten Emulsionsprobe mit der Meßpipette entnommen. Es wird empfohlen, die Proben am Ende des Rührens, noch bei eingeschalteten Rührwerken zu entnehmen.

1) Schiffner, R., Faserforsch. u. Textiltechn. 7. (1956) 374

Ivo Zeman und Dana Zemanová
Forschungsinstitut der Fettindustrie, Ústí n. L. (CSSR)

Das analytische Verfolgen von Tensiden bei der Separation von festen und flüssigen Fettsäuren

Die modernen Prinzipien der Separation von festen und flüssigen Fettsäuren beruhen auf der Einwirkung der Zentrifugalkraft auf wäßrige Dispersionen der Fettsäure-Gemische in Gegenwart von Tensiden. Die technischen Grundlagen eines solchen Prozesses wurden schon mehrmals veröffentlicht (1,2,3) und beziehen sich auf die Separation nicht nur von Fettsäuren, sondern auch von Glyceriden usw.

Gegenstand dieses Vortrages sind nicht physikalisch-chemische Vorgänge, die eine derartige Separation ermöglichen, sondern nur das Problem, auf welche Weise sich dieser Prozeß analytisch verfolgen läßt bzw. die Möglichkeit, die benutzten Tenside im Laufe der Separation zu bestimmen. Das System der in diesem Prozeß zusammentreffenden Substanzen ist verhältnismäßig einfach und schließt das Gemisch von festen und flüssigen Fettsäuren, weiter die wäßrige Lösung eines Tensids sowie einige organische Salze ein. Die Bestimmungsmethode von anionaktiven Tensiden in einem solchen System muß für niedrigere Konzentrationen anzuwenden sein, und keine der Komponenten darf diese Bestimmung stören. Die direkte Bestimmung von anionaktiven Tensiden in rein wäßrigem Milieu kann verschiedenartig durchgeführt werden (4).

Die Anwesenheit von Fettsäuren bringt aber manche Schwierigkeiten bei der Bestimmung mit sich, da die Tenside z. B. durch Adsorption an die Fettsäuren gebunden sind. In unserem Falle ist es sogar notwendig, diese Tenside direkt in Fettsäuren zu bestimmen. Da kein besonderes Verfahren für derartige Bestimmungen zur Verfügung stand, entschieden wir uns, solche Maßnahmen für die Vorbereitung der Bestimmungsproben zu treffen, daß diese von Fettsäuren befreit werden und den geeigneten Konzentrationsbereich aufweisen.

Unter diesen Bedingungen ist es möglich, alle Bestimmungsmethoden für anionaktive Tenside niedriger Konzentrationen zu benutzen. Auf Grund der früheren Erfahrungen wurde die Methode nach Degens (5) gewählt, deren Bestimmungsprinzip auf der Extraktion des blauen Komplexes des anionaktiven Tensids mit Methylenblau mittels Chloroform und der spektrophotometrischen Messung dieser Chloroform-Lösungen beruht.

Experimenteller Teil

1. Chemikalien und Apparate

Sämtliche benutzten Chemikalien besaßen die höchste erreichbare Reinheit (pro analysi). Zu Zwecken der spektrophotometrischen Messung wurde das Universalspektrophotometer Zeiss (Jena, DDR) mit der Ausrüstung für den sichtbaren Spektralbereich benutzt.

2. Vorbereitung der Proben zur Bestimmung

Proben, in denen das anionaktive Tensid (Natrium-Alkylsulfat, Natrium-Alkylarylsulfonat u. a.) zu bestimmen ist, lassen sich nach der Art der nötigen Vorbereitung aufteilen.

A. Wäßrige Lösungen des anionaktiven Tensids

Es genügt die Anpassung an den, der gewählten Methode entsprechenden Konzentrationsbereich. Da sich die Tensidkonzentrationen zwischen 0,4 - 0,8 % bewegen, ist die Lösung derart mit Wasser zu verdünnen, daß es in dem für die Bestimmung abgenommenen Volumen nicht mehr als 400 Mikrogramm Tenside gibt. Das wird durch ein- oder zweimalige Verdünnung im Meßkolben erreicht.

B. Dispersionen des betreffenden Fettsäure-Gemisches mit einer wäßrigen Lösung des anionaktiven Tensids

Die direkte Bestimmung in einer solchen Dispersion ist nicht mit der erforderlichen Genauigkeit durchführbar, da die Fettsäuren in dem für die Extraktion des Methylenblau-Tensid-Komplexes benutzten Chloroform gelöst werden. Somit wird die Bestimmung durch zu große Mengen von Fettsäuren gestört. Es ist daher nötig, Proben derartiger Dispersionen durch den gleichen Arbeitsvorgang vorzubereiten, wie das im vorhergehenden Absatz (2.A.) beschrieben wurde, d. h. durch alleiniges Verdünnen mit Wasser, so daß der für die Bestimmung abgenommene Anteil nicht mehr als 400 Mikrogramm Tensid enthält. Dieses Verfahren kann dann angewendet werden, wenn die Dispersion selbst nach der Verdünnung stabil bleibt. Bei Zerfall der Dispersion oder falls eine genauere Bestimmung nötig ist, sind die Fettsäuren abzutrennen. Dies geschieht durch das im nächsten Absatz (2.C.) beschriebene Verfahren.

C. Im Separationsprozeß abgetrennte Fettsäuren

Die Einwaage von 1 bis 5 Gramm Probe (je nach Gehalt an Tensid) wird in 200 ml Äthyläther gelöst. Der Tensidgehalt bewegt sich bei festen Fettsäuren im Bereich von 0,6 - 1,5 % und bei flüssigen Fettsäuren von

0,1 bis 0,4 %. Die ätherische Lösung wird im Scheidetrichter nach und nach dreimal mit 100 ml Wasser extrahiert.Die drei Wasserextrakte werden im Meßkolben auf 500 ml aufgefüllt, und aus dieser Lösung wird zur Bestimmung ein kleiner Anteil, der nicht mehr als 400 Mikrogramm enthält, abgenommen.

D. Im Separationsvorgang abfallende wäßrige Phasen

Die Vorbereitung der Probe ist dieselbe wie für wäßrige Tensidlösungen (Abs. 2.A.), d. h. es wird nur verdünnt. Der Tensidgehalt in diesen wäßrigen Phasen ist meistens 0,03 - 0,15 % in Abhängigkeit von Versuchsbedingungen. Außerdem treten dort geringe Mengen dispergierter Fettsäuren auf, die jedoch auf die Tensidbestimmung nicht störend einwirken.

E. Separierte Fettsäuren nach der Tensidentfernung

Das Verfahren der Probenvorbereitung stimmt mit dem für abgetrennte Fettsäuren überein (Abs.2.C.). Wenn es sich um die Bestimmung von Tensidspuren handelt (ordnungsmäßig Hundertstel % und weniger), ist es nötig, für die eigene Bestimmung größere Volumina des wäßrigen Extraktes, gegebenenfalls den ganzen Extrakt zu benutzen.

3. Das Verfahren zur Tensidbestimmung

Hier benötigt man die Methylenblau-Lösung (0,035 %ige Lösung in 0,01 n H_2SO_4) und das destillierte Chloroform. Bei der Bestimmung wird in den Scheidetrichter ein solches Probevolumen abpipettiert, das nicht mehr als 400 Mikrogramm Tensid enthält und das auf ca. 100 ml mit Wasser ergänzt wird. Dazu werden 5 ml Methylenblau-Lösung beigemischt. Der blaue Komplex des Methylenblau mit dem anionaktiven Tensid wird unter Schütteln mit drei 10 ml Portionen stufenweise extrahiert. Sämtliche Chloroformextrakte werden in 50 ml Meßkolben gesammelt und mittels Chloroform eingefüllt. Die Lichtdurchlässigkeit dieser Lösung wird spektrophotometrisch bei 670 nm gegen einen Blindversuch gemessen. Die Blindversuchslösung entsteht auf Grund eines gleichen Verfahrens, jedoch bei Abwesenheit von Tensid. Zwecks Inhaltsberechnung verschiedener anionaktiver Tenside sind auf die angeführte Weise Lichtdurchlässigkeitswerte bei verschiedenen Konzentrationen derselben zu bestimmen, aus denen entweder Eichkurven konstruiert oder Extinktionskoeffizienten errechnet werden. Dies wurde für Natrium-Dodecylsulfat und für Natrium-Tetradecylbenzolsulfonat durchgeführt.

4. Ermittlung verschiedener Bedingungen und Einflüsse auf die Bestimmung

A. Bemerkungen zur Vorbereitung der Probe bei der Tensidbestimmung in Fettsäuren (Abs. 2.C.)

Um maximale Tensidmengen für die Bestimmung zu gewinnen, wurden verschiedene Lösungsmittel verglichen. Abbildung 1 zeigt den Verlauf der stufenweisen Tensidextraktion durch Wasser aus Fettsäure-Lösungen in Äthyläther, n-Hexan und Extraktionsbenzin. Wie ersichtlich, verläuft die Extraktion des Tensids durch Wasser beim Lösen der Fettsäuren in Äthyläther am schnellsten: praktisch wird bereits nach 3 Extraktionen vollständige Tensidrückgewinnung erzielt. Dagegen werden bei n-Hexan und Extraktionsbenzin selbst nach 6 Extraktionen kaum 90 % Tensid rückgewonnen.

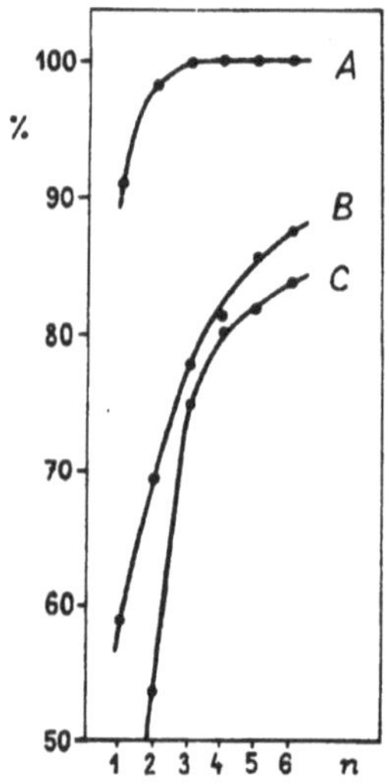

Abb. 1 Relative Menge des aus Lösungen der abgetrennten Fettsäuren in verschiedenen Lösungsmitteln extrahierten Tensids in Abhängigkeit von der Anzahl der Extraktionen durch Wasser

% - Gesamtmenge des Tensids nach n Extraktionen in % des ursprünglichen Gehaltes in Fettsäuren

n - Anzahl der Extraktionen

A - Abhängigkeit für Äthyläther

B - Abhängigkeit für n-Hexan

C - Abhängigkeit für Extraktionsbenzin

B. Einfluß des Chloroforms

Bei der eigentlichen Bestimmung wird die gemessene Lösung mit dem Blindversuch verglichen. Bei der Vorbereitung des Blindversuchs extrahiert das Chloroform immer geringe Mengen Methylenblau, obwohl kein Tensid anwesend ist, das einen durch Chloroform extrahierbaren Komplex mit Methylenblau bilden würde. Die durch Chloroform extrahierbare Methylenblaumenge ist bei der Vorbereitung des Blindversuches von der Art der Chloroformvorbereitung abhängig, wie aus Tabelle 1 zu ersehen ist. Eine wesentliche Verbesserung der Lichtdurchlässigkeit infolge Verringerung des Methylenblauüberganges in das Chloroform wurde einerseits durch Chloroformdestillation, andererseits durch Schütteln des Chloroforms mit Wasser erreicht. Dies bedeutet, daß selbst Spuren von Verunreinigungen im Chloroform (unter ihnen besonders Äthanol) den Übergang des Methylenblau in den Blindversuch vergrößern können, wodurch die Ergebnisse ungünstig beeinflußt werden. Andererseits wurde bestätigt, daß die Feuchtigkeit des Chloroforms ohne Einfluß ist und daß selbst ein zusätzliches Durchschütteln mit verdünnter Schwefelsäure den Übergang des Methylenblau in das Chloroform nicht beeinflußt. In Bezug auf diese Ermittlungen wurde das für die Bestimmung benutzte Chloroform stets mit Wasser gereinigt und destilliert.

Tab. 1 Lichtdurchlässigkeit von Blindversuch im Vergleich mit getrocknetem Chloroform

Vorbereitungsweise von Chloroform für den Blindversuch	Lichtdurchlässigkeit %
A. ohne Vorbereitung	88,0
B. nach Destillation	93,0
C. wie bei B., mit Na_2SO_4 getrocknet	93,0
D. wie bei C., nach Schütteln mit der 10-fachen Menge Wasser	94,6
E. wie bei D., nach Schütteln mit der 10-fachen Menge 0,1 n H_2SO_4	94,8

C. Einfluß des pH-Wertes auf die Extraktion des Methylenblau-Tensid-Komplexes

Die Originalmethode nach Degens (5) führt an, daß bei der Tensidbestimmung zur Lösung außer der Methylenblau-Lösung in 0,01 n H_2SO_4 noch 1 ml 5 n H_2SO_4 beizufügen ist. Dadurch soll der optimale pH-Bereich (von 1 bis 3) für die Extraktion des Farbkomplexes erreicht werden. Es ist jedoch nicht bekannt, inwiefern die Extrahierbarkeit des Farbkomplexes durch das Einstellen auf diesen pH-Bereich beeinflußt wird. Daher haben ir die Extrahierbarkeit des nach Degens (5) vorbereiteten Farbkomplexes mit demselben ohne den erwähnten Schwefelsäurezusatz verglichen. Aus Abbildung 2 geht hervor, daß ein Schwefelsäurezusatz die Extrahierbarkeit verschlechtert, so daß kaum 94 % der vorhandenen Tensidmenge extrahiert wird, selbst wenn in dem ersten Chloroformanteil mehr als 90 % extrahiert werden. Dagegen wird ohne Schwefelsäurezusatz nach der beschriebenen Methode bereits nach 3 Extraktionen mehr als 97 % der vorhandenen Tensidmenge isoliert. Das stimmt mit dem als Maximalgrenze für die Ausbeute des Farbkomplexes angeführten Wert gut überein. Diese Maximalgrenze liegt bei 98 % (6). Aus diesem Grunde konnte von der zusätzlichen Ansäuerung mit 1 ml 5 n H_2SO_4 abgesehen werden.

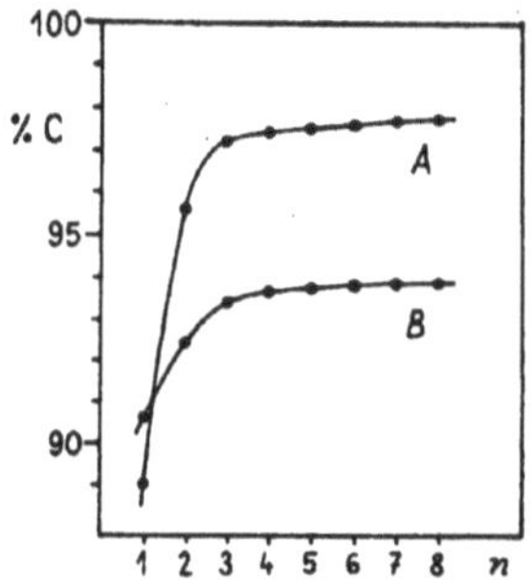

Abb. 2 Die Menge des nach der Bildung des Farbkomplexes mit Methylenblau extrahierten Tensids im Vergleich zu der vorhandenen Menge (= 100 %)

A - Extraktionsverlauf ohne Ansäuerung (pH = 2,5)

B - Extraktionsverlauf mit Ansäuerung (pH = 1,9)

C - Der ermittelte Gesamtprozentsatz der vorhandenen Menge nach n Extraktionen

n - Anzahl der Extraktionen

D. Unterschiede bei der Bestimmung verschiedener Tenside

Wir verglichen Extinktionskurven der Methylenblaukomplexe des Natrium-Dodecylsulfates und Natrium-Tetradecylbenzolsulfonates (s.Abb. 3). Wie ersichtlich, liegt das Adsorptionsmaximum in beiden Fällen bei 670nm, obgleich einige Autoren andere Angaben machen - z. B. 640 nm (7). Dieser Unterschied ist auf verschiedene Arten des Methylenblaupräparates zurückzuführen. Der Extinktionsunterschied wird wohl für beide Tenside durch den Charakter ihres Komplexes mit Methylenblau verursacht. Der Komplex scheint durch das äquimolekulare Verhältnis beider Anteile, d. h. des Tensids und des Methylenblaus (7), zu entstehen.

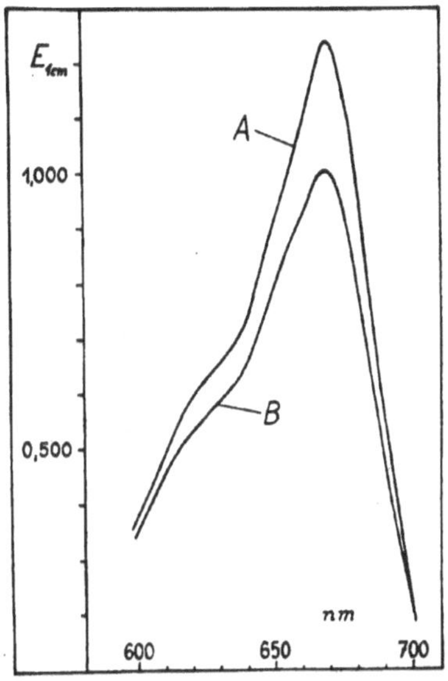

Abb. 3 Extinktionskurven der Methylenblau-Komplexe mit Tensiden im Spektralbereich von 600 bis 700 nm

A - für 200 Mikrogramm Natrium-Dodecylsulfat

B - für 200 Mikrogramm Natrium-Tetradecylbenzolsulfonat

E_{1cm} - Extinktion der 1 cm Schicht der Chloroformlösung des Komplexes

Unter dieser Voraussetzung sollte das Produkt des Extinktionskoeffizienten und des Molekulargewichts beider Anteile den gleichen Wert aufweisen. Die Extinktionskoeffizienten wurden nach Eichungsergebnissen mit Standardlösungen beider genannten Tenside bei verschiedenen Konzentrationen berechnet. Die Extinktionskoeffizienten, die ermittelten Molekulargewichte sowie ihre Produkte sind in Tabelle 2 angeführt. Somit sind die gesuchten Produkte tatsächlich sehr ähnlich, ihr Unterschied liegt im Rahmen der für unsere Bedingungen ermittelten Abweichung (2,5 % des Ergebnisses).

Tab. 2 Vergleich der Extinktionswerte von zwei Tensiden im Komplex mit Methylenblau

	Extinktionskoeffizient für Mikrogramm a	Molekulargewicht M	a.M.
Natrium-Dodecylsulfat	0,00620	288	1,79
Natrium-Tetradecylbenzolsulfonat	0,00499	369	1,84

Für die Lösungen beider Tenside ist die Abhängigkeit der Extinktion von der Konzentration der Lösungen im Bereich bis 400 Mikrogramm Tensid linear. Daher wird auch gefordert, daß bei der Analyse dieser Bereich nicht überschritten wird. Es gilt hier also das Lambert-Beer Gesetz und anstatt der Kalibrationskurven können Extinktionskoeffizienten (8) für Berechnungen verwendet werden. Oberhalb dieses Bereiches gibt es zwischen Extinktion und Konzentration keine lineare Beziehung.

F. Störende Einflüsse anderer Verbindungen auf die Bestimmung

Bei der Bestimmung der Tenside mit Methylenblau stören einige anorganische Ionen (Nitrate, Rhodanide u. a.), die bei bestimmten Konzentrationen die Ergebnisse erhöhen, wogegen manche organische Verbindungen dieselben vermindern (7). Von der Seife wird behauptet, daß sie die Ergebnisse erhöht. Wir haben den Einfluß einiger bisher nicht erforschter Verbindungen geprüft; nach Tabelle 3 ist er bei den zu erwartenden Konzentrationen gering. Der Einfluß des Natriumstearats ist daran zu erkennen, daß es bei höheren Konzentrationen bereits den pH-Wert beeinflußt, der (wie in Abs.4.C. angeführt ist) bei der Extraktion des Farbkomplexes ein bestimmtes Optimum aufweisen soll (6). Falls in der gleichen Menge freie Fettsäuren anwesend sind, wird das Ergebnis von ihnen nicht beeinflußt. Bei der direkten Bestimmung des Tensidgehaltes in den Fettsäuren müssen jedoch die Tenside vor der Bestimmung abgetrennt werden (s.Abs.2.C.). Somit kommt der Einfluß störender Verbindungen in dem von uns gegebenen Vorgang nicht zur Geltung.

Tab. 3 Einfluß von verschiedenen Verbindungen auf die Bestimmung von Tensiden

	Kein Einfluß bis zur Konzentration	Einfluß (in % der bestimmten Werte) bei der Konzentration
Hexametaphosphat	500 mg/l	bis 6 % Erhöhung bei 1000 mg/l
Pyrophosphat	500 mg/l	bis 6 % Erhöhung bei 1000 mg/l
Natriumperborat	500 mg/l	bis 25 % Erhöhung bei 1000 mg/l
Gemisch von Na_2SO_4 und Na_2CO_3 [1:1 (Gew.)]	800 mg/l	-
Carboxymethylcellulose	1200 mg/l	-
Natriumstearat	200 mg/l	bis 10 % Verringerung bei 1000 mg/l
Freie Fettsäuren	1000 mg/l	-

F. Einfluß der Tensidbeständigkeit

Die Ergebnisse werden beträchtlich von der Beständigkeit der Tensidlösungen beeinflußt. Wir haben die Stabilität der Alkylbenzolsulfonat- und Alkylsulfat-Lösungen geprüft. Wie Abbildung 4 zeigt, ist Natrium-Dodecylsulfat instabil, sodaß seine Proben unmittelbar am gleichen Tag bestimmt werden müssen. Die Abnahme der Konzentration durch spontane Zersetzung bei pH = 5,5 ist bei allen Proben zu erwarten, die in Kontakt mit freien Fettsäuren gekommen waren; sie ist bereits nach 24 Stunden merklich. Bei Isolierung des Natrium-Dodecylsulfats nach dem in Abs. 2.C. beschriebenen Verfahren und Einstellung des pH auf minimal 8,0 sind die Zersetzungserscheinungen bis zum 5. Tag verhältnismäßig gering. Die Beständigkeit der Natrium-Tetradecylbenzolsulfonat-Lösung ist wesentlich größer und erfordert keine derartigen unmittelbaren Maßnahmen. Jedoch ist es besser, die Proben gleich nach der Abnahme zu bearbeiten.

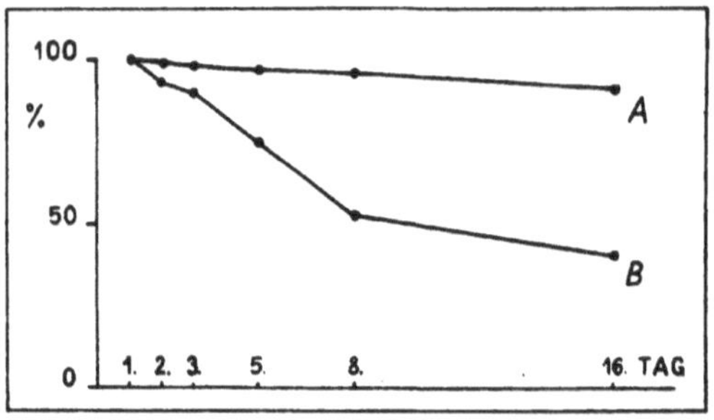

Abb. 4 Abhängigkeit der Bestimmungsergebnisse von der Beständigkeit der Lösungen des Natrium-Dodecylsulfats (in % der Originalkonzentration)

A - Lösung mit pH 8,0
B - Lösung mit pH 5,5

Schlußfolgerungen aus der praktischen Anwendung des beschriebenen Verfahrens

Das Verfahren wurde für Zwecke der analytischen Kontrolle bei Separationsversuchen der Fettsäuregemische durch Zentrifugalkraft (1) und der Bilanz der Bewegung von Tensiden in solchem Prozeß ausgenutzt. Im Laufe der Bilanz wurden bei Natrium-Dodecylsulfat Unterschiede zwischen der vorhandenen und der bestimmten Menge in allen Zwischenprodukten und Produkten ermittelt. Wie aus Abs.4.F. hervorgeht, lassen sich diese Unterschiede durch Verlust an Tensid infolge Zersetzung erklären. Die Richtigkeit der Bestimmungsergebnisse wird auf Grund der Ermittlung von Einflüssen und ihrer eventuellen Eliminierung (s.Abs.4.A.-4.F.) gewährleistet.

Die benutzte analytische Methode ist in ihrer Originalform (5,6,7) vor allem für die Verfolgung niedriger Konzentrationen anionaktiver Tenside in Abwässern (bis 10 mg/Liter) bestimmt. Unsere Maßnahmen ermöglichen die Anwendung eines solchen Verfahrens auch bei höheren Konzentrationen (bis zu 2,0 %). Außerdem wurde diese Methode auch zur Tensidbestimmung in Fettsäuren benutzt, so daß für sämtliche Proben ein einheitliches Verfahren verwendet werden kann. Somit können sämtliche Ergebnisse besser verglichen werden, als das bei der Applikation verschiedener Bestimmungsmethoden der Fall war. Diese Vorteile und die günstigen Ergebnisse bestätigen die breite Anwendbarkeit dieser Methode.

Literaturangaben

1. List, J., Maslob.Zirov.Prom., 29 (Nr.1) 19 (1963)
2. Levit, M.S., Vasiljeva, G.F., Maslozir.Prom. 31 (Nr.9) 19 (1965)
3. Mares, E., Prumysl. Potravin 16, 428–430 (1965)
4. Kaufmann, H.P., Analyse der Fette und Fettprodukte, Springer-Verlag, Berlin (1958)
5. Degens, P.N., Sewage Ind. Wastes, 25, 24 (1953)
6. Benísek, L., Galle, A., Chem. Prum., 10, 139 (1960)
7. Pitter, P., Hyánková, K., Sci.Pap.Inst.Chem.Technol., Prague, Fac. Technol. Fuel Water, 4 (P.1.) 269 (1960)
8. Kortüm, G., Kolorimetrie, Photometrie und Spektrometrie, 3. Ausgabe, Springer-Verl., Berlin (1955)

C Anwendung grenzflächenaktiver Stoffe

Hans E. T s c h a k e r t [+]
CHEMISCHE WERKE HÜLS AG, Marl

Schaum, ein anwendungstechnisches Problem

I. Einleitung

Schaum, überall in der Natur anzutreffen, ist ein allbekanntes Phänomen. Wann Schaum für den Bereich des Waschens und des Reinigens erstmals erzeugt wurde, ist unbekannt.

Während über "Waschen" - sowohl im Sinne der Körperpflege als auch in der Textilreinigung - schon Berichte (1) aus der Zeit der sog. Bronzekultur am Nil (etwa 5000 Jahre vor Christus) vorliegen, wird das Wort "Schaum" erst in der Bibel als "Abschaum" (Sprüche Salomonis 15, 28 und Jesaias 1, 22 und Hosea 10, 7) genannt.

Leonidas von Tarent, der Lehrer Alexander des Großen, besingt etwa 340 vor Christus in der griechischen Mythologie, seine "schaumgeborene Aphrodite" mit

> "Apelles schaute, wie die Liebesgöttin emporstieg aus des Meeres Mutterschoß
> noch rings von Schaum umhüllt in holder Schönheit".

Schaum besaß anfangs nur einen optischen Wert, erst später, durch die Herstellung der Seife nach unseren Begriffen, wurde der Schaum zum Wertmesser der Seifenqualität gemäß einem alten Sprichwort:

> "Wenn die Seife schäumt,
> dann ist gut waschen".

Über die Historie der Seifen berichten u.a. Fock (2), Carrière (199), und nach Kling (3) ist die Verwendung der Seifen als Waschmittel viel jüngeren Datums und nur etwa 500 Jahre alt.

Nun gleich mit einem Riesensprung in die Jetztzeit!

Nachdem die Epoche der Beurteilung eines Waschmittels nach der Schaummenge und der Schaumstabilität (72, 30) als überwunden zu gelten hat, kommt dem "Schaum" eine bis vor nicht langer Zeit nicht bekannte Bedeutung zu. Während früher nur schäumende Wasch-, Spül- und Reinigungsmittel ansprachen, zielen viele Forschungs- und Entwicklungsarbeiten

[+] unter Mitarbeit von Ing. H. Höving, T.T. E. Pietschmann und S.T. J. Täuber

heute auf einen bestimmten, einen "gedämpften" Schaumeffekt bei der praktischen Anwendung hin.

Für Körperreinigungsmittel, ob es Seifen oder ob es Kopf- oder Badeshampoos auf synthetischer Basis sind, wurde und wird ein guter und stabiler Schaum gefordert. Es genügt oft nicht nur die Auswahl schaumaktiver Basiskörper, sondern man setzt bevorzugt solche mit schaumstabilisierenden Eigenschaften (4) ein, welche ebenfalls auf die wasch- und schaumaktiven Grundstoffsysteme gezielt abgestimmt werden (5).

Bei der Herstellung moderner Wasch-, Spül- und Reinigungsmittel (4, 5, 6, 7, 8, 9, 10, 11, 12, 13) strebt man - und nun besonders für solche, welche in mechanischen Apparaten Verwendung finden, "kontrollierte Schaumreaktionen" an. Das erstrebenswerte Ziel ist ein Allwaschmittel, ein Universalmittel, das ein stets begrenztes Schaumvermögen (Kaltschaum-Anschäumvermögen), welches sich während des Wasch-, Spül- und Reinigungsprozesses volumenmäßig kaum verändert, besitzen sollte. Es soll ebenso unabhängig von der Art und vom Grad der Verschmutzung der Wasch- und Reinigungsobjekte (= Belastungsschaum), wie von der Art des Waschens, Spülens und Reinigens auch bei erhöhter Temperatur (Warm- und Heißschaum) und von der Mechanik (Kugel-, Polyederschaum) und anderem mehr, sein.

Die ständig fortschreitende Automatisierung auch der Wasch-, Spül- und Reinigungsprozesse vermehren die Einsatzgebiete, vergrößern die Anwendungsbreite, und das bedarf ebenfalls der besonderen Beachtung der Schaumprobleme.

Bevor schließlich auf einige ausdrücklich gewünschte Ausführungen der "praktischen Auswertung" übergegangen werden kann, soll erst der Schaum selbst, dessen Charakterisierung und deren Prüf- und Meßmethoden behandelt werden.

II. Mechanismus der Schaumbildung und der Schaumzerfall

(14, 15, 16, 17, 18, 19, 20, 21, 22, 23, 24, 25, 26, 27, 28, 29, 30, 56, 58, 73, 74, 75, 76, 199, 203, 209, 212, 213, 214)

1.) Schaumbildung

(31, 32, 33, 34)

Zur Erzeugung von Schaum aus wäßrigen Lösungen ist die Herabsetzung der Grenzflächenspannung gegenüber der Luft sowie mechanische Maßnahmen (Kapitel III), um die Luft unter die Flottenoberfläche zu bringen, erforderlich. Sobald die Flotte mit Luft in Berührung kommt, bilden sich an den Grenzflächen der Luft im Inneren der Flotte Adsorptionsschichten, deren hydrophoben Reste der Luft und deren hydrophile Gruppen der Wasserphase zugekehrt sind. Die in der Flotte aufsteigende Luftblase umgibt sich beim Durchstoßen der Flottenoberfläche mit einer Doppelschicht.

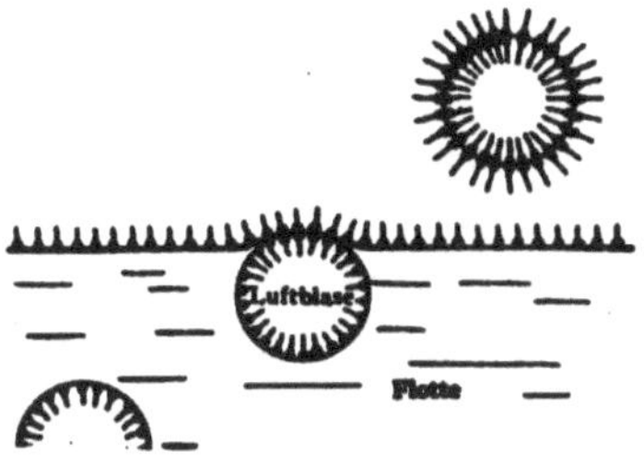

Abb. 1 Mechanismus der Schaumbildung

Das ist ebenfalls abhängig von der kritischen Mizell-Konzentration (KMK), und darüber berichtete schon Prof. Rehbinder in seinem Festvortrag.

Zur Anreicherung an solchen Phasengrenzflächen neigen Moleküle oder Ionen, welche eine oder mehrere Gruppen enthalten, die eine Affinität für die Phase aufweisen, in der sie gelöst oder dispergiert sind, und das wird durch die Hydrophilie und durch die Hydrophobie der Kolloidelektrolyte oder Mizellkolloide begünstigt.

Tritt also eine Anreicherung der waschaktiven Substanzen an der Grenzfläche flüssig/gasförmig auf, wird die Oberflächenspannung des Wassers herabgesetzt, und durch mechanisches Einbringen von Luft entsteht "Schaum".

Eine analoge Erscheinung ist die Emulsionsbildung mit den Phasen flüssig/flüssig, und davon sprechen i.J. 1938 auch schon Rehbinder und Trapeznikov (213). Hier sind die hydrophoben Ketten dem hydrophoben Öltröpfchen zugekehrt, die Oberfläche wird durch die solvatationsfähige Gruppe hydrophiliert, und die Grenzflächenspannung zwischen den beiden ineinander unlöslichen Medien wird herabgesetzt.

Das Schäumen ist also durch eine orientierte Adsorption von Waschmittelmolekülen an den Grenzflächen und die damit verbundene Erniedrigung der Oberflächenspannung bedingt.

Die thermodynamischen Beziehungen zwischen der Konzentration der gelösten Substanz an der Grenzfläche (C_1), in der Lösung (C) und in der Grenzflächenspannung (σ) drückt Gibbs (31, 35) durch folgende Gleichung aus:

$$C_1 = \frac{C}{R.T} \cdot \frac{d\sigma}{dc}$$

Daraus geht hervor, daß die Grenzflächenaktivität mit dem Adsorptionsgrad steigt, und das entspricht dem Verarmen an waschaktiver Substanz im Flotteninneren.

2.) Schaumlamelle

Als Urbestandteil einer Seifenblase nennt Ostwald (36, 33) im Jahre 1920 die Schaumlamelle. Sie wird als eine dünne Schicht charakterisiert, welche beiderseits von einem Oberflächenfilm oder einem Oberflächenhäutchen bedeckt ist. Ein solches Oberflächenhäutchen enthält zwischen den solvatationsfähigen Gruppen Flüssigkeit und bildet eine Lamelle. Durch die Erniedrigung der Oberflächenspannung der schaumaktiven Flotte und durch die abgrenzenden Oberflächenhäutchen entsteht ein mechanisch mehr oder weniger stabiles Schaumgebilde. Nach der Kapillarbeziehung von Ostwald verlangsamt sich mit abnehmender Schichtdicke das Auslaufen der Flüssigkeit aus der Lamelle, und die Stabilität des Schaumes nimmt zu.

Nach dem Hagen-Poiseuille'schen Gesetz ist die Ausflußgeschwindigkeit der Lamellenflüssigkeit in einem durch zwei parallele Wände gebildeten kapillaren Raum der 4. Potenz der Wandentfernung proportional (33, 37, 38).

$$\frac{V}{t} = \frac{\pi \cdot \Delta p}{8 \cdot \eta \cdot 1} \cdot r^4$$

Δp = Druckdifferenz zwischen den Kapillarenden
r = Radius der Kapillare
l = Länge der Kapillare
V = das in der Zeit t ausgeflossene Volumen
η = Viskosität

W. Johannes und S. Whitaker (39) erklären das Dünnerwerden von Seifenfilmen damit, daß der Koeffizient der Oberflächenviskosität um mehrere Größenordnungen größer ist als der Scherkoeffizient.

3.) Schaumarten

Nach Manegold (32, 39) besteht jeder Blasenschaum aus einer Häufung oder einer konzentrierten Verteilung gasgefüllter Blasen in einem gasförmigen, flüssigen oder festen Medium. Bei sehr feinblasigen Schäumen muß man zwei Arten von Kapillarsystemen unterscheiden, nämlich das Hohlraumsystem der Blasen und das offene Hohlraumsystem der Blasenzwischenräume. Unter dem Sammelbegriff "Schaum" fallen daher zwei grundsätzlich verschiedene Schaumarten, der "Kugelschaum" und der "Polyederschaum".

Der Kugelschaum ist eine konzentrierte Verteilung oder eine Häufung selbständiger Blasen in einem gasförmigen, flüssigen oder erstarrten Verteilungsmittel (Abb. 2)

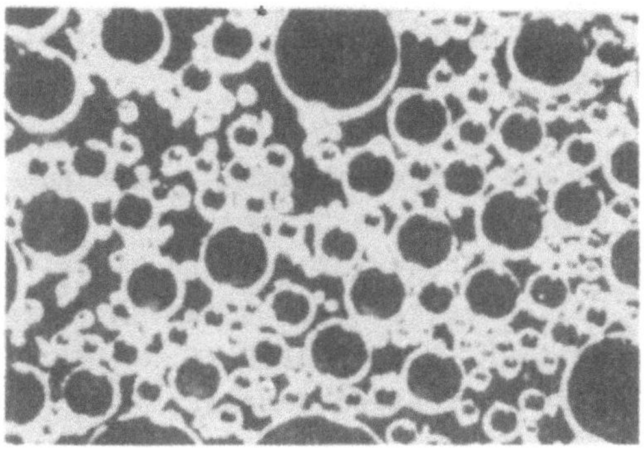

Abb. 2 Kugelschaum

Der sogenannte Kugelschaum kann aus "Einzelblasen" in Film- oder Lamellenform bestehen, und er kann durch äußere Kräfte auch eine nichtkugelige oder polyederähnliche Form annehmen, den man dann als "Wabenschaum" bezeichnet.

Der Polyederschaum dagegen stellt einen Verband polyedrisch geformter Blasen dar, welche ihre Selbständigkeit verloren haben. Der Blasenverband dieses Polyederschaumes kann sich nur aus Film- bzw. Lamellenblasen bilden und nicht aus Einzelblasen, auch Nacktblasen genannt. (Abb. 3 u. 4)

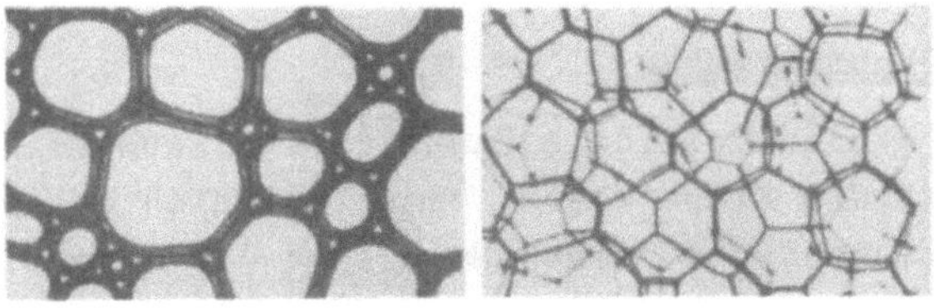

Abb. 3 und 4
Polyederförmige Gasblasen des Schaumes

Das Streben des freien Oberflächenenergiepotentials nach einem Minium zwingt den freien Luftblasen eine minemale Krümmung, eine Kugelform und dem Blasenverband außer einer minimalen Gesamtoberfläche auch eine bestimmte Gleichgewichtsstruktur auf.

Bei lückenloser Aufteilung des Raumes ist diese Struktur durch folgende Gesetze gekennzeichnet:

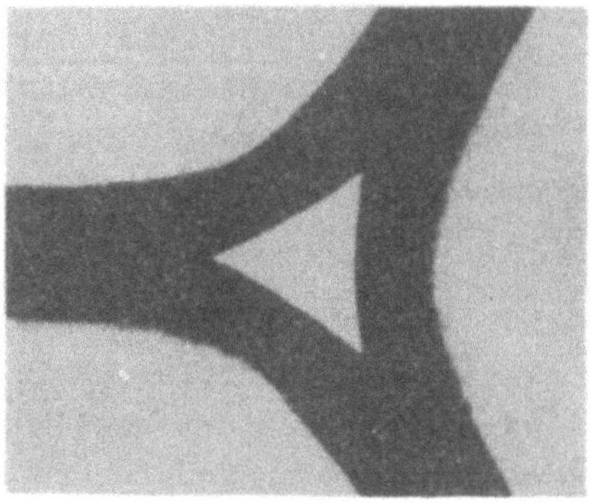

Abb. 5 Plateau-border

a) In einer Polyederkante müssen stets drei Polyederflächen zusammenlaufen, von denen sich zwei unter einem Winkel von 120° treffen (Abb. 5)

b) Die Polyederkanten selbst müssen tetraedrisch angeordnet sein, und das bedeutet, daß in einer Polyederecke stets 4 Kanten tetraedrisch (Tetraederwinkel = 109,47°) zusammentreffen müssen.

Ist diese Gleichgewichtsstruktur nicht vorhanden, so verändern sich die Lamellen spontan und räumlich so lange, bis dieses Gleichgewicht der Kapillarkräfte erreicht ist.

Princen, Mason (40) sowie Lyklema, Scholten und Mysels (206) demonstrierten jüngst eine Methode zur Bestimmung der Dicke der Seifenblasen durch Interferenz-Effekte in durchfallendem, in monochromatischem und in weißem Licht.

4.) Begrenztes und unbegrenztes Schaumvermögen

Besitzt die aus dem Schaumzerfall wieder gebildete Flüssigkeit dieselbe Zusammensetzung wie die schaumliefernde Flüssigkeit, dann läßt sich diese schaumaktive Grundlösung rückstandslos verschäumen, und der Schaum kann in ein Auffanggefäß transportiert werden. Das nennen Ostwald (41, 42, 43) und Siehr das "unbegrenzte Anschäumen" (32, 44).

Reichern sich aber die schaumbildenden Bestandteile der ursprünglichen schaumaktiven Lösung im Schaum an, dann besitzt die aus dem zerfallenen Schaum gebildete Flüssigkeit eine andere Zusammensetzung als die ursprüngliche. Die Konzentration des Schaumbildners in der Verschäumlösung sinkt kontinuierlich ab und erreicht schließlich einen Wert, bei dem die Schaumbildung aufhört. Derartige Flüssigkeiten sind nur "begrenzt verschäumbar".

5.) Schaumstabilität

(30, 45, 46, 47, 48, 49, 50, 51, 52, 53, 54, 55, 205)
Vader, Schwarz, Hamaker, Ross u. Bramfitt, Chsherbakow, Stuke und andere setzen sich mit der Definition der Schaumstabilisierung auseinander, wobei man stets von dem Grundsatz ausgeht, daß die freie Energie eines geschlossenen Systems, wie schon ausgeführt, einem Minimum zu-

strebt.

6.) Schaumfraktionierung

Grieves und Bhattacharyya (57) finden 1965, daß eine Addition von kolloidalen Teilchen zu Lösungen, welche entgegengesetzt geladene Tenside enthalten, die Schaumbildung wohl fördern, aber auch die Trennung der Tenside beschleunigen. Durch Zuführung geladener Eisenoxidteilchen wird der Schaum-Fraktioniermechanismus durch den Schaumflotationsmechanismus abgelöst, so daß die Trennung anionischer Tenside aus wäßrigen Lösungen auch in der Abhängigkeit vom pH-Wert und von der Konzentration quantitativ erfaßt werden kann.

7.) Schaumverhütung und Schaumzerstörung

Im Wasch- und im Reinigungsbereich für Tenside gibt es auch Anwendungsprobleme, bei denen kein Schaum entstehen darf. Bei einer Schaumverhütung kommt es darauf an, die Voraussetzung einer Schaumbildung möglichst von vornherein schon auszuschließen. Man wird daher anstreben, eine Lösung mit schon möglichst geringer Schaumfähigkeit zu verwenden (32, 44).

Die Möglichkeiten der Schaumzerstörung sind zunächst von der Art des schon vorliegenden Schaumes abhängig. Kugelschäume lassen sich als häufung oder konzentrierter Verteilung selbständiger Kugel- oder Wabenblasen - sofern der Kugelschaum aus Nacktblasen besteht - in der Regel leichter zerstören als Polyederschäume. Besteht der Kugelschaum aus Filmblasen, so kann leicht ein Polyederschaum daraus entstehen, und dieser ist widerstandsfähiger.

Das älteste und einfachste Verfahren einer Schaumzerstörung beruht auf der Verdrängung des Schaumbildners aus der Lamellenoberfläche durch einen Zusatzstoff, dessen Moleküle nicht in der Lage sind, einen stabilen Film zu bilden. Wirksame Antischaummittel sind Kohlenwasserstoffe, höhere Alkohole, Alkyl-Polysiloxane (59, 60) und andere.

Ross und Young (32, 44, 61, 62) machen für die Schaumvernichtung im wesentlichen zwei Ursachen, die bei einer optimal wirksamen Konzentration des Schaumzerstörers den schnellen Zerfall des Schaumes herbeiführen, verantwortlich. Die eine Ursache ist die Beschleunigung der Ablaufgeschwindigkeit der innerlamellaren Flüssigkeit, die zu einer schnelleren Austrocknung des Schaumes und zu einer schnelleren Verdünnung der Lamellendicke führt. Der andere Grund liegt in der Zerstörung des Doppelfilms, bevor sich die Lamellen durch das Auslaufen der innerlamellaren Flüssigkeit verdünnt haben.

Nach Miles, Ross, Schedlovsky (1950) und Manegold (1953) wirken einige Schaumzerstörer bevorzugt durch die Erhöhung der Auslaufgeschwindigkeit, andere durch eine bevorzugte Zerstörung des Doppelfilms und wieder andere durch eine Kombination beider Effekte (44, 63, 64, 65, 66).

Krugljakov und Taube (67) berichten 1965 über die Kinematik der Zerstörung von Schäumen.

Seludko und Cernev (68) finden 1964 wieder aufschlußreiche Beziehungen zum Dämpfen stehender Kugelwellen des Maragony-Gibbs-Typs in Abhängigkeit von der Wechselwirkung adsorbierter Moleküle.

Von der Dehydag, im Jahrbuch f.d. Praktiker (126), im UdSSR-Patent 162 478 (69) und von anderen werden als Schaumzerstörer Alkalisalze nativer und synthetischer Fettsäuren genannt.

8.) Schaum- und Waschkraft

Die Schaum- und die Waschkraft wurden in früheren Jahren meist in einem Zuge genannt. Man weiß, daß der Schaum eine unterstützende Wirkung im Festhalten gelösten Schmutzes und Anreicherung desselben im Schaum besitzt und daß das Schmutztragevermögen dadurch indirekt unterstützt werden kann. Schaum gilt als Indikator für eine Waschreserve in Wasch-, Spül- und Reinigungsflotten. Der Schaum aber muß kein spezifisches Merkmal für die Waschkraft darstellen, da die Optima der Schaum- und der Waschkraft nicht zusammenfallen müssen. Zu dieser Frage wurde schon von berufener Seite ausführlich Stellung genommen (33, 70, 71, 72).

III. Die Schaumbestimmungsmethoden

(73, 74, 75, 76, 77, 78, 79, 210, 215, 216, 217, 218, 219)

Es sei kurz in Erinnerung gerufen, daß die Erzeugung von Schaum einerseits auf der Herabsetzung der Grenzflächenspannung gegenüber Luft und andererseits auf mechanische Maßnahmen, die es ermöglichen, Luft unter die Flottenoberfläche zu bringen, beruht, Dabei interessieren

die Anschaumfreudigkeit,
die Schaumkraft und Schaummenge,
die Schaumbeständigkeit und
die Schaumdichte .

Daneben dehnt man die Bestimmungsmethoden auf verschiedene Temperaturbereiche, für das sog. Kalt- und Heißschaumvermögen, aus und stellt die Schaumkraft nicht nur an reinen Lösungen oder Lösungsgemischen der zu prüfenden Stoffe fest, sondern setzt in derartige Prüfflotten "Schmutzkombinationen" oder schon "angeschmutzte Testgewebe" ein, um schließlich auch den Belastungsschaum zu erfassen.

Die gebräuchlichen Methoden der Schaumbestimmung beruhen auf mechanische Prinzipien, wie Schütteln und Schlagen, daneben kennt man Tropfmethoden, Lufteinblasmethoden, Spinndüsenmethoden usw.

1.) Stiepel-Kolben

Zu den ältesten Bestimmungsmethoden gehört mit die Untersuchung der Schaumwirkung mit Hilfe des Stiepel-Kolbens (80) eines langhalsigen, auf den Stopfen aufgestellten Kolbens.

Stiepel definierte schon vor über 50 Jahren die Schaumzahl als die Anzahl der Milliliter der Waschmittellösung, welche nach 30 Sekunden dauerndem Schütteln von 100 ml Lösung einer bestimmten Konzentration (bei Seifenlösungen sind es 6 g/l bezogen auf Fettsäure) und darauffolgendem Absetzenlassen während drei Minuten in Schaum übergegangen und verblieben ist. Diese Schaumzahl ist aber eine wenig charakteristische Größe, da vor allem die Schaumbeständigkeit gemessen wird, und das Schaumvermögen bei höheren Temperaturen so kaum bestimmt werden kann.

2.) Schüttel- oder Kippmethode

Stiepel (80) weist noch auf eine weitere, entweder im Kolben oder im Meßzylinder durchzuführende Schaumbestimmungsmethode hin, bei der die Flotte mit einem bestimmten Gehalt an einer schaumfähigen Substanz und bei verschiedener Wasserhärte gleichmäßig und waagerecht geschüttelt wird. Aus dem anfänglichen Schaumvolumen im Verhältnis zur unaufgeschäumten Flotte kann die Anschaumfreudigkeit bestimmt werden. Das Maß des entstandenen Schaumvolumens in der Zeit läßt Rückschlüsse auf die Beständigkeit zu, und die graphische Darstellung als Volumen-Zeit-Kurve vermittelt ein Bild der Schaumeigenschaften meist im Vergleich mit anderen Substanzen. Die Methode kann sowohl durch die Schütteldauer und bei verschiedenen Temperaturen der Flotte als auch durch Zusatz von Schmutz für den gewünschten Gebrauchswert abgeändert werden.

3.) Schlagmethoden

Subjektiven Fehlerquellen und den im gegebenen Luftvolumen bestehenden Einschränkungen der Schüttelmethode wurde mit der Handschlagmethode (DIN 53 902) begegnet (81). Mit Hilfe einer durchlöcherten Scheibe von 40 mm Durchmesser und mit 16 Bohrungen von je 5 mm Größe werden 250 ccm der Prüflösung in einem Liter-Meßzylinder 20 mal auf- und niedergeschlagen. Die Schaumhöhe über der verbliebenen Flüssigkeit wird üblicherweise nach 30, 60 und 120 Sekunden abgelesen. Durch Hineinstellen des Zylinders in einen Thermostaten kann die Temperatur ziemlich konstant gehalten werden. Je nach der Schaumfreudigkeit der Prüfsubstanzen wird man die Substanzmenge und die Schlagzeit ggfls. variieren müssen.

Neuerdings verwendet man beheizbare Doppelwandzylinder und steuert mit einem Thermostaten die Temperatur der Umlaufflüssigkeit (82).

Durch die Begrenzung der Schlagzahl wird die "Anschaumkraft" und nicht die maximale Schaumkraft gemessen.

Noll (81) entwickelte auch eine kleinere Apparatur, wobei ein graduierter Meßzylinder verwendet wird, der durch einen lose aufsitzenden Metalldeckel verschlossen ist. Durch die zentrale Bohrung des Deckels führt ein mittels Arretierschraube feststellbares Führungsfutter und durch dieses wieder ein mit abschraubbarem Handgriff versehener Rührer mit gelochter Bodenplatte.

Bei der Bestimmung werden 50 cm^3-Lösung in den Meßzylinder eingefüllt, der Rührer wird bis zum Boden eingetaucht und der Anfangswert (VA) festgestellt. Die ruckartige Auf- und Abwärtsbewegung wird solange durchgeführt, bis keine Zunahme des Schaumvolumens (Vm) mehr eintritt. Die durch das Schlagen erreichte Volumenzunahme, bezogen auf das Anfangsvolumen, wird als Schaumzahl (Sz) oder Schaumfähigkeit bezeichnet und errechnet sich aus folgender Gleichung:

$$Sz = \frac{Vm \cdot 100}{Va}$$

Stiepel (80) drückt die Schaumbeständigkeit S_B und die Schaumdichte S_D durch folgende Gleichungen aus:

$$\text{Die Schaumbeständigkeit: } S_B = \frac{\text{Volumen des Schaumes nach x Minuten}}{\text{Volumen des Schaumes sofort (Vm)}}$$

$$\text{Die Schaumdichte: } S_D = \frac{\text{Volumen der verbrauchten Lösung}}{\text{Volumen des Schaumes sofort (Vm)}}$$

Hierbei wird unter "verbrauchter Lösung" die Differenz zwischen Anfangswert (V_a) und dem Lösungsmittelvolumen verstanden, sobald die Größe Vm erreicht ist.

Diese Methode kann auch derart variiert werden, daß der Rührer nicht bis zu dem Zeitpunkt geschlagen wird, bei welchem eine Schaumvolumenerhöhung aufhört, sondern daß von vorneherein eine bestimmte Schlagzahl festgelegt wird.

4.) Mehrfachschlagapparat

Um die manuellen Mängel der Schlagmethoden auszuschalten, wurden mechanische Prüfgeräte entwickelt. Diese 1951 von Götte (83) nach der von der Industrie entwickelten Hand-Schlagmethode (81, 84) wurde apparativ modifiziert und gibt die Schaumverhältnisse beim Waschen wieder. Der Apparat gestattet die gleichzeitige Prüfung in 6 Liter-Zylindern, in welchen die bewegbaren Lochscheiben in ihrem mechanischen Verhalten synchron geschaltet sind. Die Siebplatten sind aus Plexiglas mit 40 Bohrungen in drei Kreisen angeordnet und bewegen sich in jedem der 6 Zylinder vertikal auf und ab. Die erste Schaummessung erfolgt 5 Minuten nach Stillstand der Apparatur.

Die Schlagvorrichtung wird nach Erreichen der gewünschten Schlagzahl im oberen Totpunkt stillgesetzt. Die Schlagzahl wird an einem Impulsfernzähler mit elektrischer Auslösung eingestellt und nach Erreichung derselben stellt der Antrieb selbständig ab.

Im einzelnen besteht der Apparat aus:

dem Untergestell mit Schlageinrichtung,
dem Wasserbad mit Meßzylinder und
dem Heizbad mit Umlaufpumpe und Thermostat.

In DIN 53 902 (85) ist eine Apparatur normmäßig erfaßt. Auch Colson (86) gibt Anregungen zu solchen Prüfapparaten.

5.) Stößelmethode

Die von Stüpel und Segesser (87) empfohlene Stößelmethode arbeitet nach dem "Mehrfach-Schlagverfahren", wobei das Neuartige bei dieser Apparatur vor allem darin besteht, daß in der Maschine zu gleicher Zeit auch Waschprüfungen geschehen können. Die Schaumgefäße sind Färbebecher. Diese Methode liefert insofern praxisnahe Werte, als das Schaumverhalten in Gegenwart von beschmutztem Textilgut bei beliebigen Temperaturen und Bedingungen direkt beobachtet und kontinuierlich verfolgt werden kann.

6.) Siebschlagmethode

Die Schaumschlagmethoden werden durch eine Apparatur von Schlachter und Dierckes (88) bereichert, wobei die Aufschäumung ebenfalls mit einem

Schaumstempel erfolgt. Durch Verwendung eines Siebzylinders und einer Lochplatte soll sich diese Methode in höherem Maße an die Waschpraxis anlehnen, als die bisher beschriebenen Methoden (89).

Dieser Schaumschlagapparat wurde von Machemer und Heinze (90) mechanisiert, wobei man im Gegensatz zu den früheren Ausführungen auf die Siebzylinder verzichtet hat. Die Verfasser sind der Meinung, daß das Schaumverhalten gut reproduzierbare Werte liefert.

7.) Reibschaummethode (91)

Die Reibschaummethode beruht auf einem ähnlichen Prinzip wie die Siebschlagmethode von Schlachter und Dierckes. Nach einem Vorschlag von H. Wilmsmann und A. Marks (92, 93) wird im EHMEDA-Reibschaumgerät der von Hand getriebene Lochscheibenstößel durch eine mit konstanter Drehzahl rotierende Perlondrahtbürste ersetzt. Es wird die Zeit gemessen, in welcher 150 ccm einer 1 %igen schaumaktiven Lösung bei 40°C genau 1500 ml Schaum ergeben.

Mit dem gleichen Verfahren soll durch die Bestimmung der Schaummenge in der Zeiteinheit außer der Anschaumfreudigkeit noch das Schaumvolumen und die Schaumstabilität festgestellt werden können, und daher soll sie besonders für kosmetische Schaumprüfverfahren geeignet sein.

8.) Einlauf-Methode

Die von Ross-Miles erarbeitete und wahrscheinlich bekannteste der Einlauf-Methoden (94, 95) wird bevorzugt in den USA verwendet. Während es für diese Methode dort nur bei einem Normvorschlag (16) blieb, führt Belgien sie unter der Norm CBD 67-1. Neuerdings bemüht sich auch die Internationale Kommission für anwendungstechnische und Prüfungsmethoden (CIE) um weitere Verbesserungen. Bei der US-Ross-Miles-Methode laufen 200 ml der Untersuchungslösung durch eine Düse und tropfen 90 cm hoch durch ein 50 mm weites, vertikal gestelltes, graduiertes Rohr in 50 ml vorgelegter Lösung derselben Konzentration. Die Schaumhöhe wird nach Abfall des letzten Tropfens in den graduierten Zylinder nach 5 Minuten in Zentimeter abgelesen.

Einen modifizierten Ross-Miles-Test, welcher auch bei höheren Temperaturen gut reproduzierbare Werte bringt, zeigt F. Pasztor-Rozzo (97, 98).

Nach der Meinung der Commission für anwendungstechnische Prüfmethoden im Comité International de la Detergence (CID) (99) soll die Ross-Miles-Methode in ihrer neuen Fassung besser reproduzierbare Ergebnisse bringen, als die einfache Handschlagmethode nach DIN 53 902, und daher soll sie als zweite Normmethode zur Schaummessung vorgeschlagen werden.

Für Reihenversuche wird die Mehrfachschlagmethode nach DIN 53 902 ihrer hohen Leistungsfähigkeit wegen gern verwendet.

9.) Lufteinblasmethode - Schaumentwässerungsmethode

Die erste Lufteinblasmethode wurde von Bikermann (100) entwickelt. In dem von Merrill und Moffett (101, 102, 103) beschriebenen Vorschlag wird die Versuchslösung in einen mit einem Heizmantel ausgestattetem Meßzylinder, der am unteren Ende eine Schott-Glasfritte besitzt und am oberen Ende mit einem Rundkolben versehen ist, durch einen durchgeleiteten Luftstrom in Schaum verwandelt. Man leitet den Luftstrom in einer solchen Menge ein, daß während 2 Minuten der ganze 2 Liter-Kolben mit Schaum gefüllt ist und liest nach bestimmten Zeiträumen die ccm der zurückgelaufenen Flüssigkeitsmengen ab.

Stüpel (33) benannte diese Methode als Schaumentwässerungsmethode.

10.) Spinndüsenapparatur

Götte (104, 105) schlägt für den Lufteintritt eine Spinndüse aus Tantal mit 20 Öffnungen vor. Sie befindet sich am Boden eines Liter-Meßzylinders, der für die Schaummessung aufsteigend von 0-1000 ml und zur Ermittlung des Flüssigkeitsvolumens absteigend von 0-300 ml unterteilt ist. Die Luft tritt unter thermostatischer Regelung mit konstantem Druck in die Lösung ein, und so wird die Mindestkonzentration an Hilfsmittel gemessen, die nötig ist, um die Schaumsäule auf 100 ml steigen zu lassen und konstant zu halten.

11.) Vibrations-Schaummethode

Sie beruht auf der Zerteilung der in der Flotte durch eine Kapillare einströmenden Gasblasen mit Hilfe einer vibrierenden, engporigen Siebglocke. Sie ist mit dem unteren Ende der senkrecht stehenden Kapillare fest verbunden, taucht in die zu untersuchende Lösung ein und wird durch ein magnetisches Wechselfeld in Schwingungen versetzt. Nach den Ausführungen von Kaufmann und Duddek (106, 107) übernimmt die Gasförderung eine an das obere Ende der Kapillare fest angeschlossene Membranpumpe, deren Fördervolumen von der Frequenz und von der Amplitude der Siebschwingung abhängt.

Diese Methode soll sich besonders für wissenschaftliche Reihenuntersuchungen eignen, denn damit sollen folgende Kennzahlen erfaßt werden können:

Schaumvolumen,
Volumen der verschäumten Flüssigkeit,
spez. Schaumvolumen,
spez. Schaumgewicht,
spez. Schaumbildung,
spez. Schaumentwässerung und
Schaumbeständigkeit.

12.) <u>Rührmethoden</u>

Von den vielen Vorschlägen, Seifen- und Tensidlösungen durch Agitationsvorrichtungen zu verschäumen und daraus auf das Schaumvermögen und auf seine Bedeutung Schlüsse zu ziehen, sollen noch die Arbeiten von Hoffmann, v. Stoesser, Sisley und Loury, Kaertkemeyer sowie Reich, Patton und Francis kurz behandelt werden.

Hoffmann beschreibt nach den Ideen von Stoesser (108) ein Gerät mit zwei Rührgefäßen. Im Inneren dieser breiten, leicht konischen Glasgeräte bewegen sich planetartig zwei gabelförmige Rührarme, die durch Schnurscheiben von einem Keilriemen angetrieben werden.

Wie schon berichtet, benutzt auch Hoffmann teilweise angeschmutzte Prüflösungen, die zunächst bei 100 Touren kurz vorgeschäumt werden. Dann schaltet man auf 50 Touren, wodurch der schon gebildete Schaum wohl wieder teilweise zerschlagen wird, aber eine bessere Differenzierung erreicht werden soll.

Sisley und Loury (109) schlagen anstelle der mehr oder weniger komplizierten Schaumbestimmungsapparaturen eine Maschine vom Typ der im Haushalt befindlichen Mixer vor und heben die Handlichkeit und die gute Reproduzierbarkeit hervor.

Einen verhältnismäßig einfachen Bestimmungsapparat beschrieb Kaertkemeyer (110). Dieser besteht aus einem geeichten Becherglas mit einem Gesamtfassungsvermögen von 1000 ml. An dem unteren Ende der Rührwerkswelle befindet sich ein aus vier Kelchblättern bestehendes Kreuz, das sich mit einer Rührgeschwindigkeit von n=600 dreht. Am Rande des Becherglases taucht ein Thermometer in die Lösung ein.

Week und Harris dagegen empfehlen die Verwendung eines graduierten 1000 ml Glaszylinders von 210 mm Höhe und von 107 mm Durchmesser.

Oldenroth (111) beschäftigt sich mit der Beurteilung der Schmutzverteilung zwischen Waschmittellösung und Schaum und kommt zu dem Ergebnis, daß dem Schaum als "Schmutzspeicher" keine besondere Bedeutung zukommt. Für seine Versuche verwandte er ein Glasgefäß mit 3 Liter Fassungsvermögen, das mit einem aufschraubbaren Rührwerk versehen ist. Die Prüflösung enthält Waschmittel und gemahlenen Straßenstaub, und sie wird durch die Rührflügelbewegung verschäumt .

Einen Laboratoriumsapparat, in dem Schaum- und Waschversuche zugleich durchgeführt werden können, gibt auch Zakarias an (112). Das Prinzip des Gerätes beruht darauf, daß ein Becherglas, in welchem sich ein durchlöcherter kupferner Behälter befindet, auf eine Heizplatte gestellt wird. In der Mitte des Kupfergerätes ist eine sich auf- und niederbewegende Scheibe angebracht, die mit einem regulierbaren Motor verbunden ist. Auch das Dynamic Foameter von Reich, Patton (220, 221, 222, 223) und Francis soll nicht unerwähnt bleiben.

13.) Das dynamische Schaummeßgerät

Von Bloching, Friess und Heitland (113) wurde jüngst ein Schaummeßgerät entwickelt, das sich

> in der Art der Schaumerzeugung stark an die Haushaltstrommelwaschmaschine anlehnt, das
>
> den Einfluß kontinuierlich ansteigender Temperatur auf den Schaum und den Wasserpartialdruck auch im höchsten Temperaturgebiet berücksichtigt und das
>
> für eine ständige Befeuchtung des einmal gebildeten Schaumes und für eine laufende Bildung großer Laugenoberfläche sorgt .

Bei dem dynamischen Schaummeßgerät wird - ähnlich wie bei der Haushaltstrommelwaschmaschine - die Schaumerzeugung mit Hilfe einer gelochten Metallwand, die aus vier rechtwinklig zueinander angebrachten, halbkreisförmigen, gelochten Flügelblättern besteht, vorgenommen. Das Verhältnis von Lochfläche zur stehengebliebenen Metallfläche ist dem der Trommelmaschine angeglichen. Das Vierflügelrührwerk rotiert parallel zur Flüssigkeitsoberfläche in einem aus VA-Stahl gefertigten Behälter, und der erzeugte Schaum kann in einem beheizbaren Glaszylinder hochsteigen.

Mit dem dynamischen Schaummeßgerät läßt sich das Schaumverhalten "schaumregulierter" Maschinenwaschmittel in praxi gut verfolgen. So können die Einflüsse der Art und der Konzentration von Waschmitteln, der Wasserhärte und der Temperatur auf ihre Schaumeigenschaften schneller und genauer als in der Waschmaschine selbst studiert werden. Der Vorteil des Apparates liegt auch in der Möglichkeit, in relativ kurzer Zeit und in naher Anlehnung an praktische Gegebenheiten Kombinationen von waschaktiven Substanzen mit "temperaturgesteuertem Schaumverhalten" auszuarbeiten.

14.) Wissenschaftlich theoretische Methoden

Der wissenschaftlichen Bestimmung der Schaumstabilität durch Messung der Festigkeit von Oberflächenhäutchen soll das Membramometer von Ostwald und Steiner (114) dienen.

Mathematische Formulierungen stammen von Sidney-Ross (115), und der Mechanismus des Übergangs von Schaum in Flüssigkeit wurde von John Ross und Mitarbeitern (116) rechnerisch erfaßt.

Elenkov und Kolev (117) beschäftigten sich wieder mit dem Einfluß schäumender Substanzen auf die hydrodynamischen Verhältnisse in Füllkörpersäulen und Gasett, Sproul, Atkins (207) mit der Methodik der Schaumtrennung. Derjaguin (118, 119) und Titijevskaja (120) sowie Trapeznikov (120) und Spangler (122) u.a. ergänzen das Thema.

Schließlich soll noch die jüngste umfassende Arbeit von Götte (123) sowie die abwechslungsreichen Ausführungen im Plenarvortrag von Overbeek beim IV. C.I.D.-Kongress in Brüssel 1964 über das Thema " Soap Films as a central theme in Detergent Research" (124) genannt werden.

Die Literatur beherbergt noch weitere Methoden, welche aber m.W. keine besondere Aufmerksamkeit erregt haben.

IV. Praktische Auswertung

(147, 148, 149, 150, 151, 152, 153, 154, 155, 156, 157, 158, 159, 2o1, 202, 204, 208)

Anläßlich des V. Kongresses der Internationalen Gesellschaft für Fettwissenschaften in Danzig wurde mir im Jahre 1960 die Gelegenheit gegeben, über "schwachschäumende Waschrohstoffe" (125) referieren zu dürfen, und eine Ergänzung dazu sollten u.a. die Ausführungen über "schwachschäumende, pulverförmige, pastöse und flüssige Reinigungsmittel" darstellen (126).
Daran anknüpfend soll nun auf das Schaumverhalten von oberflächenaktiven Substanzen, von Seifen und von verschiedenen waschwirksamen Kombinationen eingegangen werden.

Geprüft wurde das Schaumverhalten im allgemeinen nach der DIN-Vorschrift 53 902 (125), und wo es angegeben ist, auch nach anderen Methoden (vergl. Kapitel III). Da bei vergleichenden Arbeiten die Streuung der Schaumergebnisse bei mittleren Schaumvolumina am geringsten ist, wurden die Einsatzmengen entsprechend ausgerichtet, während üblicherweise 0,5 g/l waschwirksame Substanz oder/und Seife oder 2,5 g/l Fertigprodukt eingesetzt wurden. Das Schaumverhalten wurde auch nicht nur im vollentsalzten Wasser (VE-Wasser) und im Wasser verschiedener Härte (Trinkwasser mit z.B. 15°DH), sondern auch bei verschiedenen Temperaturen sowie in Gegenwart eines praxisnahen Builders aus

4 Teilen Trinatriumpolyphosphat
2 Teilen Tetranatriumpyrophosphat
1 Teil Soda und
1 Teil Natriumsulfat

betrachtet.

Das in der Welt wohl am meisten verwendete Tensid ist das Alkylbenzolsulfonat.

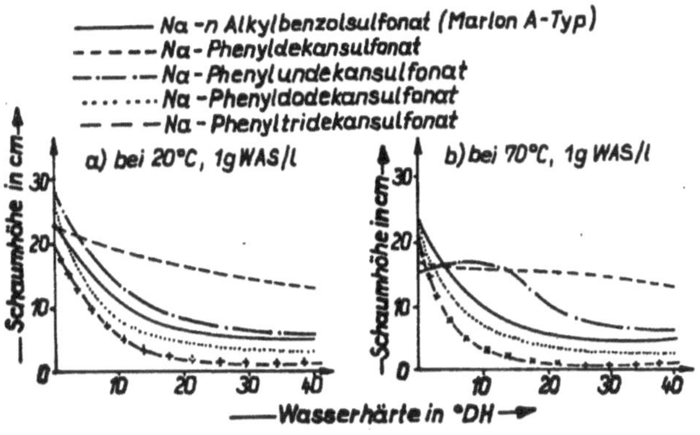

Abb. 6 n-Alkylbenzolsulfonate in Abhängigkeit von der Wasserhärte

Ein Na-n-Dodecylbenzolsulfonat linearen Typs des Handels ist das Gemisch aus etwa gleichen Teilen der Alkyl-(2 bis 6)-benzolsulfonate (Alkyl = C_{10} - C_{13}) folgender Konfiguration

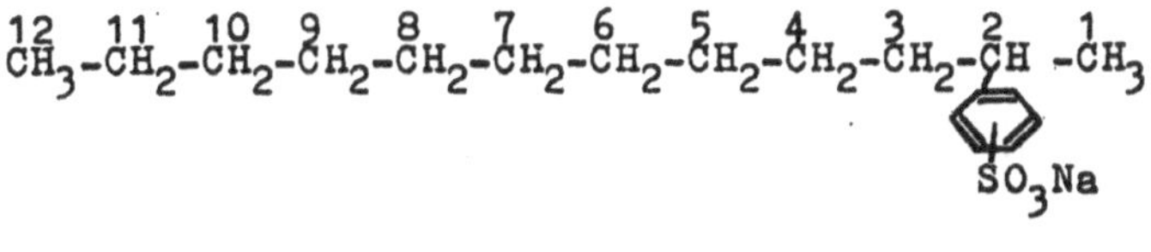

Das Ausgangs-Alkylbenzol dazu besteht etwa aus folgenden Einzelkomponenten:

Phenylalkan:	2	3	4	5	6	
Anteile in	%	%	%	%	%	%
Phenyldecan	1,1	1,1	1,2	1,7	-	5,1
Phenylundecan	7,9	8,8	10,1	14,4	6,7	47,9
Phenyldodecan	4,6	4,9	5,6	8,3	7,2	30,6
Phenyltridecan	2,0	2,3	2,7	3,8	5,2	16,0
Phenyltetradecan	-	-	-	-	-	0,4
						100,0

Zur Charakterisierung der Schaumvorgänge ist die Kenntnis dieser Einzelindividuen, ihrer Löslichkeit in Wasser und ihrer Schaumvermögen nicht uninteressant.

Die Löslichkeit in H_2O bei 20°C von

Na-Decylbenzolsulfonat	beträgt etwa		36 % WAS
Na-Undecylbenzolsulfonat	"	"	25 % WAS
Na-Dodecylbenzolsulfonat	"	"	14 % WAS
Na-Tridecylbenzolsulfonat	"	"	12 % WAS

Die Löslichkeit eines technischen Na-n-Alkylbenzolsulfonates selbst beträgt 25 %, und sie ist einmal von der Alkylkettenlänge und zum anderen von der Stellung des Phenylrestes abhängig. Die mit mittelständigem Phenylrest angereicherten Alkylbenzolsulfonate sind bekanntlich am besten löslich.

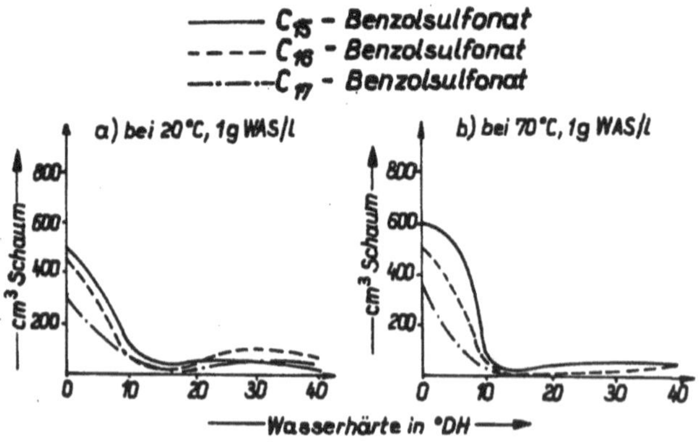

Abb.7 Na-Alkylbenzolsulfonate in Abhängigkeit von der Wasserhärte

Eine Erhöhung der C-Zahl in der Alkylkette über C_{14} hinaus zeigt den erwarteten Abfall im Schaumvermögen, besonders in hartem Wasser, und das schon ab etwa 10°DH.

Die Schaumaktivität bei Alkylbenzolsulfonaten steigt bekannterweise ab etwa 7 C-Atomen im Alkylrest bis etwa C_{14} an.

Die Ursache ist eine Verstärkung des Feldes der Van der Waals'schen Kräfte mit steigender Kettenlänge (127, 128). Die Erniedrigung der Oberflächenspannung begünstigt wiederum die Bildung eines Oberflächenfilmes, und daneben beginnt bereits ab C_9 in der Lösung eine Aggregation zu Mizellen. Verlängert man die gestreckte Alkylkette über C_{14} hinaus, so werden die von den hydrophoben Resten ausgehenden Van der Waals schen Kräfte so stark, daß die mit wachsender Größe langsamer zur Grenzfläche wandernden Ionen schließlich überwiegend im Innern der Lösung aggregiert werden und der Oberflächenfilmbildung entgegen wirken. Dadurch wird - bei 20°C gesehen - die Oberflächenspannung wieder größer, das Netzvermögen geringer und das Schaumvermögen und die Schaumbeständigkeit schwinden. Mit steigenden Temperaturen verschieben sich die optimalen Wirkungen zu Gunsten höherer Alkylketten.

Die günstigste Schaumwirkung ähnlich gearteter Individuen ist also je nach der Anwendungstemperatur auch von der C-Kettenlänge abhängig, und das entspricht den Erfahrungen der Praxis.

Es folgen die Schaumergebnisse von 4 Alkansulfonaten (Handelsqualitäten) mit einer durchschnittlichen Kettenlänge von etwa C_{12} (Abb. 8).

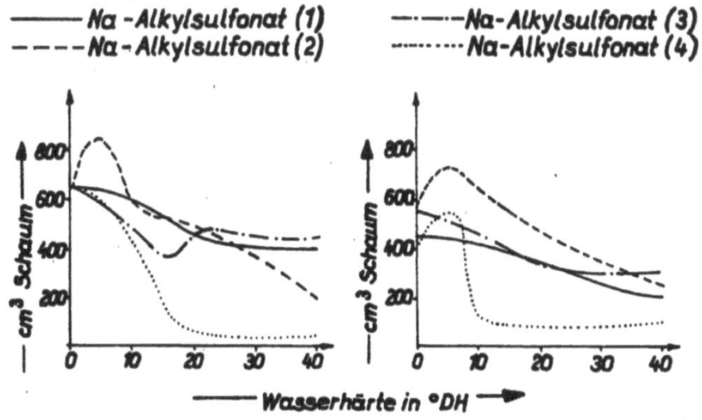

Abb. 8 Na-Alkansulfonate in Abhängigkeit von der Wasserhärte

Und als Vergleich dazu folgt das Schaumverhalten von Alkansulfonaten aus solchen Crackolefinen, welche in der 1. oder 2. Stellung sulfoniert worden sind (Abb. 9).

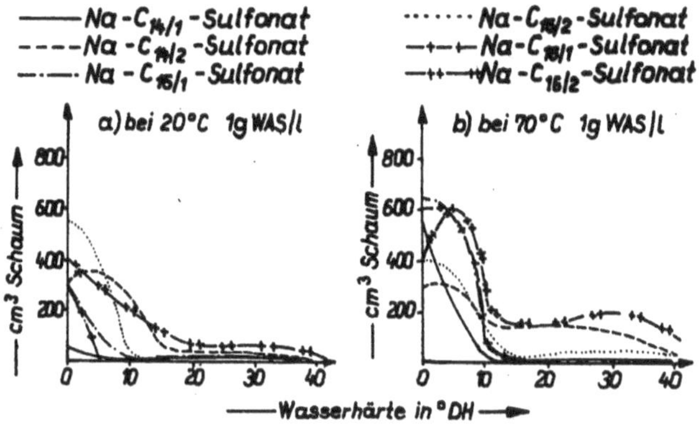

Abb. 9 Na-Alkansulfonate aus Crackolefinen in Abhängigkeit von der Wasserhärte

Bei den Schaumzahlen der primären Alkylsulfate läßt sich bekannterweise eine Verbesserung durch die Kettenverzweigung sowie eine leichte Verschiebung in Richtung der höheren C-Zahlen erfassen. Das Maximum erhält man bei geradkettigen <u>und</u> verzweigten Alkylsulfaten bei ca. C_{14}.

Weil und Mitarbeiter (200) zeigen am Beispiel chemisch modifizierter Talgalkoholsulfate Möglichkeiten auf, wie dadurch auch das Schaumvermögen beeinflußt werden kann.

Im Gespräch sind auch höhermolekulare Alkylaminoxide (129, 130, 131, 132, 133), welche neben dem Fettalkylrest noch Methyl-, Äthyl- oder Propylreste enthalten und dermatologisch wertvolle Additive zu Alkylbenzolsulfonaten darstellen. Brauchbar sind unter anderem Aminoxide wie Myristyldimethylaminoxid, Cetyldimethylaminoxid, Oleyldiäthylaminoxid, Oleyldimethylaminoxid u.a.

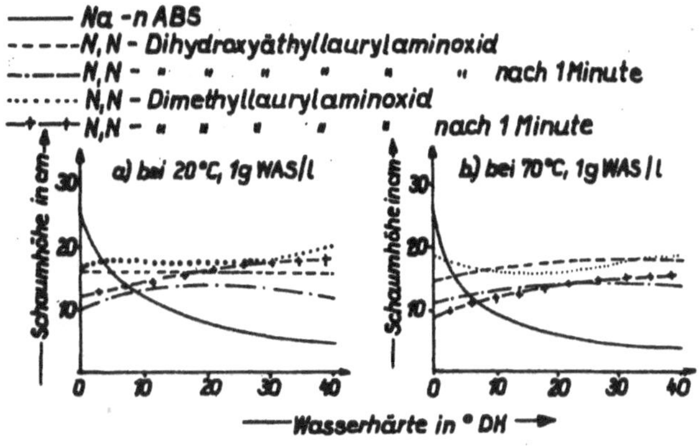

Abb. 10 Na-nABS im Vergleich zu Alkylaminoxiden in Abhängigkeit von der Wasserhärte

Eine Ergänzung im Schaumverhalten von schon vielseitig publizierten Fettalkoholoxäthylaten soll ein Vergleich aus einem primären und einem sekundären Ausgangsfettalkohol (C_{12}) dienen, welcher das eine Mal in Gegenwart eines alkalischen, das andere Mal mit einem sauren Katalysator oder schließlich anfangs im sauren und anschließend im alkalischen Bereich oxäthyliert wurde (134) (Abb. 11).

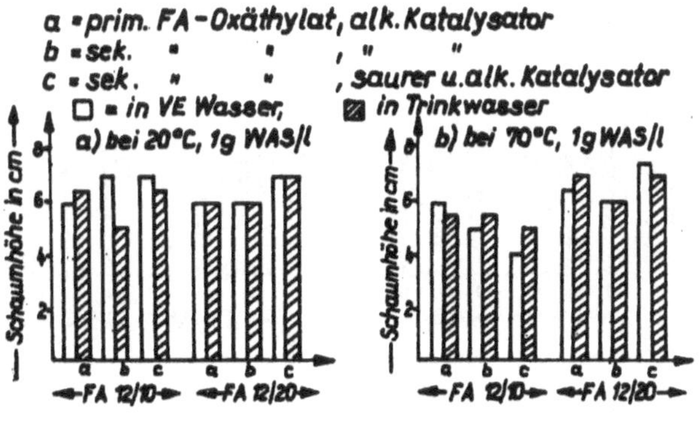

Abb. 11 Schaumvermögen von sekundären im Vergleich zu primären FA-Oxäthylaten

In der Praxis herrscht oft noch die Meinung vor, daß die wäßrigen Lösungen der Äthylenoxidaddukte und auch anderer nichtinnogener Waschrohstoffe durchweg schwache Schäumer sind. Diese Feststellung muß insofern korrigiert werden, als zwischen den verschiedenartigen Polyalkanoxidprodukten doch recht erhebliche Unterschiede bestehen. Wasserlösliche Addukte mit hochmolekularen Substituenten und mit niedrigen oder sehr hohen Oxäthylierungsgraden sind wohl schwache oder mäßige Schäumer, und in der Schaumdichte sowie in der Schaumbeständigkeit oft beachtlich gut.

Schwachschäumende Alkylpolyglykoläther sind vor allem solche, welche an der Grenze der Wasserlöslichkeit liegen. Diese Tatsache ist darauf zurückzuführen, daß solche Surfactants in der wäßrigen Verteilung nicht weit entfernt sind von der Trennung in zwei Phasen. Niedriger oxäthylierte und gerade noch wasserlösliche Surfactants stehen aufGrund ihrer Grobverteilung in Wasser in ihrer Neigung, aus der Lösung auszuscheiden, sozusagen an der Grenze, für ihre eigene Dispersion als Schaumdämpfer zu fungieren (135).

Als "Schaumverbesserungsmittel" für alkalische Wasch- und Reinigungsmittel auf der Grundlage von Alkyloxäthyladdukten mit bis 4 Mol Äthylenoxid wiederum werden u.a. geringe Beigaben von Fettsäuren mit 12-18 C-Atomen oder ihre Ca- bzw. Mg-Salze (136) angegeben.

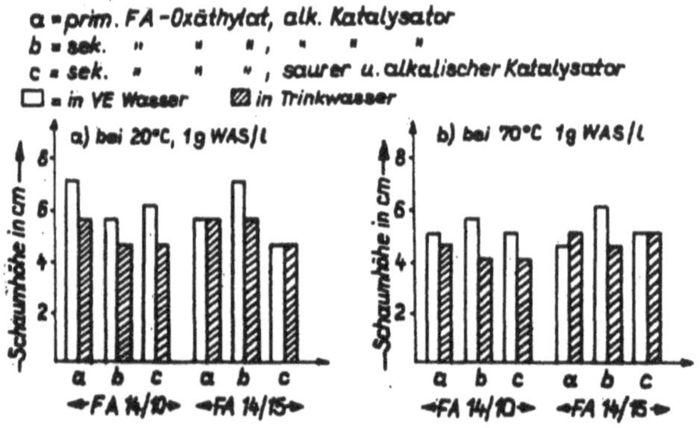

Abb. 12 Schaumvermögen von sekundären im Vergleich zu primären FA-Oxäthylaten

Für die Belange der Praxis sind die Schaumverhältnisse der Wasch- und Spülsysteme neuerdings von markanter Bedeutung. Ein zu geringer Schaum oder gar kein Schaum während des <u>Wasch</u>prozesses wird auch heute noch als Mangel angesehen, weil der Endverbraucher meistens nicht in der Lage ist, die wirtschaftliche Aktivität seiner Waschflotten richtig einzuschätzen.

Andererseits legt man während des Automatenspülganges Wert darauf, daß ein Schaum erst gar nicht auftritt oder wenigstens in so geringem Ausmaß, daß der Reinigungsprozeß nicht gestört wird. Bei einer falschen Auswahl der waschwirksamen Komponenten können infolge der fortlaufenden Schaumerzeugung durch die Dauerzirkulation der Flotten unerwünschte Schaumanhäufungen auftreten.

Ähnlich liegen die Verhältnisse in der gewerblichen Wäscherei sowie beim Waschen in Haushaltswaschautomaten. In beiden Fällen ist wieder zu jeder Zeit ein gleichbleibend geringes Schäumen der Waschlaugen erwünscht.

Oxäthylierte Fettalkohole oder Alkylphenole, besonders in sulfatierter Form gelten durchweg als recht schaumaktiv.

Im Schaumvermögen der Alkylpolyglykoläthersulfate wird ebenfalls die Abhängigkeit von der Länge der Alkylkette und der Zahl der Oxylreste erkennbar, und Weil, Stirton. Bistline, Maurer und Götte (137, 138, 139) weisen 1958/1960 nach, daß der Einfluß der ersten Oxäthylgruppe bei allen Verbindungen markanter ist als der der weiteren Oxäthylgruppen.

Linder (140) berichtet schon 1951, daß Alkylbenzolsulfonate im Gemisch mit Alkylphenylglykoläthersulfaten hinsichtlich des Schaumvermögens ein Optimum bei 70 bis 80 % Alkylbenzolsulfonat erbringen.

Schuster und Modde (141) beschreiben 1965 das anwendungstechnische Verhalten der für kosmetische Belange bevorzugten Kombinationen aus Alkylarylsulfonat und Laurylläthersulfat mit Eiweißfettsäurekondensaten.

Obgleich Waschmittel auf reiner Seifenbasis ihre Bedeutung eingebüßt haben, sind Beigaben von Seife zu Tensidgemischen zur Herstellung moderner "schaumgedämpfter" oder "schaumgedrückter" oder "schaumgeordneter" oder "schaumgesteuerter" Waschmittel hochaktuell.

Obwohl besonders von der Industrie umfangreiche Entwicklungsarbeiten über "schaumgeordnete" Fertigprodukte geleistet wurden, stehen darüber relativ wenig Publikationen zur Verfügung, und die ständig wechselnden Neuerungen auf dem Wasch- und Spülmaschinenmarkt zwingen den Hersteller von Waschmitteln, immer neue Probleme zu bewältigen.

Zum besseren Verstehen der Auswertung dieser Vorgänge und der Übertragung von Entwicklungs- und Laborprüfergebnissen in die Praxis sollen die Betrachtungen von fünf Seifen aus ausgewählten Grundlagen (155, 156, 157) den Anfang machen.

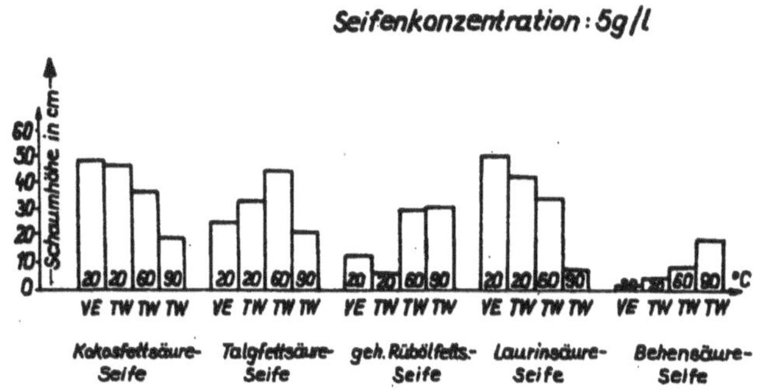

Abb. 13 Bestimmung der Schaumwerte von Seifen bei 20, 60 und 90°C in Trinkwasser mit 15°DH, bei 20°C in VE Wasser (vollentsalzt)

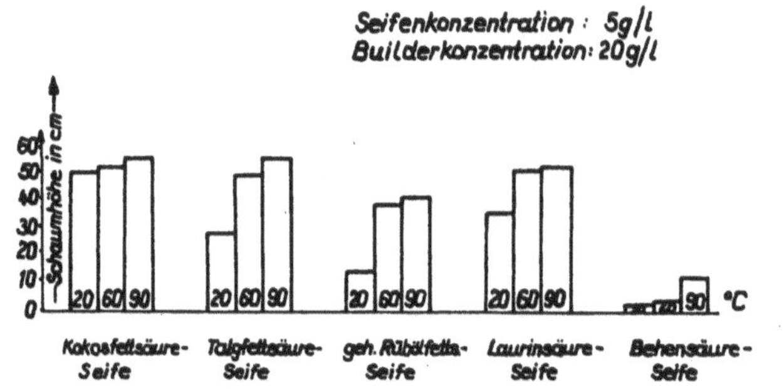

Abb. 14 Bestimmung der Schaumwerte von Seifen mit Buildergemisch bei 20, 60 und 90°C in Trinkwasser mit 15°DH

In Abb. 13 und in Abb. 14 werden 5 Natronseifen aus Kokosfettsäure, aus Talgfettsäure, aus gehärteter Rübölfettsäure, aus Laurinsäure und aus Behensäure - die Einwaagen sind stets auf die 100 %ige Seife bezogen - in vollentsalztem Wasser (VE-Wasser) und in Trinkwasser von 15°DH bei 20, 60 und 90°C ohne und mit Builder nach DIN 53 903 schaummäßig nebeneinander gestellt.

Mit dem Einfluß der C-Kettenlänge von reinen Na-Seifen auf die Schaum- und auf die Waschwirkung setzte sich schon 1931 Madson (142) auseinander.

Das hervorragende Schaumvermögen der Alkylbenzolsulfonate, auch in Verbindung mit n-WAS-Beigaben, wird durch Zusätze verschiedener Seifen charakteristisch beeinträchtigt, und Harris (143) untersuchte 1946 Gemische, welche Seifen und steigende Mengen an Dodecylbenzolsulfonat enthielten. Er fand, daß kleinere Zusätze an ABS eine Wirkungssteigerung ergeben, während Gemische mit einem hohen Anteil an Alkylbenzolsulfonat wenig Schaum geben.

Stüpel (144) bestätigte 1951 im wesentlichen die Ergebnisse und stellte in hartem Wasser ein Wirkungsoptimum bei 90 % Seife und 10 % Alkylbenzolsulfonat fest, während ein ausgesprochenes Minimum bei ca. 10 % Seife und 80 % Alkylbenzolsulfonat liegen soll.

In Verbindung mit den synthetischen Waschrohstoffen kann also die Seife vornehmlich die Rolle eines schaumbremsenden Additivs spielen.

Eine Faustregel (125) besagt, daß ein Teil Seife - bezogen auf Fettsäuregehalt - durch etwa 1/2 bis 1/3 Teile an entsprechenden Tensiden - stets in Gegenwart angepaßter Builder - waschäquivalent ersetzt werden kann.

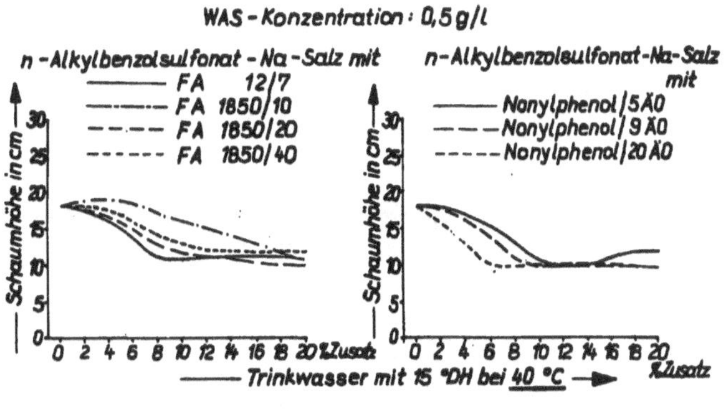

Abb. 15 n-Alkylbenzolsulfonat -Na-Salz mit n-WAS

Während Na-Alkylbenzolsulfonate durch wasserlösliche Alkyloxäthylate in der Schaumentwicklung wenig gestört werden, beeinträchtigen die Seifen das Schäumen eines Gemisches aus Alkylbenzolsulfonat und wasserlöslichen Alkyloxäthylaten schon ganz wesentlich. Diese Unterschiede differenzieren sich in Anwesenheit des Phosphatbuilders und sobald die Temperatur (Abb.18)

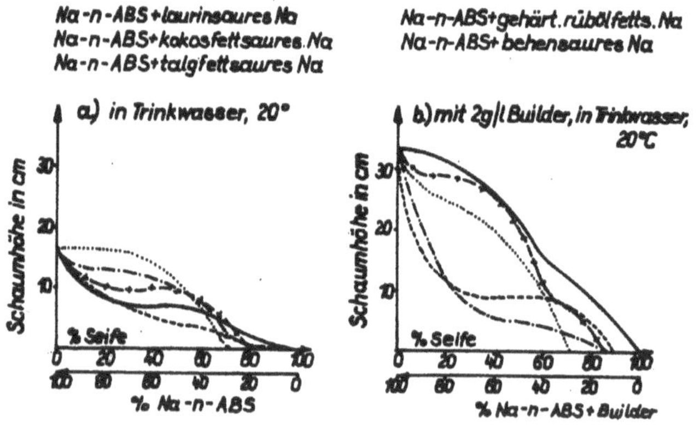

Abb. 17 a) Na-n-ABS + Seife und b) Na-n-ABS + Builder + Seife 0,5 g/l WAS

angehoben wird. Dann treten die charakteristischen Beeinflussungen der Seifen verschiedenen Ursprungs gegenüber dem ABS besonders hervor.

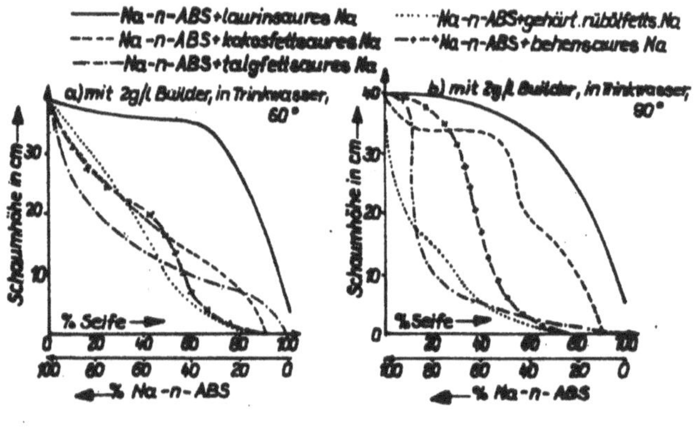

Abb. 18 Na-n-ABS + Seife bei a) 60°C und b) 90°C 0,5 g WAS/l

Offensichtlich hebt sich die "schaumdämpfende" Wirkung geh. Rübölfettseife mit ihrem Anteil an gesättigten höheren Fettsäuregrundlagen ab, während die reine behensaure Natronseife nur infolge ihrer schlechteren Löslichkeit wirkungsträge erscheint. Ähnliche Überlegungen führten vermutlich 1956 zur Anmeldung des DBP 1 056 316 (145) über "Waschmittel mit gedrücktem Schaum".

Diese Probleme runden Kroemer und Ehrhard (146) ab und sagen, daß

> die verschiedenen Tenside hinsichtlich der Steigerung ihres Schaumvermögens auch verschieden stark auf die Phosphate reagieren, daß
>
> außer den Polyphosphaten auch Trinatriumorthophosphat eine schaumsteigernde Wirkung ausübt, daß
>
> bei steigender Dosierung an Phosphaten im Schaumvolumen und in der Schaumstabilität erst ein Maximum erscheint, und daß schließlich
>
> bei weiterer Erhöhung des Phosphatzusatzes das Schaumvermögen wieder abnimmt. Das Schaummaximum liegt meist nahe der Phosphatkonzentration, welche allein verwendet noch nicht zur vollständigen Enthärtung des Wassers ausreichen.

Die Kurven der Abb. 19 veranschaulichen die Schaumergebnisse

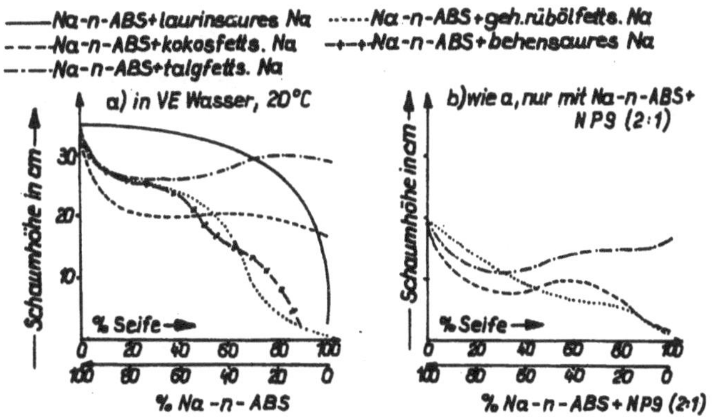

Abb. 19 a) Na-n-ABS + Seife und b) Na-n-ABS/NP9 + Seife 0,5 g WAS/l

a) vom Na-Alkylbenzolsulfonat mit diesen Seifen und bei

b) noch in Gegenwart eines Nonylphenoloxäthylates Typ NP 9) in vollentsalztem Wasser.

Abb. 20, 21 und 22 zeigen das letztgenannte System in Trinkwasser 15°DH, ohne und mit "Phosphat-builder" bei 20°, 60° und 90°C.

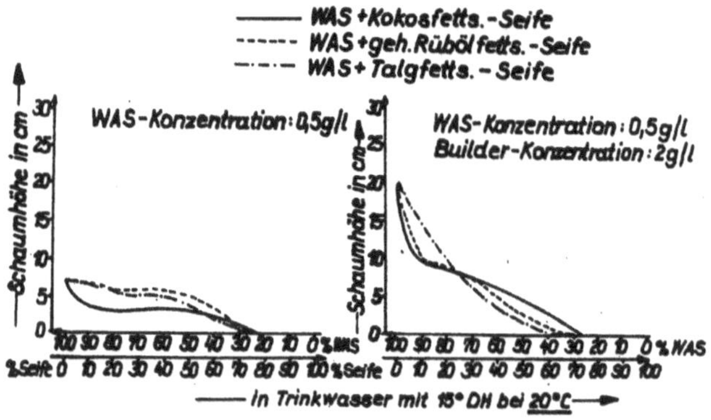

Abb. 20 n-Alkylbenzolsulfonat - Na-Salz
+ Nonylphenol/9 ÄO [2:1] und Seifen
mit Builder

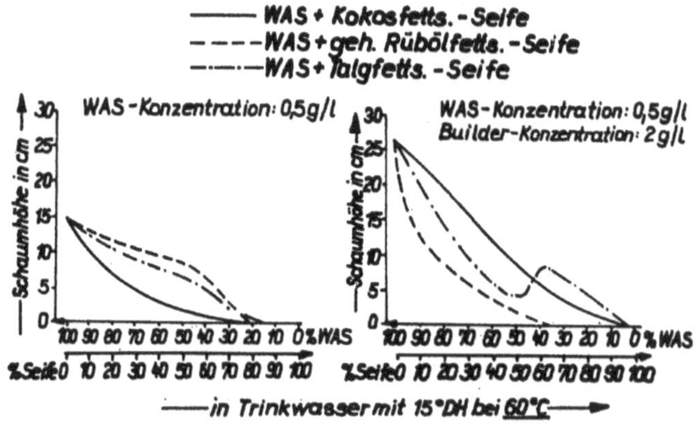

Abb. 21 n-Alkylbenzolsulfonat - Na-Salz
+ Nonylphenol/ 9ÄO [2:1] und Seifen

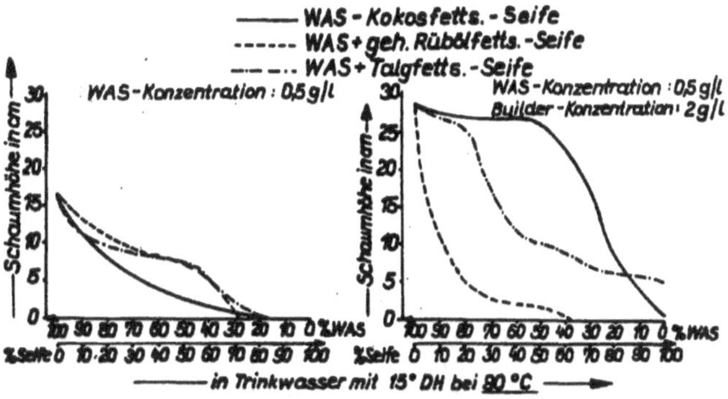

Abb. 22 n-Alkylbenzolsulfonat -Na-Salz
+ Nonylphenol /9ÄO [2:1] und Seifen

Da es als erstrebenswert gilt, schaumgedämpfte Waschmittel allen Anwendungsbedingungen zufriedenstellend anzupassen, bemüht man sich darum, die erarbeiteten Laborergebnisse praxisnah zu prüfen. Einige Beispiele nun sollen diese Vielzahl der Möglichkeiten aufzeigen.

Man bedient sich u.a. gern der Vergleichsversuche in Waschautomaten mit Schaugläsern. So kann man den Schaum während des ganzen Waschprozesses verfolgen und echte Schlüsse auf die "Brauchbarkeit" des Waschmittels besonders bei höheren Temperaturen ziehen.

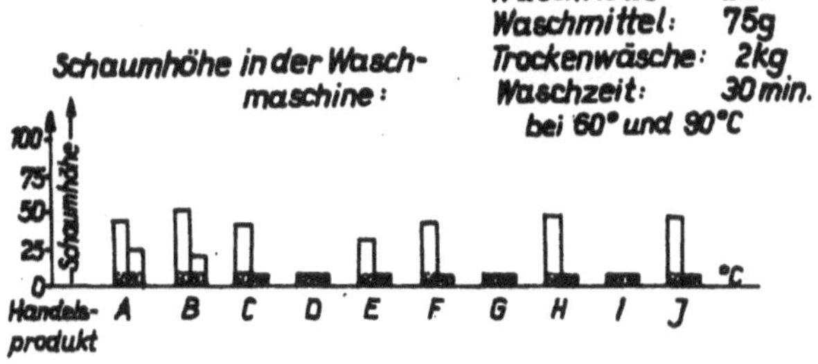

Abb. 23 Schaumvergleichsversuche in einer "Poensgen" Waschmaschine mit verschiedenen Handelsprodukten bei 60 und 90°C

Es wurden verschiedene "schaumgedämpfte" Handelsprodukte in einem Waschautomat bei 60 und 90°C miteinander verglichen.

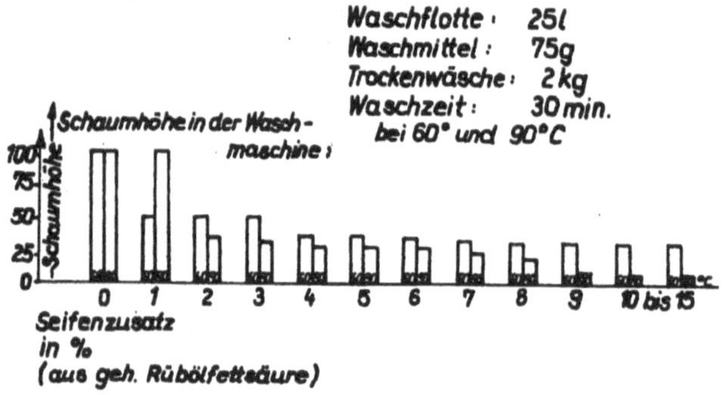

Abb. 24 Schaum-Vergleichsversuche in einer "Poensgen" Waschmaschine mit einem Vollwaschmittel + geh. Rübölfetts.-Seife bei 60 und 90°C

Abb. 24 zeigt den Schaumeffekt durch die Zugabe steigender Mengen der schon erwähnten Seife aus gehärteter Rübölfettsäure zu einem mäßig schaumaktiven Vollwaschmittel des Handels.

Die folgenden 3 Bilder zeigen zum anderen die Schaumvergleichsprüfungen eines "starkschäumenden Waschmittels", eines "schaumgesteuerten Produktes" und eines ausgesprochenen "Schwachschäumers" nach verschiedenen Methoden in weichem Wasser von 3°DH und in Trinkwasser von 16°DH an. Die Dosierungen wurden so gewählt, wie sie für Trommelwaschmaschinen empfohlene Erzeugnisse und für den Klarwaschgang in einer 4-5 kg Haushaltstrommelwaschmaschine (laut Gebrauchsanweisung) üblich sind.

Laut Abb. 25 wurde im Handschlaggerät nach DIN 53 902 gearbeitet.

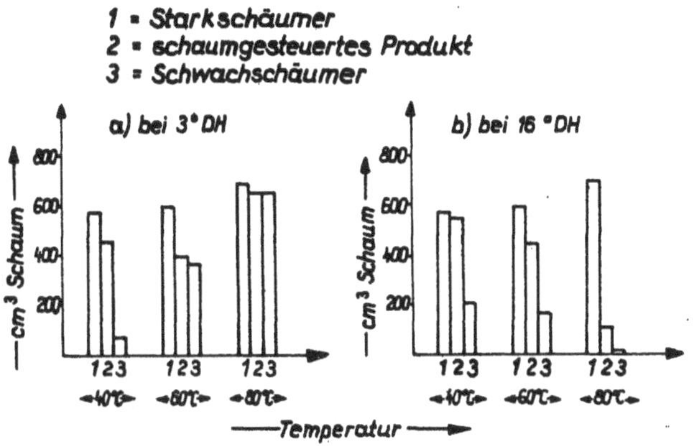

Abb. 25 Schaumwerte im Handschlaggerät
nach DIN 53 902

Abb. 26 zeigt die Ergebnisse im Mehrfachschlagapparat nach DIN 53 902.

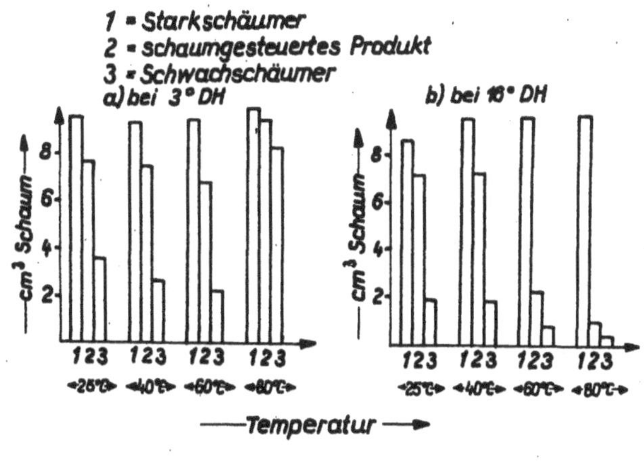

Abb. 26 Schaumwerte im Mehrfachschlagapparat
nach DIN 53 902

Und schließlich demonstrieren die folgenden Kurven in Abb. 27 die Schaumeffekte in der dynamischen Schaumapparatur.

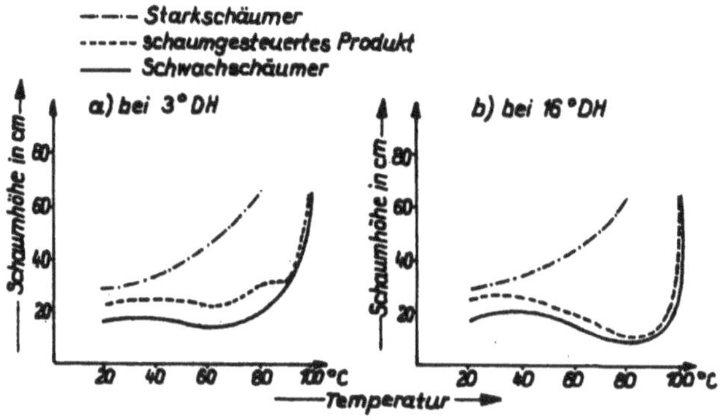

Abb. 27 Schaumkurven in der dynamischen Schaumapparatur

Beim "Starkschäumer" (1) bricht auch in hartem Wasser bei allen Bedingungen der Schaum durch. Ein solches Waschpulver ist für die Handwäsche prädestiniert und sollte bei mittlerer Dosierung noch für eine Bottichwaschmaschine brauchbar sein.

Das "schaumgesteuerte" Waschmittel (2) liefert in hartem Wasser bei niedrigen Temperaturen einen mäßigen Schaum und mit zunehmenden immer weniger Schaum, während der "Schwachschäumer" ebenfalls im harten Wasser in allen Temperaturbereichen gleich wenig Schaum ergibt.

Sobald aber die <u>echten</u> Waschtemperaturen in der Umlaufflotte selbst über 95°C ansteigen, "reißt auch der bestgedämpfte Schaum aus".

Es können schon zuweilen krasse Unterschiede auftreten, sobald nach verschiedenen Methoden verschäumt wird.

Nun schließlich noch zum "Schaum" im Zusammenhang mit der biologischen Abbaubarkeit von Tensiden.

V. Schaum und der biologische Abbau von Tensiden (172, 173 bis 198, 211)

Wie könnte man den komplexen Stoff "Schaum" behandeln, ohne Betrachtungen über die biologische Abbaubarkeit von Detergentien anzustellen?

Es scheint keineswegs allgemein bekannt zu sein, daß sich in der sogen. Gesamtverschmutzung im Abwasser nur ein ganz geringer Teil an Detergentien befindet bzw. befinden kann, aber gerade diese biologisch recht widerstandsfähigen Tenside lösten nur infolge ihrer leichten und voluminösen Verschaumbarkeit eine Diskussion (160) aus, die 1964 zum Erlaß des Bundesdeutschen Detergentiengesetzes (161) führte.

Die in Oberflächengewässern und in Abwässern vorkommende Detergentienmenge schwankt sehr und beträgt ca. 0,2 -1 mg/l (162). Diese geringe Menge an waschaktiver Substanz ist nicht in der Lage, selbst bei intensivem Schütteln, einen stabilen Schaum zu bilden. In Gegenwart von Schaumstabilisatoren aber kann die Schaumhöhe und die Schaumbeständigkeit entscheidend beeinflußt und sichtbar werden. Der mitunter beständige Schaum (162, 164) in den Wasserstraßen entsteht somit vielmehr erst in Gegenwart von Verunreinigungen, so etwa im Zusammenwirken von schaumaktiven, oberflächenaktiven Stoffen mit den Abbauprodukten von Eiweißkörpern aus den städtischen Abwässern. Dieser Schaum enthält dann im allgemeinen fast die gesamte Menge an Detergentien.

Auch in regenarmen Jahren wurde eine erhöhte Neigung zur Schaumbildung in wasserarmen Flußläufen, insbesondere dort festgestellt, wo Luft durch eine intensive Bewegung des Wassers eingesaugt wird (165).

Bakterielle Abbauprozesse verlaufen besser, je kleiner das Molekül der organischen Substanz ist. Die unterschiedliche biologische Angreifbarkeit ist auch von der Struktur und von der Konzentration abhängig. Ein typisches Beispiel sind die Alkylbenzolsulfonate. Wohl selten wurden die biologischen Reaktionen von Tensiden so ausführlich studiert wie die der verzweigtkettigen Tetrapropylbenzolsulfonate im Vergleich zu den linearen Dodecylbenzolsulfonaten. Obwohl darüber ausführliche Berichte vorliegen, soll trotzdem die Frage aufgeworfen werden, welche der meist schaumaktiven Zwischen- und Endprodukte während des Abbauprozesses entstehen und resultieren. Die Chemie dieses biologischen Abbaues von oberflächenaktiven Verbindungen wurde (1963) von Swisher (166, 167), von Kölbel und Mitarbeitern (168) kritisch und unter Hinweise auf umfangreiche Literaturzitate betrachtet.

Bock (169) und Wickbold (170) sagten 1964 beim CID-Kongreß über die Zwischen- und über die Schlußreaktionen des Angriffes der Mikroorganismen sowie über den Nachweis der Zwischen- und Restprodukte eines geradkettigen n-Alkylbenzolsulfonates aus, daß der vornehmlich oxydative Zerfall am Ende der Alkylkette unter Bildung von Mono- und Dikarbonsäuren so beginnt, daß diese schon in kurzer Zeit verkürzt wird. Im weiteren Verlauf der Oxydation wird der Benzolring geöffnet, und die entstehenden grenzflächeninaktiven und nicht mehr verschäumbaren "Bruchstücke" sind leicht weiter oxydierbar, so daß eine Anreicherung in Gewässern nicht mehr zu erwarten ist. Der größte Teil des Waschrohstoffes wird praktisch vollständig zu Co_2, H_2O und Na_2SO_4 mineralisiert.

Ebenfalls nicht uninteressant für die Reinhaltung der Gewässer sind die Erfolge, die sich aus der Verwendung von biologisch leicht angreifbaren Syndets hergestellten Wasch- und Reinigungsmittel selbst erkennen lassen. Sehr ausführlich befaßt sich 1964 Fischer (171), und schon nach zwei Jahren nach Inkrafttreten des Detergentiengesetzes ist von Bucksteeg (1966) festgestellt worden (162), daß der erwartete biologische Abbau in etwa 50 biologischen Kläranlagen der Ruhr im Jahre 1963 von rund 45 % schon auf rund 77 % im Jahre 1965 angestiegen ist.

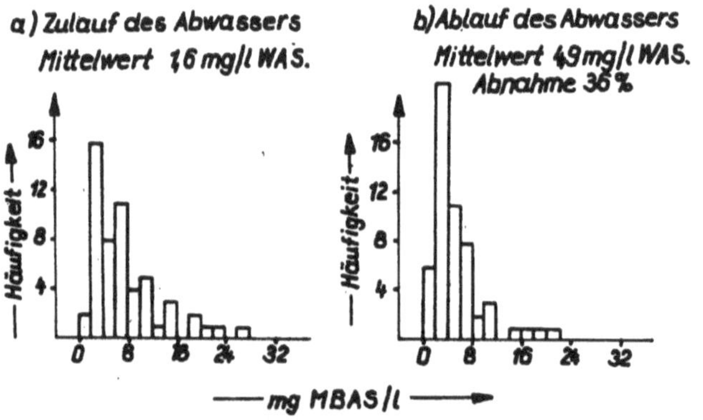

Abb. 28 Detergentien in 55 mechan. und biolog. Kläranlagen 1960 vor der Umstellung auf "weiche" Waschrohstoffe

Der Detergentiengehalt im Zulauf zu diesen Anlagen gegenüber 1963 ist ebenfalls um rund 17 % geringer geworden, obwohl im gleichen Zeitraum Produktion und Verbrauch an Waschmittel um etwa 20 % zugenommen haben.

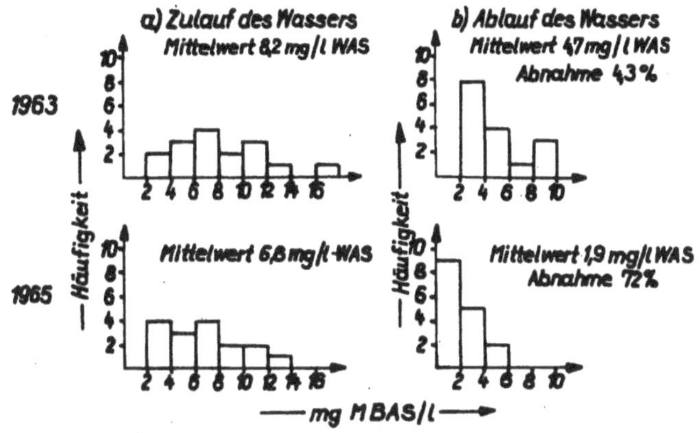

Abb. 29 Gehalt und Abbau von Detergentien bei der biolog. Abwasserreinigung 1963 und 1965

Die Detergentienfracht der Ruhr ist sogar um ca. 70 % gesunken und die mittlere Detergentienkonzentration von 0,7 % im Durchschnitt schon bis auf etwa 0,15 mg/l gefallen.

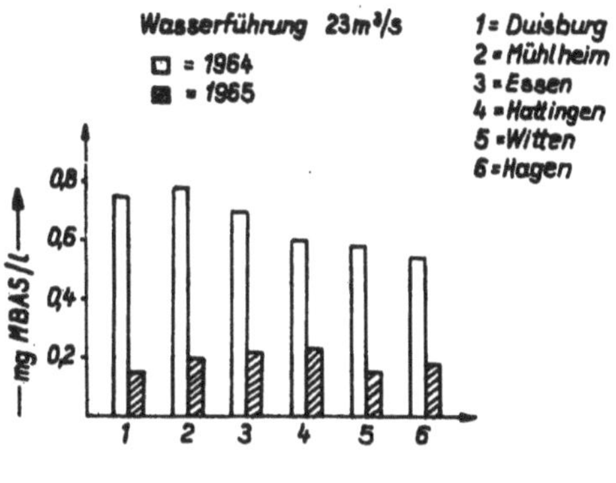

Abb. 30 Detergentiengehalt in der Ruhr (bis zur Mündung gemessen)

Durch die Umstellung von der Verwendung "harter" Tenside auf "weiche" biologisch leicht angreifbare Syndets ist der erwartete Erfolg eingetreten. Nun sollte auch gegen die "restlichen" Verschmutzungen von weit über 95 % der Oberflächennutzwässer ebenfalls Entscheidendes geschehen!

VI. Schlußwort

In dieser Arbeit sollte zunächst der Schaum, die Erklärung seines Entstehens, seiner Charakterisierung und seiner Bestimmungsmethoden dargestellt werden und welche Faktoren die Schaumfähigkeit oberflächenaktiver Stoffe auslösen und beeinflussen. Es sollte des weiteren aufgezeigt werden, durch welche Maßnahmen eine gezielte Schaumwirkung erreicht werden kann, was wiederum für die Fabrikation einschlägiger Fertigprodukte und für die Anwendung in praxi von aktueller Bedeutung ist.

Ich hoffe, Ihnen wieder - und diesmal mit der Studie über das anwendungstechnische Problem "Schaum" - für den Waschmittelsektor und verwandte Gebiete auch praktische Anregungen gegeben zu haben.

Literatur

1 Mildner, Th. Curation Corporis et consuetudo Lavationis populorum mundi, Eigenverlag Ciba, Basel 1965

2 Fock, M. Seifen-Öle-Fette-Wachse 80,550 (1954)

3 Kling, W. Melliand-Textilberichte 46, 957 (1965)

4 Tschakert, H.E. Seifen-Öle-Fette-Wachse 79, 193 (1953)

5 Jahrbuch für den Praktiker, Verlag für chemische Industrie H. Ziolkowsky KG, Augsburg S. 25, 1961

6 Tschakert, H.E. Deutsche Färberzeitung Heft 3, 3 (1952)

7 Tschakert, H.E. Seifen-Öle-Fette-Wachse 79, 673 (1953)

8 Tschakert, H.E. Äther-Öle-Riechstoffe Heft 11/12 262/304 (1954)

9 Tschakert, H.E. Melliand-Textilberichte 36, 101 (1955)

10 Tschakert, H.E. Riechstoffe-Aromen Heft 11, 350 (1955)

11 Tschakert, H.E. Z.f.d. gesamte Textilindustrie 57, 998 (1955)

12 Tschakert, H.E. Seifen-Öle-Fette-Wachse 84, 115 (1958) und Soap, Parfümery and Cosmetics ab 9, 867 (1958)

13 Knaggs, E.A., Yeager, I., Hsing-Kuo Kuo, und Varenyi, L. Soap chem. Specialties 1, 64 (1965)

14 Berkman, S., Egloff, G. "Emulsions and Foams" 1941

15 Bikerman, J.J. Foams, Theory and industrial Applications, Reinhold Publishing Corp., New York 1953

16 Rehbinder, P. The Use of Surfactants in the Petrol-Industrie (1965)

17 Rehbinder, P. Physikochemie der Waschwirkung (1935)

18 Bartsch, D. Kolloid-Chemie, Beihefte 20, 1 (1924)

19 Blunet, Practical Emulsions 1947

20 Cor, P., u. Prof. Piganiol, Emulsions, Mousses, Ditessien 1955

21 Mysels, K.J., Shinoda, Frankel, Soapfilms 1959

22 Rehbinder, P. Bull. Acad. Sci. U.R.S.S. Classe Sci. Chim., 639, (1936)

23 Davies, C.P., u. Rideal, E.K. Interfacial Phenomena 1963

24 Osipow, Surface Chemistry 1962

25 Bikerman, J.J. Adhesives Laboratory Progress report 1/57 Formalian and stability of foams 1957

26 Bromly, J.M. The Journal of the Society of Cosmetics Chemists, Vol. 15, 11, 631-639, (1964)

27 Bikerman, J.J. Industrial and Engineering Chemistry, 57, 1, 56-62 (1965)

28 Boucher, R.M.C., u. Weiner, A.L. Chem. Technik, 372 (1964) und Brit. Chem. Engng., 803 (1963)

29 Sebba, F.Nature, (London) 197, 1195 (1963)

30 Schwarz, H.W. Fette-Seifen-Anstrichmittel 66, 380 (1964)

31 Gibbs, J.W. "Thermodynamische Studien", S. 277

32 Manegold, E. Kapillar-Systeme, Band 2, 828, (1960) Straßenbau, Chemie und Technik, Verlagsgesellschaft, Heidelberg

33 Stüpel, H. "Synthetische Wasch- und Reinigungsmittel", Konradin-Verlag 1954

34 Lindner, K. Textilhilfsmittel und Waschroh-stoffe Wissenschaftliche Verlagsgesellschaft Stuttgart 1964

35 Adam, N.K. Physics and Chemistry of Surfaces, Oxford Univ., Press

36 Ostwald, Wo. "Grundriß der allgemeinen Chemie", 6 Auflage 349, 517 (1920)

37 Boys, C.V. "Seifenblasen", S. 126 (1913)

38 Bresler, S.E., u. Talmud, D.L. Kolloid-Z. 63, 323 (1933)

39 Johannes, W., u. Whitaker, S.J. Phys. Chem. 69, 1471 (1965)

40 Princen, H.M., u. Mason, S.G.J. Colloid Sci. 20, 453 (1965)

41 Ostwald, Wo., u. Siehr, A. Chem.-Zeitung 61, 649 (1937)

42 Ostwald, Wo., u. Siehr, A. Kolloid-Z. 76, 33 (1936) und 77, 251 (1936)

43 Ostwald, Wo., u. Siehr, A. Kolloid-Z. 79, 11 (1937)

44 Manegold, E. "Schaum", 1953 Straßenbau, Chemie und Technik, Verlagsgesellschaft, Heidelberg

45 Vader, F. v. V. Fette-Seifen-Anstrichmittel 60 (1964) und Trans. Faraday Soc. 57, 2263 (1961)

46 Hamaker, Physika 4, 1058 (1937)

47 Deryaguin, B.W. Koll. Zhurn. 17, 207 (1955)

48 Ross, J., u. Bramfitt, T.H.J. Physic. Chem. 61, 1261 (1957)

49 Vries, A.J. Diss. Utrecht 1957

50 Chsherbakow, L.M.C. Trudy Tul'sk Mekh. Ins. Nr. 3, 173 (1958)

51 Stuke, B. Chemie-Ing.-Tech. 33, 173 (1961)

52 Mysels, K.J., u. Cox, M.C. J. Colloid Sci. 17, 136 (1962)

53 Shelodko, A. Proc. Kon. Nederl. Akad. Wetensch. 65 B, 76 (1962)

54 Cumper, C.W.N. Trans. Faraday Soc. 49, 1360(1953)

55 Flett, L. Literaturberichte über Wasser, Abwasser, Luft und Boden I, 21 (1961)

56 Kuhlmann, R.A. Nature, (London) 207, 1289 (1965)

57 Grieves, u. Bhattacharyya, D. Nature (London) 207, 476 (1965)

58 Bojadziev, L., Elenkov, D., u. Bojadziev, Hr. Doklady, BAN 17, 932 (1964)

59 DAS 1204631, Dow Corning AG, Basel (Schaumverhinderndes Mittel)

60 BR. P. 974449, Dow Chemical Comp. (Improvements in or relating to inhibiting or suppressing foaming of aqueous fluids)

61 Ross, S., u. Young, G.I. Ind. eng.chem. 43, 2520 (1951)

62 Boutaric, A., u. Berthier, P. Chem.Phys. 36, 1 1939

63 Miles, G.D., Ross, J. u. Schedlovsky, L.J. Am. oil chem. Soc. 27, 268 (1950)

64 Miles, G.D., Ross, J., u. Schedlovsky, L.J. Phys. chem. 49, 93 (1945)

65 Miles, G.D., Ross, J., u. Schedlovsky, L.J. Phys. chem. 48, 58, 280 (1944)

66 Miles, G.D., Ross, J., u. Schedlovsky, L.J. colloid sec. 4, 25 (1949)

67 Krugljakov, P.M., u. Taube, P.R. Z. prikl.Chim., Moskva-Leningrad 38, 1514 und 38, 2258 (1965)

68 Seludko, A., u. Cernev, R. Izv. Inst.fizikohimija, BAN 4, 147 (1964)

69 Malerwanskij, Ochrimenko, Trifsik, Smolkotina, Baibakowa UdSSR-P. 162 478, Kl 5a 31/20 - 27.10. 1962/8.5. 1964

70 Nüßlein, J. Melliand-Textilberichte 19, 582 (1938)

71 Götte, E. Kolloid-Z, 64, 327 (1933)

72 Tschakert, H.E. Seifen-Öle-Fette-Wachse 86, 577 (1960)

73 DAS 1 185 325, Unilever, (Wasch- und Reinigungsmittel)

74 AP 3 127 354, FP 1 335 080, FP 864 837 Austral P 242 098

75 DAS 1 201 058, Gen. Aniline, (Verf. z. H. von oberflächenaktiven Polykondensaten)

76 Schick, M.J., J. Amer. Oil Chemists Soc. 40, 680 (1963)

77 "Chimie et Industrie", 92, 5, 519 (1964)

78 "Wäschereitechnik und Chemie", 17, 6, 394-396 (1964)

79 Mannek, H. Seifen-Öle-Fette-Wachse 80, 583 (1954)

80 Stiepel, C. Seifensiederzeitung 41, 347 (1914)

81 Noll, A. Seifensiederzeitung 73, 41 (1947)

82 Tschakert, H.E. Seifen-Öle-Fette-Wachse 86, 588 (1960)

83 Götte, E. Melliand-Textilberichte 32, 210 (1951)

84 Noll, A. Melliand-Textilberichte 18, 812 (1937) sowie Kroemer, F., u. Ehrhard, G. Melliand-Textilberichte 34, 127 (1953)

85 Deutsche Norm DIN 53 902, Melliand-Textilberichte 35, 548 (1952)

86 Colson, Parfumerie moderne 36, 39 (1953)

87 Stüpel, H., u. Segesser, Soap. Parfum, Cosmet. 24, 558 (1951)

88 Schlachter, A., u. Dierkes, H. Fette-Seifen-Anstrichmittel 53, 207 (1951)

89 Machemer, H., Griess, W., u. Mugele, H. Fette-Seifen-Anstrichmittel 54, 769 (1952)

90 Machemer, H., u. Heinz, E. 1. Congress Mondial de la Detergence in Paris (1954)

91 Wilmsmann, H. Fette-Seifen-Anstrichmittel 66, 955 (1964)

92 Schuster, G., u. Modde, H. Parfümerie und Kosmetik 46, 327 (1964)

93 Gohlke, F.J. Fette-Seifen-Anstrichmittel 65, 753 (1963)

94 Ross, J., u. Miles, G.D. Oil and Soap 18, 99 (1941)

95 Harris, M. A.S.T.M-Bulletin Nr. 140 (1946)

96 A.S.T.M. Edition 1952, Part. 7, D. 1173, 51 T., S. 644

97 Pasztor-Rosso, F. Fette-Seifen-Anstrichmittel 67, 688 (1965)

98 Griess, W. Fette-Seifen-Anstrichmittel 57, 32 (1955)

99 Chimie et Ind. 92, 519 (1964)

100 Bikerman, J.J. Trans. Faraday Soc. 34, 634 (1938)

101 Merrill u. Moffett, Oil and Soap 21, 170 (1944)

102 Amerine, M.A., Martini, L.P., u. de Mattei, W. Ind. Engng. Chem. 34, 152 (1942)

103 Clark, G.L., u. Ross, S. Ind. Engng, Chem. 32, 1594 (1940)

104 Götte, E. Melliand-Textilberichte 29, 65, 105 (1948)

105 Lederer, E.L. Seifensieder-Zeitung 63, 331 (1936)

106 Kaufmann, H.P. Fette-Seifen-Anstrichmittel 56, 596-603 (1954)

107 Mannek, H. Seifen-Fette-Öle-Wachse 80, 611 (1954)

108 Hoffmann, H. Seifen-Öle-Fette-Wachse 83, 746 (1957)

109 Sisley, J.P., u. Loury, M. Soap Chem. Spec. 31, Aprilheft, 44 (1955)

110 Kaertkemeyer, Second International Congress of Surface Activity, London 1957, I.

111 Oldenroth, O. Fette-Seifen-Anstrichmittel 58, 727 (1956)

112 Zakarias, Journal of Detergenats 1952, Nr. 1,5

113 Bloching, H., Friess, W., u. Heitland, H.J. Seifen-Öle-Fette-Wachse 91, 913 (1965)

114 Ostwald, Wo., u. Steiner, A. Kolloid-Z. 36, 342 (1925)

115 Sidney, J., u. Ross, J. physic.Chem. 50, 391 (1946)

116 Ross, J. physic.Chem. 49, 93 (1945)

117 Elenkov, D., u. Kolev, N. Jzv. Inst. obsta i neorgan. Khimija Bulg. Acad. Sci. 2, 119 (1964) und Bulg. Abstr. 7, 4 (1964)

118 Derjaguin, B.W. Disc. Faraday Soc. 18, 24 (1954)

119 Derjaguin, B.W. Colloid, J., Voronezk 17, 207 (1955)

120 Derjaguin, B.F. and Titijevskaja, A.S. Colloid J. Moskow 15, 416 (1953)
Disc; Faraday Soc. 18, 240 (1954)

121 Trapeznikov, A.A. Colloid J. Moskow 12, 67 (1950)

122 Götte, E. Fette-Seifen-Anstrichmittel 66, 528 (1964)

123 Spangler, W.S.-J. Amer. Oil Chemists' Soc. 41, 300 (1964)

124 Overbeeck, J.Th.G. IV. CID-Kongreß in Brüssel 1964 (noch nicht veröffentlicht)

125 Tschakert, H.E. Seifen-Öle-Fette-Wachsee, 20, 577 (1957) und Tluszcze i Srodki piorace R-IV-Nr. 2, KWIECIEN (1960)

126 Tschakert, H.E. Jahrbuch für den Praktiker, 858 (1961) und SPC 9, 858 (1961)

127 Griess, W. Fette-Seifen-Anstrichmittel 57, 24, 168 (1955)

128 Kölbel, H., u. Kühn, P. Angew. Chem. 71, 221 (1959)

129 Lindner, K. Tenside 1, 112 (1964)

130 DAS 1 138 497, Procter & Gamble, Synthetisches hautschonendes Wasch- und Reinigungsmittel

131 AP 2 159 967

132 FP 786 911, BPP 437 566, 462 881
Schweiz. P. 175 351, 181 444, 182 592, 183 587, 199 451

133 Lindner, K. Tenside, Textilhilfsmittel, Waschrohstoffe, Band I, Ausgabe 1964, S. 1008

134 Schönfeldt, Oberflächenaktive Anlagerungsprodukte des Äthylenoxides S. 23, Ausgabe 1959

135 Chemical Week 1962, Dezemberheft, 22 (Market Newsletter)

136 DAS 1 138 496, Böhme Fettchemie, Schaumverbesserungsmittel für Wasch- und Reinigungsmittel

137 Götte, E. Vortrag auf dem III. Internationalen Kongreß für grenzflächenaktive Stoffe, Köln 1960 (Band I, Sektion A)

138 Stirton, A.J., Bistline, R.G., u. Maurer, E.W. J. Amer. Oil Chemists' Soc. 36, 241 (1959)

139 Weil, J.K., Stirton, A.J. Bistline, R.G., u. Maurer, E.W. J. physic. Chem. 62, 1083 (1958)

140 Lindner, K. Fette-Seifen-Anstrichmittel 53, 216 (1951)

141 Schuster, G., u. Modde, H. Fette-Seifen-Anstrichmittel 67, 347 (1965)

142 Madsen, Studies in the detergent action and surface activity of soap solutions, Kopenhagen 1930

143 Harris, M. Oil and Soap 23, 101 (1946)

144 Stüpel, H. Fette-Seifen-Anstrichmittel 53, 628 (1951)

145 DAS 1 056 316, Procter & Gamble Company (P. erteilt am 23.12.1965) "Waschmittel mit gedrücktem Schaum"

146 Kroemer, F., u. Ehrhard, G. Dtsch. Textilchem. 7, (Nr. 8), 462 (1957)

147 Tschakert, H.E. Seifen-Öle-Fette-Wachse 86, 731 (1960) und 87, 457 (1961)

148 Tschakert, H.E. Fette-Seifen-Anstrichmittel 63, 1132 (1961)

149 Tschakert, H.E. Soap and Chem. Specialties 5, May 199 (1961)

150 Tschakert, H.E. Seifen-Öle-Fette-Wachse 91, 874 (1965)

151 Baumann, P. Plenarvortrag IV. CID-Kongreß 1964 in Brüssel (noch nicht veröffentlicht)

152 Mannheim, P. SPC, 33, 348 (1965)

153 Yamamoto, T., Yamada, H., Sumida, S., Takagi, S., u. Nanba, Y. Jukagaku 12, 415 (1963) und J. Amer. Oil Chemists' Soc. 40, 53 (1963)

154 Mc. Cutcheon, J.W. J. Amer. Oil Chemists' Soc. 35, 644 (1958)
Pfrengle, O. Tenside 2, 146 (1965)
Jury, E. Tenside 2, 209 (1965)
Tschakert, H.E. Seifen-Öle-Fette-Wachse 64, 224 (1962)

155 Mc. Bain, J.W., u. Alexander, J. Reinhold Publ. Co. New York I, Kap. 5, 137 (1926)

156 Spier, J.R.H.L. Seifen-Fette-Anstrichmittel 67, 943 (1955)

157 Schick, M.J., u. Beyer, E.A. J. Amer. Oil Chemists' Soc. 40, 66 (1963)

158 Wolkova, L.D., u. Schablina, A.G. Maslozir, Promyslenost 6, 31 (1964) sowie

159 Masslo-Boino-Shirowaja Promyslenost 30, H. 11, S. 23 (1964)

160 Krüger, Erdöl und Kohle-Erdgas-Petrochemie 16, 379 (1963)

161 Bundesgesetzblatt, Teil I, Nr. 72, 1653/54 (1961) und
Teil I, Nr. 49, 698/706 (1962)

162 Bucksteeg, W. Wasser, Luft und Betrieb, Heft 1 (1966)

163 Kehren, M. Z.f.d.g. Textilindustrie 67, 361 und 807 (1955)
66, 1021 (1964)

164 Kehren, M. Sonderheft Wasser und Abwasser, Z.f.d.g. Textilindustrie 1964 (136 S.)

165 Krüger, R. Jahrbuch 1962 für das Textilreinigungsgewerbe -Wäscherei und Chemiereinigung

166 Swisher, R.D. J. Amer. Oil Chemists' Soc. 40, 648 (1963) und 40, 53 (1963)

167 Swisher, R.D., O'Rourke, J.T., u. Tomlinson, H.D. J. Amer. Oil Chemists' Soc. 41, 746 (1964)

168 Kölbel, H., Kürzendörfer, R. u. Zahiruddin, M. Tenside 1, 7 (1964)

169 Bock, K.J. "Biologische Eigenschaften grenzflächenaktiver Stoffe" IV. CID-Kongreß 1964 in Brüssel (noch nicht veröffentlicht)

170 Wickbold, R. "Zwischenprodukte beim biologischen Abbau eines geradkettigen Alkylbenzolsulfonates", IV. CID-Kongreß 1964 in Brüssel (noch nicht veröffentlicht)

171 Fischer. W.K. Fette-Seifen-Anstrichmittel 66, 51 (1964)

172 Sontheimer, Dachorgan für Textilveredlung, (Basel) 17, 641 (1962)

173 Ruschenburg, E. Fette-Seifen-Anstrichmittel 65, 810 (1963)

174 Amende, J. Fette-Seifen-Anstrichmittel 65, 908 (1963)

175 Simonis, H. Dechema-Monographien, Band 52, Nr. 855-911 S. 125, Verlag Chemie GmbH

176 Amende, J. Fette-Seifen-Anstrichmittel 63, 441 (1961)

177 Ruschenburg, E. Jahrbuch für Wasserchemie und Wassertechnik Band 30, 232 (1963)

178 Longwell, Naiece, Analyt 80, 167 (1955)

179 Deutsche Einheitsverfahren zur Wasseruntersuchung Heft 23, Verlag Chemie, Weinheim 1960
Deutscher Ausschuß für grenzflächenaktive Stoffe, Gas- und Wasserfach, Ausgabe Wasser-Abwasser 102, 1426 (1961)

180 Hirsch, E. Fette-Seifen-Anstrichmittel 65, 814 (1963)

181 Ströbele, R. Chemie-Ingenieur-Technik 36, 858 (1964)

182 Spohn, H., u. Fischer, W.K. Tenside 1, 81 (1964)

183 Spohn, H. Tenside, 1, 18 (1964)

184 Bock, K.J., u. Wickbold, R. Seifen-Öle-Fette-Wachse 89, 870 (1963)

185 de Jong, A.L. Fette-Seifen-Anstrichmittel 67, 41, (1965)

186 Hagge, W. Fette-Seifen-Anstrichmittel 67, 206, (1965)

187 Bock, K.J. Pro Aqua, S. 247 (1961)

188 Güller, S., u. Brunner, K. Molekularsieb-Adsorption, Vortrag bei den Chemischen Werken Hüls AG in Marl am 1.2.1966

189 Krüger, R. Fette-Seifen-Anstrichmittel 66, 217 (1964)

190 Wulf, H.D., u. Bock, K.J. Wasserversorgung und Abwassertechnik, Folge 3 (1965)

191 Die Seifenpresse vom 20.12.65, "Detergentiengesetz zeigt Wirkung"

192 Hoppe, A., u. Franz, H. Erdöl und Kohle 8, 411 (1955) -DBP 869070

193 Kline, W.A. J. Amer. Oil Chemists' Soc. 40, 656 (1963)

194 Boye, L. Chemiker Zt. Chem. Apparatur 89, 75 (1965)

195 Wulf, H.D. OEL, Zeitschrift für die Mineralölwirtschaft, 3, (1963)

196 Sweeney, W.A. Soap and chem. Spetialties 40, 45 (1964) sowie J. Amer. Oil Chemists'Soc. 41, 62 (1964)

197 Weaver, P.J., u. Coughlin, F.J. J. Amer. Oil Chemists' Soc. 41, 738 (1964)

198 Fischer, W.K. Fette-Seifen-Anstrichmittel 63, 21 (1961)

199 Carrière, G. Fette-Seifen-Anstrichmittel 61, 947 (1959) und 63, 184 (1961) sowie
Oléagineux 15, 571 (1960)

200 Weil, J.K., Stirton, A.J., Bistline, jr. R.G., u. Maurer, E.W. J. Amer. Oil Chemists' Soc. 36, 241 (1959)

201 Hagge, W. Fette-Seifen-Anstrichmittel 63, 221 (1961)

202 Sinoda, K., Yamanaka, T., Kinoshita, K. J. physik. Chem. 63, 648 (1959) sowie
J. Amer. Oil Chemists' Soc. 36, 370 (1959)

203 Rösch, M. Fette-Seifen-Anstrichmittel 62, 661, 811, 929, 1045 (1960)

204 Kling, W. Chem. Ind. 11, 153 (1959)

205 Deryaguin, B.V., Martynov, G.A. u. Gutop, V.V. Kolloidnyi Shurnal 27, 357 (1965)

206 Lyklema, J., Scholten, P.C., u. Mysels, K.J. J. Phys. Chemie 69, 116 (1965)

207 Gassett, R.B., Sproul, D.J., u. Atkins, jr. P.F. J. Water Pollut. Control Federat 37, 461 (1965)

208 Schwarz E.G., u. Reid, W.G. Ind. Engng. Chem. 59, 26 (1964)

209 Kling, W., u. Lange, H. SVF Organ 19, 162 (1964)

210 Gohlke, F.J. Parfümerie u. Kosmetik 45, 59 (1964)

211 Bock, K.J. Archiv für Färbereiwirtschaft (1966 im Druck)

212 Rehbinder, P., u. Venstrem, E. Kolloid-Z., 53, 145 (1930) und Beihefte 20, 1 (1924)

213 Rehbinder, P., u. Trapeznikov, A. Acta physicochim. U.S.S.R 9, 257 (1938)

214 Rehbinder, P. Bull.Acad. Sci. U.S.S.R. Classe Sci. math. nat. Siv. Chim. 639 (1936)

215 Lederer, E.L. Fettchem. Umschau 40, 69 (1933) sowie Angew. Chemie 47, 113 (1934)

216 Brunner Ca., u. Lemlich, R. Industrial Eng. Chem. 55, 297-300 (1963)

217 Tenside 2, 257 (1965)-Diskussion über Schäumungsmethoden

218 Kirk-Othmer, Encyclopedia of Chemist Technologie 6 Detergencys 853

219 Spangler, W.G. Journal of the American Oil Chemists' Society 41, 4, 300-306 (1964)

220 Reich, H.E., Patton, J.T., u. Francis, C.V. Fette-Seifen-Anstrichmittel 64, 761 (1962)

221 Reich, H.E., Patton, J.T., u. Francis, C.V. Seifen-Öle-Fette-Wachse, 87, 427 (1961)

222 Reich, H.E, Patton, J.T., u. Francis, C.V. J. Amer. Oil Chemists' Soc. 38, 328 (1961)

223 Reich, H.E., Patton, J.T., u. Francis, C.V. Soap Chem. Spec. 37, Aprilheft, 55 (1961)

G. E c k e r t
VEB Fettchemie Karl-Marx-Stadt

Möglichkeiten zur nachträglichen Verbesserung stäubender Waschmittel

Die Verbraucher von pulverförmigen Waschmitteln stellen an diese nicht nur Forderungen nach guter Waschwirkung, sondern auch an deren äussere Erscheinungsform. Die Waschmittel sollen staubfrei, gut rieselfähig und schnell löslich sein. Die gute Rieselfähigkeit wird ausserdem von moedernen Verpackungsautomaten hoher Leistung verlangt. Durch Einsatz von Hochtemperatur-Sprühtrockenanlagen gelingt es, "beads"-förmiges Waschmittel zu erzeugen. Diese erfüllen die Bedingungen nach Staubfreiheit und guter Rieselfähigkeit und lösen sich auch besser als staubförmige Produkte.
Da aber Zerstäubungstrockenanlagen einen grossen Investitionsaufwand erfordern, gilt es für die Betreiber von Trockenanlagen alter Bauart Wege zu suchen, um auch das damit getrocknete und in der Regel stäubende Produkt in die gewünschte äussere Form zu bringen.
Über Möglichkeiten, dies direkt in den alten Zerstäubungstrockenanlagen zu erreichen, wird in den folgenden Vorträgen berichtet. Mein Vortrag behandelt Möglichkeiten einer Behandlung des Produktes nach dem Verlassen der Zerstäubungstrockenanlage. Ich beschränke mich dabei ausschliesslich auf den technischen Teil der gegebenen Möglichkeiten. Rezepturen und ausführliche Versuchsergebnisse werden nicht besprochen. Es werden Verfahren behandelt, die ohne grossen apparativen Aufwand möglichst in der Verpackungsabteilung realisierbar sind, um nachträgliche Zerstörungen von gebildeten Granulaten durch Förderorgane einzuschränken. Erfolgt beispielsweise die Förderung von der Trockenanlage zur Verpackungsabteilung mittels pneumatischer Hochdruckförderung (Cerapumpe), so werden vor allem in den Krümmern der Rohrleitungen und auf waagerechten Strecken durch Reibung an der Rohrwand die "beads" und Granulate zerstört.
Im VEB Fettchemie ist diese pneumatische Förderung vorhanden und kann wegen der örtlichen Verhältnisse nur mit sehr grossem Aufwand durch eine schonende Bandförderung ersetzt werden.

Unser Ziel ist es deshalb, unter Beibehaltung der Förderanlagen eine nachträgliche Verbesserung der äusseren Form unserer Waschmittel in der Verpackungsabteilung zu erreichen. Diese Verbesserung der äusseren Form kann dabei auch mit einer qualitativen Verbesserung der Waschmittel durch nachträgliches Einbringen temperaturempfindlicher Komponenten, durch

Parfümieren und Färben verbunden sein. Das nachträgliche Verbessern muss dabei in Mischanlagen erfolgen, in denen in der Regel auf das staubförmige Produkt eine Flüssigkeit aufgebracht wird. Eingesetzt werden z.B. Wasser, Waschmittelslurry und Fettalkohole.
Die Mischanlagen sollen folgende Bedingungen erfüllen:

1. Schnelles aufgelockertes Umwälzen des trockenen Mischgutes
2. Gleichmässiges und klumpenfreies Verteilen der Flüssigkeit
3. Mischen ohne Ausübung von Druck- und Scherkräften auf das Mischgut
4. Verhindern von Krustenbildung
5. Kontinuierliche Arbeitsweise
6. Mechanische und staubgeschützte Zu- und Abführung des Mischgutes

Diese Bedingungen werden nur von Schnellmischern und von Luftstrommischern erfüllt.
Vom VEB Fettchemie wurden Versuche durchgeführt, bei denen die von den Zerstäubungstrockenanlagen kommenden Pulver Fewa und Fay durch Aufsprühen von Wasser oder Fewa- bzw. Fay-Paste granuliert werden sollten.

Geeignete Mischer und Versuchsergebnisse

1. Mischer nach dem Schleuder- und Wirbelverfahren

Mischer mit feststehender liegender runder Mischtrommel, in der pflugscharähnliche Mischwerkzeuge so rotieren, dass das Mischgut in radialer und in axialer Richtung geschleudert wird. Die optimale Drehzahl soll gerade das Herumwirbeln noch ermöglichen, ohne dass ein konstant rotierender Mischgutring entsteht.
($b_n < g$)

In den erzeugten Pulverwirbel wird mittels Einlaufrohr, Einsprühdüse oder über rotierende Schleuderscheiben die flüssige Komponente eingebracht. Durch eingebaute rotierende Schneidwerkzeuge, "Zerhacker" genannt, werden grössere Konglomerate wieder zerschlagen.

Abb. 1 - Mischer nach dem Schleuder- und Wirbelverfahren
Hersteller: Fa.Gebr.Lödige Paderborn

Zu den Versuchen wurden in einem 13o l Technikumsmischer 2o kg Fay vorgelegt, 1 min. vorgemischt und in ca. 2 min. mit 2 bis 4 kg Slurry besprüht. Abb. 2 zeigt Fay-Pulver vor dem Aufdüsen.

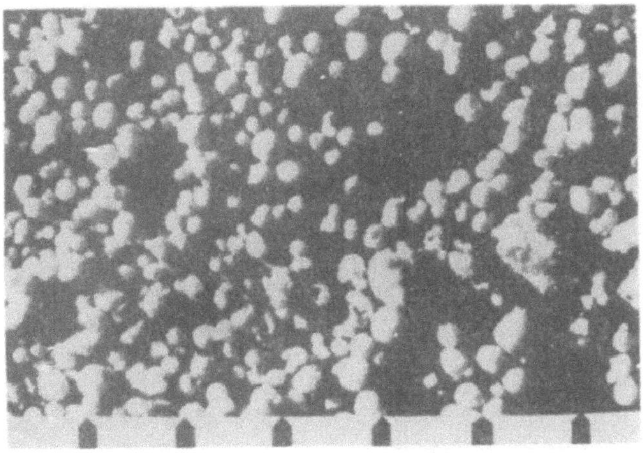

Abb. 2 - Fay-Pulver unbehandelt

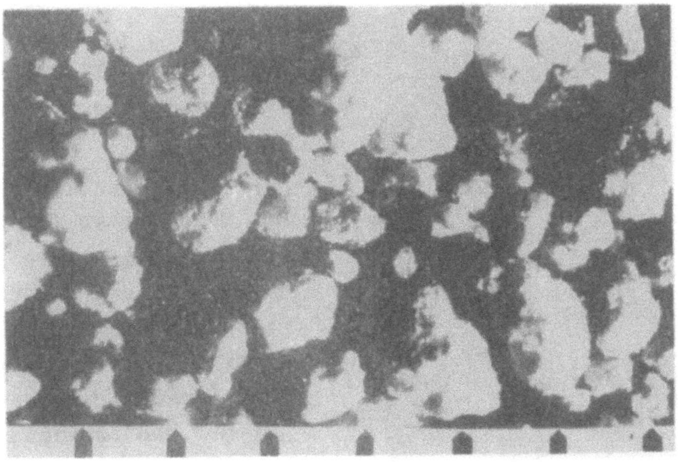

Abb. 3 - Fay-Pulver nach Besprühung

Beim in Abb. 3 dargestellten besprühten Pulver ist deutlich eine Granulierwirkung zu erkennen. Da der Slurry nur durch Einlaufen zugegeben wurde, ergibt sich ein breites Kornband.
Bei den Versuchen war ein Temperaturanstieg von Raumtemp. 2o° C bis zu 4o° C zu beobachten. Das ausgebrachte Pulver war leicht gelb gefärbt, wurde aber nach Abkühlung wieder weiss. Die Schüttdichte stieg von 48o g/l bis auf ca. 7oo g/l an. Die eingeleitete Flüssigkeit müsste

feiner verteilt werden.
Grundsätzlich ist dieser Mischer gut geeignet, Flüssigkeit in Pulver einzubringen. Nachteilig für unseren Einsatzzweck ist die Steigerung der Schüttdichte. Für andere Produkte kann dies aber auch eine gestellte Forderung sein.

Zur Herstellung eines gewerblichen Waschmittels wird ein Mischer mit 2000 l Nenninhalt zur Zeit bei uns eingesetzt. Bei ca. 1200 kg Chargengrösse erfolgt der gesamte Mischvorgang in ca. 15 min., wobei Sulfosäure im Pulver neutralisiert wird. Das erzeugte Waschmittel hat eine Schüttdichte von ca. 800 g/l.
Zur Granulierung von Leichtwaschmitteln ist die Erhöhung der Schüttdichte nachteilig. Vorläufig ist nur chargenweise Arbeitsweise möglich. Arbeiten zur Verbesserung der Flüssigkeitsaufgabe laufen beim Hersteller.

2. Sprühnebelmischer

Abb. 4 - Sprühnebelmischer
Hersteller: Fa.Miag Braunschweig

Der eingesetzte Sprühnebelmischer Typ 1 besitzt eine rotierende Mischtrommel mit 1500 mm Ø und 1700 l Vollinhalt. Er kann mit 250 l Nutzinhalt beschickt werden.
Drehzahl 3...12 U/min.
Verhältnis Trommel-Ø : Trommellänge 2 : 1

Durch den verhältnismässig grossen Durchmesser wird gewährleistet, dass der Sprühnebel das Gut gleichmässig benetzt und nicht auf die Trommelwand auftrifft. Die im Innern befindlichen Schaufeln nehmen das Mischgut auf und erzeugen durch dessen Abrieseln in der Trommelmitte einen Pulverschleier. Die Flüssigkeit wird mittels Zweistoffdüse eingebracht, die eine gute Vernebelung ermöglicht und Klumpenbildung verhindert. Verdüst wird normalerweise mittels Druckluft, bei Sprühgut mit niedrigem Festpunkt kann auch Wasserdampf eingesetzt werden.

Der Mischer arbeitet chargenweise. Er wird über einen feststehenden Stutzen beschickt und entleert. Auch während des Mischvorganges kann ständig Mischgut entnommen werden. Die Versuche wurden mit Fewa durchgeführt. 9o kg Fewa mit einer Schüttdichte von 18o g/l wurden vorgelegt. Abb. 5 zeigt das eingesetzte Pulver.

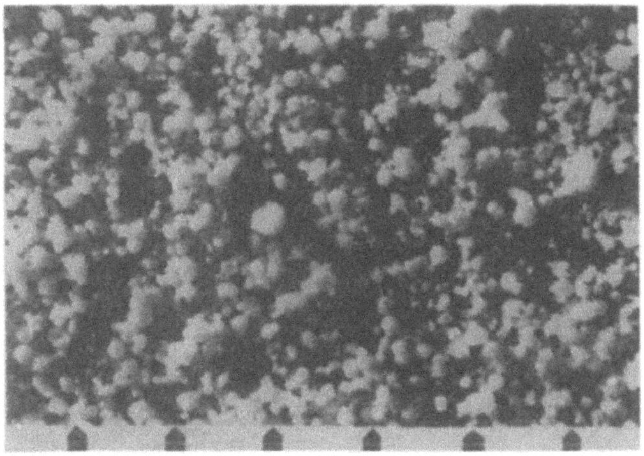

Abb. 5 - Fewa vor dem Besprühen

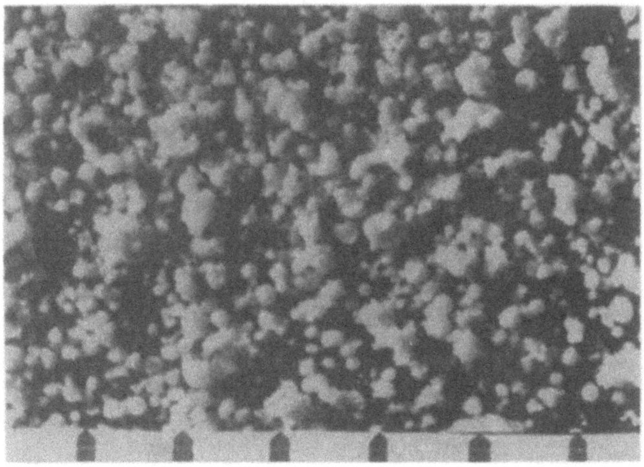

Abb. 6 - Fewa nach dem Besprühen

Nach dem Aufdüsen von 4 kg Fewa-Paste in 3 min. und weiteren 2 kg Wasser entstand ein Produkt, das Abb. 6 zeigt.
Eine Kornvergrösserung ist sichtbar, aber noch nicht gross genug. Das Produkt ist fast staubfrei und gut rieselfähig.
Es besteht die Vorstellung für einen kontinuierlich arbeitenden Mischer, von ca. 2 m Ø und 5 m Trommellänge, bei dem die Sprühzone nur ca. 1,5 m

lang ist und der restliche Mischweg zur Granulatbildung und als Nachkristallisationsstrecke gedacht ist. [1]

3. Sprühmischtrommel
(Fa. Budenheim, Budenheim b. Mainz)

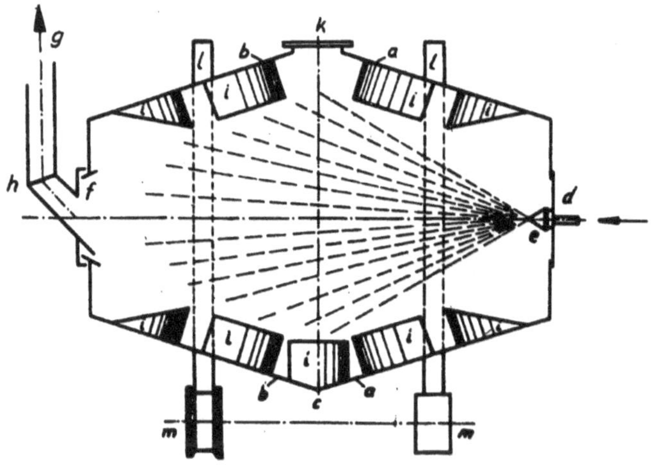

Abb. 7 - Sprühmischtrommel Budenheim - Patentzeichnung

Es handelt sich um einen Mischer mit rotierender Mischtrommel in Doppelkonusform, der Herrn Dr. Pfrengle mit Bundespatent Nr. 1 197 064 vom 22.7.1965 patentiert wurde. Durch die Doppelkonusform entstehen zwei Mischkreisläufe, die Mitnehmerschaufeln fördern das Gut von der Mitte nach aussen, während es durch die Konusform wieder nach innen rutscht. Zum Entleeren wird bei Drehrichtungsänderung erreicht, dass beide Elemente zur Mitte fördern und das Entleeren beschleunigen. Dabei wird bei geöffnetem Deckel das Gut nach aussen geschleudert. Diese Entleerungsform ist nur bei wenig stäubendem Produkt möglich. An einer Stirnseite des Mischers befindet sich eine regelbare Zweistoffdüse zum Einsprühen der Flüssigkeit. An der anderen Stirnseite befindet sich ein Ventilator zur Absaugung des Mischers. Der grösste bisher gebaute Mischer hat 1800 / 1000 mm Trommel-Ø bei 2400 mm Trommellänge. Seine Drehzahl beträgt 15 U/min. Als mögliche günstige Sprühgutmenge werden 600 l/h angegeben. Versuche mit Waschmitteln wurden von uns bisher mit diesem Mischer noch nicht durchgeführt, lassen aber sicher ähnliche Ergebnisse wie beim Sprühnebelmischer erwarten. Ausführlicheres ist den Veröffentlichungen und der Patentschrift von Herrn Dr. Pfrengle zu entnehmen. [2]

4. Gegenstrom-Schnellmischer

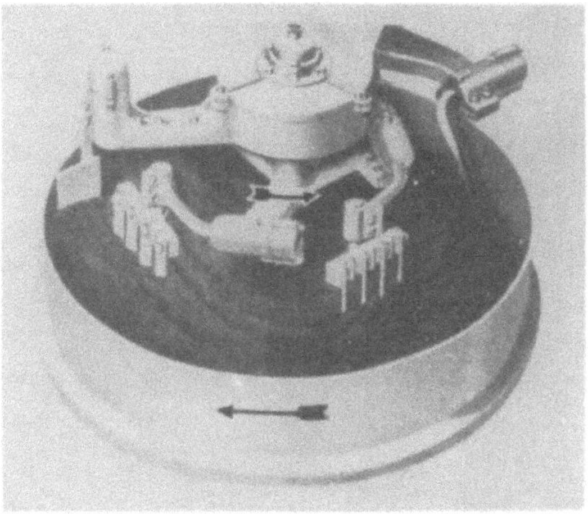

Abb. 8 - Gegenstrom-Schnellmischer
Hersteller: Fa.Eirich Hardheim

Um eine senkrechte Achse rotiert die Mischschüssel. Im Gegenstrom dazu befindet sich aussermittig angebracht das entgegengesetzt rotierende Mischwerkzeug. (Arbeitsweise ähnlich Kollergang) Durch den Gegenstrom entsteht eine sehr gute Mischwirkung und ein Aufwirbeln des Mischgutes. In diesem Wirbel wird die Flüssigkeit eingedüst. Nach beendeter Flüssigkeitszugabe empfiehlt es sich, noch etwas Trockengut zum Bestäuben der gebildeten Granulate zuzugeben. Versuche mit Waschmitteln wurden bisher noch nicht durchgeführt.

5. Granuliergerät Type TR

Das Granuliergerät ist ähnlich dem Gegenstrom-Schnellmischer gebaut. Die Achse der Granulierschüssel kann aber schräg eingestellt werden. Durch diese Schräglage nimmt der Schüsselboden ständig Mischgut durch Eigenreibung mit schräg aufwärts, bis es wieder nach unten abrollt. Es entsteht eine ausgeprägte Rollbewegung des Mischgutes, wodurch die Granulierung stark gefördert wird. Durch Einsprühen von Flüssigkeit in diesen Pulverwirbel wird diese vom Gut aufgenommen und granuliert es.
Bei kontinuierlicher Pulverzugabe in die Wirbelstelle wird bald eine so grosse Füllmenge erreicht, dass Gut über den Trommelrand abrollt. Durch die auf das Gut einwirkende Zentrifugalkraft erfolgt eine Sichtung, die grössten Granulate liegen aussen und rollen ab, während das noch nicht granulierte Produkt wieder durch die Sprühzone läuft. (Abb. 1o)

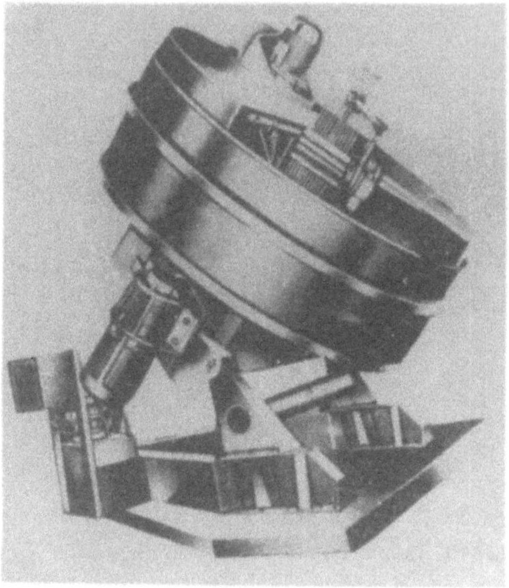

-Abb. 9 - Granuliergerät TR
Hersteller: Fa.Eirich Hardheim

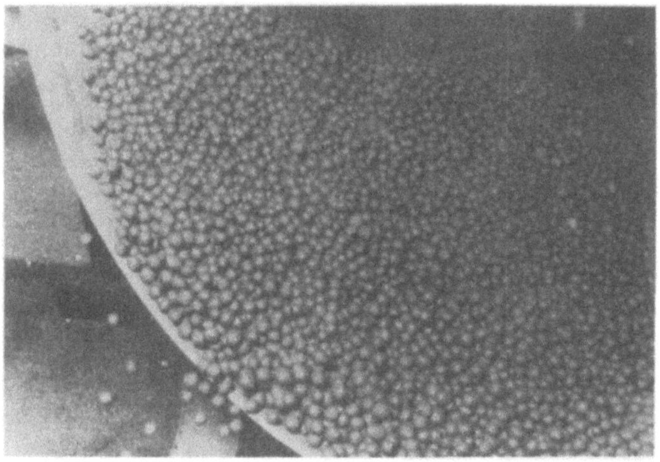

Abb. 1o - Granulat-Überlauf

Im oberen Teil der Granulierschüssel befindet sich ein rotierendes Mischwerkzeug, welches die Durchmischung fördert und ausserdem Krustenbildung am Schüsselrand- und -boden verhindert. Versuche wurden mit Waschmitteln noch nicht durchgeführt. Wenn annähernd eine so gute Granulatbildung erreicht wird, wie sie Abb. lo für Tonstaub zeigt, könnte damit das gestellte Problem gelöst werden, vor allem, da es sich hier um eine kontinuierlich arbeitende Maschine handelt.

6. Sprühmix-Anlage

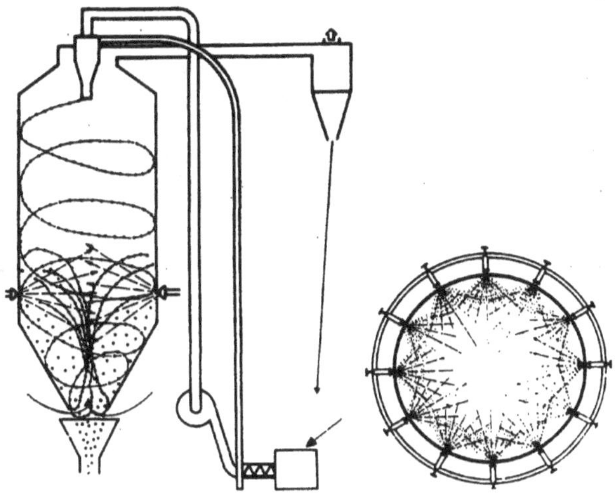

Abb. 11 - Schema der Sprühmix-Anlage
Hersteller: Fa.Grün Lissberg

Einem Sprühturm mit 14oo mm Ø und 655o mm Gesamthöhe wird mittels im Kreislauf geförderter Luft dosiert das Trockengut einem im Turm befindlichen Zentrifugalabscheider so zugegeben, dass es an der Turmwand entlang nach unten rotiert. Die Abluft wird wieder abgesaugt und zur Pulveraufgabestelle zurückgeführt. Das nach unten wirbelnde Mischgut durchläuft im unteren Teil des Turmes eine Sprühzone. In diese wird mittels rund um den Turm angebrachten Einstoffdüsen die Flüssigkeit so eingedüst, dass ein dichter Flüssigkeitsnebel entsteht. Das Mischgut nimmt hier sehr gleichmässig die Flüssigkeit auf und granuliert. Der Sprühturm ist unten offen. Durch diese Öffnung fällt einmal das granulierte Mischgut aus, während nach oben ein Sekundärluftstrom gesaugt wird. Je nach eingesaugter Sekundärluftmenge und dadurch in der Entleerungsöffnung auftretender Luftgeschwindigkeit tritt eine Sichtung des austretenden Produktes ein. Granulierte Bestandteile fallen aus, während noch zu feine Teilchen nach oben in die Sprühzone zurückgefördert werden. Der Sprühmix arbeitet kontinuierlich. Die Granulatbildung kann durch Verändern der Flüssigkeitsmenge und der Sprühdüsen beeinflusst werden.
Wegen der Wirkungsweise des Mischers sind nur Versuche im technischen Maßstab möglich, da ein Apparat im Technikumsmaßstab einen zu kleinen Durchmesser erhält und das Sprühgut an die Wände gelangt.

Eingesetzt wurden 21 kg/min. Fay-Pulver (Abb. 2). Mittels Dralldüse mit 2,5 mm Bohrungs-Ø wurden 2 kg Fay-Paste/min. eingedüst und damit eine gute Granulatbildung erreicht, wie es Abb. 12 zeigt.

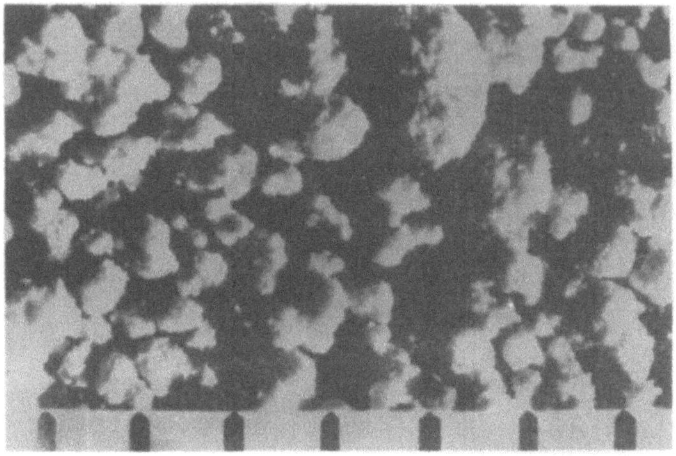

Abb. 12 - Fay nach Sprühmix

Ein Problem für unseren Einsatzzweck stellt die verhältnismässig geringe Flüssigkeitsmenge dar, da nur eine Düse eingesetzt werden konnte, während zur Ausbildung eines zuverlässigen Flüssigkeitsnebels mindestens drei Düsen erforderlich sind. Das gewonnene Produkt besitzt eine sehr gute Benetzbarkeit. Ratsam erscheint auch hier nach dem Mischer eine Verweilzeit zum Nachkristallisieren des Produktes, damit in den Förderorganen kein nachträgliches Verkleben erfolgt. Wegen der schonenden Durchmischung im Luftstrom können mit dem Sprühmix Mischprobleme gelöst werden, die sonst nicht möglich sind, z.B. das Aufdüsen von flüssigem Fett auf Milchpulver. [3]

Zusammenfassung

Die vom VEB Fettchemie durchgeführten Versuche mit den im Vortrag beschriebenen Mischern zeigten, dass es grundsätzlich möglich ist, bei Einsatz dieser oder ähnlicher Mischer, in staubförmige Waschmittel Flüssigkeiten oder Pasten einzubringen, ohne dass Verklumpungen entstehen. Die Produkte werden mit Sicherheit staubärmer und ihr eigenes Benetzungsvermögen nimmt durch das Besprühen wesentlich zu. Während z.B. unbesprühtes Waschpulver bis zu 5 min. auf einer ruhenden Flüssigkeit schwimmt, bevor es untersinkt, geschieht dies bei besprühtem in 1o...2o sec. Der erreichte Granulierungsgrad konnte meist noch nicht ganz befriedigen und vor allem noch nicht betriebssicher nachgewiesen werden.

Die Granulierung wird umso leichter möglich, je mehr Flüssigkeit eingesprüht wird. Dies beweisen Waschmittel, die nach dem Sprühmischverfahren direkt hergestellt werden. [4] Dabei legt man die Feststoffe vor und sprüht die Hauptmenge an WAS ein. Allerdings kann man damit allein keine WAS-Gehalte um 3o % erreichen. Wird das gefordert, dann muss noch ein Teil der WAS in fester Form zugegeben werden. Erfolgt dies nach der Flüssigkeitszugabe, so werden die Granulate durch das Bestäuben noch besser rieselfähig. Betriebe mit "beads"-Zerstäubungstrockenanlagen könnten dazu die abgesiebten feinen Bestandteile einsetzen.
Beim Einsetzen von Leichtphosphaten und Leichtsilikaten können bei der direkten Waschmittelherstellung durch Sprühmischen Schüttdichten um 4oo g/l erreicht werden. Es ist abzuwarten, ob nicht gerade das Sprühmischverfahren mit dem geringen Anlagenaufwand gegenüber Zerstäubungstrockenanlagen in Zukunft noch mehr Einfluss gewinnt. Die Leistungen solcher Mischanlagen müssen der Leistung von Hochleistungsverpackungsautomaten angeglichen werden. Für unsere Zwecke muss eine solche Anlage mindestens 12 m^3/h Pulver liefern.

Ich hoffe, Ihnen mit meinen Ausführungen einige Anregungen gegeben zu haben. Ich wollte technische Möglichkeiten zeigen, ohne im Einzelnen auf Versuche einzugehen, da dies im Rahmen der zur Verfügung stehenden Zeit nicht möglich war.

Literaturangaben:

[1] H.Zilske — Riechstoffe, Aromen, Körperpflegemittel 5 (1965) S. 179 - 181

[2] O.Pfrengle — Auslegeschrift 1 197 o64 BRD

[3] E.Teichmann — VDI-Nachrichten 19 (1965) S. 6

[4] s. [1] — ab S. 181 u. 6 (1965) S. 213...218

K. Ueberschär
VEB Fettchemie, Karl-Marx-Stadt, Neefestr. 119/125

Erfahrungen bei der Herstellung staubarmer Waschmittel durch Aufsprühverfahren im Sprühturm

Die im Handel befindlichen Waschmittel können sowohl flüssig, pastös als auch fest sein. Der größte Teil der produzierten Waschmittel sind immer noch die festen Waschmittel. Bei der Herstellung von flüssigen und pastösen Waschmitteln sind bestimmte Waschrohstoffe notwendig, so daß nicht ohne weiteres die gleichen Rohstoffe wie für die festen Waschmittel eingesetzt werden können. Schichtentrennungen, Aussalzerscheinungen sowie Trübungen sind unangenehme Nebenerscheinungen dieser Produkte. Die ersten festen Waschmittel wurden nach dem Tennen- bzw. Kaltsprühverfahren hergestellt. Dabei wird das im Slurry enthaltene Wasser durch Hydratation gebunden. Bei der Heißsprühtrocknung wird das Wasser aus dem Slurry verdampft. Das Reaktionsverfahren arbeitet nach dem Prinzip, daß ein Teil des Lösungswassers durch Reaktionswärme aus einem chemischen Prozeß verdampft wird. Diese chemischen Reaktionen können z. B. Neutralisations- bzw. Umwandlungsreaktionen sein. Eine weitere Herstellungsart ist das Sprühmischverfahren. Dieses Verfahren arbeitet so, indem man zu einem schon vorhandenen Pulver Wasser oder eine wasserfreie Flüssigkeit zudosiert. Die Bindung der Flüssigkeit erfolgt durch Hydratation bzw. Adsorption. Die z. Z. noch häufigste Verfahrenstechnik bei der Herstellung von Waschmitteln ist die Heißsprühtrocknung. Man unterscheidet hierbei die Düsenzerstäubungstrocknung und die rotierende Zerstäubungstrocknung. Beide Verfahren können sowohl nach dem Gleichstrom als auch nach dem Gegenstromprinzip arbeiten. Mit Hilfe der Scheibenzerstäubungstrocknung, die das ältere Verfahren darstellt, wird ein Pulver von ca. 100 Mikron Korngröße erhalten. Dabei entsteht ein nicht erwünschter hoher Staubanteil. Die Düsenzerstäubungstrocknungsanlagen ermöglichen die Herstellung eines staubarmen Pulvers.

In einem Waschmittelwerk ist die Ansatzaufbereitungsanlage ein sehr wichtiger und umfangreicher Betriebsteil. Die Aufgabe dieser Abteilung ist es, aus den Einzelkomponenten in Form der Tenside und Builders einen pumpbaren homogenen Brei zu erzeugen. Die Kapazität einer Heißsprühtrocknungsanlage ist begrenzt durch die Wasserverdampfungsleistung und steht in Abhängigkeit zum Feststoffgehalt des zu trocknenden Slurrys. Dabei ist der Trockensubstanzgehalt des Slurrys so hoch als möglich zu wählen. Die Höhe des max. Trockensubstanzgehaltes ist abhängig von der einwandfreien Pumpbarkeit des Slurrys. Die höchsten Trockensubstanzgehälter von 75 % werden bei kontinuierlich arbeitenden automatischen Ansatzaufbereitungsanlagen erhalten. Vor der Sprühtrocknung ist es wichtig, daß der Ansatzaufbereitungsanlage ein Homogenisator nachgeschaltet wird, der eine Feinverteilung der einzelnen Komponenten ermöglicht.

Das Heißsprühtrocknungsverfahren hat folgende Nachteile:

1. Es sind hohe Investierungskosten notwendig.
2. Das Verfahren ist sehr energieaufwendig.
3. Sämtliche im Slurry gelösten Feststoffanteile müssen die Zerstäuberscheibe bzw. Zerstäuberdüse passieren.
4. Die hochkonzentrierten Slurrys sind ständig in Bewegung zu halten, da es sonst zu Entmischungserscheinungen kommt, die zu Inhomogenitäten der daraus hergestellten Pulver und zu Schwankungen im Schüttgewicht führen.
5. Um Klumpenbildungen des feinen Pulvers bei der Verwendung rotierender Zerstäuberaggregate zu vermeiden, darf der Wassergehalt des Pulvers nur wenige Prozente betragen.
6. Einer Leistungssteigerung der Sprühtrocknungsanlagen durch Erhöhung der Trocknungstemperatur sind durch die Zersetzung der organischen Bestandteile Grenzen gesetzt. Aus einer Arbeit von K. Schaurich (1) geht hervor, daß die Alkylsulfate bei Temperaturen über 100° C zersetzt werden. Dieses flüchtige Zersetzungsprodukt, auch Zerstäuberkondensat genannt, kann bis zu 20 % der eingesetzten Ausgangssubstanz betragen.
7. Die Hydrolyse der eingesetzten kondensierten Phosphate, insbesondere des Pentanatriumtriphosphats, ist sehr hoch. Sie wurde ebenfalls von K. Schaurich in der bereits erwähnten Arbeit untersucht.
8. Ein staubarmes Produkt entsteht nur bei dem sehr aufwendigen Düsenzerstäubungsverfahren.

Es hat bisher nicht an Vorschlägen gefehlt, diese beschriebenen Nachteile bei der üblichen Heißsprühtrocknung zu verbessern. Die hohen Investierungskosten für die errichteten Heißsprühtrocknungsanlagen bedingen, daß sich diejenigen verbesserten Technologien am schnellsten realisieren lassen, die die bisherigen Produktionsanlagen weitgehend mit verwerten.

Ein im VEB Fettchemie, Karl-Marx-Stadt, bestehendes Kollektiv arbeitet seit 1963 an der Verbesserung der z. Z. bestehenden Heißsprühtrocknungstechnik. Das Ziel dieser "Sozialistischen Arbeitsgemeinschaft" ist es, in den bestehenden Heißsprühtrocknungsanlagen eine wesentliche Leistungssteigerung und ein staubarmes Pulver zu erhalten. Diese Entwicklung ging von der Idee aus, daß alle im Slurry bisher gelösten Feststoffanteile, das sind vorrangig die anorganischen Salze, nicht mehr gelöst, sondern in fester Form mit dem Slurry im Sprühtrocknungsturm zusammengeführt werden. Das entwickelte Verfahren wurde im Labor und Technikum erprobt. Seit 1964 werden die Versuche in einer Produktionsanlage durchgeführt. Diese Anlage hat folgende technische Kennziffern:

Dampfmenge:	3 t/h
Dampfdruck:	13 atü
Lufteintrittstemperatur:	185° C
Luftaustrittstemperatur:	115° C
Luftmenge:	50 000 m^3/h
Theor. Wasserverdampfung:	1500 kg/h
Getrocknetes Pulver:	1000 kg/h

Das in Abb. 1 dargestellte Funktionsschema soll die neue Verfahrenstechnik erläutern.

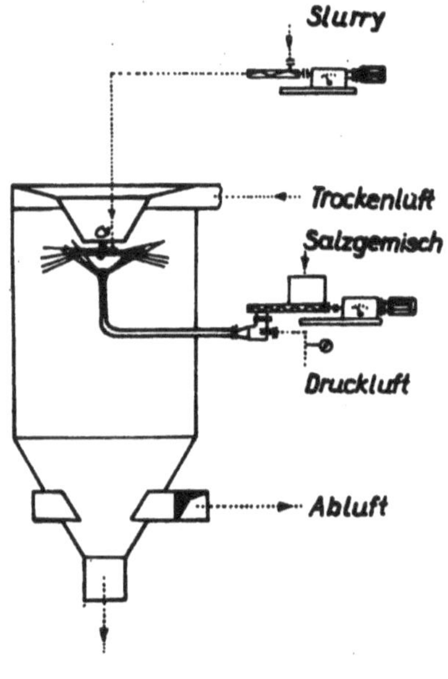

Abb. 1: Funktionsschema

Danach werden 2 getrennte Ansatzaufbereitungen hergestellt.

Die Trockenansatzaufbereitung beginnt mit dem Vormischen der Feststoffkomponenten. Nach dem Mischen wird dieses Mehrkomponentengemisch in eine Schnecke geführt, die das Gemisch dosiert und zur pneumatischen Förderleitung schafft. Mit Hilfe einer Strahldüse gelangt das hauptsächlich aus Salzen bestehende Gemisch in die Druckluftleitung. In dieser Leitung wird es zentrisch in den Naßsprühkegel des zu trocknenden Slurrys gefördert.

Bei der Naßansatzaufbereitung wird ein salzarmer bzw. salzfreier Slurry hergestellt. Dieser besteht aus den jeweiligen Tensiden, Schaumregulierungsmitteln, den hautschonenden Komponenten sowie aus den optischen Aufhellern. Diese Pasten sind im Vergleich zu den bisherigen Slurrys wesentlich geringer viskos. Die für die Versuche verwendeten Pasten enthielten 45 - 50 % Wasser und 40 - 45 % Tenside. Die Dosierung der salzfreien Slurrys wird mit Hilfe von Flüssigkeitszählern vorgenommen. Andererseits ist es möglich, die auf die Zerstäuberscheibe aufgegebene Pastenmenge durch Messen der Stromstärke des Zerstäuberantriebs konstant zu halten.

Zwischen den beiden zeitlich rasch aufeinander folgenden physikalischen Vorgängen, der Zerstäubung und Trocknung des Slurrys, muß das Trockenkomponentengemisch homogen in dem Naßsprühkegel des Slurrys verteilt werden. Die Pulverpartikel treffen dabei mit den feinen Tröpfchen des Sprühansatzes zusammen. Diese kurze Verweilzeit kann durch veränderte Tröpfchengröße sowie durch unterschiedliche Korngröße der Feststoffkomponenten beeinflußt werden. Die in der Zeiteinheit zugegebene Feststoffmenge und Pastenmenge kann variiert werden.

In der beschriebenen Versuchsanlage wurden zahlreiche Versuchsansätze hergestellt. Es entstanden dabei Waschmittel mit bekannter Zusammensetzung.

In Tab. 1 wird die Leistung der Sprühtrocknungsanlage in Abhängigkeit von der Temperaturführung während der Trocknung dargestellt.

Tab. 1: Leistung der Anlage in Abhängigkeit von der Temperaturführung

Versuch Nr.	Temperat.Lufteintritt °C	Temperat.Luftaustritt °C	Leistung kg/h
2.67	185	96	2400
6.17	185	110	1700
1.55	171	108	2500
3.12	168	73	2800
1.35	150	98	2000
1.42	150	81	2300
5.78	141	82	3300
4.62	135	75	3000
Vergleichsprodukt	185	114	1000

Luftmenge = konst.

Das Vergleichsprodukt wurde nach der bisherigen Verfahrensweise hergestellt. Dazu ist es notwendig, die Luftmengen auf 185° C zu erhitzen. Die Luftaustrittstemperatur darf dabei nicht wesentlich unter dem in der Tab. 1 angegebenen Meßwert liegen. Niedrigere Ablufttemperaturen führen zu klebenden nicht vollständig getrockneten Pulvern, die ein weiteres Verarbeiten hinsichtlich Lagerung und Verpacken dieser Pulver unmöglich machen.

Die bisher erzielte Leistung auf dieser Anlage beträgt 1000 kg/h.

Die Versuchsansätze zeigen, daß es möglich ist, die Lufteintrittstemperatur als auch die Luftaustrittstemperatur wesentlich zu erniedrigen. Dabei kann die Leistung der Anlage auf 3300 kg Pulver je Stunde erhöht werden. Diese hohen Werte wurden mit Produkten von höherem Salzgehalt erreicht, denen eine Vergleichsproduktmenge von 1800 kg/h entsprechen würde. Es ist somit möglich, nach der neuen Verfahrensweise die Luftaustrittstemperaturen unter 100° C zu senken, ohne daß es dabei zu weiteren Verarbeitungsschwierigkeiten der hergestellten Waschmittel kommt.

In Tab. 2 wird der Tensidgehalt, der Wassergehalt sowie das Schüttgewicht der erhaltenen Pulverprodukte in Beziehung zur Luftaustrittstemperatur gebracht.

Tab. 2: Meßwerte aus den Versuchen in der Produktionsanlage

Versuch Nr.	Temp.Luft-austritt °C	Tensidgehalt %	Wassergehalt %	Schüttgewicht g/dm^3
6.17	110	28	1,8	165
1.55	108	28	2,0	370
1.35	98	30	4,5	265
2.67	96	18	2,8	320
1.42	87	28	3,6	250
5.78	82	32	6,8	375
4.62	75	24	6,5	365
3.12	73	22	10,1	485
Vergleichsprodukt	114	30	1,6	270

Nach den bisherigen Versuchsergebnissen können Waschmittel mit einem Tensidgehalt bis zu 32 % hergestellt werden. Aus der Tab. 2 kann man den zunehmenden Wassergehalt mit abnehmender Luftaustrittstemperatur erkennen. Die erhaltenen Pulverprodukte können mit Schüttgewichten zwischen 165 - 485 g/dm^3 produziert werden.

Das in Abb. 2 dargestellte Kornbanddiagramm eines Versuchsmusters im Vergleich zu einem Produkt der bisherigen Produktion zeigt die deutliche Zunahme der Korngröße bei dem Versuchsmuster.

Nimmt man an, daß die Pulverteile bis zu einer Größe von 0,1 mm als Staub bezeichnet werden, dann enthält das Versuchsmuster 1 % und das Vergleichsprodukt 42 % Staubanteil. Es geht daraus hervor, daß es mit der beschriebenen Technik möglich ist, neben einer bedeutenden Leistungssteigerung der Trocknungsanlage gleichzeitig ein staubarmes Produkt herzustellen.

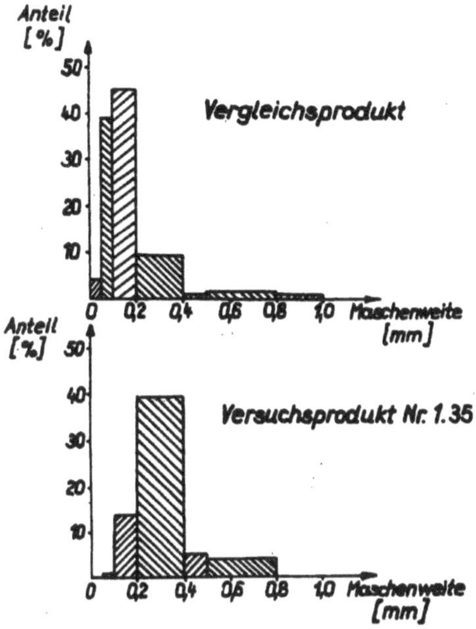

Abb. 2: Kornbanddiagramm

Das aus der Siebanalyse erhaltene Kornbanddiagramm soll durch einige Mikrobilder in seiner Aussagekraft noch verstärkt werden. Dazu werden 2 Versuchsprodukte im Vergleich zu den Produktionspulvern gezeigt.

Dieses beschriebene Verfahren kann auch bei der Düsenzerstäubung verwendet werden. Dabei werden der Slurry und die Builders gegeneinander geblasen, wobei der Einsatz von Zweistoffdüsen eine bessere Durchmischung erwarten läßt. Bei Anwendung von Zweistoffdüsen für den Slurry ist es möglich, die Förderluft zum Ansaugen und Verdüsen des Slurrys, gleich als Luft-Builders-Gemisch einzusetzen. Damit wird eine innige Vermischung gewährleistet. Durch entsprechende Gestaltung der Luftführung kann eine Zweizonentrocknung ermöglicht werden. Dabei erfolgen Zerstäubung des Slurrys und Vermischen mit den Builders noch bei niedrigen Temperaturen, während das dabei gebildete feuchte Slurry-Builders-Gemisch anschließend dem Heißluftstrom zur Trocknung ausgesetzt wird.

Vorteile des Verfahrens:

Es ist möglich, hochkonzentrierte dünnflüssige Tensidlösungen herzustellen, die keine Aussalzerscheinungen zeigen. Mit diesem Verfahren wird die sonst sehr kostenaufwendige Ansatzaufbereitungsanlage eines Waschmittelwerkes auf ein Mindestmaß beschränkt. Der Verschleiß der Fördersysteme, wie z. B. Rohrleitungen, Pumpen und Filtereinrichtungen, ist bei diesem Verfahren sehr gering. Die Zersetzungserscheinungen der eingesetzten organischen Stoffe sowie die Hydrolyse der kondensierten Phosphate werden beseitigt.

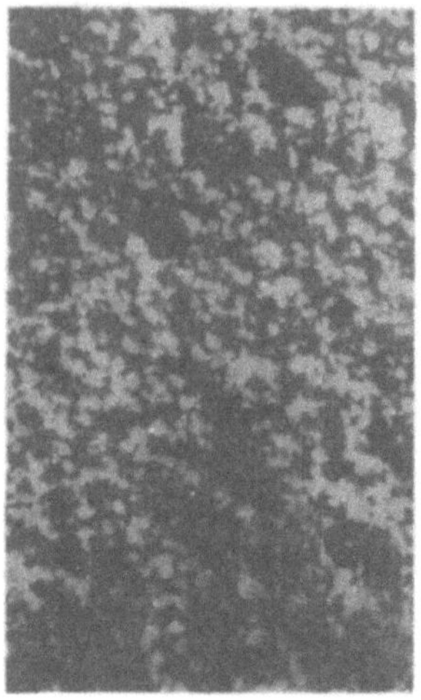

1:10

Abb. 3: Kornstruktur vom Vergleichsprodukt

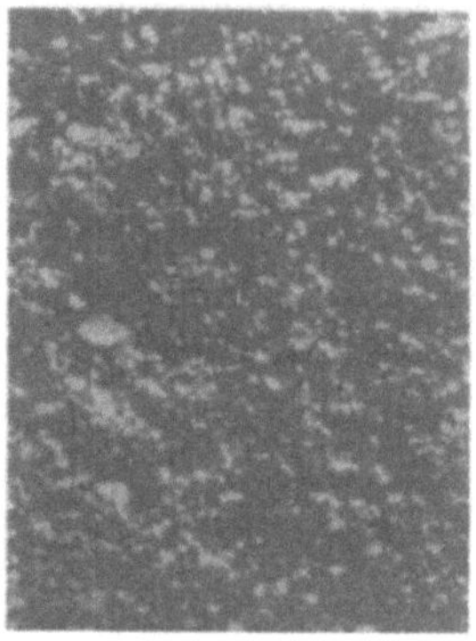

1:10

Abb. 4: Kornstruktur vom Vergleichsprodukt

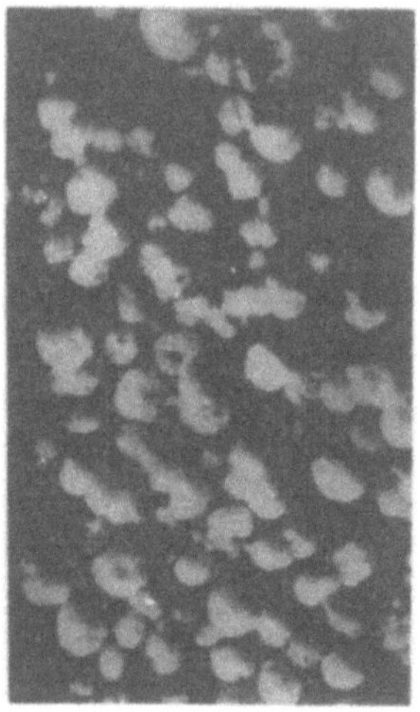

1:10

Abb. 5: Kornstruktur von Versuch Nr. 1.35

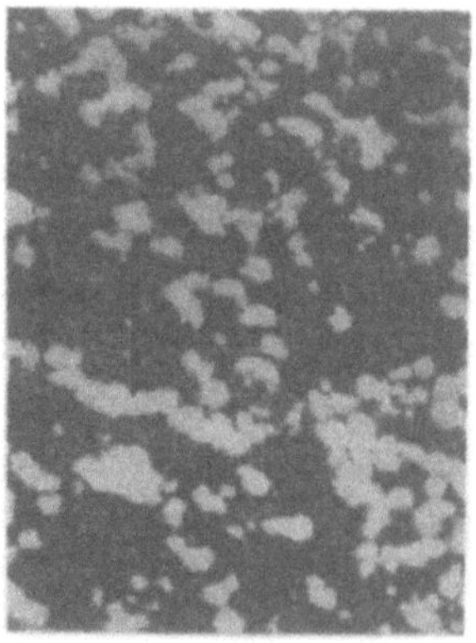

1:10

Abb. 6: Kornstruktur von Versuch Nr. 4.62

Zusammenfassung:

Es sollte versucht werden, auf den bisherigen Heißsprühtrocknungsanlagen eine qualitative Verbesserung und eine quantitative Steigerung der Waschmittelproduktion zu erhalten.

Aus eigenen Arbeiten lag die Erkenntnis vor, daß es möglich ist, alle im Slurry bisher gelösten Feststoffanteile erst im Sprühturm mit dem zerstäubten Slurry zu vereinigen. Die Arbeiten auf diesem Gebiet sind noch nicht abgeschlossen, so daß weitere Versuche das Verfahren festigen und in seiner Anwendung erweitern sollen.

Aus den bisherigen Versuchen geht hervor, daß nach dem beschriebenen Verfahren staubarme, rieselfähige Waschmittel hergestellt werden können, wobei die Kapazität der Sprühtrocknungsanlage wesentlich gesteigert werden kann und alle eingesetzten Rohstoffe während des kontinuierlichen Ablaufs materialschonendst verarbeitet werden.

Literatur:

(1) K. Schaurich, G. Wasow
Über das Verhalten von Waschmittelbestandteilen bei der Zerstäubungstrocknung
Vortragstagung "Chemie und Physik der grenzflächenaktiven Stoffe und ihre Anwendung in der Technik" in Karl-Marx-Stadt vom 1. - 5. 10. 1963

Dipl.Chem. K. S c h a u r i c h und G. W a s o w
Institut für Fettchemie der Deutschen Akademie der Wissenschaften zu Berlin, Berlin-Adlershof

Kontinuierliche Herstellung strukturverbesserter Waschpulver durch neuartige Sprühverfahren im Turm

Zur Herstellung von Waschmitteln werden verschiedene Methoden angewandt, deren Verfahrensgang sehr unterschiedlich ist, wenn flüssige oder pulverförmige Endprodukte produziert werden sollen.

Auch zur Herstellung pulverförmiger Waschmittel gibt es verschiedene Verfahren, bei denen Pulver mit unterschiedlichen Strukturen und Teilchengrössen anfallen.

Gewünscht ist ein Pulver, das aus nicht zu kleinen Teilchen besteht, fliessfähig ist, nicht oder nur sehr schwach staubt und nicht zusammenbackt. Diese Wünsche erfüllen nur die Waschpulver, deren Teilchen in Form der sogenannten "hollow beads" vorliegen, oder die, deren Pulverteilchen eine lockere Granulatform aufweisen.

Die meisten Waschmittel enthalten anionaktive Tenside, wie Na-Alkylsulfate, Na-Alkylarylsulfonate und Na-Alkylsulfonate, deren Herstellung dadurch gekennzeichnet ist, dass die entsprechenden sauren Zwischenprodukte mit wässriger Natronlauge zu den waschaktiven Natriumsalzen umgesetzt werden. Dabei entsteht eine Paste, deren Wassergehalt bis zu 70 % betragen kann. Nach dem Lösen bzw. Zumischen von Waschmittelgerüststoffen und anderen zweckmässigen Zusätzen wird ein flüssiger oder leicht pastöser Ansatz, genannt Slurry, aufgebaut, der sorgfältig vorbehandelt werden muss, um dann fast ausschliesslich auf dem Wege der Heisszerstäubungstrocknung in die gewünschte Form gebracht zu werden. Besonders die Herstellung von Produkten in Form von Beads erfordert dabei hohe Trockenlufttemperaturen und eine genaue Kontrolle und Einhaltung der Zerstäubungsbedingungen, besonders in Hinsicht auf Slurryviskosität, Slurrytemperatur, Zerstäubungsdruck und Entgasen des Slurry.

Diesem bisher geübten Verfahrensweg haften einige Mängel an.

So muss z.B. die Reaktionswärme bei der Neutralisation der sauren Zwischenprodukte aufwendig abgeführt werden, während bei der späteren Zerstäubungstrocknung wieder grosse Energiemengen zugeführt werden müssen. Die wässrigen Pasten der neutralisierten Tenside müssen entweder vorgetrocknet werden oder es muss der Nachteil in Kauf genommen werden, dass dann, wenn die Herstellung und Verwendung nicht am gleichen Ort geschieht, eine mehr oder minder grosse Wassermenge zwangsläufig trans-

portiert werden muss.
Natriumalkylsulfate erleiden bei höheren Trocknungstemperaturen eine teilweise Zersetzung, die zu Verlusten an organischer Substanz führt [1,2].

Die kondensierten Phosphate, auf deren Anwesenheit in modernen Waschmittelrezepturen nicht mehr verzichtet werden kann, werden bei Temperaturen oberhalb 100° C stark hydrolysiert.

Zur Beseitigung dieser und einiger nicht aufgezählter Mängel wurden von verschiedenen Autoren neue Wege vorgeschlagen.
H.E.TSCHAKERT [3], PFRENGLE [4] und andere haben den Sprühnebelmischer entwickelt und mit Hilfe dieses Gerätes durch Aufsprühen von Tensiden Waschpulver hergestellt.

Über eigene Arbeiten zur materialschonenden Herstellung von Waschpulvern durch Aufsprühen von Tensiden auf pulverförmige Builders wurde in einem Vortrag anlässlich der Tagung der Deutschen Gesellschaft für Fettwissenschaften im Oktober 1965 in Münster berichtet [5]. K. ÜBERSCHÄR schildert die Erfahrungen, die mit dieser Methode im Grossbetrieb gemacht wurden [6].

Andere Vorschläge gingen dahin, die Neutralisation von sauren Tensidzwischenprodukten mit alkalischen Salzen in Mischern durchzuführen [7]. Die Reaktionswärme muss entweder abgeführt werden, oder es wird in kleinen Chargen gearbeitet und die Mischung anschliessend flach ausgebreitet aufbewahrt.
Obwohl die Neutralisation ihrem Wesen nach eine Ionenreaktion darstellt und als solche schnell abläuft, sind die technischen Bedingungen so, dass der zeitliche Ablauf der Neutralisation mehr oder weniger gehemmt wird. Wenn schon bei der üblichen Neutralisation mit 40%iger Natronlauge infolge der hohen Viskosität die Mischung der Partner durch Rühren erzwungen werden muss, so kann die Reaktion mit alkalischen Feststoffen nur an der Grenze flüssig/fest ablaufen. Dabei wird die Umsetzungsgeschwindigkeit unabhängig von der eigentlichen Reaktionsgeschwindigkeit in erster Linie von der Benetzungsgeschwindigkeit der festen Partikel durch die flüssige saure Komponente bestimmt. Die Benetzung ist durch die hohe Viskosität der sauren Komponente stark gehemmt. Einer Viskositätsverminderung durch Temperaturerhöhung sind dadurch Grenzen gesetzt, dass schon bald Zersetzungserscheinungen auftreten.

Nach einem amerikanischen Patent [8] erreicht man eine schnellere Umsetzung durch Zumischen sogenannter reaktionsfördernder Flüssigkeiten zur sauren Komponente. Es wurden z.B. niedere Alkohole bis zur Kettenlänge von 4 Kohlenstoffatomen, Diäthylenglykol, Propylenglykol und Schwefelsäure erwähnt. Die zugesetzten Mengen betragen 50 bis 200 %,

bezogen auf den sauren Reaktionspartner, wobei eine vollständige Neutralisation in 3 bis 5 Minuten erreicht wird.
Durch den Zusatz dieser Flüssigkeiten wird die Viskosität von Schwefelsäuremonoalkylestern und von aliphatischen, sowie aromatischen Sulfosäuren herabgesetzt und offensichtlich beruht die reaktionsbeschleunigende Wirkung darauf, dass eine bessere Durchdringung der Kapillarräume zwischen den Salzkörnern erreicht wird.

Sehr nachteilig ist, dass bei diesem Verfahren erhebliche Mengen waschmittelfremder Zusatzstoffe Verwendung finden, die ausserdem explosible Gemische bilden können bzw. giftig sind, wie z.B. Diäthylenglykol und Methanol.

Es wurde nun gefunden, dass Waschpulver mit der erstrebten lockeren Granulatform kontinuierlich auf elegantem Wege dadurch hergestellt werden kann, dass pulverförmige alkalische Salze von einem Luftstrom aufgewirbelt und in der Schwebe mit den feinzerteilten Säuren, ohne die Notwendigkeit fremder Zusätze, besprüht werden. In der Pulverwolke sind die durchschnittlichen Abstände der Partikel so gross, dass die kleinen Säuretröpfchen sehr innig mit dem Pulver gemischt werden können. Durch die Wirbelung backen benetzte Teilchen aneinander und bilden durch die einsetzende Reaktion, die zu festen Produkten führt, Agglomerate mit der gewünschten Struktur und grossen Oberfläche. Da die Reaktionswärme durch die strömende Luft aufgenommen wird, wird ein Wärmestau, der Nebenreaktionen hervorrufen könnte, vermieden.

Weitere in der Waschmittelrezeptur erwünschte Bestandteile können, entweder mit den alkalischen Salzen oder mit der sauren Komponente vorgemischt, in das Verfahren eingebracht werden. Ebenso kann dies durch gleichzeitige gesonderte Einbringung geschehen. Als alkalische Salze dienen solche Stoffe, die bereits in der Rezeptur vorgesehen sind, wie Carbonate, Hydrogencarbonate, alkalische Phosphate und Silikate.

Der Wasserhaushalt des Systems ist dadurch gekennzeichnet, dass einmal bei der Reaktion Wasser entstehen kann bzw. beim teilweisen Einsatz von Salzen mit Kristallwassergehalt Wasser eingebracht wird. Keinesfalls sind so grosse Mengen an Wasser zu verdampfen wie bei den bisher üblichen Verfahren, wo schon mit der Tensidpaste zwangsläufig Wasser zugeführt wird.

Der grosse Vorteil des vorgeschlagenen Verfahrens besteht darin, dass die Reaktionswärme unmittelbar am Ort des Auftretens von Reaktionswasser entsteht und dadurch ein grosser Teil des zur Verdampfung notwendigen Energieaufwandes durch diese Wärme bestritten wird. Soweit eine Verdampfung von etwa freigewordenem Kristallwasser nötig ist, wird auch die Reaktionswärme dafür verwendet. Einen besonderen Fall stellt die Zuführung von Kompositionsbestandteilen dar, die als Lösung vorliegen, z.B. Wasserglaslösungen. Der Wassergehalt dieser Lösungen muss durch zusätzliche Energieeinspeisung verdampft oder als Kristallwasser vom Produkt gebunden werden.

Die Zeitspanne für den Ablauf der Reaktion zwischen alkalischen Salzteilchen und der sauren Komponente sollte 3 bis 5 Sekunden betragen. Bei speziellen Versuchen zeigte sich, dass eine Nachreaktion nach dem Austragen aus dem Reaktionsraum die Pulverstruktur nicht verändert, insbesondere kein Klumpen oder Backen hervorruft.

Zur Verkürzung der Reaktionszeit trägt ausser der bereits beschriebenen schnellen und gründlichen Benetzung des Feststoffes auch ein minimaler Wassergehalt bei, der anscheinend einen ionogenen Ablauf der Reaktion mit den bekannt kurzen Reaktionszeiten zulässt. Dieser minimale Wassergehalt kann schon dadurch erreicht werden, dass bei der Verwendung von Salzen technischen Reinheitsgrades bereits Benetzungsfeuchtigkeit oder teilweise Kristallwasser eingebracht wird. Einzelne Salze, z.B. Glaubersalz und Soda, geben ihr Kristallwasser bereits bei Temperaturen knapp über 30° C ab. Aber auch der Einsatz von kalzinierten Salzen bereitet keine Schwierigkeiten bei der Durchführung des Verfahrens, da durch eine zweckmässige Einregulierung der Luftfeuchte die Möglichkeit besteht, soviel Wasser an den Phasengrenzen zu kondensieren, dass die Reaktion in der gewünschten kurzen Zeit abläuft.

Eine Erhöhung der Lufttemperatur kann eine weitere Unterstützung der Reaktionsbeschleunigung darstellen, wobei keinesfalls die hohen Temperaturen erreicht werden müssen, wie sie bei der Heisszerstäubung oder gar bei der Herstellung von Beads notwendig sind. Ein über die Raumtemperatur erwärmter Luftstrom trägt ausserdem dazu bei, die nicht sulfatierten bzw. nicht sulfonierten Bestandteile aus dem Produkt zu entfernen.

An einigen Beispielen soll die Leistungsfähigkeit des Verfahrens gezeigt werden, wobei nicht vollständige Waschmittelkompositionen, sondern möglichst einfache Modelle gewählt wurden, um grundlegende Eigenschaften studieren zu können.

Die Versuche wurden in einem halbtechnischen Zerstäubungsaggregat durchgeführt, dessen Leistung bei der Heisszerstäubung ca. 10 kg Pulver/Stunde beträgt, und bei der neuen Verfahrensweise eine Leistung von 30 bis 40 kg/h erreichen liess. Die pulverförmigen Komponenten wurden von unten, zusammen mit der Trocknungsluft, in den Turm von ca. 3 m Höhe geblasen und 40 cm über der Eintrittsöffnung wurden die sauren Reaktionspartner mit einer Zweistoffdüse in einem feinen Sprühstrahl nach unten gesprüht. Die pulverförmigen Stoffe fanden ohne weitere Bearbeitung im technischen Anlieferungszustand Anwendung. Die an der Spitze des Turmes abgesaugte

Abluft enthielt kaum Staubanteile.

Der Wassergehalt des Endproduktes ist natürlich abhängig von der Lufttemperatur. Die Kurve in Abb.1 zeigt die Verhältnisse bei der Verwendung von technischer Soda auf die im Verhältnis 4:1 Schwefelsäurealkylester aufgedüst wurde. Auch bei 20° C wurde ein nicht backendes Produkt erzielt.

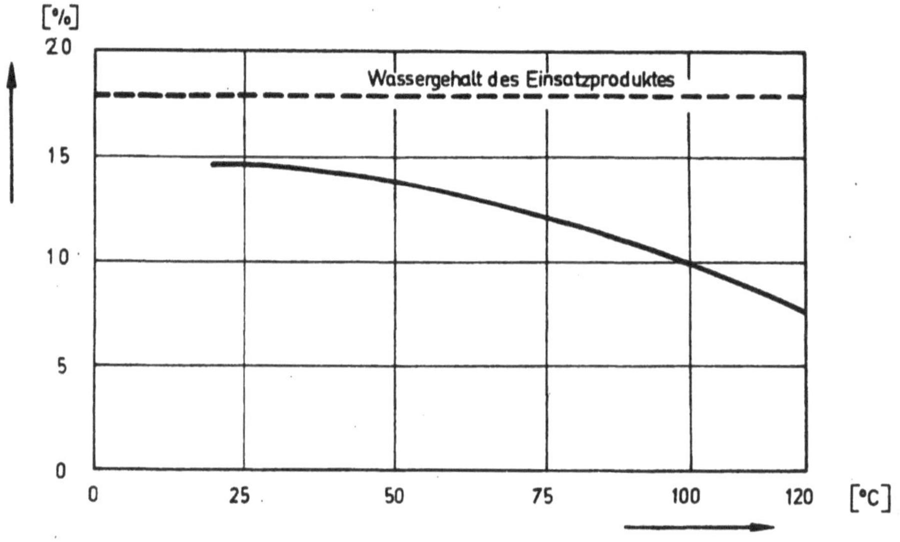

Abb.1

Zur Beurteilung der erzielten Pulver wurden die Werte für das Schüttgewicht und die Siebanalysen herangezogen.

Die Abb.2 zeigt die Änderungen des Schüttgewichtes nach dem Aufsprühen von Alkylschwefelsäure bzw. Alkylarylsulfosäure. Durchweg ist eine Verminderung des Schüttgewichtes festzustellen, verbunden mit einer Kornvergrösserung.

Die Siebanalysen, wie sie in Abb.3 angegeben sind, bestätigen diesen Sachverhalt. Die Kornvergrösserung vermindert den Staubanteil sehr stark und vermehrt den günstigen Anteil mit einem Korndurchmesser von 0,2-0,4 mm bzw. 0,4-1,0 mm.

Pulverzusammensetzung							
Na_2CO_3	[%]	100	90	40	40	-	10
$Na_2CO_3 \cdot 10\,H_2O$	[%]	-	10	10	10	-	-
Na_2SO_4	[%]	-	-	50	-	-	-
$NaHCO_3$	[%]	-	-	-	-	100	-
$Na_5P_3O_{10}$	[%]	-	-	-	50	-	90
Schüttgewichte							
vor dem Aufsprühen		700	720	1050	920	1170	1100
nach " " von $R\text{-}O\text{-}SO_3H$		500	460	550	570	650	680
nach dem Aufsprühen von $R\text{-}Ph\text{-}SO_3H$		530	500	600	530	-	620

Abb.2

		Korndurchmesser [mm] >1	0,4…1	0,2…0,4	0,1…0,2	<0,1
Na_2CO_3	vor	5	7	10	27	51
	nach	5	18	44	31	2
90 % Na_2CO_3 + 10 % $Na_2CO_3 \cdot 10\,H_2O$	vor	5	15	12	25	43
	nach	6	45	42	7	0
40 % Na_2CO_3 + 10 % $Na_2CO_3 \cdot 10\,H_2O$ + 50 % Na_2SO_4	vor	3	6	23	37	31
	nach	9	42	38	9	2
40 % Na_2CO_3 + 10 % $Na_2CO_3 \cdot 10\,H_2O$ + 50 % $Na_5P_3O_{10}$	vor	6	16	16	28	34
	nach	9	33	32	21	5

Abb.3

Diese Feststellungen können durch Mikroaufnahmen bestätigt werden, die in den Abbildungen 4 bis 7 wiedergegeben sind.

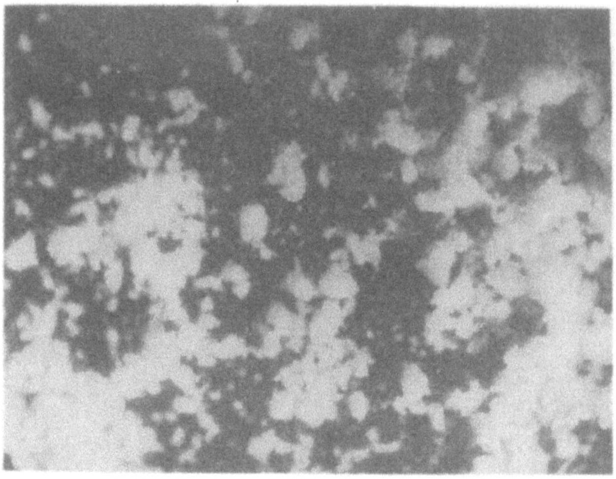

Abb.4
Eingesetzte Soda

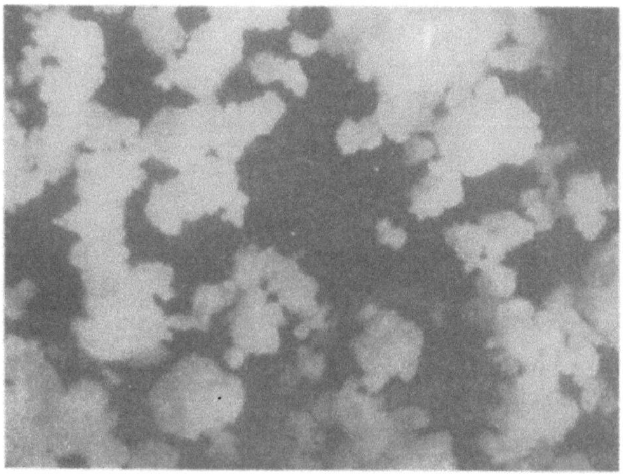

Abb.5
Versuchsprodukt, hergestellt nach dem geschilderten Verfahren

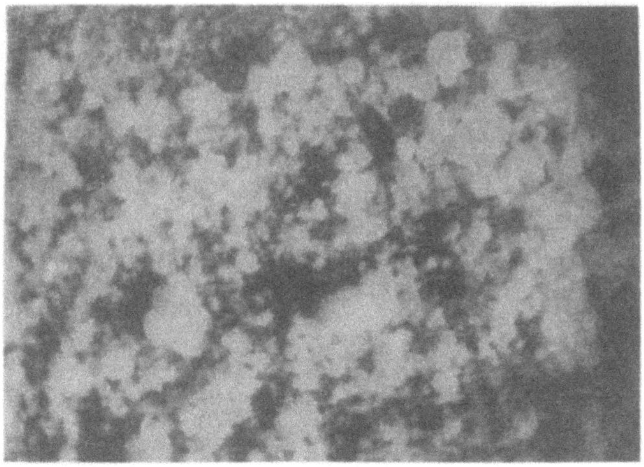

Abb.6
Zum Vergleich: Heisszerstäubungsprodukt

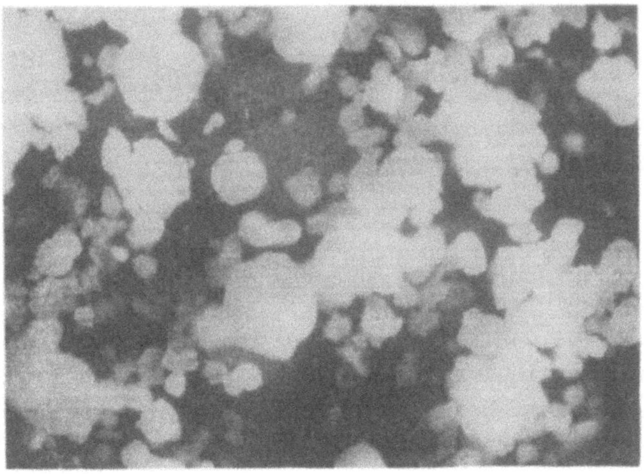

Abb.7
Zum Vergleich: "Beads"-Produkt

In der Aufzählung der offensichtlichen Nachteile der Zerstäubungstrocknung bei hohen Temperaturen aus einem Slurry wurde die Hydrolyse der kondensierten Phosphate erwähnt.

Nach der Zusammenstellung in der Abb.8 ist bei der Herstellung nach dem vorgeschlagenen Verfahren fast keine Hydrolyse von Tripolyphosphat zu bemerken.

	Luft-temperatur [°C]	Gewichtsprozent Phosphor Mono-, Di-, Triphosphat		
Einsatzmaterial ($50\%\ Na_5P_3O_{10}$, $50\%\ Na_2CO_3$)	-	6	14	80
Nach dem Aufsprühen von $R-O-SO_3H$	70	10	14	76
dto.	130	11	16	73
Nach dem Aufsprühen von $R-Ph-SO_3H$	70	9	17	74
dto.	130	10	19	71

Abb.8

Die Versuchstemperaturen von 70° bzw. 130° C wurden nur deshalb gewählt, um verschärfte Bedingungen anzuwenden. Sie sind für das Verfahren nicht typisch. Bei diesen Temperaturen wird beim Zerstäubungsverfahren bereits eine erhebliche Schädigung des Phosphats bemerkt.

Zusammenfassung

Es konnte gezeigt werden, dass nach dem geschilderten Verfahren in einfacher Weise und kontinuierlich Wasch- und Reinigungsmittel hergestellt werden können, wobei auch herkömmliche Sprühtürme, nach zweckentsprechender Abänderung, Verwendung finden können.

Da die Kapazität des Turmes nicht durch die notwendige Wasserverdampfung eingeschränkt wird, steigt seine Leistung erheblich an und durch den Fortfall der Notwendigkeit der Verdampfung des Wassers, das von der Neutralisation mit wässriger Lauge stammt, tritt eine Energieeinsparung ein.

Die Neutralisationswärme deckt teilweise den notwendigen Energiebedarf, da sie sowohl zeitlich als auch räumlich mit dem Verdampfungsvorgang zusammenfällt.
Der Arbeitsaufwand und die Notwendigkeit der Energieabführung durch Kühlung bei der gesonderten Neutralisation ist unnötig geworden.
Durch die Verwendung der Reaktionswärme für die Wasserverdampfung reguliert sich gleichzeitig die Temperatur bei dem Vorgang, so dass eine verringerte Zersetzung bzw. Hydrolyse empfindlicher Inhaltsstoffe beobachtet werden kann.
Die erreichbare Pulverstruktur ist je nach den Einsatzprodukten und der Fahrweise als schwach bis nicht staubend und gut pack- und rieselfähig zu bezeichnen.
Weitere Zusatzstoffe können in die Agglomerate eingebaut werden, so dass Pulver entstehen, die beim Transport und Verpacken keine Entmischungserscheinungen zeigen.

Das beschriebene Verfahren eröffnet die Möglichkeit der kontinuierlichen Waschpulverproduktion auch mit herkömmlichen Zerstäubungsanlagen, wobei eine Leistungssteigerung dieser Anlagen gegenüber der bisherigen Verfahrensweise erreicht wird, ein strukturverbessertes Pulver anfällt und die Energie- und Personalkosten gesenkt werden können.

<u>Literatur:</u>

[1] K.Schaurich: Vortrag zum III. Internationalen Kongress für grenzflächenaktive Stoffe vom 12. bis 17.September 1960 in Köln (Sammelband A des Verlages der Universitätsdruckerei Mainz GmbH., S.199)

[2] M.Boros und B.Lóránt; Seifen, Öle, Fette, Wachse <u>89</u> (1963) 531

[3] H.E.Tschakert; Seifen, Öle,Fette,Wachse <u>87</u> (1961) 789; ebenda <u>88</u> (1962) 224

[4] O.Pfrengle und Ch.Pietruck; Fette, Seifen, Anstrichmittel <u>65</u> (1963)57

[5] K.Schaurich und G.Wasow; Fette, Seifen, Anstrichmittel (im Druck)

[6] K.Überschär; Abhandlungen der Deutschen Akademie der Wissenschaften zu Berlin; Sammelband der Vorträge zur III.Internationalen Vortragstagung über grenzflächenaktive Stoffe vom 29. bis 31.3.1966 in Berlin

[7] DBP 831 733

[8] AP 2 982 736

T. R o c k s t r o h und K. Z a p f
Deutsche Akademie der Wissenschaften zu Berlin
Institute für Medizin und Biologie, Bereich Experimentelle Zytologie und Ultrastrukturforschung

Detergentien-Effekte in der Ultrastruktur der Protozoenzelle

Nach den Untersuchungen von PUTNAM (6), PUTNAM und NEURATH (7, 8) und LUNGREN, ELAM und O CONNEL (2) über den Wirkungseffekt von Detergentien auf Proteine ist die besondere Wirksamkeit der Netzmittel gegenüber biologischen Substanzen dem polaren Bau der Moleküle beider Reaktionspartner zuzuschreiben. Entgegengesetzt geladene Gruppen in Protein- und Netzmittelmolekül ziehen sich elektrostatisch an, wodurch die physikalischen, chemischen und biologischen Eigenschaften des Proteins verändert werden können. PUTNAM und NEURATH (7,8) konnten stöchiometrisch definierbare Netzmittel-Eiweiß-Komplexe elektrophoretisch nachweisen.

Diese besonderen Eigenschaften der Detergentien führten zur Untersuchung des Effektes oberflächenaktiver Substanzen auf die Ultrastruktur von Zellelementen und intakten Zellen. So berichten HUNTER und FORD (1) und WITTER und MINK (9) über Schwellung und Auflösung von isolierten Rattenlebermitochondrien durch Netzmittel. PALMER, HODES und WARREN (3) benutzten die lytische Wirkung der oberflächenaktiven Stoffe, um aus Ehrlich-Aszites-Zellen die Zellkerne für biochemische Zwecke zu isolieren. Neuere Untersuchungen über Netzmitteleffekte an Protozoenzellen sind uns nicht bekannt. Es liegen aber aus dem Jahre 1910 Beobachtungen von PROWAZEK (4,5) über Saponinwirkungen an Ziliaten vor, die reproduziert und durch elektronenoptische Untersuchungen gedeutet werden konnten.

Die folgenden eigenen Arbeiten über morphologische Veränderungen der Protozoenzelle nach der Einwirkung von Detergentien in verschiedenen Konzentrationen und bei verschiedenen Einwirkungszeiten sollen zur Klärung der Frage beitragen, auf welche Weise und an welchen Zellbausteinen sich die Wirkung dieser molekularbiologisch so markanten Stoffgruppe manifestiert.

Als Versuchsobjekt wurde eine freilebende Ziliate der Gattung Cyrtolophosis verwendet, die nach einer eigenen Methode in Klonkultur gezüchtet wurde.
Folgende Netzmittel wurden bei verschiedener Konzentration und bei verschiedener Einwirkungsdauer getestet : Dimethylaminoessigsäuredodecylamidchlorbenzylat (DADCl), Natriumlaurylsulfat (NaLS) und Aesculus-Saponin. Für die elektronenoptischen Untersuchungen verwendeten wir Ultradünnschnitte, die im Siemens Elmiskop I und im SEM 2 vom Werk für Fernsehelektronik mikroskopiert wurden. Die elektronenoptischen Befunde wurden durch Beobachtungen im Phasenkontrast ergänzt.

Die normale Zelle Cyrtolophosis besitzt eine ovoide bis zylindrische Form bei einer Zellänge von ca. 30 μ. Die Zelloberfläche ist gleichmäßig mit Zilien besetzt, an der Mundgrube befinden sich mehrere Reihen reusenartig angeordneter Wimpern. Im Phasenkontrast sind viele der Zellorganellen gut erkennbar, so daß ihre Veränderung durch die Einwirkung von Detergentien auch lichtmikrokopisch erfaßbar ist.

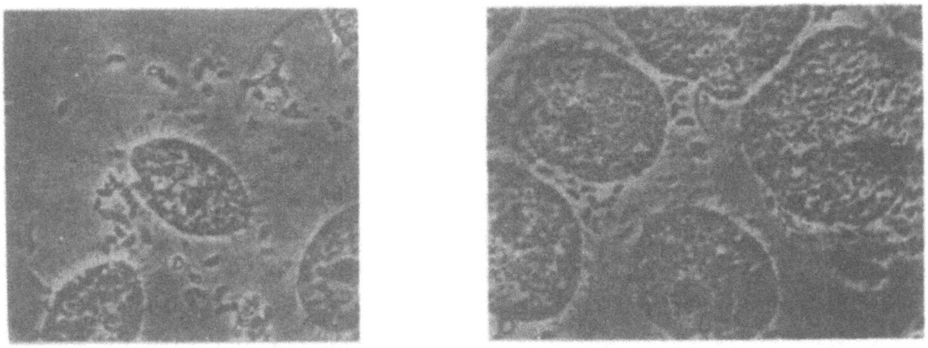

Abb. 1 a-b. Cyrtolophosis spec., Kontrolle. Phasenkontrast.
a. Normale Zellform
b. Zellen leicht gequetscht
Originalaufn. 1000:1, nachvergr. 2000:1.

Die Ultrastruktur von Cyrtolophosis kann hier nur in großen Zügen dargestellt werden. Sie stimmt im wesentlichen mit dem Bau anderer Ziliaten überein. Man erkennt auf Abb.2 die aus der Pellikularmambran und der Zytoplasmamembran bestehende Zellwand, den Zellkern, die im Zytoplasma verstreuten Mitochondrien und verschiedene Plasmavakuolen.

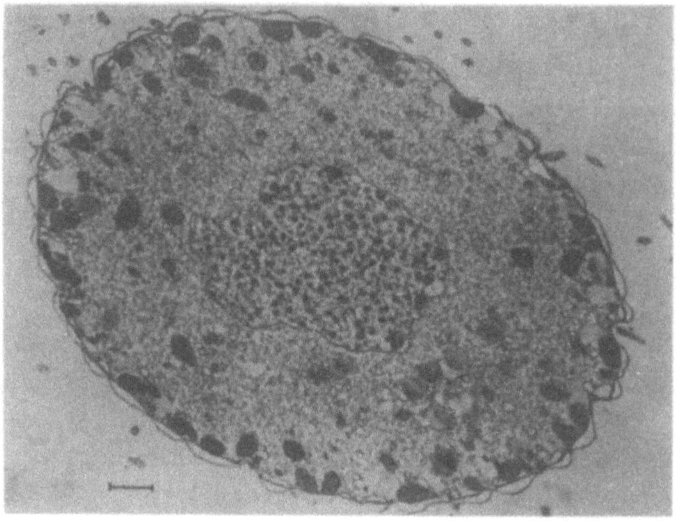

Abb. 2. Cyrtolophosis spec., Ultradünnschnitt durch normale Zelle.
Originalaufn. 4500:1, nachvergr. 7700:1

Bekanntlich sind die Mitochondrien Zentren des Atmungsstoffwechsels, in denen viele Enzyme lokalisiert sind. Ihre Membranen enthalten ungefähr zwei Drittel Proteine und ein Drittel Lipoide. Eine Reaktion dieser Substanzen mit Detergentien ist in vitro mehrfach untersucht worden. Auch in unseren Versuchen fanden wir Hinweise für eine Veränderung von Lipoproteid-Strukturen durch Netzmittel. Im Zytoplasma kann man eine granuläre, eine vesikuläre und eine membranöse Komponente unterscheiden (Abb. 3). Der Zellkern läßt ein lockeres Netzwerk von Desoxyribonukleinsäure-Schollen, eine feingranulierte Matrix und die doppelte Kernmembran erkennen.
Die Ziliatenzelle stellt wegen ihrer aktiven Beweglichkeit und wegen ihres hohen Differenzierungsgrades ein besonders geeignetes Objekt zur Untersuchung der Wirkung differenter Stoffe dar.

Lichtmikroskopisch sind bei niedrigen Netzmittelkonzentrationen (o,o1-o,1 mg/ml) erst nach mehreren Minuten Veränderungen an der lebenden Zelle erkennbar. Die einsetzende Wirkung zeigt sich an einer Bewegungsverlangsamung. Dann führen die Zellen statt der geradlinigen Bewegungen bogen- und kreisförmige aus. Die normale Drehung der Zellen um ihre Längsachse hört auf. Es bilden sich große Vakuolen im Zytoplasma, sphärische Transformation setzt ein und es folgen Rotationsbewegungen der abgerundeten Zellen auf der Stelle sowie das Abwerfen der Zilien. Nach vollkommener Einstellung aller Bewegungen verdämmern die Zellen im Verlauf von ca. 5 min. Teilweise kommt es zur Aufblähung der Zellen; zu jedem Zeitpunkt der Netzmitteleinwirkung kann die Zelle zerplatzen. Die lichtmikroskopischen Beobachtungen zeigten, daß die Pellikula an einer Stelle einreißt und nach dem Ausströmen des Zytoplasmas als leere Hülle zurückbleibt. Eine besondere Erscheinung ist die Bildung von Sarkode-Tropfen: die Pellikula reißt ein, Zytoplasma strömt aus, rundet sich ab und umgibt sich mit einer neuen Membran. Diese Zytoplasmakugel verdämmert oder zerplatzt erneut.

Bei höheren Netzmittelkonzentrationen (um 0,2 mg/ml) werden augenblicklich Veränderungen an den lebenden Zellen sichtbar. Es kommt zum plötzlichen Stillstand aller Zilienbewegungen und in fast allen Fällen zum Lösen der Zilien von der Zelle. Der überwiegende Teil der Ziliaten zerplatzt schon wenige Sekunden nach Zugabe des Detergens und der Zellinhalt verteilt sich im Medium. Es resultieren unregelmäßig geformte Zellreste. Bruchsackbildung entsteht dadurch, daß das aus einem Zellwandriß ausfließende Plasma plötzlich denaturiert und erstarrt.

Die Anwendung des Phasenkontrastverfahrens ergab weitere Einzelheiten der Netzmittelwirkung (Abb.4). Unterschiede bei der Anwendung der drei verwendeten Detergentien konnten lichtmikroskopisch nur in geringem Maß erkannt werden : So wirkt das kationaktive DADCl stärker als Natriumlaurylsulfat und Saponin, die Schwellung der Mitochondrien durch die anionaktive Substanz ist nur angedeutet. Saponin als nichtionogenes Netzmittel zeigt erst nach ca. 30 min. sichtbare Wirkungen, führt aber auch zur Schwellung der Mitochondrien und zur Autolyse.

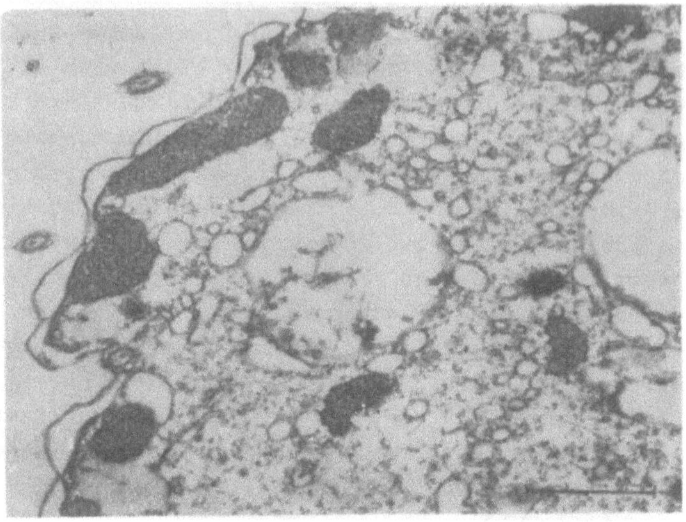

Abb.3 Cyrtolophosis spec., Ultradünnschnitt durch normale Zelle.
Originalaufn. 14000:1, nachvergr. 23000:1

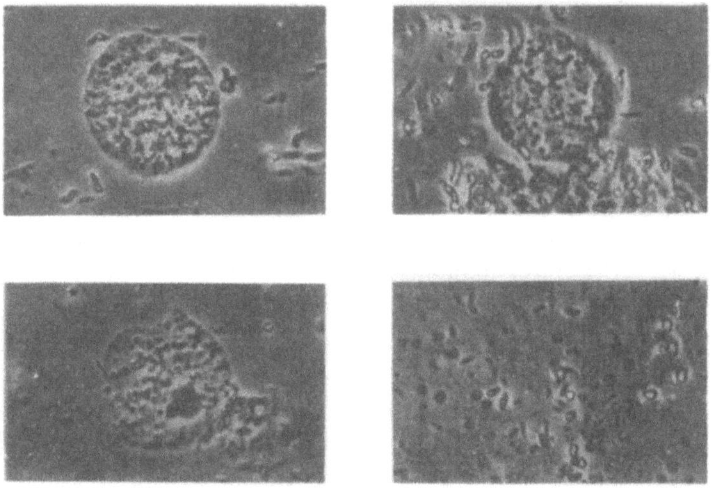

Abb.4 a-d. Cyrtolophosis spec., Saponineinwirkung.
a. sphärische Transformation der Zelle.
b. Schwellung und Agglutination der Mitochondrien, Autolyse.
c. Ruptur der Zellmembran.
d. geblähte Mitochondrien.
Originalaufn. 1000:1, nachvergr. 3000:1.

Natriumlaurylsulfat ergibt bei einer Konzentration von 10^{-1}mg/ml bereits nach einer Minute elektronenoptisch erkennbare Effekte an den Mitochondrien. Diese sind leicht geschwollen, die tubuläre Substanz ist durch optisch leere Spalten gelockert. Die Mitochondrienmembranen sind im allgemeinen erhalten, es wurden aber auch Einrisse festgestellt. Das Zytoplasma ist kontinuierlich und zeigt die normale Struktur. Auffallend ist das Fehlen von Mitochondrien innerhalb eines größeren Zellbereiches, wie es bei den Kontrollen nie beobachtet werden konnte. Die Lichtmikroskopie zeigte, daß es während der Detergentienwirkung durch Fließprozesse zur Abtrennung gröberer Zellbestandteile vom dünnflüssigen Zytoplasma kommt. Auch nach 4 min. NaLS bei Konzentrationen von o,o5-o,1 mg/ml ist das Zellgefüge noch kontinuierlich, es finden sich jedoch in vielen Zellen grobe Granula im Grundplasma, die wir als Denaturierungsprodukte der Proteine deuten. Diese Ausflockungen konnten nie innerhalb des Zellkerns und der Mitochondrien beobachtet werden. Auch in den Kontrollen fehlten sie stets, so daß präparative Artefakte nicht in Frage kommen.

Nach Einwirkung von NaLS bei Konzentrationen zwischen o,o2 und o,2 mg/ml fehlt in fast allen Zellen das granuläre Zytoplasma. Vesikuläre und membranöse Zellelemente sind dagegen erhalten. Innerhalb der Zellmembran schwimmen die Zellorganellen also frei herum. Der Zellkern läßt Risse der Kernmembran erkennen, die lockere Kernmatrix fehlt, die Kernschollen sind unverändert (Abb.5). Die Mitochondrien zeigen ein diffuses Ödem oder eine mäßige Aufblähung. Sie sind vielfältig deformiert und lassen manchmal Risse in den Begrenzungsmembranen erkennen (Abb.6).
Der Abbau der granulären Plasmakomponente beginnt also frühestens nach ca. 4 min. und ist spätestens nach 20 min. beendet.
Wir deuten diesen Prozeß als Autolyse, d.h. als Abbau der Proteine durch Enzyme, die durch das Detergens aktiviert worden sind.
Bei Konzentrationen geringer als o,o2 mg/ml NaLS tritt auch nach längeren Einwirkungszeiten keine sichtbare Veränderung der Ultrastruktur ein.

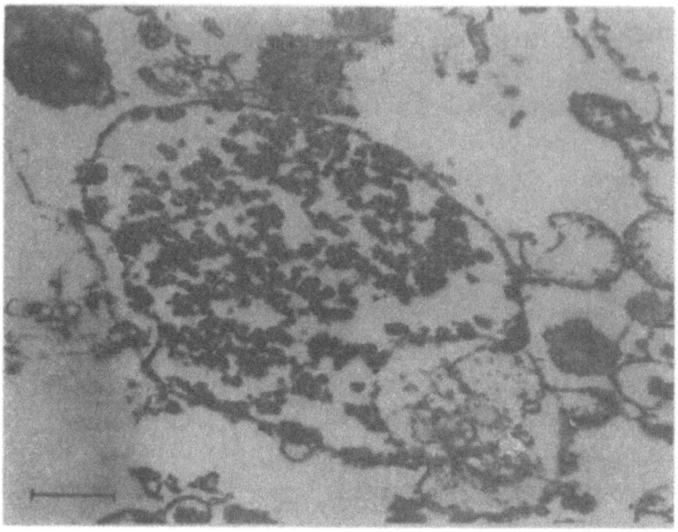

Abb.5 Cyrtolophosis spec., DADCl o,1 mg/ml, 4 min., Makronukleus.
Originalaufn. 9000:1, nachvergr. 15000:1

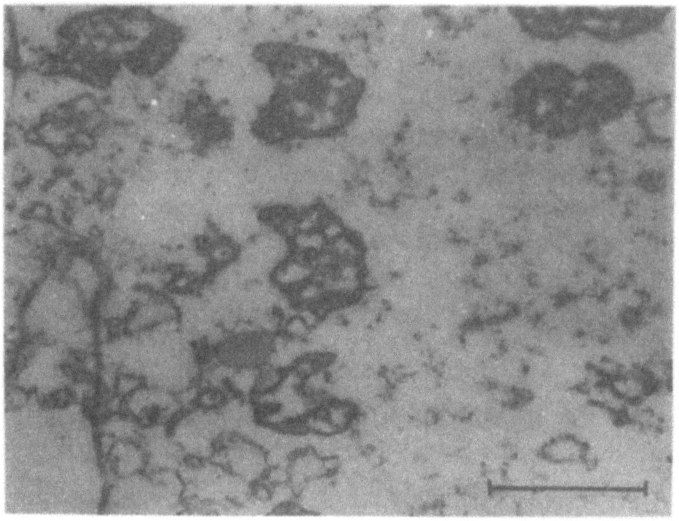

Abb.6 Cyrtolophosis spec., Natriumlaurylsulfat, o,5 mg/ml, 15 min.
Mitochondrienödem und -deformierung.
Originalaufn. 16000:1, nachvergr. 28000:1

DADCl ruft in Konzentration von o,o1 mg/ml bereits innerhalb einer Minute diffuse Schwellung der Mitochondrien hervor.
Zu diesem Zeitpunkt ist an den anderen Zellorganellen noch keine Schädigung nachweisbar. Interessant ist die Tatsache, daß in manchen Zellen alle Mitochondrien gleichförmig verändert waren, in anderen Zellen jedoch Mitochondrien mit verschieden starker Destruktion vorkamen.
Bei Konzentrationen stärker als o,1 mg/ml ist bereits nach 4 min. die Zelle lytisch verändert. Die Mitochondrien sind stark geschwollen, deformiert und teilweise eingerissen. Der Zellkern weist ebenfalls starke Lyseerscheinungen auf (Abb.7).
Saponin bewirkt erst nach ca. 30 min. sichtbare Veränderungen der Ultrastruktur in Form von Mitochondrienschwellung, Zytoplasma-autolyse und Ablösung der äußeren Kernmembran von der inneren.

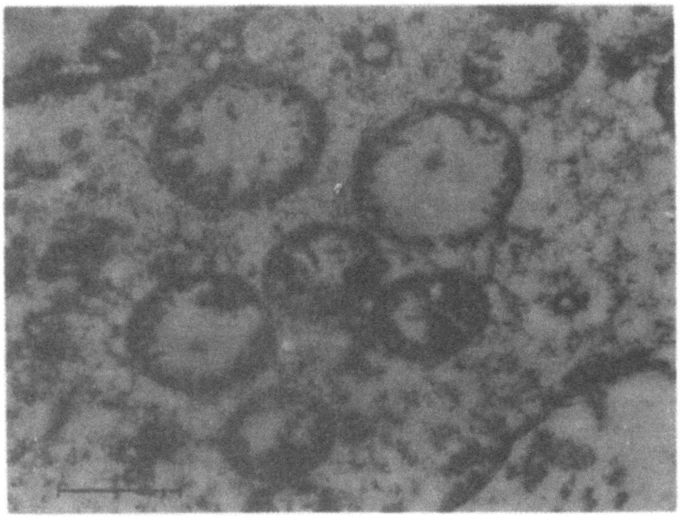

Abb.7 Cyrtolophosis spec., DADCl o,o1 mg/ml, 4 min., Mitochondrienschwellung.
Originalaufn. 9000:1, nachvergr. 22000:1

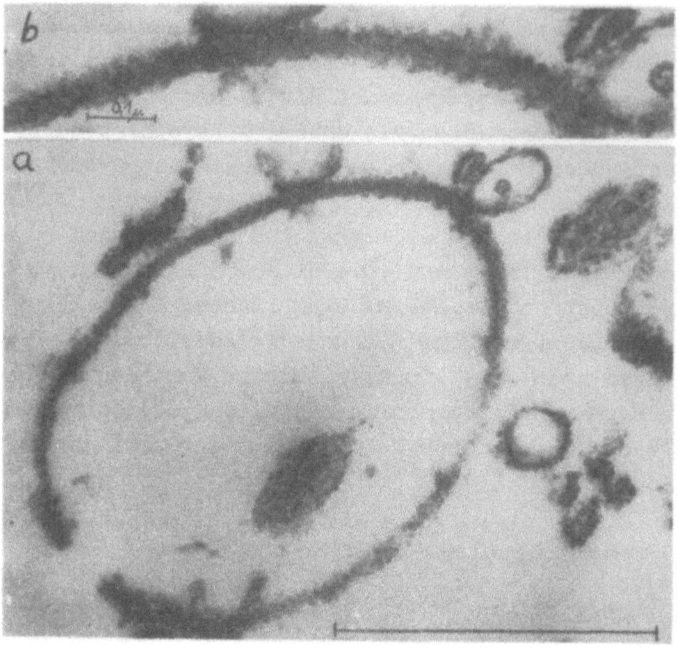

Abb.8 a-b. Cyrtolophosis spec., DADCl o,1 mg/ml, 4 min.
a. Geblähtes Mitochondrium. Membranverdichtung. Originalaufn. 30 000:1, nachvergr. 58000:1
b. Ausschnitt aus Abb.18 a. Myelinähnliche Strukturen in der Mitochondrienmembran. Originalaufn. 30 000:1, nachvergr. 130 000:1

Aus den Befunden bei den schwächsten noch wirksamen Netzmittelkonzentrationen schließen wir, daß die für den Stoffwechsel der Zelle entscheidende Schädigung sowohl an der Zellmembran, als auch an den Mitochondrien einsetzt. An der Zellwand kommt es innerhalb einer Minute zur Ablösung der Pellikularmembran von der Zytoplasmamembran oder zum Einreißen aller Schichten. Man nimmt heute allgemein an, daß die Reaktion der Detergentien mit den Lipoproteiden der Zell-und Mitochondrienmembranen zu einer Permeabilitätserhöhung derselben führt. Durch Wasseraufnahme kommt es dann zur Aufblähung sowohl der ganzen Zelle, als auch der Mitochondrien. Wir konnten nach der Einwirkung der kationaktiven Substanz in der Mitochondrienmembran lamellenartige Strukturen erkennen, die wir als Umwandlungsprodukte der Membranlipoide deuten (Abb.8).

Am Ende meiner Ausführungen seien die wichtigsten Ergebnisse kurz zusammengefaßt :
Lichtmikroskopisch erfaßbare Netzmitteleffekte sind Verlangsamung bzw. Stillstand der Zilientätigkeit, sphärische Transformation oder unregelmäßige Deformierung. Verlust der Lichtbrechungskraft des Zytoplasmas als Ausdruck der Autolyse und Denaturierung, das Ausfallen der Zilien aus dem Zellkörper, Risse der Zellmembran und Ausfließen des Zytoplasmas, Schwellung der Mitochondrien und Zelltod.
Die verwendeten Detergentien führen zur Autolyse des Zytoplasmas, wodurch die granuläre Komponente und die Kernmatrix aufgelöst werden. Unter bestimmten Bedingungen kommt es zum Auftreten elektronendichter Denaturierungsgranula. Diese Partikel verfallen der Autolyse.
Alle verwendeten Detergentien besitzen eine besondere Affinität zu membranösen Strukturen, deren Wirkung sich an Zell- und Mitochondrienmembranen nachweisen läßt.
Dimethylaminoessigsäuredodecylamidchlorbenzylat und Saponin bewirken Schwellung und sphärische Transformation der Mitochondrien.

Literatur:

(1) HUNTER, F.E. und FORD, L.: J.Biol.Chem.216,(1955),357
(2) LUNGREN, H.P., ELAM, D.W. und O' CONNEL, R.A.: J.Biol. Chem. 149,(1943) 183
(3) PALMER, C.G., HODES, M.E. und WARREN, A.K.: Exp.Cell Res. 24, (1961) 429
(4) PROWAZEK, S.v.: Arch.f.Protistenkde. 18, (1910) 221
(5) PROWAZEK, S.v.: Arch.f.Protistenkde. 20, (1910) 201
(6) PUTNAM, F.W. : Adv. prot. chemistry NY 4, (1948) 79
(7) PUTNAM, F.W. und NEURATH, H.: J.Biol.Chemistry 150, (1943) 263
(8) PUTNAM, F.W. und NEURATH, H.: J. Biol.Chemistry 159, (1945) 195
(9) WITTER, R.F. und MINK, W.: J. Biophys.Biochem. Cytol. 4, (1958) 73.

K. W a h n und K. Z a p f
Deutsche Akademie der Wissenschaften zu Berlin
Institute für Medizin und Biologie, Bereich Experimentelle Zytologie und Ultrastrukturforschung

Untersuchungen über Wechselwirkung zwischen Netzmittelkonzentration, Keimdichte und Enzymaktivität bei Mykobakterien.

Am Beispiel eines Infusors wurde im vorhergehenden Vortrag der Einfluß kationaktiver und anionaktiver Netzmittel auf die Zellfeinstruktur gezeigt. Die relativ schnell eintretende, sichtbare Veränderung an den Mitochondrien dieses Einzellers legt die Vermutung nahe, daß es parallel dazu oder auch schon zu einem früheren Zeitpunkt zu einer funktionellen Schädigung dieser Organellen kommt. Ist dies der Fall, müßte sich diese Veränderung mit hoher Wahrscheinlichkeit in einer anormalen oder erloschenen Enzymaktivität widerspiegeln.
Das elektronenoptische Bild allein läßt also in Bezug auf den Wirkungsmechanismus der geprüften Stoffe verschiedene Fragen offen: so weiß man z.B. nicht, ob es sich bei den gezeigten Anomalien um reversible Veränderungen handelt. Sind die Veränderungen irreversibel, so bleibt wiederum die Frage offen, ob die Zelle zur Zeit des Eintritts der sichtbaren Veränderungen überhaupt noch am Leben war oder ob sie bereits vorher ihre funktionellen Eigenschaften eingebüßt hatte. Um hier etwas klarer zu sehen, sind wir diesen Fragen am Beispiel von Mykobakterien mit Hilfe unterschiedlicher Methoden nachgegangen. Mykobakterien sind säurefeste Stäbchen relativ hoher Resistenz gegenüber extrazellulären Noxen, die teils saprophytisch leben, teils als gefährliche Krankheitserreger bekannt sind.
Eine ihrer Einfachheit wegen gern angewandte Methode zur Prüfung des Einflusses zellfremder Substanzen auf die Vitalität von Zellen beruht auf der manometrischen Messung der Atmungsaktivität. (Literaturübersicht bei Ritzerfeldt, 1963).

Über den Einfluß verschiedener Konzentrationen von Dimethylaminoessigsäure-dodecylamid-chlorbenzylat (DADCl) und Natriumlaurylsulfat (NLS) auf die Sauerstoffaufnahme von Mykobakterien wurde von uns im Oktober 1963 in Karl-Marx-Stadt berichtet.
Da unsere späterhin durchgeführten Untersuchungen eine erweiterte Deutung der manometrischen Kurvenbilder möglich machen, soll hier der Einfluß verschiedener Konzentrationen von DADCl auf die Sauerstoffaufnahme von Mykobakterium smegmatis in einem Diagramm noch einmal dargestellt werden (Abb.1).
Das Diagramm zeigt den Einfluß des Netzmittels auf proliferierende Zellen, die Effektivität liegt hier etwa um eine Zehnerpotenz höher als bei ruhenden Bakterien, wie sie für die nachfolgenden Versuche benutzt wurden. Die Kontrollkurve ist typisch für den Vermehrungsablauf der logarithmischen Wachstumsphase. Entsprechend der Konzentration des Netzmittels erkennt man an den Kurvenzügen die Verringerung der Sauerstoffaufnahme durch die beeinflußten Keime.
Der Sauerstoffverbrauch beträgt z.B. nach 8 Std. bei den durch 5×10^{-3}mg/ml DADCl beeinflußten Keimen noch nicht ein Drittel der unbeeinflußten Keime. Das Diagramm zeigt auch, daß das gesamte Wirkungsintervall für proliferierende Keime, das heißt der Bereich von der totalen Schädigung bis zur Wirkungslosigkeit, von den DADCl-Konzentrationen 10^{-2} bis 10^{-3} begrenzt wird.
Ruhende Keime benötigen etwa 10 mal stärkere Dosen.
Das Diagramm läßt verschiedene Deutungen der Verringerung des Sauerstoffverbrauchs zu. Die nachstehenden Untersuchungen machen es heute jedoch hoch-wahrscheinlich, daß für das Kurvenbild eine Verringerung der Atemintensität pro Zelle von untergeordneter Bedeutung bleibt, so daß es in erster Linie aus einer partiellen Abtötung bestimmter Keimanteile erklärt werden muß.

Die Resultate ausgedehnter Versuchsreihen über die Beziehungen zwischen Keimdichte im Suspensionsmedium, Netzmittelkonzentration und Netzmitteleinwirkungszeit werden durch die Tabellen I und II wiedergegeben. Als Aufschwemmungsmedium diente eine Phosphatpufferlösung. Auf die Wiedergabe der Kontrollwerte wurde aus Raumgründen verzichtet. Die durchschnittliche Koloniezahl der Kontrollen lag bei 37 bzw. 21.

Tabelle I

Netzmitteleffekt (DADCl) in Abhängigkeit von der Einwirkungszeit und der Bakterieneinsaat (M. smegmatis SB 801). Inoculum 10 mm^3 einer Suspension von 10^{-4}mg Bakterienfeuchtgewicht/ml.

Netzmittel-konzentration	Bakteriendichte in mg Feuchtgewicht/ml	Einwirkungszeit sofort nach Netzmittelzugabe	10'	40'	80'	160'	300'
10^{-1} mg/ml	10 mg/ml	1,4	0,4	0,2	ø	0,1	ø
	5 mg/ml	0,4	ø	ø	ø	ø	ø
	2 mg/ml	ø	ø	ø	ø	ø	ø
	0,5 mg/ml	ø	ø	ø	ø	ø	ø
5 x 10^{-2}	10 mg/ml	44	22	21	13	5,6	3,6
	5 mg/ml	18	4	0,4	0,2	ø	ø
	2 mg/ml	2,4	0,2	ø	ø	ø	ø
	0,5 mg/ml	ø	ø	ø	ø	ø	ø
10^{-2} mg/ml	10 mg/ml	30	33,3	35	28,2	45,4	17,4
	5 mg/ml	32	28	32,2	30,8	23,2	24,4
	2 mg/ml	23,3	23	23,2	24	21,4	42,4
	0,5 mg/ml	39	32,8	28,4	38,5	30,2	20,8

Jeder Zahlenwert = durchschnittliche Koloniezahl aus insgesamt 25 Vergleichsröhrchen.

Von der stärksten verwendeten DADCl-Konzentration (10^{-1}mg/ml) werden nahezu alle Bakterien in dem gewählten Dichteintervall von 0,5- 10 mg Feuchtgewicht pro ml unmittelbar nach dem Netzmittelzusatz irreversibel geschädigt. Die wenigen, bei der größten Bakteriendichte noch angehenden Kolonien sind auf größere Bakterienkonglomerate innerhalb der Bakteriensuspension zurückzuführen, die sich bei Mykobakterien niemals vollkommen eliminieren lassen.
Bei der schwächsten Netzmittelkonzentration (10^{-2}mg/ml) läßt sich zunächst kein Unterschied in der Koloniezahl zu den Kontrollen (Durchschnitt 37) feststellen. Erst nach etwa 5 Std. Einwirkungszeit zeigt sich ein leichter Abfall in der Vermehrungsfähigkeit der Keimpopulation.

Recht deutlich kommen die Relationen zwischen Bakterienmenge, Netzmittelkonzentration und Einwirkungszeit bei der Netzmittelkonzentration von $5x10^{-2}$mg/ml heraus. Bei einer Bakteriendichte von 10 mg/ml zeigt sich mit zunehmender Einwirkungszeit ein eindeutiger Rückgang der Koloniezahlen. Je geringer die Dichte der Keimaufschwemmung gewählt wurde, um so stärker und umso früher tritt der wahrscheinlich letale Netzmitteleffekt in Erscheinung. Bei der geringsten Keimdichte (0,5 mg Feuchtgewicht pro ml) kommt es auch bei dieser Netzmittelkonzentrationsstufe zur quantitativen, irreversiblen Schädigung. Alles in allem zeigt sich, daß von den getesteten Konzentrationen des quarternären Ammoniumsalzes das gesamte Intervall von der eben beginnenden Beeinträchtigung der Vermehrungsfähigkeit bis zur vollständigen irreversiblen Schädigung der Keimpopulation eingeschlossen wird.

Tabelle II gibt die Ergebnisse für Natriumlaurylsulfat wieder.

Es zeigt sich folgendes:
Bei allen Laurylsulfatkonzentrationen und allen Bakteriendichten ist ein Abfall der Koloniezahlen mit zunehmender Einwirkungszeit zu erkennen. Da zwischen den Ergebnissen der Aussaat unmittelbar nach der Netzmittelzugabe und den Kontrollen (21 Kolonien im Durchschnitt) kein bemerkenswerter Unterschied besteht, kommt es hier mit großer Wahrscheinlichkeit auch bei der stärksten angewandten NLS-Konzentration nicht zu einer unmittelbaren Keimschädigung.

Tabelle II

Netzmitteleffekt (NaLS) in Abhängigkeit von der Einwirkungszeit und Bakterieneinsaat (M. smegmatis SB 801). Inoculum 5 mm^3 einer Keimdichte von 10^{-4}mg Feuchtgewicht/ml Suspensionsmedium.

Netzmittel-konzentration	Bakteriendichte in mg Feuchtgewicht/ml	Einwirkungszeit: unmittelbar nach NaLS-Zusatz	Einwirkungszeit: 40'	Einwirkungszeit: 80'
1,5 mg/ml	10 mg/ml	-	-	-
	5 mg/ml	23	7,4	3,4
	2 mg/ml	20,6	16,7	7,6
	1 mg/ml	24,2	15,6	5,4
	0,5 mg/ml	26,7	14,9	4,3
1,0 mg/ml	10 mg/ml	21,9	16,0	4,1
	5 mg/ml	24,6	12,0	2,3
	2 mg/ml	19,0	10,8	3,3
	0,5 mg/ml	23,0	13,0	3,2
5 x 10^{-1}mg/ml	10 mg/ml	22,4	14,4	7,2
	5 mg/ml	17,8	11,0	1,5
	2 mg/ml	14,4	5,6	1,0
	0,5 mg/ml	17,4	6,8	2,4

Jeder Zahlenwert = durchschnittliche Koloniezahl aus insgesamt 25 Vergleichsröhrchen.

Nach 40 Minuten ist dann allerdings durchweg ein Rückgang der Koloniezahlen zu verzeichnen, der nach 80 min. Einwirkungszeit ganz offensichtlich wird. Ob es zu einer vollständigen Abtötung der Keime bei noch längeren Einwirkungszeiten kommt, geht aus diesen Versuchen nicht hervor, die starke Reduktion der Koloniezahlen macht es aber wahrscheinlich.

Interessanter noch als diese Relation zur Einwirkungszeit, die ja sowohl bei der kationenaktiven Substanz als auch bei der anionaktiven festgestellt werden konnte, ist der Befund, daß sich bei NLS innerhalb des getesteten Intervalls keine Beziehung zur Dichte der Keimsuspension finden ließ. Alle geprüften Keimdichten geben bei NLS das gleiche Bild. Da der Testkeim für beide Substanzen, wenn auch bei etwas unterschiedlichen molaren Konzentrationen (1 mg DADCl/ml = $2{,}5 \times 10^{-3}$m ; 1 mg NaLS/ml = $3{,}5 \times 10^{-3}$m), sie liegen im angewendeten Konzentrationsbereich - bei NLS etwa 10 x höher - empfindlich ist, läßt sich diese Unabhängigkeit von der Keimdichte bei NLS im getesteten Konzentrationsintervall am ehesten durch unterschiedliche Dimensionen der lokalen Angriffsflächen auf der Zellmembran erklären.

Die offensichtlichen Beziehungen zwischen Angriffsflächen und molarer Konzentration und die aus früheren Versuchen bekannte Tatsache, daß der primäre Angriffspunkt der ionenaktiven Netzmittel an der zytoplasmatischen Membran der Bakterien liegt, veranlaßten uns, zu prüfen, ob es innerhalb des getesteten Netzmittelbereiches zu einer meßbaren Schädigung von Enzymaktivitäten kommt, da sich hieraus evtl. Rückschlüsse auf den Wirkungsmechanismus dieser Stoffe ableiten lassen.

Geprüft wurde der Einfluß von DADCl auf die enzymatische Umsetzung von Harnstoff und Wasserstoffperoxyd an zwei Mykobakterienstämmen. Die Ureaseaktivität wurde kolorimetrisch, die Katalaseaktivität manometrisch bestimmt. Die Netzmittelkonzentrationen waren die gleichen, die wir für die anderen Versuchsanordnungen benutzt hatten. Um nun aber festzustellen, ob eine evtl. Veränderung der Enzymaktivität auf eine physiologische Störung oder auf eine partielle Abtötung bestimmter Keimanteile zurückzuführen ist, wurden außer den Messungen der Substratumsetzungen auch hier exakte Keimzahlbestimmungen durchgeführt.

Die Netzmitteleinwirkungszeit betrug für Mycobacterium smegmatis 3 Std., für den Stamm H37 Ra 16 Std. Die verschiedenen Einwirkungszeiten wurden den unterschiedlichen Stoffwechselleistungen der beiden Keimspecies angepaßt. Die benutzte Bakteriendichte betrug in beiden Fällen 10 mg Feuchtgewicht pro ml. Aus Zeitmangel sollen hier nur die Versuche zur Prüfung der Ureaseaktivität unter Einfluß von DADCl eingehender dargestellt werden.

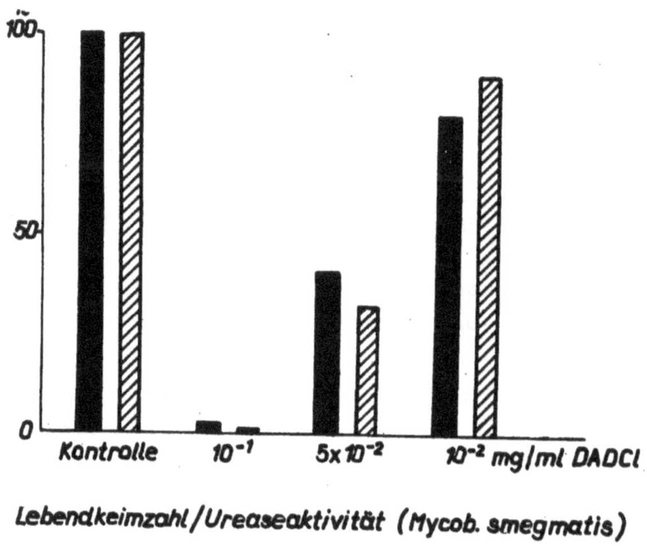

Abb.2 Einfluß verschiedener DADCl-Konzentrationen auf die Vermehrungsfähigkeit und Ureaseaktivität von Myc. smegmatis. (Erläuterung im Text).

In Abbildung 2 sind die Ergebnisse für den Stamm Mycobacterium smegmatis dargestellt. Die dunkle Säule entspricht der vermehrungsfähigbleibenden Keimzahl, die schraffierte gibt die Leistung der enzymatischen Umsetzung wieder. Die Kontrollen sind als 100 % eingezeichnet. Bei Zusatz von 10^{-1}mg DADCl/ml bleiben noch etwa 2 % der Keime vermehrungsfähig, eine Umsetzung von Harnstoff konnte nicht festgestellt werden. Bei Verminderung der Netzmittelkonzentration auf $5x10^{-2}$ mg/ml bleiben noch etwa 40 % der Keime am Leben, die enzymatische Leistung entspricht ungefähr der Keimzahl. Unter dem Einfluß von 10^{-2}mg/ml sinkt die Vermehrungsfähigkeit der Keime in diesen Versuchen um etwa 20 %, die Ureasetätigkeit im Vergleich zu den Kontrollen um etwa 10 %.
Die geringen Differenzen, die zwischen enzymatischer Leistung und Keimzahl auftreten, erklären sich einmal aus den Abweichungen der Keimzahlbestimmung, die auf Grund der wiederholten Verdünnungsprozedur um ± 10 % liegen, und zum anderen können sie mit bedingt sein durch einen gewissen Prozentsatz in seiner Vermehrungsfähigkeit geschädigter aber nicht abgetöteter Keime.

Aus der Darstellung geht jedoch klar hervor, daß der Abfall der enzymatischen Aktivität durch eine partielle Keimabtötung und offensichtlich nicht durch eine nicht-letale physiologische Störung hervorgerufen wird.

Der gleiche Versuch, ausgeführt an dem avirulenten humanen Stamm H37 Ra liefert den Beweis, daß eine unmittelbare Beeinflussung des Enzyms Urease durch das kationaktive Netzmittel höchstens in sehr geringem Umfange stattfindet (Abb.3).
Die Abbildung zeigt ebenfalls den konzentrationsabhängigen Abfall des vermehrungsfähigen Keimanteils, der bei diesem Stamm aber trotz der mehr als 5fach verlängerten Einwirkungszeit geringer bleibt als bei Mycobacterium smegmatis. Bei 10^{-1}mg/ml behalten etwa 10 % der beeinflußten Keime ihre Vermehrungsfähigkeit, bei $5x10^{-2}$mg/ml etwa 50 - 60 %, bei 10^{-2}mg/ml bilden noch etwa 90 % der Keime Kolonien. Die Ureaseaktivität fällt im Vergleich zur Keimzahl dagegen nur wenig ab und zwar unabhängig von der Netz - mittelkonzentration etwa im gleichen Maße. Eine Parallelität

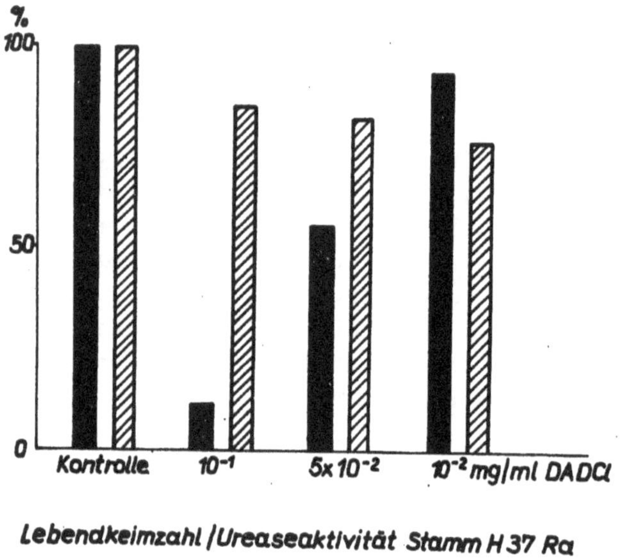

Abb.3 Einfluß verschiedener DADCl-Konzentrationen auf die Vermehrungsfähigkeit und Ureaseaktivität von Myc. tuberculosis, Stamm H37 Ra.
Erläuterung im Text.

zwischen irreversibler Keimschädigung und Ureaseaktivität ist hier also nicht festzustellen. Im Gegenteil zeigen die Versuche mit diesem Stamm, daß die Aktivität des Enzyms auch nach der Keimabtötung durch das Netzmittel innerhalb des Versuchszeitraumes weitgehend erhalten bleibt.

Das unterschiedliche Verhalten der beiden Teststämme kann hier nur ganz kurz erklärt werden. Der erste Stamm, Myc. smegmatis, besitzt bei Einbringung in das Versuchsmedium keine nachweisbare Urease und muß dieses Ferment erst im neuen Medium (Sauton-Nährboden) bilden, was die Parallelität zwischen Lebendkeimzahl und enzymatischer Leistung erklärt. Die Keime des Stammes H37 Ra besaßen bei der Übertragung in das Versuchsmedium bereits das komplette Enzym. Da eine Interferenz zwischen Netzmittel und

Enzym zumindest im stärkeren Maße nicht erfolgt, behält das Enzym innerhalb des Versuchszeitraumes auch nach der Keimabtötung den größten Teil seiner Aktivität.

Um zu prüfen, ob diese Feststellung auch für andere Enzyme gilt, wurden die Versuche auf die Messung der Katalaseaktivität ausgedehnt. Obwohl hierüber erst bedingte Aussagen gemacht werden können, läßt sich aus den bisher durchgeführten Versuchen auch hier erkennen, daß eine direkte Beeinflussung des Enzyms Katalase gleichfalls nur im geringen Maße erfolgt.
Eine ausführliche Diskussion der Ergebnisse erfolgt an anderer Stelle.

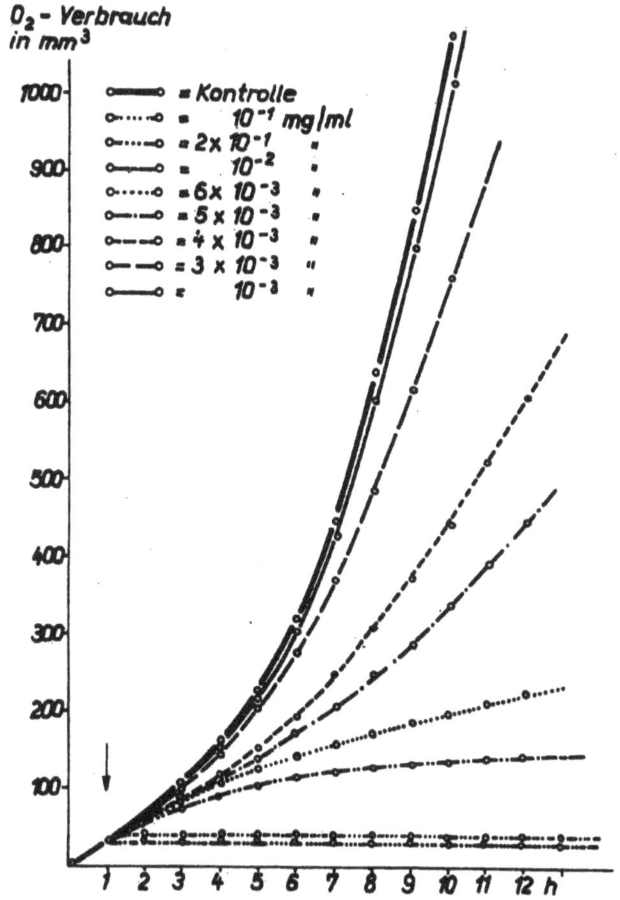

Abb.1 Einfluß verschiedener Konzentrationen von DADCl auf die Sauerstoffaufnahme von Mycobacterium smegmatis SB 801 während der logarithmischen Wachstumsphase.

Alfred H o p f i n g e r
Politechnika Slaska - Gliwice (P.R.L.)

Jan M o s k a l a
Zaklady Chemiczne - Oświecim (P.R.L.)

Marian G o d a w a
Zaklady Chemiczne - Oświecim (P.R.L.)

Erfahrungen über die kontinuierliche Sulfonierung des Dodecylbenzols

Die Sulfonierung des Dodecylbenzols mittels Oleum ist ein Prozeß, dessen Reaktionsgeschwindigkeit im Großbetrieb nicht durch die Reaktionskinetik begrenzt ist, sondern durch das Vermögen der Apparatur, die freiwerdende Reaktionswärme abzuführen.

Durch viele Jahre wurde die Sulfonierung periodisch durchgeführt, und zwar in der Weise, daß das Oleum bei intensivem Mischen dem Dodecylbenzol allmählich zugeführt wurde, wobei die Dosiergeschwindigkeit in gewissem Grade von der Temperatur des Reaktionsgemisches abhängig war, beziehungsweise von der Wärmemenge, die der Kühlmantel abzuführen vermochte.

In der Absicht, eine Intensivierung des erwähnten Prozesses durchzuführen, haben die Konstrukteure der Reaktoren die Sulfonatoren nicht nur mit Kühlmänteln, sondern auch mit möglichst gut wirksamen Kühlschlangen ausgestattet, die innerhalb der Reaktoren angebracht wurden. Die montierten Kühlschlangen vergrößerten zwar die Wärmeübergangsoberfläche, gleichzeitig aber zwangen sie die Konstrukteure zu einer bedeutenden Krafterhöhung der Rührer mit Rücksicht auf die bestehende Gefahr der Bildung von toten Räumen zwischen den Kühlschlangen und den Reaktorseitenwänden.

Die Ankerrührer wurden hier durch viel wirksamere Zentrifugalrührer ersetzt. Es ist klar, daß die Wärmeübergangsflächen in einem Reaktor der Type Rührbehälter nur in gewissen Grenzen erhöht werden können, sowohl die Kühlmantelausmaße als auch die Anzahl der Kühlschlangenwindungen sind durch die Ausmaße des Apparates begrenzt.

In der Absicht, eine weitere Wirksamkeitserhöhung beim Wärmeübergang zu erzielen, entstand die Konzeption, den Wärmeaustauscher außerhalb des Reaktors anzuordnen (Abb. 1).

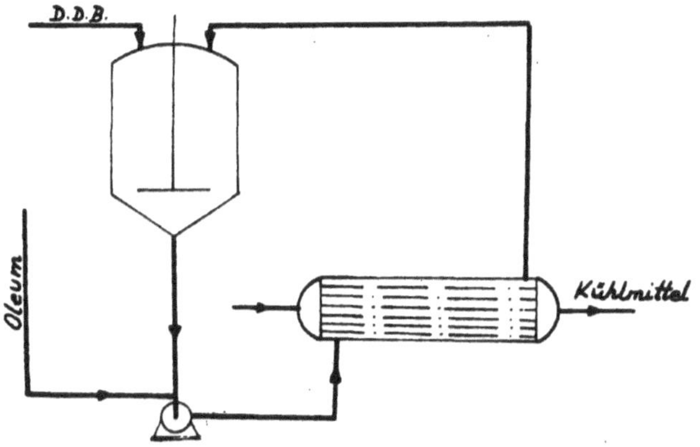

Abb. 1: Periodischer Reaktor mit Außenkühlung

Die Sulfonierungsanlage setzt sich in diesem Falle aus dem Reaktor, der Umwälzpumpe und dem röhrenförmigen Wärmeaustauscher zusammen, der sich zwischen der Pumpe und dem Reaktor befindet. Bei einer solchen Anordnung war die Wahl einer optimalen Kühlfläche der Anlage durch nichts mehr begrenzt.

Für jede Entwicklung einer Großerzeugung charakteristisch ist weiter die Tendenz zu einem Übergang zur kontinuierlichen Technik. Aus den vorerwähnten wärmetechnischen Gründen war die Lösung in der Form einiger parallelgeschalteter Batterien von Mischbehältern nicht besonders interessant.
Vielmehr geeigneter schien eine Anordnung, die außerhalb gelegene Zirkulationskühlschlangen aufwies, in denen man sehr schnell das Durchmischen großer Substratmengen durchführen und ebenfalls die Reaktionswärme abführen konnte. Die letzte Prozeßphase, das Reifen des Reaktionsgemisches, kann man in einem beliebigen Reaktor durchführen, da die hier freiwerdende Wärmemenge unbedeutend ist. Beim Übergang zum kontinuierlichen Betrieb bei der Anordnung mit den außerhalb befindlichen Kühlschlangen zeigte es sich, daß das Mischwerk eigentlich überflüssig wurde, da das Fassungsvermögen der Umwälzapparatur und die Zirkulationsmengen keinen wesentlichen Einfluß auf die Produktionskapazität der Anlage haben.
In einem solchen Falle arbeitet die Umwälzpumpe nicht nur als Transportaggregat, sondern de facto ebenfalls als Reaktor.

Die Berechnung der Pumpenleistung stößt auf keinerlei besondere Schwierigkeiten: Wenn man experimentell den Reaktionsgrad am Pumpenrotor festgestellt hat (oder im schlimmsten Falle, wenn man ihn mit einem genügenden Sicherheitsfaktor annahm) kann man die Wärmemenge, die das Reaktionsgemisch vor dem Eintritt in den Kühler freimacht, berechnen. Die Pumpe muß demnach so viel Wärmepuffer (Sulfomasse) umwälzen, daß die Temperatur in zulässigen Grenzen verbleibt. Daraus ergibt sich die Bilanzgleichung:

$$Q = V \cdot c\,(t_2 - t_1) \cdot$$

wobei: Q = die in der Zeiteinheit in der Pumpe freiwerdende Wärmemenge
γ = Dichte der Sulfomasse
c = Spezifische Wärme der Sulfomasse
t_2 = zulässige Temperatur der Sulfomasse
t_1 = Temperatur der Sulfomasse nach dem Austritt aus den Wärmeaustauschern
V = gesuchte Pumpenleistung.

Wenn der Sulfonierungsgrad beim Eintritt in die Wärmeaustauscher wesentlich von 100 % abweicht, darf man in der Bilanz des Austauschers die während des Durchflusses der Sulfomasse freiwerdende Wärmemenge nicht unberücksichtigt lassen.

Die eben beschriebene Anordnung kann nicht nur bei der Sulfonierungsapparatur Anwendung finden, sondern auch bei den übrigen Operationen, das heißt beim Verdünnen der Sulfomasse mit Wasser und bei der Neutralisierung.
Wenn auch das Verdünnungsproblem keine zusätzlichen Schwierigkeiten bereitet, außer vielleicht der Wahl einer entsprechenden Zentrifugalpumpe für Flüssigkeiten von hoher Zähigkeit, so tritt doch in der Frage der Neutralisation das Problem der Automatisierung stark in den Vordergrund. Bei der Dosierung von Dodecylbenzol, von Oleum und Wasser gewährleisten Einrichtungen wie zum Beispiel Rotameter oder Dosierpumpem eine genügende Genauigkeit.
Anders verhält sich die Sache mit der Dosierung der wäßrigen Natriumhydroxidlösung, wo die Anforderungen bezüglich der Wasserstoffionenkonzentration des Endproduktes sehr scharf sind. Die Lösung des Problems eines kontinuierlichen Neutralisationsprozesses ist nur möglich unter der Bedingung, daß eine automatische Messung des pH-Wertes der aus dem Reaktor austretenden neutralen Paste stattfindet und eine mit dem pH-Meter gekuppelte Dosierung des Neutralisationsmittels erfolgt.

Nach diesem Gesichtspunkten wurde im Jahre 1962 die Anlage für kontinuierliche Sulfonierung von Dodecylbenzol in Betrieb gesetzt (Abb. 2). Diese Anlage setzt sich aus drei Grundelementen zusammen, und zwar

aus der Sulfonierungsapparatur
aus der Verdünnungsapparatur und
aus der Neutralisierungsapparatur.

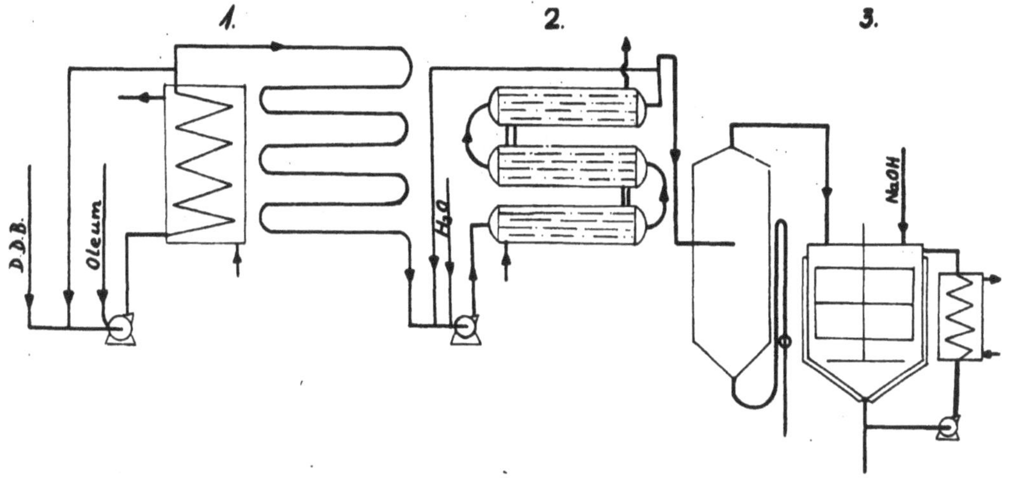

Abb. 2: Kontinuierliche Sulfonierung bei Verwendung einer Pumpe als Reaktor

Die Sulfonierungsapparatur besteht aus folgenden Elementen:
der Umwälzpumpe aus nichtrostendem V2A-Stahl, 3000 Umdrehungen pro Minute mit einer theoretischen Leistung von 20 m^3 pro Stunde,
dem Kühler aus V2A-Stahl mit einer Kühlfläche von 20 m^2 und
dem Zwischenbehälter für den Reifungsprozeß der Sulfomasse in Form einer Aluminiumrohrschlange.
Die Verrohrung ist ebenfalls aus Aluminium.
Das Dodecylbenzol, Oleum und die gekühlten Reaktionsprodukte wurden der Pumpe auf der Saugseite aufgegeben.
Wichtig dabei ist das Zuführen des Oleums direkt auf dem Pumpenrotor.
In dieser Anordnung arbeitet die Pumpe als Reaktor. Nach dem Durchgang durch den Kühler bleiben ungefähr 80 % der Sulfomasse im Kreislauf, die restliche Menge wird durch eine kleine Steigleitung dem Zwischenbehälter zugeführt, indem die durchschnittliche Verweilzeit ungefähr dreißig Minuten beträgt. Auf der Saugseite der Pumpe beträgt die Temperatur nach dem Kühler 22 - 26° C, auf der Druckseite etwa 35° C, der Druck auf der Druckseite der Pumpe beträgt etwa 2,5 atü. Die Temperatur im Zwischenbehälter stellt sich auf etwa 30° C ein.

Analog ausgelegt ist die Verdünnungsapparatur für die Sulfomasse. Zu ihr gehören:
eine identische Zentrifugalpumpe wie bei der Sulfonierung, der röhren-

förmige Wärmeaustauscher mit einer Kühlfläche von 17 m^2 und der Abscheider für Abfallschwefelsäure und die Sulfosäuren. Der Wärmeaustauscher samt Verrohrung ist aus V2A-Stahl hergestellt, der Abscheider ist mit Blei ausgekleidet.

Die Sulfomasse, die verdünnten Säuren und das Wasser werden auf der Saugseite der Pumpe zugeführt. Die Wassermenge wird so groß gehalten, daß die Abfallschwefelsäure eine Konzentration von 75 % H_2SO_4 beibehält. Auf der Pumpe kommt es zur Durchmischung der Reagenten, wobei eine bedeutende Temperaturerhöhung stattfindet. Das Reaktionsgemisch wird nachher im Kühler gekühlt und dann - ähnlich wie bei der Sulfonierung - bleiben 80 % der Masse im Kreislauf und der Rest wird dem Abscheider zugeführt zwecks Abscheidung der Abfallschwefelsäure von den Sulfonsäuren.
Die Temperaturen in der Installation sind folgende: Auf der Saugseite der Pumpe 30° C, auf ihrer Druckseite 55° C, im Abscheider 55° C. Der Druck an der Pumpe beträgt etwa 4,5 atü. Zwecks Druckerniedrigung an der Pumpe und zwecks Beschleunigung der Abscheidung der Sulfosäuren von der Abfallschwefelsäure kann man in den Kreislauf gekühlte Abfallschwefelsäure anstatt der verdünnten Sulfomasse einleiten. Das Fassungsvermögen des Abscheiders wurde so gewählt, daß die Verweilzeit der sich abscheidenden Substrate zwei Stunden beträgt. Man erhält schließlich eine Abfallsäure, die etwa 1 - 1,5 % organischer Substanzen und Sulfosäuren enthält, die nach der Neutralisierung etwa 13 % Natriumsulfat ergeben.

Die Neutralisierungsapparatur besteht aus

drei periodisch arbeitenden Neutralisierbehältern aus V2A-Stahlblech, die mit einem Rahmenrührer, einem Kühlmantel und einer äußeren Kreislaufkühlung ausgestattet sind. Die Neutralisierungsbehälter arbeiten abwechselnd.

Da der Sulfosäurezufluß konstant ist, muß der Prozeß so geführt werden, daß keine Unterbrechung in der Sulfosäureverarbeitung eintritt. Dieser Prozeß kann sinngemäß so wie die vorher beschriebenen Prozesse kontinuierlich gestaltet werden. Zu diesem Zwecke ist ein den Laugezufluß steuernder pH-Meter sowie Schlammpumpen oder Pumpen für hochviskose Flüssigkeiten mit verhältnismäßig hohen Tourenzahlen notwendig. Zur Neutralisierung verwendet man eine wäßrige Natronlaugelösung. Als Endeffekt erzielt man eine fünfunddreißig bis fünfundvierzig prozentige Lösung von dodecylbenzolsulfosaurem Natrium in Form einer dicken Emulsion oder als Paste. Die Neutralisationsparameter sind den Prozeßanforderungen angepaßt. Das Neutralisieren führt man bei einer Temperatur von 35 - 40° C durch.
Der Druck auf der Umwälzpumpe steigt mit der Zähigkeitserhöhung der Reaktionsmasse im Verlaufe der Neutralisierung von 1,5 bis zu 5 atü an. Als Kühlmittel der ganzen Apparatur verwendet man Wasser von einer Tem-

peratur von 2 - 5° C. Im Winter führt man es der Anlage aus dem Wasserleitungsnetz zu, in der warmen Jahreszeit dagegen steht eine Ammoniakkühlanlage zur Verfügung.
Auf der oben beschriebenen Anlage verarbeitete man Dodecylbenzol aus Isopropylentetramer, Kerylobenzol aus einer Petroleumfraktion und Kerylbenzol aus Kogasin. Die erhaltenen Ergebnisse waren in allen Fällen zufriedenstellend. Die Anlage zeichnet sich durch kleine Gabaritausmaße, durch die Leichtigkeit in der Bedienung und durch ihren elastischen Betrieb besonders aus.
Der Rohstoffverbrauch beträgt:

Dodecylbenzol	775 kg pro t 100 % DBS
20 % Oleum	855 kg pro t 100 % DBS

Der Gehalt an nichtsulfonierten Substanzen schwankt in den Grenzen von 0,8 bis 1,5 %, berechnet auf 100 % DBS.
Die Produktionskapazität der beschriebenen Anlage beträgt etwa 500 kg 100 % Sulfonat pro Stunde.

Auf Grund der technischen Daten der beschriebenen Sulfonierungsanlage, die als Versuchs- bzw. als Lotsenapparatur gedacht war, wurde das technische Projekt einer Großanlage bearbeitet, aus dem nachfolgend einige charakteristische Daten angeführt werden:

α_1 - Wärmeübergangskoeffizient für die Sulfomasse
100 Kcal/m^2.Stunde.°C

α_2 - Wärmeübergangskoeffizient für verdünnte Sulfomasse
89 Kcal/m^2.Stunde.°C

α_3 - Wärmeübergangskoeffizient für neutralisierte Paste (25 % DBS)
235 Kcal/m^2.Stunde.°C

Falls die Kühlung der Anlage vermittels einer wäßrigen Glycerinlösung durchgeführt wird, erhält man die nachfolgenden entsprechenden Werte:

K_1 - 83,5 Kcal/m^2.Stunde.°C
K_2 - 76 Kcal/m^2.Stunde.°C
K_3 - 163 Kcal/m^2.Stunde.°C

Die obigen Werte gelten für den Wärmeaustauscher, in dem die Reaktionsmasse die Rohre von außen umspült und das Kühlmittel innerhalb der Rohre durchfließt.

G. M o s e r
VEB Fettchemie, Karl-Marx-Stadt

Einsatz von Spalthomogenisatoren bei der Durchführung von kontinuierlichen chemischen Prozessen

Spalthomogenisatoren, auch Hochleistungs-Dispergiergeräte genannt, sind technische Geräte und haben zur physikalischen Stoffbearbeitung als hochwirksame Misch-, Dispergier- und Homogenisiergeräte in steigendem Maße Eingang in wichtige chemische Industriezweige gefunden. Durch den Einsatz von Spalthomogenisatoren laufen viele Zerteilungsvorgänge in flüssiger Phase in kurzer Zeit und in einer Bearbeitungsstufe ab und erreichen im Zerteilungsgrad den kolloidalen Bereich. Diese Verfahren sind damit den bisherigen Prozessen überlegen, in denen die einzelnen Operationen wie Vorzerkleinern, Mahlen, Rühren oder Homogenisieren nacheinander und in verschiedenen Geräten durchgeführt werden müssen.

Es wird auch verständlich, daß bei der intensiven physikalischen Stoffbearbeitung durch Spalthomogenisatoren chemische Stoffumsetzungen aufgrund der starken Oberflächenvergrößerung und ständigen Oberflächenerneuerung günstig zu beeinflussen sein müssen. Vereinzelte Hinweise darüber lagen bereits vor; hier soll nun über die Erfahrungen mit Spalthomogenisatoren bei chemischen Umsetzungen zur Herstellung oberflächenaktiver Verbindungen und den sich dabei ergebenden Vorteilen berichtet werden.

Zunächst ist dazu der Aufbau und die besondere Wirkungsweise der Spalthomogenisatoren kurz zu erläutern. Sie bestehen aus dem Antriebsmotor, dem Schaftrohr mit mehrfach gelagerter und abgedichteter Antriebswelle und der Wirbelkammer. In der Wirbelkammer dreht sich ein durch den Motor über die Welle angetriebener und mit vielen Einschnitten versehener Rotor in geringem Abstand von dem ebenfalls mit vielen Einschnitten versehenen Stator. Dabei ist die Zahl der Spalten des Rotors und des Stators voneinander gering verschieden. Zur Wirksamkeitssteigerung tragen Rotor und Stator in einer Ebene mehrere unterbrochene konzentrische Kränze, die zusammengesetzt kammartig ineinandergreifen.

Die Wirbelkammer taucht in die Flüssigkeit ein und erteilt durch die Drehung des Rotors dem flüssigen Medium im Innern der Wirbelkammer eine Umfangsgeschwindigkeit und durch die Trägheit eine nach außen gerichtete Kraftkomponente. Dadurch wird die beschleunigte Flüssigkeit vom Rotor in die Spalten gegen die Spaltflächen des umschließenden Stators geschleudert und abgebremst. Der folgende Rotorkranz zieht die Flüssigkeit in seine Spalten ein und beschleunigt sie erneut. Diese Vorgänge wiederholen sich vielmals entsprechend der Spaltzahl im Rotor und Stator sowie der Zahl der Rotor- und Statorkränze. Weitere Flüssigkeit wird dabei ständig ins Innere der Wirbelkammer eingezogen und aus den äußeren Spalten herausgeschleudert. In der gesamten Flüssigkeit entsteht ein innerer Kreislauf.

In der Wirbelkammer erhält die Flüssigkeit eine Umfangsgeschwindigkeit von ca. 20 $m \cdot s^{-1}$ und beim Durchgang durch die vielen Spalten der Wirbelkammer, beispielsweise eines Labor-Spalthomogenisators mit zweifachem Rotor- und dreifachem Statorsystem, in jeder Sekunde etwa 250 000 Prallstöße. Diese periodischen Beschleunigungen und Abbremsungen erzeugen in der Flüssigkeit rhythmische Schwingungen. Entsprechend der konstruktiven Bauart von Rotor und Stator kann man alle Prallstöße nacheinander oder mehrere Prallstöße gleichzeitig erfolgen lassen; im ersten Fall erhält man Schwingungen hoher Frequenz mit geringer Intensität, im zweiten Fall Schwingungen hoher Intensität bei geringer Frequenz. Die in der Praxis zur Anwendung kommenden Frequenzen liegen im nahen und mittleren Ultraschallbereich. Diese durch Spalthomogenisatoren mechanisch erzeugten hochfrequenten Wechseldrücke bewirken in Flüssigkeiten viele physikalische und chemische Effekte wie beispielsweise die Zerstörung von Gelstrukturen, die Dispergierung und Emulgierung, den Abbau von Hochpolymeren, die Erhöhung von Diffusions- und Reaktionsgeschwindigkeiten und ähnliches mehr.

Von bestimmten Frequenzen ab, die weitgehend von der physikalischen Beschaffenheit der Flüssigkeiten abhängen, kann die Flüssigkeit dem schnellen Rhythmus der Wechseldrücke nicht mehr folgen; sie wird in viele kleine Hohlräume zerrissen und wieder verdichtet. Diese Erscheinung bezeichnet man als Kavitation, sie bewirkt eine Verstärkung der genannten Effekte.

Weiterhin ist die ständige Scherung der Flüssigkeiten in dem engen Zwischenraum zwischen Rotor und Stator zu berücksichtigen, die ebenfalls zur hohen Oberflächenvergrößerung auch viskoser Ausgangskomponenten beiträgt.

Der Spalthomogenisator eröffnet durch die geschilderten mechanischen Effekte Möglichkeiten zur beschleunigten Durchführung chemischer Reaktionen unter schonenden äußeren Bedingungen bei niederer Temperatur, niederem Druck und kurzer Verweilzeit.

Beim praktischen Verfahren zur chemischen Umsetzung taucht die Wirbelkammer des Spalthomogenisators in die umzusetzende Flüssigkeit bzw. in das bereits umgesetzte Produkt ein. Die Zuführung der Reaktanten erfolgt nun nicht wie bei der physikalischen Stoffbearbeitung in die Flüssigkeit selbst, sondern dosiert über getrennte Zuleitungen direkt in den Innenraum der Wirbelkammer. Diese Zuführungen sind bei den handelsüblichen Spalthomogenisatoren nicht vorhanden und müssen zusätzlich angebracht werden.

Die gleichzeitig in die Wirbelkammer eingezogene Flüssigkeit verdünnt die Reaktanten und nimmt die während des Durchgangs auftretende Reaktionswärme auf und führt sie mit hoher Geschwindigkeit zur gekühlten Wandfläche des Reaktionsbehälters ab. Dadurch entstehen keine örtlichen Wärmestauungen; die Reaktionen sind in den meisten Fällen beim einmaligen Durchgang durch die Wirbelkammer beendet. Zur Aufrechterhaltung eines inneren Kreislaufs läßt man im Behälter das umgesetzte Produkt zirkulieren und zieht bei der kontinuierlichen Fahrweise entsprechend der zugeführten Menge der Reaktanten die äquivalente Menge an Reaktionsprodukt ab.

Der Spalthomogenisator soll nicht in die Mitte des Behälters und nicht senkrecht zur Flüssigkeitsoberfläche eingebaut sein. Mit diesen Maßnahmen vermeidet man mit Sicherheit die Bildung von trichterförmigen Luftwirbeln durch die Flüssigkeitsoberfläche. Dadurch kann besonders in der Produktion konzentrierter oberflächenaktiver Substanzen die unerwünschte und sehr lästige Schaumbildung ausgeschaltet werden.

Zur näheren Erläuterung sei als praktisches Beispiel die kontinuierliche Neutralisation der Sulfatierungsprodukte aliphatischer Fettalkohole mit wäßrigen Alkalien herangezogen. Bisher fanden bei der kontinuierlichen Gestaltung dieses einfachen chemischen Vorganges trotz zahlreicher Vorschläge einige wichtige Probleme keine gemeinsame, technisch einfache Lösung. Einerseits muß in möglichst konzentrierten Lösungen gearbeitet werden, weil jede Verdünnung im darauffolgenden Prozeß der Trocknung oder Zerstäubung die Produktionskosten erhöht, andererseits hohe Konzentrationen unzulässige, örtliche Temperatursteigerungen während der Neutralisation begünstigen. Durch die ebenfalls erhöhte Viskosität des konzentrierten Neutralisats wird der schnellen Umsetzung der hinzutretenden Reaktanten entgegengewirkt, so daß bei der erhöhten Temperatur teilweise Esterspaltung eintritt. Stärkere Mischorgane können nur teilweise diese Schwierigkeiten beheben, weil durch sie als weiterer Nachteil das Einbringen und Verteilen von Luft ins Neutralisat verstärkt wird. Die entstehenden Schäume sind sehr stabil und erschweren das Abpumpen, Fördern sowie die Weiterverarbeitung des Neutralisats beträchtlich. Bekanntlich treten weiterhin pH-Wertänderungen zum sauren Bereich nach einer Standzeit von einigen Stunden bis zu mehreren Tagen ein.

Dies zeigt, daß im Neutralisat immer noch nicht vollständig neutralisierte Teilchen der Mono- bzw. Dialkylschwefelsäureester vorhanden waren.

Führt man dagegen die Neutralisation kontinuierlich mit Hilfe eines Spalthomogenisators durch und dosiert äquivalente Mengen von Alkylschwefelsäureester und wäßrige Lauge in getrennten Zuleitungen direkt in die Wirbelkammer, so kann über einen seitlichen Stutzen des Neutralisierbehälters ständig die adäquate Menge an Neutralisat abgezogen werden. Die Leistungsfähigkeit der Apparatur ist durch die obere Grenze der Wärmeabfuhr gegeben. Von Vorteil ist, daß nicht nur im gefüllten Neutralisierkessel mit maximaler Ausnutzung der Kühlflächen gearbeitet werden kann, sondern daß die Neutralisation dieser empfindlichen Alkylschwefelsäureester ohne Nachteil etwa 15°C über der bisher geforderten oberen Neutralisationstemperatur liegen darf. Das Neutralisat ist praktisch schaumfrei und erfährt keine pH-Wertänderung nach längerer Standzeit.

Die Dosierung der Lauge kann nach dem pH-Wert des Neutralisats erfolgen. Dazu ist ständig eine kleine Menge des Neutralisats aus dem Sprühstrahl des Spalthomogenisatorkopfes abzuziehen und in einem Durchlaufgefäß zu verdünnen. Diese Lösung umspült dann eine Meßkette, deren E M K - Abweichungen von einem Festwert verstärkt werden und zur Steuerung eines Stellmotors dienen. Dieser ändert proportional zur Abweichung vom Festwert den Kolbenhub oder die Drehzahl der Laugenpumpe. Auf diese Weise kann die kontinuierliche Neutralisation automatisiert werden.

Dieses Verfahren zur kontinuierlichen Neutralisation von Fettalkoholschwefelsäureestern ist im VEB Fettchemie, Karl-Marx-Stadt entwickelt und betrieblich erprobt worden.

Auch andere empfindliche, viskose oder ineinander nicht oder nur schwer lösliche Flüssigkeiten können in der gleichen apparativen Anordnung umgesetzt werden. Es verläuft die kontinuierliche Reaktion von Ölsäurechloriden mit Methyltaurin in alkalischer Lösung ebenso vollständig wie die kontinuierliche Sulfonierung von Alkylbenzol mit Schwefelsäure oder Oleum. Falls eine Nachreaktion erforderlich ist, so kann diese im Reaktionsbehälter selbst stattfinden. Der Behälter ist dann mindestens so groß zu wählen, daß die mittlere Verweilzeit des Produktes im Behälter der erforderlichen Nachreaktionszeit entspricht.

Bei allen bisher erwähnten Umsetzungen wurden stets Flüssigkeiten den besonderen physikalischen Effekten, die in der Wirbelkammer des Spalthomogenisators auftreten, ausgesetzt.

Die Leistungsfähigkeit der Spalthomogenisatoren soll noch an einem Beispiel demonstriert werden, bei dem eine Flüssigkeit und ein Gas reagieren. Es handelt sich um die kontinuierliche Sulfonierung von Dodecylbenzol mit gasförmigem Schwefeltrioxyd. Das Verfahren unterscheidet sich nur dadurch von den bisher geschilderten, daß anstelle des einen flüssigen Reaktanten hier verdünntes, gasförmiges Schwefeltrioxyd dem Innenraum der Wirbelkammer zugeführt wird. Es ist wahrscheinlich, daß bisher kein Gerät auch nur annähernd ein Gas so schnell und so fein in einer Flüssigkeit verteilen konnte. Die Flüssigkeitsoberfläche wird andererseits so häufig erneuert, daß die Sulfonierung in der kurzen Zeit des Durchtritts durch die Wirbelkammer praktisch vollständig abläuft. Durch miteingezogenes Sulfonat findet die Reaktion verdünnt und unter sofortiger Wärmeaufnahme und -abfuhr statt. Nebenreaktionen, besonders Oxydationen, treten ganz zurück; der Sulfonierungsgrad liegt bei 99 %, der Gehalt an freier Schwefelsäure unter 1 %; das wäßrige Neutralisat mit ca. 30 % waschaktiver Substanz ist eine helle, klare Lösung; eine Bleichung ist nicht mehr erforderlich.

Aus der Tensidproduktion wurde anhand einer kleinen Auswahl chemischer Prozesse, die wegen ihrer hohen Viskosität, ihrer hohen Wärme- und pH-Empfindlichkeit oder ihrer langsamen Reaktionsgeschwindigkeit diskontinuierlich oder in apparativ aufwendigen Kreisprozessen gefahren werden, gezeigt, daß diese Prozesse durch den Einsatz von Spalthomogenisatoren unter Ausnutzung der dabei auftretenden besonderen mechanischen Effekte verbessert und besonders leicht kontinuierlich gestaltet werden können.

I. T r e u h o f f
VEB Fettchemie, Karl-Marx-Stadt

Hautverträglichkeit einiger waschaktiver Substanzen

In der Zeit der Auseinandersetzungen zwischen Seifen und synthetischen oberflächenaktiven Stoffen ist die Hautwirksamkeit von Wasch- und Reinigungsmitteln erst richtig zutage getreten. Eine ständig steigende Häufigkeit der Hautschäden ist bei der immer breiteren Verwendung von Tensiden in Industrie und Gewerbe zu verzeichnen. Die Frage der Hautverträglichkeit wird meistens erst dann zum Problem, wenn Schäden und Beanstandungen dazu Veranlassung geben. Die Intensität der Einwirkung von synthetischen waschaktiven Substanzen auf die menschliche Haut ist sehr unterschiedlich, dabei stellt sie in jedem Fall einen unphysiologischen Eingriff dar, da neben dem zu entfernenden Schmutz auch hauteigene Stoffe abgetragen werden.

In der sehr umfangreichen Literatur über Untersuchungen zur Hautverträglichkeit von Wasch- und Reinigungsmitteln sind nur eine verhältnismäßig geringe Anzahl von Arbeiten zu nennen, die sich mit definierten Tensiden und ihrem Verhalten auf die menschliche Haut befassen.

Tronnier, Schuster und Modde [15] stellen die Bedeutung von Untersuchungen mit "unverschnittenen" Tensiden heraus und weisen auf die Unmöglichkeit des Vergleiches der in der Literatur gemachten Angaben hin.

Die Behauptung, daß Syndets für die Haut ungünstiger als Seife seien, ist in der Verallgemeinerung falsch, genauso wie das Argument, daß Seife mit ihrer arteigenen Alkalität ein hautschädigendes Reinigungsmittel ist. Die unterschiedlichen Meinungen der Dermatologen sind z.T. auf verschiedene Schwierigkeiten der Untersuchungsmethoden zurückzuführen.

Stüpel und Szakall [14] weisen auf die Bedeutung von praxisnahen Versuchsmethoden hin, da die Messung des Entfettungsgrades der Haut keine ausreichende Auskunft über die Schädlichkeit oder Unschädlichkeit von waschaktiven Substanzen geben kann.

Es sollen kurz die verschiedenen Untersuchungsmethoden zur Bestimmung der Hautwirksamkeit von Tensiden genannt werden, um einen Einblick in die unterschiedlichen Versuchsmöglichkeiten zu geben.

Epicutan-Teste lassen sich am Menschen und am Versuchstier durchführen, wobei der Läppchen-, Cup- und Pinsel-Test die meist herangezogenen Methoden sind. Von einigen Autoren wird der Injektions- und der Agar-Implantations-Test am Tier als optimal bezeichnet, wobei diese Methoden nur eine bedingt richtige Aussage über das Verhalten von Tensiden auf der menschlichen Haut machen können.

Zur Prüfung von Tensiden und Seifen wird in den USA der Kaninchen-Augentest angewandt. Auf die Methodik näher einzugehen, würde zu weit führen. Die Bewertung der Reizwirkung auf das Kaninchenauge erfolgt nach einem von Draize u. Mitarb. (zitiert von Jacobi [7]) festgelegten Punktsystem.

Der Tauchtest kommt den praktischen Verhältnissen wesentlich näher als der Läppchentest und wird von vielen Dermatologen als Kompromißlösung vorgeschlagen. Die Probanden haben 1/2 Stunde lang beide Unterarme in der Waschflotte zu baden, deren Temperatur auf etwa 45° C konstant zu halten ist. Nach dieser Behandlung wird der Hautzustand beurteilt. Eine sehr ähnliche Methode ist der Dipping-Test.

Die verschiedenen Varianten des Waschversuches sollen die in der Praxis vorkommende Hautbelastung durch Waschmittellösungen rekonstruieren und auch den Faktor der mechanischen Belastung einbeziehen.

Abweichungen vom normalen Quellungszustand verändern die Haut sowohl in ihrer Beziehung zur Umwelt als auch in ihren eigenen Funktionen sehr stark. Es hat aus diesem Grunde an Untersuchungen nicht gefehlt, die Änderung des Quellungszustandes der Haut vom Normalen als Grundlage zur Beurteilung der Hautverträglichkeit von Reinigungsmitteln heranzuziehen.

Von den optischen Methoden zur Untersuchung des Hautzustandes seien die Luminiszenzmikroskopie und die Lichtschnittaufnahmen zu nennen.

Die Beeinflussung des Haut-pH-Wertes unter Einwirkung von Reinigungsmitteln kann mit Hilfe der kolorimetrischen oder potentiometrischen Methode erfolgen.

Das Alkalineutralisationsvermögen der Haut nach der Einwirkung von Tensid-Lösungen hat sich nach Angaben verschiedener Autoren zur Beurteilung der Wirksamkeit von Seifen und Waschmitteln bewährt. Schon im Jahre 1892 hatte Heuss [6] die Fähigkeit der menschlichen Haut erkannt, durch ihre saure Reaktion aufgebrachtes Alkali zu neutralisieren. Diese Eigenschaft der Haut wurde von Burckhardt [3,4] zu einer Funktionsprüfung ausgebaut.

Die Tatsache, daß die Hautentfettung durch Syndets größer als durch Seife ist und daß dieser wiederum nicht eine so große Bedeutung zukommt wie der Beeinflussung des Lipoidregenerationsvermögens, ist durch viele Untersuchungen bewiesen worden.

Die Hautfettbestimmung kann mit Hilfe verschiedener Extraktionsmethoden erfolgen, die sich im Prinzip nicht wesentlich unterscheiden.

Von großem Interesse ist die Zeit, die die Haut braucht, um Veränderungen des Fettmantels durch Waschen wieder auszugleichen. Hierbei offenbart sich eine deutliche Differenz je nach Verwendung einer üblichen

Seife oder einer synthetischen waschaktiven Substanz. Mit dieser Methode wird sicherlich die wesentlichste und unangenehmste Wirkung der Syndets erfaßt. Somit hat sich die Bestimmung des Lipoidregenerationsvermögens der Haut bei der Beurteilung von waschaktiven Substanzen bestens bewährt.

In vergleichenden Untersuchungen konnten Schulz und Rose [12] mit Alkylsulfaten definierter Kettenlänge eine abfallende Reizwirkung auf die menschliche Haut von $C_{12} \rightarrow C_{14} \rightarrow C_{10} \rightarrow C_{16} \rightarrow C_{18}$ feststellen, wobei die beiden letzteren keine Reaktion zeigten.

Unterschiede in der Hautverträglichkeit verschiedener Mersolat-Fraktionen stellten Adamek und Hampel [1] fest, wobei diese auf geringfügige Beimengungen anderer organischer Stoffe zurückzuführen sind. Generell sind Mersolate, wie auch andere Autoren bewiesen haben, gut verträglich.

Nach Untersuchungen von Steinhoff [13] hat ein halbsynthetisches Fettsäure-Eiweiß-Kondensationsprodukt die kürzeste Lipoidregenerationszeit, dann folgt die Seife und daran schließen sich dann die Syndets.

Manneck [8] zitiert Schneider, Kuchinka, Rossner und Peukert, die alle übereinstimmend den Anstieg der Reizwirkung von Waschmittelrohstoffen in folgender Reihe beurteilen: Fettsäure-Eiweiß-Kondensationsprodukte → Alkylsulfonat → Alkylarylsulfonat → Fettsäurekondensationprodukt → Fettalkoholsulfat → Naphthalinsulfonat.

Über vergleichende Untersuchungen über die Reizwirkung von waschaktiven Substanzen am Kaninchenauge berichten verschiedene Autoren. Neumann und Aalbers [10] schlagen die "NaL-Zahl" als Maß für die Reizwirkung am Auge vor, wobei dieser Wert "NaL=10" der Reizwirkung einer 2 %igen Natriumlaurylsulfatlösung entspricht. Handelsübliche Produkte untersuchte Meinicke [9] und stellte die stärkste Reizwirkung bei Alkylarylsulfonat und Fettalkoholsulfat, dagegen eine praktische Reizlosigkeit bei einem Fettsäure-Eiweiß-Kondensat fest. Untersuchungen mit in der DDR handelsüblichen Tensiden führten Groetschel und Piper [5] durch. Es ergab sich am Kaninchenauge eine absteigende Intensität der Reizung in nachstehender Reihenfolge: Alkylarylsulfonat (salzfrei) → Fettalkoholsulfat (Texapon-Extrakt) → Natriumalkylmonosulfonat (E 30) → Fettalkoholsulfat (FAS-Paste) → Fettsäurekondensationsprodukt.

Der Einfluß von Waschmittelrohstoffen auf die Alkalineutralisationsfähigkeit der menschlichen Haut wurde von Schneider und Hartz [11] untersucht und die ermitteln Werte auf die der unbehandelten Haut bezogen. In diesen Untersuchungen wurden westdeutsche Markenprodukte eingesetzt und bei Triäthanolaminalkylarylsulfonat der beste Wert und bei einem Fettalkoholsulfat-Gemisch der schlechteste ermittelt. Fettsäurekondensationsprodukte lagen in ihrem Einfluß auf die Alkalineutralisationsfähigkeit zwischen beiden genannten Produkten.

Um Vergleichsmöglichkeiten zu schaffen, wird von Tronnier, Schuster und Modde [15] ein Bezugssystem mit Natriumlaurylsulfat als Standardsubstanz vorgeschlagen, mit dessen Hilfe die Nebenwirkungen der Tenside im Vergleich zur Wirkung zahlenmäßig erfaßt werden können. Dieser Quotient, als "side-effect-factor" (SEF) bezeichnet, ist bei Natriumlaurylsulfat 1,0 und stellt ebenfalls die Summe der Wirkungen und Nebenwirkungen dar. Ein SEF über 1 sagt über stärkere Nebenwirkungen als bei Natriumlaurylsulfat aus. Für 2 %ige Tensidlösungen ergeben sich folgende SEF-Werte, die in der Tabelle 1 wiedergegeben sind.

Tabelle 1

S E F - W e r t e

S u b s t a n z	SEF
Eiweiß-Fettsäure-Kondensate als Kaliumsalze (MG 750 bzw. 900)	0,44
Natriumlaurylsulfat	1,00
n-Dodecylbenzolsulfonat-Triäthanolaminsalz	1,02
Fettsäuremethyltaurid-Natriumsalz	1,18
n-Alkylsulfonat-Natriumsalz	2,42

Für die klinische Testung und Beurteilung von in der DDR handelsüblichen waschaktiven Substanzen wurde eine Auswahl getroffen, die vergleichsweise nach den vorgeschlagenen Methoden in Zusammenarbeit mit der Hautklinik der Charité unter Leitung von Herrn Prof. Linser geprüft wurden. In der nachfolgenden Tabelle 2 sind die für die Untersuchung vorgesehenen Tenside mit den im Läppchentest ermittelten Hautwirkungsfaktoren (HWF) genannt.

Läppchenteste: Der Läppchentest soll Aufschluß über die Reizwirkung einer waschaktiven Substanz geben, wenn man die speziellen, stark von der Praxis abweichenden Versuchsbedingungen (langdauernde Intensivwirkung, hohe Einwirkungskonzentration, geschlossener Dampfraum, Pflasterreizung usw.) einkalkuliert.

Nach einer Kontaktzeit von 24 Stunden wurde die Bewertung nach einem Punktsystem von 0 - 5, von negativ über starke Rötung bis starke Reaktion, durchgeführt. Aus den ermittelten Werten wird ein Hautwirkungsfaktor errechnet. Der schlechteste HWF ist demnach 100 und der beste 0.

Tabelle 2

Hautwirkungsfaktor (HWF) im Läppchentest

Substanz	Zahl der Versuchs-personen	pH-Wert der Lösung	HWF
Fettalkohol C_{16} - C_{20} mit > 10 ÄO	40	9,9	0
Alkylphenol mit < 10 ÄO	40	10,6	0
Alkylsulfonat-Na-Salz	120	11,5	0,6
PC-Alkohol C_{10} - C_{16} mit 9 ÄO	40	9,6	1,0
Alkylnaphthalinsulfonat	120	9,0	1,0
Alkylmonosulfonat-Na-Salz	120	5,7	1,3
Alkylbenzolsulfonat-Na-Salz	120	4,6	1,6
Fettalkoholsulfat C_{12} - C_{14}-Ammonium-Salz	40	7,1	2,0
PC-Alkohol-Sulfat C_{10} - C_{16}-Na-Salz	120	9,3	2,8
Na-Carboxylat C_{12} - C_{14}	80	9,7	3,5
Eiweiß-Fettsäure-Kondensationsprodukt	40	8,0	3,6
Oleylmethyltauridnatrium	120	9,6	4,2
PC-Alkohol-Sulfat C_{18} - C_{20}-Na-Salz	80	8,4	4,5
Na-Carboxylat C_{16} - C_{18}, gesättigt	80	-	5,7
Alkylsulfat C_{16}, ungesättigt	120	10,0	10,0
Na-Carboxylat C_{16} - C_{18}, ungesättigt	120	9,7	11,0

Beurteilung: Die als Vergleichsprodukte herangezogenen Natrium-Seifen weisen nach dieser Testmethode die ungünstigsten Werte auf, während die nichtionogenen Tenside reaktionslos vertragen wurden. Das Eiweiß-Fettsäure-Kondensationsprodukt lag mit seinem HWF zwischen den genannten Substanzen. Diese Reihenfolge der Reizwirkung widerspricht völlig den Angaben in der Literatur, in denen die Seifen in ihrem Verhalten auf die Haut günstig beurteilt werden. Es zeigt sich wiederum, wie wenig der Läppchentest bei der Beurteilung von waschaktiven Substanzen den praktischen Anwendungsbedingungen gerecht wird.

Klinischer Gebrauchstest: Dieser Gebrauchstest gibt unter praxisnahen Anwendungsbedingungen Aufschluß über die Hautverträglichkeit eines Reinigungsmittels bei Dauergebrauch durch Hautgesunde.

10 ml einer 10 %igen Lösung der Testsubstanz wird 3 Wochen lang 3 x täglich zum Waschen verwendet. Der Waschvorgang wird so durchgeführt, daß mit der Lösung die Hände gleichmäßig benetzt werden und damit dann das Gesicht gewaschen wird. Nach dem Abspülen wird mit einem Handtuch abgetrocknet. Der resultierende Hautzustand wird 1 x täglich subjektiv und objektiv beurteilt und registriert. Die Beurteilung erfolgt durch

einen Arzt nach einem festgelegten Punktsystem von 0 - 5. Aus den ermittelten Werten wird der HWF im Gebrauchstest ermittelt. In der Tabelle 3 sind die Werte wiedergegeben.

Tabelle 3

Hautwirkungsfaktoren (HWF) im klinischen Gebrauchstest (21 Tage)

Substanz	Zahl der Versuchspersonen	pH-Wert der Lösung	HWF
Fettalkohol C_{16} - C_{20} mit > 10 ÄO	10	9,9	0
PC-Alkohol C_{10} - C_{16} mit 9 ÄO	12	9,6	0
Alkylsulfonat-Na-Salz	10	5,7	0
Alkylbenzolsulfonat-Na-Salz	9	4,6	0,7
Alkylsulfat C_{16}, ungesättigt	10	10,0	3,0
PC-Alkoholsulfat C_{10} - C_{16}-Na-Salz	11	9,3	16,0
Oleylmethyltaurid-Natrium	12	9,6	22,5
Fettalkoholsulfat C_{12} - C_{14}-Ammoniumsalz	11	7,1	48,0
Alkylsulfonat-Na-Salz	22	11,5	58,0
Toilettenseife (Mosaic-Seife)	10	10,3	0

<u>Beurteilung:</u> Die nichtionogenen Tenside und das Alkylmonosulfonat-Na-Salz weisen in dieser Testreihe die beste Hautverträglichkeit auf, wobei das Natriumalkylsulfonat mit einem HWF von 58 sich am ungünstigsten verhält. Hervorzuheben wäre noch die schlechte Verträglichkeit von dem Ammoniumsalz des Fettalkoholsulfates C_{12} - C_{14}.

<u>Hautfettbestimmung und Hautfettregeneration:</u> Die Bestimmung erfolgte nach der Absorptionsmethode nach Brun [2], wobei die entfettende Wirkung auf der Stirnhaut ermittelt wird, nachdem die Werte auf dem Handrücken und oberhalb der Schulterblätter zu gering waren. Die Versuchspersonen (VP) wurden in folgende Kategorien zusammengefaßt:

VP mit einem	Ø	Hautfettwert von	< 100 µg/4 cm^2	- Stirnfläche	"fettarm"
VP " "	Ø	"	" 100 - 250 "	- "	"mittelfett"
VP " "	Ø	"	" > 250 "	- "	"fettreich"

Die Beurteilung des Fettregenerationsvermögens erfolgte unter Berücksichtigung des Dauergebrauches und der Werte nach 3 Stunden nach folgendem Schema:

1 = sehr gut
2 = gut
3 = befriedigend
4 = ausreichend
5 = mangelhaft
6 = ungenügend

In Tabelle 4 sind der Entfettungseffekt und die Beurteilung des Hautfettregenerationsvermögens wiedergegeben.

Tabelle 4

Wirkung von waschaktiven Substanzen auf den Hautfettgehalt und dessen Regeneration

Substanz	Zahl der Versuchspersonen	Wirkung auf den Hautfettgehalt	Hautfettregen.
Alkylmonosulfonat-Na-Salz	10	schwach entf. bis entfettend	2,7
Fettalkohol C_{16} - C_{20} mit > 10 ÄO	10	entf. bis stark entf.	3,2
PC-Alkoholsulfat C_{10} - C_{16} - Na-Salz	11	"	4,0
PC-Alkohol C_{10} - C_{16} mit 9 ÄO	11	"	4,0
Alkylsulfonat-Na-Salz	15	"	4,4
Alkylsulfat C_{16}, ungesättigt	10	"	4,5
Fettalkoholsulfat C_{12} - C_{14}-Ammonium-Salz	9	"	4,7
Oleylmethyltauridnatrium	11	"	5,0
Alkylbenzolsulfonat-Na-Salz	9	"	5,5
Toilettenseife (Mosaic-Seife)	10	entfettend	4,2
Wasser	11	"	2,6

Beurteilung: Alle geprüften Substanzen wirken entfettend bzw. stark entfettend. Auch die gut verträgliche Toilettenseife zeigt neben Wasser einen entfettenden Effekt. Vergleicht man die Hautfettregenerationswerte, so ist das Alkylmonosulfonat-Natrium der Belastung durch Wasser gleichzusetzen. Die ungünstigste Regeneration zeigt das Alkylbenzolsulfonat. Eine Abhängigkeit vom Hautfettyp konnte während dieser Versuche nicht festgestellt werden.

Zusammenfassend läßt sich unter Berücksichtigung des klinischen Gebrauchstests und des Hautfettregenerationsvermögens das Alkylmonosulfonat-Natrium als gut hautverträglich beurteilen. Auch die nichtionogenen Tenside weisen noch ein ausreichendes Fettregenerationsvermögen neben einem niedrigen Hautwirkungsfaktor auf. Oleylmethyltaurid-Natrium, das Ammoniumsalz des Fettalkoholsulfates und das Natriumsalz des Alkylsulfonates besitzen neben einer mangelhaften Regeneration des Hautfettes auch einen ungünstigen HWF.

[1] Adamek, H. u. Hampel, D.: Z. Hyg. Infektionskrankh. 131 (1950) S. 617-625

[2] Brun, R.M.: Fette, Seifen, Anstrichmittel 62 (1960) 5. S. 417-421

[3] Burckhardt, W.: Arch.Dermatology 173 (1935) S.155-262

[4] Burckhardt, W.: Der Hautarzt 12 (1961) 7. S.289-295

[5] Groetschel, H. u. Piper, H.G.: Dermat.Wschr. 151 (1965) 30. S. 893-896

[6] Heuss, E.: Mh.prakt.Dermat. 14 (1892) S.343

[7] Jacobi, O.: Parfümerie u.Kosmet. 39 (1958) S. 25-27 und 89-91

[8] Manneck, H.: Seifen, Öle, Fette, Wachse 80 (1954) 5. S.101-102; 6. S.127-128; 7. S.149-150; 8. S.184-187

[9] Meinicke, K.: Fette, Seifen, Anstrichmittel 62 (1960) 2. S.107-112

[10] Neumann, K. u. Aalbers, J.G. Fette, Seifen, Anstrichmittel 62 (1960)11. S.1053-1057

[11] Schneider, W. u. Hartz, D.: Dermat.Wschr. 142 (1960) 27. S.729-737

[12] Schulz, K.H. u. Rose, G.: Arch.klin.exp.Dermat. 205 (1957) S.254-260

[13] Steinhoff, G.: Inaugural-Dissertation, Mainz 1962

[14] Stüpel, H. u. Szakall, A.: Dr.Alfred Hüthig-Verlag, Heidelberg 1957

[15] Tronnier, H., Schuster, G. und Modde, H.: Arch.klin.exp.Dermat. 221 (1965) S.232-249

E. Oehler
VEB Fettchemie, Karl-Marx-Stadt

Bestimmung des Entfettungsvermögens von Tensiden

Dieser Beitrag ist ein Auszug aus einer Gemeinschaftsarbeit des VEB Fettchemie, Karl-Marx-Stadt, und des Institutes für organische Verfahrenstechnik in Leipzig, die unter Anleitung von Herrn Prof. Leibnitz angefertigt wurde.

Mit einer im VEB Fettchemie entwickelten Methode, die hauptsächlich zur Beurteilung der Qualitätsmerkmale von Reinigungsmitteln dient und über die wir bereits 1960 in der Zeitschrift Deutsche Textiltechnik, Heft 11, unter dem Titel "Beitrag zur Beurteilung von Reinigungsmitteln" berichteten, wurden an einer Reihe von Tensiden vergleichende Messungen zur Bestimmung ihres Entfettungsvermögens durchgeführt. Das Prinzip der Messung wurde nicht geändert, lediglich die Apparatur durch Austausch der dort beschriebenen Geräte automatisiert.

Die Beurteilung erfolgte durch Messung von Leitfähigkeitsänderungen an befetteten Platinelektroden, die in Tensidlösungen eintauchten. Die Leitfähigkeit wurde mit einer elektronisch gesteuerten direktanzeigenden Leitfähigkeitsmeßbrücke fortwährend gemessen und durch einen Kompensationsbandschreiber als zeitabhängige Kurve aufgezeichnet. Wir verwendeten für unsere Messungen eine Leitfähigkeitsmeßbrücke vom Typ PR 9501 der Firma Philips. Die Ausgangsspannung dieser bei 1000 Hertz arbeitenden Brücke wird als Leitfähigkeit angezeigt. Der Ausgangsstrom des Gerätes gestattet den Anschluß eines elektronischen Kompensationsbandschreibers vom VEB Meßgeräte- und Armaturenwerk, Magdeburg.

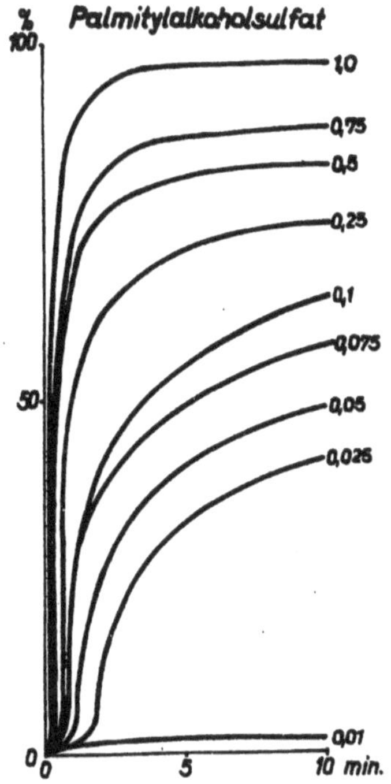

Abb.1 Kurvenverlauf einer anionaktiven waschaktiven Substanz

In Abb. 1 soll der charakteristische Kurvenverlauf einer anionaktiven waschaktiven Substanz gezeigt werden. Die Angaben hinter den Kurven bedeuten jeweils die Konzentration an waschaktiver Substanz pro Liter. Die Abhängigkeit der Entfettung von der Tensidkonzentration ist deutlich zu erkennen. Mit 1 g/l wird der Ausgangswiderstand nahezu erreicht.

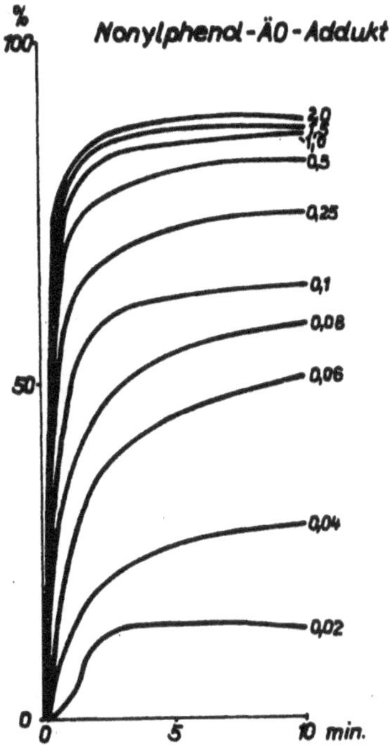

Abb. 2 Konzentrationsreihe eines nichtionogenen Produktes

In Abb. 2 soll zum Vergleich noch eine Konzentrationsreihe eines nichtionogenen Produktes gezeigt werden. Auffallend ist hierbei, daß der Entfettungsvorgang bei nichtionogenen Produkten sehr schnell abläuft und zu einem von der Konzentration abhängigen Gleichgewicht führt.

Hält man in einem System die spezifische Leitfähigkeit und den Elektrodenabstand konstant, so ist die Leitfähigkeit weitgehend von der Elektrodenoberfläche abhängig. Dieser Fall wurde für unsere Messungen ausgenutzt. Man bringt in 500 ml einer wäßrigen Tensidlösung ein durch vorheriges Glühen gereinigtes Elektrodenpaar aus Platindraht von 1 mm Durchmesser und jeweils 25 mm Länge. Mittels eines Potentiometers stellt man den Schreiber auf Maximalausschlag ein. Durch diese Einstellmöglichkeit wird man von dem absoluten Widerstand unabhängig. Dann werden die nochmals gereinigten Elektroden in das geschmolzene Fettungsmittel aus Stearinsäuremethylester und Palmitinsäuremyristilester kurzzeitig eingetaucht. Dieses so vorbehandelte Elektrodenpaar gibt man wieder in die Tensidlösung und beobachtet in Abhängigkeit von der Zeit die Veränderung des Widerstandes. Je nach Art der Substanz wird der Ausgangswiderstand schneller, langsamer oder überhaupt nicht wieder erreicht. Diese Widerstandsänderungen müssen, da der Elektrodenabstand und die spezifische Leitfähigkeit unverändert bleiben, mit Vorgängen an der Elektrodenoberfläche im Zusammenhang stehen. Das Verhältnis gemessener Widerstand bei einer bestimmten Zeit zum Ausgangswiderstand erhält man in Prozent und wird hier als Entfettung bezeichnet.

Sehr naheliegend ist die Annahme, daß fettfreie Elektroden vorliegen, wenn bei der Messung der Ausgangswiderstand wieder erreicht wird. Das in den Kurven dargestellte Verhältnis ermöglicht einen Vergleich der Meßreihen von Substanzen verschiedener Konzentrationen, da das Verhältnis unabhängig von der absoluten Leitfähigkeit des Systems ist. Um aber meistens in demselben Meßbereich der Leitfähigkeitsmeßbrücke arbeiten zu können, wurden die Messungen in 0,01 n Natriumchloridlösung vorgenommen.

Führt man mehrere Messungen in ein und derselben Lösung durch, kann man feststellen, daß durch das abgelöste Fett der vorausgegangenen Versuche eine Belastung der Tensidlösung auftritt. Man kann auf diese Weise die Belastbarkeit einer Tensidlösung überprüfen, muß aber dabei die aufgenommene Fettmenge durch Differenzwägungen der Elektroden ermitteln.

Zu sehr interessanten Ergebnissen führte die Beobachtung über den Einfluß der Rührgeschwindigkeit. Im Prinzip kann man feststellen, daß eine Rührung der Tensidlösung zweckmäßig ist, um immer frische Lösung an das Elektrodenpaar heranzuführen, aber daß die Ergebnisse weitgehend von der Rührgeschwindigkeit unabhängig sind. Dies bedeutet, daß das Entfernen von größeren Fetteilchen keine besonderen Schwierigkeiten verursacht. Visuell kann man diese Erscheinung bei der Messung durch das Abschmelzen und durch das Entfernen von Fetttröpfchen von den Elektroden beobachten. Die sich ergebenden Unterschiede zeigen isch erst bei der Beseitigung von feinsten Fettfilmen. In diesem Bereich spielen die geringen Energiedifferenzen, die durch Rührgeschwindigkeitsunterschiede auftreten, vermutlich nur noch eine sehr untergeordnete Rolle. Dies bedeutet wiederum, daß es nicht wesentlich ist, immer genau dieselbe Fettmenge bei der Befettung auf die Elektroden aufzubringen, weil sich die Qualitätsunterschiede erst bei der Beseitigung der zurückbleibenden Fettfilme zeigen.

Die im Rahmen dieser Arbeit geprüften Produkte können in sieben Gruppen eingeteilt werden:

Natriumseifen
Fettalkoholsulfate
Sulfonate
aliphatische Ätheraddukte
cyclische Ätheraddukte
Fettsäureesteraddukte
sulfatierte Äthylenoxydaddukte

Die Wirksamkeit der Tenside wurde jeweils nach 10 Minuten ermittelt und in ihrer Abhängigkeit von der Konzentration dargestellt.

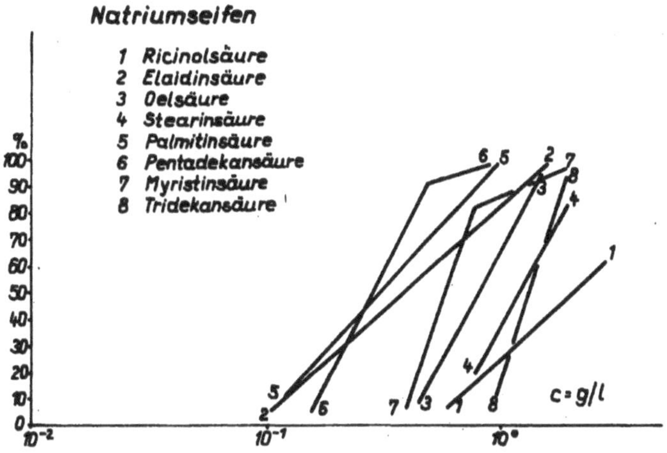

Abb. 3 Natriumseifen

Die Untersuchung der Seifen sollte nicht nur eine Remineszenz an die historische Bedeutung dieser Produkte für die Reinigungsmittelindustrie sein, sondern wurde durchgeführt, weil der Einfluß einer schwachen hydrophilen Gruppe auf den hydrophoben Teil eine besondere Beachtung verdient. Im allgemeinen werden in der Praxis 0,4 - 1 g/l Tensid angewandt. Da Seifen aber erst bei höheren Konzentrationen wirken, wurden die Seifen bis zu 3,0 g/l geprüft. Waschaktive Substanzen, deren Entfettungsvermögen unter 20 % liegt, wurden als praktisch wirkungslos angesehen und in der Auswertung nicht berücksichtigt.

Das Maximum der Wirksamkeit wird mit Kettenlängen von C_{15} - C_{16} erreicht. Seifen mit Kettenlängen unter C_{13} und über C_{18} zeigen keine brauchbaren Ergebnisse mehr. Betrachtet man die Seifen mit der C_{18}-Kette, so kann festgestellt werden, daß eine Doppelbindung im Molekül sich positiv auswirkt, wobei die trans-Form der Verbindung der in der cis-Form noch überlegen ist. Eine weitere hydrophile Gruppe im Molekül, wie z. B. Hydroxyl-Gruppe der Ricinolsäure, beeinflußt die Wirkung sehr stark und setzt die Brauchbarkeit stark herab.

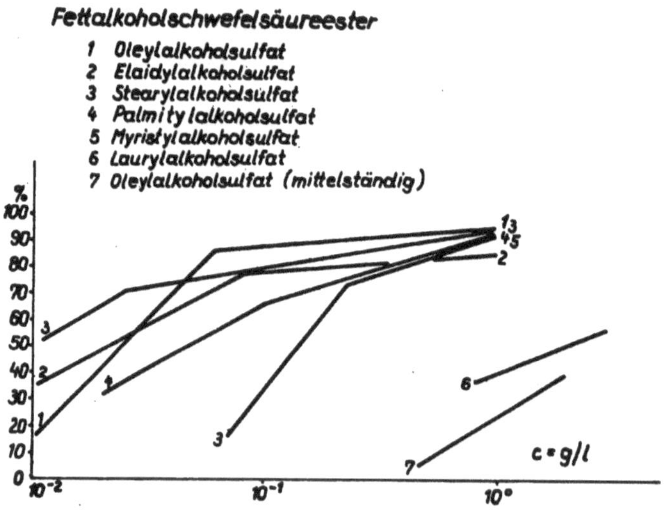

Abb. 4 Fettalkoholsulfate

Der Träger der hydrophilen Eigenschaften ist die Sulfatgruppe. Der hydrophile Charakter dieser Gruppe ist wesentlich stärker ausgeprägt als bei der Carboxylgruppe der Seifen. Dies zeigt sich durch eine Verschiebung der Wirksamkeit nach höheren Kettenlängen auf C_{16} - C_{18}. Diese Erkenntnis ist darum besonders wichtig, weil die vielfach geäußerte Meinung widerlegt wird, daß bei der Reinigung kurzkettige Produkte notwendig seien. Sehr günstig wirkt sich hier ebenfalls die Anwesenheit einer Doppelbindung aus. Es muß aber bei der Herstellung ungesättigter Fettalkoholsulfate besonders darauf geachtet werden, daß keine Anlagerung der Schwefelsäure an die Doppelbindung stattfindet. Produkte, die mittelständig sulfatiert sind, haben zwar als Netzmittel gute Eigenschaften, sind aber für Entfettungsmittel ungeeignet. Dies zeigt, daß der Entfettungsvorgang mehr dem Waschvorgang als dem Netzvorgang verwandt ist. Nutzt man bei den ungesättigten Fettalkoholen beide Möglichkeiten der Sulfatierung aus, so kommt man zu den wirkungslosen Disulfaten. Decylalkoholsulfat zeigt unter den gegebenen Bedingungen keine Wirksamkeit mehr. Laurylsulfat liegt an der Wirksamkeitsgrenze und erscheint damit als oft gebrauchte Vergleichssubstanz für Entfettungsversuche fraglich.

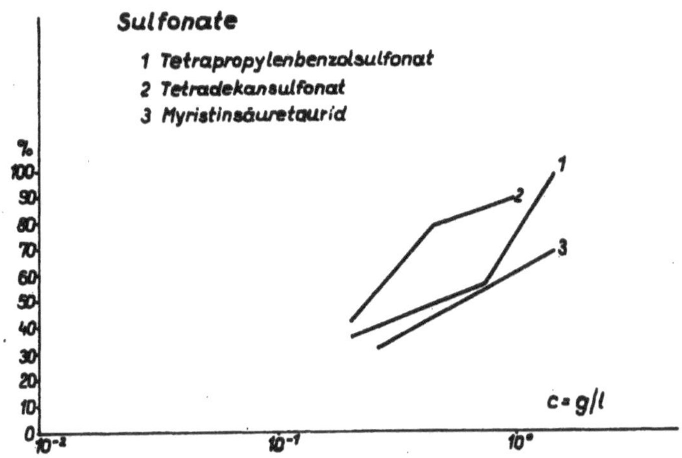

Abb. 5 Sulfonate

Die als hervorragende Netzmittel bekannten Produkte, wie Sulfobernsteinsäure-dioktylester und Sulfophthalsäure-dinonylester, waren als Entfettungsmittel unbrauchbar. Im allgemeinen kann man von den endständig sulfonierten Produkten ähnliche Ergebnisse wie von den Fettalkoholsulfaten erwarten. Zu erwähnen ist noch, daß Alkylbenzolsulfonat als eine von wenigen Substanzen den Ausgangswiderstand und damit 100 % Entfettung erreicht.

Aliphatische Ätheraddukte

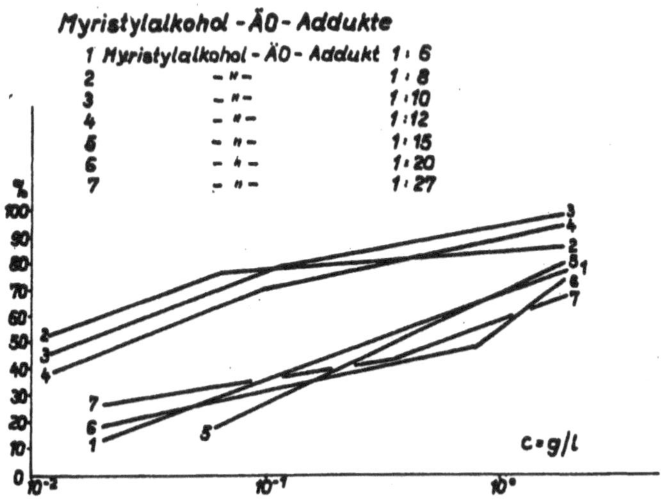

Abb. 6 Myristylalkohol-Äthylenoxyd-Addukte

Die für unsere Versuche verwendeten Produkte wurden ausschließlich durch Äthoxylierung hergestellt. In diesem Abschnitt wurde die Abhängigkeit der Wirksamkeit vom Äthoxylierungsgrad bei gleichem hydrophoben Grundkörper untersucht. Wie die Kurven zeigen, ist für den Entfettungsvorgang ein Äthoxylierungsgrad von 1 : 8 bis 1 : 12 am zweckmäßigsten. Beim Verhältnis 1 : 10 wird ein Maximum des Reinigungseffektes in der absoluten Höhe sowie auch bei der Wirksamkeit bei niedrigen Konzentrationen erreicht.

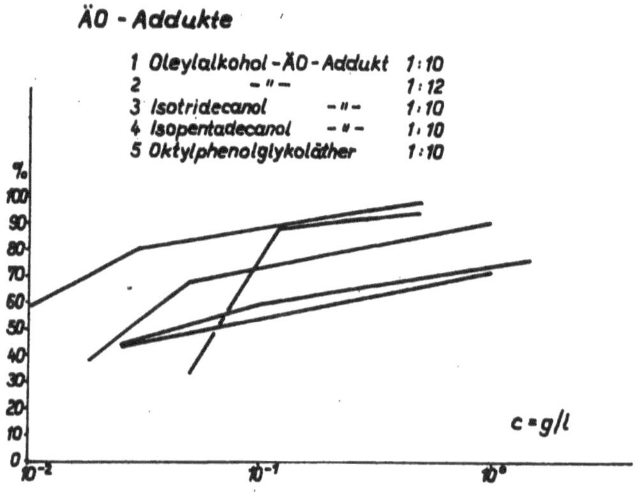

Abb. 7 Äthylenoxydaddukte

In Abb. 7 werden einige Äthylenoxydaddukte mit verschiedener Kettenlänge bei gleichem Äthoxylierungsgrad untersucht. Für unsere Versuche wurde das vorher als günstig ermittelte Äthoxylierungsverhältnis von 1 : 10 gewählt. Besonders hervorzuheben ist das Isopentadecanol-ÄO-Addukt, das als Spitzenprodukt alle anderen Tenside weit übertrifft.

Cyclische Ätheraddukte

In Abb. 8 wird die Konzentrationsreihe der heute auf dem Weltmarkt führenden Alkylphenol-Äthylenoxyd-Addukte dargestellt. Für das äthoxylierte Diisobutylphenol ist auch das Molverhältnis von 1 : 10 zu empfehlen. Beachtenswert ist die Tatsache, daß in den meisten Fällen nach 1 - 2 Minuten der Entfettungsvorgang abgeschlossen ist und zu einem von der WAS-Konzentration abhängigen Gleichgewicht führt.

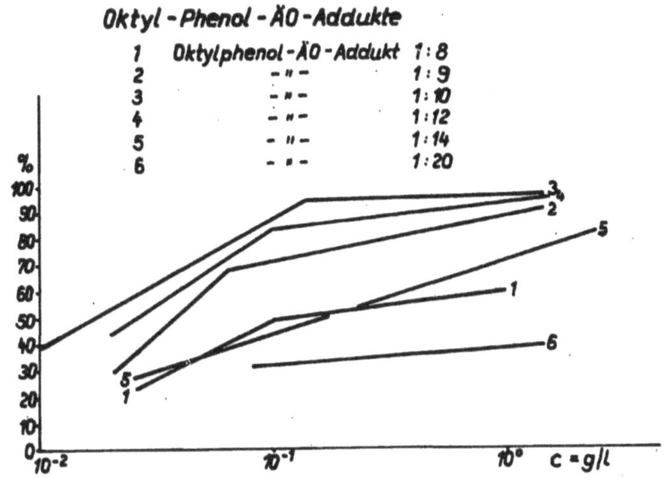

Abb. 8 Konzentrationsreihe der Alkylphenol-Äthylenoxyd-Addukte

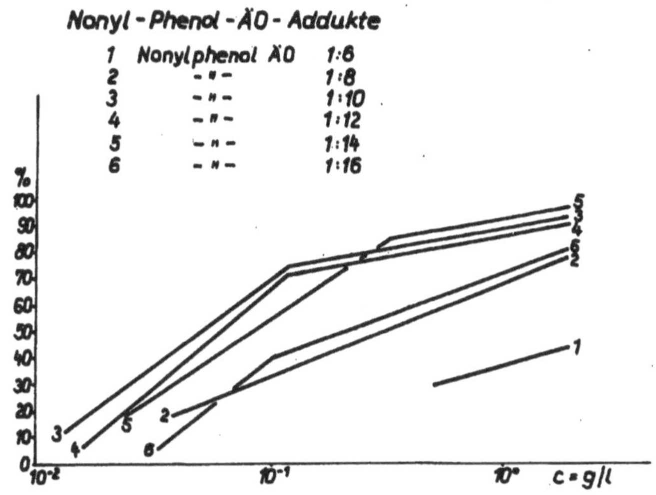

Abb. 9 Konzentrationsreihe des äthoxylierten Tripropylenphenols

In Abb. 9 wird das ähnlich aufgebaute äthoxylierte Tripropylenphenol verglichen. Prinzipielle Unterschiede zu den anderen ÄO-Addukten bestehen nicht. Als gesichert kann angenommen werden, daß das wiederholt gefundene Verhältnis von drei Kohlenstoffatomen im hydrophoben Teil zu zwei Molen Äthylenoxyd im hydrophilen Teil für eine gute Entfettungswirkung die Voraussetzung ist. Dieser Befund stimmt ebenfalls mit Ergebnissen aus dem Waschmittelgebiet überein.

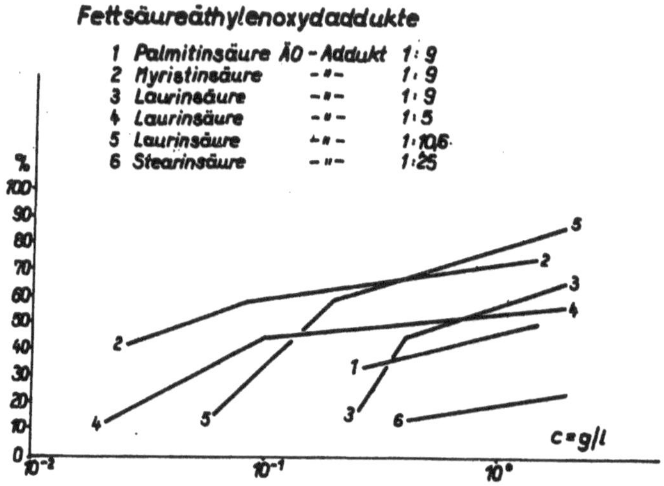

Abb. 10 Fettsäureäthylenoxyd-Addukte

Die verwendeten Produkte enthielten noch Diester. Diese Diester scheinen auch der Anlaß für die mäßige Wirkung der Produkte zu sein. Produkte mit sehr hohem Äthoxylierungsgrad von 1 : 20 - 1 : 25 sind für Entfettungsmittel nicht geeignet.

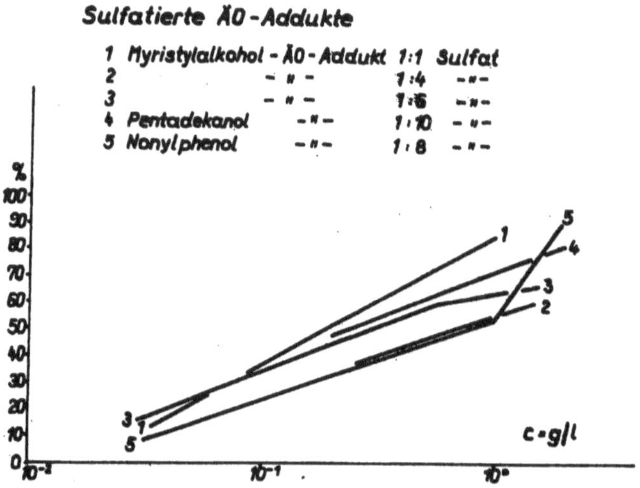

Abb. 11 Sulfatierte ÄO-Addukte

Die dargestellten Ergebnisse zeigen, daß die Produkte keine besonderen Effekte bringen. Wenn man nicht aus Äthylenoxyd-Einsparungsgründen niedrigäthoxylierte Produkte herstellen muß, kann man für Entfettungsmittel auf diese Tensidgruppe verzichten.

Betrachtet man die Kurven der Entfettungswirkung, so treten bei den meisten charakteristische Veränderungen im Anstieg auf. Es liegt nahe, den Punkt der Richtungsänderung als den Bereich der kritischen Konzentration aufzufassen. Bei einem Vergleich mit Literaturwerten konnte festgestellt werden, dass sie in derselben Grössenordnung liegen. Berücksichtigt man den Einfluss der zugesetzten Ionen und des emulgierten Fettes, werden die Abweichungen von der Literatur erklärlich.

Es soll nun der Versuch einer zusammenfassenden, vereinfachten Darstellung der Zusammenhänge zwischen Konstitution und Eigenschaften unternommen werden.

Der Versuch, Tenside in ein Schema einzuordnen, ist schon oft unternommen worden. Der Erfolg blieb den Verfassern auf Grund der vielen speziellen Eigenschaften und der vielfältigen Variationsmöglichkeiten meist versagt. Allgemein kann gesagt werden, dass die Tenside zwischen den Extremen von guter Waschaktivität bei mässiger Grenzflächenaktivität einerseits und andererseits von ausgesprochener Grenzflächenaktivität, aber ohne spezifische Waschaktivität, liegen.

Von welchen Produkten kann nun ein guter Entfettungseffekt erwartet werden?

Für die Entfettungsmittel haben sich folgende Merkmale als brauchbar erwiesen:

1. Im hydrophoben Teil soll eine Anzahl von 14 bis 18 C-Atomen vorhanden sein, wobei das Maximum bei C_{15} bis C_{16} liegt.
2. Eine geringe Verzweigung (Methylverzweigung bzw. Benzolringe als Zwischenglieder) sowie eine Doppelbindung im Molekül haben einen positiven Einfluss.
3. Die Stellung der hydrophilen Gruppe sollte unbedingt endständig und in ihrer Hydrophilität so stark sein, dass bei gegebener Prüftemperatur eine klare Löslichkeit erzielt wird.
4. Die Zahl der ionogenen hydrophilen Gruppen sollte unbedingt auf 1 beschränkt werden.
5. Der Einsatz von hydrophilen Zwischengliedern begünstigt die Wirksamkeit bei Tensiden mit höheren Kettenlängen.
6. Für Äthylenoxidaddukte sollte das Äthoxylierungsverhältnis zum hydrophoben Teil 1:8 bis 1:12 betragen. Das Maximum wird bei 3 C-Atomen im hydrophoben Teil zu 2 Molen Äthylenoxid erreicht.

Beachtet man die Merkmale, so sollte es nicht schwer sein, aus einer Anzahl definierter Produkte die brauchbaren von den unbrauchbaren zu scheiden bzw. beim Aufbau derartiger Produkte die Rohstoffe zielgerichtet auszuwählen.

Otto D o b o z y
Ungarische Akademie der Wissenschaften, Arbeitsgemeinschaft für Straßenbau und Verkehrswesen, Budapest (UVR)

Kapillaraktivität von Böden und ihre Behebung

Die Böden sind oft feinkörnig.
Die Konsistenzeigenschaften der feinkörnigen Böden sind für Bauzwecke nicht geeignet (Tab. 1).

Tab. 1: Konsistenzeigenschaften von einigen Böden

Art des Bodens	Festigkeit kg/cm^2	Fließgrenze %	Ausrollgrenze %	Plastizitäts-index
Ton	60 - 100	47.4	25.7	18.4
Schlamm	60 - 100	35.4	21.7	13.7
Lehm und Löss	70 - 150	20.3	14.1	6.2
Löss	70 - 150	15.1	11.1	3.8

Deswegen werden sie nach den klassischen Straßenbauverfahren als Untergrund nicht verwendet, sondern es wird ein Bodenaustausch unternommen. Der Bodenaustausch ist aber der kostspieligste Teil des Straßenbaues.

Das Ziel, den Bodenaustausch wegzulassen und die am Ort des Baues gefundene, feinkörnige Bodenart zu verwenden, ist schon alt. Bis jetzt wurde dies durch eine Verfestigung des Bodens angestrebt.

Durch die Bodenverfestigung ist die trockene Festigkeit der Böden tatsächlich wesentlich zu vergrößern. Vom rheologischen Standpunkt aus gestaltet sich aber die Verbesserung nicht mehr so vorteilhaft. Weiter ist zu bemerken, daß durch die Verfestigung die Anwendung der feinkörnigen Böden zu Bauzwecken auch deswegen noch nicht gelöst ist, weil die kapillare Wassersaugfähigkeit der feinkörnigen Schichten trotz der Verfestigung bedeutend bleibt. Es konnte sogar gefunden werden, daß nach der Verfestigung mit Kalk die Wassersaugfähigkeit nicht nur nicht vermindert, sondern sogar gesteigert wird (Tab. 2).

Die große Wassersaugfähigkeit ist deswegen nachteilig, da so gestaltete Böden das Wasser auch aus tiefen, unter der Frostgrenze liegenden Schichten in die obere, über der Frostgrenze liegenden Schicht, also in den Oberbau transportieren können. Feinkörniger Unterbau fördert also die

Frostkorrosion des Oberbaus. Außerdem wird die Festigkeit in nassem Zustand reduziert.

Tab. 2: Die Wirkung der Verfestigung mit Kalk auf die Wassersaugfähigkeit von Böden

Bodenart	Wassersaugfähigkeit mm/1000 Stunden im Falle einer Kalkdosierung von		
	0 %	1 %	3 %
Schlamm	1750	2400	3100
Lehm	2300	3000	3700

Aus der Zusammenfassung ist zu ersehen, daß das wirtschaftlich wichtige Problem der Bodenverfestigung noch nicht gelöst wurde. Versuche, die die Verhinderung des kapillaren Wassersaugens (als einen Teil des Problems) bezwecken, sind also angebracht. In der Literatur sind folgende Verfahren zur Hydrophobierung der feinkörnigen Schichten bekanntgemacht:

1. Besprühen der entsprechenden Bodenschicht mit einer Lösung bzw. einer Emulsion hydrophobierender Agenzien, z. B. Silikonölen, wodurch der Kontaktwinkel zwischen den Wänden der Kapillaren und dem Wasser abnimmt. Dadurch nimmt natürlich auch das Steigen des kapillaren Wassers ab. Dieses Verfahren ist erfolgreich, aber zu kostspielig und so wird es nicht angewendet.
2. In der Patentliteratur (3) wird empfohlen, die Böden derart zu hydrophobieren, ihre kapillare Wassersaugfähigkeit derart zu vermindern, daß die Schicht zuerst mit der Lösung eines anionaktiven Netzmittels, danach mit der Lösung eines mehrwertigen Metallsalzes durchtränkt wird, wodurch in den Kapillaren ein unlöslicher, hydrophober Niederschlag gebildet wird.
   Dieses Verfahren wird in der Praxis auch nicht angewendet. Nach unseren Erfahrungen ist es nicht zweckmäßig. Wenn irgendwo ein Teil des oberflächenaktiven Stoffes nicht in Reaktion tritt - was bei Böden nicht zu vermeiden ist - so steigt die Kapillaraktivität des Bodens. Es treten Schlotwirkungen auf und das Wasser bricht durch die verfestigte Schicht.

Im Laufe unserer Untersuchungen haben wir gefunden, daß es Verbindungen gibt, welche nicht zu den hydrophobierenden Substanzen im heutigen Sinn gehören, jedoch die kapillare Wassersaugfähigkeit der feinkörnigen Böden stark vermindern können.

Es wurden z. B. das 2-Spermyl-imidazolin, das 1-Aminoäthyl-2-spermyl-imidazolin und das 1-Hydroxyäthyl-2-stearyl-imidazolin als entsprechend gefunden.

Auf Grund ihrer Wirkung auf die Oberflächenspannung des Wassers sind diese Substanzen sogar als Netzmittel aufzufassen. Ihre Wirkung ist aber im Verhältnis zu jener anderer Netzmittel derart schwach, daß sie zum Netzen gar nicht empfohlen werden.

Es scheint also interessant, daß die aufgezählten Verbindungen, obwohl sie die Benetzung der Oberfläche des Gesteins fördern, die Wassersaugfähigkeit von feinkörnigen Böden bzw. von Gesteinpulvern vermindern können. Es ist aber vielleicht noch interessanter, daß letzteres nur hervorgerufen wird, wenn der Boden bzw. das Pulver mit der wäßrigen Lösung der Verbindungen besprüht oder durchtränkt und nachher getrocknet wird. In solchen Fällen sind überraschende Ergebnisse zu finden (Tab. 3). Nach dieser Entdeckung wurde untersucht, auf welche Art die Imidazolin-Derivate die Verminderung der kapillaren Wassersaugfähigkeit der Böden bewirken.

Tab. 3: Änderung der Wassersaugfähigkeit von einigen Bodenarten als Funktion der Menge des zugegebenen 1-Aminoäthyl-2-spermyl-imidazolins

Bodenart	Menge des zugegebenen 1-Aminoäthyl-2-spermyl-imidazolins %	Wassersaugfähigkeit mm/1000 Stunden
Schlamm	0	2300
	0.25	40
	1.00	30
Lehm	0	1750
	0,25	100
	1,00	0

Für die Untersuchungen konnten drei Ausgangspunkte gefunden werden:

1. Der Bericht von Gaestel (2), demgemäß die Amine an Gesteinsflächen nur in ihrer kationischen Form und nur ionisch gebunden werden.
2. Der Befund, daß typisch kationaktive N-Heterocyclen, z. B. Cetylpyridinium-bromid oder der N-Pyridiniumessigsäureester des Laurylalkohols, das kapillare Wassersaugvermögen der feinkörnigen Böden in wesentlich kleinerem Maß vermindern als die in Rede stehenden Substanzen (Tab. 4).
3. Früher (1) wurde von uns gezeigt, daß die Imidazoline in ihrem IR-Spektrum bei der Frequenz von 1610 cm^{-1} ein gut ausgeprägtes Absorptionsmaximum zeigen, welches von dem tertiären Stickstoffatom des Ringes herrührt. Diese unsere Feststellung wurde später auch bekräftigt.

Tab. 4: Verminderung der kapillaren Wassersaugfähigkeit von feinkörnigen Böden durch in 1 %iger Konzentration angewendeten H-Heterocyclen verschiedener Struktur

Benennung der Verbindung	kapillare Wassersaugfähigkeit mm/1000 Stunden	
	Schlamm	Lehm
1-Aminoäthyl-2-spermylimidazolin	30	0
2-Spermylimidazolin	70	80
Cetyl-pyridinium-bromid	235	210
N-Pyridinium-essigsaurer Ester von Laurylalkohol	370	295

Um festzustellen, ob die Behauptungen von Gaestel (2) auch in dem vorliegenden Fall zutreffen, wurden Lösungen von 1-Aminoäthyl-2-spermylimidazolin auf verschiedene pH-Werte eingestellt, die Gesteinspulver mit diesen angefeuchtet und später getrocknet. Nun wurden Glasröhren mit dem Gesteinspulver derart gefüllt, daß in 10 cm Höhe unbehandeltes Pulver, auf dieses in 2 cm Höhe mit 1-Aminoäthyl-2-spermylimidazolin imprägniertes Pulver und schließlich in 88 cm Höhe wieder unbehandeltes Pulver gefüllt wurden. Bei jeder Füllung wurde darauf geachtet, daß das Volumgewicht der Säulen bei allen Säulen in der ganzen Länge gleich ist. Die 2 cm hohen, imprägnierten Säulenteile waren bei den einzelnen Säulen mit Lösungen gleicher Konzentration (7 g/l) und verschiedenen pH-Werten (2, 4, 6, 8) angefeuchtet.

Die Säulen wurden 10 cm hoch ins Wasser gestellt und die Steighöhe wurde als Funktion der Zeit abgelesen. Es hat sich herausgestellt, daß die imprägnierten Schichten das Steigen des Wassers in jedem Fall verhindern. Bei jenen Säulen (Nr. 1 und 2), in denen mit Lösungen von einem pH-Wert 6 bzw. 8 angefeuchtet wurde, war die Verhinderung des Steigens endgültig. Sogar nach 1000 Stunden konnte man kein Weitersteigen entdecken. Bei jenen Säulen, in denen mit Lösungen von einem pH-Wert 2 bzw. 4 angefeuchtet wurde, war die Verhinderung des Steigens nur zeitweilig. Bei der Säule Nr. 3, die mit der Lösung vom pH-Wert 4 angefeuchtet wurde, fing nach ca. 10 Tagen, bei Nr. 4 dagegen, die mit einer Lösung vom pH-Wert 2 angefeuchtet wurde, schon nach 4 Tagen ein Weitersteigen an. Das Weitersteigen ging in der Säule Nr. 3 viel langsamer vor sich, als in der Säule Nr. 4 und erreichte in 1000 Stunden einen Endwert von 143 cm, gegenüber dem in der Säule Nr. 4, wo ein Endwert von 417 cm erreicht wurde.

Anhand dieser Ergebnisse ist zu ersehen, daß je niedriger der pH-Wert der zum Anfeuchten gebrauchten Lösung war, je mehr Kationen also aus dem Imidazolinderivat gebildet wurden, auf für eine um so kürzere Zeit und in einem um so kleineren Maße die Wassersaugfähigkeit der Böden gehindert wurde. Es ist also zu meinen, daß die Behauptungen von Gaestel (2) für unseren Fall nicht gültig sind. Hier spielen wahrscheinlich andere und festere Bindungen eine Rolle als die ionischen.

Nach dieser Feststellung wurde geprüft, in welchen Fällen das hydrophile 1-Aminoäthyl-2-spermylimidazolin hydrophob wird. Zu diesem Zweck wurden aus 1-Aminoäthyl-2-spermylimidazolin annähernd monomolekulare Filme auf die Gesteinsflächen aufgetragen bzw. aus einer wäßrigen Lösung aufgebracht.

Die Untersuchung der Präparate geschah nach zwei Gesichtspunkten

1. es wurden die IR-Spektren aufgenommen und
2. die Hydrophilie bzw. die Hydrophobie wurde bestimmt.

Die IR-Spektren wurden mit einem Perkin-Elmer Spektrometer aufgenommen. Die Hydrophilie bzw. Hydrophobie wurde mit der Tropfen-Ausbreitsprobe bzw. mit der kapillaren Wassersaugfähigkeitsmethode beurteilt.

Es konnte festgestellt werden, daß das IR-Spektrum des 1-Aminoäthyl-2-spermylimidazolins an den Gesteinsschliffen sich von der reinen Substanz (1) nicht unterscheidet. Bei der Frequenz von 1610 cm^{-1} weisen beide ein deutliches Absorptionsmaximum auf (Abb. 1). Dies bedeutet soviel, daß, falls die Imidazolinderivate einfach auf die Gesteinsflächen aufgetragen werden, keine Änderungen im Kraftfeld der Elektronenwolke des tertiären Stickstoffatoms stattfinden.

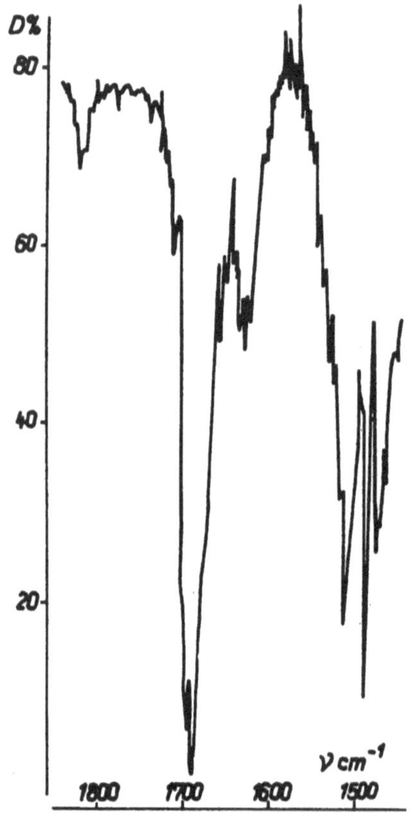

Abb. 1: IR-Spektrum der auf einen Basalt-Schliff aufgetragenen 1-Aminoäthyl-2-spermylimidazolin-Schicht

Die parallel durchgeführten Netzproben haben gezeigt, daß an den präparierten Schliffen sich das Wasser ausbreitet.

Untersuchungen von Gesteinspulvern ergaben das Gegenteil. Im IR-Spektrum fehlt das Absorptionsmaximum bei der Frequenz 1610 cm^{-1} ganz (Abb. 2 und 3).

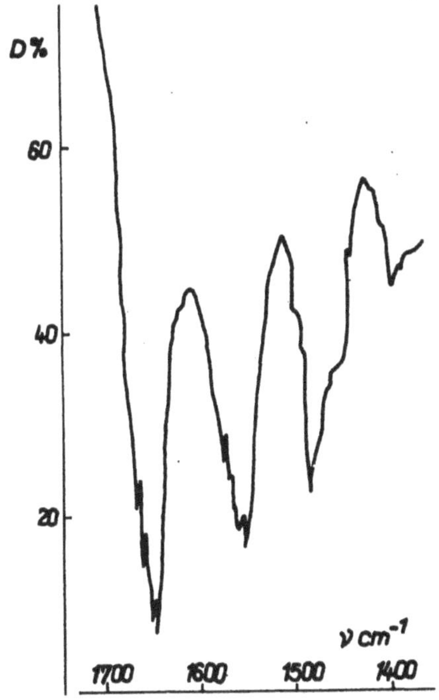

Abb. 2: IR-Spektrum einer auf Basaltpulver aufgetragenen monomolekularen 1-Aminoäthyl-2-spermyl-imidazolin-Schicht

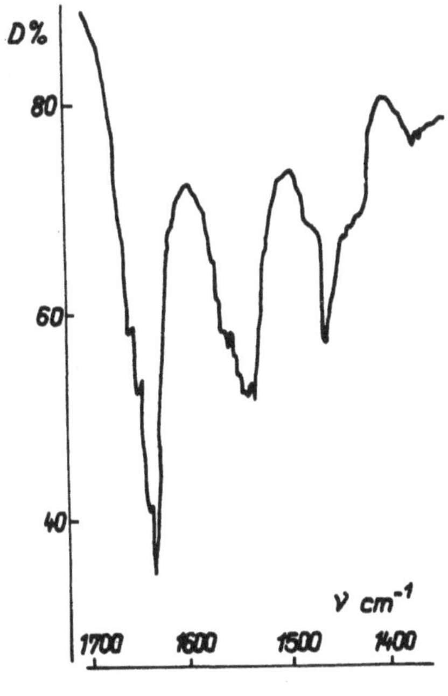

Abb. 3: IR-Spektrum einer auf Andesitpulver aufgetragenen monomolekularen 1-Aminoäthyl-2-spermyl-imidazolin-Schicht

Aus diesen Erfahrungen ergibt sich, daß die Imidazolinderivate aus wäßrigen Lösungen derart an Gesteinsflächen gebunden werden, daß im Kraftfeld der Elektronenwolke des tertiären Stickstoffatoms wesentliche Veränderungen stattfinden. Veränderungen dieser Art können nur von der Bildung neuer Bindungen oder von der Auflösung vorhandener Bindungen herstammen.

Das Auflösen bestehender Bindungen kommt im vorliegenden Fall - da überhaupt kein Grund vorliegt - nicht in Frage.

Dies wird auch dadurch bewiesen, daß das aus der wäßrigen Lösung durch Eindampfen zurückgewonnene 1-Aminoäthyl-2-spermylimidazolin das ursprüngliche Spektrum mit dem wohlbekannten Absorptionsmaximum bei der Frequenz von 1610 cm^{-1} zeigte.

Die einzige Erklärung für die Veränderung im Kraftfeld der Elektronenwolke des tertiären Stickstoffatoms bleibt die Bildung einer neuen Bindung. Es kann aber mit seinem freien 2p-Elektron nur eine dative Bindung bilden. Es ist also anzunehmen, daß die Imidazolinderivate aus wäßriger Lösung dative Bindungen an den Gesteinsflächen bilden. Sie bilden dort mit den Metallionen Komplexe.

Die parallel durchgeführten Untersuchungen über die kapillare Wassersaugfähigkeit der präparierten Mahlprodukte gaben mit den in Tab. 3 angeführten größenordnungsmäßig gleiche Resultate.

Durch die Bindung werden die Imidazolinderivate bzw. machen sie die Gesteinsfläche hydrophob. Bei einem einfachen Auftragen auf die Gesteinsflächen können die dativen Bindungen nicht zustandekommen, die Oberfläche bleibt also hydrophil.

Um diese Annahme zu unterstützen, wurden weitere Untersuchungen unternommen. Die Gesteine wurden in die wäßrige Lösung von Eriochromschwarz T gelegt. Nach einem Stehen von einigen Stunden, höchstens von einigen Tagen, verfärbten sich die Oberflächen der Gesteine blau. Eriochromschwarz T ist ein bekannter komplexometrischer Indikator, bei dem die blaue Farbe darauf hinweist, daß der Farbstoff von den Metallionen an der Gesteinsoberfläche komplex gebunden wurde. Als Gesteine in die wäßrige Lösung von Eriochromschwarz T gelegt wurden, welche an ihrer Oberfläche vorangehend Imidazolinderivate gebunden hatten, kam die blaue Verfärbung der Oberflächen nicht zustande. An einigen Stellen war eine rote Verfärbung wahrzunehmen. Dies bedeutet auf Grund der komplexometrischen Erfahrungen soviel, daß in diesem Fall die an der Gesteinsoberfläche befindlichen und für das Bilden vom Komplexen geeigneten Zentren schon besetzt waren, das

Eriochromschwarz T konnte nicht mehr komplex gebunden werden.

Diese Untersuchungen stützen somit die Annahme, daß die Imidazolinderivate an Gesteinsoberflächen komplex gebunden werden. In den Komplex treten als Liganden das tertiäre, und wegen seiner günstigen sterischen Position wahrscheinlich auch das sekundäre Stickstoffatom des Ringes ein. Der Abstand der beiden beträgt nämlich 4 Å, eine Distanz, die für die Bildung stabiler Chelate optimal ist. Nach Bildung des Chelates ragen die hydrophobe Alkylketten beinahe senkrecht von der Oberfläche.

Zusammenfassung

Es ist vorteilhaft, beim Straßenbau die Eigenschaften der Imidazolinderivate auszunutzen, da

1. die Hydrophilie der Böden schon durch kleine Mengen (0,1 - 1,0 %) dieser Chemikalien stark herabgesetzt wird,
2. die kapillare Wassersaugfähigkeit der am Ort des Baues befindlichen Bodenarten einfach und praktisch vollständig zu beseitigen ist und
3. die herkömmlichen Bautechnologien wesentlich zu vereinfachen sind.

Danksagung: Die IR-spektroskopischen Aufnahmen bereitete Herr Dr. L. Nemes, dem ich dafür auch an dieser Stelle danke.

Literatur

1. Dobozy, O.K. und Nemes, L., Vortrag gehalten an dem XIX-th Congress for Pure and Applied Chemistry, London, 1963
2. Gaestel, Ch., Vortrag gehalten an dem IV-e Congress de la Dètergents, Bruxelles, 1964
3. DBP 1 106 236
4. Törquist, J., Vortrag gehalten an dem IV-e Congress de la Dètergents, Bruxelles, 1964

H. S i m c h e n
Produktionsleitung des Landwirtschaftsrates der DDR, Abteilung Bodenfruchtbarkeit

Einsatz grenzflächenaktiver Stoffe zur Steigerung der Bodenfruchtbarkeit

Die weitere Intensivierung der pflanzlichen Produktion erfordert u.a. eine optimale Gestaltung der Bodenstruktur. An den Phasengrenzflächen des außerordentlich komplizierten Porensystems des Bodens, dessen Porenvolumen etwa 50-60% des gesamten Bodenvolumens ausmacht, vollziehen sich eine Reihe physikalisch-chemischer Prozesse, die ihrerseits den Luft-, Wasser- und Wärmehaushalt der Böden ertragsfördernd bzw. -hemmend beeinflussen.
Zur gezielten Lenkung und teilweisen Beherrschung dieser bodenphysikalischen Prozesse gewinnt der Einsatz grenzflächenaktiver Stoffe und organischer Polyelektrolyte in der pflanzlichen Produktion auf extrem strukturgeschädigten bzw. strukturgefährdeten Böden an Bedeutung, um im Zusammenwirken mit anderen Intensivierungsmaßnahmen die Erträge zu steigern und stabil hoch zu halten.
Seit 1960 befinden sich folgende chemische Verfahren zur Steigerung der Bodenfruchtbarkeit in Erprobung:

- Einsatz von emulgierten wasserhaltenden Harnstoff-Formaldehyd-Polymeren für leichte, trockene Böden zur Erhöhung des Wasserspeichervermögens;
- Einsatz von langkettigen Alkoholen (C_{14} - C_{18}) zur Reduktion der unproduktiven Wasserverdunstung und Erhöhung des Nutzeffektes der Irrigation;
- Einsatz von Petrol-Wasser-Emulsionen zur Bodenabdeckung (Emulsions-Mulchen);
- Einsatz von Polybutadienlatex-Öl-Emulsion zur Bodenstabilisierung und Rekultivierung sehr leichter Sandböden;
- Einsatz von organisch-synthetischen Polyelektrolyt-Polymeren zur Verbesserung der kolloidchemischen Eigenschaften der Böden;
- Einsatz von geschäumtem wasserabstoßendem Polystyrol zur anhaltenden Melioration schwerer, nasser und kalter Böden.

Um diese Entwicklungsrichtungen für die rationelle Nutzung des Bodenfonds der DDR besonders nach ökonomischen Gesichtspunkten für ihre volkswirtschaftliche Verwendung zu prüfen (Umwandlung von Ödland in Kulturland, Rekultivierung der Kippen und Halden, Schutz von stark erosions- und verkrustungsgefährdeten Böden, Erhöhung der Wasserspeicherkapazität in leichten Böden), ist eine noch engere Zusammenarbeit zwischen Chemie und Landwirtschaft auf theoretischem, experimentell-methodischem, verfahrenstechnischem und ökonomischen Gebiet erforderlich. Vorschläge werden dazu zur Diskussion gestellt. +)

+) Manuskript des Vortrags lag nicht vor. Das Kurzreferat wurde entnommen aus: Mitteilungsblatt der Chemischen Gesellschaft in der DDR 13, (3) 70 (1966)

H. Schubert
Bergakademie Freiberg, Institut für Aufbereitung

Zu einigen theoretischen Fragen der Alkalisalzflotation

Die Flotation von Salzmineralen, insbesondere von Sylvin und Halit, besitzt große praktische Bedeutung. Mehr als 50 % der Weltproduktion an Sylvinkonzentraten werden flotativ erzeugt. Das sehr unterschiedliche Flotationsverhalten von KCl und NaCl mit verschiedenen Sammlern veranlaßte in den letzten 15 Jahren mehrere Autoren zu theoretischen Betrachtungen. Es sind die verschiedenen Varianten der Strukturtheorie (1 bis 11) und die Hydratationstheorien (2, 11, 12, 13) zu nennen. Keine der genannten Theorien liefert eine befriedigende Erklärung. Dazu wurde von uns erst kürzlich wieder Stellung genommen (14).

Auf Grund bisher durchgeführter Untersuchungen müssen bei der Flotation löslicher Sammlerminerale zwei prinzipiell unterschiedliche Arten der Sammleradsorption unterschieden werden (14):

a) die unmittelbare Bindung der polaren Sammlergruppen an die Gitterionen (z.B. n-Alkylaminsalze und n-Alkylsulfate auf KCl),

b) die Bindung der Sammlerionen oder -moleküle auf einer Hydratationsschicht über Wasserstoffbrückenbindungen (z.B. n-Alkylaminbasen, Carbonsäuren, N-Alkylmorpholinsalze auf NaCl).

1. Sammleradsorption an den Gegenionen des Salzgitters

Als mögliche Wechselwirkungsenergien sind hier zu betrachten (Abb. 1):

1.1. Die elektrostatische Wechselwirkung dürfte bei der Flotation von Alkalihalogeniden in gesättigten Lösungen im allgemeinen kein wesentlicher Bestandteil der Adsorptionsenergie sein, weil die Ionenradien der polaren Sammlergruppen in der gleichen Größenordnung wie die gleichsinnig geladenen Lösungsionen liegen oder sogar noch größer sind. Dabei ist die Konzentration der anorganischen Ionen um mehrere Zehnerpotenzen größer.

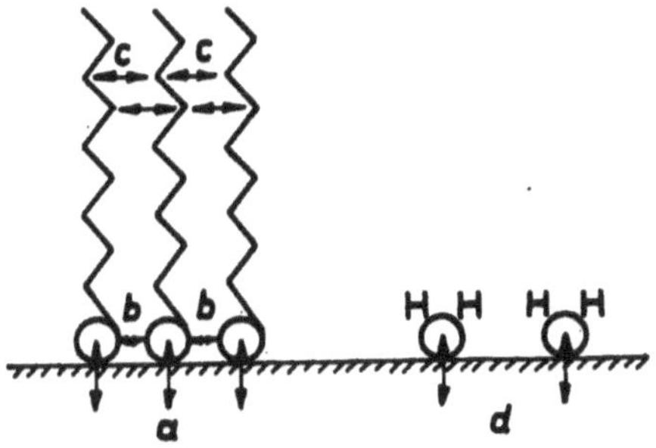

Abb. 1 Wechselwirkungsenergien bei der Adsorption von Sammlerionen

Diese Auffassung stützen folgende Untersuchungsergebnisse:

Die Adsorption der n-Alkylaminkationen auf KCl steigt nach früheren Untersuchungen erst im Bereich der Löslichkeitsgrenze stark an (4, 15). Dies bedeutet letzten Endes, daß die energetischen Bedingungen für die Kristallisation in der flüssigen Phase ähnlich denen bei der Adsorption auf KCl sind. Bei allen praktisch eingeführten Sylvin-Flotationsverfahren wird die Löslichkeitsgrenze der Sammlerverbindungen überschritten oder zumindest angenähert erreicht. In Abb. 2 ist die Adsorption von n-Alkylaminhydrochloriden verschiedener Kettenlänge an KCl aus einer KCl-Lösung bei einem Aminzusatz von $4{,}2 \cdot 10^{-5}$ mol/l dargestellt. Die Löslichkeit der n-Alkylaminhydrochloride in einer gesättigten KCl-Lösung von 22,5°C beträgt nach Singewald (4):

C_{10} $4{,}2 \cdot 10^{-4}$ mol/l
C_{12} $1{,}2 \cdot 10^{-5}$ mol/l
C_{14} $5{,}6 \cdot 10^{-7}$ mol/l

Im gewählten Beispiel werden die Löslichkeitsgrenze und damit das Adsorptionsmaximum beim C_{12}-Aminhydrochlorid erreicht. Von den längerkettigen Aminen flockt ein Teil sofort beim Eintropfen der Reagenzlösungen aus und steht für die Adsorption auf Sylvin nicht mehr zur Verfügung. Das Dodecylaminhydrochlorid wird vornehmlich auf KCl adsorbiert, weil die Adsorption energetisch geringfügig gegenüber der Kristallisation in der flüssigen Phase bevorzugt zu sein scheint.

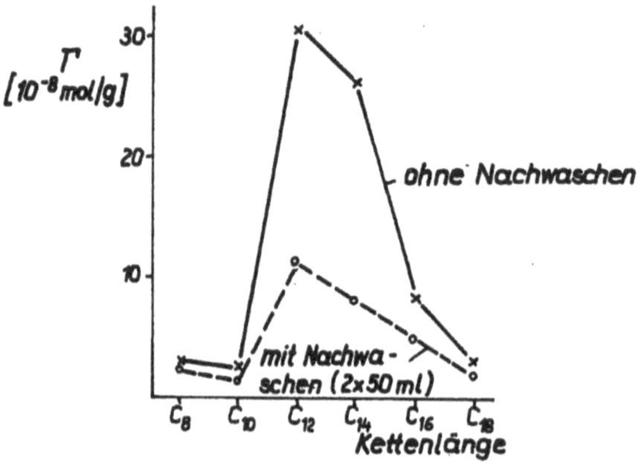

Abb. 2 Adsorption von n-Alkylaminhydrochloriden verschiedener Kettenlänge an KCl (250...200 μm) in gesättigter KCl-Lösung von 25°C, Aminzugabe: $4{,}2\cdot10^{-5}$ mol/l (15)

Daß die Flotierbarkeit von Alkalihalogeniden mit Na-n-Alkylsulfaten als Sammler erst im Bereich der Löslichkeitsgrenze optimal wird, folgt aus Untersuchungen von Winkler in unserem Institut (16). In Abb. 3 sind die Löslichkeit L der n-Alkylsulfate in den entsprechenden gesättigten Lösungen und die für ein 100 %iges Ausbringen in der Hallimondröhre erforderliche Sammlerzugabe C_E in Abhängigkeit von der Kettenlänge dargestellt. Bei kürzeren Kettenlängen liegen beide Kurven nahe beieinander und fast parallel. Bei längeren Alkylketten ist die Löslichkeit wiederum so gering, daß unmittelbar beim Eintropfen der Sammlerlösung gewisse Anteile ausflocken und für die Adsorption nicht mehr zur Verfügung stehen.

1.2. Die Rolle der Wechselwirkungen zwischen den polaren Sammlergruppen kann gegenwärtig nicht befriedigend eingeschätzt werden.

1.3. Bei langkettigen Sammlern ist die Assoziation der unpolaren Gruppen ein wichtiger Bestandteil der Energiebilanz. Ohne diesen Energieanteil wäre die Abhängigkeit der Adsorption von der Kettenlänge nicht erklärbar (16 bis 20).

Die Adsorptionsenergie von n-Alkylgruppen in den Phasengrenzflächen Wasser/Luft bzw. Wasser/Öl ist von mehreren Autoren ge-

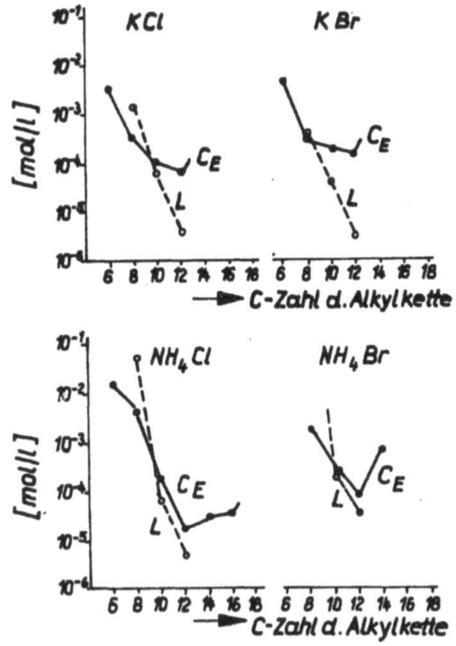

Abb. 3 Löslichkeit (L) und für ein 100 %iges Ausbringen in der Hallimondröhre erforderliche Sammlerzugabe C_E bei der Flotation von Alkalihalogeniden mit Na-n-Alkylsulfaten (jeweils gesättigte Lösungen von 25°C; Salzkörnung 0,315...0,16 mm) nach Winkler (16)

messen oder berechnet worden (21, 22, 23). Die Werte liegen für eine $-CH_2$-Gruppe zwischen 1,08 und 1,36 k·T, d.h. 0,64 bis 0,82 kcal/mol (k Boltzmann-Konstante). In der Grenzfläche Mineral/wäßrige Lösung können bei der Sammleradsorption diese Energiebeträge nur realisiert werden, wenn es ähnlich wie bei der Mizellbildung zur Assoziation der unpolaren Molekülteile kommt. Bei der Mizellbildung bestimmte Shinoda (21) die Assoziationsenergie pro $-CH_2$-Gruppe zu 1,08 k·T.

De Bruyn (24) beobachtete bei Adsorptionsmessungen an Quarz mit Dodecylaminazetat einen charakteristischen Knick in der Isotherme, der einer kritischen Konzentration zugeordnet werden kann, bei deren Überschreitung Assoziation eintritt. Neuerdings bestimmten Fuerstenau und Mitarbeiter mit Quarz und n-Alkylaminverbindungen verschiedener Kettenlänge die Adsorptionsenergie pro $-CH_2$-Gruppe zu rund 1 k·T (17, 20). Dieser im Vergleich zu den oben genannten etwas geringere Wert ist wahrscheinlich so zu verstehen, daß an Feststoff-Grenzflächen nicht die gleiche Regelmäßigkeit der Film-

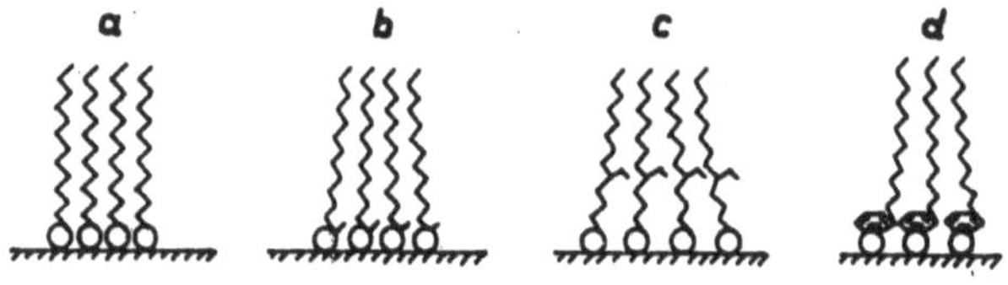

Abb. 4 Einfluß der Struktur der unpolaren Gruppe auf die Assoziation
a) n-Alkylaminverbindung,
b) Alkyl-monomethyl-Verbindung,
c) verzweigtkettige Verbindung,
d) n-Alkylpyridiniumverbindung.

einen schwachen Flotationseffekt hervor. Ansonsten versagen sekundäre, tertiäre und quartäre Amine und auch verzweigtkettige Verbindungen. Diese Ergebnisse bestätigen, daß in gesättigten Alkalisalzlösungen die Assoziationsenergie der unpolaren Gruppen eine dominierende Rolle für die Energiebilanz der Adsorption spielt.

1.4. Hydrophobierung einer Mineraloberfläche bedeutet Abbau der Hydrathülle. In diesem Zusammenhang muß auf neuere Vorstellungen über die Hydratation in wäßrigen Elektrolytlösungen hingewiesen werden, die vor wenigen Jahren von Samojlov (26) zusammenfassend dargestellt wurden. In verdünnten Elektrolytlösungen muß man die Nahhydratation und die Fernhydratation unterscheiden. Während die erstgenannte die Wechselwirkung des Ions mit seiner unmittelbaren Umgebung darstellt, handelt es sich bei der Fernhydratation um die Orientierungspolarisation der umliegenden Wasserbereiche, was immer einen stark exothermen Effekt bewirkt.

Die Nahhydratation stellt die Wirkung der Ionen auf die Wärmebewegung dar, insbesondere die Translation der nächstgelegenen Wassermoleküle. Bei einer "positiven" Nahhydratation wirkt das Ion auf die benachbarten Wassermoleküle bewegungsbehindernd, d.h. die Platzwechselfrequenz wird im Vergleich zum reinen Wasser vermindert. Ist das Gegenteil der Fall, spricht man von "negativer" Hydratation. In unmittelbarem Zusammenhang stehen die Erscheinungen der "positiven" und "negativen" Viskosität.

bildung wie an Flüssig/Flüssig- bzw. Flüssig/Gas-Grenzflächen gelingt.

In gesättigten Alkalisalz-Lösungen dürfte die Assoziationsenergie pro $-CH_2$-Gruppe nicht unwesentlich größer als in elektrolytarmen Lösungen sein, weil die Wechselwirkungen der Salzionen nicht vernachlässigt werden dürfen.

Für Sammler, deren unpolare Teile hauptsächlich aus Alkylgruppen bestehen, kann man für die Assoziationsenergie Φ schreiben (25):

$$\Phi = z \cdot (m-1) \cdot \varphi \qquad (1)$$

φ Assoziationsenergie pro $-CH_2$-Gruppe
m Länge der Alkylkette, ausgedrückt in der Zahl der C-Atome
z Faktor, der den Bedeckungsgrad und die Struktur der unpolaren Gruppe berücksichtigt ($z \leqq 1$)

Wesantlich für die bei der Adsorption auftretende Assoziation der unpolaren Molekülteile sind die Länge und die Struktur dieser Gruppen und der Sammlerbedeckungsgrad. Der Sammlerbedeckungsgrad spielt insofern eine Rolle, als bei sehr kleinen Werten keine Assoziation auftritt (17, 18). Mit vollständiger Assoziation ($z = 1$) wäre bei idealer Monoschichtbedeckung mit geradkettigen Verbindungen zu rechnen.

Bei Auftreten mehrerer Alkylgruppen im Molekül, von Kettenverzweigungen, von Benzol- oder Pyridiniumringen, von Doppelbindungen, von nicht endständigen polaren Gruppen usw. wird die Assoziation behindert. Prinzipiell dürften sich ähnliche Auswirkungen ergeben, wie sie bei der Mizellbildung beobachtet werden (21). In Abb. 4 sind einige Beispiele schematisch angedeutet. Vom Standpunkt der Größe der Adsorptionsenergie betrachtet, wären geradkettige Verbindungen immer zu bevorzugen. Je mehr die Struktur der unpolaren Gruppe die Assoziation behindert, um so geringere Energiebeträge liefert die Assoziation.

Schon früher wurden von verschiedener Seite kondensierte Fiłme für die erfolgreiche Flotation löslicher Salze verlangt (3, 4, 13). Diese Auffassung wird dadurch gestützt, daß KCl und andere Alkalihalogenide nur mit geradkettigen primären Alkylaminsalzen und geradkettigen Alkylsulfaten ausgezeichnet flotieren. Lediglich Alkylmonomethylamine bringen nach eigenen Untersuchungen noch

Nach Samojlov zeigen in verdünnten wäßrigen Lösungen

a) positive Hydratation: mehrfach geladene und kleine einfach geladene Ionen (z.B. Mg^{2+}, Ca^{2+}, Li^{+}, Na^{+}),

b) negative Hydratation: große einfach geladene Ionen (z.B. K^{+}, Cs^{+}, Cl^{-}, Br^{-}, J^{-}).

In Abb. 5 ist die dynamische Viskosität von KCl-, KBr-, KJ-, NaCl-, NaBr- und NaJ-Lösungen bei 20°C in Abhängigkeit von der

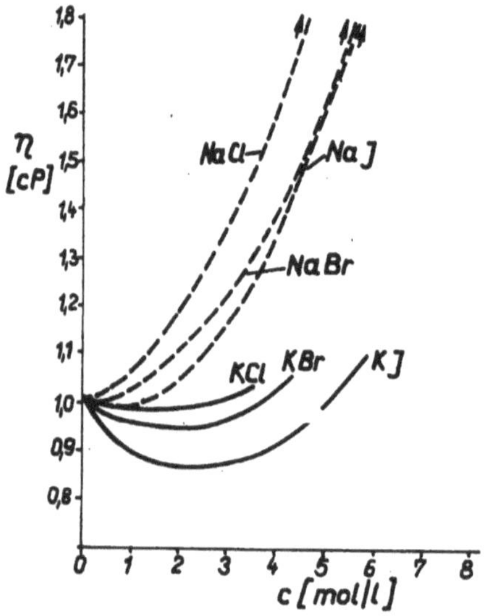

Abb. 5 Dynamische Viskosität von KCl-, KBr-, KJ-, NaCl-, NaBr- und NaJ-Lösungen bei 20°C in Abhängigkeit von der Konzentration

Konzentration aufgetragen. Während die Viskosität der Kaliumhalogenid-Lösungen nur in geringem Maße von der Konzentration abhängt und über breite Konzentrationsbereiche kleiner als die des reinen Wassers ist, ist die ausgeprägte Konzentrationsabhängigkeit bei den Natriumhalogenid-Lösungen eine Folge der intensiven Nahhydratation der Na^{+}-Ionen.

Wenn man die bisher nur kurz erläuterten Vorstellungen über die Hydratation auf die Belange leicht löslicher Salze anwenden will, so sind zwei wesentliche Gesichtspunkte zu berücksichtigen, nämlich die Zulässigkeit der Übertragung auf konzentrierte Lösungen und schließlich auf die Verhältnisse an Feststoffoberflächen.
Man darf sicherlich die Feststellungen bezüglich der Intensität

der Wechselwirkungen benachbarter Ionen und H_2O-Moleküle qualitativ übertragen. Eine solche Auffassung wird auch durch den Kurvenverlauf in Abb. 5 gestützt. Betrachtet man nunmehr die möglichen Wechselwirkungen zwischen den Oberflächen löslicher Minerale und den Wassermolekülen, so dürften diese von gleicher Natur sein. Hinsichtlich der Sammleradsorption interessieren dabei die Wechselwirkungen zwischen den Gitterionen an der Oberfläche und den unmittelbar benachbarten Wassermolekülen.

1.5. Sind auf den Oberflächen löslicher Salze die Gegenionen im Sinne der Nahhydratation hydratisiert, so wird die Adsorption von n-Alkylsulfationen oder n-Alkylaminionen nicht gelingen, weil die Hydrathülle nicht beseitigt werden kann. Auf der Grundlage dieser Hypothese ist zunächst erklärbar, warum KCl, KBr, NH_4Cl und NH_4Br mit n-Alkylsulfaten gut flotieren, NaCl aber nicht (16).

Sind nur die gleichsinnig geladenen Ionen hydratisiert, so kann deren "Hydrathülle" die Gegenionen abschirmen, was jedoch von der "Koordinationszahl" an der Grenzfläche und den Gitterabständen mit abhängt. Ein solcher Fall kann bei der Aminflotation eintreten. In Abb. 6 sind entsprechende Modelle für NaCl und NaJ bei "Einerkoordination" der Wassermoleküle entworfen worden. Diese Modellvorstellung erklärt, warum NaCl mit Aminen nicht flotiert, NaJ nach Angaben verschiedener Autoren dagegen recht gut (2, 6). Man sollte aber bedenken, daß es sich um ein vereinfachtes Modell handelt.

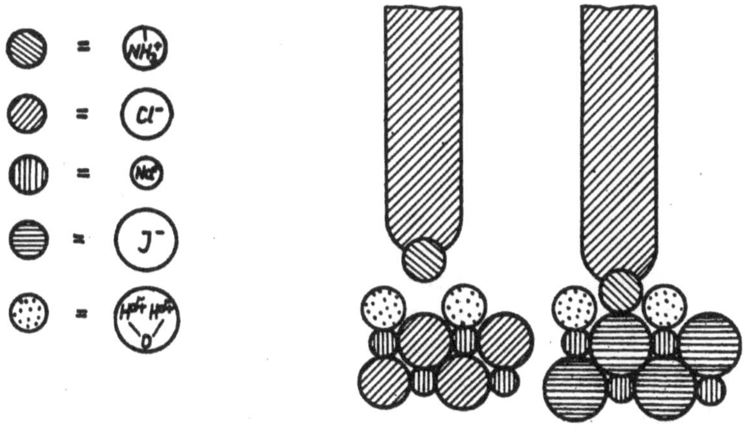

Abb. 6 Hydratation und Aminadsorption auf NaCl und NaJ, schematisch

Nach Abb. 6 werden auf NaCl die Cl^- durch Wasserdipole so stark abgeschirmt, daß nur eine relativ schwache Bindung der Sammlerionen möglich ist. Daß auch NaCl Aminkationen adsorbiert, steht außer Zweifel (4, 15). Diese werden aber einerseits sehr leicht desorbiert (4, 15), und selbst bei Sammlerbedeckungsgraden, die für die Sylvinflotation genügen, kommt es nur zu einer sehr mäßigen Halitflotation (15), weil die Haftung der Sammlerfilme zu schwach ist. Auf NaJ ist die Abschirmung der J^- durch Wasserdipole geringer. Die Aminfilme werden fester gebunden, und die Flotation ist möglich. Für andere Alkalihalogenide lassen sich ähnliche Modelle entwerfen.

Um die Verhältnisse bezüglich der Anionenabschirmung zu kennzeichnen, wurde von uns eine Maßzahl E eingeführt (14):

$$E = \frac{a_w - 2r_{H_2O}}{2} \approx \frac{a_w - 2{,}8}{2} \ (\text{Å}) \qquad (2)$$

a_w Gitterabstand

Es läßt sich bei der Flotation von Alkalihalogeniden nachweisen, daß man Flotation erwarten darf, wenn angenähert gilt $E > 1{,}6$ Å (14).

2. Sammleradsorption auf der Hydratschicht

Man darf annehmen, daß die Sammleradsorption auch auf einer Hydratschicht möglich ist, falls das Sammlerion bzw. Sammlermolekül zu Wasserstoff-Brückenbindungen befähigt ist. Diese Auffassung wurde erstmalig von Rogers vertreten, weil Fettsäuren und Alkylphosphate NaCl flotieren (13). Folgende eigene Ergebnisse unterstützen diese Auffassung:

2.1. Vor einigen Jahren stellten wir erstmalig fest, daß im hochalkalischen Bereich NaCl mit Aminen flotierbar ist, also dort, wo infolge der Hydrolyse hauptsächlich die freie Base vorliegt (27). In Abb. 7 sind aus früheren Arbeiten Ergebnisse über die Adsorption und die Flotation in Abhängigkeit vom pH nochmals dargestellt (15, 28). Im hochalkalischen Bereich werden die sehr gering löslichen Aminbasen intensiv auf NaCl adsorbiert. Auf KCl konnten wir in diesem pH-Bereich keine Adsorption feststellen (Abb. 8). Wir folgern, daß auf NaCl bei hohem pH die Aminbase über eine Wasserstoffbrückenbindung adsorbiert wird:

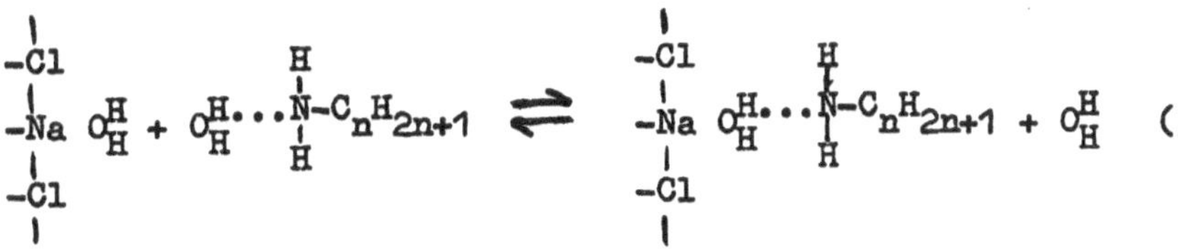

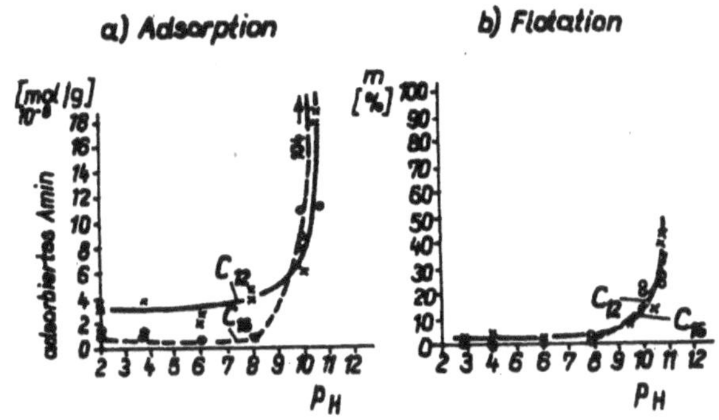

Abb. 7 pH-Einfluß auf die Flotation von NaCl (250...200 µm) mit n-Alkylaminen ($4{,}3 \cdot 10^{-5}$ mol/l)
a) Adsorption, b) Flotation in der Hallimondröhre

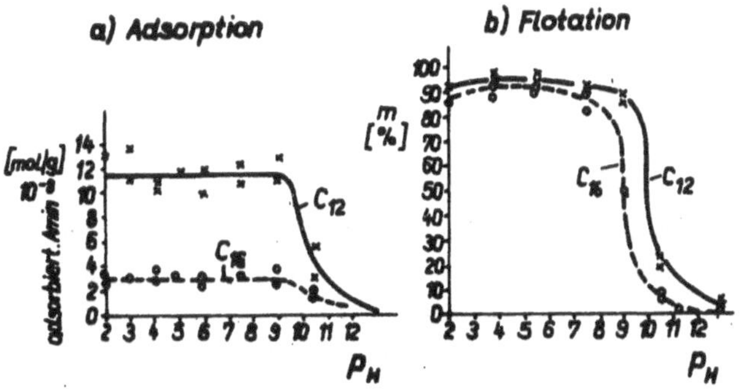

Abb. 8 pH-Einfluß auf die Flotation von KCl (250...200 µm) mit n-Alkylaminen ($8{,}5 \cdot 10^{-5}$ mol/l)
a) Adsorption, b) Flotation in der Hallimondröhre

2.2. Vor kurzem wurde von Schubert und Hälbich (29) über das Flotationsverhalten von KCl und NaCl mit N-Alkylmorpholinsalzen berichtet. Unterhalb pH 7 flotiert NaCl z. B. mit N-Dodecylmorpholin gut und mit abnehmendem pH sogar ständig besser, während die Flotierbarkeit von KCl mit diesem Reagenz unterhalb pH 7 gleichbleibend mäßig ist, so daß bei pH < 4 sehr selektive Trennungen gelingen.

Die N-Alkylmorpholinhydrochloride

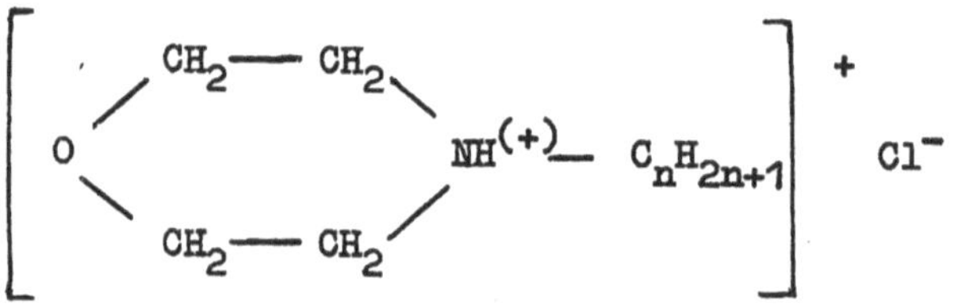

(4)

sind Alkylderivate des Morpholins. Morpholin ist eine mäßig starke Base ($k = 2{,}44 \cdot 10^{-6}$ im Wasser von 23°C) (30). Die Sammlerbindung auf NaCl ist wie folgt zu deuten:

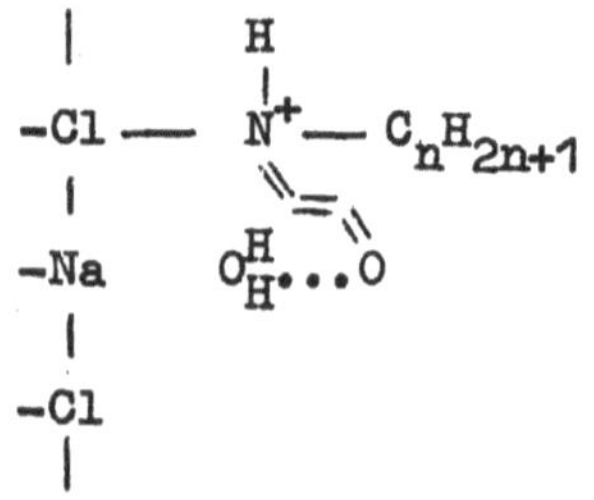

(5)

Für die Bindung dürfte in erster Linie die Wasserstoffbrücke mit den hydratisierten Na^+ maßgebend sein. Darüber hinaus beteiligt sich sicherlich auch der eigentliche polare Teil, allerdings wegen der Abschirmung durch Wasserdipole und des vergleichsweise großen Ionenradius des polaren Teils nur sehr schwach. Für die Bindung des N-Alkylmorpholins auf KCl käme nur der eigentliche polare Teil in Betracht. Deshalb kann diese nur locker und die Flotierbarkeit sehr mäßig sein. Für unsere Hypothese sprechen folgende Ergebnisse:

a) Nach Untersuchungen von Schneider (10) geht die Sammlerwirkung für NaCl völlig verloren, wenn im Ring auf das O-Atom verzichtet wird. Dodecylpiperidinhydrochlorid und Dodecylpyrrolidinhydrochlorid besitzen keine Sammlerwirkung für NaCl.

b) Die wesentliche Verminderung des Sammlerbedarfs für die NaCl-Flotation mit Abnahme des pH unterhalb pH 7 dürfte nicht nur eine Folge der Verschiebung des Hydrolysegleichgewichtes sein. Ein ähnliches Verhalten wurde von uns mit Sammlern, die nicht zur Wasserstoffbrückenbindung befähigt sind, in gesättigten Lösungen nicht beobachtet und ist dort auch unwahrscheinlich (15, 28). Es ist bekannt, daß die H^+ saurer Lösungen nicht mit bestimmten Wassermolekülen verbunden sind, sondern ständig von einem Molekül zum anderen wechseln. Daran beteiligen sich vielleicht auch die Wassermoleküle der Hydrathülle. Sofern diese überzähligen H^+ über alle Wassermoleküle der Lösung ihre Plätze wechseln, erteilen sie diesen eine bestimmte kleine mittlere Ladung, die mit abnehmendem pH wächst. Es ist durchaus wahrscheinlich, daß derartige Ladungen die Wasserstoffbrückenbindung intensivieren.

Literaturverzeichnis:

1. Fuerstenau, D.W., Fuerstenau, M.C. — Mining Engng. 8(1956), S. 302-307
2. Bachmann, R. — Z. Erzbergbau Metallhüttenwes. 8(1955), Beiheft, S. B 109-115
3. Schubert, H. — Diss., Bergakademie Freiberg, 1956
4. Singewald, A. — Diss., TU Berlin, 1957
5. Schneider, H. — Diss., Univers. Rostock, 1958
6. Singewald, A. — Chemie-Ing.-Techn. 33(1961), Teil I: S. 376-393; Teil II: S. 558-571; Teil III: S. 676-688
7. Schneider, H. — Kalisymposium 1963 (Erfurt), S. 241-261.
8. Hille, M., Stranski, J.N. — Z. Elektrochem., Ber. Bunsenges. physik. Chem. 67(1963), S. 636-638
9. Schneider, H., Reichenbach, H. — Freiberger Forsch.-H., A 335 (1965), S. 93-103
10. Schneider, H. — Habil., TH für Chemie, Leuna-Merseburg, 1965
11. Pavljucenko, M.M. — Kalijnye soli i metodi ich pererabotki, Minsk 1963, S. 48-60
12. Rogers, J., Schulmann, J.H. — Reprints of IInd Int. Conf. of Surface Activity, London 1957, FG 330-338
13. Rogers, J. — Bull. Instn. Mining Metallurgy 607(1957), S. 439-452

14. Schubert, H. — Bergakademie 17(1965), S. 485-491

15. Schubert, H. — Freiberger Forsch.-H., A 316 (1964), S. 15-33

16. Winkler, H. — Diss., Bergakademie Freiberg, 1965

17. Somasundaran, P.; Healy, T.W.; Fuerstenau, D.W. — J. physic. Chem., 68(1964)12, S. 3562-3566

18. Gaudin. A.M. — Flotation. Mc Graw Hill Book Co., New York, 1957

19. Glembockij, V.A.; Klassen, V.J.; Plaksin, I.N. — Flotacija. Gosgortechisdat, Moskau, 1961

20. Fuerstenau, D.W.; Healy, T.W.; Somasundaran, P. — Trans. Amer. Inst. Mining metallurg. Engt., 229(1964), S. 321-325

21. Shinoda, K.; Nakagawa, T.; Tamamuski, B.; Isemura, T. — Colloidal Surfactants. Academic Press, New York, 1963

22. Haydon, D.A.; Taylor, F.H. — III. Int. Kongr. f. Grenzflächenaktive Stoffe 1960, Bd. 1, S. 157-160

23. Schäfer, K. — III. Int. Kongr. f. Grenzflächenaktive Stoffe 1960, Bd. 1, S. 133-140

24. de Bruyn, P.L. — Mining Engng. 7(1955), Trans. Amer. Inst. Mining metallurg. Engr., Vol. 202, S. 291-296

25. Schubert, H. — Freiberger Forsch.-H., A 401 (1966), (erscheint demnächst)

26. Samojlov, O.J. — Struktura vodnych rastvorov elektrolitov i gidratacija ionov. Akademie-Verlag, Moskau, 1957

27. Schubert, H. — Bergakademie 14(1962), S. 383-391

28. Schubert, H. — Freiberger Forsch.-H., A 326 (1964), S. 77-90

29. Schubert, H.; Hälbich, W. — Bergakademie 17(1965), S. 428-431

30. Elderfield, R. — Heterocyclic Compounds, Vol. 6 J. Wiley & Sons, Co., New York, 1957.

E. W o t t g e n und H. G r u n e r
Forschungsinstitut für Aufbereitung der Deutschen Akademie der Wissenschaften zu Berlin, 92 Freiberg (Sachs)

Beziehungen zwischen Sammlerwirkung und Korngröße der Mineralteilchen - Untersuchungen mit Zinnstein und Bleiglanz+)

Der Einfluß der Größe von Mineralteilchen auf den Flotationsprozeß war schon oft Gegenstand der Untersuchungen. Es wurden Fragen wie die Flotationsgeschwindigkeit [1,2,3,4,5], allgemeine flotationskinetische Probleme [2,6,7,8,9,10] , die Hydrophobierung der Mineralpartikel [2,10] sowie der Sammlerverbrauch untersucht [11,12] . Es existiert über diese Problematik noch eine größere Zahl von Arbeiten, die aber hier im einzelnen nicht alle genannt werden können.

Wesentliche Beachtung fanden bei diesen Arbeiten vor allem sulfidische Minerale und die Xanthogenate als Sammler. Aber auch auf oxidische Erze, speziell auf Quarz [11] , Spate und Eisenoxide [13,14] , wurden diese Untersuchungen ausgedehnt. Wenn auch dabei viele Ergebnisse gewonnen wurden, die verallgemeinert werden konnten, so bleiben doch ebenso viele Fragen offen, da sie mineralabhängig sind und von Fall zu Fall untersucht werden müssen.

In der zurückliegenden Zeit konnte gezeigt werden, daß verschiedene Phosphonsäuren brauchbare Sammler für Altenberger Zinnstein sind [15, 16] und auch für andere Zinnsteinvarietäten Beachtung verdienen [17]. Bei diesen Arbeiten konnte auch bereits gezeigt werden, daß die Zinnsteinpartikel in den einzelnen Kornfraktionen unterschiedlich ausgetragen werden [1] , ohne daß die Frage der Wirksamkeit der Phosphonsäuren in den einzelnen Kornklassen bisher im einzelnen untersucht wurde. Tabelle 1 zeigt das Fraktionsausbringen, das in einem 2 l-Flotationsversuch mit teilentschlämmtem Altenberger Zinnstein und p-Äthylbenzolphosphonsäure als Sammler ermittelt wurde.

+) Mitteilung Nr. 133 aus dem Forschungsinstitut für Aufbereitung, Freiberg (Sachs)
Direktor: Prof. Dr.-Ing. habil. H. Kirchberg

Tabelle 1
Sn-Ausbringen in den einzelnen Kornfraktionen 17
Flotationsversuch mit teilentschlämmtem Altenberger Haufwerk
Sammler: p-Äthylbenzolphosphonsäure

Kornfraktion mm	Sn-Ausbringen %
- 0,04	73,4
0,04 - 0,063	90,5
0,063 - 0,08	76,3
0,08 - 0,1	43,6

Es zeigte sich, daß der Zinnstein in der Fraktion 0,04-0,063 mm am besten ausgetragen wird, während in tieferen und höheren Fraktionen ein Abfall im Ausbringen einsetzt. Zu ähnlichen Ergebnissen kam auch TÖPFER [18] mit p-Toluolarsonsäure.

Vorliegender Beitrag, der Teil eines umfangreichen Versuchsprogramms ist, stellte sich das Ziel, die Sammlerwirkung von p-Alkylbenzol- und Alkanphosphonsäuren in den verschiedenen Kornfraktionen zunächst im Kleinstflotationsversuch eingehender zu prüfen sowie die Sammlerbedeckung einzelner Körnungen durch Adsorptionsuntersuchungen und die Anlagerung von Mineralpartikeln an Luftblasen in Kontaktversuchen festzustellen. Parallelversuche mit Bleiglanz aus dem Freiberger Revier dienen dazu, das Verhalten eines oxidischen mit einem sulfidischen Erz zu vergleichen.
Der für unsere Versuche benutzte Altenberger Zinnstein wurde chemisch gereinigt. Die Aufarbeitung von Zinnsteinkonzentraten erfolgte mit geringfügigen Veränderungen nach der von FISCHER [19] angegebenen Methode. Anschließend wurde der Zinnstein klassiert. Der Bleiglanz konnte durch Auslesen erhalten werden und brauchte nicht weiter gereinigt zu werden. Das Versuchsmaterial wurde unter weitgehendem Luftausschluß aufgemahlen und klassiert. Tabelle 2 gibt den Sn- und Pb-Gehalt der einzelnen Erzfraktionen wieder.

Tabelle 2

Versuchsmaterial

Zinnstein	theoret.	78,77 % Sn	Bleiglanz	theoret.	86,6 % Pb
	+ 0,1	72,1	0,2	- 0,16	78,2
0,09	- 0,08	71,1	0,16	- 0,125	81,0
0,08	- 0,071	75,8	0,125	- 0,1	81,4
0,071	- 0,063	75,6	0,1	- 0,09	83,2
0,063	- 0,05	74,5	0,09	- 0,08	83,4
0,05	- 0,04	74,3	0,08	- 0,063	83,5
0,04	- 0,032	75,6	0,063	- 0,05	83,5
0,032	- 0,02	75,3	0,05	- 0,04	83,9
			0,04	- 0,032	84,0
				- 0,032	84,0

Flotationsversuche

Die Flotationsversuche wurden in einer modifizierten Hallimondröhre nach BAUMGÄRTEL und POHLHARDT [20] durchgeführt. Abb. 1 zeigt die Teile der Zelle.

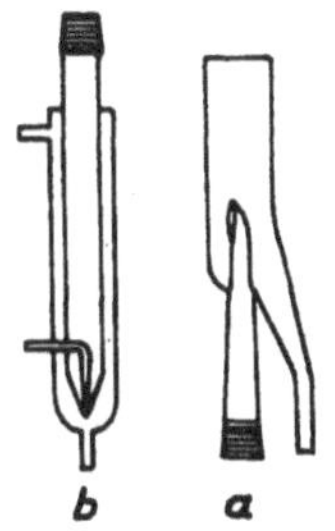

Abb. 1
Kleinstflotationszelle nach BAUMGÄRTEL und POHLHARDT
a) Oberteil b) Unterteil

Diese Flotationsröhre erscheint uns anderen gegenüber insofern vorteilhaft, da das einmal an die Oberfläche beförderte Erz nicht wieder in die Röhre zurückfallen kann. Die Öffnung des Luftaustritts betrug bei unseren Versuchen 0,5 mm. Es wurden jeweils 500 mg Erz pro Versuch eingesetzt, zu denen 250 ml einer

Sammlerlösung im Konzentrationsbereich 10^{-6} bis 10^{-3} mol/l gegeben wurden. Die Reagenseinwirkzeit betrug jeweils 5 Minuten, die Belüftung der Röhre ebenfalls. In Abb. 2 sind für die Konzentrationsbereiche 10^{-6} und 10^{-4} mol/l das Zinnsteinausbringen in Abhängigkeit von der Korngröße dargestellt.

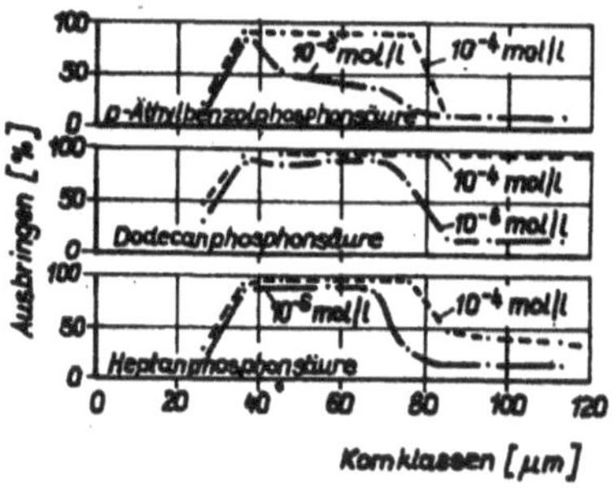

Abb. 2

Abhängigkeit des Zinnsteinausbringens von der Korngröße

Wenn auch nur zwei Konzentrationsbereiche wiedergegeben sind, so ist doch bei allen drei Phosphonsäuren zu erkennen, daß mit zunehmender Sammlerkonzentration das Ausbringen in jeder Fraktion einem maximalen Wert zustrebt. Deutlich tritt dies bei den höheren Kornfraktionen hervor.

Die p-Äthylbenzolphosphonsäure ist nur über einen relativ engen Kornbereich, und zwar von 0,032 bis 0,08 mm, wirksam. Bei der Konzentration 10^{-6} mol/l wird dieser Bereich noch kleiner. Versuche mit Sammlerlösungen von 10^{-3} mol/l zeigten, daß eine weitere Konzentrationserhöhung zu keiner Verbreiterung des Körnungsbereiches nach größeren Körnungen hinführt.

n-Heptan- und Dodecanphosphonsäure flotieren dagegen noch größere Zinnsteinpartikel. Im dargestellten Konzentrationsbereich deutet sich dies bereits bei der n-Heptanphosphonsäure an und wird besonders augenfällig für n-Dodecanphosphonsäure. So konnten mit letzterer Zinnsteinkörner von 0,2 mm ausgetragen werden. Größere Körnungen wurden noch nicht geprüft, so daß diese Angabe nicht als obere Grenze angesehen werden darf. Erhöht man die Konzentration der n-Heptanphosphonsäure, so tritt auch hier eine Verbreiterung des Körnungsbereichs ein. Es wurde festgestellt, daß eine 10^{-3} m Heptanphosphonsäure-Lösung dann die gleiche Wirkung zeigt, die bereits n-Dodecanphosphonsäure bei 10^{-4} mol/l erreicht.

Dieses Verhalten dürfte mit der Grenzflächenaktivität der Alkanphosphonsäuren, die mit zunehmender Kettenlänge ansteigt, in Beziehung stehen.
Ein übereinstimmendes Verhalten zeigen die drei Phosphonsäuren im Bereich 0,02-0,032 mm. Hier fällt das Zinnsteinausbringen bei beiden Konzentrationsbereichen stark ab.
Die Ursache dafür ist aber nicht primär beim Sammler zu suchen, sondern darauf zurückzuführen, daß der Kontakt von Luftblasen und Mineralpartikeln bei feinen und feinsten Körnungen nur schwer zustande kommt.
Die Aussagekraft der Versuche in der Hallimondröhre ist natürlich begrenzt und muß durch Flotationsuntersuchungen mit Haufwerk im Labormaßstab erweitert werden. Trotzdem dürfte sich in gewissen Grenzen daraus die Wirksamkeit der Sammler für einzelne Kornklassen abschätzen lassen, wie auch ein Vergleich der Abb. 2 mit den Werten in Tabelle 1, die mit p-Äthylbenzolphosphonsäure erhalten wurden, beweist.

Vergleicht man die Flotationsversuche des Zinnsteins mit den entsprechenden Versuchen des Bleiglanzes und K-Äthyl-, K-Hexyl- und K-Dodecylxanthogenat als Sammler (Abb. 3), so ist festzustellen, daß sich ein Einfluß des Alkylrestes nicht bemerkbar macht. Selbst das relativ kurzkettige K-Äthylxanthogenat zeigt in dem untersuchten Körnungsbereich keinen Abfall gegenüber seinen höheren Homologen. Hervorstechend ist ferner, daß die Xanthogenate Bleiglanz von 0,032-0,4 mm flotieren und somit über einen viel größeren Körnungsbereich wirksame Sammler sind als die Äthylbenzolphosphonsäure für Zinnstein.
Bei Körnungen -0,032 mm fällt das Bleiglanzausbringen für alle drei Sammler ab. Auch hier ist der Grund bei der Erschwerung des Kontakts Mineral/Luftblase zu suchen.

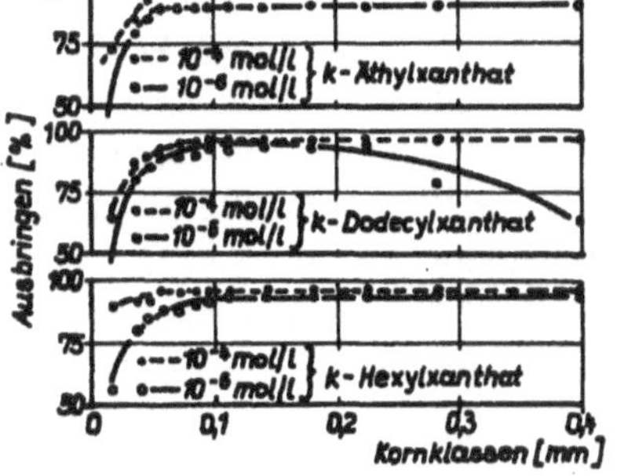

Abb. 3
Abhängigkeit des Bleiglanzausbringens von der Korngröße

Beim Vergleich muß man natürlich berücksichtigen, daß es sich einmal um verschiedene Materialien und Sammlertypen handelt, und die Wechselwirkungskräfte Mineral/Sammler unterschiedlich sind.

Adsorptionsuntersuchungen

Um über die Größe der Sammleranlagerung auf Zinnstein eine Vorstellung zu bekommen, wurden Adsorptionsuntersuchungen mit ^{32}P markierter p-Äthylbenzolphosphonsäure auf drei verschiedene Zinnsteinfraktionen - 0,02-0,032; 0,04-0,05 und 0,071-0,08 mm - durchgeführt. Leider stand nicht genügend $^{32}PCl_3$ zur Verfügung, um auch andere Phosphonsäuren darzustellen und zu untersuchen. Es wurden jeweils 5 g SnO_2 zu 25 ml Sammlerlösung gegeben. Die Einwirkzeit betrug 15 Minuten. Die Ergebnisse dieser Versuche zeigt die Abb. 4.

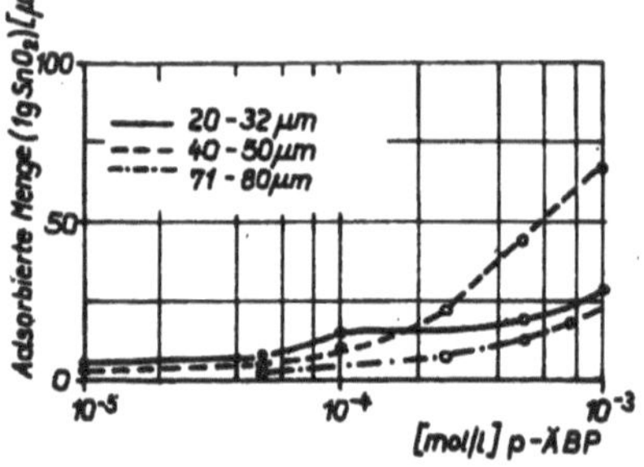

Abb. 4
Adsorption von p-Äthylbenzolphosphonsäure auf Altenberger Zinnstein

Auf der Abszisse ist die Sammlerkonzentration in mol/l und auf der Ordinate die auf 1 g SnO_2 adsorbierte Sammlermenge in µg aufgetragen. Dabei ist allerdings die Oberflächenentwicklung der einzelnen Kornklassen zu beachten. Für die Kornfraktion 0,02-0,032 mm wurde diese zu 1310 cm^2/g und für 0,04-0,05 mm zu 750 cm^2/g nach BET bestimmt. Leider stand nicht genügend Versuchsmaterial in der Kornfraktion 0,071-0,08 mm zur Oberflächenbestimmung zur Verfügung. Aus den Oberflächenwerten errechnet sich beispielsweise für die Konzentration 10^{-4} mol/l und 10^{-3} mol/l eine Sammleraufnahme von $0{,}06.10^{-3}$ $\mu mol/cm^2$ und $0{,}117.10^{-3}$ $\mu mol/cm^2$ für die Fraktion 0,02-0,032 mm sowie $0{,}073.10^{-3}\mu mol/g$ und $0{,}48.10^{-3}$ $\mu mol/cm^2$ für den Kornbereich 0,04-0,05 mm. Die Sammleradsorption ist äußerst gering und dürfte mit zunehmender Seitenkettenlänge bzw. bei höheren Alkan-

phosphonsäuren auf Grund deren Grenzflächenaktivität ansteigen. Das kann aus den Versuchen in der Hallimondröhre gefolgert werden, was aber noch einer entsprechenden Prüfung bedarf.
Bei den Adsorptionsuntersuchungen mit Bleiglanz in den Kornklassen 0,032-0,04; 0,063-0,08 und 0,1-0,125 mm mit K-Äthyl-, H-Hexyl- und K-Dodecylxanthogenaten ist der Einfluß der Kettenlänge zu erkennen. Bei deren Vergrößerung nimmt die Sammleradsorption zu. Während dies zwischen K-Äthyl- und K-Hexylxanthogenat noch nicht ausgeprägt ist, tritt es

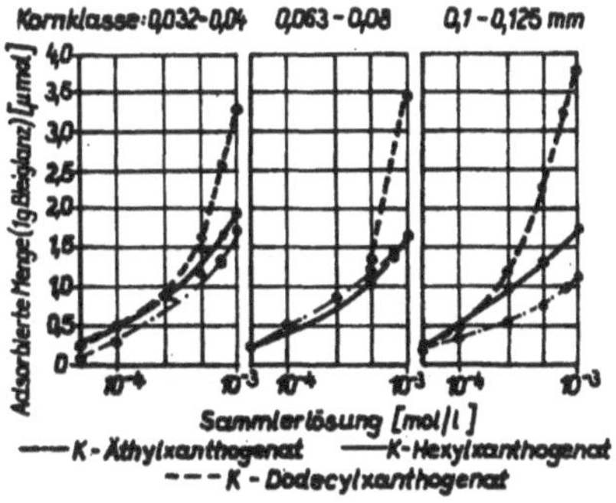

Abb. 5
Adsorption von K-Äthylxanthogenaten auf Bleiglanz

beim K-Dodecylxanthogenat klar hervor.
Das adsorbierte Xanthogenat wurde bei diesen Versuchen über die Restkonzentration nach der Methode von LURJE und NIKOLAJEWA [21] bestimmt.

Vergleicht man die Adsorptionsisothermen untereinander, so fällt auf, daß der Bleiglanz wesentlich mehr Xanthogenat anlagert als der Zinnstein Phosphonsäure. So adsorbierte die Bleiglanzfraktion 0,032-0,04 mm, die mit 1310 cm^2/g die gleiche spezifische Oberfläche wie die Zinnsteinfraktion 0,02-0,032 mm hat+), bei einer Sammlerkonzentration von 10^{-3} mol/l $1,47.10^{-3}$ $\mu mol/cm^2$ und bei 10^{-4} mol/l $0,38.10^{-3}$ $\mu mol/cm^2$ Kaliumäthylxanthogenat, während Zinnstein bei gleicher Ausgangskonzentration $0,117.10^{-3}$ $\mu mol/cm^2$ und $0,06.10^{-3}$ $\mu mol/cm^2$ p-Äthylbenzolphosphonsäure aufnimmt.
Die Sammleradsorption von Xanthogenat auf Bleiglanz ist auf starke Wechselwirkungskräfte zwischen Oberfläche und Sammlermolekel zurückzuführen. Dagegen scheinen diese zwischen Äthylbenzolphosphonsäure und Zinnsteinoberfläche bedeutend schwächer zu sein. Weitere Untersuchungen müssen hier noch eine Klärung der Adsorptionsverhältnisse bringen.

+) Dieser überraschende Befund gab Anlaß zu weiteren Untersuchungen, über deren Ergebnisse an anderer Stelle berichtet werden wird.

Kontaktversuche

Für die Beurteilung der Sammleraktivität haben sich auch die Kontaktuntersuchungen eingeführt. Dabei wird eine in einer Sammlerlösung erzeugte Luftblase mit einem Mineralbett während einer bestimmten Zeit in Berührung gebracht und geprüft, ob ein Anhaften von Partikeln an der Luftblase erfolgt oder nicht. Für diese Untersuchungen wurde das Kontaktgerät nach GLEMBOCKI eingesetzt. Nähere Einzelheiten über die Arbeitsweise dieses Gerätes finden sich in der Literatur [22] . Auch soll auf kürzlich durchgeführte Untersuchungen mit Zinnstein, bei denen dieses Gerät bereits zur Beurteilung der Wirksamkeit von Sammlern eingesetzt wurde, hingewiesen werden [23, 24] .

In vorliegenden Untersuchungen sollte festgestellt werden, inwieweit sich in Kontaktversuchen die Unterschiede in der Sammlerwirkung für einzelne Kornklassen besser feststellen lassen, als dies mit den Versuchen in der Hallimondröhre möglich war. Die Kontaktversuche wurden zunächst mit Zinnstein der Kornklasse 0,04-0,05 und 0,05-0,08 mm durchgeführt. Die Einbeziehung der Kornklasse 0,02-0,032 mm scheiterte daran daß es hier beim Blasenkontakt zur Aufwirbelung des Mineralbetts kommt und eine exakte Beobachtung nicht mehr möglich ist. Die Zeit der Sammlereinwirkung betrug bei allen Versuchen 40 Minuten, die Blasengröße 1,75 mm.
Abb. 6 zeigt die Ergebnisse der Kontaktversuche in den einzelnen Kornklassen bei einer Sammlerkonzentration von $2{,}5 \cdot 10^{-4}$ mol/l und einer Kontaktzeit von 6 ms. Geprüft wurde die Wirkung von p-Alkylbenzol- und n-Alkanphosphonsäuren.

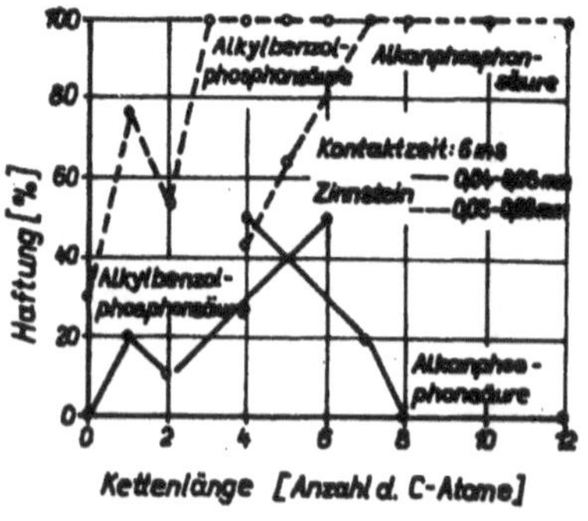

Abb. 6
Haftung in Abhängigkeit von der Kettenlänge

Die p-Alkylbenzolphosphonsäuren zeigen für beide Kornfraktionen einen gleichmäßigen Kurvenverlauf, der nur in Richtung der Ordinate verschoben ist und sich in der prozentualen Haftung unterscheidet. Mit zunehmender Länge der Seitenkette steigt die Wirksamkeit der Alkylbenzolphosphonsäuren an. Das erste Glied dieser Reihe, die p-Toluolphosphonsäure, macht insofern eine Ausnahme, daß sie zu etwas höheren Haftungen führt als die p-Äthylbenzolphosphonsäure. Von letzterer an ist aber ein stetiger Anstieg zu erkennen.
Die für den Grundkörper - Benzolphosphonsäure - eingetragenen Werte liegen in jedem Fall unter denen für Alkylbenzolphosphonsäuren.
Einen überraschenden Verlauf zeigen dagegen die Kurven, die aus den Ergebnissen der Versuche mit n-Alkanphosphonsäuren in den zwei Kornklassen erhalten werden. Während in der Kornfraktion 0,05-0,08 mm von der Butanphosphonsäure an die prozentuale Haftung ansteigt, bei Heptanphosphonsäure 100 % erreicht und bis zur Dodecanphosphonsäure kein Abfall festzustellen ist, finden wir in der Fraktion 0,04-0,05 mm gerade den entgegengesetzten Kurvenverlauf. Hier erreicht die Butanphosphonsäure mit 50 % Haftung den höchsten Wert von den untersuchten Homologen. Dodecanphosphonsäure ergibt überhaupt keine Haftung. Dies ist überraschend und steht den Flotationsversuchen, die mit dieser Verbindung durchgeführt wurden, entgegen. Diese Versuchsergebnisse müssen aber zunächst als Fakt mitgeteilt werden. Ihre Bestätigung und eine Erklärung dafür müssen weitere Untersuchungen bringen.
Bei den Versuchen in der Hallimondröhre ließ sich in der Wirksamkeit der untersuchten Xanthogenate kaum ein Unterschied feststellen. Deshalb wurden die Bleiglanzkornklassen 0,032-0,04, 0,063-0,08, 0,100-0,125 und 0,160-0,2 mm mit K-Alkylxanthogenaten einer intensiven Prüfung unterzogen. Die Fraktion 0,160-0,2 mm führte bei den vorgegebenen Kontaktzeiten zu keiner Haftung. Die Ergebnisse der anderen Fraktionen sind in den Abb. 7 bis 9 grafisch dargestellt. Es zeigt sich bei allen Kornfraktionen, daß mit zunehmender Sammlerkonzentration die Haftung ansteigt.
Auffallend ist, daß die höheren Xanthogenate sowohl bei niedrigen als auch hohen Konzentrationen in der Sammlerwirkung hinter ihren kurzkettigen Homologen - K-Äthylxanthogenat ausgenommen - zurückbleiben. Das trifft in allen untersuchten Fällen für das K-Dodecylxanthogenat zu. In keiner Kornfraktion wurde mit diesem Reagens eine 100%ige Haftung erzielt. Dagegen konnte mit K-Decylxanthogenat bei hohen Sammlerkonzentrationen diese noch erreicht werden. Allerdings zeichnet sich hier der Einfluß der Kornklasse ab. Während mit dem Xanthogenat in der Kornklasse 0,032-0,04 mm noch 100 % Haftung erhalten werden, beträgt diese in der Fraktion 0,1-0,125 mm nur noch 70 %.

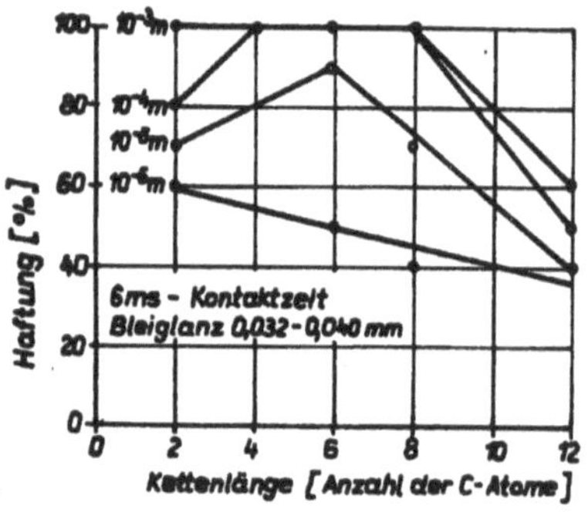

Abb. 7
Haftung in Abhängigkeit von der Kettenlänge

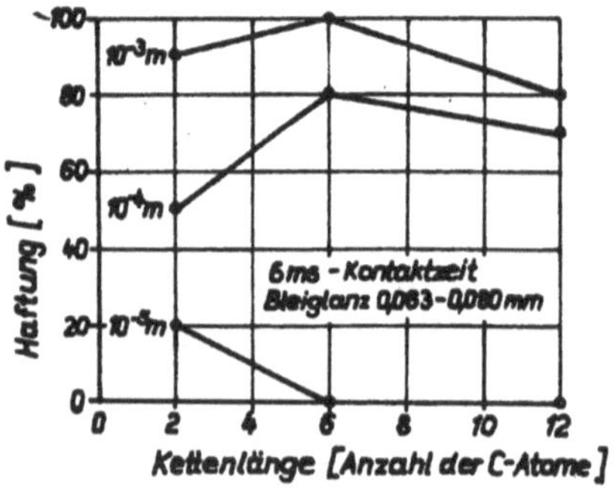

Abb. 8
Haftung in Abhängigkeit von der Kettenlänge

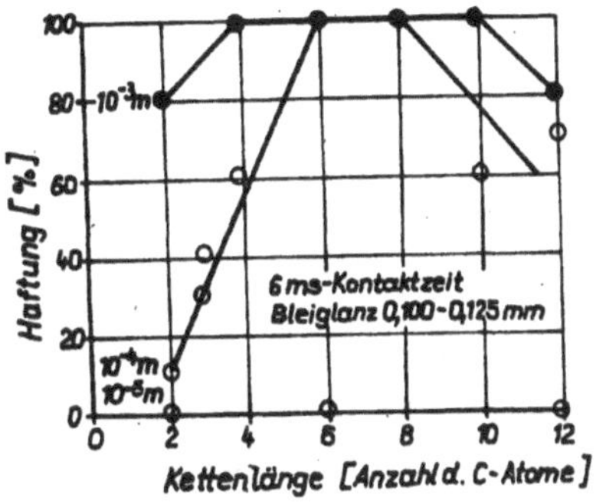

Abb. 9
Haftung in Abhängigkeit von der Kettenlänge

Als wirksame Sammler über einen größeren Konzentrationsbereich sind für alle untersuchten Kornklassen K-Butyl- bis K-Octylxanthogenat zu erkennen. Dies steht auch mit den Ergebnissen anderer Autoren, die in Flotationsuntersuchungen gewonnen wurden, in Übereinstimmung [25, 7], obwohl zu betonen ist, daß Ergebnisse aus Kontaktversuchen nicht ohne weiteres mit Daten anderer Flotationsuntersuchungen verglichen werden können [22].
Abschließend kann festgestellt werden, daß bei den Kontaktversuchen mit Bleiglanz keine Anomalie festgestellt wurde, wie sie bei der Untersuchung der Zinnsteinfraktion 0,04-0,05 mm aufgetreten ist.

Zusammenfassung

In Versuchen in der Hallimondröhre wurde die Sammlerwirkung verschiedener Phosphonsäuren für Zinnstein und von K-Alkylxanthogenaten für Bleiglanz in Abhängigkeit von der Größe der Erzpartikel untersucht.

Für p-Äthylbenzolphosphonsäure wurde ihre Wirksamkeit als Zinnsteinsammler im Körnungsbereich 0,032-0,08 mm ermittelt. n-Heptan- und n-Dodecanphosphonsäure tragen dagegen Zinnstein auch in der Kornklasse 0,16-0,2 mm noch ohne weiteres aus. Allerdings erreicht n-Heptanphosphonsäure diese Wirkung erst bei einer Konzentration von 10^{-3} mol/l, während sich bei einer weiteren Vergrößerung der Kettenlänge der Alkanphosphonsäuren die für die Flotation im Körnungsbereich 0,032-0,2 mm notwendige Sammlerkonzentration verringert. n-Dodecanphosphonsäure benötigt dafür nur noch eine Konzentration von 10^{-4} mol/l.

Bei den Versuchen mit Bleiglanz kam der Einfluß der Kettenlänge der untersuchten K-Alkylxanthogenate im Körnungsbereich 0,032-0,4 mm nicht zum Ausdruck. K-Äthyl-, K-Hexyl- und K-Dodecylxanthogenate führten nahezu zu übereinstimmenden Ergebnissen.

Beiden Sammlertypen ist gemeinsam, daß sie bei Körnungen -0,032 mm in der modifizierten Hallimondröhre einen Abfall in ihrer Sammlerwirkung zeigen.

In Adsorptionsuntersuchungen mit Zinnstein und p-Äthylbenzolphosphonsäure wurde die adsorbierte Sammlermenge für verschiedene Kornklassen und Sammlerkonzentrationen bestimmt. Analoge Untersuchungen mit Bleiglanz und Xanthogenaten zeigen, daß hier andere Adsorptionsverhältnisse vorliegen und die Sammleradsorption wesentlich größer ist.

Kontaktversuche mit Zinnstein und Bleiglanz ergänzen die mit beiden Erzen durchgeführten Flotationsversuche. Sie differenzieren stärker die als Sammler untersuchten Reagentien und lassen den Einfluß der Kettenlänge der einzelnen Verbindungen deutlicher werden.

Zu beachten ist jedoch, daß die dargelegten Untersuchungen mit reinen Mineralien durchgeführt wurden. Speziell die Ergebnisse mit Zinnstein sind durch entsprechende Laborflotationsversuche mit Haufwerk zu bestätigen, um daraus zu Schlußfolgerungen für die Praxis zu gelangen.

Literaturverzeichnis

1	Beloglazov, K.F.,	Zakonomernosti flotacionnogo prozessa; Moskva, Metallurgizdat 1947
2	Bogdanov, O.S.,	Freiberger Forschh., Berlin A 59 (1957) 45-74
3	Kakovskij, J.A.,	Cvetnye metally, Moskva (1956) 12, 7-20
4	Kakovskij, J.A.,	Cvetnye metally, Moskva (1961), 5, 11-17
5	Morris, T.M.,	Mining Engng., New York 4 (1952) 8, 794-798
6	Sutherland, K.L.,	J. Phys.Chem., Washington 52 (1948) 394-425
7	Siedler, Ph.,	Erzmetall, Stuttgart 5 (1952) 2, 49-54
8	Töpfer, E.,	Freiberger Forschh., Leipzig A 328 (1964) 5-58
9	Kirchberg, H. u. Töpfer, E.,	VII. International Mineral Processing Congress (New York, 20.-24.Sept.64) New York: Gordon and Breach Science Publishers Inc. 1964
10	Gaudin, A.M.,	Flotation, New York/Toronto/London: McGRAW-HILL BOOK COMPANY, INC. 1957
11	Robinson, A.J.,	Bull. Instn. Mining Metallurgy Trans., London 69 (1959), 636, 45-62
12	Kakovskij, J.A., Grebner, A.N., Silina, E.J.	Cvetnye metally, Moskva 34 (1961) 8, 7-17
13	Ejgeles, M.A.,	Osnovy flotacii nesul'fidnych mineralov Moskva: Metallurgizdat 1950
14	Mitrofanov, S.I.,	Selektivnaja flotacija, Moskva: Metallurgizdat 1958
15	Wottgen, E. u. Lippmann, Ch.,	Bergakademie, Leipzig 15 (1963) 12, 868-870
16	Kirchberg, H. u. Wottgen, E.,	IV. Intern. Kongreß für grenzflächenaktive Stoffe, Brüssel (1964), Preprint C/VI.3,
17	Kirchberg, H. u. Wottgen, E.,	Aufbereitungstechnik, Wiesbaden 6 (1965) 12, 677-683
18	Töpfer, E.,	Freiberger Forschh. Leipzig A 163 (1960) 63-75
19	Fischer, J.,	Diplomarbeit, TU Dresden 1964
20	Pohlhardt, J.,	Diplomarbeit, TU Dresden 1962
21	Lurje, J.J.; Nikolajewa, Z.V.	Voda, Praha 35 (1956) 210 Ref.: Chem. Zbl., Berlin 129 (1958) 41, 11635

22	Glembockij, V.A.,	Izv. Akad.nauk SSSR, Otd. techn. nauk, Moskva (1953) 11, 1524-1531
23	Wottgen, E.,	Tenside, München 2 (1965) 12, 405-408
24	Bilsing, U. u. Gruner, H.,	Freiberger Forschh. (im Druck)
25	Erberich, G.,	Erzmetall, Stuttgart 8 (1955) Beiheft B 73-81

P. D i e t l , Niederspier und G. B e y e r , Dorndorf/Rhön

Der Einfluß von grenzflächenaktiven Stoffen auf die Filtration von feinkörnigen Löserückständen der Kaliindustrie *)

1. Problemstellung

In der heutigen Aufbereitungstechnik von Kalisalzen unterscheiden wir vor allem zwei großtechnische Verfahren:

1. das Heißlöseverfahren und
2. das Flotationsverfahren.

Bei dem Heißlöseverfahren enthält die dabei anfallende Rohlösung viele Substanzen, die unter dem Sammelbegriff "Schlammbildner" zusammengefaßt werden. Diese meist unlöslichen Bestandteile müssen vor dem Abkühlen der heißen Lösung abgetrennt werden. Hierzu wird die heiße Lösung kontinuierlich arbeitenden Klärapparaten zugeführt und geklärt. Der Unterlauf der Klärapparate, die Schlammtrübe, wird durch Vakuumtrommelfilter in Schlamm und Filtrat getrennt. Die Schlammtrübe hat einen Feststoffgehalt von ca. 500 g/l bei einer Temperatur von ca. 85 bis 90 °C. Die am Schlammfilterkuchen anhaftende Lösung in Höhe von etwa 15 bis 16 Gew.-% mit einem hohen KCl-Anteil kann nicht zurückgewonnen werden und stellt deshalb für den weiteren Betriebsablauf einen Verlust dar. Aus diesem Grunde ist es wichtig, die am Schlammfilterkuchen anhaftende Lösung optimal zu senken, um damit die KCl-Ausbeute im Fabrikationsprozeß zu erhöhen.

2. Theoretische Betrachtung des Filtrationsprozesses

Die Definition für die Filtration lautet: Trennung eines Flüssigkeits-Feststoff-Gemisches (Trübe oder Suspension) in seine Komponenten Klarflüssigkeit (Filtrat) und Feststoff (Filterkuchen) mit Hilfe einer nur für die Flüssigkeit durchlässigen Schicht (Filtermittel), von der der Feststoff zurückgehalten wird. Der sich bildende Filterkuchen stellt nach Größe und Struktur der Feststoffpartikel ein heterogenes Haufwerk dar.

---

*) Mitteilung aus dem Institut für Mechanische Verfahrenstechnik der TH für Chemie "Carl Schorlemmer" Leuna-Merseburg - Direktor: Prof. Dipl.-Ing. Jugel
und dem VEB Kalikombinat "Werra", Merkers/Rhön

2.1. Die Restfeuchte in körnigen Haufwerken

Die Restfeuchte hängt bei der Vakuumfiltration von folgenden Faktoren ab:

1. Kornverteilung des Aufgabegutes,
2. kapillare Steighöhe,
3. Haft- und Zwickelflüssigkeit,
4. Kornform (Grobkapillarflüssigkeit),
5. Durchlässigkeit des Filterkuchens,
6. Randwinkel der Flüssigkeit,
7. Oberflächenspannung,
8. durchgesaugte Luftmenge,
9. Dichte des Filterkuchens,
10. wirksamer Druckunterschied,
11. Entfeuchtungszeit,
12. Temperatur und
13. Zähigkeit.

Die bei der Filtration auftretenden Kräfte sind:

1. Kräfte, die die Flüssigkeit binden (z.B. Adhäsions- und Kapillarkräfte),
2. Widerstandskräfte in strömenden Flüssigkeiten und
3. Kräfte, die von außen auf die Flüssigkeit einwirken (Schwere-, Zentrifugal- und Druckkräfte).

Zwischen diesen Kräften stellt sich während des Filtrationsprozesses ein Gleichgewicht ein. In Abb. 1 ist der Aufbau eines Haufwerkes und die Verteilung der Feuchte in diesem Haufwerk dargestellt. Die Stärke der Bindekräfte der Feuchten an dem Haufwerk nimmt in der Reihenfolge Adsorptions-, Haft-, Zwickel- und kapillare Steigflüssigkeit (Zwischenraumflüssigkeit) ab. Die kapillare Steigflüssigkeit wird zuerst abgetrennt. Von den genannten Flüssigkeitsarten können die Innen-, die Adsorptions- und die Grobkapillarflüssigkeit mechanisch nicht entfernt werden.

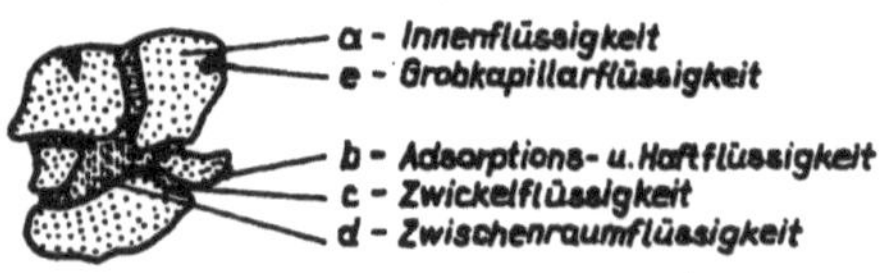

Abb. 1: Aufbau eines Haufwerkes und die darin auftretenden Flüssigkeitsarten

2.1.1. Die Haftflüssigkeit

Durch das Kraftfeld der Oberflächenmolekeln des Feststoffes wird die Adsorptionsflüssigkeit gebunden. Da jedoch nicht das gesamte Kraftfeld abgesättigt ist, bindet der verbleibende Rest die Haftflüssigkeit. Sie hängt von der spezifischen Oberfläche und der Rauhigkeit der Körner ab. Mengenmäßig kann sie nicht erfaßt werden. Sie wird beim Abtrennen mit der Zwickelflüssigkeit zusammen abgeführt und deshalb in der weiteren Betrachtung stets mit dieser zusammen behandelt.

2.1.2. Die Zwickelflüssigkeit

Infolge der Kapillarwirkung bildet sich an den Berührungsstellen der Körner die Zwickelflüssigkeit aus. Sie ist dem Kornvolumen, also der 3. Potenz des Korndurchmessers, proportional. Im Bild 2 ist das System der Zwickelflüssigkeit an den Berührungsstellen zweier Kugeln dargestellt.

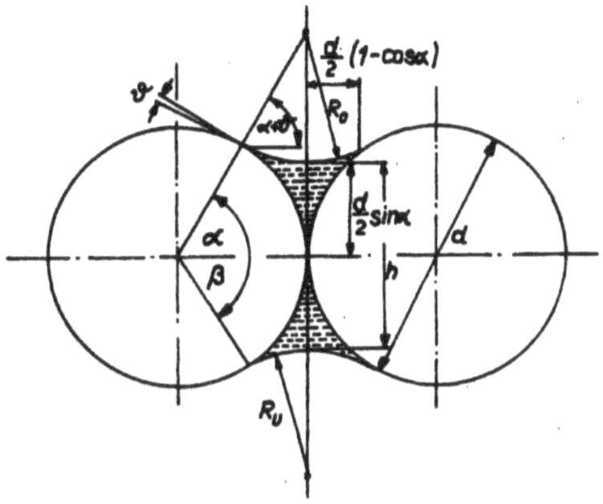

Abb. 2: Zwickelflüssigkeit an den Berührungsstellen zweier Körner

2.1.3. Die kapillare Steigflüssigkeit (Zwischenraumflüssigk.)

Die kapillare Steigflüssigkeit ist die Feuchtigkeitsmenge, die im Bereich der kapillaren Steighöhe das gesamte Zwischenraumvolumen ε ausfüllt. Liegt diese Flüssigkeitsart vor, dann existieren in diesem Bereich keine Adsorptions-, Haft- oder Zwickelflüssigkeiten. Die kapillare Steighöhe ist die sich auf Grund der Kapillarwirkung einstellende Höhe, wenn das körnige Gut mit seiner Unterseite in die Flüssigkeit eintaucht.

2.2. Menge und Verhalten der mechanisch zu entfernenden Flüssigkeitsarten

In Abb. 3 ist die Feuchtigkeitsverteilung im Filterkuchen dargestellt. Durch das verzweigte Kapillarsystem im Filterkuchen ist bei der Filtration die kapillare Steighöhe größer als die Filterkuchenhöhe. Das bedeutet, daß eine wirksame Entfeuchtung nur dann Erfolg zeigt, wenn die ausgelegte Druckdifferenz größer als die kapillare Steighöhe ist. Ist das der Fall, dann wird

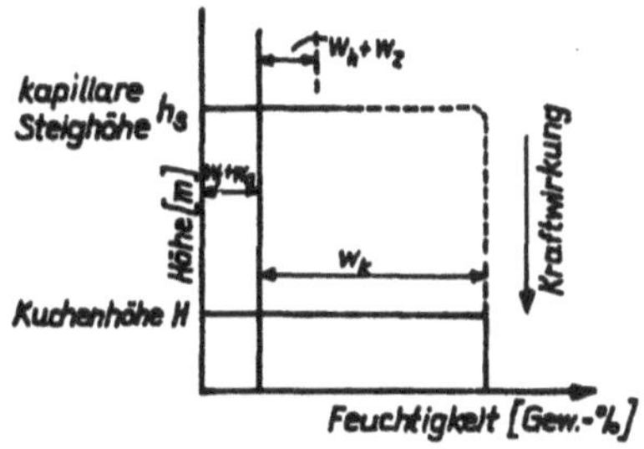

$$w = w_i + w_a + (w_h + w_z) \cdot \frac{H - h_s}{H} + \frac{h_s}{H} \cdot w_k \; [\text{Gew.-\%}] \quad (1)$$

Abb. 3: Feuchtigkeitsverteilung im Filterkuchen

die kapillare Steigflüssigkeit schnell abgetrennt, und danach fließen Haft- und Zwickelflüssigkeit ab.

2.2.1. Die Haft- und Zwickelflüssigkeit

Die Formel

$$(w_h + w_z) = (\sigma \cdot \cos\vartheta)^b \cdot f(A_1)^b \tag{2}$$

(Ableitung dazu siehe Anhang) zeigt deutlich die Abhängigkeit der Haft- und Zwickelflüssigkeit von dem Ausdruck $\sigma \cos\vartheta$. BATEL [1] ermittelte für b einen Wert von 0,25 und errechnete einen Fehler von 0,6 Gew.-% Feuchtigkeit bei der Filtration von Steinkohle und Kalkstein. Das ist darauf zurückzuführen, daß die Dicke der Haftwasserschicht mit wachsender Korngröße abnimmt. Diese Gleichung ist nicht zur Vorausberechnung der Restfeuchte geeignet, sie zeigt jedoch sehr gut die Möglichkeit zur Entfernung dieser beiden Flüssigkeitsarten auf.

2.2.2. Die kapillare Steighöhe und die Zwischenraumflüssigkeit

Die Menge der Zwischenraumflüssigkeit errechnet sich aus der Zwischenraumporosität ε und der kapillaren Steighöhe h_s. Die Gleichung

$$h_s = \sigma \cdot \cos\vartheta \cdot f(A_2)^{\frac{1}{3}} \tag{3}$$

zeigt klar die Abhängigkeit von h_s von dem Ausdruck $\sigma \cdot \cos\vartheta$. Wenn auf den nassen Filterkuchen ein Unterdruck wirkt, dann stellt sich zwischen Δp und der Kapillarkraft P_k ein Gleichgewicht ein. In Abb. 4 sind diese Verhältnisse dargestellt.

$$\frac{\Delta p}{P_k} = \frac{\Delta p}{h_s \cdot \varrho_{Fl} \cdot g} \tag{4}$$

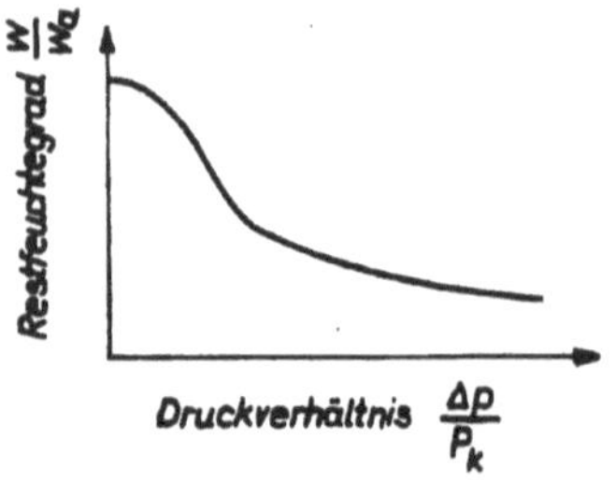

Abb. 4: Abhängigkeit des Restfeuchtegrades vom Druckverhältnis

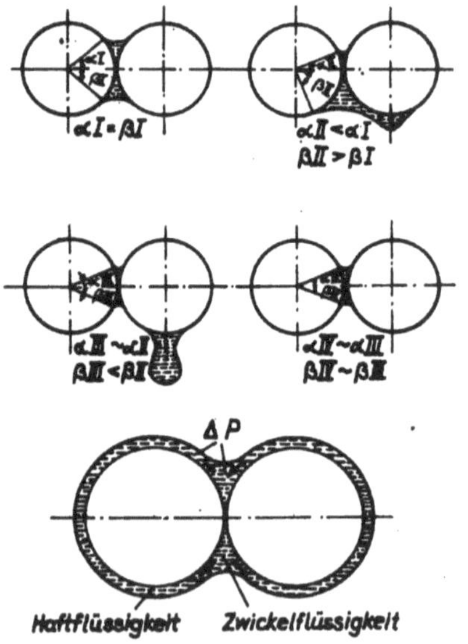

Abb. 5: Schematische Darstellung der Abtrennung von Haft- und Zwickelflüssigkeit

2.2.3. Entfernung dieser Feuchtigkeitsarten

Mit dem Beginn des Durchsaugens der Luft fließt die kapillare Steigflüssigkeit ab, da im Bereich der kapillaren Steighöhe die schwächsten Bindekräfte herrschen. Abb. 5 zeigt, wie die Zwickelflüssigkeit entfernt wird. Der wirksame Druckunterschied sorgt für die Feuchtigkeitsanreicherung in der unteren Zwickelhälfte. Der Winkel α verkleinert sich. Er kann nicht kleiner als etwa $0{,}5^{\circ}$ werden, Das ist darauf zurückzuführen, daß noch eine Adsorptionswasserschicht vorhanden ist. Nach dem Abtropfen der Flüssigkeit verkleinert sich auch der Winkel β wieder. Nur in Strömungsrichtung der Luft liegende Zwickel werden wirksam entfeuchtet. Senkrecht zur Strömungsrichtung liegende Zwickelräume werden nur deformiert. Nach dem Abtrennen der Zwickelflüssigkeit herrscht im Zwickelraum ein Unterdruck. Im Haftwasserfilm dagegen herrscht ein Überdruck. Dieses Druckgefälle sorgt dafür, daß die Haftflüssigkeit in den Zwickelraum gesogen wird und wie diese entfernt wird.

2.2.4. Einflüsse auf die Restfeuchte

In den Gleichungen (2) und (3) wurde aufgezeigt, daß die mechanisch zu entfernenden Feuchtigkeitsarten in hohem Maße von dem Ausdruck $\sigma \cdot \cos \vartheta$ abhängig sind. Die anderen die Restfeuchte beeinflussenden Größen wurden in etwa konstant gehalten. Um die Restfeuchte zu senken, müssen die Oberflächenspannung vermindert und der Randwinkel vergrößert werden. Diese Möglichkeiten bieten die Tenside. Durch ihre bevorzugte Anreicherung an den Grenzflächen kommt es zu einer Erniedrigung der Oberflächenspannung von σ auf σ/a. SCHRANZ und MENZEL [5] ermittelten in ihren Versuchen für a einen Wert von 3. Bei den Versuchen wurde für a ein Wert zwischen $a = 1{,}9$ bis $2{,}6$ ermittelt; damit verändert sich $\cos \vartheta$ zu $\cos \vartheta/a$.

3. Art der verwendeten Tenside (Abb. 6)

3.1. Kationaktive Tenside

Von den primären, sekundären, tertiären und quaternären Alkyltrialkylammoniumsalzen wurden untersucht:

Zabulen,
Alkylpyridiniumbromid,
Oktylpyridiniumchlorid,
Laurylpyridiniumchlorid und

von den Fettsäure-Diamin-Kondensationsprodukten:

Marvelan FT und
Impermin AC.

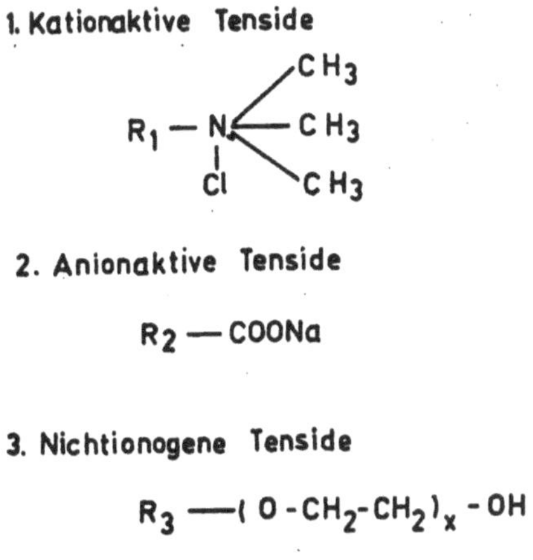

Abb. 6: Strukturformeln der Tenside

3.2. <u>Anionaktive Tenside</u>

Aus der Reihe der Produkte, deren Karboxylgruppe durch Veresterung blockiert ist, wurde

Rolavin AH extra

und von den Produkten, deren Karboxylgruppe durch andere hydrophile Gruppen ersetzt sind, wurden

Limpigen 205 und
Ditalan L

untersucht.

3.3. <u>Nichtionogen Tenside</u>

Es wurden

Terpoxyd,
Terpinöl roh aus S-Öl und
Phosokresol

untersucht.

4. Versuchsergebnisse

Ergebnisse der Siebanalyse des Schlammfilterkuchens:

> 0,4	23,8 %
0,4 - 0,25	28,5 %
0,25 - 0,1	35,2 %
< 0,1	12,5 %

Aus der Kornverteilung des Schlammes ist zu erkennen, daß über 85 % des Feststoffes größer 100 μm sind. Es war deshalb zu erwarten, daß mit der Anwendung von Tensiden eine Senkung der Restfeuchte möglich ist. Bei den Versuchen wurden folgende Bedingungen konstant gehalten:

1. die Temperatur der Trübe mit 90 °C,
2. die Saugzeit mit 5 min und
3. der Unterdruck mit 390 - 455 mm WS.

Die chemische Zusammensetzung des Feststoffes und der Lösung schwankten um ± 5 %. Verändert wurde die Konzentration der Tenside in der Trübe. Variiert wurde im Bereich von 0,1 - 5 g Zusatzstoff/l Trübe.

Folgende Tenside eignen sich für den Einsatz bei der laufenden Schlammfiltration:

1. Kationaktive Tenside,
1.1. Zabulen - Abb. 7,
1.2. Alkylpyridiniumbromid - Abb. 8,
1.3. Laurylpyridiniumchlorid - Abb. 9,
1.4. Marvelan FT - Abb. 10,

1.5. Stearylaminacetat - Abb. 11.

2. Anionaktive Tenside

2.1. Limpigen 205 - Abb. 12.

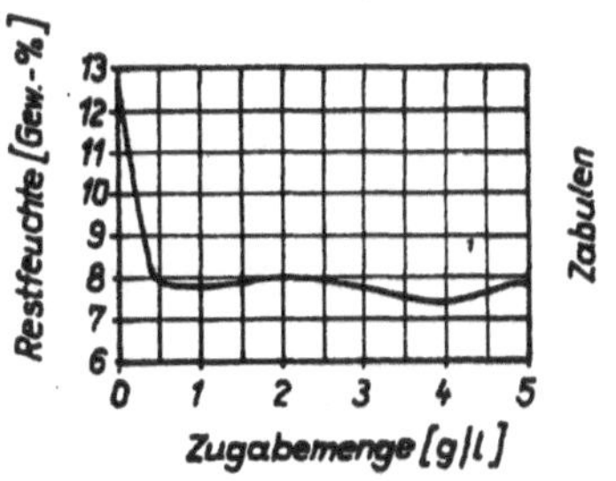

Abb. 7: Versuchsergebnisse von Zabulen

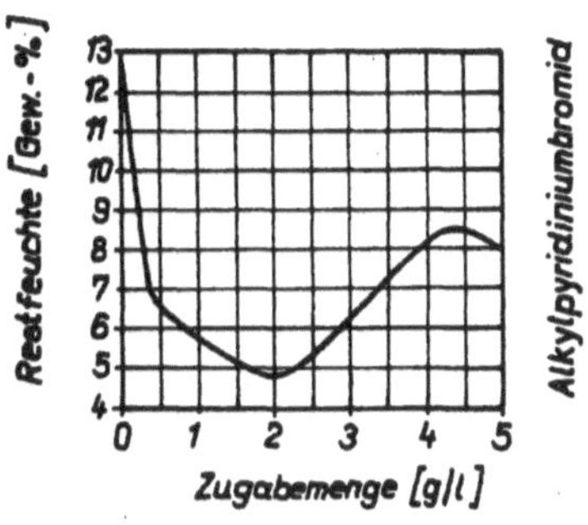

Abb. 8: Versuchsergebnisse von Alkylpyridiniumbromid

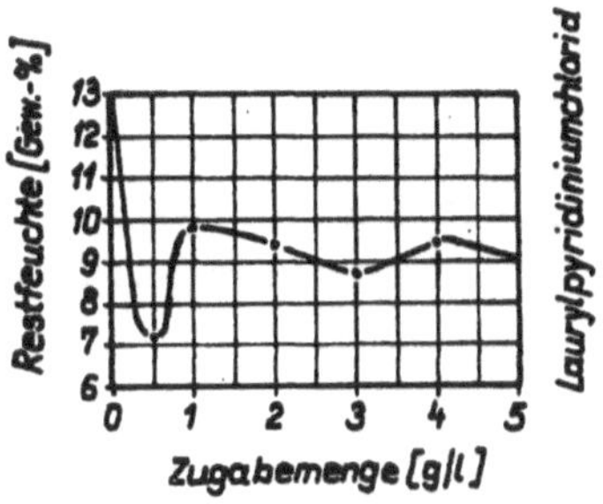

Abb. 9: Versuchsergebnisse von Laurylpyridiniumchlorid

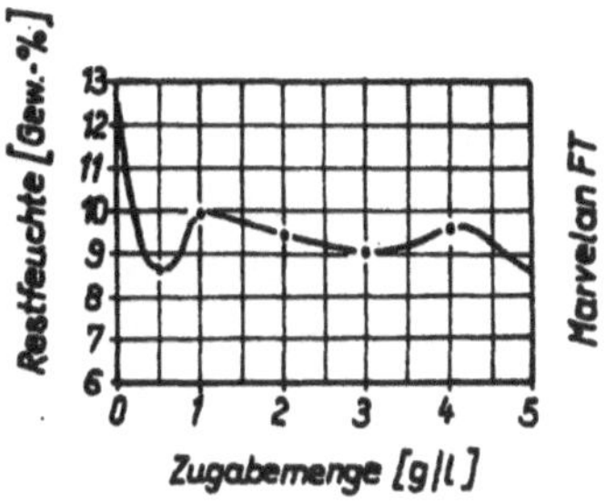

Abb.10: Versuchsergebnisse von Marvelan FT

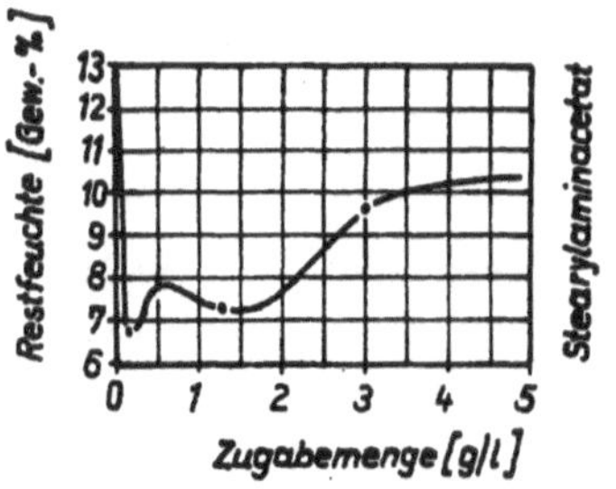

Abb.11: Versuchsergebnisse von Stearylaminacetat

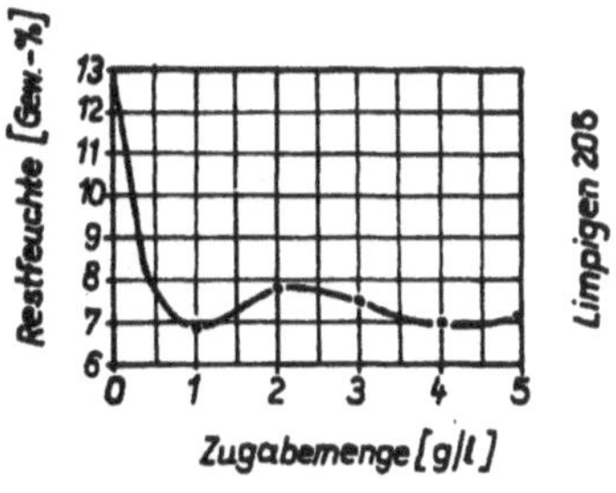

Abb.12: Versuchsergebnisse von Limpigen 205

Die allgemeine Tendenz der Kurven zeigt die Abb. 13. Zunächst erfolgt ein steiler Abfall der Restfeuchte bis zu einer kritischen Zugabemenge oberflächenaktiver Substanz. Der anschließende Anstieg der Restfeuchte ist auf das Verstopfen der Poren des Filterkuchens zurückzuführen. Dadurch wird eine weitere Entfeuchtung des Filterkuchens erschwert. Die nachfolgenden Schwankungen haben ihre Ursache in physiko-chemischen Einflüssen der Tenside nach Überschreitung der kritischen Zugabemenge. Dieser Konzentrationsbereich ist für eine weitere Auswertung uninteressant, da die Zugabemengen für die praktische Anwendung zu hoch sind. Die Senkung der Restfeuchte betrug zwischen 33 - 50 %. Die Verminderung der Oberflächenspannung betrug etwa 50 - 60 %. Die Nachrechnung ergibt jedoch, daß daraus allein diese Veränderung der Restfeuchte des Filterkuchens nicht zu erklären ist. Die beobachtete Auflockerung des Kuchens bei der Zugabe von Tensiden läßt wahrscheinlich auf eine Kornvergröberung durch Flockung schließen. Dieser Vorgang sowie die Erhöhung des Randwinkels erklären wahrscheinlich die absolute Restfeuchtesenkung. Ähnliche Erfahrungen wurden auch bei der Filtration von Steinkohlenschlämmen gemacht [2], [3].

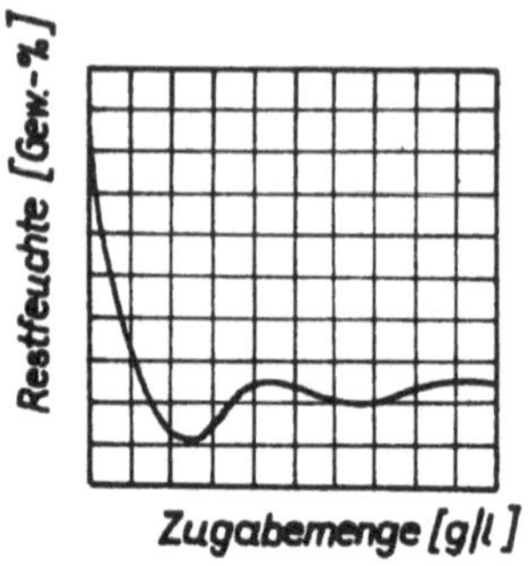

Abb.13: Allgemeine Tendenz der Restfeuchteabnahme bei dem Zusatz von Tensiden

Die Untersuchungen haben gezeigt, daß durch den Einsatz geeigneter Tenside die Möglichkeit besteht, die Restfeuchte bei der heißen Schlammfiltration von feinkörnigen Rückständen der Kaliindustrie zu senken. Die Ursachen sind in der Verminderung der Oberflächenspannung, der Vergrößerung des Randwinkels und der Kornvergröberung durch Flockung zu suchen. Die Formeln zur Berechnung der Einflußgrößen sind aus dem Anhang zu ersehen.

Anhang

1. Die Zwickel- und Haftflüssigkeitsmenge

In Abb. 2 ist die Feuchtigkeitsmenge an den Berührungsstellen zweier Kugeln dargestellt. Die Menge ergibt sich aus dem Produkt der Zwickelanzahl n_b und der jeweiligen Feuchtigkeitsmenge, die durch die Zwickelwinkel α und β und Korngröße d festgelegt ist.

$$w_z = n_b \cdot f(\alpha, \beta) \cdot d^3 \qquad (5)$$

Bei einem idealen Korngemisch gilt:

$$O_k \cdot \varrho_k = n \cdot \pi \cdot d^2 \qquad (6)$$

Für eine bestimmte Kornpackung ist:

$$n_b \sim n \tag{7}$$

und damit

$$n_b = c \cdot n \tag{8}$$

Aus den Gleichungen (6) und (8) ergibt sich:

$$n_b = c \cdot \frac{O_k \cdot \varrho_k}{\pi \cdot d^2} \tag{9}$$

Unter vereinfachten Annahmen geht aus Abb. 2 hervor, daß

$$\alpha, \beta = \frac{c_1(\sigma \cdot \cos\vartheta)}{c_2(\varrho_{Fl} \cdot g \cdot d^2)} \tag{10}$$

ist. Gleichung (10) in Gleichung (2) eingesetzt, ergibt dann:

$$w_z = c \cdot \frac{O_k \cdot \varrho_k}{\pi \cdot d^2} \cdot c_3 \frac{(\sigma \cdot \cos\vartheta)}{(\varrho_{Fl} \cdot g \cdot d^2)} \cdot d^3 \tag{11}$$

Die Konstanten c und c_3 können zu c_4 zusammengefaßt werden

$$w_z = c_4 \frac{O_k \cdot \varrho_k \cdot \sigma \cdot \cos\vartheta}{\pi \cdot d \cdot \varrho_{Fl} \cdot g} \tag{12}$$

Bei der Vakuumfiltration muß man noch die wirksame Druckdifferenz einführen.

$$\Delta p \sim \frac{1}{(w_z + w_h)} \tag{13}$$

Führen wir noch den mittleren Korndurchmesser d_m ein und betrachten wir auch die Haftflüssigkeit w_h, so erhalten wir folgende Gleichung:

$$(w_h + w_z) = \left[\frac{\sigma \cdot \cos\vartheta \cdot O_k \cdot \varrho_k}{\varrho_{Fl} \cdot g \cdot d_m \cdot \Delta p}\right]^b \tag{14}$$

Diese Gleichung (14) kann zu der im Text aufgeführten Gleichung (2) vereinfacht werden.

$$(w_h + w_z) = (\sigma \cdot \cos\vartheta)^b \cdot f(A_1)^b \tag{2}$$

2. Die kapillare Steighöhe und die Zwischenraumflüssigkeit

Die Gleichungvon LAPLACE gibt über das Ansteigen von Flüssigkeiten in engen Röhren Auskunft.

$$h_s = \frac{2 \cdot \sigma \cdot \cos\vartheta}{g \cdot r_k \cdot \varrho_{Fl}} = \frac{4\,\sigma \cdot \cos\vartheta}{g \cdot d_k \cdot \varrho_{Fl}} \tag{15}$$

Das vielfach verästelte Kapillarsystem ist auf Grund von statischen Vorgängen nicht zu erfassen. Man muß sich ein wirkungsgleiches Modellbild schaffen. Ein mittlerer Kapillarradius läßt sich durch die Größe der Volumenelemente bestimmen.

$$V_z = n_p \cdot V_p \tag{16}$$

$$n_p \sim a_1 \cdot \frac{0}{d^2} \tag{17}$$

Bei Korngemischen gilt nach BATEL [1] $d = d_m$ und damit wird

$$n_p \sim a_1 \cdot \frac{0}{d_m^{\ 2}} \tag{18}$$

Damit wird aus Gleichung (16)

$$V_p = a_2 \cdot \frac{V_z \cdot d_m^{\ 2}}{0} \tag{19}$$

Für den mittleren Kapillardurchmesser ermittelte BATEL [1] folgende Beziehung:

$$d_k = a_3 \left[\frac{d_m^{\ 2} \cdot V_z}{0}\right]^{1/3} \tag{20}$$

bzw. mit

$$V_z = \frac{\varepsilon}{(1 - \varepsilon)\varrho_k} \tag{21}$$

gilt

$$d_k = a_3 \cdot \left[\frac{\varepsilon \cdot d_m^{\ 2}}{(1 - \varepsilon) \cdot \varrho_k \cdot 0}\right]^{1/3} \tag{22}$$

Die Gleichung für die kapillare Steighöhe lautet damit:

$$h_s = a_4 \frac{\sigma \cdot \cos \vartheta}{\varrho_{Fl} \cdot g} \left[\frac{0 \cdot \varrho_k \cdot (1 - \varepsilon)}{d_m^{\ 2} \cdot \varepsilon}\right]^{1/3} \tag{23}$$

Unter Vereinfachung läßt sich aus dieser Gleichung (23) die im Text gebrauchte Gleichung (3) ableiten.

$$h_s = \sigma \cdot \cos \vartheta \cdot f(A_2)^{\frac{1}{3}} \tag{3}$$

Verwendete Formelzeichen

A_1			Konstante
A_2			Konstante
a_1, a_2, a_3, a_4			Konstante
b			Faktor
c, c_1, c_2, c_3, c_4			Konstante
d	[mm]		Korndurchmesser
d_m	[mm]		Mittlerer Korndurchmesser
d_k	[mm]		Kapillardurchmesser
g	$[m/s^2]$		Erdbeschleunigung
H	[mm]		Kuchenhöhe
h	[mm]		Zwickelhöhe
h_s	[mm WS]		kapillare Steighöhe
n			Kornanzahl
n_b			Anzahl der Zwickel
n_p			Anzahl der Poren
O	$[m^2/kg]$		Spezifische Oberfläche
O_k	$[m^2/kg]$		Idealisierte Oberfläche
P_k	[mm WS]		Wirksame Druckdifferenz
R_o, R_u	[mm]		Hauptkrümmungsradien der Feuchtigkeitsoberfläche
r_k	[mm]		Kapillarradius
V_p	$[mm^3]$		Mittlere Größe der Poren
V_z	$[mm^3/kg]$		Spezifisches Zwischenraumvolumen
w	[Gew.-%]		Restfeuchtigkeit
w_a	[Gew.-%]		Adsorptionsfeuchtigkeit
w_g	[Gew.-%]		Grobkapillarfeuchtigkeit
w_h	[Gew.-%]		Haftflüssigkeit
w_i	[Gew.-%]		Innenflüssigkeit
w_k	[Gew.-%]		Zwischenraumkapillarfeuchtigkeit
w_o	[Gew.-%]		Anfangsfeuchtigkeit
w_z	[Gew.-%]		Zwickelfeuchtigkeit

α . . . [Grad] . . . .) Zwickelwinkel
β . . . [Grad] . . . .)
ϑ . . . [Grad] . . . . Randwinkel
ε . . . [m^3/m^3] . . . . Zwischenraumporosität
ρ_{Fl} . . . [kg/m^3] . . . . Dichte der Flüssigkeit
ρ_k . . . [kg/m^3] . . . . Dichte des körnigen Gutes
σ . . . [dyn/cm] . . . . Oberflächenspannung der Flüssigkeit

Literaturverzeichnis

[1] BATEL, W. Vorausberechnung der Restfeuchte bei der mechanischen Flüssigkeitsabtrennung.
Chem.Ing.Techn. 27 (1955) 8/9, S. 497-501

[2] PETERSEN, W. Der Einfluß von Flockungsmitteln auf die Entwässerung von Steinkohlenschlämmen.
Glückauf 74 (1938) 23, S. 493-502

[3] GÖTTE, A. und SCHOLZ, G. Untersuchungen und Beeinflussung der Entwässerung von feiner Steinkohle durch chemische Zusätze.
Aachener Blätter 8 (1958), S. 1-19

[4] DIETL, P. Filtration von Kalisalzen.
Diplomarbeit an der TH für Chemie "Carl Chorlemmer", Leuna-Merseburg

[5] SCHRANZ, H. u. MENZEL, R. Der Einsatz von grenzflächenaktiven Mitteln beim Filtern von Steinkohlenschlämmen.
Bergbauwissenschaften 5 (1958) S. 134-143

Jan K l o u b e k
Geologisches Institut, Tschechoslowakische Akademie der Wissenschaften, Prag

Einfluß der Kettenlänge aliphatischer Amine auf die Hydrophobierung des Quarzes

Die Hydrophobierungswirksamkeit oberflächenaktiver Verbindungen hängt von der Größe und Struktur des hydrophoben Molekülteiles, den Eigenschaften der hydrophilen Gruppe, der Oberfläche des Sorbens, der Adsorptionsart und von dem Milieu, aus dem die Adsorption erfolgt, ab. Bei der Bewertung eines dieser Faktoren können die übrigen nicht vernachlässigt werden.

Die Möglichkeit des Vergleiches der Angaben über Flotationsmittel aus verschiedenen Literaturquellen ist dadurch beschränkt, daß die Mineraloberfläche verschiedene Eigenschaften haben kann infolge geringer chemischer Beimengungen, Defekte im Kristallgitter, verschiedener Vorbehandlung sowie durch Einfluß des Milieus. In einer Übersicht der isoelektrischen Punkte von Mineralen führt Parks (1) für Quarz die pH-Werte 1,5 - 3,7 an. Die verschiedene Oberflächenladung hat zweifellos einen Einfluß auf die Unterschiede im Ausmaß der Adsorption. Es ist deshalb nicht möglich, die Hydrophobierungswirksamkeit verschiedener Reagenzien direkt zu vergleichen, die an verschiedenen Quarzproben geprüft wurden, obwohl die Flotierbarkeit in Beziehung zu der Menge des adsorbierten Amins gebracht werden kann, wie dies in der Literatur (2-4) angeführt ist und es die ausgewählten Beispiele (3-7) in Abb. 1 und 2 zeigen.

Es ist ferner erforderlich zu berücksichtigen, daß die unter verschiedenen Bedingungen oder mit verschiedenen Methoden bestimmte Flotierbarkeit große Unterschiede aufweisen kann. Ein Beweis dafür ist die Abhängigkeit der Flotierbarkeit des Quarzes von der Konzentration der wäßrigen Dodecylaminlösung, die in Abb. 3 angeführt ist.

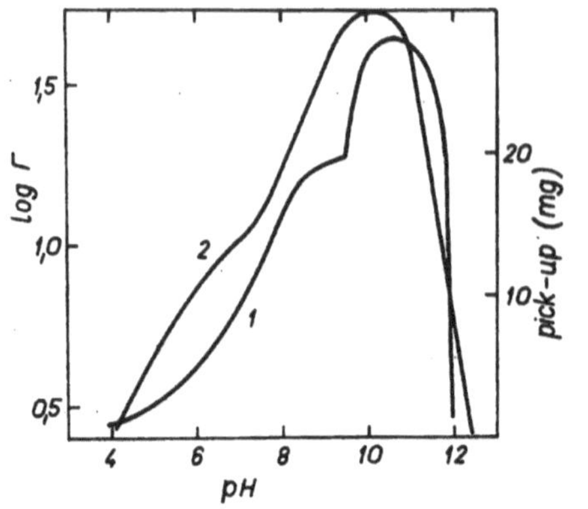

Abb. 1: Adsorption des Amins und Flotierbarkeit des Quarzes
Kurve 1: Menge des adsorbierten Amins an der Quarzoberfläche aus wäßriger Dodecylaminhydrochlorid-Lösung der Konzentration $4,2 \cdot 10^{-5}$ mol/l (= 10^{-8} mol/g) in Abhängigkeit vom pH der Lösung nach Schubert (4,5)
Kurve 2: Flotierbarkeit des Quarzes (mg des flotierten Minerals) in Abhängigkeit vom pH der Dodecylammoniumacetat-Lösung der Konzentration $4 \cdot 10^{-5}$ mol/l nach Mukai und Mitarb. (6)

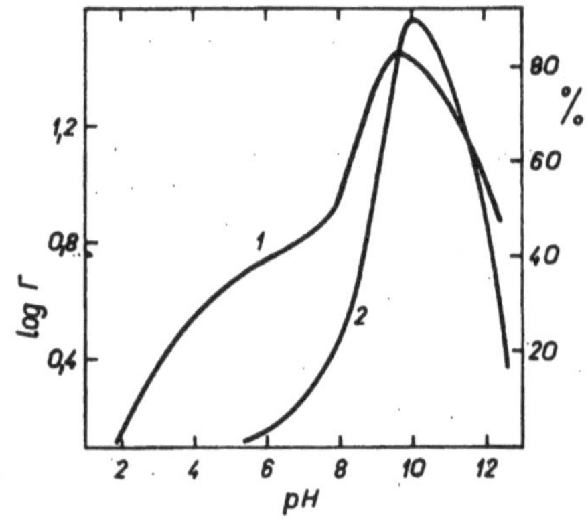

Abb. 2: Adsorption des Amins und Flotierbarkeit des Quarzes
Kurve 1: Menge des adsorbierten Tridecylamins (= 10^{-6} mol/g) in Abhängigkeit vom pH der wäßrigen Lösung nach Mitrofanov und Kusnikova (7)
Kurve 2: Flotierbarkeit des Quarzes (% des flotierten Minerals) in Abhängigkeit vom pH der Dodecylammoniumacetat-Lösung der Konzentration $4 \cdot 10^{-5}$ mol/l nach Fuerstenau (3)

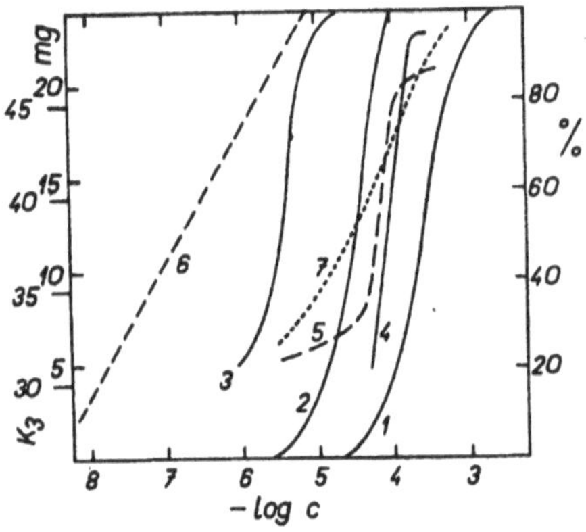

Abb. 3: Flotierbarkeit von Quarz in Abhängigkeit von der Dodecylamin-Konzentration

Kurve 1: Dodecylammoniumacetat, Hallimondsches Rohr, Flotation: 6 sec, Korngröße 0,246 - 0,296 mm, nach Fuerstenau (8)

Kurve 2: Dodecylammoniumacetat, Hallimondsches Rohr, Flotationsdauer 120 sec, Korngröße 0,246 - 0,295 mm, nach Fuerstenau (8)

Kurve 3: Dodecylaminhydrochlorid, Hallimondsches Rohr, Korngröße 0,20 - 0,25 mm, pH 8,5, nach Schubert (4)

Kurve 4: Dodecylammoniumacetat, Hallimondsches Rohr, Korngröße 0,147 - 0,295 mm, nach Mukai und Mitarb. (9)

Kurve 5: Dodecylaminhydrochlorid, Hallimondsches Rohr, Korngröße 0,5 - 0,6 mm,nach Kloubek (10)

Kurve 6: Dodecylaminhydrochlorid, Methode und Ergebnisse nach der Lit. (10), Skala K_3 (mg/cm^2), Korngröße 0,5 - 0,6 mm

Kurve 7: Dodecylammoniumacetat, Methode bubble pick-up, Skala in mg, Korngröße 0,295 - 0,417 mm, nach Mukai und Mitarb. (6)

Die Flotierbarkeit ist in % des flotierten Minerals ausgedrückt (außer bei den Kurven 6 u. 7). Mit Ausnahme der Kurven 3 wurde in neutralem Milieu gearbeitet.

Die Ergebnisse von Fuerstenau (8) zeigen, daß durch Verlängerung der Flotationsdauer im Hallimondschen Rohr die Konzentration in ein etwa zehnmal niedrigeres Gebiet verschoben wird (Kurven 1 und 2). Schubert (4) beobachtete bei höherem pH-Wert die Flotierbarkeit noch bei einer zehnmal niedrigeren Konzentration (Kurve 3). Bei Quarz von doppelter Korngröße als der von Mukai (9) angewandten (Kurve 4) beobachteten wir eine Flotierbarkeit in annähernd dem gleichen Konzentrationsbereich bei Versuchen im Hallimondschen Rohr (10) (Kurve 5), während wir mit der gleichen Mineralprobe bei bis zu tausendmal niedrigerer Konzentration in Versuchen arbeiteten, in welchen die Mineralkörner an der Flüssigkeitsoberfläche festgehalten wurden, die durch deren Schicht hindurchging (10) (Kurve 6). Dabei verläuft die Zunahme der Flotierbarkeit in einem breiteren Konzentrationsbereich, ähnlich wie bei der von Mukai (6) angewandten "bubble pick up" Methode (Kurve 7).

Die Ergebnisse hängen also nicht nur von den Eigenschaften des Quarzes ab, sondern ändern sich auch mit den Bedingungen und der Art der Versuchsausführung. Dies sind die wichtigsten Faktoren, welche Hindernisse für die Bestimmung der allgemein gültigen Beziehungen bilden, nach welchen sich die Hydrophobierungswirksamkeit der Reagenzien richtet und die bei der Bewertung verschiedener Beziehungen in ausgewählten Reihen organischer Verbindungen berücksichtigt werden müssen.

Die Abhängigkeit der Hydrophobierungswirksamkeit von der Länge der Kohlenwasserstoffkette wurde von mehreren Autoren untersucht. Es zeigte sich, daß sich der Logarithmus der Konzentration des Amins in Lösung linear mit der Anzahl der Kohlenstoffatome in der Kette für einen bestimmten durch die Flotierbarkeit des Minerals ausgedrückten Hydrophobierungsgrad ändert. Die Ergebnisse für verschiedene Versuchsbedingungen sind in Abb. 4 angeführt. Die Gerade 1 zeigt die Bedingungen für 50 % Flotationsaustrag von Quarz mit der Methode des Durchganges des Niveaus durch die Mineralschicht (11), die Gerade 2 betrifft 50 % Flotationsaustrag im Laboratoriums-Flotator Gincvetmet nach den von Bazanova und Livsic (12) unter Berücksichtigung der von Vlodavski und Gorlovski (13) veröffentlichten Ergebnisse, die Gerade 3 wurde aus den kritischen Bedingungen für die Vakuum-Flotation bei pH 7 nach de Bruyn (14) konstruiert und die Gerade 4 gilt für die kritischen Bedingungen der Flotierbarkeit im hallimondschen Rohr nach Fuerstenau (8). Aus den angeführten Ergebnissen kann der Schluß gezogen werden, daß der lineare Verlauf nicht zufällig ist und nicht von der Versuchsmethode abhängt. In Abbildung 4 sind ferner die Bedingungen für das zeta-Potential Null nach Fuerstenau (15) (Gerade 5) und für die kritische Konzentration der Mizellenbildung (Gerade 6) in dem von verschiedenen Autoren (4,16,17) beobachteten Bereich eingezeichnet. Auch diese Beziehungen sind linear.

Die Tangenten der Geraden stellen die Beziehung $-\Delta \ln c/\Delta n$ dar, für welche Fuerstenau (8,15) einen Wert von etwa 1,0 fand (Geraden 4 und 5). Bei den Geraden 1, 2 und 3 besitzt die Tangente in Abb. 4 den Wert 0,83 und für die Mizellenbildung (Gerade 6) ist die Tangente 0,62. Der letzte Wert liegt dem von Shinoda (18) (0,69) und Phillips (19) (0,67) für die Mizellenbildung oberflächenaktiver Substanzen in Lösungen, die keine anorganische Elektrolyte enthalten, angeführten nahe. In Anwesenheit von

Elektrolyten besitzt die Tangente einen höheren Wert (19).

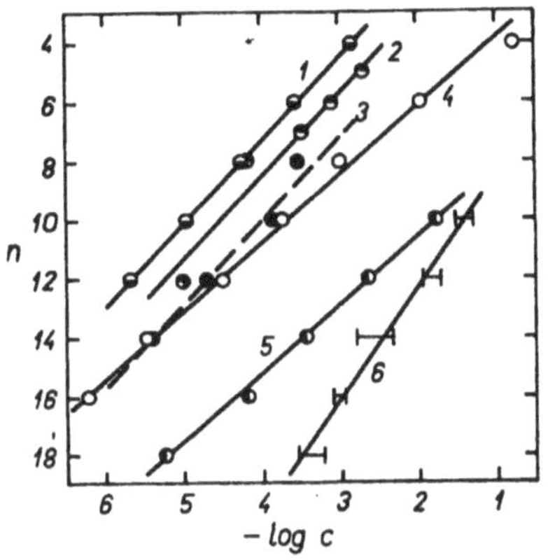

Abb. 4: Abhängigkeit der Wirksamkeit aliphatischer Amine von der Länge ihrer Kohlenwasserstoffkette
c = Konzentration in Mol/l
n = Anzahl der Kohlenstoffatome in der Kette

Aus Abb. 5, die auf Grund der Angaben von de Bruyn über die Flotierbarkeit von Quarz (14) konstruiert wurde, ist ersichtlich, daß die Tangente $-\Delta \ln c/\Delta n$ vom pH der Lösung abhängt. Die Zahlen bei den einzelnen Geraden bezeichnen die pH-Werte. Die Löslichkeit der nicht-ionisierten Amine in Wasser ist gestrichelt eingezeichnet.

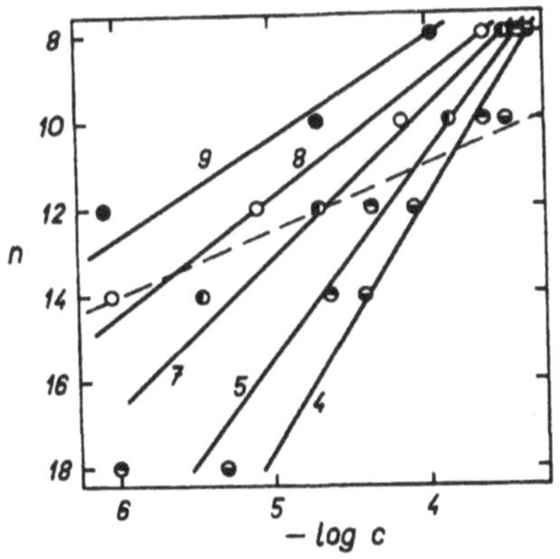

Abb. 5: Abhängigkeit der Wirksamkeit aliphatischer Amine von der Länge der Kohlenwasserstoffkette
c = Konzentration in mol/l
n = Anzahl der Kohlenstoffatome in der Kette

Gemäß Abb. 5 konvergieren die Tangenten der Geraden, welche die Flotierbarkeit bezeichnen, mit zunehmendem pH zu dem Wert der Löslichkeitstangente. Obwohl die Konzentration der nicht-ionisierten Amine unter den Bedingungen der Flotation niedriger bleibt als die Löslichkeitskonzentration, deuten die Tangenten an, daß bei hohem pH die Adsorption an Quarz wahrscheinlich auf ähnliche Art verläuft, wie die Ausscheidung der Aminmoleküle aus der Lösung nach Überschreiten der Löslichkeitsgrenze.

Gemäß der Theorie von Gaudin und Fuerstenau (8,20) bilden sich Hemimizellen an der Mineraloberfläche. Falls der in Abb. 5 angeführte Fall den Bedingungen für die Bildung von Hemimizellen entspricht, besitzt die Ladung an der Mineraloberfläche einen ähnlichen Einfluß auf deren Bildung wie Elektrolyte auf die Mizellenbildung in Lösung.

Aus Abb. 4 und 5 ist ersichtlich, daß die Konzentration der Amine (mol/l) für einen gewählten Flotierbarkeitsgrad (c_F) von der Anzahl der Kohlenstoffatome in der Kette (n) abhängt gemäß der Beziehung

$$n = a_1 \log c_F + b_1 \qquad (1)$$

in welcher a_1 und b_1 Konstanten sind, die aus der linearen Extrapolierung der experimentell ermittelten Punkte berechnet wurden. Einige ihrer Werte sind in Tab. 1 angeführt.

Tab. 1: Werte der Konstanten in Gleichung (1)

Gemäß Abb. (Bezeichnung der Geraden)	bei dem pH-Wert	a_1	b_1	Literatur
4 (1)	5,5	- 2,82	- 3,97	Kloubek (11)
4 (3)	7	- 2,82	- 1,27	de Bruyn (14)
4 (4)	neutral	- 2,69	+ 1,15	Fuerstenau (8)
5 (4)	4	- 5,78	-11,25	de Bruyn (14)
5 (7)	7	- 3;47	- 4,15	"
5 (9)	9	- 2,26	- 0,94	"

Eine lineare Abhängigkeit von der Kettenlänge kann auch für gewisse physikalische Eigenschaften der aliphatischen Amine gefunden werden. Die Wasserlöslichkeit nicht-ionisierter Moleküle, die für die Amine C_{10}, C_{12} und C_{14} bekannt ist (21), richtet sich nach der Beziehung

$$n = - 1{,}52 \log S + 5{,}0 \qquad (2)$$

wobei S die maximale Konzentration der in Wasser gelösten nicht-ionisierten Amine bezeichnet.

Die Basizität der Amine C_8 bis C_{18} mit gerader Anzahl von Kohlenstoffatomen in der Kette hängt von der Kettenlänge gemäß der Beziehung

$$n = - 196{,}2\ kP_a + 2098 \qquad (3)$$

ab, die auf Grund der Literaturangaben (22,23) berechnet wurden, wobei K_a durch die Beziehung

$$K_a = \frac{[B][H^+]}{[BH^+]} \qquad (4)$$

gegeben ist. Durch Kombination der Gleichungen (1), (2) und (3) kann die Beziehung zwischen c_F, K_a und S unter Ausschluß von n berechnet und bestimmt werden, wie die Flotierbarkeit von der Löslichkeit und Basizität der Moleküle abhängt.

Allgemein bestehen drei Lösungsmöglichkeiten

$$c_F = a_2 \, S^{x/2} \, K_a^{-y/2} \qquad (5)$$

$$c_F = b_2 \, S^{-x} \, K_a^{-2y} \qquad (6)$$

$$c_F = c_2 \, S^{2x} \, K_a^{y} \qquad (7)$$

wobei a_2, b_2, c_2, x und y Konstanten für bestimmte Flotationsbedingungen sind. Die Gleichungen (5) - (7) erfassen die experimentellen Angaben, jedoch lediglich Gleichung (7) entspricht den Voraussetzungen, daß die Konzentration für die gewählte Flotierbarkeit umso größer sein muß je größer die Löslichkeit und je kleiner die Basizität bzw. je größer K_a ist. Diese Voraussetzungen beruhen darauf, daß an der Quarzoberfläche sowohl Ammoniumionen als auch nicht-ionisierte Moleküle (4,24) adsorbiert werden, und ihre Gültigkeit geht aus den allgemein bekannten Tatsachen hervor, daß einerseits die Löslichkeit in homologen Reihen von Verbindungen sinkt, während die physikalische Adsorption zunimmt, und daß andererseits basischere Verbindungen stärker elektrostatisch von der negativ geladenen Quarzoberfläche angezogen werden. Tatsächlich sinkt in diesem Falle die Flotierbarkeitskonzentration mit abnehmender Löslichkeit, wie dies in Abb. 6 dargestellt ist. Die Zunahme der Hydrophobierungswirksamkeit der Amine ist jedoch langsamer als die Abnahme der Löslichkeit, was durch die gleichzeitige Abnahme der Basizität verursacht ist.

Die Lösung der Gleichungen (1) - (3) auf die in Gleichung (7) angeführte Art führt im logarithmischen Ausdruck zu der Beziehung

$$\log c_F = a_3 \, (- b_3 \, pK_a + \log S + c_3) \qquad (8)$$

wobei a_3 und c_3 Konstanten sind, die von den Flotationsbedingungen ähnlich abhängen wie die Konstanten a_1 und b_1 in Gleichung (1). Die Konstante b_3, die durch die Beziehung d log S/d pK_a gegeben ist und den Wert 65,4 besitzt, zeigt das Verhältnis des Einflusses der Löslichkeitsänderung in Bezug zu der Basizitätsänderung auf die Hydrophobierungswirksamkeit.

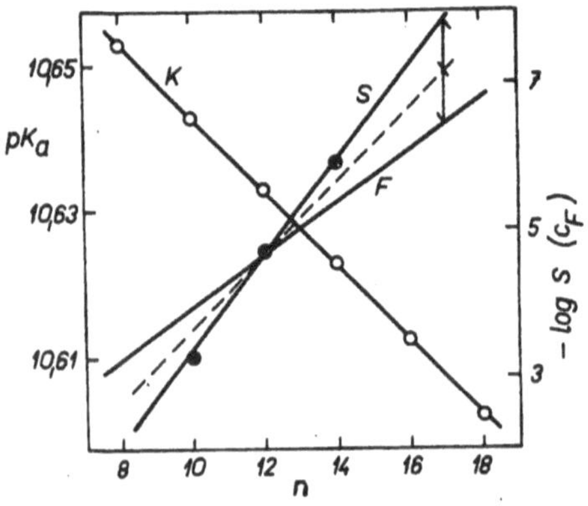

Abb. 6: Beziehung zwischen Flotationswirksamkeit, Basizität und Löslichkeit der Amine

Gerade K: pK_a Werte nach der Literatur (22,23).

Gerade S: Konzentration der maximalen Löslichkeit der nicht-ionisierten Amine (mol/l nach der Literatur (21)

Gerade F: Konzentration für die Flotierbarkeit (Gerade 3 aus Abb. 4) gemäß der Literatur (14)

Gestrichelt ist die Senkrechte auf K bezeichnet, n = Anzahl der Kohlenstoffatome der Kette.

Bei α-Aminotetrahydronaphthalin und dessen N-Methylhomologen, deren Ionisierungskonstante K_a um annähernd fünf Größenordnungen höher ist, ermittelten wir in einer früheren Arbeit (25) den Durchschnittswert von d log S/d pK_a = 1. Das bedeutet, daß die Löslichkeit bei aliphatischen Aminen einen verhältnismäßig geringen Einfluß auf die Flotierbarkeit besitzt und daß Ammoniumionen bei der Adsorption eine größere Rolle spielen.

Gleichung (8) drückt die Abhängigkeit der Flotationswirksamkeit von der Basizität und Löslichkeit der Moleküle aus, sie erfaßt jedoch nicht allgemein den Einfluß des pH. Die Änderung des pH verändert das Verhältnis zwischen der Menge der ionisierten und nicht-ionisierten Verbindung.

Die Adsorption dieser beiden Formen der Base ist ihrer Konzentration proportional. Dies wurde experimentell mit Hilfe der Infrarotspektren von Vajnšenker und Chajman (24) bewiesen. Die Adsorption nicht-ionisierter Moleküle, die ihrer Löslichkeit proportional ist, kommt deshalb bei aliphatischen Aminen erst bei höheren pH-Werten stärker zur Geltung. Bei Steigerung des pH-Wertes der Lösung sinkt der log c_F, obwohl sich die Konzentration ionisierter Moleküle bis zu pH 9 praktisch nicht ändert. Dies ist durch die Ladungsänderung der Quarzoberfläche verursacht, wodurch die Adsorption von Ionen zunimmt.

Mit der Beziehung zwischen der Kettenlänge der aliphatischen Amine und deren Hydrophobierungswirksamkeit befaßte sich eingehend Fuerstenau (8). Er gelangte zu der Ansicht, daß sich die Wirksamkeit, ausgedrückt durch die Aminkonzentration für bestimmte Flotierbarkeitsbedingungen, mit der Kettenlänge als Folge der Kohäsionskräfte zwischen den hydrophoben Molekülteilen auf ähnliche Art ändert wie die kritische Konzentration der Mizellenbildung. Die Konzentration der Flotierbarkeit ist unter diesen Bedingungen gleich der Konzentration c_{HM}, bei welcher sich an der Mineraloberfläche Sammlermoleküle zu Hemimizellen aggregieren. Die Beziehung zwischen c_{HM} und n drückte Fuerstenau durch die Gleichung

$$c_{HM} = A' \exp \left[(W_e' - n\emptyset)/kT \right] \qquad (9)$$

aus, die der gefundenen linearen Beziehung zwischen log c_F und n entspricht. A' ist die Proportionalitätskonstante, $\emptyset'$ ist die freie Kohäsionsenergie für die CH_2-Gruppe und W_e' ist eine Größe, die einerseits die Energie charakterisiert, welche die Annäherung zweier polarer Gruppen oberflächenaktiver Substanzen gleicher Ladung bei der Hemimizellen-Bildung verhindert, und andererseits die elektrostatische Adsorptionsenergie des Ions an der Oberfläche mit entgegengesetzter Ladung.

In Abb. 4 und 5 wurde gezeigt, daß der log c_F linear von n abhängt, und zwar auch in dem Falle, daß c_F niedriger ist als c_{HM} und daß die Tangente $-\Delta \ln c_F/\Delta n$ unter verschiedenen Bedingungen verschieden ist. Diese Tatsachen können in Gleichung (9) einbezogen werden, wodurch ihre Gültigkeit erweitert wird.

In Anbetracht der linearen Beziehung zwischen log c_F und n ist W_e' entweder unabhängig von der Kettenlänge oder sie ändert sich linear mit n. Wie bereits in Gleichung (3) gezeigt wurde, folgt pK_a der Beziehung

$$pK_a = a_4 - b_4 n \qquad (10)$$

und deshalb kann W'_e proportional pK_a sein. Die Bedeutung von pK_a wurde bereits in Gleichung (8) gezeigt, und es sei deshalb vorausgesetzt, daß W'_e der Basizität des Amins und der Ladung der Quarzoberfläche proportional ist.

$$W'_e = - a_5 \, pK_a \, M \qquad (11)$$

wobei M eine Größe ist, die der Ladungsdichte an der Quarzoberfläche proportional ist.

Die Adsorption von Molekülen wird außer durch elektrostatische und Kohäsionskräfte auch durch Kräfte beeinflußt, welche die Moleküle aus dem polaren Milieu der wäßrigen Lösung verdrängen und auch die Löslichkeit der Moleküle beeinflussen. Diese Kräfte hängen einerseits vom Milieu, vor allem vom pH-Wert der Lösung, und andererseits vom Gleichgewicht zwischen dem polaren und unpolaren Teil des Moleküls ab, das in der homologen Reihe der Kettenlänge proportional ist. Bezeichnet man sie als hydrophobe Kräfte mit dem Symbol H, dann ist

$$H = b_5 \, n \, pH \qquad (12)$$

Fuerstenaus Gleichung (9) kann mit Hilfe der Beziehungen (11) und (12) in die Form

$$c_F = A' \exp \, (- a_5 \, pK_a \, M - n \, \emptyset' - b_5 \, n \, pH)/kT \qquad (13)$$

gebracht werden, die im logarithmischer Form nach Ergänzung durch die Beziehung (10) die Gleichung

$$\ln c_F = A - a_4 a_5 M/kT - n(\emptyset + b_5 \, pH - a_5 b_4 M)/kT \qquad (14)$$

liefert, wobei A, a_x und b_x Konstanten sind.

Gleichung (14) zeigt, daß die Aminkonzentration für gewählte Flotierbarkeitsbedingungen umso niedriger ist, je basischer das Amin, je höher die Ladung des Quarzes, je länger die Kohlenwasserstoffkette (für positiven Wert des Ausdruckes in Klammer) und je höher das pH der Lösung ist. Die Tangente der linearen Abhängigkeit $-\Delta \ln c_F/\Delta n$ ist umso größer je höher der pH Wert, falls die Beziehung

$$d \, pH/d \, M > a_5 b_4/b_5 \qquad (15)$$

gilt. Setzt man für M die Werte des zeta-Potentials und $\emptyset' = 1$ ein und verwendet für pH 7 oder 8 die Beziehung, die aus der Tangente der Flotierbarkeitsgeraden folgt,

$$\emptyset' + b_5 \, pH - a_5 b_4 M = 1 \qquad (16)$$

kann man das Verhältnis a_5b_4/b_5 berechnen und die Gültigkeit der Bedingung (15) ermitteln. Die Ergebnisse der Messung des zeta-Potentials (26-28) zeigen, daß die Bedingung (15) in der Mehrzahl der Fälle erfüllt ist.

Gleichung (14) erfaßt qualitativ die experimentellen Ergebnisse im pH Bereich bis zur maximalen Flotierbarkeit, d. h. annähernd bis zu pH 10. Allgemein könnte die quantitative Gültigkeit nach Eliminierung der in der Einleitung dieser Arbeit angeführten Faktoren geprüft werden. Das plötzliche Absinken der Flotierbarkeit bei höherem pH verursacht ein weiterer Faktor, der nicht in Gleichung (14) einbezogen ist. Die bereits früher an anderen Stellen angeführten Vermutungen werden hier nicht analysiert. Der Hauptgrund für die Abnahme dürfte die Änderung der Eigenschaften der Quarzoberfläche sein, die durch die plötzlich ansteigende Löslichkeit bei höheren pH-Werten als 10 verursacht ist (29).

Abschließend wird der Inhalt dieser Arbeit kurz zusammengefaßt. Es wurden verschiedene Einflüsse auf die experimentellen Ergebnisse der Bestimmung des Hydrophobierungsgrades von Mineralen aufgezeigt. Die Beziehung zwischen der Wirkung aliphatischer Amine auf die Flotation des Quarzes, ihrer Basizität und Löslichkeit, wurde analysiert. Die Gültigkeit der Fuerstenauschen Gleichung wurde um den Einfluß des pH auf die Flotierbarkeit erweitert.

Literatur

1. Parks, G.A.: Chem. Rev. 65 (1965) 177
2. Gaudin, A.M., Bloecher, F.W.: Trans. AIMME 187 (1950) 499
3. Fuerstenau, D.W.: Trans. AIME 208 (1957) 1365
4. Schubert, H.: Freiberger Forsch.-H. A 326 (1964) 77
5. Schubert, H.: Freiberger Forsch.-H. A 335 (1965) 51
6. Mukai, S., Kano, G., Wakamatsu, T.: Mem.Fac. Eng. Kyoto Univ. 24, Part 2 (1962) 270
7. Mitrofanov, S.I., Kušnikova, V.G.: Cvetnye met. 33, No. 10 (1960) 1
8. Fuerstenau, D.W., Healy, T.W., Somasundaran, P., Trans. SME 229 (1964) 321
9. Mukai, S., Kano,G., Matsubara, T.: Mem.Fac. Eng., Kyoto Univ. 21, Part 1 (1959) 40
10. Kloubek, J.: Freiberger Forsch.-H. (im Druck)

11. Kloubek, J.: Freiberger Forsch.-H. A 255 (1962) 61
12. Bazanova, N.M., Livšic, A.K.: Cvetnye met. 33 No. 2 (1960) 24
13. Vlodavskij, I.Ch., Gorlovskij, S.I.: Obogaščenie rud 6, No. 6 (1961) 15
14. de Bruyn, P.L.: Mining Eng. 7 (1955) 291
15. Somasundaran, P., Healy, T.W., Fuerstenau, D.W.: J. Phys. Chem. 68 (1964) 3562
16. Fuerstenau, D.W.: J. Phys. Chem. 60 (1956) 981
17. Hoyer, H.W., Greenfield, A.: J. Phys. Chem. 61 (1957) 813
18. Shinoda, K.: Bull.Chem.Soc.Japan 26 (1953) 101
19. Phillips, J.N.; Trans.Faraday Soc. 51 (1955) 561
20. Gaudin, A.M., Fuerstenau, D.W.: Trans.AIME 202 (1955) 958
21. Brown, D.I.: J. Colloid Sci. 13 (1958) 286
22. Hoerr, C.W., Mc Corcle, M.R., Ralston, A.W.: J. Am. Chem. Soc. 65 (1943) 328
23. Albert, A., Serjent, E.P., Ionisation Constants of Acids and Bases, Methuen & Co., London 1962, S. 140
24. Vajnšenker, I.A., Chajnman, V.I.: Obogascenie rud 9, No. 2 (1964) 13
25. Kloubek, J.: Collection Czech. Chem. Commun. (im Druck)
26. Gaudin, A.M., Fuerstenau, D.W., Trans. AIME 202 (1955) 66
27. Berger, G.S.: Flotiruemošt mineralow, G.N.T. izdat., Moskva 1962, S. 221
28. Greenberg, S.A., Jarnutowski, R., Chang, T.N.: J. Colloid Sci. 20 (1965) 20
29. Alexander, G.B., Heston, W.M., Iler, R.K.: J. Phys. Chem. 58 (1954) 453

Jiří Spurný und Bohumil Jakoubek
Institut für Physiologie, Tschechoslowakische Akademie der Wissenschaften, Prag

Die Konzentrierung verdünnter Hämoglobinlösungen durch Flotation

Wenn ein Gas in einer Lösung einer oberflächenaktiven Substanz dispergiert ist, so verteilt sich die gelöste Substanz je nach ihrer Oberflächenaktivität und ihrer augenblicklichen Konzentration in der Lösung zwischen die Volumen- und die Oberflächenphase, die durch die Dicke des Oberflächenfilms aus adsorbierten Molekülen oder Ionen gegeben ist. Blasen des dispergierten Gases heben diesen Film auf und bleiben an der Oberfläche in Form von Schaum haften. Nach den allgemeinen Adsorptionsgesetzen gilt die Regel, daß die Konzentration der gelösten Substanz in einer Volumeneinheit der Volumenphase immer geringer ist als diejenige derselben Substanz in einer Volumeneinheit der Oberflächenphase. Wenn die Konzentration der oberflächenaktiven Substanz in der Lösung nicht zu groß ist, so gilt dieselbe Bedingung auch für die Ausgangslösung und für die durch die Auflösung des Schaumes entstandene Lösung, das sogen. Konzentrat. Eine auf diesem Prinzip begründete Methode gestattet die Konzentrierung verdünnter Lösungen, und zwar nicht nur oberflächenaktiver Stoffe, sondern in Gegenwart eines geeigneten Kollektors (einer Sammelsubstanz) auch diejenige oberflächeninaktiver Substanzen[1,2,3]. Soweit die Methode die Oberflächenaktivität der gelösten Substanz, welche konzentriert werden soll, allein ausnützt, so stellt sie in weiterem Sinne des Wortes die einfachste Form der Molekularflotation vor. Die Gegenwart eines geeigneten oberflächenaktiven Stoffes als Sammelsubstanz gestattet, wie oben erwähnt, die Konzentrierung auch von Lösungen oberflächeninaktiver Substanzen oder stark verdünnte Lösungen von oberflächenaktiven Stoffen, die an sich bereits keinen Schaum bilden. Unter diesen Umständen gewinnt die Methode meistens den Charakter einer Ionenflotation und die zur Konzentrierung bestimmte Komponente geht infolge der Gegenwirkung mit der Sammelsubstanz oft in Form eines mehr oder weniger löslichen Komplexes in das Konzentrat über.

Die Verfasser der vorliegenden Mitteilung wandten die beschriebene Methode zur Konzentrierung verdünnter Hämoglobinlösungen an, und zwar sowohl auf Grund der eigenen Oberflächenaktivität als auch unter Anwendung einer quartären Ammoniumbase als Kollektor, die mit Hämoglobin in alkalischem Medium einen verhältnismäßig gut löslichen, hoch oberflächenaktiven Komplex bildet. Den Gegenstand unseres Interesses bildeten vor allem die Fragen, bei welcher Verdünnung der Ausgangslösung und in welchem Konzentrationsbereich die angeführte Methode im gegebenen Falle angewandt werden kann, in welchem Maße der Proteingehalt des Konzentrates höher ist als derjenige der ursprünglichen Lösung und welche Ausbeute durch diese Methode erzielt werden kann.

Experimenteller Teil

1. Angewandte Reagenzien und Darstellung der Lösungen

Die in den Versuchen angewandten Lösungen wurden aus Grundlösungen von Hämoglobin dargestellt, die ihrerseits durch Auflösen von 1 g fester Substanz in 1000 ml Pufferlösung, und zwar einerseits in Boratpuffer (pH = 8,6), andererseits in TRIS-Puffer (pH = 8,6) gewonnen wurden. Der unlösliche Rückstand, der 4,23 % der ursprünglichen Einwaage ausmachte, wurde mittels eines Schleicher-Schüll-Filters (rosa Band) entfernt, und die resultierende Konzentration wurde mittels des betreffenden Faktors korrigiert. Die Lösungen wurden bei einer Temperatur von 4° C aufbewahrt nicht nicht älter als 1 Tag verwendet. Die Pufferlösungen wurden aus redestilliertem Wasser von $4{,}5 \cdot 10^{-6}$ Ohm. cm^{-1} Leitfähigkeit und aus analysenreinen Chemikalien dargestellt. Als Sammelsubstanz wurde die quartäre Ammoniumbase SEPTONEX, ein Erzeugnis der Firma SPOFA (ČSSR) von der Zusammensetzung: Carbäthoxypentadecyl-trimethylammoniumchlorid, angewandt. Die Grundlösungen der Sammelsubstanz wurden in Püffern des angeführten pH-Wertes zubereitet und unmittelbar vor dem Versuch der Proteinlösung zugesetzt.

2. Beschreibung der Apparatur

Die angewandte Apparatur ist schematisch in Abb. 1 dargestellt. Für die Versuche wurde technischer Stickstoff verwendet, der durch ein System von Waschflaschen (1) in ein Ausgleichgefäß von 5 l Volumen (2) geleitet wurde, welches mit einem Wassermanostat (3) verbunden war, um leichter einen konstanten Druck aufrechtzuerhalten. Die Höhe der Wassersäule im Manostat bestimmte den Druck, unter dem der Stickstoff in das eigentliche Flotationsgefäß (4) geleitet wurde. Dieses Gefäß ist an seinem unteren Ende konisch verengt und mit einer Fritte G 4 versehen (F). Der Schaum wird in den Kühler (5) geführt, der seine Auflösung beschleunigt und das Konzentrat wird in einem Sammelzylinder (6) aufgefangen. Der Stickstoff aus dem Sammelzylinder strömt durch einen Durchflußmesser (7).

Bei jedem Versuch wurden jeweils 50 ml Lösung von bekannter Zusammensetzung und Konzentration verwendet, die vorher auf 22° C temperiert

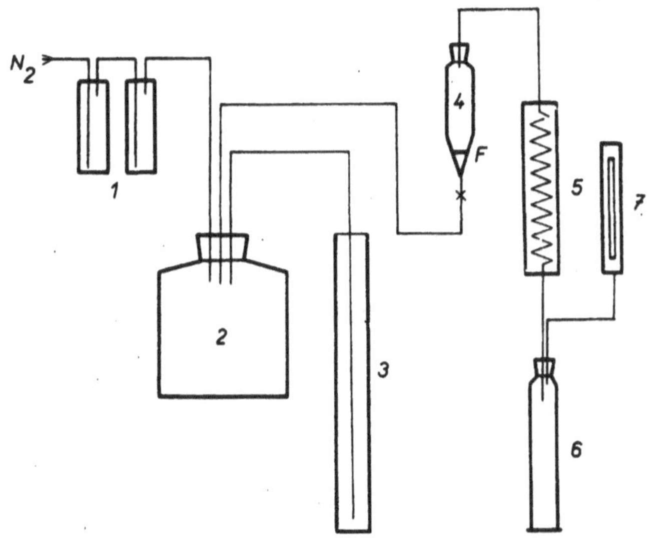

Abb. 1 Zur Konzentrierung von Hämoglobin durch Flotation angewandte Apparatur

worden waren. Die Flotationsdauer wurde nicht begrenzt, der Schaum wurde solange entnommen, wie es die gegebene Versuchsanordnung gestattete. Am Ende der Flotation galten die einfachen Beziehungen

$$M_P = M_R + M_K ,$$
$$c_P V_P = c_R V_R + c_K V_K , \qquad (1)$$

wobei M_P, M_R und M_K die gesamte, einerseits in der ursprünglichen Lösung und andererseits in der restlichen Lösung und im Konzentrat gelöste Proteinmenge vorstellt, c_P, c_R und c_K die betreffenden Konzentrationen und V_P, V_R und V_K die diesbezüglichen Volumen in ml bezeichnen. Die Durchflußgeschwindigkeit des Stickstoffes durch die Apparatur wurde so klein wie möglich gewählt, um nicht mechanisch ein großes Lösungsmittelvolumen in den Schaum mitzureißen, welches die endgültige Konzentration verringern könnte. Bei zu geringen Strömungsgeschwindigkeiten kristallisiert jedoch das Hämoglobin im Schaum zum Teil aus und bleibt dann im Konzentrat in unlöslicher Form zurück. Dadurch wird dann eine verläßliche analytische Bestimmung des Gesamtinhaltes des gelösten Proteins im Konzentrat verhindert. Die optimale Durchschnittsgeschwindigkeit betrug, wie aus Vorversuchen ermittelt wurde[4], für reine Hämoglobinlösungen 160 ml/Min.; für die eine oberflächenaktive Substanz enthaltenden Lösungen (10^{-4} g/ml) konnte dieselbe verläßlich noch auf 120 ml/Min. herabgesetzt werden.

3. Bestimmung der Hämoglobinkonzentration in den restlichen Lösungen und in den Konzentraten

Die Hämoglobinkonzentration in den Restlösungen und Konzentraten wurde sowohl kolorimetrisch nach Folin als auch spektrophotometrisch mit dem UVISPEK (Hilger-Watts)-Spektrophotometer in Quarzküvetten von 10 mm Durchmesser bestimmt. Die kolorimetrische Methode wurde für die keine oberflächenaktive Substanz enthaltenden Lösungen angewandt und die Messungen wurden je nach der Konzentration der Lösungen bei den Wellenlängen von 500 mμ und 750 mμ ausgeführt. Diese Methode war zur Bestimmung der Hämoglobinkonzentration in SEPTONEX enthaltenden Lösungen ungeeignet, da diese Substanz mit dem Folin'schen Reagenz eine Trübung und in höheren Konzentrationen einen Niederschlag ergibt, der die genaue Messung verhindert. Dagegen störte seine Gegenwart in genügend verdünnten Lösungen des untersuchten Eiweißkörpers bei der spektrophotometrischen

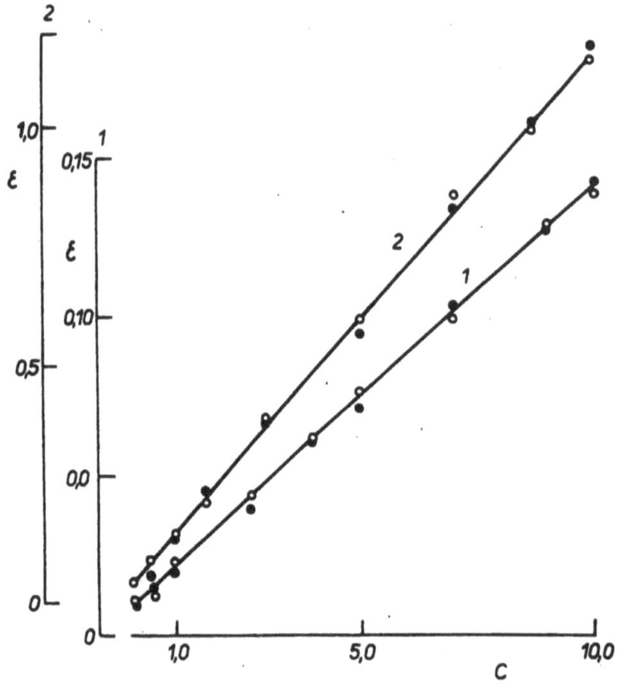

__Abb. 2__ **Kalibrierkurve für die spektrophotometrische Hämoglobinbestimmung (ε = Extinktion, c = Konzentration in g/ml; Kurve 1 gilt für Konzentrationen der Ordnung 10^{-6} g/ml; Kurve 2 für Konzentrationen der Ordnung 10^{-5} g/ml)**

Analyse nicht. Bei höheren Konzentrationen bestand jedoch wieder die Gefahr der Entstehung einer Trübung, diesmal infolge der Ausscheidung des begrenzt löslichen Komplexes. Die angewandten Hämoglobinlösungen blieben noch bei Konzentrationen von $5 \cdot 10^{-4}$ g/ml SEPTONEX vollkommen klar, wie aus Messungen der Trübungskurve hervorging[4], wobei das Netzmittel bei dieser Konzentration einen genügend stabilen und dem gegebenen Zweck entsprechenden Schaum lieferte. Die Verläßlichkeit der Hämoglobinbestimmung im Bereich der untersuchten Konzentrationen in Gegenwart von SEPTONEX der angeführten Konzentration belegt die in Abb. 2 angeführte Kalibrierkurve.

Ergebnisse und Diskussion

Die in den Versuchen um die Konzentrierung verdünnter Hämoglobinlösungen ohne Anwendung von oberflächenaktiven Substanzen (auf Grund der eigenen Oberflächenaktivität) gewonnenen Ergebnisse sind einerseits in Tabelle 1 zusammengefaßt und andererseits in Abbildung 3 als graphische Abhängigkeit des Konzentratvolumens V_K von der Konzentration

Tab. 1 Konzentrierung von Hämoglobinlösungen auf Grund seiner eigenen Oberflächenaktivität

c_P g/ml.10^{-4}	c_K g/ml.10^{-4}	c_R g/ml.10^{-4}	%	Q	t sec.
0,60	3,51	0,31	38,7	4,86	80
0,08	3,50	0,33	65,7	3,38	180
0,10	3,52	0,36	70,0	2,52	270
0,12	3,56	0,38	85,1	1,97	410
0,14	3,61	0,31	77,8	1,58	590
0,16	3,46	0,33	88,9	1,16	700
0,18	3,62	0,44	86,5	1,01	820
0,20	3,58	-	-	-	890
0,22	3,49	0,43	93,2	0,58	980
0,24	3,40	0,46	94,0	0,42	1007
0,28	3,38	0,79	94,4	0,21	1100
0,30	3,30	0,75	96,8	0,10	1200

Stickstoffströmungsgeschwindigkeit = 160 ml/Min.
Pufferlösung: Borat - pH 8,4
% - Ausbeute
t - Flotationsdauer

der ursprünglichen Lösung c_P verarbeitet. Wie aus der angeführten Abbildung hervorgeht, steigt das Volumen des Konzentrates bei einer gegebenen Strömungsgeschwindigkeit des Stickstoffes durch die Apparatur (vgl. den experimentellen Teil) mit der Konzentration linear und erreicht in einem durch den Punkt D bezeichneten Augenblick das Volumen der ursprünglichen Lösung. Diesen Punkt bezeichneten die Verfasser frei als Destillierpunkt, da die Flotation in diesem Augenblick eine gewisse Destillation

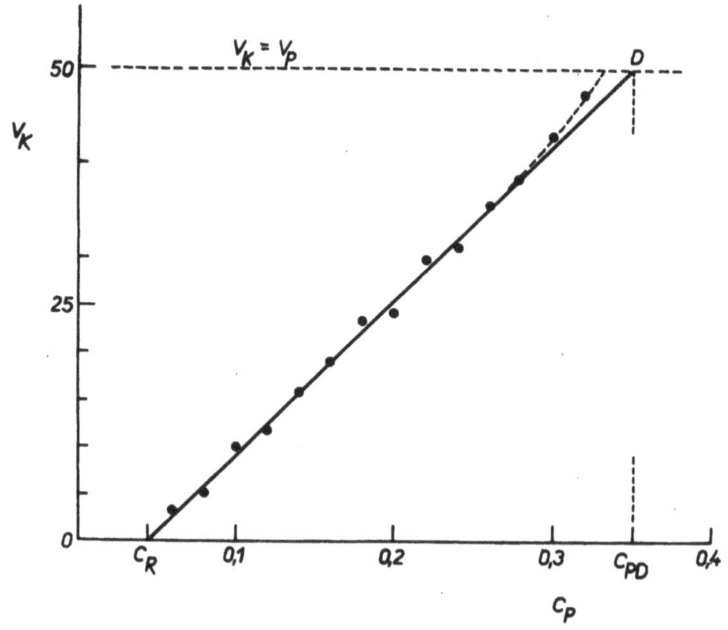

Abb. 3 Graphische Abhängigkeit des Konzentratvolumens von der Konzentration der ursprünglichen Lösung (V_K = Konzentratvolumen in ml, c_P = Konzentration der Grundlösung in g/ml)

vorstellt, bei der das gesamte Volumen der Grundlösung zusammen mit der gelösten Substanz in das Konzentrat "destilliert". Der Destillationspunkt wird also durch die Bedingung $V_K = V_P$ charakterisiert und für die diesem Punkt zustehende Konzentration gilt die Gleichung (1) $c_{PD} = c_K$, so daß Lösungen höherer Konzentrationen auf diese Weise nicht mehr weiter konzentriert werden können.

Der lineare Verlauf der graphischen Abhängigkeit des Konzentratvolumens von der Konzentration der ursprünglichen Lösung gestattet die mathematische Formulierung der gegenseitigen Beziehung beider Größen durch eine einfache Gleichung einer Geraden in der Form

$$V_K = k' (c_K - k) , \qquad (2)$$

wobei k' und k Konstanten sind. Die Konstante k' wird durch die Richtung der Geraden bestimmt und k stellt einen Abschnitt der Konzentrationsachse dar (Abb. 3). Nach Gleichung (1) gilt bei Ersetzen des Volumens der Restlösung V_R durch $V_R = V_P - V_K$ für das Volumen V_K die weitere Beziehung

$$V_K = V_P (c_P - c_R) / (c_K - c_R) \qquad (3)$$

und durch den Vergleich der beiden vorangehenden Beziehungen kann die Bedeutung der betreffenden Konstanten abgeleitet werden. Für die Konstante k' gilt die Gleichung $k' = V_P/(c_K - c_R)$ und für k gilt $k = c_R$. Unter der Voraussetzung der Identität beider Beziehungen müssen angesichts der Bedeutung der Konstanten die Werte der Konzentrationen der restlichen Lösung und des Konzentrates ebenfalls konstant sein. Die Angaben in Tabelle 1 bestätigen diese Voraussetzung in den Grenzen der Versuchsfehler.

Wie bereits im experimentellen Teil erwähnt wurde, war die Flotation im Laufe des Versuches nicht zeitbegrenzt, so daß der Prozeß bis zu einer ganz gewissen extremen Verdünnung der Lösung im Flotationsgefäß fortschritt, bei der sich kein Schaum mehr bildete. Deshalb war auch die Konzentration der restlichen Lösungen am Ende der Flotation in allen Fällen dieselbe und hing nicht von der ursprünglichen Konzentration ab. Nur zum Ausschäumen verschiedener Mengen gelösten Hämoglobins wurden verschiedene Flotationszeiten benötigt, wie sie in der letzten Spalte der Tabelle 1 angeführt sind. Das Problem des konstanten Wertes der Konzentration c_K ist etwas komplizierter und mit dem Bestreben des Schaumes, als Dispersion von Gas in einer Flüssigkeit, verbunden, die freie Oberflächenenergie auf ein Minimum herabzusetzen[4].

Die Konzentrationswerte c_R und c_K begrenzen den Bereich, in dem diese einfache Form der Flotation für die gegebene Lösung anwendbar ist und der, wie aus den arithmetischen Durchschnitten der betreffenden, in Tabelle 1 angeführten Werte hervorgeht, in den Grenzen von $0{,}044 \cdot 10^{-3}$ g/ml bis $0{,}349 \cdot 10^{-3}$ g/ml liegt. Die praktische Ausnutzung dieser Methode für Laboratoriumszwecke ist auf einen noch engeren Konzentrationsbereich begrenzt. Der sogen. Konzentrationsgrad, der ein Maß der Wirksamkeit der angewandten Methode vorstellt und der von den Verfassern durch die Gleichung

$$Q = (c_K - c_P) / c_P \qquad (4)$$

Tab. 2 **Konzentrierung von Hämoglobinlösungen unter Anwendung einer Sammlerlösung (SEPTONEX)**

	V_N = 175 ml/Min.					V_N = 140 ml/Min.					V_N = 110 ml/Min.				
c_P g/ml	V_K ml	c_K g/ml	%	Q	t sec.	V_K ml	c_K g/ml	%	Q	t sec.	V_K ml	c_K g/ml	%	Q	t sec.
$5\cdot10^{-5}$	12,3	$1{,}98\cdot10^{-4}$	97,7	2,96	240	6,8	$3{,}42\cdot10^{-4}$	93,1	5,84	923	3,4	$5{,}97\cdot10^{-4}$	81,2	10,94	1831
10^{-5}	11,2	$4{,}38\cdot10^{-5}$	98,1	3,38	250	6,3	$7{,}57\cdot10^{-5}$	95,5	6,57	920	3,8	$1{,}09\cdot10^{-4}$	83,2	9,9	1798
$5\cdot10^{-6}$	13,8	$1{,}02\cdot10^{-5}$	96,3	1,04	241	5,9	$3{,}95\cdot10^{-5}$	93,4	6,90	998	4,0	$5{,}05\cdot10^{-5}$	80,8	9,1	1745
10^{-6}	10,5	$4{,}64\cdot10^{-6}$	97,6	3,64	238	6,0	$7{,}00\cdot10^{-6}$	96,8	6,00	950	3,5	$11{,}30\cdot10^{-6}$	79,0	10,3	1820

SEPTONEX-Konzentration = 10^{-4} g/ml
TRIS-Puffer (pH 8,6)

V_N – Strömungsgeschwindigkeit des Stickstoffes
% – Ausbeute
t – Flotationsdauer

definiert wurde, sinkt mit steigender Konzentration der Grundlösung in der Richtung des Destillierpunktes steil ab und erreicht im Destillierpunkt seinen Nullwert. Wie aus der betreffenden Tabelle hervorgeht, ist die Wirksamkeit dieser Methode bei höheren Konzentrationen bereits sehr gering. Die Ausbeute steigt dagegen mit steigender Konzentration und erreicht im Destillierpunkt ihren Maximalwert.

Mit den quartären Ammoniumbasen bildet Hämoglobin, wie in der Einleitung erwähnt wurde, hoch oberflächenaktive Komplexe[4)], die in alkalischem Milieu verhältnismäßig gut löslich sind. In der Form dieses Komplexes kann es, wenn geeignete Verhältnisse beider Substanzen gewählt werden, auch aus sehr verdünnten Lösungen konzentriert werden. Die Verfasser beschränkten sich jedoch in der vorliegenden Arbeit auf derartige Verdünnungen, die noch spektrophotometrisch verläßlich verfolgt werden konnten. Die Ergebnisse unter Anwendung von SEPTONEX, dessen Konzentration in der ursprünglichen Lösung 10^{-4} g/ml betrug, sind in Tabelle 2 angeführt. Die Versuche wurden zuerst bei derselben Strömungsgeschwindigkeit des Stickstoffes in der Apparatur ausgeführt wie im vorangehenden Falle, um die betreffenden Ergebnisse vergleichen zu können. Die angeführte SEPTONEX-Konzentration sichert einen genügend beständigen Schaum, der ein verhältnismäßig bedeutendes Lösungsmittelvolumen enthält, so daß die ursprünglich angewandte Stickstoffgeschwindigkeit noch weiter herabgesetzt werden kann, ohne daß im Schaum eine Kristallisation sichtbar würde. Mit sinkender Durchflußgeschwindigkeit wird der Schaum allmählich entwässert, so daß das Volumen des Konzentrates sinkt. Angesichts der verhältnismäßig geringen Änderung der Ausbeute steigt seine Konzentration, wie aus der betreffenden Tabelle hervorgeht. Die angeführten Ergebnisse lieferten weiter die interessante Erkenntnis, daß bei einer gegebenen Strömungsgeschwindigkeit des Stickstoffes das Volumen des Konzentrates, der Konzentrierungsgrad, die Ausbeute sowie die Flotationsdauer unabhängig von der ursprünglichen Hämoglobinkonzentration bleiben und daß also diese Werte für alle Konzentrationen konstant sind. Mit Ausnahme der Ausbeute sind im Gegenteil diese Werte stark von der Menge des zugesetzten SEPTONEX abhängig, welche vor allem das Volumen des Konzentrates und bei gegebener Menge des gelösten Hämoglobins auch dessen Konzentration beeinflußt. Der Einfluß der Menge der zugesetzten oberflächenaktiven Substanz geht aus dem in Abb. 4 vorgelegten Schema hervor. Mit steigender Menge steigert sich auch das Volumen V_K und die Konzentration c_K sinkt ab. Die Ausbeute ändert sich bei höheren Konzentrationen ganz unbedeutend (Säulen 1, 2 und 3) und ein sichtbarer Rückgang wurde erst bei SEPTONEX-Konzentrationen von $5 \cdot 10^{-5}$ g/ml beobachtet (Säule 4). Auch die Flotationsdauer, wie im Text dieser Abbildung angeführt ist, ist der Menge des zugesetzten oberflächenaktiven Stoffes direkt proportional. Wie aus den angeführten Ergebnissen her-

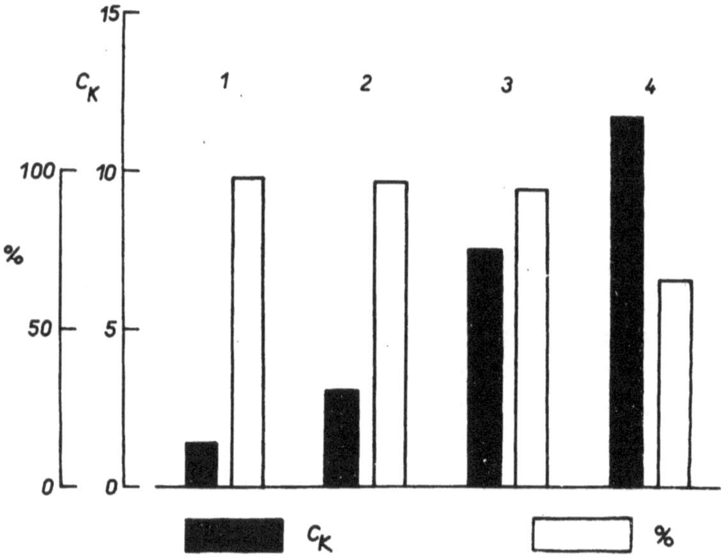

Abb. 4 Einfluß der SEPTONEX-Konzentration auf die Konzentration und Ausbeute des Hämoglobins in den Konzentraten
Säule 1 - SEPTONEX-Konzentration = 10^{-3} g/ml, Flotationsdauer = 783 sec.
Säule 2 - SEPTONEX-Konzentration = $5 \cdot 10^{-4}$ g/ml, Flotationsdauer = 620 sec.
Säule 3 - SEPTONEX-Konzentration = 10^{-4} g/ml, Flotationsdauer =570 sec.
Säule 4 - SEPTONEX-Konzentration = $5 \cdot 10^{-5}$ g/ml, Flotationsdauer = 468 sec.

vorgeht, gestattet die Anwendung von SEPTONEX die Konzentrierung sehr verdünnter Hämoglobinlösungen bei hoher Ausbeute und wenn eine genügend niedrige Durchflußgeschwindigkeit des Stickstoffes in der Apparatur gewählt wird, so wird auch ein verhältnismäßig hoher Konzentrierungsgrad erzielt.

Literatur

1. Bikerman, J.J.: Foams, theory and industrial applications, Book Division, Reinhold Publishing Corporation, New York, S. 171-183 (1953)
2. Skomorski, R.M.: J. Chem. Educ. 40 (9), 470-1 (1963)
3. Cumper, C.W.N.: Trans. Faraday Soc. 49 2, 1360 (1953)
4. Spurný, J., Jakoubek, B.: bisher nicht publiziert.

B. D o b i á s
Tschechoslowakische Akademie der Wissenschaften, Prag

Beitrag zur Adsorption organischer Ionen aus Lösungen an der geladenen Oberfläche einer festen Phase

In der vorliegenden Arbeit wird die Adsorption einiger organischer oberflächenaktiver Stoffe an der geladenen Oberfläche unlöslicher anorganischer Substanzen wie α-Korund, SnO_2, CaF_2, $BaSO_4$, SiO_2 und mancher Silikate verfolgt. Auf Grund von Untersuchungen der Adsorption von Natriumtridecylat, Natriumlaurylsulfat und Cetyltrimethylammoniumbromid wurde gefunden, daß die Adsorption der Ionen des Sammlers an der Oberfläche der festen Phase eine Funktion des Anfangswertes und des Vorzeichens des elektrokinetischen Potentials ζ ist. Dies gilt auch für den Fall, daß die Oberflächenladung der festen Phase und des organischen Ions umgekehrtes Vorzeichen besitzen. Das organische Ion kann an der Oberfläche der festen Phase auch auf dem Wege über ein mehrwertiges Ion adsorbiert werden, mit dem es eine Bindung eingehen kann. Die Beziehungen zwischen der Adsorption organischer Ionen und dem Anfangswert des elektrokinetischen Potentials der festen Phase wird bei höheren Konzentrationen der H^+- oder OH^--Ionen durch den Dissoziationsgrad des entsprechenden organischen Elektrolyten beschränkt sein. Die Adsorption des organischen Ions an der geladenen Oberfläche durch Austausch gegen ein einwertiges Ion aus der S T E R N -Schicht wurde auch vom kinetischen Gesichtspunkt verfolgt. Für den Fall der Adsorption von Laurylsulfat an α-Korund wurde die L A N G M U I R sche und die E L O V I Č - Z E L D O V I Č sche kinetische Gleichung für die Interpretierung herangezogen. Auf Grund der zur Verfügung stehenden experimentellen Daten scheint die Interpretierung der T Ě M K I N schen Isotherme mit Hilfe der E L O V I Č - Z E L D O V I Č schen Gleichung vorteilhafter zu sein als die zu sehr vereinfachende L A N G M U I R - sche Gleichung.+)

+) Manuskript des Vortrags lag nicht vor. Das Kurzreferat wurde entnommen aus: Mitteilungsblatt der Chemischen Gesellschaft in der DDR 13, (3) 83 (1966)

F.W. N e w o l i n, G.A. K r a l - O s s y k i n a und E.I. B u s c h u-j e w a
Allunionsinstitut für Fettforschung, Leningrad
S.I. F a i n g o l d und R.M. T o m s o n
Institut für Chemie der Estnischen Akademie der Wissenschaften, Tallin

Die Synthese und die Untersuchung der oberflächenaktiven Eigenschaften und der Waschkraft der Lösungen von Phenyldodecansulfonaten-(1.2.3.4.5.6)

Die Struktur und die Länge der Alkylkette der Alkylbenzolsulfonate hat einen grossen Einfluss auf die Oberflächeneigenschaften und auf die Waschkraft ihrer Lösungen. Der Klärung der Abhängigkeit der oberflächenaktiven Eigenschaften und der Waschkraft dieser Lösungen von der Struktur der Alkylbenzolsulfonate sind eine Reihe Arbeiten gewidmet [1-12].

In der letzten Zeit hat in Verbindung mit dem Aufkommen einer Synthese für Alkylbenzolsulfonate mit gerader Seitenkette das Interesse für den Einfluss der Stellung der Phenylgruppe in der Alkylkette auf die oberflächenaktiven Eigenschaften und die Waschkraft von Alkylbenzolsulfonaten zugenommen. Die Literaturangaben zu dieser Frage sind widersprüchlich.

RUBINFELD, EMERY und CROSS [13] kamen auf der Grundlage der von ihnen durchgeführten Arbeiten zu dem Schluss, dass beim Dodecylbenzolsulfonat die Waschkraft absinkt, wenn die Phenylgruppe aus der 2-Stellung in die 5-Stellung verschoben wird. Im Falle des Tetradecylbenzolsulfonats wird eine umgekehrte Abhängigkeit beobachtet.

SPANGLER, CROSS u.a. [14] haben gefunden, dass ein Dodecylbenzolsulfonat mit der Phenylgruppe in 2-Stellung über eine bessere Waschkraft verfügt, als in 6-Stellung. Im Falle des Tetradecylbenzolsulfonats wird eine umgekehrte Abhängigkeit beobachtet.

BEACH [15] weist im Gegensatz zu den hier zitierten Autoren darauf hin, dass im Falle Dodecylbenzolsulfonat das Waschvermögen mit der Wanderung der Phenylgruppe aus der 2- in die 5-Stellung anwächst.

FOSTER und FIELDS [16] behaupten, dass bei einem Alkylbenzolsulfonat mit gerader Alkylkette die maximale Waschkraft bei Verbindungen mit einer Alkylkette, die 14 bis 15 Kohlenstoffatome enthält, beobachtet wird.

STANNBERRY und LANGFORD [17] weisen darauf hin, dass sich das Waschvermögen mit der Erhöhung der geraden Alkylkette von C_{12} bis C_{14} erhöht.

In Anbetracht der widersprüchlichen Literaturangaben wurde die Synthese der Phenyldodecansulfonate mit unterschiedlicher Stellung der Phenylgruppe durchgeführt und die oberflächenaktiven Eigenschaften und die Waschkraft ihrer Lösungen untersucht.

Synthese

1-Phenyldodecan wurde synthetisiert über drei grundlegende Reaktionen:

a) Gewinnung des Chloranhydrids der Laurinsäure
b) Acylierung des Benzols durch Laurinsäure-Anhydrid
c) Reduktion des Undecylphenylketons zum Phenyldodecan

Das Chloranhydrid der Laurinsäure wurde durch Einwirkung von Thionylchlorid auf Laurinsäure gewonnen. Hierfür wurden in einem 2 l-Kolben, der mit einem Rücklaufkühler versehen war, 350 g (1,75 Mol) Laurinsäure und 320 g (2,2 Mol) Thionylchlorid untergebracht. Das Gemisch wurde auf dem Wasserbad bis zur Beendigung der Chlorwasserstoffentwicklung erhitzt. Danach wurde der Überschuss von Thionylchlorid abdestilliert und unter Vakuum das Laurinsäurechloranhydrid überdestilliert.

Der Siedepunkt des Laurinsäurechloranhydrids beträgt 135°C bei 10 mm. Die Ausbeute liegt bei 82 % d.Th. (310 g).

Die Acylierung wurde in einem Dreihalskolben vorgenommen, der mit Thermometer, Rührer und Tropftrichter versehen war.
In den Kolben wurden 680 g (8,5 Mol) Benzol und 198 g (1,4 Mol) Aluminiumchlorid eingebracht. Das Chloranhydrid wurde tropfenweise bei 50° C im Laufe von 2 Stunden zugesetzt. Danach wurde weiter erwärmt, bis keine HCl-Entwicklung mehr auftrat. Das Reaktionsgemisch wurde abgekühlt, mit Äther extrahiert und getrocknet. Nach der Filtration und dem Abdampfen von Äther und Benzol wurde das Undecylphenylketon im Vakuum überdestilliert. Das Undecylphenylketon ist bei Zimmertemperatur ein fester Stoff und siedet bei 200 bis 205° C/9 mm. Die Ausbeute beträgt 83 % d.Th. (305 g).

Die Reduktion des Undecylphenylketons wurde mit Hilfe von Hydrazinhydrat, das nach bekannter Methode synthetisiert wurde, durchgeführt. In einem Literkolben, der mit Rührer, Thermometer und Rückflusskühler versehen war,wurden 60 g(0,23 Mol)Undecylphenylketon,40 g KOH und 300 ml Diäthylenglykol eingewogen. Danach wurden 30 ml Hydrazinhydrat hinzugefügt und das Reaktionsgemisch im Laufe von 3 Stunden bei 135° C gerührt. Am Ende der Reaktion ist der Überschuss an Hydrazinhydrat bei 195° C abdestilliert worden. Danach wurde das Gemisch weitere 6 Stunden auf einer Temperatur von 195° C gehalten. Das 1-Phenyldodecan wurde aus dem Stoffgemisch auf bekannte Weise extrahiert und rektifiziert. Die Siedetemperatur

des 1-Phenyldodecans beträgt 161-162° C bei 4 mm, der Brechungsindex 1,4821, das spezifische Gewicht 0,8607.
Zur Gewinnung der individuellen sekundären Phenyldodecane (2-Phenyldodecan, 3-Phenyldodecan, 4-Phenyldodecan, 5-Phenyldodecan und 6-Phenyldodecan) wurden verschiedene Verfahren untersucht. Von ihnen haben zunächst zwei praktische Bedeutung. Nach dem ersten Verfahren erhält man Alkohole mit vorgegebener Lage der Hydroxylgruppe, die in die entsprechenden Bromide überführt werden und mit Brombenzol nach Grignard kondensiert werden. Wirksamer, was die Reinheit der Endprodukte betrifft, ist das zweite Verfahren, das auf folgenden Reaktionen beruht:

1. $R_1COOH + SOCl_2 \longrightarrow R_1COCl + HCl + SO_2$

2. $R_1COCl + C_6H_6 \xrightarrow{AlCl_3} R_1COC_6H_5$

3. $R_1COC_6H_5 + R_2CH_2Br \xrightarrow[H_2O]{Mg} C_6H_5C(OH)(R_1)-CH_2R_2$

4. $C_6H_5C(OH)(R_1)-CH_2R_2 \xrightarrow{-H_2O} C_6H_5-C(R_1)=CH-R_2$

5. $C_6H_5C(R_1)=CH-R_2 \xrightarrow{H_2} C_6H_5CH(R_1)-CH_2R_2$

Die Synthese der (2 bis 6)-Phenyldodecane wurde nach der zweiten Methode vorgenommen.

Als Beispiel sei hier die Synthese des 3-Phenyldodecans angeführt. Zunächst wurde das Äthylphenylketon nach der Methode, wie sie oben für Undecylphenylketon beschrieben wurde, synthetisiert. Der Siedepunkt des Äthylphenylketons beträgt 217-220° C. Zum Äthylphenylketon wurde normales polymeres Nonylbromid nach Grignard angelagert. Da in der Literatur die Konstanten für das Äthylnonylphenylcarbinol fehlen, wurden vier Fraktionen der Untersuchung unterworfen (bei 5 mm):

1. bis 100° C
2. 100-160° C
3. 160-168° C
4. 168-174° C

Die Dehydratation wurde für jede Fraktion einzeln durch 4-stündiges Kochen in Gegenwart von 0,2 % Jod durchgeführt. Die Bestimmung der Ungesättigtheit der Fraktionen zeigte, dass sich das Äthylphenylnonylcarbinol in der 4. Fraktion befindet; sein Brechungsindex beträgt 1,4909 und das spezifische Gewicht 0,8793. Die Ausbeute an Äthylphenylnonylcarbinol beträgt 28 % d.Th.
Es wurden bei der Dehydratation des Äthylphenylnonylcarbinols in Gegenwart von Jod 2 Fraktionen erhalten. Die erste mit einer Siedetemperatur bis zu 140° C bei 2 mm hatte einen Brechungsindex von 1,4851 und ein spezifisches Gewicht von 0,895, während die zweite bei 140-146° C siedete (2 mm) und einen Brechungsindex von 1,4822 und ein spezifisches Gewicht von 0,8469 hatte. Die erste Fraktion wurde an Platinoxid hydriert, die zweite in Gegenwart von Palladium auf Kohle. Im Resultat der Hydrierung und Rektifizierung an einer Kolonne mit 20 theoretischen Böden wurde eine Fraktion des 3-Phenyldodecans mit einer Bromzahl gleich Null und einem Siedepunkt bei 5 mm von 150 bis 160° C abgenommen. Der Brechungsindex 1,4749, spezifisches Gewicht 0,8470. Im Chromatogramm gab diese Fraktion wie alle anderen, für die weiteren Untersuchungen herangezogen wurden, nur einen Peak.

Für alle gewonnenen Phenyldodecan-Isomeren wurden die Retentionszeiten gemessen, als mobile Phase diente Polyglykol 2000. Kolonnentemperatur 191,5; siehe Tabelle 1.

Tabelle 1

Relative Retentionszeiten der Phenyldodecane in der GC-Kolonne (als Vergleichssubstanz: 1-Phenylhexan)

Phenylalkan	Retentionszeit
1-Phenylhexan	1,0
1-Phenyldodecan	7,6
2-Phenyldodecan	5,0
3-Phenyldodecan	4,2
4-Phenyldodecan	3,8
5-Phenyldodecan	3,5
6-Phenyldodecan	3,5

Die Sulfierung der Phenyldodecane wurde nach einer streng einheitlichen Methodik vorgenommen. Das nach den bekannten Methoden erhaltene Natrium-Dodecylphenylsulfonat wurde in folgenden Richtungen weiter untersucht:

Untersuchung der oberflächenaktiven Eigenschaften und der Waschkraft

a) Oberflächenaktivität

Die Messung der Oberflächenspannung von Lösungen des Phenyldodecansulfonats in destilliertem Wasser wurde bei 20° C mittels der stalagmometrischen Methode unter Regulierung der mittleren Zeit der Tröpfchenbildung, die in allen Fällen 2 Minuten beträgt, durchgeführt. Messungen von Natrium-1-phenyldodecansulfonat-Lösungen wurden nicht durchgeführt, da es bei diesen Temperaturen schlecht löslich ist. Die Messergebnisse sind in Tabelle 2 und auf den Abbildungen 1 und 2 dargestellt. Sie zeugen von dem gleichmässigen Anwachsen der Oberflächenaktivität mit dem Wandern des Benzolkerns zum Zentrum der Alkylkette.

Tabelle 2
Oberflächenspannung von Lösungen des Natriumphenyldodecansulfonats mit verschiedener Stellung des Benzolkerns in der Alkylkette [dyn/cm]

Na-Phenyldodecansulfonat mit Benzolring in	Konzentration in %							
	0,0075	0,015	0,0225	0,031	0,038	0,063	0,100	0,125
2-Stellung	64,6	50,7	43,3	40,5	40,7	39,0	39,2	39,1
3-Stellung	60,0	52,0	44,9	43,1	39,2	41,0	36,6	36,5
4-Stellung	56,3	46,5	46,4	40,8	37,4	36,6	34,1	34,6
5-Stellung	55,1	45,8	43,8	35,6	34,7	34,6	32,5	32,4
6-Stellung	53,5	43,6	37,1	35,8	33,0	31,6	30,3	29,4

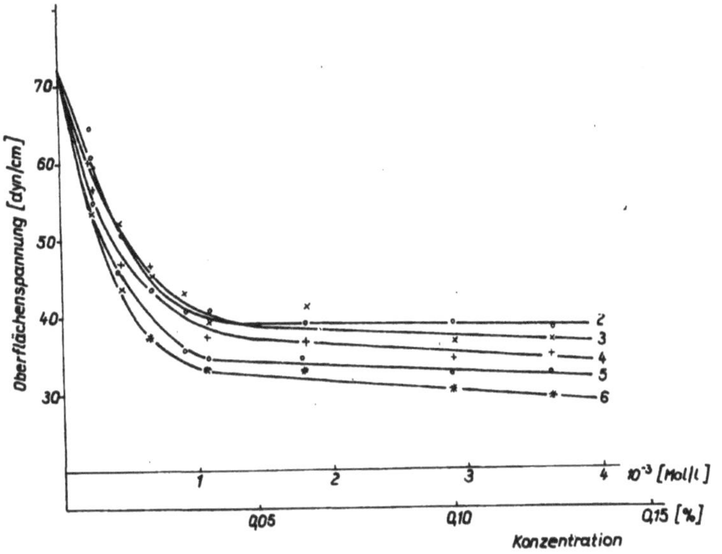

Abb.1
Oberflächenspannung von Lösungen des Natriumphenyldodecansulfonats mit verschiedenen Stellungen des Benzolringes in der Alkylkette (die Zahlen an den Kurven geben die Stellung der Phenylgruppe an)

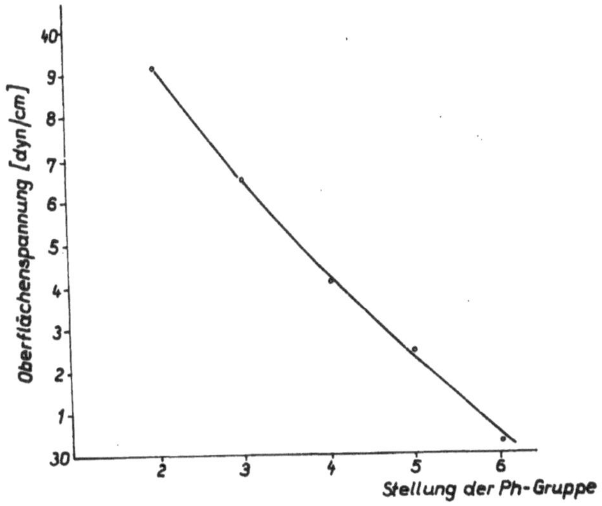

Abb.2
Die Oberflächenspannung von 0,1%igen Lösungen des Natriumphenyldodecansulfonats in Abhängigkeit von der Stellung der Phenylgruppe

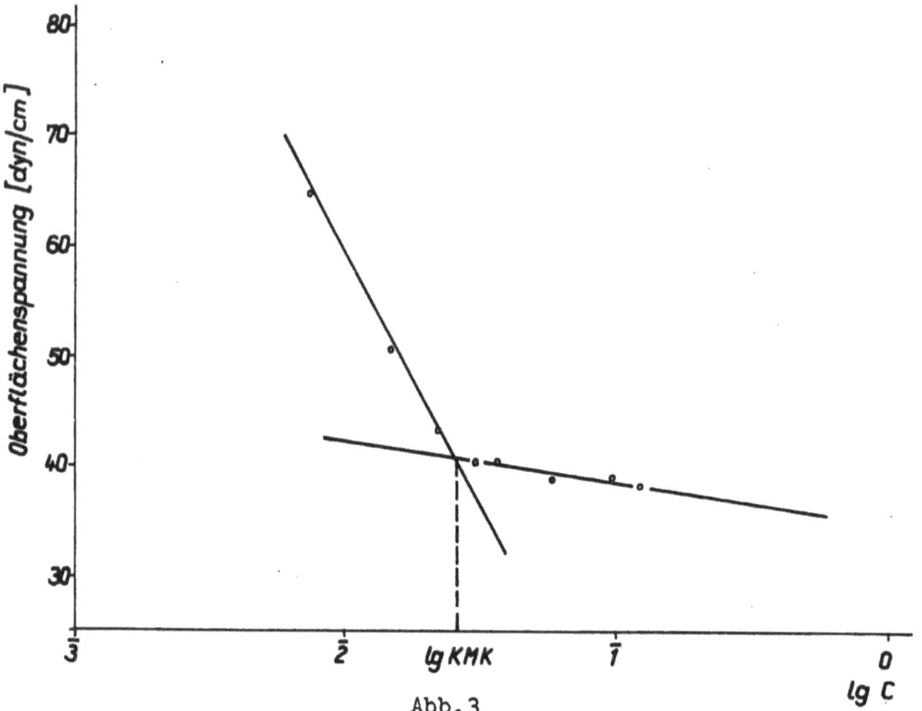

Abb.3
Abhängigkeit der Oberflächenspannung von Lösungen des Natrium-2-phenyldodecansulfonats vom lg der Konzentration; KMK 0,017 %

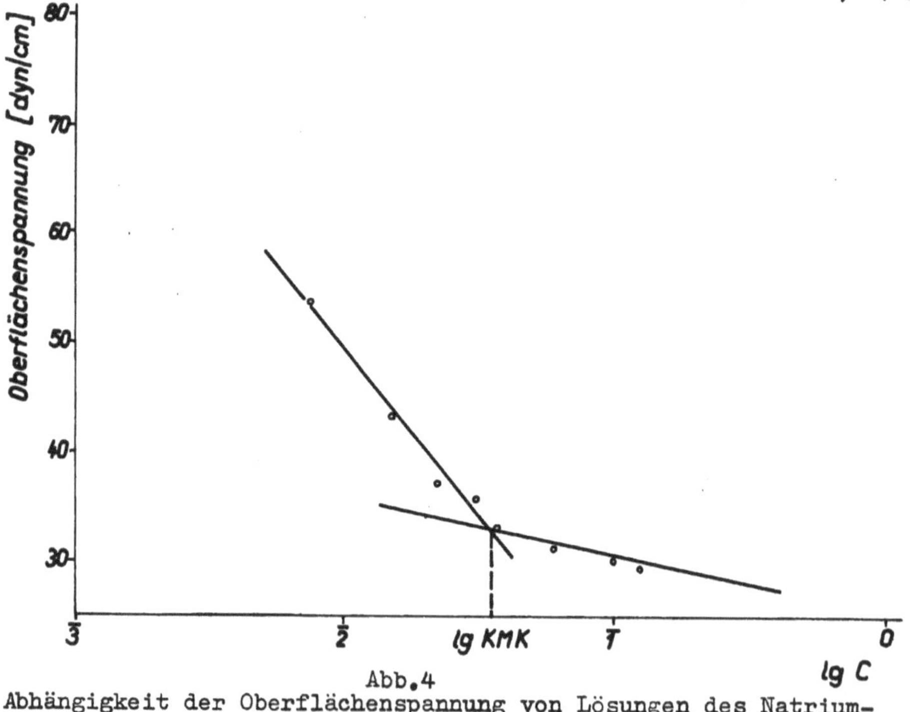

Abb.4
Abhängigkeit der Oberflächenspannung von Lösungen des Natrium-6-phenyldodecansulfonats vom lg der Konzentration; KMK 0,034 %

Aus den gemessenen Werten der Oberflächenspannung der Lösungen wurden die kritischen Micellbildungskonzentrationen (KMK)für 2-Phenyldodecansulfonat und 6-Phenyldodecansulfonat gefunden, die entsprechend 0,017 und 0,034 % betragen. Diese Werte weichen von den Angaben von GRIESS [1], die mit Hilfe eines Farbstoffes für ein Präparat mit der Phenylgruppe in 6-Stellung gefunden wurden, ab, bestätigen aber auch die von ihm beobachtete Erhöhung der KMK auf etwa das Doppelte bei Wanderung der Phenylgruppe von Anfang der Alkylkette zu ihrer Mitte.

b) Netzvermögen

Die Bestimmung des Netzvermögens wurde durch Messung der Randwinkel an der Phasengrenze Lösung/Luft/Paraffin bestimmt. Die Änderung des Netzvermögens wurde in Abhängigkeit vom Zeitpunkt des Auftragens eines Tropfens der Lösung auf ein mit Paraffin bedecktes Glas beobachtet. In der Tabelle 3 sind die Ergebnisse der Beobachtungen nach 30,60 und 180 Sekunden, auf Abbildung 5 und 6 nach 180 Sekunden dargestellt.

Tabelle 3

Netzvermögen der Phenyldodecansulfonat-Lösungen mit verschiedener Lage des Benzolringes in der Alkylkette (Randwinkel in Graden)

Na-Phenyldodecan-sulfonat mit Benzolring in	Netzzeit [sec]	Konzentration in %					
		0,0075	0,015	0,031	0,063	0,100	0,125
2-Stellung	30	82	79	69	63	64	63
	60	81	77	67	62	64	62
	180	79	73	65	60	61	61
3-Stellung	30	88	76	65	61	61	59
	60	86	74	63	60	61	59
	180	83	67	58	58	59	57
4-Stellung	30	82	80	69	59	58	59
	60	79	75	66	58	57	58
	180	74	71	62	56	55	57
5-Stellung	30	80	83	75	53	55	52
	60	78	82	73	50	53	51
	180	76	79	69	48	52	49
6-Stellung	30	83	80	64	59	50	48
	60	79	78	60	56	48	44
	180	74	73	58	53	45	43

Genau wie die Oberflächenaktivität wächst auch das Netzvermögen mit Wanderung der Phenylgruppe vom Anfang der Alkylkette zu ihrer Mitte. Verzweigungen der Alkylkette fördern, wie zu erwarten war, sowohl die oberflächenaktiven als auch die Netzeigenschaften.

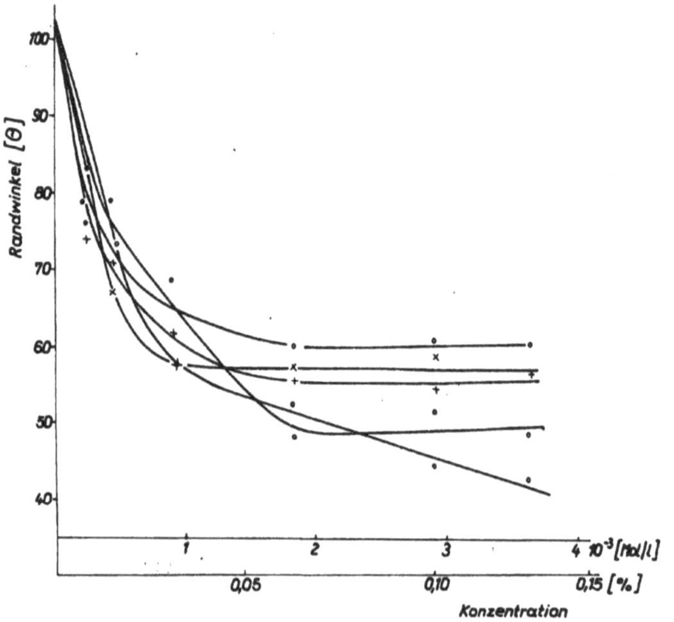

Abb. 5
Netzvermögen von Natrium-phenyldodecansulfonat-Lösungen mit verschiedener Stellung des Benzolkerns in der Alkylkette (die Zahlen an den Kurven zeigen die Lage der Phenylgruppe an)

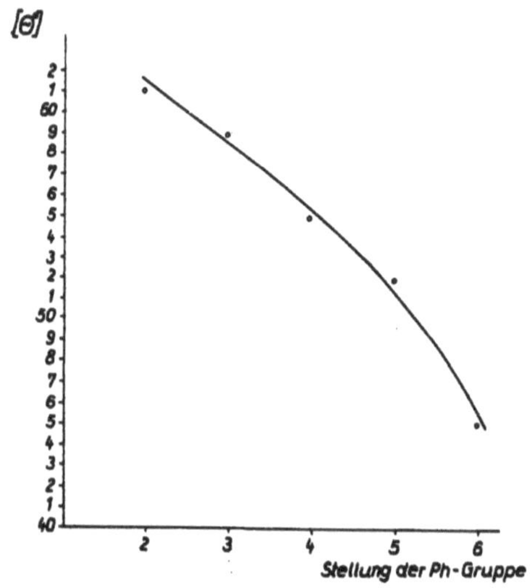

Abb. 6
Netzvermögen (Randwinkel) von 0,1%igen Natrium-phenyldodecansulfonat-Lösungen in Abhängigkeit von der Lage der Phenylgruppe in der Alkylkette

c) Waschvermögen

Die Waschkraft wurde durch Laboratoriumswäschen eines künstlich angeschmutzten Baumwollgewebes im Launderometer unter Beurteilung des erhaltenen Effektes auf der Grundlage von Messungen mit dem Zeiss-Leukometer bestimmt.

Die Messungen wurden in destilliertem und hartem Wasser bei 50 und 80° C durchgeführt. In einzelnen Fällen (Präparate mit der Phenylgruppe in 1, 2,3-Stellung) wurde die Waschkraft unter Zusatz aller Komponenten, die in die Rezeptur eines Waschmittels für Baumwollgewebe eingehen, ermittelt. Die Ergebnisse der Versuchswäscherei sind in der Tabelle 4 und auf den Abbildungen 7 und 8 dargestellt.

Tabelle 4

Die Waschkraft von Lösungen der Na-Phenyldodecansulfonate mit verschiedener Stellung des Benzolringes in der Alkylkette

WAS und Waschmittel	Dest. Wasser		Hartes Wasser (5,35 mg Äqv/l)			
	Temperatur °C		Temperatur 0°			
	50	80	50		80	
	Konz. 0,05 %	Konz. 0,05 %	Konz. 0,05 %	Konz. 0,10 %	Konz. 0,05 %	Konz. o,10%
1-PhDodS	29,5	19,2	8,0	26,2	6,9	26,1
2- "	19,5	12,7	21,3	25,6	15,5	25,6
3- "	17,5	11,7	18,3	24,5	14,0	23,8
4- "	15,6	8,3	8,5	14,0	6,1	12,5
5- "	12,4	7,0	8,8	13,7	5,6	11,7
6- "	7,7	7,0	6,1	13,5	4,1	7,1
Waschmittel f. Baumwolle mit 1-PhDodS	43,4	-	25,3	36,8	34,9	-
Waschmittel f. Baumwolle mit 2-PhDodS	40,8	-	31,3	36,1	34,8	-
Waschmittel f. Baumwolle mit 3-PhDodS	38,7	-	28,6	34,1	30,7	-

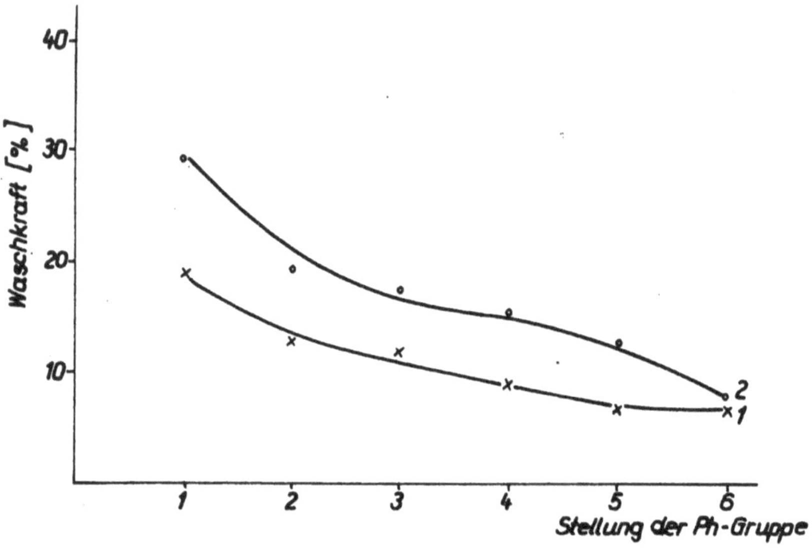

Abb.7
Waschwirkung von Phenyldodecansulfonat-Lösungen in Abhängigkeit von der Lage der Phenylgruppe beim Waschen in dest.Wasser; Konzentration der Lösungen 0,05 %; 1 - bei T = 80° C; 2 - bei T = 50° C

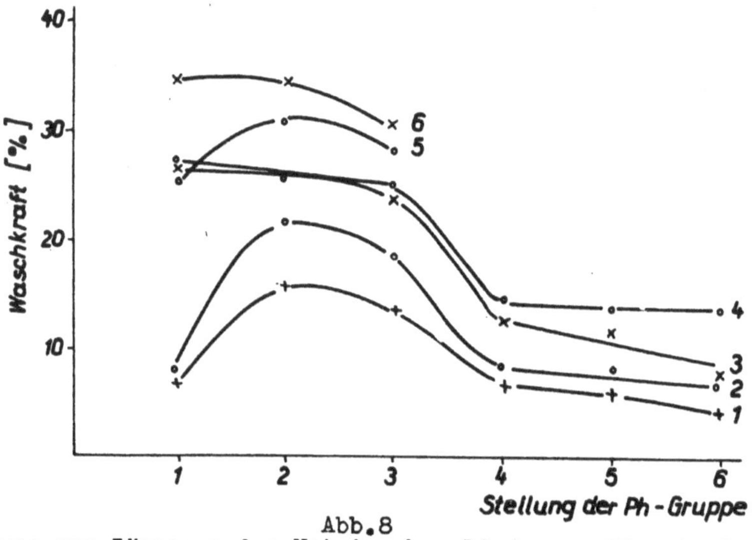

Abb.8
Waschwirkung von Lösungen der Natriumphenyldodecansulfonate in Abhängigkeit von der Stellung der Phenylgruppe beim Waschen in hartem Wasser (5,35 mg-Eqv/I)

Versuchsbedingungen: 1 - Konz. 0,05 %; 80°C 2 - Konz. 0,05 %; 50° C
3 - Konz. 0,10 %; 80° C 4 - Konz. 0,10 %; 50° C
5 - Konz. 0,05 %; 50° C + Zusätze 6 - Konz. 0,05 %; 80° C + Zusätze

Die Waschkraft für die untersuchten 0,05%igen Lösungen in dest.Wasser sinkt mit der Wanderung der Phenylgruppe vom Anfang zur Mitte der Alkylkette. Eine Temperaturerhöhung von 50° auf 80° bringt ebenfalls ein Absinken der Waschkraft unter diesen Bedingungen mit sich. Der Einfluss der Struktur der Dodecylbenzolsulfonate auf ihre Waschkraft beim Waschen in hartem Wasser ist ähnlich wie beim Waschen in dest.Wasser mit Ausnahme des Präparats mit Stellung der Phenylgruppe am ersten Kohlenstoffatom der Alkylkette. Dieses Präparat erwies sich als besonders empfindlich gegenüber den Härtebildnern, offensichtlich als Folge seiner schlechten Löslichkeit. Eine Konzentrationserhöhung der waschaktiven Substanz in der Lösung von 0,05 auf 0,10 % verbessert die Waschwirkung des Präparats erheblich; dabei ist die Änderung der Waschwirkung mit steigender Temperatur weniger auffällig.

Als allgemeine Schlussfolgerung aus der Betrachtung des Waschvermögens kann angenommen werden, dass als Waschmittel die Präparate, deren Phenylgruppe am Anfang der Alkylkette (1,2,3-Stellung) angeordnet ist, am geeignetsten erscheinen.

Die Angaben von BAUMGARTNER [3], dass ein Phenyldodecansulfonat, dessen Phenylgruppe am dritten Kohlenstoffatom der Alkylkette angeordnet ist, über maximale Waschkraft verfügt, konnte nicht bestätigt werden. Der Zusatz aller Komponenten eines Waschmittels für Baumwollgewebe zu diesen Präparaten erhöht ihre Waschkraft sowohl in destilliertem als auch in hartem Wasser beträchtlich.

Da die Präparate mit der Phenylgruppe in 1,2,3-Stellung als ein Gemisch von ortho- und para-Isomeren vorlagen, wurden ausser der Untersuchung des Einflusses der Stellung der Phenylgruppe auf die Waschwirkung der Dodecylbenzolsulfonate auch die Einwirkungen der Stellung der Sulfogruppe im Benzolring untersucht. Diese Untersuchung wurde am Beispiel des 1-Phenyldodecannatriumsulfonats vorgenommen. Die aus dem Gemisch durch Umkristallisierung aus Acetonitril isolierten para- und ortho-Isomeren wurden einzeln auf ihre Waschwirkung getestet. Die entsprechenden Angaben sind in Tabelle 5 dargestellt.

In destilliertem Wasser bei 80° C und einer Konzentration von 0,05 % ist das para-Isomere wirksamer, was auch die Angaben von GRAY [18] für 60° C bestätigt, während in hartem Wasser das ortho-Isomere wirksamer ist.

Das Gemisch nimmt in allen Fällen eine Zwischenstellung ein.
Somit übt ausser der Stellung der Phenylgruppe in der Alkylkette die ortho-para-Isomerenzusammensetzung eines Phenyldodecanbenzolsulfonats einen grossen Einfluss auf die Waschwirkung aus. Da die Isomerenzusammensetzung der Phenylalkane die oberflächenaktiven Eigenschaften und die

Waschkraft ihrer Sulfonate bestimmt, war es wichtig, die Isomerenzusammensetzung der Produkte zu untersuchen, die bei verschiedenen Gewinnungsmethoden der Phenylalkane anfallen. Es wurde die Isomerenzusammensetzung der Phenyldodecane untersucht, die auf Grundlage von Dodecen-1 und der Chlordodecane gewonnen wurden.

Tabelle 5
Waschwirkung von Lösungen des 1-Phenyldodecan-Na-sulfonats mit unterschiedlicher Stellung der Sulfogruppe im Benzolkern

WAS	Dest. Wasser	Hartes Wasser (5,35 mg-Äqv./1		
		Temperatur		
	T = 80°C	50° C	80° C	50°C
	Konz.= 0,05 %	Konz. = 0,10 %	Konz.= 0,05 %	Konz.= 0,05 % Mit Gerüst f. Baumwollwaschmittel
Gemisch +) von p- u. o-1-PhDodS	13,2	30,3	13,6	16,5
ortho-1-PhDodS	10,2	35,2	21,9	21,4
p-1-PhDodS	18,1	12,4	10,0	9,5

+) Das Gemisch besitzt eine andere Isomerenzusammensetzung als das 1-PhDodS in Tabelle 4

Tabelle 7
Isomerenzusammensetzung von Phenyldodecanen, die aus einem Gemisch von Chlordodecanen erhalten wurden

Phenyldodecanisomere	Chlorierungsgrad des Dodecans	
	5 %	18 %
1-Phenyldodecan	4	0
2-Phenyldodecan	26	26,6
3-Phenyldodecan	18,7	17,4
4-Phenyldodecan	18,7	16,0
5,6-Phenyldodecan	32,6	40,0

Die Reinheit der Ausgangsstoffe und die Isomerenzusammensetzung der Phenyldodecane als Endprodukte wurden gaschromatographisch bestimmt. Als mobile Phase diente Polyglykol 4000.

Die Untersuchungsergebnisse der Isomerenzusammensetzung der Alkylierungsprodukte des Benzols mit Dodecen-1 sind in Tabelle 6 zusammengefasst.

Tabelle 6
Isomerenzusammensetzung der sekundären Phenyldodecane, Gew.%

Isomere des Phenyldodecans	Bedingungen der Alkylierung		
	Katalysator: wasserfreies $AlCl_3$ $T = 60^\circ$ C Molverh. 1:5 Durchsatz 0,1 Mol/h	Katalysator: Lösung $AlCl_3$ in Nitrobenzol $T = 35^\circ$ C Molverh. 1:9 Durchsatz 0,1 Mol/h	Katalysator: Lösung $AlCl_3$ in Nitrobenzol $T = 20^\circ$ C Molverh. 1:12 Dodecendurchsatz 0,014 Mol/h
2-Phenyldodecan	30,4	37,6	43,5
3-Phenyldodecan	20,3	21,3	20,1
4-Phenyldodecan	17,3	13,5	12,9
5-6-Phenyldodecan	32,0	27,6	23,5

Die konsequente Änderung der Alkylierungsbedingungen, die einen Grad der Desalkylierung und Disproportionierung der Zwischenprodukte verringern, führt zur Erhöhung des Gehaltes an 2- und 3-Phenylalkanen und zur Verringerung des Gehalts an 5- und 6-Isomeren. Dessen ungeachtet reicht die Unterdrückung der Desalkylierung nicht aus, um einzig 2-Phenylalkane aus 1-Alkenen zu gewinnen.

Als zweiter Faktor, der die Wanderung des Benzolkerns zur Mitte der Alkylkette bedingt, tritt die Isomerisierung der Doppelbindung der Alkene vor ihrer Anlagerung an das Benzol in Erscheinung, die zu beseitigen bisher nicht gelungen ist.

In Tabelle 7 ist die Isomerenzusammensetzung von Phenyldodecanen aufgeführt, die durch Alkylierung von Benzol mit Chlordodecan gewonnen wurden. Das Chlordodecan wurde bei Zimmertemperatur auf fotochemischem Wege erhalten. Die Alkylierung des Benzols mit Chlordodecan wurde bei einem Verhältnis von Chlordodecan zu Benzol wie 1:9 und einer Temperatur von 35° C verwirklicht. Die Angaben der Tabelle 7 zeigen, dass man nach den Chlorverfahren in der Zusammensetzung der Phenylalkane auch eine gewisse Menge an primären Produkten gewinnen kann.

Literatur

[1] W.Griess, Fette, Seifen,Anstrichmittel 57, 24,168,236 [1955]
[2] P.L.Koojman, 1er Congres mondial de la detergence et des produits tensioactifs.Sect.1, Paris 1954
[3] F.Baumgartner, Ind.and.Engng.Chem. 6, 1349 [1954]; US-Pat. Kl.252-261, Nr.2 723 240
[4] A.D.Petrow, G.I.Nikischin, F.W.Newolin, G.A.Kral-Osikina, M.W.Orechowa, A.W.Juschkewitsch, Öl- und Fettind. N.8, 23 [1958] [russ]
[5] L.Antsus, F.Newolin, G.Nikisin, A.Petrow, Revista de Chemie 8, N.11, 686 [1957]
[6] L.I.Antsons, F.V.Newolin, G.I.Nikischin, A.D.Petrow, Parfumerie cosmetique, savons 1 N.1, 29 [1958]
[7] H.Ludeman, J.Balog, J.Sherill, J.Amer.Oil Chemists'Soc.35, n.1 5 [1958]
[8] F.W.Newolin, Öl- und Fettind. Nr.1, 20 [1956] [russ]
[9] F.W.Newolin, G.A.Kral-Osikina, A.W.Juschkewitsch, Öl- und Fettind. Nr.7, 33 [1957] [russ]
[10] F.W.Newolin, G.A.Kral-Osikina, Chem. und Technolog.Brennstoffe und Öle, Nr.8, 42 [1957] [russ]
[11] Ogawa Masaya Technol.Repts.Osaka Univ. 1953, Nr.55-73, 183-189
[12] F.W.Newolin, G.A.Kral-Osikina, A.D.Petrow, G.I.Nikischin, W.D. Worobjow, Öl- und Fettind.Nr.7, 32 [1959] [russ]
Grasas y Aceites 10, Nr.4, 192 [1959]; Parfumerie, cosmetique savons 1959, 62-65
[13] J.Rubinfeld, E.Emery, H.Cross, Ind.and Engng.Chem.Prod.Res.and Developm.4, Nr.1, 33 [1965]; J.Amer.Oil Chem.Soc.41, N.12, 822[1964]
[14] W.G.Spangler, H.D.Cross, B.R.Schaafsma, J.Amer.Oil Chemists'Soc. 42, N.8, 723 [1965]
[15] Beach and Willis, J.Soap and Chem.Specialties 40, N.9, 63 [1964]
[16] D.Foster, R.Fields, Soap and Chem.Specialties 40, N.8, 49 [1964]
[17] C.J.Stannberry, J.J.Langford, Soap and Chem.Specialties 40,N.7, 43 [1964]
[18] F.W.Gray, J.F.Gerecht, J.Organic Chem.20, 4, 510 [1955]

O.S. B o g d a n o w und N.S. M i c h a i l o w a
Institut für mechanische Erzaufbereitung (Mechanobr), Leningrad

Die Untersuchung der Wechselwirkung von Laurylamin mit Quarz und wasserfreien Eisenoxiden bei der Flotation

Im Zusammenhang mit der grossen Perspektive, die die Verwendung von kationischen Sammlern bei der Flotation von Eisenerzen hat, sind für die Theorie und Praxis der Flotation Untersuchungen des Mechanismus der Wechselwirkung von Aminen mit Eisenmineralien und den Mineralien des tauben Gesteins interessant.

Das Ziel der vorliegenden Arbeit ist die Untersuchung der Wechselwirkung des Laurylamins mit den wichtigsten Eisenmineralien - Martit, Hämatit, Magnetit[1)] und dem Hauptmineral des toten Gesteins - dem Quarz.

Bei der Versuchsdurchführung wurde salzsaures Laurylamin, das C_{14} enthielt, angewandt. Die Sorption der Reagentien durch die Mineraloberfläche wurde nach einer Methodik bestimmt, wie sie im Institut Mechanobr ausgearbeitet wurde. Die Flotationsversuche wurden in einer Labormaschine vom mechanischen Typ durchgeführt. Die spezifischen Oberflächen der reinen Mineralien wurden durch Tieftemperaturadsorption von Krypton bestimmt und betrugen: für Quarz 2040 cm^2/g, für Martit 2230 cm^2/g, für Hämatit 1330 cm^2/g, für Magnetit 1350 cm^2/g.

Auf Abb.1 sind die Ergebnisse der Flotation und Sorption des Laurylamins durch die Mineralien bei einem pH 6 angeführt, wo der Sammler in reiner Ionenform in Lösung vorliegt. Die Flotierbarkeit der Mineralien verringert sich bei verschiedenem Verbrauch des Sammlers in folgender Reihenfolge: Quarz, Martit, Hämatit, Magnetit.
Dabei wird der Magnetit, der über die grösste Sorptionsfähigkeit verfügt (Abb.1), vollständig aus dem Konzentrat nur dann ausgebracht, wenn die Dichte der Sorptionsschicht des Sammlers etwa 50 % der Monoschicht entspricht[2)]. Für die vollständige Extraktion anderer Mineralien reichen folgende Dichten der Sorptionsschicht des Sammlers aus: Für Hämatit und Martit etwa 15 %; für Quarz etwa 5 % [1].

1) Hämatit - Fe_2O_3; Martit - Sekundärhämatit mit der gleichen chemischen Zusammensetzung und mit der gleichen Struktur; Magnetit - Fe_3O_4

2) Die hier und im folgenden berechnete Dichte der Sorptionsschicht in % der Monoschicht ist relativ zu sehen, da bei der Berechnung angenommen wurde, dass der Sammler gleichmässig auf der gesamten Oberfläche des Minerals sorbiert wird, und dass auf jedes sorbierte Aminion 23,4 $Å^2$ kommen, wie das von GAUDIN[6] bei der Berechnung der Bedeckungsdichte des Amins auf Quarz vorausgesetzt wurde.

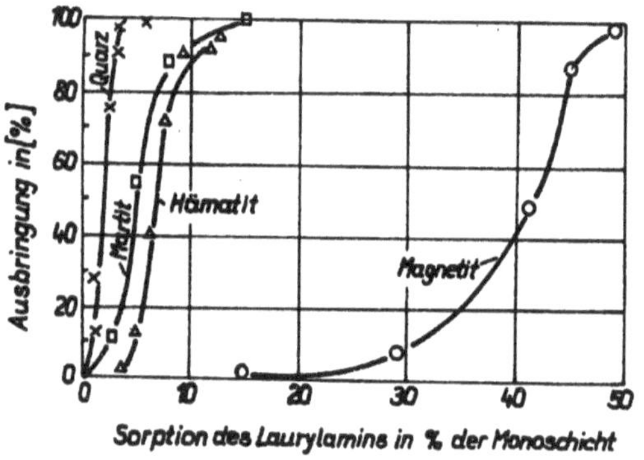

Abb.1
Die Flotation der Mineralien in Abhängigkeit von der Sorptionsschicht des Laurylamins bei pH = 6

Ein solcher Unterschied in der Flotierbarkeit der erwähnten Mineralien durch Laurylamin schafft günstige Voraussetzungen für die selektive Flotation von Eisenerzen.

Auf Abb.2 ist die Abhängigkeit der Flotierbarkeit des Martits und Quarzes von der Dichte der Sorptionsschicht des Sammlers bei pH 3,3 und pH 12 gezeigt, wo der Sammler in molekularer Form und zum grössten Teil in Form einer feindispersen festen Phasen vorliegt. Diese Angaben sprechen der hohen Wirksamkeit der Aninionen,da für eine erfolgreiche Flotation bei pH 3,3 eine geringere Dichte der Sorptionsschicht des Sammlers erforderlich ist, als bei pH 12.

Für die Erklärung des Mechanismus der Wirkung von kationaktiven Sammlern ist das Studium der Sorption des Sammlers und der Flotierbarkeit der Mineralien in Abhängigkeit vom pH der Lösung von grosser Bedeutung. Von DANILOWA [2] wurde für Quarz und von WLODAWSKI und GORLOWSKI [3] für Quarz und Eisenerze gezeigt, dass die Flotation mit kationaktiven Sammlern am erfolgreichsten bei einem pH von 5 bis 8,5 verläuft.

GAUDIN und MARROW, De BRUYN, MITROFANOW und KUSCHNIKOW [4-6] haben gezeigt, dass sowohl für Quarz als auch für Hämatit das Amin mehr in akalischem

Medium sorbiert wird als in saurem, wobei von einer Reihe Autoren [6] festgestellt wurde, dass die Sorption in basischem Medium nur bis zu einem bestimmten pH-Wert zunimmt, um danach steil abzufallen.

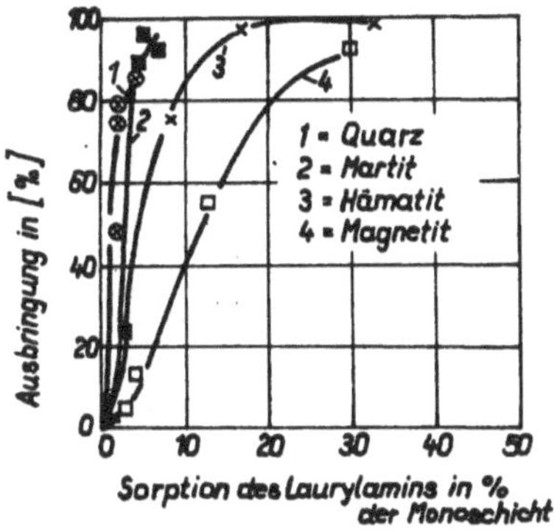

Abb.2
Flotation des Martits und Quarzes in Abhängigkeit von der Dichte der Sorptionsshicht des Laurylamins bei pH = 3,3 und pH = 12

1 = Quarz (pH = 3,3)
2 = Martit (pH = 3,3)
3 = Quarz (pH = 12)
4 = Martit (pH = 12)

In unseren Versuchen zum Studium des Einflusses des pH-Wertes der Lösung auf die Flotation und Sorption des Amins wurden solche Sammlermengen eingesetzt, die eine hohe Ausbringung eines jeden Minerals gewährleisteten (für Quarz 20 bis 50 g/t, für Martit und Hämatit 100 g/t und für Magnetit 150 g/t).

Die Abhängigkeit der Sorption des Laurylamins durch alle untersuchten Mineralien vom pH-Wert der Lösung wird bis zu Werten von pH 8-9 gut durch die Gleichung

$$\lg \Gamma = (a + b)\ pH$$

(Abb.3) ausgedrückt. Die geradlinige Abhängigkeit der Sorption des Amins vom pH bekräftigt den Austauschcharakter der Aminsorption. Der Wert der Konstante b für die Gleichung der Geraden auf Abb.3 weicht jedoch beträchtlich vom theoretischen Wert b = 1 ab, und beträgt für Quarz 0,16, für Martit und Hämatit 0,1 und für Magnetit 0,07. Eine solche Abweichung der experimentell bestimmten Konstanten vom theoretischen Wert liegt auch bei anderen Anwendungen der vereinfachten Gleichung von NIKOLSKI [7] auf Flotationssysteme vor und deutet auf die Kompliziertheit des Charakters des Ionenaustauschers hin [8,9].

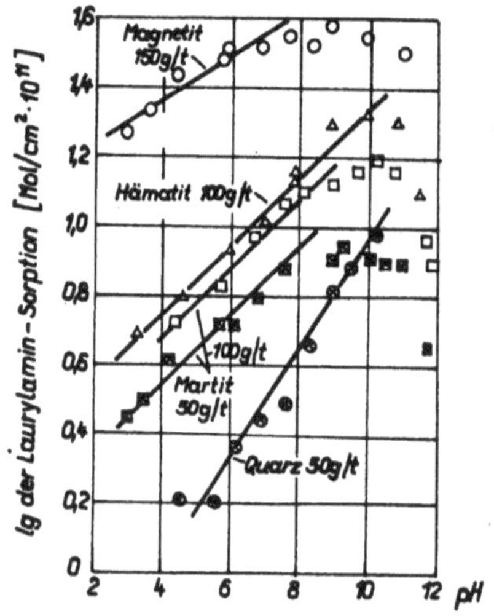

Abb.3

Die Sorption des Laurylamins durch die Mineralien bei einem pH = 8,5 und verschiedenen Stärkemengen Laurylamin 100 g/t

Durch Messungen des ψ-Potentials von Quarz und Martit, die von DOLSCHENKOWA [10] vorgenommen wurden, konnte gezeigt werden, dass die Oberfläche dieser Mineralien bei einem pH der Lösung von 7 bis 10 maximale negative Ladung besitzt; wahrscheinlich wegen der bei diesen pH-Werten maximalen Sorption von Hydroxylionen. Somit kann das Ion RNH_3^+ aus der Lösung sorbiert werden, bei pH 8-9 unter optimalen Bedingungen, da die Ladung der Oberfläche der Mineralien maximal ist, die Konzentration der konkurrierenden Wasserstoffionen beträchtlich abgesunken ist, und das Amin bei den angenommenen Sammlermengen in der Lösung fast vollständig in Form der RNH_3^+-Ionen vorliegt.

Bei pH-Werten über 9 tritt das Amin in der Lösung in molekularer Form und in Form einer unlöslichen festen Phase auf, deren Gesetzmässigkeiten der Sorption und Sammleraktivität völlig anders sind als für das Aminion.

Die Angaben der Abb.3 führen zu dem Schluss, dass das Amin, welches in Lösung in Ionenform vorliegt, eine beträchtlich höhere Sammlerfähigkeit besitzt. Das Nichtübereinstimmen der Optima der Mineralflotation und Aminsorption findet wahrscheinlich seine Erklärung in dem verschiedenen Charakter der Sorption des Amins bei veschiedenen pH-Werten.

So führt die Erhöhung der negativen Ladung der Mineraloberfläche durch Sorption von Hydroxylionen zur Erhöhung der elektrostatischen Sorption von Aminionen, die eine erfolgreiche Flotation der Mineralien gewährleistet. Eine weitere Erhöhung des pH-Wertes (über 9,5) führt sowohl zur Verringerung des Gehalts an Laurylaminionen in der Lösung als auch zur Verringerung der negativen Ladung der Oberfläche, was die Sorption der Aminionen beeinträchtigt und gleichzeitig die Sorption der Aminmoleküle fördert. Durch Arbeiten von WAINSCHENKER und HEINEMANN [11] über die IR-Spektren von Sorptionsfilmen des Laurylamins an Quarz wurde gezeigt, dass bis zu einem pH von $\leq$ 10 das Laurylamin aus wässrigen Lösungen in der Hauptsache in die Ionenform an Quarz adsorbiert wird. Im Gebiet des pH-Wertes $>$10-10,5 werden an der Quarzoberfläche sowohl die Aminionen als auch Moleküle adsorbiert, und bei pH $\geq$ 11 ist die Adsorption des Amins ausschliesslich in molekularer Form zu beobachten. Somit gewährleistet die summare Sorption der Aminionen und Moleküle bei pH 10-10,5 eine hohe Dichte der Sorptionsschicht des Sammlers, die Verringerung des Anteils sorbierter Aminionen führt jedoch offensichtlich zu einer Verschlechterung der Flotation.

Zur Bestimmung der Festigkeit des Haftens des von den Mineralien sorbierten Laurylamins wurde versucht, das Amin von der Mineraloberfläche herunterzuwaschen. Die Versuchsbedingungen waren folgende:
T (fest) : F (flüssig) = 1:9; die Aminkonzentration bei pH 6 = 10 mg/l; bei pH 11,5 = 5 mg/l; Mischzeit 10 Minuten.
Die Gleichgewichtslösungen des Amins wurden nach dem Vermischen mit den Mineralien dekantiert und in einem Glas mit Rührer im Laufe von 5 Minuten mit Wasser gewaschen.

Durch die Versuche wurde festgestellt, dass das von den Mineralien sorbierte Amin von allen untersuchten Mineralien unter den gewählten Bedingungen nicht mehr als zu 60 % heruntergewaschen ist, sowohl in neutralem als auch alkalischem Medium.

In Versuchen über die Kinetik des Abwaschens des Laurylamins von der Martit-Oberfläche mit Wasser bei pH 5,6 wurde festgestellt, dass der Hauptanteil des Sammlers in den ersten 1 bis 2 Minuten heruntergewaschen wird.

Es war auch von Interesse zu klären, wie sich das Herunterwaschen des Amins von der Mineraloberfläche in den Flotationsergebnissen ausdrückt.

Nach den vorliegenden Literaturangaben hört praktisch nach dem Abwaschen des Schaumproduktes die Flotation des Quarzes bei neutralem pH völlig auf.

Die Versuchsergebnisse zeigen, dass die Flotation sowohl von Quarz als auch von Martit nach dem Abwaschen nicht aufhört, sondern nur schlechter wird, bei gleichzeitigem Abfallen der Laurylaminsorption. Wie bekannt, werden bei der kationogenen Flotation von Eisenerzen zur Depression der Eisenmineralien Reagentien vom Typ der Stärke angewandt. In unserer Arbeit wurde der Einfluss wechselnden Stärkeverbrauchs auf die Sorption des Laurylamins durch Martit und Quarz bei pH 8,5 und einem Aminverbrauch von ensprechend 100 g/t und 50 g/t (Abb.4 und 5) untersucht.

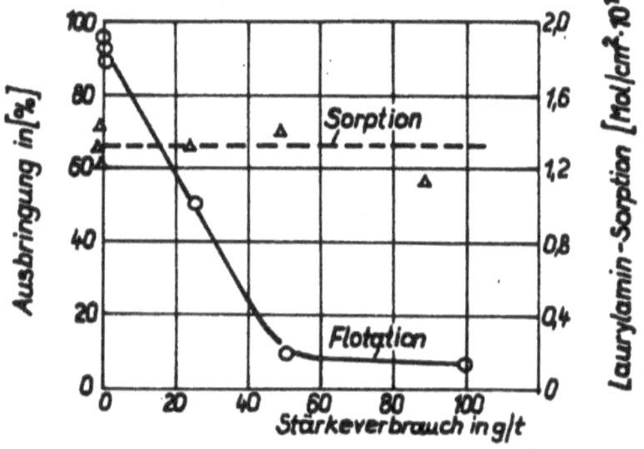

Abb.4
Flotation und Sorption des Amins durch Martit bei einem pH 8,5 und verschiedenen Stärkemengen Laurylamin 100 g/t

Sowohl am Martit als auch am Quarz ändert sich die Aminsorption bei einem Stärkeverbrauch bis zu 100 g/t (am Martit) und bis zu 2500 g/t (am Quarz) nicht. Allerdings wird der Martit bereits bei einem Stärkeverbrauch von 50 g/t stark depressiert, während Quarz auch bei einem Verbrauch von 2500 g/t kaum depressiert wird. Man kann die verschiedene Wirkung der Stärke auf die Flotation von Martit und Quarz dadurch erklären, dass die Stärke auf Quarz auf einer bedeutend geringeren Fläche haftet als beim Martit. In diesem Falle stört das Vorhandensein einzelner relativ kleiner Abschnitte auf der Quarzoberfläche, die mit Stärkeassoziaten bedeckt sind, nicht die Haftung von Luftblasen auf der Quarzoberfläche, die durch Aminionen hydrophobiert ist.

Im Falle des Martits muss angenommen werden, dass die Dichte der Bedekkung der Oberfläche mit Stärke beträchtlicher ist. Die Stärkeassoziate geben den Luftbläschen keine Möglichkeit, an die viel kürzeren Amidradikale, die an der Oberfläche des Martits haften, heranzukommen.

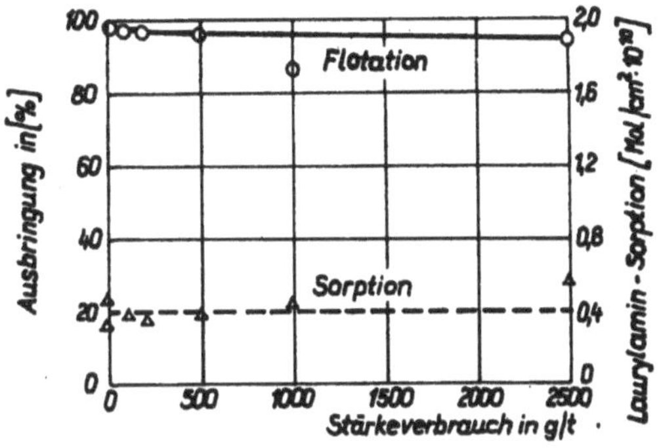

Abb.5

Flotation und Sorption des Laurylamins durch Quarz bei einem pH von 8,5 und verschiedenen Stärkemengen Laurylamin 50 g/t

Schlussfolgerungen

1. Das Studium der Flotierbarkeit der Mineralien in Abhängigkeit von der Dichte der Sorptionsschicht des Sammlers zeigt, dass Quarz erfolgreich (im neutralen Medium) flotiert werden kann, wenn auf seiner Oberfläche die Sorptionsshicht des Sammlers etwa 5 % der angenommenen Monoschicht beträgt, während für die Flotation von Martit und Hämatit 15 % der Monoschicht und für Magnetit sogar 50 % der Monoschicht erforderlich sind.

2. Beim Auswaschen der Mineralien nach ihrer Wechselwirkung mit den Aminen wird sowohl in neutralem als auch alkalischem Medium ein beträchtlicher Teil des sorbierten Aminsentfernt, es bleibt jedoch in allen Fällen auf der Oberfläche des Minerals eine bestimmte Aminmenge zurück, die eine teilweise Flotation der Mineralien gewährleistet.

3. Das Optimum der Flotation mit einem kationischen Sammler liegt für alle untersuchten Mineralien im neutralen und schwach alkalischen Gebiet bei pH 6-8. Das Optimum der Aminsorption entspricht einem pH-Wert von 10 bis 10,5 für Quarz, Martit und Hämatit und einem pH 9 für Magnetit. Die Versuchsergebnisse zeigen, dass das Optimum der Flotation in einem pH-Wertintervall liegt, in dem das Amin ausschliesslich in der Ionenform in Lösung vertreten ist. Das Nichtübereinstimmen des Flotationsoptimums mit dem Optimum der Aminsorption ist dadurch zu erklären, dass ungeachtet der hohen Gesamtaminsorption mit wachsendem pH der Anteil der Ionenform des Amins auf der Oberfläche verringert wird, was eben die Verschlechterung der Flotation zur Folge hat. Die Sorption der Aminionen in Abhängigkeit von der Konzentration der Wasserstoffionen folgt der Gleichung

$$\lg \Gamma = (a + b)\ pH,$$

was vom elektrostatischen Charakter der Sorption der Aminionen zeugt.

4. In Gegenwart von Stärke ändert sich die Aminsorption am Quarz und am Martit nicht, es tritt hierbei jedoch eine Depression des Martits ein, während das Vorhandensein der Stärke auf die Flotation des Quarzes keinen Einfluss hat.

Literatur

[1] A.M.Gaudin und T.W.Bloecher, Min.Eng.1950, April
[2] E.W. Danilowa, Die Anreicherung von Bodenschätzen, Sammelbd. Ausg.1, Metallurgieverlag 1952
[3] I.Ch.Wlodawski und S.I.Gorlowski, Erzanreicherung N.6 (1961)
[4] A.M. Gaudin und J.G.Marrow, Min.Eng.6, N.12 (1954)
[5] P.L. De Bruyn, Min.Eng.1955, N.7
[6] S.I. Mitrofanow und W.G.Kuschnikowa, Buntmetalle N.10, 1960
[7] O.S.Bogdanow, A.K.Podnek, W.J.Haimann, N.A.Janis, Fragen der Theorie des Instituts Mechanobr, Ausg.124, Leningrad 1959
[8] A.M. Gaudin, Min.Eng. Vol.5, N.2 (1953)
[9] A.M. Gaudin und C.S.Chang, Min.Eng. 1950, Febr.
[10] A.N. Dolschenkowa und G.S.Strelzyn, Einige Fragen der Theorie und Technologie der Erzanreicherung. Arbeiten des Instituts Mechanobr, Ausg.131, Leningrad 1962
[11] Wainschenker und W.J.Hainman, Erzanreicherung 1964, N.2

I. K. G e t m a n s k i u. L. I. B a w i k a
Allunionsinstitut für synthetische Fettersatzstoffe, Schebekino, UdSSR

Eine neue Methode und ein neues Gerät für die Bestimmung des Netzvermögens von Tensiden

Die Methode zur Bestimmung des Netzvermögens, die in diesem Vortrag zur Diskussion gestellt wird, gibt im Unterschied zu den bekannten Verfahren der Messung der Netzgeschwindigkeit die Möglichkeit, die Zeit des Eindringens einer streng bestimmten und konstanten Flüssigkeitsmenge, zum Beispiel einer Tensid-Lösung, in das zu benetzende Gewebe zu messen. Dies wird erreicht, indem die Netzflüssigkeit in einer horizontal angebrachten Glaskapillare untergebracht wird, die von zwei feinen Lichtstrahlen durchleuchtet wird. Wie dies auf dem Schema (Abb. 1)

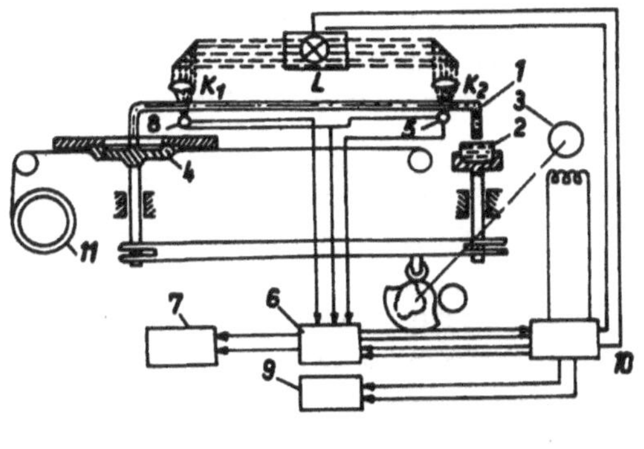

Abb. 1 Blockschema des Geräts "Kapillar" für Messung der Netzgeschwindigkeit von Geweben.
1. Kapillare 2. Küvette mit einer Prüflösung 3. Motor 4. Kontaktor 5. 8 Photozellen 6. Photoverstärker 7. Sekundenmeter 9. Zähler 10. Steuerblock 11. Geweberrolle. K_1 und K_2-Kondensatoren, *L* -Lampe.

gezeigt wird, kann die Kapillare 1 auf ihrer gesamten Länge mit der Netzflüssigkeit automatisch gefüllt werden, die sich in der Küvette 2 befindet. Der Elektromotor 3 entfernt mit Hilfe einer speziellen mechanischen Vorrichtung die Küvette 2 von der Kapillare, nachdem diese gefüllt ist. Gleichzeitig spannt der Kontaktgeber 4 das zu benetzende Gewebe und drückt es dicht an das linke Ende der Kapillare.

In der Mitte des Kontaktgebers 4 gibt es einen Ansatz, der das Durchhängen des Gewebes beim Netzvorgang verhindert und einen konstanten Andruck der zu benetzenden Oberfläche an das Ende der Kapillare garantiert.

Der Kondensor K_2 richtet einen konzentrierten Lichtstrahl von dem Glühlämpchen L auf das Fotoelement 5, das im Moment, da der Meniskus, der in der Kapillare wandernden Flüssigkeit den Lichtstrahl schneidet, einen Impuls an den Fotoverstärker 6 gibt. Letzterer schaltet eine Elektrostoppuhr 7 ein, die den Beginn des Netzvorganges fixiert. Der Kondensor K_1 richtet den Lichtstrahl auf das Fotoelement 8, das im Moment der Unterbrechung des Lichtstrahls durch den Flüssigkeitsmeniskus einen Impuls an den Fotoverstärker 6 gibt, der nunmehr die Elektrostoppuhr am Ende des Netzvorganges ausschaltet. Eine solche Konstruktion des Gerätes garantiert immer den Verbrauch einer streng bestimmten Flüssigkeitsmenge für den Netzvorgang, die gegeben ist durch das Volumen zwischen den Schnittpunkten der Kapillare mit den Lichtstrahlen. Das Gerät verfügt über einen Zähler für die Messungen 9, der jedesmal gleichzeitig mit dem Ausschalten der Elektrostoppuhr 7 in Tätigkeit tritt.

Der Elektromotor 3 zieht das Band des zu benetzenden Gewebes ein bestimmtes Stück weiter, wie es für die nächste Messung erforderlich ist.

Nach den Angaben des Zählers für die Anzahl der Messungen und den Angaben der Elektrostoppuhr, die die Netzzeit bei jeder Messung summiert, wird das arithmetische Mittel der Netzzeit des Gewebes errechnet. Die Reziproke Größe dieser Zeit wird als Netzgeschwindigkeit angenommen.

Erforderlichenfalls kann der Mittelwert für die Netzzeit aus einer beliebigen Anzahl von Messungen genommen werden.

Nach Beendigung der Messungen wird die Küvette 2 aus dem Gerät herausgenommen, die Lösung in ihr auf die gewünschte Konzentration verdünnt und der Meßzyklus von neuem begonnen.

Die Verdünnung der zu untersuchenden Lösung wird so oft vorgenommen, wie es für die Gewinnung ausreichender Daten zum Auftragen der Abhängigkeitskurve Zeit (Geschwindigkeit) der Benetzung - Konzentration des zu untersuchenden Stoffes in der Lösung erforderlich ist.

Beim Arbeiten mit ein und derselben Lösung kann das Verfahren auch zur Untersuchung der Abhängigkeit der Netzgeschwindigkeit von der Natur und Struktur verschiedener Gewebe dienen und im Prinzip auch für andere faserige und poröse Materialien benutzt werden.

Für die Durchführung der Messungen sind sehr geringe Mengen des zu untersuchenden Stoffes erforderlich (für 30 Messungen bei einer Ausgangskonzentration sind ungefähr 40 mg Stoff erforderlich; weiterhin kann diese gleiche Lösung auch noch nach mehrmaligem Verdünnen verwendet werden). Mit Hilfe eines solchen Gerätes, daß die Bezeichnung "Kapillar" erhielt, sind die Netzgeschwindigkeiten von Zellwoll-, Seiden- und Dederongeweben durch Lösungen der Natriumsalze der primären Decyl-, Dodecyl-, Tetradecyl- und Hexadecylsulfate, sowie einiger nichtionogener Stoffe bestimmt worden. Während der Messungen wurde die Temperatur des Gewebes, der Lösungen und der Luft im Inneren des Gerätes mit Hilfe eines Thermostaten auf 35 ± 0,5°C gehalten.

Das Gewebe wurde vor 24 Stunden bei konstanter Luftfeuchtigkeit aufbewahrt (60 % relativ). Die gleiche Luftfeuchtigkeit herrschte im Inneren des Gerätes während der Messungen.

Nach den Meßdaten wurden Kurven in den Koordinaten Netzgeschwindigkeit-Konzentration der Lösung aufgestellt.

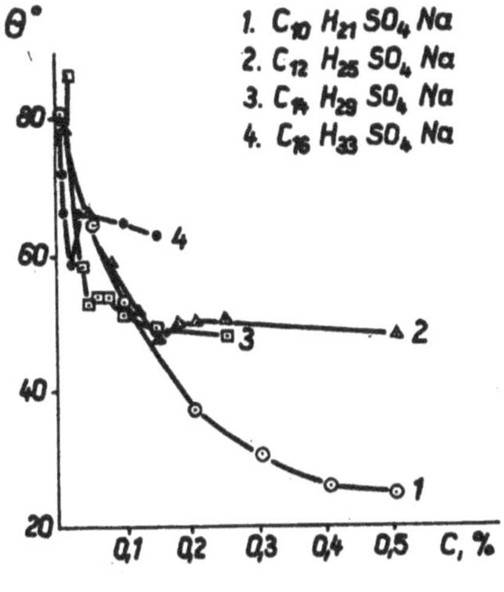

Abb. 2 Das nach Randwinkel θ bestimmte Netzvermögen von Alkylsulfaten

Zum Vergleich mit anderen Methoden wurde das Netzvermögen der Lösungen der gleichen Alkylsulfate nach der Randwinkelmethode auf einer paraffinierten Glasoberfläche bestimmt. Die erhaltenen Kurven der Konzentrationsabhängigkeit des Randwinkels sind auf der Abb. 2 dargestellt.

Auf Abb. 3 sind die Kurven der Konzentrationsabhängigkeit der Netzzeit von Baumwollgewebe durch Lösungen von Natriumdodecylsulfat gezeigt; die Netzzeit wurde mit dem Gerät "Kapillar" und nach der Tauch-Netz-Methode von S e y f e r t h und M o r r g a n (2) gemessen. Diese Methode wurde zum Vergleich herangezogen, da sie am verbreitetsten ist und am besten die realen Bedingungen der Benetzung von Geweben reproduziert.

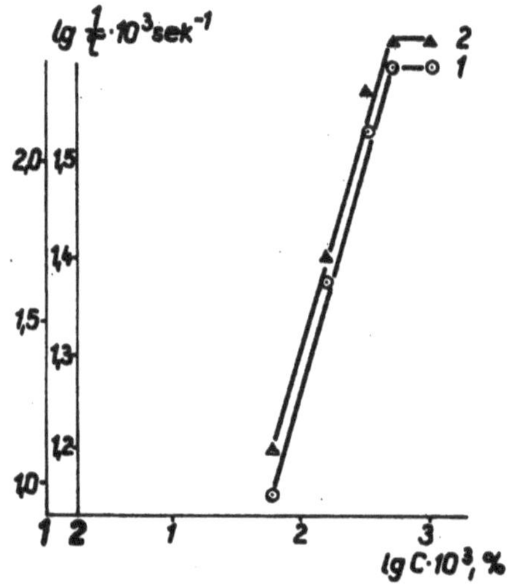

Abb. 3 Die Netzgeschwindigkeit von Baumwolle mit Dodecylsulfatlösungen
1. Eintauchmethode, 2. Kapillarverfahren

Der übereinstimmende Verlauf beider Kurven auf der Abbildung 3 erlaubt anzunehmen, daß die Meßwerte, wie sie nach der Kapillarmethode und nach dem Tauchverfahren gewonnen wurden, in gleichem Maße die realen Bedingungen des Netzens von Geweben charakterisieren.

Es muß jedoch bemerkt werden, daß die Tauchmethode nur für die Bestimmung der Benetzung von Geweben aus Zellulosefasern verwendet werden kann. Für Gewebe aus Seiden- oder Dederonfasern ist sie ungeeignet, da unter den Meßbedingungen die Stoffscheiben aus diesen Geweben bereits nach 1-2 Sekunden in der Lösung untersinken, sogar in Wasser. Dabei hängt die Netzzeit, die nach dem Zeitpunkt des Untersinkens der Gewebescheibe fixiert wird, von solchen nicht zu regulierenden und schlecht zu reproduzierenden veränderlichen Faktoren ab, wie der Abmessung der zu verdrängenden Luftbläschen und der Frequenz ihrer Loslösung von dem zu benetzenden Objekt. Es ist außerdem von Einfluß, daß das spezifische Gewicht der Gewebefasern in den Grenzen von 1,0 bis 1,75 g/cm^3 schwankt, in Abhängigkeit von der Art der Faser (3).

Die Kapillarmethode ist frei von den erwähnten Mängeln, was ermöglicht, sie zur Messung der Netzgeschwindigkeit beliebiger Gewebe einzusetzen.

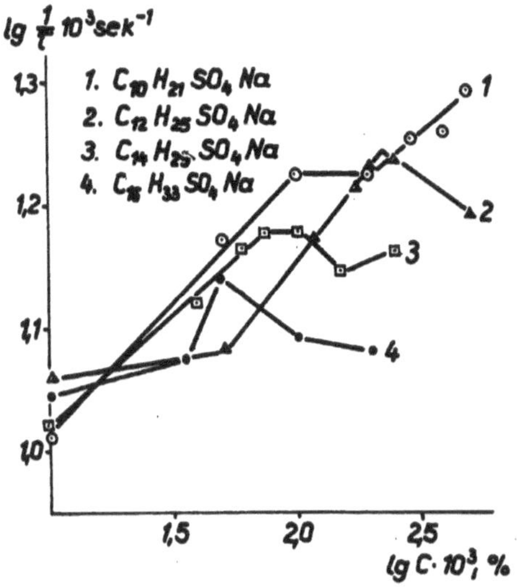

Abb. 4 Die Netzgeschwindigkeit von Viskosegewebe in Abhängigkeit von der Konzentration der Alkylsulfatlösung.

Die Kurven auf Abbildung 4 zeigen, daß die Netzgeschwindigkeit eines Viskosegewebes durch Alkylsulfatlösungen mit steigender Kettenlänge des Alkylsulfats abnimmt. Die gleiche Schlußfolgerung ist aus der Anordnung der Kurven der Konzentrationsabhängigkeit des Randwinkels der gleichen Alkylsulfatlösungen zu ziehen (siehe Abb. 2). Diese Schlußfolgerungen stimmen gut mit den bekannten Daten überein, die besagen, daß in der homologen Reihe der Alkylsulfate die besten Netzmittel eine kürzere Kettenlänge haben als die besten Waschmittel derselben Reihe (4,5).

Das gilt jedoch anscheinend nur im Falle der Benetzung von Geweben aus Zellulosefasern.

Bei Messungen mit dem Gerät "Kapillar" konnte festgestellt werden, daß die Netzgeschwindigkeit von Seiden- und Dederongeweben durch Alkylsulfatlösungen mit steigender Kettenlänge der Alkylsulfate anwächst (Abb. 5, 6).

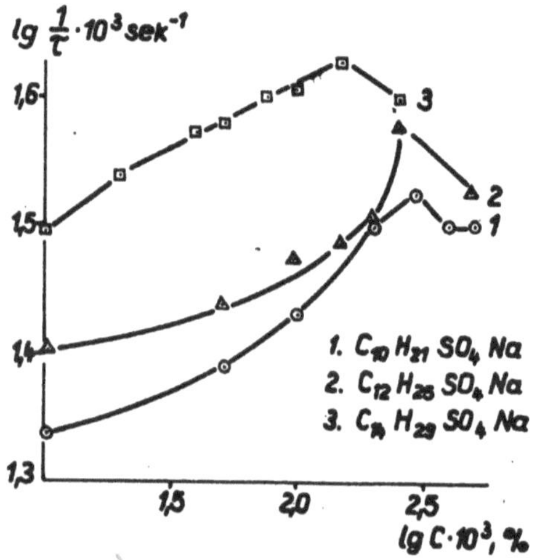

Abb. 5 Die Netzgeschwindigkeit von Seidengeweben in Abhängigkeit von der Konzentration der Alkylsulfatlösung.

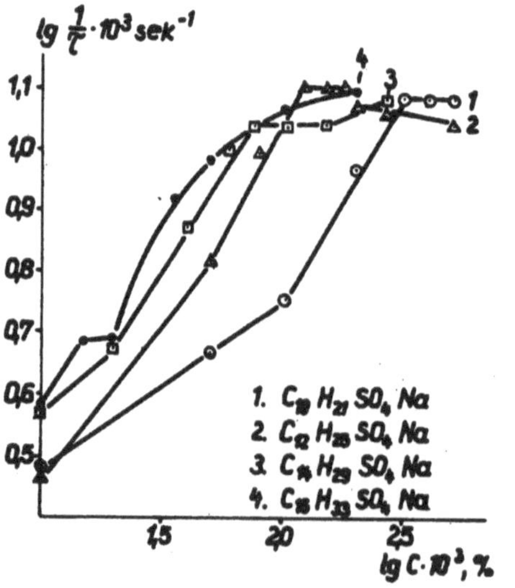

Abb. 6 Die Netzgeschwindigkeit von Kaprongewebe in Abhängigkeit von der Konzentration der Alkylsulfatlösung.

Auf den Kurven der Konzentrationsabhängigkeit der Netzgeschwindigkeit, die mit dem Gerät "Kapillar" gemessen wurde, sind Unstetigkeitsstellen zu beobachten. Man kann annehmen, daß diese Unstetigkeitsstellen auf einen möglichen Zusammenhang zwischen Netzgeschwindigkeit und Mizellbildung hinweisen. Diese Annahme wird zum Beispiel durch die Angaben der Abbildung 6 bestätigt, daß die Konzentrationen, die den Unstetigkeitsstellen auf den Kurven entsprechen, ihrer Größe nach den kritischen Mizellbildungskonzentrationen (KMK) ähneln, wie sie in der Literatur für die gleichen Alkylsulfate angeführt sind (6).

Man darf deshalb annehmen, daß es bei der Bestimmung der Konzentrationsabhängigkeit der Netzgeschwindigkeit nach der Kapillarmethode möglich ist, ihren Zusammenhang mit dem molekularen oder mizellaren Zustand der zu untersuchenden Lösungen festzustellen.

Es darf darauf hingewiesen werden, daß die Möglichkeit der Bestimmung der KMK anhand der Konzentrationsabhängigkeit des Netzvermögens, das seinerseits nach der Methode des Tränkens von Kollodiumfiltern bestimmt wurde, erstmals in Arbeiten des Instituts für physikalische Chemie der Akademie der Wissenschaften der UdSSR aufgezeigt wurde (7).

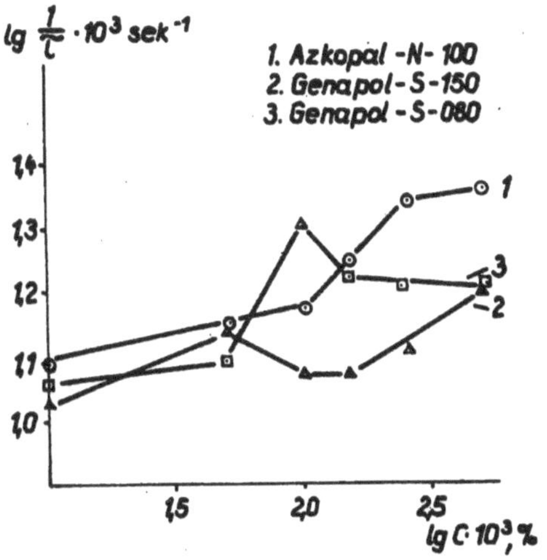

Abb. 7 Die Netzgeschwindigkeit von Viskosegewebe in Abhängigkeit von der Konzentration der Lösung von nichtionogenen Tensiden.

Die Untersuchung der Konzentrationsabhängigkeit der Netzgeschwindigkeit nichtionogener Stoffe (Abb. 7, 8 und 9) hat gezeigt, daß auch in diesem Falle eine Wechselwirkung mit dem strukturellen Zustand der Netzlösungen zu beobachten ist. Die Anordnung der untersuchten Stoffe in einer Reihe nach ihrer Netzgeschwindigkeit ändert sich in Abhängigkeit von der Natur des zu benetzenden Gewebes.

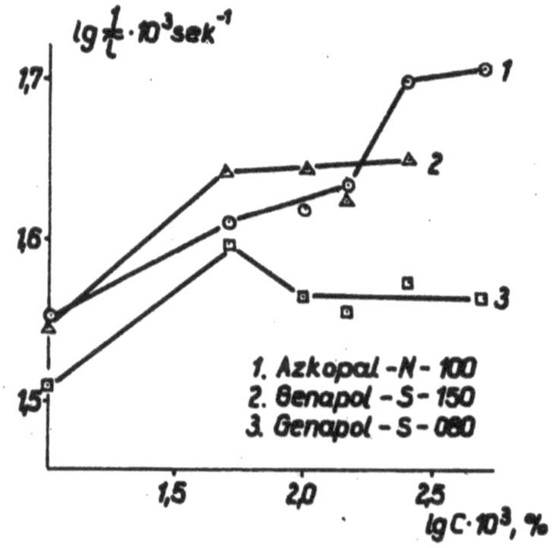

Abb. 8 Die Netzgeschwindigkeit von Seidengewebe in Abhängigkeit von der Konzentration der Lösung von nichtionogenen Tensiden.

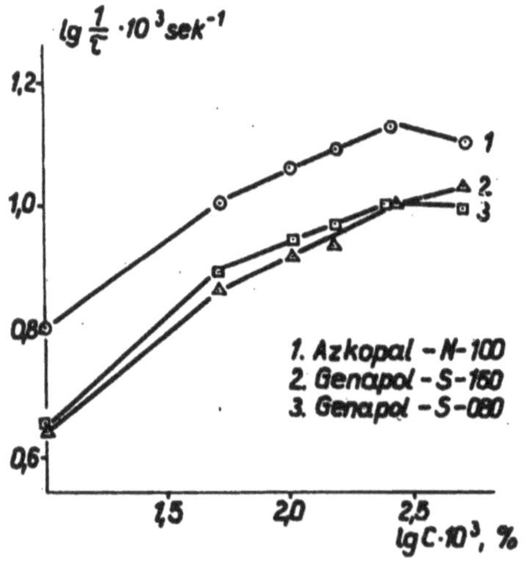

Abb. 9 Die Netzgeschwindigkeit von Kaprongewebe in Abhängigkeit von der Konzentration der Lösung von nichtionogenen Tensiden.

Es muß bemerkt werden, daß die hier angeführten Daten bei Messungen an reinen, nichtverschmutzten Geweben erhalten wurden und eine weitere experimentelle Überprüfung erforderlich ist.

Dabei wird des von Interesse sein, den Charakter des Zusammenhanges der Netzgeschwindigkeit, wie sie mit dem Gerät "Kapillar" ermittelt wird, mit der Waschkraft der Lösungen dieser grenzflächenaktiven Stoffe zu überprüfen. Voraussetzung hierfür ist, die in orientierenden Versuchen gefundene, deutlich ausgeprägte Abhängigkeit der Netzgeschwindigkeit von der Einführung verschiedener Elektrolyte in die Lösungen der Netzmittel. In dieser Richtung werden systematisch Untersuchungen unter Verwendung von künstlich angeschmutzten Geweben durchgeführt werden.

Zum Schluß kann berichtet werden, daß die Zeit der spontanen Auffüllung der Kapillare mit der Flüssigkeit von der Konzentration und Natur des in ihr gelösten Stoffes abhängt und daß offensichtlich diese Zeit als Kriterium verschiedener Eigenschaften dieser Lösung dienen kann.

Aus dem oben Dargelegten können folgende Schlußfolgerungen gezogen werden:

1. Die Kapillarmethode zur Bestimmung des Netzvermögens charakterisiert die Netzbedingungen nicht nur für Gewebe aus Zellulosefasern, wie im Falle der Tauchmethode, sondern für Gewebe aus Fasern beliebiger Art.

2. Für die gefundenen Werte des Netzvermögens ist es erforderlich anzugeben, für welche Art von Gewebe sie bestimmt wurden.

3. Die Netzgeschwindigkeit von Alkylsulfatlösungen an Dederon- und Seidengeweben steigt, jedoch an Viskosegeweben fällt mit wachsender Länge des Kohlenstoffgerüstes der Alkylsulfate.

4. Aus der Konzentrationsabhängigkeit der Netzgeschwindigkeit, wie sie nach der Kapillarmethode bestimmt wird, können mizellare Umwandlungen in der zu untersuchenden Lösung beurteilt werden.

Literatur

1. I.K. Getmanski, L.I. Bawika, Prüfmethoden für wässrige Lösungen grenzflächenaktiver Stoffe. Übersicht. NIITEChIM, 1965.

2. Seyferth H. u. O.M. Morgan, Am.Dyestuff. Reptr., 27. 525-532 (1938)

3. Handbuch der analytischen Kontrolle in der Produktion von Kunst- und Synthesefasern, Moskau, 1957.

4. Goette, J. Coll. Sci., 4. 459 (1949)

5. K. Durham, Surface Activity and Detergency, London, 1961, S. 69-70.

6. F.W. Newolin, Chemie und Technologie der synthetischen Waschmittel, Moskau, 1964.

7. L.M. Lewitski, S.A. Nikitina, A.B. Taubman, Ber.Akad.Wiss. UdSSR, 149. 633 (1963)

Otto D o b o z y
Ungarische Akademie der Wissenschaften, Arbeitsgemeinschaft für Straßenbau und Verkehrswesen, Budapest (UVR)

Einiges über neuartige kationaktive Bitumen-Emulsionen

Die Bitumenemulsionen spielen im Straßenbau und bei Isolationsarbeiten eine bedeutende Rolle, da durch ihre Anwendung fortschrittliche Technologien angewendet werden können. Die Emulsionen sollen eine entsprechende Lagerungsstabilität haben, in Berührung mit den Gesteinen trotzdem mit regelbarer Geschwindigkeit brechen und vom Gestein nicht reemulgieren. Obwohl mit anionaktiven und nichtionogenen Emulgatoren stabile Bitumen Emulsionen hergestellt werden können, sind doch die Reemulgier-Eigenschaften in diesen Fällen ungenügend. Aus diesem Grunde können in der Praxis nur kationaktive Bitumenemulsionen in Betracht genommen werden.

Die zur Zeit bekannten kationaktiven Bitumen-Emulsionen (1,2,3) besitzen noch einige Mängel.

1. Die Emulgierung erfolgt nur im Falle einer intensiven mechanischen Einwirkung, die Stabilität der Emulsion ist begrenzt.
2. Selbst dieser Grad der Stabilität kann nur bei wenigstens mittelstark saurem pH-Wert (pH 4) aufrechterhalten werden.
3. Des sauren Mediums wegen ist das Haftvermögen des Bitumens an einigen Gesteinen (z. B. an Kalksteinen) ungenügend.

Zwecks Beseitigung der oben genannten Nachteile wurden mit neuartigen N-heterocyclischen Verbindungen als Emulgatoren Versuche durchgeführt. Als Beispiel werden jetzt die Versuche mit Emulgatoren auf Pyridin-Basis vorgestellt.

Es wurde beobachtet, daß die als kationaktive Emulgatoren allgemein gebrauchten Alkyl-pyridiniumverbindungen, obwohl sie die Oberflächenspannung des Wassers gut vermindern, das Bitumen nur schwer emulgieren. Die mit ihnen bereiteten Emulsionen besitzen eine geringe Lagerungsstabilität.

Wenn jedoch am Stickstoffatom des Pyridins statt einer einfachen Alkylkette ein Di-alkyl-ester gebunden ist, so kann die Emulgierwirkung bedeutend verbessert werden.

Die Wirksamkeit der vorliegenden Verbindungsart wird durch zwei Umstände bedingt:

1. die Entfernung der Ester-Gruppe vom Stickstoffatom im Pyridin-Ring,
2. die Länge der endständigen Alkyl-Kette.

Anhand unserer Erfahrungen ist bei Emulgatoren, in denen die Anforderung 2. konstant gehalten ist, die Emulgierwirkung dann optimal, wenn zwischen der Ester-Gruppe und dem Stickstoffatom des Pyridins eine Alkyl-Kette aus 2 - 3 Kohlenstoffatomen anwesend ist.

Zwecks Bestimmung der optimalen Länge der endständigen Alkyl-Kette wurde anhand einer Serie von Verbindungen geprüft, in welchem Maß sie die Oberflächenspannung des Wasser vermindern und wie sie sich als Bitumen-Emulgatoren eignen.

Die Oberflächenspannung wurde mit dem Traube'schen Stalagmometer bestimmt. Die Eignung zum Emulgieren des Bitumens wurde mit einem Punktsystem beurteilt. Dazu wurden die Durchschnitts- und die maximale Teilchengröße der frischen Emulsion, die Menge des aus der Emulsion bis zu verschiedenen Zeitpunkten ausgeschiedenen Bitumens und die Reemulgierung der ausgeschiedenen Anteile bestimmt. Die erreichbare, maximale Punktzahl betrug 60. Je höher die erreichte Punktzahl für einen Emulgator lag, desto besser war seine praktische Eignung beurteilt.

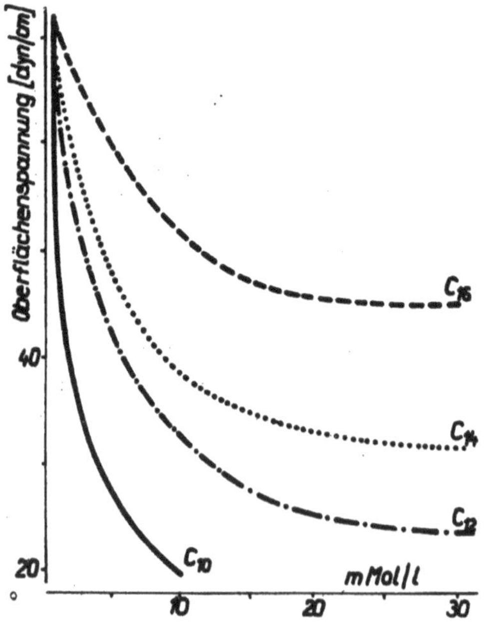

Abb. 1: Oberflächenspannung von Emulgatoren verschiedener Struktur als Funktion der Konzentration

Es wurden Emulgatoren mit Decyl-, Lauryl-, Myristyl-, Cetyl- und Stearylalkohol nach drei Gesichtspunkten untersucht:

a) Konzentrationsabhängigkeit. Die entsprechenden Ergebnisse sind in Abbildung 1 veranschaulicht.
Wie ersichtlich, ändert sich die Oberflächenspannung bei jedem Emulgator als eine inverse exponentielle Funktion. Dies stimmt mit den bei anderen Emulgatoren gewonnenen Erfahrungen sowie mit der aus der Theorie zu erwartenden Wirkung überein. Es ist ebenfalls ersichtlich, daß, je länger die endständige Alkyl-Kette ist, desto größer auch jene Oberflächenspannung ist, bei welcher die Kurve abflacht, desto höher also derjenige Wert liegt, welchem die Oberflächenspannung als einem Grenzwert zustrebt.
Parallel dazu wurde beobachtet, daß die Emulgierfähigkeit des aus Decylalkohol bereiteten Emulgators sehr gering ist; die Stabilität der mit ihm bereiteten Emulsion liegt nahe dem Nullwert. Bei Verlängerung der endständigen Alkyl-Kette wurde zuerst bei dem aus Laurylalkohol hergestellten Emulgator eine genügende Emulgierfähigkeit bzw. Emulsions-Stabilität wahrgenommen. Der aus Myristylalkohol bereitete Emulgator ergab die besten Resultate. Auch der aus Cetylalkohol bereitete war gut, aber weniger gut als der aus Myristylalkohol hergestellte. Der aus Stearylalkohl bereitete Emulgator besaß schon eine geringe Emulgierfähigkeit und auch die Emulsions-Stabilität der mit ihm hergestellten Emulsion war ungenügend.

b) Einfluß von Verunreinigungen. Vermutlich enthalten einige der untersuchten Emulgatoren Begleitsubstanzen (Verunreinigungen), welche das Emulgieren begünstigen oder hindern. Aus diesem Grunde schien es wichtig, zu untersuchen, welche Begleitstoffe bzw. Verunreinigungen den einzelnen Emulgatoren beigemengt sind und welchen Einfluß diese auf die Gestaltung der Oberflächenspannung bzw. der Emulgierfähigkeit ausüben. Aus diesem Grunde wurden Emulgatoren aus Lauryl-, Cetyl- und Stearylalkohol verschiedener Reinheit hergestellt. Die Reinheitsstufen waren folgende:

roh, 70 %ig, destlliert und rein.

Als Beispiel werden in der Abb. 2 die Ergebnisse einer aus Laurylalkohol bereiteten Reihe veranschaulicht.
Aus Abb. 2 ist ersichtlich, daß der Reinheitsgrad des Alkohols die Werte der Oberflächenspannung nicht wesentlich beeinflußt. Dagegen wurde beobachtet, daß bei der Emulgierung sowie bei der Stabilität der Emulsion die Reinheit des Emulgators eine bedeutende Rolle spielt. Z. B. emulgiert der aus rohem Laurylalkohl bereitete Emulgator das Bitumen kaum , und die mit ihm hergestellte Emulsion besitzt überhaupt keine Stabilität. Der aus 70 %igem Laurylalkohol bereitete

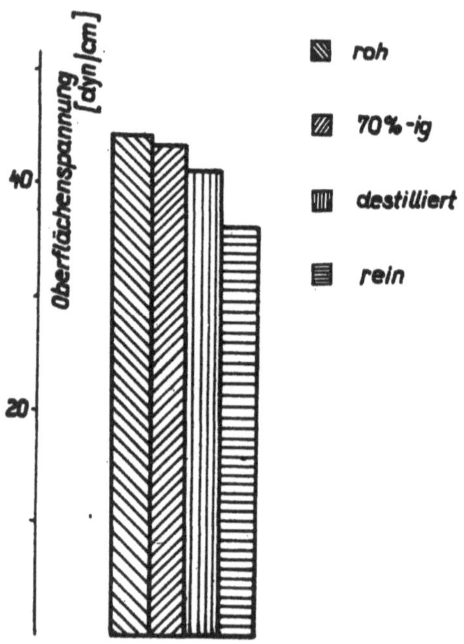

Abb. 2: Auswirkung des Reinheitsgrades der Emulgatoren auf die Oberflächenspannung der Lösung

Emulgator war etwas besser, der aus destilliertem hergestellte schon beinahe gut und der aus reinem Laurylalkohol bereitete Emulgator war entsprechend.

Nachdem die Verunreinigungen hinsichtlich der Emulgierfähigkeit und der Emulsionsstabilität wichtig erschienen, haben wir diese Frage ausführlich untersucht.

Die Verunreinigungen des Emulgators können zweierlei sein:
1. nicht reagierte Ausgangsstoffe
2. Emulgatoren mit abweichender Kettenlänge.

Für die Menge der nicht reagierten Ausgangsstoffe ist die Säurezahl charakteristisch. Aus diesem Grunde prüften wir, ob die Oberflächenspannung der Lösung bzw. die Emulgierfähigkeit des Emulgators von der Säurezahl beeinflußt wird.

Es wurde gefunden, daß die Oberflächenspannung der Lösungen von der Änderung der Säurezahl nur wenig beeinflußt wird. Durch die Anwesenheit von Emulgatoren mit abweichender endständiger Kettenlänge wird das Emulgieren gestört bzw. die Stabilität der Emulsion vermindert.

Übereinstimmende Erfahrungen wurden erhalten, als die Emulgatoren aus reinem Decyl-, Lauryl-, Myristyl- bzw. Cetylalkohol miteinander gemischt wurden. Es wurde z. B. ein Emulgatorgemisch aus 50 % Decylalkohol und 50 % Myristylalkohol bereitet, in welchem die durchschnittliche Kettenlänge mit der des Laurylalkohols übereinstimmt. Trotzdem war seine Emulgierfähigkeit und die Stabilität der mit ihm bereiteten Emulsion bedeutend geringer als bei einem Emulgator aus Laurylalkohol. Im allgemeinen konnte beobachtet werden, daß ein relativ geringer Anteil von Decylalkohol die Wirkung der langkettigen Emulgatoren wesentlich vermindert.

In dem rohen und aus 70 %igem Laurylalkohol bereiteten Emulgator konnte chromatographisch ein Anteil aus einem Alkohol mit der Kettenlänge C_6 nachgewiesen werden. Der bedeutende Unterschied zwischen den

Wirkungen dieser und der aus reinem Laurylalkohol wird wahrscheinlich von diesem Anteil verursacht.

c) Einfluß des Erstarrungspunktes. Bei der Untersuchung der Wirkung des Erstarrungspunktes wurden Emulgatoren aus Alkoholen mit gleicher (C_{18}) Kettenlänge bereitet. Der Erstarrungspunkt wurde derart verändert, daß in verschiedenen Prozenten ungesättigte Bindungen in das Molekül eingebaut wurden. Die Zahl der ungesättigten Bindungen wurde durch die Jodzahl charakterisiert. Die erhaltenen Ergebnisse sind in Abb. 3 demostriert.

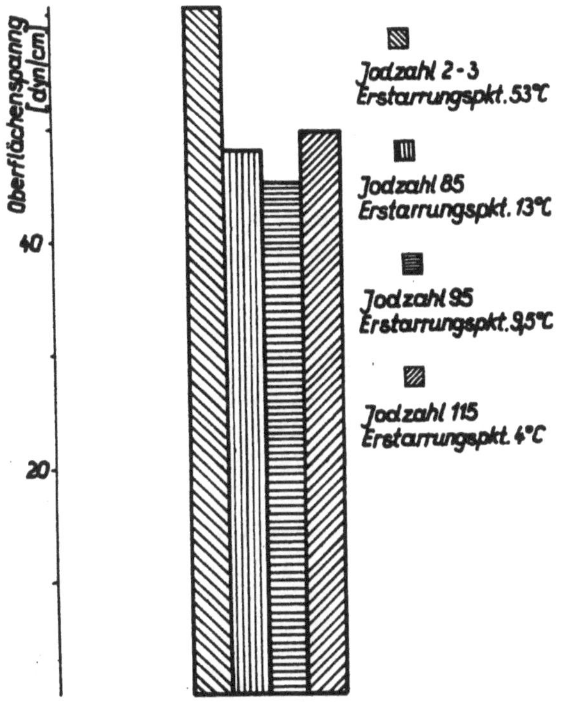

Abb. 3: Oberflächenspannung von Emulgatorlösungen mit einer Konzentration von 2 g/l, als Funktion ihres Sättigungsgrades und Erstarrungspunktes

Wie ersichtlich, zeigen die Emulgatoren mit ungesättigten Bindungen (mit niedrigerem Erstarrungspunkt) unabhängig davon wie viel ungesättigte Bindungen sie in ihren Molekülen haben und unabhängig von ihrem Erstarrungspunkt beinahe die gleiche Oberflächenspannung.

Die Verminderung der Oberflächenspannung, die von Emulgatoren aus gesättigten Alkoholen verursacht wird, ist bedeutend geringer. In diesem Fall waren die Erfahrungen, die hinsichtlich der Emulgierfähigkeit und Emulsions-Stabilität gewonnen wurden, übereinstimmend. Die aus ungesättigten Alkoholen bereiteten Emulgatoren besitzen eine gute Emulgierfähigkeit, die mit ihnen bereiteten Emulsionen waren stabil, obwohl ihre endständige Kette länger war als optimal.

Auf Grund dessen kann vermutet werden, daß neben den übrigen Voraussetzungen ein Grenzwert für den Erstarrungspunkt existiert, welcher vom größten Teil des Emulgators nicht überschritten werden darf. Geringe Mengen an Emulgatoren, deren Erstarrungspunkt über dem Grenzwert liegt, beeinflussen die Emulgierung nicht ungünstig. Sind hingegen bedeutende Anteile mit höherem Erstarrungspunkt vorhanden, so wird die Emulgierfähigkeit vermindert.

Nachdem in der Patentliteratur (2) zur Herstellung von kationaktiven Bitumen-Emulsionen außer dem Emulgator auch ein Stabilisator vorgeschlagen wird, prüften wir, in welcher Weise die Emulgierung und die Emulsions-Stabilität durch die Mitanwendung eines Stabilisators beeinflußt wird.

Es wurde gefunden, daß Alkylamine, Polyalkylamine und Polyalkyl-polyamine, welche zu den bisherigen kationaktiven Bitumenemulsionen als Stabilisatoren zugesetzt wurden, die Emulgierfähigkeit unserer Emulgatoren nicht beeinflußten oder gar verminderten.

Im Laufe der weiteren Untersuchungen konnte jedoch gezeigt werden, daß, wenn beim Emulgieren zu dem Pyridinderivat-Emulgator eine Substanz zugesetzt wird, die mit dem Emulgator eine H-Brücke bilden kann und auch sonst eine geeignete Struktur hat, die Stabilität der Emulsion wächst.

Gewisse Imidazolin-Derivate, z. B. 1-Aminoäthyl-2-spermyl-imidazolin und das 1-Hydroxyäthyl-2-spermylimidazolin erwiesen sich als besonders geeignet.

Die Zusätze, welche die Emulgierfähigkeit unserer Emulgatoren sowie die Stabilität der Emulsionen günstig beeinflussen, können nicht einfach als Stabilisatoren angesehen werden.

Diese Substanzen können nämlich - im Gegensatz zu den Stabilisatoren - auch allein das Bitumen emulgieren. Das 1-Hydroxyäthyl-2-stearyl-imidazolin wird z. B. großtechnisch als Emulgator für Bitumen erzeugt.

Die Emulgierfähigkeit steigernde Imidazolin-Derivate sind also Coemulgatoren.

Es ist für den Emulgator charakteristisch, daß er auch allein wirksamer ist als der Coemulgator. Der Coemulgator kann dagegen mit dem Emulgator gemeinsam angewandt eine synegische Wirkung ausüben.

Nach unseren Vermutungen beruht die Wirkung des Coemulgators darauf, daß die Mizellbildung bei der Anwendung eines Coemulgators intensiver ist. Die Kerne der Mizellen sind einzelne Moleküle des Coemulgators, welche auf dreierlei Weise je ein Molekül des Emulgators durch H-Brücke binden können. Siehe Abb. 4.

Die Mizellen (die primären Assoziate) umhüllen sich mit einer orientierten, sekundären, dieser wieder mit einer weniger orientierten. tertiären Schicht, welche aus den Molekülen des wasserlöslichen Pyridinderivates bestehen. So bildet sich um die Moleküle des Imidazolinderivates eine diffuse Emulgatorschicht, welche stufenweise in die nicht orientierte Emulgatorlösung übergeht.

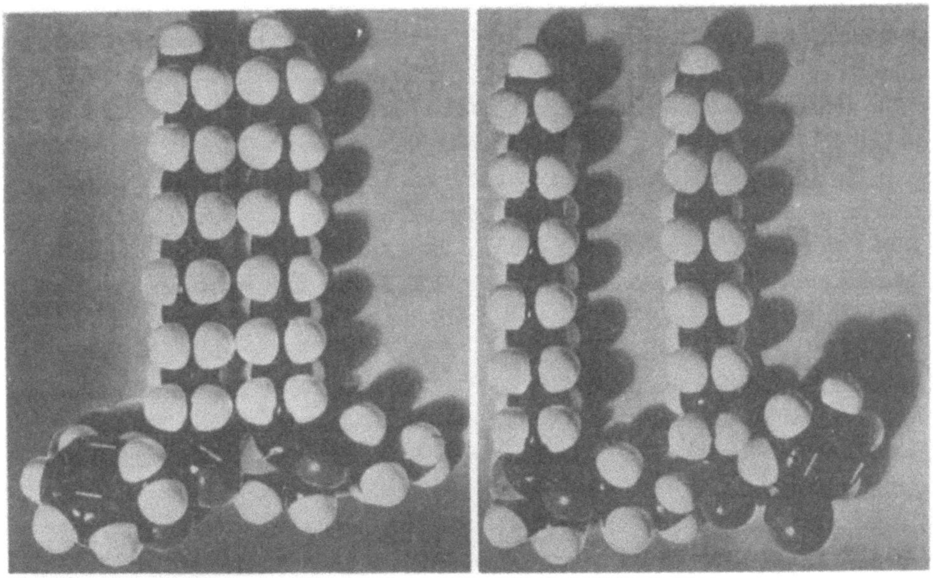

Abb. 4: Zwei der Bindungsmöglichkeiten zwischen den Molekülen des Emulgators und des Coemulgators

Selbstverständlich wird die Emulgierfähigkeit und die Stabilität der Emulsion durch das Verhältnis des Emulgators und des Coemulgators beeinflußt. Das Optimum liegt scharf bei einem Anteil von 4,75 - 5,25 % des Amidazolin-Derivates.

Dieser Umstand kann derart gedeutet werden, daß die Stabilität der Emulsion verbessert wird, wenn die vom Emulgator ausgebildete Oberflächenschicht stellenweise durch H-Brücken verfestigt wird. Allzuviele H-

Brücken verursachen jedoch neben der Verfestigung auch eine Versprödung der Oberflächenschicht und dies ist bei den durch die Brownsche Bewegung verursachten Zusammenstößen von Nachteil.

Die Wirkung des Imidazolin-Derivat-Coemulgators ist demnach dort optimal, wo die Festigkeit und die Elastizität der Oberflächenmembran gemeinsame maximale Werte besitzen. In diesem Falle bilden sich genügend viele H-Brücken und infolge dessen eine entsprechende Orientierung um der Oberflächenschicht die benötigte Festigkeit zu verleihen, doch stehen die starren Zentren mit den H-Brücken in keinem Zusammenhang, sie sind durch freie, ungebundene Moleküle des Pyridinderivates getrennt, so ist also auch die Elastizität des Oberflächenmembrans befriedigend.

Laut Angaben der Fachliteratur soll der pH-Wert einer kationaktiven Bitumen-Emulsion niedrig, unter 4 gehalten werden. Es wurden auch zwecks Bestimmung des optimalen pH-Wertes der Emulsion Versuche durchgeführt.

Aus diesen Versuchen war eindeutig festzustellen, daß die Stabilität der Emulsion durch Verminderung des pH-Wertes tatsächlich erhöht wird. Selbst bei jenen Emulsionen, wo die geringe Menge des Emulgators die Ausscheidung des Bitumens verursacht hätte, konnte die Stabilität durch Zugabe von Salzsäure verbessert werden, das Ausscheiden des Bitumens konnte in solchen Fällen mit steigender HCl-Menge oft ganz aufgehoben werden.

Es war eine wichtige Beobachtung, daß der pH-Wert der Emulsion neben der Stabilität auch das Haften des Bitumens beeinflußt. Bei Emulsionen mit einem pH-Wert von 5, oder kleiner als 5, werden die Adhäsions-Normen nicht mehr erfüllt.

Um dieses Phänomen allgemein beurteilen zu können, wurde geprüft, wie stark eine Bitumenschicht, die das Gestein vollkommen bedeckt, an der Oberfläche des Gesteins haftet. Die Ergebnisse dieser Prüfungen wurden mit Punktzahlen bewertet. Die Punktzahl der maximalen Haftung war 40. Je ungenügender die Adhäsion war, desto kleiner war die Punktzahl. In Abb. 5 ist die Änderung der Haftung des Bitumens veranschaulicht als Funktion des pH-Wertes der Emulsion.

Aus den Untersuchungen geht eindeutig hervor, daß mit sinkendem pH-Wert die Haftung sowohl an Kalkstein, wie an Kieselstein schlechter wird. An Kalkstein ist sie schon bei einem pH-Wert von 5 gleich null. Daraus folgt, daß die Ansicht, welche - nur die Stabilität der Emulsion betrachtend - einen niedrigen pH-Wert vorschlägt, nicht richtig ist. Der

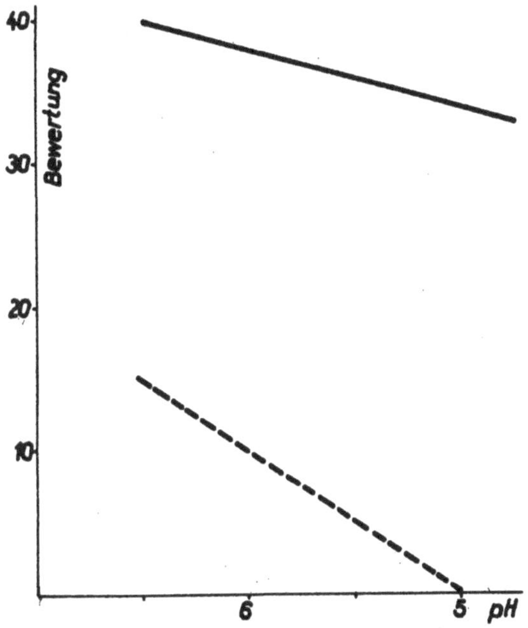

Abb. 5: Änderung der Haftung von Bitumen an Kalkstein und Kieselstein als Funktion des pH-Wertes der Emulsion

pH-Wert der Emulsion soll vielmehr höher eingestellt werden (möglichst auf 6,5) und die Stabilität soll durch die genügende Menge des Emulgators gesichert werden.

Ebenfalls anhand der Literaturangaben wurden Versuche zur Anwendung von anorganischen Salzen durchgeführt. Es wurde vorerst geprüft, inwieweit sie die Stabilität der Bitumen-Emulsionen beeinflussen. Nach unseren Erfahrungen verbesserten sämtliche Salzzusätze die Stabilität der Emulsionen. Die Wirkungen von $CaCl_2$, $MgCl_2$ und NaCl waren beinahe die gleichen, die des $AlCl_3$ war dagegen bedeutend größer. Aluminiumchlorid verursachte sogar bei solchen Emulsionen eine unbegrenzte Stabilität, bei welchen wegen ungenügender Dosierung des Emulgators sonst eine geringe Stabilität wahrzunehmen war.

Parallel mit der Stabilität wurde auch die Haftung des Bitumens an Kalkstein und an Kieselstein geprüft. Die Ergebnisse dieser Untersuchungen sind in den Abb. 6 und 7 wiedergegeben.

Wie ersichtlich, wird die Adhäsion durch die Salze im allgemeinen verschlechtert. Die größte derartige Änderung wird durch das Aluminiumchlorid verursacht.

Auf Grund dieser Ergebnisse kann behauptet werden, daß die Erhöhung der

Stabilität unserer kationaktiven Bitumenemulsionen durch Salzzusatz - von den Literaturangaben abweichend - nicht zweckmäßig ist.

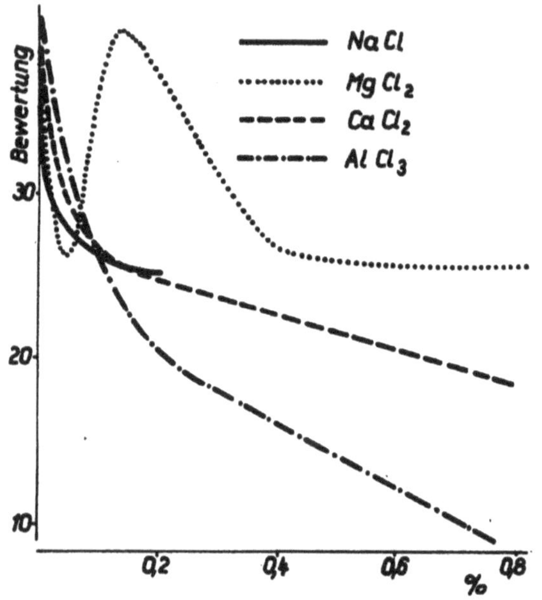

Abb. 6: Die Änderung des Haftens von Bitumen an Kalkstein bei Zusatz von organischen Salzen

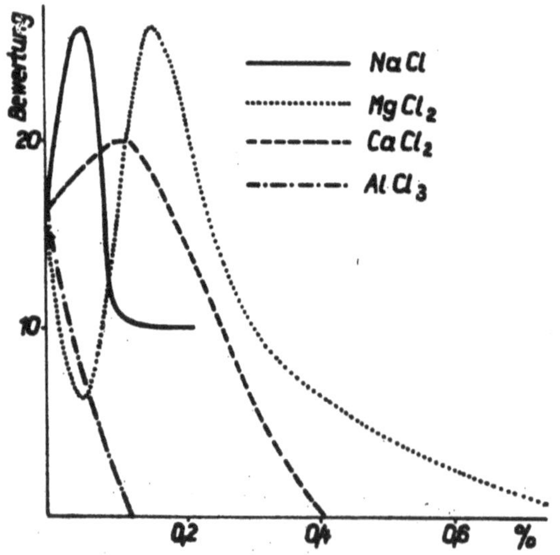

Abb. 7: Die Änderung des Haftens von Bitumen an Kieselstein bei Zusatz von organischen Salzen

Zusammenfassung

Zur Herstellung kationaktiver Bitumen-Emulsionen wurde ein neuartiges Emulgatorpaar entwickelt. Die optimalen Bedingungen der Herstellung sowie die optimale Zusammensetzung der Emulsion wurden angegeben, wobei außer der Stabilität der Emulsion auch das Haften des Bitumens an Gesteinen berücksichtigt wurde.

Bei Anwendung des neuen Emulgatorpaares ist eine Erhöhung der Stabilität durch Verminderung des pH-Wertes oder durch Salzzusatz nicht notwendig, da dieses Emulgatorpaar das Bitumen spontan emulgiert und die bereitete Emulsion unbegrenzt stabil ist.

Der Wirkungsmechanismus des Emulgators wurde untersucht und gedeutet.

Literatur

1. DBP 1 118 081
2. USP 2 886 458
3. DBP 1 106 236

G. L a u e r m a n n

VEB Deutsches Hydrierwerk Rodleben, Rodleben

Trennung von Tierkörperfettsäure in Stearin/Olein nach dem Dispergierverfahren

I. Ursprünglich geht die Erzeugung technischer Stearinsäure zurück auf einen hohen Bedarf an Kerzen für Beleuchtungszwecke. Das zwangsläufig neben dem Stearin anfallende Olein galt zunächst als ein lästiges Abfallprodukt. Die Entwicklung der chemischen Industrie und die Erschließung neuer Anwendungsgebiete haben dann aber sehr bald einen grundlegenden Wandel im Wert des Oleins herbeigeführt. Es ist heute bereits abzusehen, daß sich Stearin und Olein auch in den kommenden Jahrzehnten einer steigenden Nachfrage erfreuen werden. Die Kenntnis der Begriffe "Tierkörperfettsäure", "Stearin" und "Olein" und der Verwendungszweck für Stearin/Olein seien an dieser Stelle als bekannt vorausgesetzt.
Für die Stearin-Olein-Erzeugung kommen im wesentlichen drei Prinzipien in Frage:

1. Die Anwendung hydraulischer Pressen
Auf den Erkenntnissen von CHEVREUL basierend, gründete CAMBACERES 1825 eine Fabrik zur Stearin-Erzeugung nach diesem Prinzip. Trotz der bald erkannten Nachteile konnte sich das Verfahren bis in die Neuzeit hinein behaupten.

2. Lösungsverfahren
Sie sind z.B. unter den Namen Emersol-, Citiosol- oder Solexol-Verfahren bekannt. Im Prinzip arbeiten sie so, daß das aufzutrennende Fettderivat-Gemisch in einem organischen Lösungsmittel gelöst, dann unter Rühren auf die optimale Arbeitstemperatur abgekühlt wird. Die schwerer löslichen gesättigten Fettderivate kristallisieren aus, die leichter löslichen ungesättigten Anteile bleiben in Lösung. Durch Zentrifugation oder Filtration werden Fest- und Flüssig-Anteile voneinander getrennt. Nach dem Waschen des Festanteils werden dann sowohl der gesättigte als auch der ungesättigte Anteil destillativ vom Lösungsmittel befreit.
Auf ein weiteres, nur für Fettsäuren anwendbares Prinzip - die Trennung der sauren Seifen - kann hier nur hingewiesen werden.

3. Eine weitere Möglichkeit zur Fraktionierung langkettiger Verbindungen in gesättigte und ungesättigte Anteile liegt in der Nutzbarmachung von Dispersionen oder Emulsionen zur Trennung.

II. Dispergier-Verfahren

1. Das dem Dispergier-Verfahren zugrunde liegende Prinzip des Umnetzens wurde bereits 1902 durch TWITCHELL in mehreren Patenten beschrieben. Den weiteren Gang der Entwicklung überspringend, muß aber an dieser Stelle besonders auf die Arbeiten von W. STEIN, H. WALDMANN, H. HARTMANN (1) von der Fa. HENKEL, Düsseldorf, hingewiesen werden.

2. Prinzip des Dispergier-Verfahrens
Das aufzutrennende Gemisch gesättigter und ungesättigter Fettderivate, also auch die von uns zu verarbeitende Tierkörperfettsäure, wird mit der wäßrigen Lösung einer grenzflächenaktiven Substanz, z.B. mit dem im Handel befindlichen anionaktiven "Elropon-K-Extrakt", behandelt. Im Gegensatz zu den Lösungsverfahren wird in diesem Falle keine Lösung hergestellt, sondern eine Emulsion bzw. Dispersion. Die auf der Oberfläche der Stearinkristalle haftenden Olein-Tröpfchen werden infolge der Grenzflächenaktivität der wäßrigen Lösung abgelöst und in der wäßrigen Phase emulgiert, wobei sich Emulsionen des Typs "Öl in Wasser" bilden.
Für den Stearinkristall tritt anstelle der Benetzung mit Ölsäure, wie das in der aufzutrennenden Ausgangsfettsäure der Fall ist, eine Benetzung mit wäßriger Dispergier-Lösung. Nach dem Abnetzen des Oleins treten die Stearin-Kristalle schließlich zu einer Dispersion in die wäßrige, Kochsalz enthaltende Lösung der waschaktiven Substanz, die im folgenden kurz "wäßrige Phase" genannt wird, über.

Die Abb. 1 zeigt das Bild einer Dispersion aus Tierkörperfettsäure in wäßriger Phase. Man erkennt deutlich die auf der Dispersion Stearin in kochsalzhaltiger wäßriger Netzmittel-Lösung schwimmenden Olein-Tröpfchen. Wie die Abb. 2 zeigt, ist die Tröpfchen-Verteilung bei einer gleichen, 60 Min. alten, von Hand gerührten Dispersion schon nicht mehr sehr gleichmäßig. Besonders aufschlußreich ist die mikroskopische Betrachtung solcher Dispersionen im polarisierten Licht.

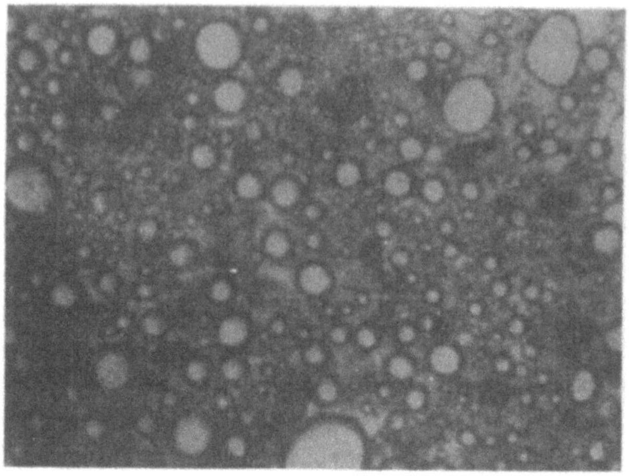

Abb. 1: Mikroaufnahme einer Dispersion aus Tierkörperfettsäure in wäßriger, Gewerbesalz enthaltender Netzmittellösung (85fach)

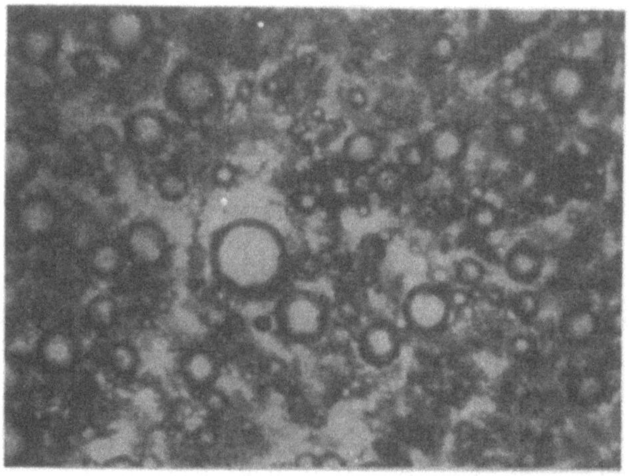

Abb. 2: Mikroaufnahme einer Dispersion aus Tierkörperfettsäure in wäßriger, Gewerbesalz enthaltender Netzmittellösung (85fach)

3. Dispersionen

Die Stabilität der Dispersion "Stearin in wäßriger Phase" hängt sehr weitgehend von der Ausbildung der Solvatationshülle der Stearinkristalle ab. Die Beständigkeit der Solvatationshülle kann durch Zugabe hydrophiler, makromolekularer Substanzen, wie Stärke, Zelluloseäther oder Pektine, beträchtlich verbessert werden. Durch den Elektrolyt-Zusatz sollen aber andererseits die im Verfahrensgang herzustellenden Dispersionen nur für eine begrenzte Zeit stabil gehalten werden, insbesondere soll die Aufrahmung der Dispersion die Trennwirkung des Separators unterstützen. Abb. 3 zeigt die Ergebnisse der Prüfung der Dispersionsstabilität. Mit zunehmendem Alter der Dispersionen wird die Geschwindigkeit der Wasserabscheidung unter gleichen Arbeitsbedingungen kleiner, die Dispersionen werden also mit fortschreitender Alterung stabiler: Das ist ein klarer Ausdruck der Abhängigkeit u.a. des Solvatationsgrades der Stearinkristalle von der Zeit! Einen weiteren wesentlichen Einfluß: vgl. Abs. 4.2.

Aufarbeitung: Im Schwerefeld einer hochtourigen Zentrifuge resultieren 1. eine spezifisch leichtere Olein-Phase und 2. eine spezifisch schwerere Dispersion "Stearin/wäßrige Phase" mit einem Feststoffgehalt von z.B. 14 Gew.%. Nach diesem Prinzip ist die ursprünglich nötige Trennung fest/flüssig, die insbesondere bei Fettderivaten oft schwierig ist, in eine Trennung flüssig/flüssig umgewandelt worden.

Ansätze aus je
4000g Tierkörperfettsäure JZ•27
2000g Wasser
80g Gewerbesalz
43g „Extrakt K"

Messung der Alterung durch die in der Zeiteinheit aus gleichen Probemengen abgeschiedenen Wassermengen.

x- Zeit in min
y- Volumen des sich abscheidenden Wassers

Zeitpunkt der Messung	Geschwindigkeit der Wasserabscheidung
0 min	$\frac{dy}{dx} = 2{,}86 - 0{,}144x + 0{,}0018x^2$
15 min	$\frac{dy}{dx} = 2{,}56 - 0{,}136x + 0{,}0018x^2$
30 min	$\frac{dy}{dx} = 1{,}35 - 0{,}068x + 0{,}0009x^2$

nach Herstellung der Suspension

Abb. 3: Alterung von Tierkörperfettsäure-Dispersionen

4. Verfahrensgrundlagen

4.1 Zweistoff-System "gesättigte - ungesättigte Fettsäure"

Die Aufstellung eines Phasendiagramms für die Überschau der bei der Kristallisation anfallenden Fraktionen wird mit zunehmender Zahl der Komponenten im Gemisch schwieriger. Die als Ausgangsmaterial vorliegende Tierkörperfettsäure enthält mindestens 23 Individua. Nur durch eine Vereinfachung in der Zurückführung auf ein 2-Stoff-System "gesättigte - ungesättigte Gesamtfettsäure" wird ein übersichtliches Bild erhalten: Abb. 4. Im flüssigen Zustand ist oberhalb 55° eine Mischung beider Komponenten in jedem Verhältnis möglich. Gesättigte und ungesättigte Gesamt-Fettsäure bilden im betrachteten Bereich eine lückenlose Reihe von Mischkristallen ohne ausgeprägtes Temperatur-Minimum. Bei Anfall eines Stearins niederer Rest-Jodzahl kann nicht gleichzeitig ein Olein mit hohen Jodzahlwerten ausgebracht werden. Die im 1. Arbeitsgang die Zentrifuge verlassenden Olein-Anteile und die Dispersion "Stearin/wäßrige Phase" können aber jeweils in einem zweiten Durchgang unter ähnlichen Bedingungen weiter fraktioniert werden. Die bei relativ niedriger Temperatur, z.B. bei 20°C, erhaltenen Festanteile können z.B. nochmals bei höherer Temperatur durchgesetzt werden. Als allgemeingültige Schlußfolgerung aus der Abb. 4 folgt, daß eine Senkung der Arbeitstemperatur umso vorteilhafter ist, je höher die Jodzahl-Werte der Ausgangsfettsäure sind und umgekehrt.

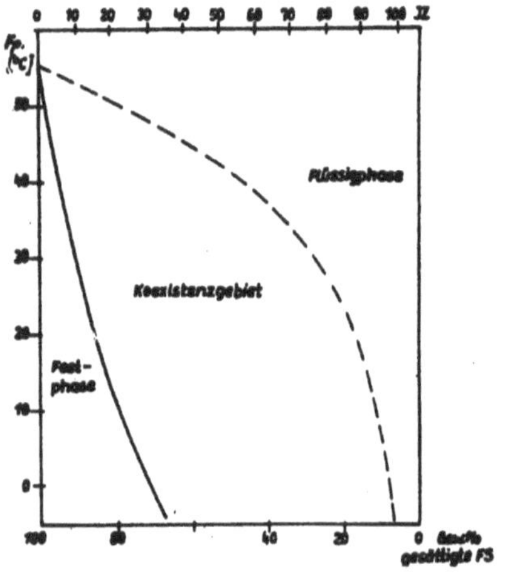

Abb. 4: 2-Phasen-System "gesättigte Gesamt-Fettsäure - ungesättigte Gesamt-Fettsäure" aus Tierkörperfettsäure

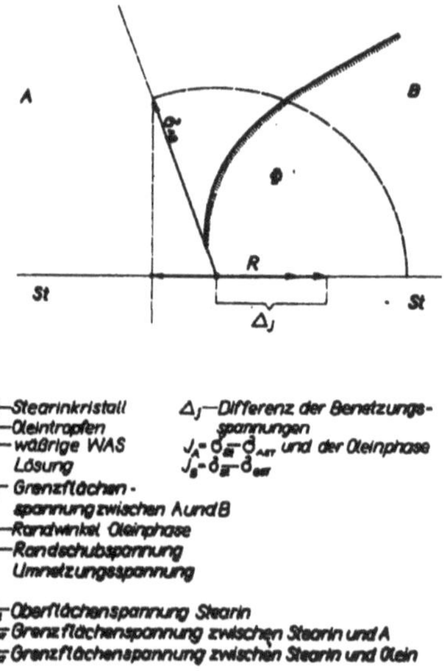

Abb. 5: Benetzung des Stearinkristalls

4.2 Unter Berücksichtigung der Arbeiten von W.KLING (2)(3) wird in der Abb. 5 versucht, zu Vorstellungen über den Vorgang der Abnetzung des Oleins vom Stearin zu kommen. Eine Umnetzung kommt durch die als "Umnetzungsspannung" bezeichnete Randschubspannung R zustande. Sie ist die Resultierende aus Δ j (also der Differenz der Benetzungsspannungen der wäßrigen Netzmittel-Lösung und der Oleinphase) und dem in der gleichen Ebene wirkenden Anteil von σ_{AB}. Umnetzungsspannung R und der in der gleichen Ebene wirkende Anteil der Grenzflächenspannung σ_{AB} sind also einander entgegengerichtet. Für den Wert der Umnetzungsspannung sind nur die Größen $\sigma_{AB} \cdot \cos \phi$ und Δ j maßgebend. Bei kleinem Randwinkel, also bei Beginn der Berührung, addieren sich $\sigma_{AB} \cdot \cos \phi + \Delta j$: Die Benetzungsspannung wird somit bis zum Erreichen eines Randwinkels von 90° beträchtlich verstärkt. Bei weiterem Fortschreiten der Umnetzung wirkt dann aber σ_{AB} verzögernd auf den Vorgang, da der Wert des Ausdrucks $\sigma_{AB} \cdot \cos \phi$ negativ wird. Eine vollkommene Umnetzung wäre nur dann möglich, wenn σ_{AB} kleiner würde als Δ j.

4.3 Trenngrad

Wertet man die Angaben der Abb. 4, also für das Zweistoff-System gesättigte Gesamtfettsäure/ungesättigte Gesamtfettsäure, nach einem für eine Fettderivat-Trennung nach dem Lösungsprinzip abgeleiteten Ausdruck (4) aus,

$$\text{Trenngrad (\%)} = \frac{\Delta JZ}{JZ} \cdot 100$$

Δ JZ = Differenz der JZ-Werte zwischen gesättigtem und ungesättigtem Anteil

JZ = JZ-Wert des ungesättigten Anteils bei völliger Abwesenheit gesättigter Anteile

so zeigt die Abb. 6 den theoretisch maximal erreichbaren Trenngrad in Abhängigkeit von der Arbeitstemperatur. Der Wert des Nenners in vorstehender Formel wird im allgemeinen durch Extrapolation ermittelt. Abb. 7 vergleicht den Trenngrad des Emersol-Prozesses mit denen der Trennstufen des Dispergier-Verfahrens.

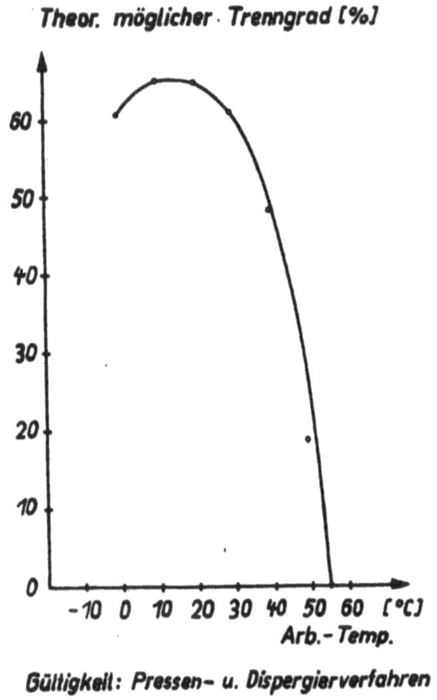

Abb. 6: Abhängigkeit des theor. möglichen Trenngrades von d. Arbeitstemperatur

Aufteilungen TKFS Genthin

Vollständigkeit der Trennungen:

Emersol–Prozeß *–5°*	*75%*
Dispergier–Verfahren *Trennung auf Olein I und Stearin I*	*61%*
Dispergier–Verfahren *Trennung Olein I auf Olein II und Stearin II*	*43%*

Abb. 7: Vergleich der Trenngrade bei der Aufteilung von Tierkörperfettsäure

5. Aufbau einer Versuchsanlage: Abb. 8

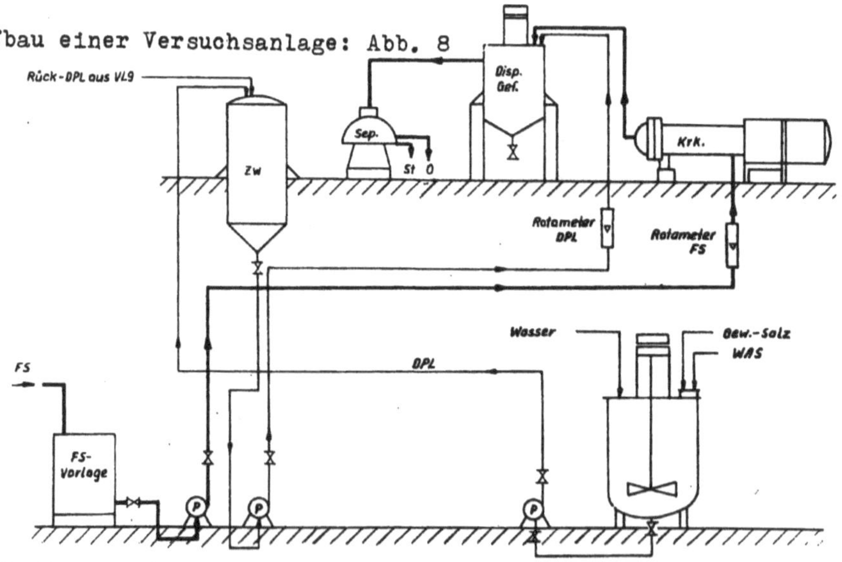

Abb. 8: Prinzipskizze einer Versuchsanlage zur Auftrennung von Tierkörperfettsäure in Stearin und Olein

Tierkörperfettsäure kommt per Kesselwagen, sie wird in einem beheizten Tank zwischengelagert und gelangt in eine Tagesvorlage(FS-Vorlage). Über Kreiselpumpe (P) und ein Rotameter (FS) gelangt schmelzflüssige 60° warme Fettsäure in den Kratzkühler (KrK), der mit 700 U/min und Soletemperaturen von -10°C arbeitet. Aus dem Kratzkühler-Mundstück gelangt der pumpbare Fettsäurebrei in das mit einem kräftigen Rührwerk versehene Dispergiergefäß.
In einem Lösebehälter wird aus Wasser, Gewerbesalz und WAS Dispergierlösung hergestellt. Sie gelangt über Kreiselpumpe (P), Zwischenlagerbehälter (Zw), eine weitere Kreiselpumpe (P) und das Rotameter (DPL) ebenfalls in das Dispergiergefäß. In den Dispergierlösungskreislauf wird ein Teil der bereits gebrauchten Lösung wieder zurückgespeist (Rück-DPL aus VL 9). Unter Rühren wird im Dispergiergefäß aus breiartig-pumpbarer Tierkörperfettsäure von 18-20° und Dispergierlösung von 21-23° eine Dispersion hergestellt, die aus einem Überlauf in den Separator-Einlauftrichter gelangt. Mit 7000 U/min wird eine praktisch wasserfreie, spezifisch leichtere Olein-Phase (O) und eine spezifisch schwerere Dispersion aus Stearin (der Jodzahlen 10-25) und wäßriger Phase (St) erhalten. Die Abscheidung des Stearins erfolgt in hier nicht gezeigten beheizten Behältern bei Temperaturen $> 60^{\circ}$.
Die im Kreislauf gefahrene Dispergierlösung verarmt mit der Zeit an WAS und wird deshalb laufend stalagmometrisch überprüft. Der Kratzkühler wird zur Erlangung einer TKFS völlig einheitlicher Beschaffenheit und zur Sicherung eines stetigen guten Wärmeüberganges der eigentlichen Dispergierung vorgeschaltet. Der Weg zwischen Kratzkühler und Dispergiergefäß muß kurz sein, da die breiartig pumpbare Konsistenz nur für kurze Zeit aufrechtzuerhalten ist.

6. Einige allgemeine Gesichtspunkte sollen für einen Vergleich zwischen Dispergier- und Lösungsverfahren herangezogen werden:

6.1 Vorteile des Dispergier-Verfahrens sind:

1. ein relativ geringer apparativer Aufwand, damit verbunden sind geringe Investitionskosten,
2. Wegfall der Brandgefahr durch organische Lösungsmittel.

Vom Gesichtspunkt des Olein-Anfalls her betrachtet, ist beim Dispergier-Verfahren in nur e i n e r Stufe die Stoffausnutzung nicht voll befriedigend, die Olein-Qualität kommt der nach einem Lösungsverfahren erhaltenen sehr nahe. Beim Stearin ist zum Erhalt einer verkaufsfähigen Ware eine Nachhärtung nötig, wenn in nur einer Trennstufe gearbeitet wird.

6.2 Vorteile der Lösungsverfahren, insbesondere des Emersol-Verfahrens, sind:

1. Der Anfall sehr reiner Endprodukte ohne Nacharbeitung,
2. eine bessere Stoffausnutzung hinsichtlich des Oleins als beim Dispergierverfahren.

Nachteilig sind bei den Lösungsverfahren ein relativ hoher Investmittelaufwand und bei Verwendung brennbarer Lösungsmittel die Brandgefahr.
Da sich beide Verfahren sinnvoll zu ergänzen scheinen, wird künftig die Kombination beider Prinzipien in Erwägung zu ziehen sein.

6.3 Die Kennzahlen eines als typisch geltenden Musters einer Ausgangs-Tierkörperfettsäure sind:

SZ = 201,9	VZ = 203,5	OHZ = 1,7
JZ = 57,4	RhZ = 48,5	
Fp = 42°C	D_4^{60} = 0,867	n_D^{60} = 1,4432

Kin.Visk. 60° 13,08 cSt
Dyn.Visk. 60° 11,34 cP

Während bei "Emersol"- oder "Preß"-Stearin ein $C_{16}:C_{18}$-Verhältnis von ca. 67:33 vorliegt, bedingt die vor dem Nachhärten bestehende relativ hohe Rest-Jodzahl bei "Dispergier"-Stearin eine Verschiebung auf eine Relation von etwa 50:50. Die mit der Einsatz TKFS eingebrachten niederen Anteile $\leq C_{14}$ gehen bei der Trennung nach dem Lösungsprinzip (Emersolprozeß) ausschließlich in das Olein (Abb. 9), während die niederen Anteile beim Dispergierprozeß sowohl beim Stearin als auch beim Olein zu finden sind (Abb. 10). Für aus gleichem Ausgangsmaterial hergestellte Oleine zeigt das nach dem Dispergierverfahren gewonnene Produkt mit 82,5 % Ungesättigten nahezu die gleiche Qualität wie das nach dem Emersol-Verfahren erhaltene Olein (89 % Ungesättigte) Abb. 11.

7. Betriebskontrolle

7.1 Ausgangs-Tierkörperfettsäure (TKFS)

Neben der Feststellung der bereits in Abb. 10 gezeigten fettchemischen Kennzahlen und einer gaschromatographischen Untersuchung wird besonderer Wert auf UV-Gehalte $\leq$ 2 % und EZ-Werte $\leq$ 5 gelegt.

7.2 Zwischenstufen

Eine Kontrolle des Kochsalzgehaltes der verwendeten Dispergierlösung geschieht nach der konventionellen Volhard-Methode.

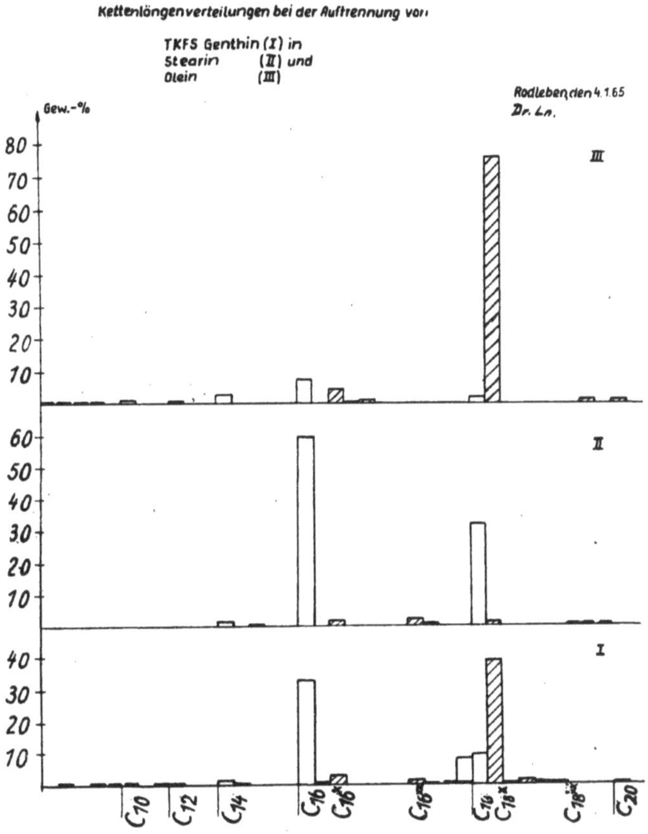

Abb. 9:

Kettenlängen-Verteilungen bei der Auftrennung von Tierkörperfettsäure Genthin (I) in Stearin (II) und Olein (III) nach dem Lösungsprinzip

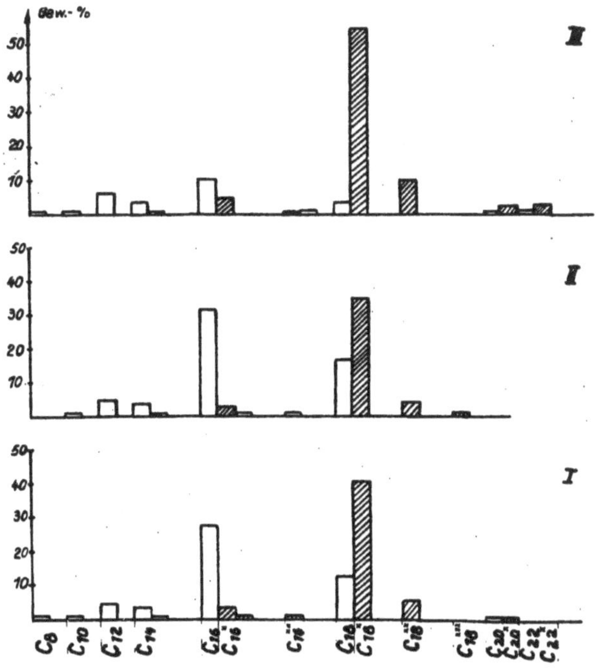

Abb. 10:

Kettenlängen-Verteilungen bei der Auftrennung von Schmalzfettsäure Genthin (I) in Stearin I (II) und Olein I (III) nach dem Dispergierprinzip

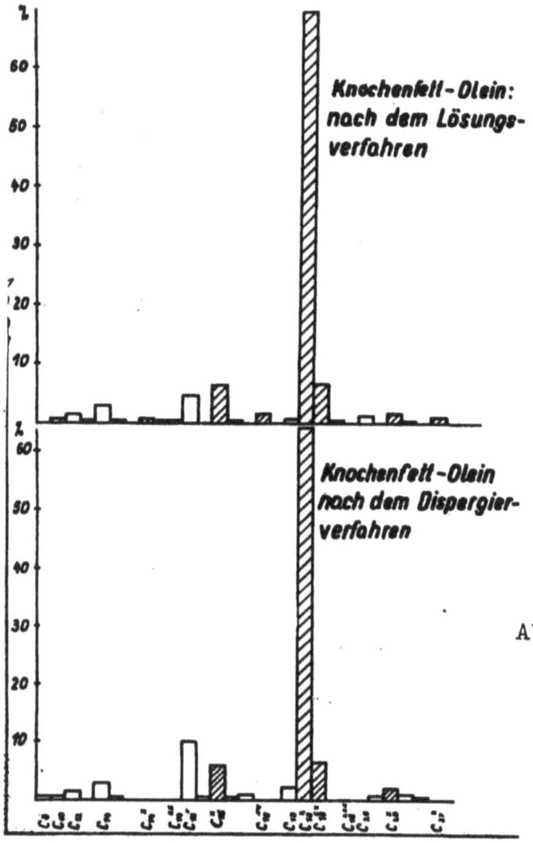

Abb. 11: Vergleich der Kettenlängen-Verteilungen

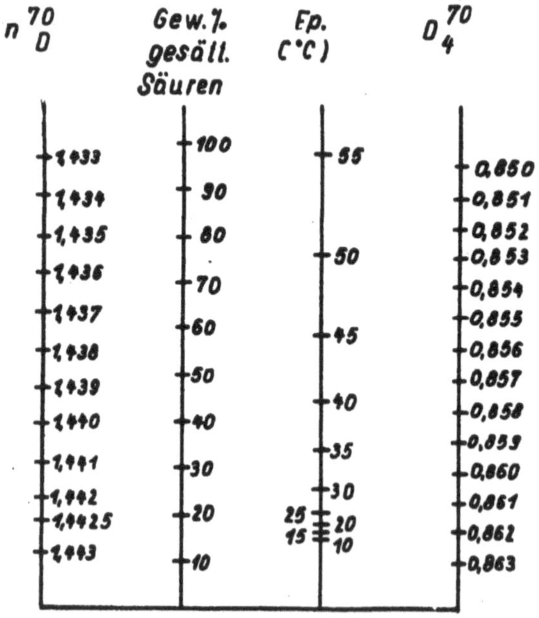

Abb. 12: Abschätzung der Zusammensetzung von Stearin-Olein-Gemischen

7.3 Endprodukte

7.31 Stearin: Für das aus der Trennung kommende Stearin werden neben fettchemischen Kennzahlen und der Kettenlängen-Verteilung insbesondere die Werte Rest-JZ, Fp. und Ep. erfaßt. Die über lange Zeiträume gleichbleibende Ausgangsmaterial-Qualität erleichterte eine Rationalisierung der analytischen Untersuchungen, wie z.B. anhand der Abb. 12 eine sehr zeitsparende Ermittlung der Zusammensetzung von Stearin/Olein-Gemischen möglich ist.

7.32 Olein: Von Wichtigkeit für die Qualitätsbestimmung des anfallenden Oleins sind neben der Kettenlängen-Verteilung die fettchemischen Kennzahlen insbesondere Jodzahl, Rhodanzahl, Trübungspunkt.

8. Zusammenfassung

Es wurde über ein nach dem Dispergier-Prinzip arbeitendes Verfahren zur Aufteilung von Tierkörper-Gesamtfettsäure in Stearin und Olein berichtet. Bei diesem Weg wird das im Ausgangsmaterial am Stearin haftende Olein durch Anwendung wäßriger Lösungen waschaktiver Substanzen abgenetzt. Die entstehenden Phasen, die Emulsion Olein/Wasser und die Dispersion Stearin/Wasser werden im Schwerefeld einer Zentrifuge voneinander getrennt.

Eine wesentlich erweiterte Fassung des vorstehenden Vortrages wird in einem anderen Fachorgan veröffentlicht.

Literatur:

(1) Debrus, O.I., Seifen-Öle-Fette-Wachse (1961) 344

(2) Kling, W., Kolloid-Z., 115 (1949) 37

(3) Kling, W. u. Mitarbeiter, Melliand 25 (1944) 198

(4) Lauermann, G., Dissertation, M.-L.-Universität Halle-Wittenbg. 1964

Autorenverzeichnis

Bartynowska, K., Polen, Department of Physical Chemistry and Electrochemistry, Jagiellonian University, Kraków

Bawika, L. I., UdSSR, Allunionsinstitut für synthetische Fettersatzstoffe, Schebekino

Bertsch, Prof. Dr. H., DDR, Institut für Fettchemie der Deutschen Akademie der Wissenschaften zu Berlin, Berlin-Adlershof

Beyer, Dr. G., DDR, VEB Kalikombinat „Werra", Merkers

Bikerman, J. J., USA, Horizons Inc., Cleveland 4, Ohio

Bogdanow, Prof. Dr. O. S., UdSSR, Institut für mechanische Erzaufbereitung (Mechanobr), Leningrad

Borecký, J., ČSSR, Forschungsinstitut für org. Synthesen, Pardubice-Rybitvi

Bouleva, M., Bulgarien, University of Sofia, Institute of Physical Chemistry, Sofia

Buschujewa, E. I., UdSSR, Allunionsinstitut für Fettforschung, Leningrad

Czarnecki, J., Polen, Department of Physical Chemistry and Electrochemistry, Jagiellonian University, Kraków

Czichocki, G., DDR, Institut für Fettchemie der Deutschen Akademie der Wissenschaften zu Berlin, Berlin-Adlershof

Despotovič, R., Jugoslawien, Laboratorium für Physikalische Chemie, Naturwissenschaftliche Fakultät, Universität Zagreb

Dietl, P., DDR, Kaliforschungsinstitut, Sondershausen

Dietrich, Dr. P.-G., DDR, Institut für Fettchemie der Deutschen Akademie der Wissenschaften zu Berlin, Berlin-Adlershof

Dobiás, Dr. B., ČSSR, Physio. Institut, Tschechoslowakische Akademie der Wissenschaften, Prag

Dobozy, Dr. O., Ungarn, Ungarische Akademie der Wissenschaften, Arbeitsgemeinschaft für Straßenbau und Verkehrswesen, Budapest

Eckert, G., DDR, VEB Fettchemie, Karl-Marx-Stadt

El-Shimi, A. F., UdSSR, Department of Colloid Chemistry, Moscow State University, Moscow

Erdélyi, Dr. L., Ungarn, Zentrallaboratorium für Coloristische Forschung, Budapest

Exerowa, D., Bulgarien, Institut für Physikalische Chemie der Bulgarischen Akademie der Wissenschaften, Sofia

Faingold, Prof. Dr. S. I., UdSSR, Institut für Chemie der Estnischen Akademie der Wissenschaften, Tallin

Falk, Dr. F., DDR, Institut für Fettchemie der Deutschen Akademie der Wissenschaften zu Berlin, Berlin-Adlershof

FÜZI, L., Ungarn, Vereinigte Chemische Werke, Budapest

GARA, Dr. M., Ungarn, Zentrallaboratorium für Coloristische Forschung, Budapest

GERHARDT, Dr. W., DDR, Institut für Fettchemie der Deutschen Akademie der Wissenschaften zu Berlin, Berlin-Adlershof

GETMANSKIJ, Dr. I. K., UdSSR, Allunionsinstitut für synthetische Fettersatzstoffe, Schebekino

GODAWA, M., Polen, Zaklady Chemiczne, Oświecim

GREINER, Dr. A., DDR, Institut für Fettchemie der Deutschen Akademie der Wissenschaften zu Berlin, Berlin-Adlershof

GRIMMER, R., DDR, VEB Fettchemie, Karl-Marx-Stadt

GROOT, Dr. R. C., Niederlande, Algemene Kunstzijde Unie N.V., Arnhem

GRÖGER, K., DDR, Institut für physikalische Chemie der Deutschen Akademie der Wissenschaften zu Berlin, Berlin-Adlershof

GRUNER, H., DDR, Forschungsinstitut für Aufbereitung der Deutschen Akademie der Wissenschaften zu Berlin, Freiberg/Sa.

HAAGE, Dr. K., DDR, Institut für Fettchemie der Deutschen Akademie der Wissenschaften zu Berlin, Berlin-Adlershof

HAHN, P., DDR, VEB Deutsches Hydrierwerk, Rodleben

HAIDEGGER, Dr. E., Ungarn, Institut für Hochdruckforschung, Budapest

HERAK, M. J., Jugoslawien, Laboratorium für Physikalische Chemie, Naturwissenschaftliche Fakultät, Universität Zagreb

HEROLD, H., DDR, Wissenschaftlich-Technisches Zentrum der VVB Leichtchemie, Karl-Marx-Stadt

HERRMANN, Dr. K. W., USA, Miami Valley Laboratories, The Procter & Gamble Company, Cincinnati, Ohio

HOPFINGER, Dr. A., Polen, Politechnika Slaska, Gliwice

IZMAILOVA, Dr. V. N., UdSSR, Department of Colloid Chemistry, Moscow State University, Moscow

JACHNIN, Dr. E. D., UdSSR, Institut für Physikalische Chemie der Akademie der Wissenschaften der UdSSR, Moskau

JAHNKE, Dr. D., DDR, Institut für Fettchemie der Deutschen Akademie der Wissenschaften zu Berlin, Berlin-Adlershof

JAKOUBEK, B., ČSSR, Institut für Physiologie, Tschechoslowakische Akademie der Wissenschaften, Prag

JAMES, B. R., England, Department of Chemical Engineering Imperial College of Science and Technology, London

JEHRING, Dr. H., DDR, Arbeitsgruppe analytische Methoden, Institut für physikalische Chemie der Deutschen Akademie der Wissenschaften zu Berlin, Berlin-Adlershof

JOLY, Dr. M., Frankreich, Service de Biophysique, Institut Pasteur, Paris

KAJL, M., Polen, Instytut Chemii Ogólnej, Warszawa

KAMIEŃSKI, Prof. Dr. B., Polen, Institute of Physical Chemistry, Polish Academy of Sciences, Kraków

KIKOLSKI, P., Polen, Institut für Allgemeine Chemie, Warszawa

KLARE, H. jun., DDR, Institut für physikalische Chemie der Deutschen Akademie der Wissenschaften zu Berlin, Berlin-Adlershof

KLOUBEK, J., ČSSR, Geologisches Institut, Tschechoslowakische Akademie der Wissenschaften, Prag

KÖNIG, Dr. E., DDR, VEB Deutsches Hydrierwerk, Rodleben

KORETZKI, Dr. A. F., UdSSR, Institut für anorganische Chemie der Sibirischen Filiale der Akademie der Wissenschaften der UdSSR, Nowosibirsk

KRAL-OSSYKINA, G. A., UdSSR, Allunionsinstitut für Fettforschung, Leningrad

KRAUSS, E., Polen, Institute of Physical Chemistry, Polish Academy of Sciences, Kraków

KRETZSCHMAR, Dr. G., DDR, Institut für Fettchemie der Deutschen Akademie der Wissenschaften zu Berlin, Berlin-Adlershof

LANGE, Dr. H., BRD, Henkel & Cie., GmbH, Düsseldorf

LAUERMANN, Dr. G., DDR, VEB Deutsches Hydrierwerk, Rodleben

LINDE, Dr. H., DDR, Institut für physikalische Chemie der Deutschen Akademie der Wissenschaften zu Berlin, Berlin-Adlershof

LIPPMANN, S., DDR, VEB Fettchemie, Karl-Marx-Stadt

LOKTEW, Dr. S. M., UdSSR, A. W. Toptschiew-Institut für Petrolchemische Synthese der Akademie der Wissenschaften der UdSSR, Moskau

LÖRINC, A., Ungarn, Zentrallaboratorium für Coloristische Forschung, Budapest

LOESCHCKE, K., DDR, Institut für physikalische Chemie der Deutschen Akademie der Wissenschaften zu Berlin, Berlin-Adlershof

LUNKENHEIMER, K., DDR, Institut für Fettchemie der Deutschen Akademie der Wissenschaften zu Berlin, Berlin-Adlershof

LYKLEMA, Prof. Dr. J., Niederlande, Laboratorium voor Fysiche en Kolloidchemie der Landbouwhogeschool, Wageningen

MANEV, E., Bulgarien, University of Sofia, Institute of Physical Chemistry, Sofia

MARKINA, Dr. S. N., UdSSR, Lehrstuhl für Kolloidchemie der Lomonossow-Universität, Moskau

MICHAILOWA, N. S., UdSSR, Institut für mechanische Erzaufbereitung (Mechanobr), Leningrad

MIRNIK, Prof. Dr. M., Jugoslawien, Institut „Rudjer Boskovic", Zagreb

MLODNICKA, T., Polen, Institute of Physical Chemistry, Polish Academy of Sciences, Kraków

MOSER, G., DDR, VEB Fettchemie, Karl-Marx-Stadt

MOSKALA, J., Polen, Zaklady Chemiczne, Oświecim

NESTEROWA, M. P., UdSSR, Laboratorium eines Projektierungsinstitutes beim Ministerium für Schiffahrt der UdSSR, Moskau

NETZEL, J., DDR, Institut für physikalische Chemie der Deutschen Akademie der Wissenschaften zu Berlin, Berlin-Adlershof

NEUMANN, Dr. A. W., BRD, Fraunhofer-Gesellschaft, Institut für Physik und Chemie der Grenzflächen, Marienthal/Pfalz

NEWOLIN, Dr. F. W., UdSSR, Allunionsinstitut für Fettforschung, Leningrad

NIKITINA, Dr. S. A., UdSSR, Institut für physikalische Chemie der Akademie der Wissenschaften der UdSSR, Moskau

OEHLER, E., DDR, VEB Fettchemie, Karl-Marx-Stadt

PALUCH, M., Polen, Institute of Physical Chemistry, Polish Academy of Sciences, Kraków

PANAJOTOW, I., Bulgarien, Institut für physikalische Chemie der Universität Sofia

PASYNKIEWICZ, Dr. St., Polen, Department of Organic Technology I, Polytechnic, Warszawa

PFROMMER, Dr. J. F., BRD, Farbwerke Hoechst AG, Frankfurt/Main-Hoechst

PLATIKANOV, D., Bulgarien, Institut für physikalische Chemie der Universität Sofia

POMIANOWSKI, Dr. A., Polen, Institut für physikalische Chemie der Polnischen Akademie der Wissenschaften, Kraków

PÜSCHEL, Dr. F., DDR, Institut für Fettchemie der Deutschen Akademie der Wissenschaften zu Berlin, Berlin-Adlershof

RANNÝ, Dr. M., ČSSR, Forschungsinstitut der Fettindustrie, Rakovník

REHBINDER, Prof. Dr. P. A., UdSSR, Institut für physikalische Chemie der Akademie der Wissenschaften der UdSSR, Moskau

REINHECKEL, Dr. H., DDR, Institut für Fettchemie der Deutschen Akademie der Wissenschaften zu Berlin, Berlin-Adlershof

ROCKSTROH, Dr. T., DDR, Deutsche Akademie der Wissenschaften zu Berlin, Institute für Medizin und Biologie Bereich Experimentelle Zytologie und Ultrastrukturforschung, Berlin-Buch

SÁRI, Dr. P., Ungarn, Ministerium für Schwerindustrie, Budapest

SAWISTOWSKI, Dr. H., England, Department of Chemical Engineering Imperial College of Science and Technology, London

SEHRT, B., DDR, Institut für physikalische Chemie der Deutschen Akademie der Wissenschaften zu Berlin, Berlin-Adlershof

SIMCHEN, H., DDR, Landwirtschaftsrat, Berlin-Karlshorst

SMOLDERS, Dr. C. A., Niederlande, Algemene Kunstzijde Unie N.V., Arnhem

SONNTAG, Dr. H., DDR, Institut für physikalische Chemie der Deutschen Akademie der Wissenschaften zu Berlin, Berlin-Adlershof

SPURNÝ, Dr. J., ČSSR, Institut für Physiologie, Tschechoslowakische Akademie der Wissenschaften, Prag

SZEKRÉNYES, P., Ungarn, Vereinigte Chemische Werke, Budapest

SCHAURICH, K., DDR, Institut für Fettchemie der Deutschen Akademie der Wissenschaften zu Berlin, Berlin-Adlershof

SCHELUDKO, Prof. Dr. A., Bulgarien, Institut für Physikalische Chemie der Bulgarischen Akademie der Wissenschaften, Sofia

SCHTSCHUKIN, Prof. Dr. J. D., UdSSR, Institut für Physikalische Chemie der Akademie der Wissenschaften der UdSSR, Moskau

SCHUBERT, Prof. Dr. H., DDR, Institut für Aufbereitung der Bergakademie, Freiberg

SCHULLER, Dr. H., BRD, BASF — Kunststofflaboratorium, Ludwigshafen am Rhein

SCHUMKOV, G., Bulgarien, Institut für physikalische Chemie der Bulgarischen Akademie der Wissenschaften, Sofia

SCHWARZ, E., DDR, Institut für physikalische Chemie der Deutschen Akademie der Wissenschaften zu Berlin, Berlin-Adlershof

STAROWIEYSKI, K., Polen, Department of Organic Technology I, Polytechnic, Warszawa

STEFANIAK, Z., Polen, Institut für Allgemeine Chemie, Warszawa

STEUDEL, TH., BRD, Fraunhofer Gesellschaft, Institut für Physik und Chemie der Grenzflächen, Marienthal

TAUBMAN, Prof. Dr. A. B., UdSSR, Institut für physikalische Chemie der Akademie der Wissenschaften der UdSSR, Moskau

THIESSEN, Dr. D., DDR,. Institut für physikalische Chemie der Deutschen Akademie der Wissenschaften zu Berlin, Berlin-Adlershof

TISCHER, H., DDR, VEB Deutsches Hydrierwerk, Rodleben

TOLSTAJA, Dr. S. N., UdSSR, Institut für Physikalische Chemie der Akademie der Wissenschaften der UdSSR, Moskau

TOMSON, R. M., UdSSR, Institut für Chemie der Estnischen Akademie der Wissenschaften, Tallin

TREUHOFF, I., DDR, VEB Fettchemie, Karl-Marx-Stadt

TSCHAKERT, Dr. H. E., BRD, Chemische Werke Hüls AG, Marl

UEBERSCHÄR, K., DDR, VEB Fettchemie, Karl-Marx-Stadt

URBANOWICZ, Dr. Sch., Polen, Institut für Kunst- und Synthesefasern, Łódź

VOLLHARDT, D., DDR, Institut für Fettchemie der Deutschen Akademie der Wissenschaften zu Berlin, Berlin-Adlershof

WAHN, K., DDR, Deutsche Akademie der Wissenschaften zu Berlin, Institute für Medizin und Biologie, Bereich Experimentelle Zytologie und Ultrastrukturforschung, Berlin-Buch

WALIGÓRA, Dr. B., Polen, Department of Colloidal Chemistry, Jagiellonian University, Kraków

WASOW, G., DDR, Institut für Fettchemie der Deutschen Akademie der Wissenschaften zu Berlin, Berlin-Adlershof

WATANABE, Prof. Dr. A., Japan, Institute of Chemical Research, Kyoto University, Takatsuki, Osaka-fu

WEGRZYNOWICZ, M., Polen, Institut für Allgemeine Chemie, Warszawa

WILINŚKA, E., Polen, Instytut Chemii Ogólnej, Warszawa

WILSON, Dr. E. R., USA, Miami Valley Laboratories, The Procter & Gamble Company, Cincinnati, Ohio

WOLFRAM, Prof. Dr. E., Ungarn, Institut für Kolloidchemie und Kolloidtechnologie, Eötvös Loránd Universität, Budapest

WOTTGEN, Dr. E., DDR, Forschungsinstitut für Aufbereitung der Deutschen Akademie der Wissenschaften zu Berlin, Freiberg

WULACH, E. L., UdSSR, A. W. Toptschiew-Institut für Petrolchemische Synthese der Akademie der Wissenschaften der UdSSR, Moskau

ZAJIC, J., ČSSR, Forschungsinstitut der Fettindustrie, Rakovnik

ZAPF, Prof. Dr. K., DDR, Deutsche Akademie der Wissenschaften zu Berlin, Institute für Medizin und Biologie, Bereich Experimentelle Zytologie und Ultrastrukturforschung, Berlin-Buch

ZEMAN, Dr. I., ČSSR, Forschungsinstitut der Fettindustrie, Usti

ZEMANOVA, D., ČSSR, Forschungsinstitut der Fettindustrie, Usti

ZSOLDOS, Dr., Ungarn, Vereinigte Chemische Werke, Budapest

ZWIERZYKOWSKI, Dr. W., Polen, Lehrstuhl für Fettechnologie der Technischen Hochschule Gdańsk

FSC
www.fsc.org
MIX
Papier | Fördert gute Waldnutzung
FSC® C083411

Kolibri 360 GmbH
Ferdinand-Jühlke-Straße 7
99095 Erfurt, Deutschland
produktsicherheit@kolibri360.de